Helmut Kracke
Mathe-musische Knobelisken

Helmut Kracke

Mathe-musische Knobelisken

Tüfteleien
für
Tüftler und Laien

2., durchgesehene Auflage.

Mit 390 Abbildungen.

Dümmlerbuch 4711

DÜMMLER · BONN

Dem Leser

Ich sehe, Sie lieben die Mathematik. Das habe ich mir gleich gedacht, daß Sie zu jener Sorte von Narren gehören, die auf die Mathematik schwören. Das Gesetz ist das Gesetz:

$X = X$

Die ungeheuerlichste Phrase, die je in den ewig blutigen, ewig nächtlichen Himmel stieg, der über uns hängt.

Frau Dr. Marlock
(in Friedrich Dürrenmatts Roman, ›Der Verdacht‹ 1953)

Helmut Kracke*
(Uferstr. 33, D-5000 Köln 50)

*1900
Das Alter macht nicht kindisch, wie man spricht,
Es findet uns nur noch als wahre Kinder.

Goethe, Faust, Vorspiel auf dem Theater
(Lustige Person, i. e. Mephisto)

ISBN 3–427–4711 2–8

© 1983 Ferd. Dümmlers Verlag, Kaiserstraße 31–37 (Dümmlerhaus), 5300 Bonn 1

Printed in Germany by Hans Richarz, 5205 St. Augustin 1

Übersicht

Und wenn der Narr durch alle Scenen läuft,
So ist das Stück genug verbunden.
Faust, Par. zum Vorspiel auf dem Theater (Lustige Person, i.e. Mephisto)

Woher stammt der Titel?

1

Wenn die strahlenden Musen ihr blasses Bäschen Mathesis gar innig kosen, so erblühen in dem blauen Raum zwischen Vielleicht und Gewiß schillernde
mathe-musische
Gebilde voll freundlichen Ernstes und stilvollen Spaßes, in denen Exaktismus, Reim und Rhythmus harmonisch durcheinanderwehen.

Novonovalis, Die Gesellen von Saïs, 7. Die Reise zu den Pyramiden, 1803

2

Obelisken (vom griechischen Wort für Bratspieß) sind egyptische Spitzsäulen aus Granit mit rechtekkigem Grundriß und pyramidenartiger Spitze. Diese ist, besonders im päbstlichen Rom, oben artig verzieret mit güldenem Schmukk, vorzüglich Eyern oder Nüssen ähnelnd. Seit dem Ey des Columbi in Verbindung gebracht mit Nußknakken, hartem Kopfzerbrechen, Grübeleyen und Knobeleyen.
Daher das Verschmeltzwort
Knobelisken
für Rätsel, an denen man sich offt mehrmals versuchen muß oder sollte.

Telemach Rukk: Handbuch sämmtlicher kontaminirter Wörter, 1741.

7 Lesefrüchte
vom Autor dem Buch und dem Leser vorgesetzt

1

Einiges im Büchel soll Ihnen, hoff ich, nicht ganz mißfallen; das meiste ist Einfassung und kleines Spielwerk: machen Sie 'mit, was Sie wollen.
Matthias Claudius, Dedikation an Freund Hain, 1775

2

. . . aus mancherley meistern vnd Büchern gezogen / vnd durch einander gemenget / wie eine biene aus mancherley blumen / jr sefftlin seuget / vnd jnn einander menget.
Martin Luther, Vorrede auf das Buch Jesu Syrach, 1534.

3

. . . und so ein paar grundgelehrte Zitate zieren den ganzen Menschen.
Heinrich Heine, Das Buch le Grand, Kap. 13.

4

Dieses Buch sei dir empfohlen,
Lese nur, wenn du auch irrst:
Doch wenn du's verstehen wirst,
Wird dich auch der Teufel holen.
Heinrich Heine, Widmung in einem Exemplar des Goetheschen ›Faust‹.

5

Du meinst gewiß, daß alles dieses leerem Geschwätz sehr ähnlich ist.
Michael Stifel, Arithmetica integra, 1544.

6

Ich schreibe nicht, euch zu gefallen;/ Ihr sollt was lernen!

J. W. v. Goethe, Zahme Xenien I.

7

»... aber unter uns gesagt, warum schreiben Sie wirklich?«
»Um mich zu amüsieren.«

André-Robert Andréa de Nerciat, Félicia ou mes fredaines (Jugendstreiche) I, 1, 1775.

Kapitel 1

Mich dünkt, die Alte spricht im Fieber

Von der Faszination des Goetheschen Hexeneinmaleins

Nein, ein Diskurs wie dieser da
Ist grade der, den ich am liebsten führe! ...
Soll ich mich etwa selber nennen?
Faust I, Hexenküche (Mephisto)

——— 1 ———

Mich dünkt, die Alte spricht im Fieber – das ist der Eindruck, den Faust vom Hexeneinmaleins hat, das die Hexe zur Einleitung seiner Verjüngung aus *dem* Buche rezitiert. *Spricht im Fieber*, so urteilt Doktor Faust, der Magister und Magier, dem doch das tolle Zeug, die rasenden Gebärden nichts Neues sind, der das Zeichen des Erdgeistes geheimnisvoll ausgesprochen hat und mit Salomonis Schlüssel umgehen kann, der Salamander und Sylphe kennt, Undene, Kobold, Inkubus und manch schreckliches Gesicht.

Und Mephisto, der das alte Buch, aus dem die *treffliche Sibylle* vorgetragen, lang genug studiert hat, sucht sich aus dem Salat der Zahlen jene beiden heraus, die ihm, dem Widerpart der Gottheit, am besten schmecken:

Es war die Art zu allen Zeiten,
Durch 3 und 1 und 1 und 3
Irrtum statt Wahrheit zu verbreiten.

Der Zahlen- und Wortsalat des dreizehnzeiligen Goetheschen Hexeneinmaleins werde hier mit der Interpunktion des 1790 gedruckten Fragments, aber sonst etwas anders als üblich angerichtet und angeordnet: nach rechts gerückt ist jeder Vers, der Zahlen enthält, und diese sind mit Ziffern geschrieben – so wie eben oben bei Mephistos vermutlichem oder vermeintlichem Angriff auf die Lehre von der heiligen Dreieinigkeit.

Du mußt verstehn!

Aus 1 mach' 10,
Und 2 laß gehn,
Und 3 mach' gleich,

So bist du reich.

Verlier die 4,
Aus 5 und 6,

So sagt die Hex',

Mach' 7 und 8,

11

So ist's vollbracht:

Und 9 ist 1,
Und 10 ist keins,
Das ist das Hexen-Einmal-Eins!

Faust hält offensichtlich nichts von dem eintönigen Gelall der Zauberköchin (*Mich dünkt, ich hör' ein ganzes Chor von hundert tausend Narren sprechen*), während Mephisto mit kollegialer Zurückhaltung meint, das ganze Buch, aus dem die Paradoxa stammen, klinge als vollkommner Widerspruch gleich geheimnisvoll für Kluge wie für Toren.

Die kenntnisreichen und phantasiearmen Goethe-Germanisten (übrigens meist genau so zahlen- und formelscheu wie ihr Big Brother und Brotherr) waren weniger höflich:

Heinrich Düntzer (1813 bis 1901)

– er gilt als der berüchtigte Schöpfer des berühmten Urteils *Hier irrt Goethe* und wird ob seiner geradezu korinthischen Beckmesserei von Friedrich Theodor Vischer in seinem Faust III verspottet als *der tausendfache Münzer von Goethes letztem Hosenknopf* (Übrigens hat er *seinen Satz* in dieser apodiktischen Form nicht geprägt; bei ihm heißt es *nur* 1859 *Das ist irrig* und 1885 *Auch dies konnte Goethe nicht mit Recht behaupten*) –

schrieb: *Daß das Hexeneinmaleins ganz sinnlos sei, steht nicht zu bezweifeln.* Kuno Fischer (1824 bis 1907): *Die Worte der Hexe sind reiner Unsinn und sollen es sein; der vollkommenste und geflissentlichste Unsinn.* Otto Harnack (1857 bis 1914): *Das Hexeneinmaleins will nichts Anderes sein als Unsinn.* Erich Trunz (1949 in seiner Hamburger Goetheausgabe): *Hexenunsinn, dichterisches Spiel mit Klängen und Worten. Wer Tiefsinniges drin sucht, weiß Kunst und Humor nicht zu nehmen.* Und Max Hecker urteilt: *absichtlicher Unsinn.*

Also Unsinn, Unsinn, Unsinn, Hexenunsinn. Darin sind die gelehrten Herren mit dem Dichter selbst einig; er hat sich des öfteren im gleichen Sinn geäußert, z.B. in einem Brief (vom 4. Dezember 1827) an Friedrich Zelter:

... durchaus stolpern sie über Strohhalmen ... Ebenso quälen sie sich und mich mit den Weissagungen des Bakis, früher mit dem Hexen-Einmaleins und so manchem anderen Unsinn, den man dem schlichten Menschenverstande anzueignen gedenkt.

(Goethe schrieb hier für die Nachwelt; denn er wußte, daß seine Briefe an den Duzfreund postum gedruckt werden sollten.)

 2

Indessen gab und gibt es viele Menschen, die zwar des Meisters Worte hören, aber nicht darauf schwören. Die mit seltsamem Urmütterhausrat vollgestopfte Küche, in der die Meerkatzen hoppen und Sprüche kloppen und wunderliche Bewegungen durcheinander machen, die Küche mit dem rußgeschwärzten Kessel und dem niedrigen Herd unterm Rauchfang, Dunst und Qualm, umnebelnd Himmelsglut – diese Hexenküche hat die Sehnsüchtig-Süchtigen verzaubert, die zwangshaft nach verborgenen Geheimnissen Suchenden.

Merkwürdig ist, daß sich zwar sehr viele Deutobolde mit dem Text des Hexeneinmaleins beschäftigt haben, daß sich aber wohl keiner viel um das Lied gekümmert hat, welches die Hexe nach dem Verjüngungsbrimborium ihrem Gast offeriert:

Hier ist ein Lied!
wenn ihr's zuweilen singt,
So werdet ihr besondre Wirkung spüren.

Eine Art Nachkur? Hatte das Lied das Hexeneinmaleins als Text?

Dieses ist bereits lange vor Engelbert Humperdincks »Hänsel und Gretel« (1893) sozusagen von Joseph Haydn (1732 bis 1809) vertont worden. Sozusagen – von seinen 46 weltlichen Kanons erschienen bei Breitkopf & Härtel in Leipzig »Zwey und Vierzig Canons für drey und mehrere Singstimmen . . . (Aus der Original-Handschrift des Componisten)«. Canon Nr. 18 auf S. 16 ist überschrieben: »Das Hexen-Einmal-Eins. Für vier Stimmen«, und unten sind als Verfasser schnurrigerweise »Göthe und Faust« genannt, vgl. Abb. 1; die Vorlage stellte das Goethe-Museum in Düsseldorf liebens-werter- und dankenswürdigerweise zur Verfügung.

Man beachte, daß der Vers *Verlier die Vier* fehlt, *man* hat anscheinend diesen Befehl wörtlich ausgeführt. *Man*, nicht Haydn, der einen ganz anderen, keineswegs rätselvol-len (schon gar nicht enigmathematischen), sondern schlicht eindeutigen Text vertont hatte (nämlich: *Hier liegt Hanns Lau mit seiner Frau, ein Hahnrei war Hanns Lau. Was ist denn, was ist seine Frau*). Ihn hat *man* (wohl der Verleger Gottfried Christoph Härtel, 1763 bis 1827) durch die leicht kastrierten Verse der Firma Göthe & Faust ersetzt.

Das von der Hexe angebotene Lied wird einen weit schlimmeren Text gehabt haben, einen sinnlicheren, ja obszönen, um *die Wirkung des Verjüngungstrankes zu steigern* (Eduard v. d. Hellen, 1863 bis 1927). Auf dieses Lied zielt wohl der laszive Satz Mephistos: *Und bald empfindest du mit innigem Ergetzen, wie sich Cupido regt und hin und wieder springt.*

Über die Durchstöberer des Hexentextes nach versteckten Rätseln verwunderte sich Kuno Fischer (im dritten Band seines Faustkommentars): *Und da giebt es Erklärer, welche meinen, daß hinter diesem offenkundigen Unsinn, wie denselben Scene und Charakter fordern, doch noch ein absonderlicher Tiefsinn versteckt sein könne!*

Diese hier fast angeprangerten Erklärer haben eine ebenso eindrucksvolle wie verwirrende Fülle von Beziehungen entdeckt oder geglaubt entdeckt zu haben, Beziehungen, die sich miteinander nicht vereinbaren lassen, selbst nicht in einem *Ragout von Wahrheit und von Lügen* aus der Hexenköcherei.

Zum Exempel legt man die Szene in der Hexenküche als eine Verspottung christlicher Zeremonien, Ansichten, Lehren aus,

man denke an Heinrich Heines Erläuterungen zu seinem Tanzpoem »Der Doktor Faust« 1851: *Auch das Zeichen des Kreuzes machen die Hexen, aber ganz verkehrt und mit der linken Hand –* so mögen der Hexe seltsame Gebärden zu deuten sein,

andere sehen – insbesondere im Hexeneinmaleins – eine Verulkung der suspekten Aphorismensammlung Lavaters, die er das »Einmaleins der Menschheit« genannt hatte (s. S. 35 und S. 387),

13

18. Das Hexen-Einmal-Eins.

Für vier Stimmen.

Andante.

1. Du musst ver-stehn, aus Eins mach Zehn, und Zwey lass gehn, und Drey mach gleich, so bist du reich, bist du reich.
2. Aus Fünf und Sechs, so sagt die Hex, mach Sie - ben und Acht, so ists vollbracht, so ists, ists voll - bracht.
3. So ists vollbracht, und Neun ist Eins, und Zehn ist Keins, das ist das He - xen - Einmal - Eins, Einmal - Eins.

1. Du musst ver - stehn, aus Eins mach Zehn, und Zwey lass gehn, und Drey mach gleich, so bist du
2. Aus Fünf und Sechs, so sagt die Hex, mach Sie - ben und Acht, so ists vollbracht, so
3. So ists voll - bracht, und Neun ist Eins, und Zehn ist Keins, das ist das

1. Du musst ver - stehn, aus Eins mach Zehn, und Zwey lass gehn, und
2. Aus Fünf und Sechs, so sagt die Hex, mach Sie - ben und
3. So ists voll - bracht, und Neun ist Eins, und Zehn ist Keins, das

1. Du musst ver - stehn, aus Eins mach
2. Aus Fünf und Sechs, so sagt die
3. So ists voll - bracht, und Neun ist

Göthe und Faust.

Abb. 1

14

oder eine mit Hilfe mittelalterlicher Symbolzahlen versteckte ironische Antwort an Frau von Stein über sein Verhältnis zu ihr oder ihr Verhältnis miteinander,

oder die Versinnbildlichung einer sehr realen, wissenschaftlich begründeten Prozedur aus der Heilkunde,

oder eine Satire auf die Dialektik der Fichte-Hegelschen Philosophie (*Der Philosoph, der tritt herein . . . und wenn das Erst und Zweit nicht wär, das Dritt und Viert wär nimmermehr*) (vgl. S. 24),

in der Artemisausgabe von Faust I (1950, 1962) steht (im Ernst): *der Erst –*

nicht vergessen sei die Ansicht, der ganze Auftritt wäre mit Freimaurergeheimnissen stark durchsetzt.

Zwischendurch ein Hinweis für Mystiker. Flodoard Frh. v. Biedermann bezeichnet den
$$23.6.1797$$
als *den Geburtstag der Weltdichtung Faust*, weil an diesem Tag Goethe das bekannte *Schema* niederschrieb. Auf den Tag genau siebzehn Jahre vorher, am
$$23.6.1780,$$
war er aber in die ☐ Loge Amalia aufgenommen worden. Das soll Zufall sein? Zumal da das Datum die vollkommene Zahl 6 (vgl. S. 92) samt ihren beiden nichttrivialen Teilern enthält? Und die Jahresdifferenz
$$17 = 2^3 + 3^2$$
ist?

Auch ein früher Angriff auf Newton wird vermutet. In neuerer Zeit wurde eine soziologische Deutung vorgelegt (Wilhelm Resenhöfft 1972), vermutlich um ein dringendes Bedürfnis dieser Zeit zu befriedigen.

―――― 3 ――――

Exzeptionell originell als Interpret ist Ferdinand August Louvier, der seinem zweibändigen Wälzer über »Goethes Faust und die Resultate einer rationellen Methode der Forschung«, 1887, den vermessenen Titel gab: *Sphinx locuta est*, die Sphinx hat gesprochen.

Das Buch ähnelt in seiner Anlage manchen mathematischen, aber auch quasitheologischen Werken, nämlich solchen, die von Axiomen oder Dogmen ausgehen, welche nicht beweisbar sind. Beispielsweise:

Man kann zu einer Geraden durch einen nicht auf ihr liegenden Punkt keine Parallele ziehen,

oder

Gott hat zweimal Menschen erschaffen, zuerst (1. Mos. 1, 27) ein Paar nach seinem Bilde, später Adam aus einem Erdenkloß (1. Mos. 2, 7) und Eva aus Adams Rippe (1. Mos. 2, 22).

Dann werden aus solchen Sätzen streng logisch und widerspruchsfrei Schlüsse gezogen – – und so kommt schließlich ein Lehrbuch der Riemannschen Geometrie zustande oder Giacomo Casanovas »Ikosameron« (Prag 1788) über die Nachkommen des ersten Menschenpaares, die androgynen Megamikren, welche im Inneren der Erde leben.

(Wobei darauf hingewiesen sei, daß schon Philon von Alexandreia – um Christi Geburt – Adam als androgyn bezeichnet hat.)

Louviers Grundgedanke scheint zu sein, daß Goethes Faust vom *Habe nun, ach!* bis zum *Zieht uns hinan* von vornherein nach einer durchgehenden Idee konzipiert sei und daß jede Figur und jede Szene einen bestimmten Symbolgehalt habe.

Dazu lese man Goethes Gespräch mit Eckermann am 6. Mai 1827: *Es hätte auch in der Tat ein schönes Ding werden müssen, wenn ich ein so reiches, buntes und so höchst mannigfaltiges Leben, wie ich es im Faust zur Anschauung gebracht, auf die magere Schnur einer einzigen durchgehenden Idee hätte reihen wollen!*

Nach Louvier wollte er es. Faust versinnbildliche den Verstand, die Hexe den Alterswahnsinn. Und wenn man auf die Imperative im Hexeneinmaleins achte (mach', laß, mach', verlier, mach') – dann merke man sofort, daß es sich um Gebote handele: *die zehn Gebote des Katechismus sind gemeint.*

Nicht die des Heidelberger Katechismus, in den die Reformierten die mosaischen Gebote übernommen haben. Deren zweites heißt bekanntlich: *Du sollst dir kein Bildnis machen* (vgl. 2. Mos. 20, 4). Ebenso bekanntlich haben die rechtgläubigen Kirchenväter und mit ihnen Martin Luther diese Bestimmung weggelassen. Um die heilige Zehnzahl des Dekalogs wiederherzustellen, wurde das letzte Gebot, das vom Nichtbegehren-Sollen, auf IX (Haus) und X (dessen lebendes und totes Inventar) verteilt. Diese katholisch-lutherischen Weisungen meint Louvier.

Die Hexe plappere über die Gebote aus der Sicht des Alters und des Widergöttlichen: Wenn man laut I keine anderen Götter haben soll, dann darf man auch nichts anderes begehren, weder des Nächsten Ochs oder Knecht, Weib oder Magd noch was sonst alles sein sei, mit kurzem Wort:

Aus I mach' X.

Das zweite (katholisch-lutherische) Gebot lassen die Unholde gehen (= gelten); denn sie sind sicherlich nicht diejenigen, welche den Namen Gottes zu oft aussprechen und damit unnützlich führen:

Und II laß gehn.

Das dritte Gebot soll gleich gemacht, d.h. abgeschafft werden, man soll also den Feiertag nicht heiligen, sondern am Sonntag arbeiten:

Und III mach' gleich,
So wirst du reich.

So hat Louvier im freudigen Übereifer geschrieben – tatsächlich heißt es aber: So *bist* du reich.

Die Alten haben Vater und Mutter längst verloren, für sie ist das vierte Gebot wertlos:

Verlier die IV.

Töten und ehebrechen kann man im Alter nicht mehr, Arm und Glied sind schwach geworden, aber die Finger sind zum Stehlen noch so gut zu gebrauchen wie die Zunge zum Lügen, zum Falschzeugnis-Geben, drum

Aus V und VI
Mach' VII und VIII,
Es ist vollbracht.

Wieder eine Flüchtigkeit: *Es ist vollbracht,* sprach Jesus am Kreuz (Ev. Joh. 19, 30). Die Hexe murmelte: »*So* ist's vollbracht«.

Und das letzte Gebot? Es stimmt, wie gesagt, mit dem ersten überein. Überdies gehörte X ursprünglich zu IX und ist daher kein (selbständiges) Gebot – auf hexisch heißt das:

Und IX ist I,
Und X ist keins.

Quod erat demonstrandum.

Ist dies schon Alterstollheit, hat es doch Methode.

(wer mag da endigen!) (mir graut) – meint Christian Morgenstern, »Das Butterbrotpapier«, 1910.

Des Grauens Sitz bei solchen Geistertiefen
Liegt wesentlich und stets im Subjektiven.

Friedrich Theodor Vischer, »Faust III« I, 9 (Faust).

Vischer verulkt Louvier im dritten Auftritt des Nachspiels zu Faust III, er läßt ihn als Kantianer Steinzänger auftreten (das ist der ins Deutsche übertragene Louvier) und wie irr seine Lehren hinausschreien: Gretchen ist die Naivität, die Mutter das Unbewußte, die Szene in Auerbachs Keller die Jugend, Hexe und Hexenküche das Alter, Helena die Illusion, Pater Seraphicus die transzendentale Ästhetik, seine zwei Augen Raum und Zeit, undsovielfachweiter, bis seine Kollegen von der Deutezunft ihn gefesselt abtransportieren.

———— 4 ————

Im Gegensatz zu Louvier, der die Zahlen des Hexeneinmaleins – wie alles im Faust – als Symbole erklärt, besteht ein ganzes Grüppchen von Grüblern darauf – nennen wir sie die Arithmosophen –, es einmal eins nach dem anderen rechnerisch zu enthüllen. Man kann sie (von Einzelgängern abgesehen) einteilen in die Modulatoren und die Quadratzieher.

Der *Modul* procedendi der Modulatoren ist die sogenannte Kongruenz von Zahlen, wie sie zuerst Carl Friedrich Gauß in seinen »Disquisitiones arithmeticae« behandelt hat. Beispielsweise sind die beiden Zahlen 47 und 11 – sagen wir: – *über die 3 miteinander verwandt,* weil sie beide, durch 3 dividiert, den Rest 2 lassen. (47 : 3 = 15, Rest 2; 11 : 3 = 3, Rest 2.) Diese Tatsache schreibt man seit Gauß

$47 \equiv 11 \ (\mathrm{mod} \ 3),$

und spricht sie aus: 47 ist kongruent 11 modulo 3.

Die Modulatoren mustern die Zahlen des Hexeneinmaleins auf die Reste hin aus, die sie bei der Teilung durch 2 lassen (also modulo 2). Diese Reste können selbstverständlich nur 0 oder 1 sein. So ist

$5 \equiv 7 \ (\mathrm{mod} \ 2),$

weil bei der Division in beiden Fällen 1 übrigbleibt, und

$6 \equiv 8 \ (\mathrm{mod} \ 2)$

mit dem Rest 0.

17

Zwei Abbildungen mögen dies erläutern.

In Abb. 2a ist ein Teilstück der *Linie der ganzen Zahlen* so gefältelt, daß die Zahlen, welche bei der Teilung durch 2 den Rest 0 bzw. 1 lassen, jeweils untereinander zu stehen kommen.

In Abb. 2b ist die Zahlenlinie um einen (durchsichtigen) Zylinder so gewickelt, daß alle Zahlen untereinander stehen, welche bei einer Division durch 5 denselben Rest (0, 1, 2, 3 oder 4) lassen – sie sind nach Restklassen modulo 5 geordnet.

Mit diesem *System der Restklassen modulo 2*, um es gelehrt-gestelzt auszudrücken, und einigen akrobatisch-akromagischen Klimmzügen wird das Hexeneinmaleins zu einer Modul-Demonstration umgemodelt, umdeformiert (z.B. Und 2 laß gehn = verschwinden, Und 3 mach gleich, nämlich gleich der 1). Goethe habe seine Kenntnisse der Zahlenkongruenz Gaußens »Disquisitiones« entnehmen können, denn diese seien 1801 erschienen, sieben Jahre vor Faust I.

Schade, daß im 1790 gedruckten »Faust, ein Fragment« die Hexenküche schon enthalten ist! Ganz abgesehen davon hatte Goethe mit Gauß nur den Anfangsbuchstaben gemeinsam – die Farbenlehre stand zwischen ihnen. Goethe ersetzte in seiner Bühnenbearbeitung des Kotzebueschen Lustspiels ›Die Bestohlenen‹ den dort mit ›Leibnitz‹ verbundenen Namen ›Gaus‹ (so!) durch ›Kant‹, und Gauß hat Goethen sogar Gedankenarmut vorgeworfen.

Gesetzt trotzdem den Fall, die Modulatoren hätten recht – was wäre das für eine Lösung: eine im gelahrten Modultalare einherwandelnde Trivialität, nämlich die umwerfende Erkenntnis, daß alle geraden Zahlen durch 2 ohne Rest teilbar sind, die ungeraden hingegen den *peinlichen* Rest 1 lassen. Es ist selbst dem unmathematischen Goethe nicht zuzutrauen (und man sollte es ihm daher auch nicht zumuten), daß er eine derartige Plattheit aus den ersten Seiten einer Rechenfibel der Hexe in den Mund zu schieben je die Absicht gehabt haben sollte.

––––– 5 –––––

Nicht so abstrakt wie die Modulatoren, formloser, sind die formellosen Quadratzieher, sie ziehen Strich um Strich, bis sie ein Quadrat aus dreimal drei Quadrätchen vor sich haben, und damit fangen sie an – jeder ein bißchen anders –, den Hexensang transformierend zu entschlüsseln.

An die Spitze gehört Dr. med. Ferdinand Maack (1861 bis 1930), ein bedeutender Mathemagus mit einer Maacke für magische Quadrate.

Er hat das Raumschach und das vierdimensionale Schach wenn nicht geschaffen, so doch gewaltig propagiert, hat Bücher mit grotesken Titeln verfaßt (»Elias artista redivivus oder das Buch von Salz und Raum« 1913, »Das zweite Gehirn« 1921, »Die heilige Mathesis« 1924, »Talisman Turc« 1926) und wunderseltsame Wörter verwendet (Stereosophie, Effloreszenz, Stereo-Zatrikiologie, allomatisch (Atome sind Allome. Keine Autome), extraepidermoidal), darin allerdings mit Leichtigkeit übertroffen von Dr. med. Dr. phil. Paul Albrecht, der verfügte: *Die Hypoparallele des »Misogyn« ist kryptodihypomimoxerodramatisch.* Na klar. Daß auch Maack es selbst willigen Lesern nicht ganz leicht macht, möge ein Satz (mit sämtlichen Gänsefüßchen) aus seiner Heiligen Mathesis belegen: *Durch die Hochdimensionierung wird die Materie immer subtiler, volatiler, bis sie schließlich »radikal solviert«, »aus dem Wesen gesetzt«, zur »quinta essentia«, zur »materia prima chaotica« wird, das heißt zur materia continua.* (Jetzt find' ich keine Worte meeher – o Alchimystika!)

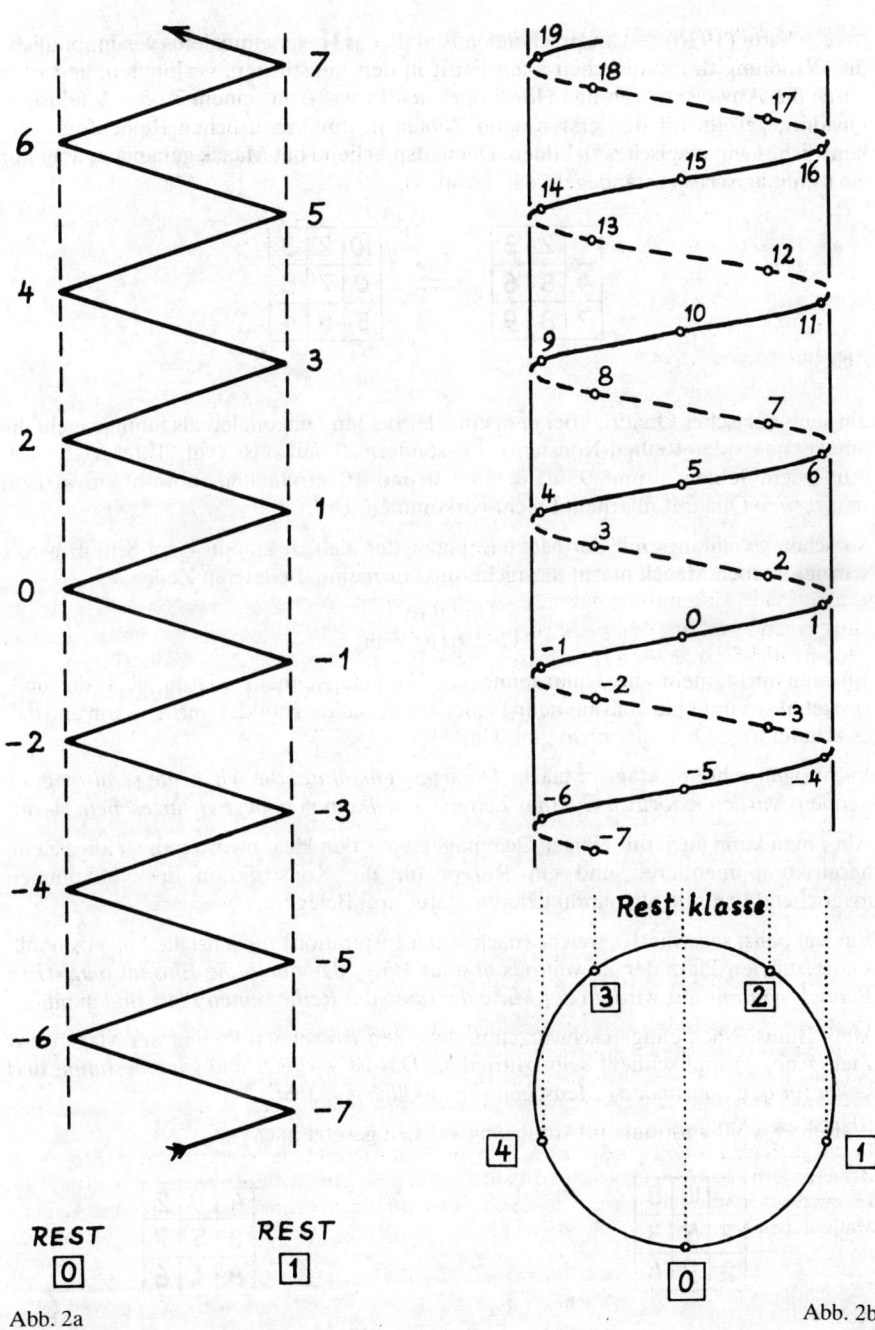

REST
0

REST
1

Rest klasse

3   2

4   1

0

Abb. 2a

Abb. 2b

Maack hatte (1926) den ansprechenden Einfall, das Hexeneinmaleins versinnbildliche die Wandlung des natürlichen alten Faust in den künstlichen, verjüngten, und zwar durch die Anweisung (an den Hörer oder den Leser?), aus einem $3 \cdot 3 = 9$ feldrigen Quadrat, gefüllt mit den ersten neun Zahlen in ihrer natürlichen Reihenfolge, ein künstliches, ein magisches zu bilden. Dementsprechend hat Maack gehandelt, aber nur ein semimagisches zustandegebracht (Abb. 3),

Abb. 3

ein semimagisches Quadrat, bei dem eine der beiden Diagonalen als Summe nicht die »magische« oder Reihen-Konstante 15, sondern 21 aufweist (vgl. Tafel V, S. 75). Außerdem fehlen 1 und 9, dafür sind 0 und 10 erschienen, obwohl sie in dem *natürlichen* Quadrat überhaupt nicht vorkommen. Hm.

So schön es anfangs mit der Metamorphose der Zahlen klappt – am Schluß wird's schwierig, doch Maack macht das nichts aus. Er meint, die letzten Zeilen

> Und 9 ist 1,
> Und 10 ist keins

beträfen nicht mehr die Umordnung der Zahlen, vielmehr wiesen sie – du mußt verstehn! – darauf hin, daß aus neun Feldern ein Quadrat gebildet werden kann und daß es zehnfeldrige Quadrate nicht gibt. Hm. Hm.

Im übrigen schreibt Magus Maack: *Derartige Quadrate, die wir heute semi-magisch nennen, wurden jedoch zu Goethes Zeiten als vollkommen magisch angesehen.* H–m.

Aber man kann auch mit einiger Gelenkigkeit aus den Hexenworten die leidige Zehn herauskomplimentieren und ein Rezept für die Konstruktion des vollkommen magischen Quadrats hineinpraktizieren; dafür drei Belege:

Ein Kabbalist setzt die 10, welche (nach seiner Inspiration) zunächst die 1 ersetzen soll, sofort auf den Platz der 2, weil *das absolut Böse, das durch die Eins im magischen Bereich symbolisiert wird, in der Mitte der obersten Reihe seinen Platz finden muß.*

Muß. Bums. Nach einigen schwarzen und weißen Rösseleien kömmt der Magier ans Ziel (Abb. 4) und schließt selbstzufrieden: *Das ist wirklich und ganz bestimmt und sicher für den »normalen« Menschen verständlich gemacht.*

Warum er wohl »normal« in Anführungszeichen gesetzt hat?

Abb. 4

Abb. 5

20

Ganz ohne *Hexen-Fexen und Gespenstgespinste* ging der Industrielle Dr. Erwin Zeiß das *Problem* an, ein Wiener Verwandter des bekannten deutschen Unternehmers aus der *Linsenbranche*. Er schrieb über seine Untersuchungen an magischen Quadraten (nachdem er sie auf Wunsch seiner Gattin eingestellt hatte) ein nettes Büchlein mit dem Titel »Zahlenzauber« (1934). In der Kurzweil-Ecke einer Zeitung habe er gelesen, das Hexeneinmaleins stelle ein magisches Quadrat dar, und die Lösung während einer langweiligen Eisenbahnfahrt gefunden. Er habe erst 1 ins erste Feld gesetzt, ins zweite dann 9, darauf deren Summe 10 wieder ins erste – – laß es jetzt gut sein, Erwin, komm' herab, kurzum, er gelangte zum verheißenen magischen Quadrat (Abb. 5, gedreht).

Er machte dann noch einige artige Entdeckungen über *Hexen-Rösselsprünge* sowie *zusammengesetzte Zeißsche Linsen* (vgl. S. 69) an 3 · 3 = 9- bis 27 · 27 = 729-feldrigen magischen Quadraten und schloß sein erfrischend nüchtern-bescheidenes Werkchen:

> *... so sei hiefür still bedankt*
> *Der, der nebenbei* [nebenbei!] *auch schrieb:*
> *Das Hexen-Einmaleins*
> *in Faust, I. Teil*
> *Goethe.*

Nebenbei: Ein Baumeister, der einmal mit einem Löffel über ein erkaltendes Linsengericht strich und in diesem Augenblick von der Erkenntnis durchflutet wurde, daß sich die Gebirge der Erde durch (tangentiale?) Kometenstöße aufgefaltet haben, dieser Baumeister widmete seine beiden (im Selbstverlag erschienenen) Hefte darüber *Dem großen Weltenbaumeister von seinem kleinen Kollegen.*

Das Hexeneinmaleins am poetischsten aufgelöst hat eine Berlinerin auf ihrem Darßer Hof, Frau Lena Bonte-Dotti (1885 bis 1934), nämlich in Faustschen Knittelversen und als Rätselspiel herausgebracht, D.R.G.M.a. (= Deutsches Reichsgebrauchsmuster angemeldet), sämtliche Rechte, auch der Übersetzung, vorbehalten. Diese sympathische Dilettante hat ohne den sektierischen Ernst mancher ihrer Mitpfadfinder frisch drauf los geforscht und gereimt. Auf dem Schuber, der den Druck schützt, ist eine rotäugige lächelnde Hexe zu sehen, so wie sie nach den Vorstellungen der Jahrhundertwende aus dem Pfefferkuchenhäuschen getreten sein mag, mit Haube, Warze und erhobenem Zeigefinger. Und neben ihr steht: *Heut sollst nach hundert Jahren du seinen Sinn erfahren* (Druckjahr war das Goethejahr 1932). Wir werden zunächst freundlich belehrt:

> *Was Unsinn scheint hat tiefen Sinn!*
> *Doch las seit 100 Jahren*
> *flüchtig die Welt darüber hin.*
> *Willst Wahrheit Du erfahren,*
> *befolg' genau der Hexe Rat*
> *und ordne jene Zahlen*
> *zu einem »Magischen Quadrat«,*
> *in dem Diagonalen,*
> *die Reihen senk- und wagerecht,*
> *die gleiche Summe geben!*
> *Hast*
> *das Geheimnis Du erfaßt,*
> *wirst Freude Du erleben!*

Bonte-Dotti beginnt (wie der gleichzeitige Zeiß) mit der 10, die sie später ebenfalls in 4 und 6 spaltet (aber auf Grund der Mephistoworte: Durch 3 und 1 und 1 und 3), darauf läßt sie die 2 gehen, nämlich auf Feld 3 – – genug, nach wenigen Strophen zaubert die treffliche Sibylle hocus bonte pocus dotti das makellose Saturnquadrat des Agrippa von Nettesheim aus der Haube (Abb. 5, vgl. dazu S. 70). Mehr sei nicht enthüllt.

Benjamin Franklin bezeichnete in einem Brief an P. Collinson die magischen Quadrate, vor allem die mit größerer Feldzahl, als schwierige Flausen (difficiles nugae, incapable of any useful application).

—— 6 ——

Um schließlich noch einen Einzelgänger zu Worte kommen zu lassen: Ein kgl. preußischer Geheimer Justizrat hat entdeckt: *Das Einmaleins bezweckt die Darstellung der Zahl 21, das Produkt der heiligen und auch in der Zauberei beliebten Zahlen 3 und 7.* Dafür braucht man nur anzunehmen, daß man 2 unverändert lassen und aus 3 eine *gleiche, paare, gerade Zahl,* nämlich 4, machen soll, *wie auch in anderen Sprachen die geraden Zahlen gleiche genannt werden (numerus par, nombre pair, an even number).* Dann erhält man die Reihen

> aus 1 mach 10
> aus 2 mach 2
> aus 3 mach 4
>
> aus 4 mach 0
> aus 5 mach 7
> aus 6 mach 8

und daraus, wenn man, da 10 *keins* ist, diese streicht, rechts und links die Summe 21. (Wobei die Summe der Oberteile die vollkommene Zahl 6 ist und die der Unterteile die magische Konstante 15 des Neunerquadrats – fügen wir hinzu.)

—— 7 ——

Verlassen wir für eine Weile die *Sinnbilddeuterlinge* und begeben uns zu den bisher vernachlässigten *Stoffsammlerlingen,* wie sie Friedrich Theodor Vischer (mit V) benamst hat.

Zum Hexeneinmaleins dekretierte 1889 Kuno Fischer (mit F) in seiner Schrift »Die Erklärungsarten des Goetheschen Faust«: *Was bedeuten diese tiefsinnigen Worte? Die Frage war falsch, da die Worte sinnlos sind und sein wollen . . . Jetzt fragt man: Wo hat Goethe diese Worte her? Wo steht zu lesen: Du mußt verstehn! Aus Eins mach Zehn? Die Frage ist umsonst, denn das Hexen-Einmaleins steht nirgends.*

Punctum, dictum, apodictum. Cunotus locutus, casus finitus.

Denkste.

Fünf Jahre später, 1894, wies Alexander Trille auf ein von Fleischer in Frankfurt verlegtes – mit Fleischers ist der junge Goethe 1765 in der Diligence nach Leipzig gefahren –, wies Trille auf das 1756 erschienene Schriftchen hin: »Alchimistisches Sieben-Gestirn, das ist: Sieben schöne auserlesene Tractätlein vom Stein der Weisen, darinn der richtige Weg zu solchem allerhöchsten Geheimnis zu kommen hell und klar gezeigt wird.« Dort findet man

Tues in ein Vass
Und mach es nass
So wird draus das . . .
Ein edles Gut,
Das Leib und Blut
Gesund erhält.
In dieser Welt
Ist ihm nichts gleich
Und machet reich . . .

Dieses Büchlein, meinte auch der Faust-Kommentator Georg Witkowski (1863 bis 1939), könne eine Vorlage für Goethe gewesen sein (Jahrbuch der Goethe-Gesellschaft IV), man beachte das Versmaß und den Reim *gleich – reich*.

Und 1921 lenkte Hermann Türck die Aufmerksamkeit der Forscher auf die Goethe bekanntlich bekannten Chymischen Schriften des Basilius Valentinus (s. S. 225), insbesondere auf die rätselhaften Holperverse

Sind zwei und drei und doch nur eins,
Verstehst du's nicht, so triffst du keins . . .
Ein Zeuge red't mit höchster Stimm',
Wer gar nichts gilt, ist leer im Sinn.
Fünfzig sind mehr denn Fünf die Zahl.
Und sind doch nur zween überall.
Tausend beschließen's End zugleich,
Wer dies versteht, der ist ganz reich.

Das scheint ein Spiel mit Zahlen und Ziffern zu sein (2 + 3 = 5, 0, 50, 2, 20, 50 · 20 = 1000).

Und schließlich hat 1932 Günther Goldschmidt vermutet, Goethe habe den *Codex Casselanus* gekannt, eine griechische Alchimistenhandschrift, welche Dr. John Dee 1567 dem Landgrafen Moritz von Hessen geschenkt haben soll.

ACHTUNG, ACHTUNG!

Die Bezeichnung *Codex Casselanus* ist wahrscheinlich aus den Veröffentlichungen Julius Trumpps (s. S. 32) bis in die Lexika, diese *Leichenkammern unseres Wissens*, gesichert. Sie ist aber unzutreffend und deshalb zu tilgen – in Kassel gibt es hunderte und aberhunderte von Codices. Das hier gemeinte alchimistische Manuskript steht in der Staatsbibliothek und Murhardschen Bibliothek der Stadt Kassel, ist zweibändig und wird unter

2° Ms. chem. 1 [1,2]

geführt. Auf den Seiten finden sich rechts und links von dem griechischen Text handschriftliche Bemerkungen in verschiedenen Sprachen und von verschiedenen Verfassern, auch kleine Gesichtsprofile sind eingezeichnet. Auf fol. 124 des zweiten Bandes steht *Agathodaemon* (s. S.

62), häufig liest man *Maria* (judaica vel prophetissa?), fol. 114 bietet eine Überraschung: dort steht einsam am Rand der Vermerk »10–1«. (Stünde statt dessen »1–10« da, so wüßten die Deutomanen ganz gewiß, woher Goethe sein »Aus 1 mach 10« geholt hat, geholt hätte!)

In einer lateinischen Randbemerkung auf fol. 142^v hat John Dee mit eigener Hand (gezeichnet J. d.) geschrieben (vgl. die dieses Kapitel abschließende Abbildung 14, S. 36 sowie S. 321):

> *Fac duo, unum*
> *et duo, tria*
> *et tria, quatuor,*

was man so übersetzen kann (k a n n, wenn man sich nämlich zu *zu* zu entschließen vermag!):

> *Mach zwei zu eins*
> *Und zwei zu drei*
> *Und drei zu vier.*

Dieser Codex oder seine Abschrift (seit 1777 in der Göttinger Universitätsbibliothek) könnte (könnte!) Goethen bekannt gewesen sein.

Die Deeschen Worte erinnern uns an den von C. G. Jung (»Psychologie und Alchemie«, 1972) als *Axiom der Maria Prophetissa* bezeichneten Satz: *Die Eins wird zu Zwei, die Zwei zu Drei, und aus dem Dritten wird das Eine als Viertes.* Vielleicht kannte Goethe den abseitigen Traktat voll neuplatonisch-gnostischer Zahlenspekulation »Practica in artem alchimicam« (gedruckt in Basel 1572, 1593, 1610).

Jung zitiert ferner aus Distinctio XIV der »Allegoriae sapientum« die Worte: *Unum et est duo, et duo et sunt tria, et tria et sunt quatuor, et quatuor et sunt tria, et tria et sunt duo, et duo et sunt unum.*

Auch sei noch submissest der Hinweis auf den von Goethe ebenso geschätzten wie benützten Shakespeare gewagt – aus Hamlet stammen Anregungen zur Valentinszene und der von Gretchens Wahnsinn; vom Sang der Lemuren bei Fausts Grablegung zu schweigen. Könnten nicht auch die Hexensänge in Macbeth (I, 3) das Hexeneinmaleins beeinflußt haben?:

> *»sieben Nächte, neun Mal neun . . .*
> *drei Mal dein,*
> *und drei Mal mein,*
> *und drei Mal noch,*
> *so macht es neun –«* (Übers. von Dorothea Tieck),
> *Weary se'nnights nine times nine . . .*
> *Thrice to thine,*
> *and thrice to mine,*
> *And thrice again,*
> *to make up nine* (1. Folioausg. von 1623).

Notabene: Wenn man alle Goethe sicher oder möglicherweise bekannten Sätze, in denen Zahlen aneinandergereiht sind, als Quellen oder Anregungen ansehen will, darf man Goethes eigene Verse nicht vergessen. Man achte zum Beispiel auf den folgenden Rhythmus (im Urfaust):

> *Das erst wär so, das zweyte so*
> *Und drum das dritt und vierte so.*
> *Und wenn das erst und zweyt nicht wär,*
> *Das dritt und viert wär nimmermehr.*

Neuerdings hat man die Zahlenfolge umgedreht, umgefädelt, umgeblödelt:

... so läuft jeder von den 4 am besten 3 Stunden und trägt die anderen 2. Es dauert natürlich nur 3 Stunden, wenn es 2 sind, und zwei Stunden, wenn es einer ist. Sehr angenehm, wenn es keiner ist.

Kurt Schwitters und Hans Arp: Der Würfel, Ende der »Moral«, 1923.

Nun haben wir also einige Vermutungen darüber, wie Goethe zum Versmaß, zu den Zahlen, den Reimen, den *Geboten* seines Hexen-Einmaleins gekommen sein *könnte*.

Doch selbst wenn (s. S. 23) der Dee das (der die das) Randgekritzel (vgl. S. 24 und S. 36) als mystische Weisung verfaßt hat, selbst wenn Goethe die Verse kannte, sie übersetzend in den Rhythmus des späteren Hexensangs bannte, sich daran im Garten der Villa Borghese erinnerte und von ihnen inspirieren ließ – angenommen, alle diese Hypothesen seien Fakten – dann folgt doch keineswegs aus ihnen, daß in den Versen arithmagische Anordnungen enthalten sind, besonders nicht für ein besonders angeordnetes Quadrat. In keinem der (möglichen) Vorbilder weist irgend etwas auf diese Figur hin.

—— 8 ——

Aus welchem Grund soll denn auch in der Hexenküche mit ihrem Zauberkreis und im Zahlengebrabbel der Zauberin ein Quadrat eine Rolle spielen? Das Wort kommt in dem Auftritt, ja im ganzen ersten Teil überhaupt nicht vor, erst bei der Grablegung gegen Ende des zweiten Teils.

Und dort kann man (wieder mal oder, wenn's sein muß, *einmal mehr*) sehen, wie unkonventionell Goethe vorging, wie verquer es in ihm vorging, wie konträr zum *meßkünstlerischen* Denken. Der Mathematiker bewegt sich gern im Allgemeinen (der späte – späteste – Goethe hätte hoffentlich formuliert: *im Bedeutendst-Allgemeinsten*) und spezialisiert von dort her, geht zum Beispiel vom Viereck mit vier verschiedenen Winkeln und vier verschiedenen Seiten aus und kommt dann, immer weiter einengend, zu den Unterarten, den Drachen, Trapezen, Parallelogrammen, Rhomben, Rechtecken und schließlich zum allerbesondersten, der Figur mit vier gleichen Winkeln und vier gleichen Seiten, zum Quadrat.

Nicht so, natürlich nicht so, Goethe. Er läßt das Grab für Fausts Leib ausheben, das übliche rechteckige, und Mephisto den schlotternden Lemuren die Weisung dazu geben:

Der Längste lege längelang sich hin!
Ihr andern lüftet ringsumher den Rasen!
Wie mans für unsre Väter tat,
Vertieft ein längliches Quadrat!

Ein längliches Quadrat! Zweifellos sofort vorstellbar, zweifellos höchst dichterisch, zweifellos viel plastischer als die uns vertraute Ableitung aus dem Rechteck als dessen gleichseitige Sonderform – aber mathematisch? Nein. (Eine ganz andere Deutung s. S. 427.)

Vor allem zwei Arithmoiker bezweifeln, daß die Hexe ein magisches Quadrat im magisch-roten Auge gehabt hat, sonst hätte sie doch kaum mit der Forderung begonnen: *Aus 1 mach' 10.* Man dürfe annehmen (nehmen die zwei an), daß der kaiserliche Rat Dr. Caspar Goethe in seinen genauen Lehrplänen für den begabten Sohn das kleine Einmaleins nicht vergessen und daß dieser nicht vergessen hat, was ihm zur Zeit des Siebenjährigen Krieges vom Kalligraphen und Rechenlehrer Thym und gelegentlich vom Legationsrat Moritz ins gepuderte Perückenköpfchen gebleut worden ist, damals, als der Königsleutnant Graf Thoranc im Goethehaus logierte. Also wußte der Dichter auch später noch, daran ist wohl kein Zweifel, daß 3 mal 3 gleich 9 und nicht gleich 10 ist.

Ihm war ja auch das Ergebnis von 6 mal 4 geläufig, denn er läßt Mephisto im Studierzimmer sagen: *Wenn ich sechs Hengste zahlen kann, sind ihre Kräfte nicht die meine? Ich renne zu und bin ein rechter Mann, als hätt ich vierundzwanzig Beine.*

Rechnenkönnen heißt meist (auch im Volksmund der *Gebildeten*) das kleine Einmaleins im Gedächtnis haben; mit Mathematik hat diese *Kunst* nichts zu tun. Das bestätigt der einmaleinskundige, mathematikunkundige Goethe indirekt in einem Brief (vom 24. Januar 1826) an den Mineralogen Karl Friedrich Naumann: Er habe dessen Grundriß der Kristallographie, ihm zur guten Stunde gekommen, sogleich bis Seite 45 mit Vergnügen wiederholt gelesen. *Hier aber stehe ich an der Grenze, welche Gott und Natur meiner Individualität bezeichnen wollen. Ich bin auf Wort, Sprache und Bild im eigentlichsten Sinne angewiesen und völlig unfähig, durch Zeichen und Zahlen, mit welchen sich höchst begabte Geister leicht verständigen, auf irgend eine Weise zu operieren.*

—— 9 ——

Die beiden Arithmosophen besonderer Art sind von Beruf Techniker, Dr.-Ing. Eckart M. Kuehl und Dipl.-Ing. Kurt Halmecke. Ihr mathematisches und physikalisches Wissen läßt sie über die Versuche lächeln, den Kreis mit Zirkel und Lineal zu quadrieren oder ein perpetuum mobile zu konstruieren – doch ihr Hang zum Romantischen (in ihrem Beruf verwunderlich, aber häufig) – – jedenfalls haben sie sich vom Hexenküchendunst das Hirn umnebeln lassen und sind (ebenfalls) der Faszination des *Aus 1 mach' 10* verfallen.

Dieser Befehl, aus Eins Zehn zu machen, zum mindesten ungewöhnlich für die Ausfüllung eines doch nur neunfeldrigen Quadrats,

(schon Zeiß war kritisch genug zu fragen: *Ist es denn überhaupt bestimmt, daß Goethe sich ein magisches Zahlenquadrat vorstellte?*)

ließ die beiden Ingenieure nach einer Figur suchen, zu deren Besetzung *zehn* Zahlen erforderlich sind. Und sie fanden sie schnell:

Das regelmäßige Fünfeck mit seinen fünf Seiten und fünf Diagonalen (Abb. 6) besteht aus zehn Strecken und war deswegen bereits den Pythagoreern ein Symbol ihrer *heiligen Zehn.*

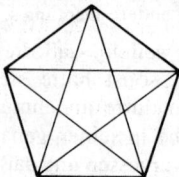

Abb. 6

Die Diagonalen des Fünfecks allein aber bilden den Fünfstern, das Pentagramm, den Drudenfuß auf Faustens Schwelle, das signum Pythagoricum, das in *des Großfürsten* MEPHISTOPHIELIS *sein Creiß* gleich fünfmal vorkommt. Tatsächlich hat das Pentalpha zehn ausgezeichnete Punkte, die fünf Spitzen und die fünf Schnittpunkte der jene verbindenden fünf Strecken (Abb. 7a und Abb. 7b).

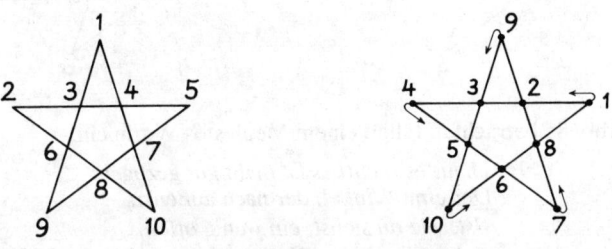

Abb. 7a

Abb. 7b

In Abb. 7a sind die Punkte übersichtlich beziffert, in Abb. 7b sind die Zahlen ebenfalls in ihrer natürlichen Folge nacheinander auf die freien Plätze der Strecken gereiht, *linksherum*, wie bei den Hexen, den schwarzen Magiern und den Mathematikern üblich.

Selbstverständlich sollen die Zahlen nicht so verteilt werden, wie die Abbildungen zeigen; denn die Summen auf den Strecken sind verschieden, in Abb. 7b zum Beispiel $10 + 22 + 26 + 27 + 25 = 110$. Die fünf Summen sollen vielmehr sämtlich einander gleich sein, also je $110:5 = 22$ betragen.

Als Kuehl und Halmecke (damals noch zusammenarbeitend) so weit waren, glaubten sie einen *bedeutenden* Wink Goethes dafür zu sehen, daß sie sich, des rechten Weges wohl bewußt, auf ihm befanden: »Gibt uns [uns?] die Hexe nicht selbst die *magische Konstante* 22 in die Hand? In ihrem Einmaleins sind die meisten Zahlen nur einmal genannt, die Ausnahmen 1 und 10 hingegen zweimal, und zwar an den auffälligsten Stellen, am Anfang und am Ende: Aus 1 mach 10 ... ist 1 und 10 ist .... $1 + 10 + 1 + 10$ ergibt aber 22 [!].« (Die Frage und der Aufschrei in eckigen Klammern stammen von uns.)

Damit waren die zwei endgültig verzaubert (*Das erste steht uns frei, beim zweiten sind wir Knechte*) und gingen (von jetzt an getrennt) weniger ans Studieren als ans Probieren nach bestem Amateurbrauch. Dabei mögen ihnen die Meerkatzensprüche in den Sinn gekommen sein: *Und wenn es uns glückt, und wenn es sich schickt, so sind es Gedanken!*

Es ist ihnen nicht geglückt, nicht ganz geglückt, konnte nicht ganz glücken. Kuehl ging, treu seinem Namen, konventionell vor. So wie Maack (s. S. 20) in die ersten Kästchen seines Quadrats die Zahlen 10, 2, 3 schrieb, setzte auch Kuehl sie auf die erste Strecke. Während aber Maack die Weisung *Verlier die 4* so auffaßte, daß er als vierte Zahl eine Null einzusetzen habe, meinte Kuehl sie völlig übergehen zu müssen, weshalb er gleich auf 7 und 8 überging. Auch den Vers *Und 9 ist 1* nahm er wörtlich als Befehl. Sein Ergebnis (Abb. 8a) ist ein *semimagisches Pentagramm* mit den Summen 22, 22, 22, 24, 20.

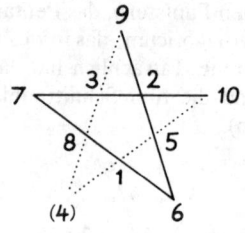
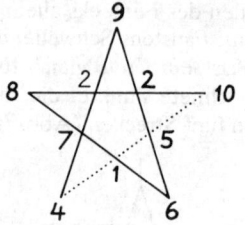

Abb. 8a (4)   Abb. 8b

Wenn man Abb. 8a betrachtet, fallen einem Mephistos Worte ein.

> *Beschaut es recht! es ist nicht gut gezogen:*
> *Der eine Winkel, der nach außenzu,*
> *Ist, wie du siehst, ein wenig offen.*

(vgl. die Nordostecke einer brasilianischen Weihnachtsmarke von 1976, gefertigt von der achtjährigen Andrea Lucia Cintra, Abb. 9).

Abb. 9

Die eine Strecke, mit den Zahlen 9, 3, 8 verlangt als Endzahl die 2, die andere (10, 5, 1) die 6. Das läßt sich nicht vereinbaren, aber immerhin steht in dem ungezogenen Winkel die 4, kompromißbereit als arithmetisches Mittel zwischen 2 und 6.

Halmecke, immer eine Ecke weiter als Kuehl, war radikaler, er ließ bei seinem Versuch (Abb. 8b) die 2 zweimal zu, weil er das Gebot *Und 3 mach'gleich* nur dahin verstehen konnte, daß die 3 der vorhergehenden 2 gleichzumachen sei. So *verliert* er die 3 und gewinnt (leicht schummelnd) ein semimagisches Pentagramm mit den Summen 22, 22, 22, 22, 20, (was wir großzügig anerkennen wollen).

Sie streiten noch heute, wer Recht hat, denn sie *hatten vor gemeinen Narren nicht ein Jota im voraus, außer, daß die weisen Herren (grau an Bart und grau an Haaren) Narren mit Methode waren* (Schink, Doktor Faust, ein komisches Duodrama, 1778, Rosamunde zu Faust).

28

Warum die beiden ROMANTESCHNIKER so stolz auf ihre Methode(n) sind und weshalb sie sich mit dem Ausknobeln *semimagischer* Drudenfüße begnügen, liegt daran, daß es kein magisches Pentagramm gibt (auf dem also die Zahlen von 1 bis 10 so verteilt sind – wären –, daß auf allen fünf Strecken die Summe 22 beträgt). Das läßt sich mathematisch leicht beweisen (vgl. S. 260).

> Und wo die Meßkunst dir Unmöglichkeit beweist,
> Da muß selbst Hexenkunst versagen.

Daß es kein magisches Pentagramm geben soll, erscheint deswegen besonders unwahrscheinlich, weil sich magische *Hexagramme* konstruieren lassen. Der hier gemeinte reguläre Sechsstern besteht aus zwei ineinandergeschobenen gleichseitigen Dreiecken, er wird von den Juden Schild Davids, sonst Siegel Salomonis genannt. (Er ist das Sinnbild der Vereinigung aller Gegensätze, so wird spekufabuliert, weil er – aus den Symbolen der vier Elemente zusammengesetzt ist: $\triangle$ Feuer, ∇ Wasser, $\triangle$ Luft, ∇ Erde.) Man kann die zwölf ausgezeichneten Punkte des Hexagramms mit den Zahlen 1 bis 12 so besetzen, daß die Zahlensummen auf jeder der sechs Seiten 26 betragen. (Die Summe der Zahlen von 1 bis 12 ist gleich 78, jede Zahl wird zweimal gezählt, macht 156, verteilt auf sechs Seiten ergibt 26.)

Nachstehend zwei Lösungen (von 96, ohne Drehungen und Spiegelungen), Abb. 10 a, b:

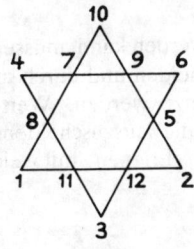

Abb. 10a

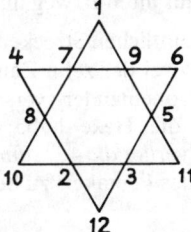

Abb. 10b

Obwohl bei beiden die Hälfte der Zahlen auf den gleichen Plätzen steht, sind die magischen Sechssterne wesensverschieden: Auf allen sechs Strecken der Abb. 10a befinden sich je zwei gerade und ungerade Zahlen, während dies bei Abb. 10b nur für vier Strecken zutrifft, auf den beiden anderen sind ausschließlich gerade bzw. ungerade Zahlen vorhanden.

Auch dem Sechsstern stand Goethe recht naiv gegenüber: *Gar manches läßt sich im Triangel schematisieren..., und zwar dergestalt, daß man durch Verdoppelung und Verschränkung zu dem alten geheimnisvollen Sechseck gelangt* (Entwurf einer Farbenlehre, 6. Abt.). Goethe zählt (wie ein Kind) nur die Spitzen, die herausspringenden Ecken des Sechssterns (der ein Zwölfeck ist). Goethe hat sich – und das entschuldigt ihn wohl – Sulpiz Boisserée gegenüber als »ethisch-ästhetischen Mathematiker« bezeichnet (Brief vom 3. Nov. 1826).

Daß man keine vollkommen magischen Pentagrammata bauen kann,

> habe Goethe gewußt (so Kuehl),

darüber in irgendeiner verschollenen Scharteke gelesen und durch das Hexeneinmal-eins die Alchimisten, die Neupythagoreer und die Okkultisten verspotten wollen, die immer wieder, und immer wieder vergeblich, Unerreichliches zu erzwingen hoffen –

oder nicht gewußt (Halmecke)

und hartnäckig versucht, ein magisches Pentagramm zu schaffen – das habe er später (im Maskenzug 1818) selbst in der Maske des Mephisto bekannt:

> *Mit Zirkeln und Fünfwinkelzeichen*
> *Wollt er Unendliches erreichen,*
> *Er quälte sich in Kreis und Ring,*
> *Da fühlt er, daß es auch nicht ging.*

Doch genug: *so schwätzt und lehrt man ungestört; wer will sich mit den Narrn befassen?*

Denn was den Herren anscheinend völlig entgangen ist: von dem Drudenfuß, der, weil falsch gezogen, das Erscheinen Mephistos nicht verhindern konnte, ist im Fragment von 1790 (in dem die Hexenküche steht) noch nichts zu finden, sondern erst im 1. Teil des Faust, 1808 erschienen, zwanzig Jahre nach der Entstehung des Hexeneinmaleins!

––––––– 11 –––––––

Trotzdem sei diesen Pentalphabeten noch ein *stärkend wörtlin* (von Mutchek, Karel, Ingenieur) auf ihren Irrweg mitgegeben:

Damit auf sämtlichen Strecken die Summe 22 erzielt werden kann, müssen (nach ihm) mindestens zwei der zehn Zahlen von 1 bis 10 ausscheiden und durch andere (nicht notwendig voneinander verschiedene) Zahlen ersetzt werden. Wenn man sich vorgaukelt, die Hexe habe in ihrem Einmaleins die auszuscheidenden Zahlen angegeben (*verlier die 4, ... und 9 ist eins*) sowie vorgeschrieben, mit welchen Zahlen die *Spitzen* des Pentakels zu besetzen sind – –

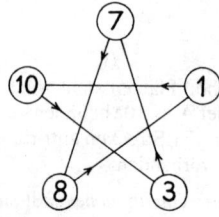

Abb. 11

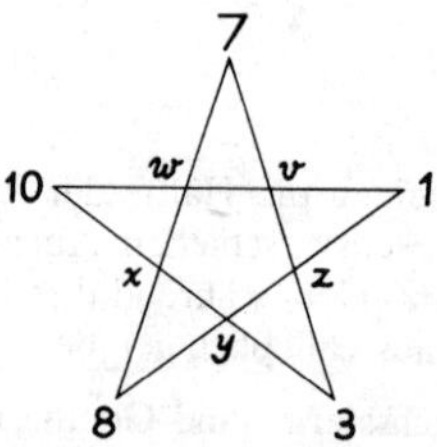

Abb. 12a

nämlich so (Abb. 11):

Aus 1 (= von 1 aus, der Zahl auf der ersten Spitze)
mach' 10 (bring' sie auf die zweite Spitze),
Und 2 laß gehn (beachte sie nicht, laß sie zum nächsten Schnittpunkt gehen und sich dort niederlassen, s. unten),
Und 3 mach' gleich (setze sie, gleich der 10, auf eine, die dritte Spitze),
So bist du reich (du hast den ersten Fußabdruck der Drude besetzt; der Drudenfuß

besteht aus zwei ineinander verschränkten *Dreiecken* ohne Basis, sie sind die Abdrücke der Füße der Drude),
Verlier die 4 [!] (sie darf überhaupt nicht vorkommen),
Aus 5 und 6 ...
Mach' 7 und *8* (= bringe diese beiden Zahlen auf die nächsten Spitzen, die vierte und die fünfte),
So ist's vollbracht (auch der zweite Fußabdruck ist besetzt),
Und 9 ist 1 (für die 9 gibt es keinen *Spitzenplatz* mehr, da steht schon die 1, drum ist die 9 zu verlieren wie die 4),
Und 10 ist keins (es gibt kein magisches Pentagramm mit sämtlichen 10 Zahlen – von 1 bis 10 –, aus diesen »10 ist keins« zu konstruieren). *Legt ihr's nicht aus, so legt was unter* (Goethe, Zahme Xenien II),
– – dann ist es ein Kinderspiel, ein Tertianerspaß, die Zahlen für die fünf Innenpunkte *v, w, x, y, z* (Abb. 12a) zu bestimmen, sie sind aus folgenden fünf Gleichungen leicht zu ermitteln:

$$v + w = 22 - 1 - 10 = 11$$
$$w + x = 22 - 7 - 8 = 7$$
$$x + y = 22 - 10 - 3 = 9$$
$$y + z = 22 - 8 - 1 = 13$$
$$z + v = 22 - 3 - 7 = 12$$

Man findet $v = (11 - 7 + 9 - 13 + 12):2 = 6$, $w = 5$, $x = 2$, $y = 7$, $z = 6$ und erhält so das *ächte* kryptomagische Pentalpha (vorschriftsgemäß ohne die 4 und ohne die 9) der Abb. 13, mit den Summen

22, 22, 22, 22, 22.

Wer sich von dieser Rechnerei schaudernd abwendet, schlag' nach bei Goethe und nehme die Weisung *Und 2 laß gehn* wörtlich, lasse die 2 also von der zweiten Spitze (10) in Richtung auf die dritte (3) bis zum nächsten Schnittpunkt gehn und sich dort niederlassen (Abb. 12b).

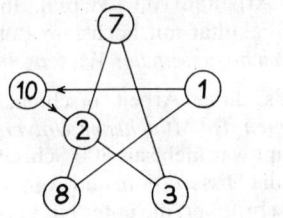

Abb. 12b   Abb. 13

Dann sind auf dieser Strecke bereits drei Punkte (durch 10, 2 und 3) besetzt, man kann sofort feststellen, daß auf den noch freien Platz eine 7 ($= 22 - 10 - 2 - 3$) gehört, und, so fortfahrend, auch die übrigen Innenzahlen schnell ermitteln.

Der *Innenkranz* enthält alle noch fehlenden erlaubten Zahlen, nämlich 2, 5 und 6, sowie anstelle der verbotenen 4 und der nicht verwendbaren 9 (Summe $4 + 9 = 13$) die vollkommene und hexische Zahl 6 und die ungezeugte, nicht zeugende Planetenzahl 7 (s. S. 107 und S. 184), ebenfalls mit der Summe 13. Mystalabim!

Mit diesem *Geistermeisterstück* (Faust II, Vers 6443, Astrolog) sei der Pentakel-Spektakel beendet. Und nicht nur dieser, sondern auch unser Bericht über die Spekulationen mit magischen Figuren zur *Erklärung* des Goetheschen Hexeneinmaleins.

Ihre Verfasser sind stets bemüht, aus den zehn Zahlen eine Krone zu formen, mit der die Nachwelt sie schmücken soll, doch immer wieder zerbricht die Krone in Stücke, und immer wieder versucht man, *mit Schweiß und mit Blut die Krone zu leimen!*

Denn alle die bisher vorgeführten *mathematischen* Deuter sind zu leicht, zu oberflächlich vorgegangen, sie trauen Goethe gleichzeitig zu viel (mathematische Neigung) und zu wenig (Geist) zu.

—— 12 ——

Man sollte daraus schließen, daß sich die allgemeine Meinung von diesen Deuteleien abwendet. Weit gefehlt: In »Meyers Enzyklopädischem Lexikon«, 9. Auflage, Band XI, 1974 liest man:

HEXENEINMALEINS, magisches Quadrat, Wort- und Zahlrätsel mit mehrfachem Sinn; häufig auch allein ein Sechsereinmaleins. Das von Goethe im »Faust« zitierte H. geht auf den englischen Mathematiker John Dee zurück.

Diese Notiz ist wohl aus den Angaben im »Brockhaus«, 16. Aufl., Bd. V, 1954 komprimiert, wo es heißt:

HEXENEINMALEINS, ein magisches Quadrat, Wort-, Zahlen- und Versrätsel, dem ein vielfacher verschlüsselter Sinn zugrunde liegt; in verwandtem Sinne ein Sechser-Einmaleins (grch. hex) aus dem Munde einer Hexe. Goethe fand das im Faust zitierte H. in einem lateinischen Text des englischen Mathematikers John Dee im Codex Casselanus, der ältesten griechischen alchimistischen Handschrift auf deutschem Boden. [Was in dieser Form sicher nicht stimmt, s. S. 23 u. 36].

Anschließend werden als Quellen u.a. zwei Arbeiten von Dr. phil. Julius Trumpp genannt, vor allem seine (übrigens von der Fakultät mit höchstem Lob bewertete) Dissertation *Die Hexenküche des ›Faust‹ im Lichte axiomaler Wissenschaft,* 1948/50.

Trumpp war bereits sechzig Jahre alt, als diese Arbeit erschien, in wenigen blaß getippten Exemplaren, *nur in den Räumen der Münchener Universitäts-Bibliothek benützbar.* (Das ursprüngliche Manuskript war mehr als 800 Schreibmaschinenseiten stark, Trumpp verkürzte es auf 248 für die Dissertation, und Agnes Klein stellte kürzlich dankenswerterweise eine lesbare Abschrift her, die unter Nr. U49.6136 (b) in der Bayerischen Staatsbibliothek einzusehen ist.

Trumpp unterscheidet sich von den bisher genannten Deutern durch seine vortrefflichen mathematischen, physikalischen und astronomischen Kenntnisse, eine rationalistische, allem Mystischen (*Scharlatanerie!*) abholde Gesinnung und durch sein schier unglaubliches Wissen, angefangen von den Pyramiden, Pythagoreern und Platonikern über Raimundus Lullus, Paracelsus und Basilius Valentinus bis zu den letzten Ergebnissen der Faustforschung, ganz abgesehen von Magie, Alchimie, Astrologie und Kabbala – er selbst erzählte gern, daß man ihn als den letzten Polyhistor bezeichne.

Er kommt in seiner Arbeit fast auf das gleiche semimagische Quadrat wie Maack, aber mit viel beachtlicheren Begründungen. Doch damit ist's natürlich nicht getan (248 Seiten!). Die Lösung wird nacheinander über einen magischen Kubus, über ein Hexagon und ein Siegel Salomonis durchgeführt, man liest von magischen Treppen, von den Urdreiecken des Platon, dann folgen weitere Lösungen über einen semimagischen Zirkel, durch Parallelen-Verschiebung, nach der Rechenschieber-Methode, über eine Tabula Solis (welche ein magisches 6 · 6 Quadrat ist, vgl. S. 71).

Es scheint nicht möglich, den Inhalt dieser Doktorarbeit auf wenigen Seiten darzustellen, man muß es den Wißbegierigen überlassen, sich selbst durch sie hindurchzuarbeiten. Und so schreibt der Verfasser über seine Arbeit:

Eine Unmenge Stoff ist in dem magischen Teppich, den wir ausbreiten, hineingewirkt. Was auch immer in dem »Webemeisterstück« zutage tritt, scheint mit einer Behaglichkeit ausgesponnen, zusammengewürfelt wie des Dichters Vorlage; ein tiefes Problem, das zu entwirren köstliches Vergnügen und einen unendlichen Gewinn beschert, wobei wir der Überzeugung sind, die hauptsächlichsten Variierungen entwickelt zu haben. Was auch immer in einem hexadischen, nonischen, dekadischen System, aber auch im Duodezimalsystem, Platz behält und mathematischen Sinn beansprucht, wird mühelos auch im Abacus der Hexe unterzubringen sein. Jede der Deutungen ist für sich allein zu nehmen; dennoch fehlt auch nicht das geistige Band des Zusammenhalts. Über den Fallstricken des Teufels leuchten die Symbole ewiger göttlicher Liebe, des Glaubens und der Hoffnung. Diese Triade darf auch im Hexen-Einmaleins bestehen.

Angemerkt sei, daß Trumpp die gängige Erklärung der Antwort Mephistos auf das Hexengeschwätz (durch 3 und 1 und 1 und 3) als Angriff auf die Dreieinigkeit ablehnt und anders auslegt, und daß er eine allgemein als negativ bewertete Bemerkung Goethes Eckermann gegenüber als positiv deutet. Gemeint ist das Gespräch vom 28. März 1827, in dem sich der Altmeister abfällig geäußert hat über den Stil des Hegelschülers und Philosophieprofessors Hermann Hinrich (1794 bis 1861):

Es gibt aber in seinem Buche [›Das Wesen der antiken Tragödie‹ 1827] nicht wenige Stellen, bei denen der Gedanke nicht rückt und fortschreitet, und wobei sich die dunkle Sprache immer auf demselbigen Fleck und immer in demselbigen Kreise bewegt, völlig so, wie das Einmaleins der Hexe in meinem Faust.

Trumpp hält diese Äußerung für *den Haltepunkt und wichtigen Hinweis für die Erklärung und einen wirklichen Sinn des Hexen-Einmaleins.* Mit dieser Ansicht steht er bisher allein.

Skeptisch darf man auch gegenüber Trumpps Ausführungen sein, wonach *der in seine Spottsucht und sein Versteckspiel verstrickte Dichter zum Verständnis der Hexenküche zur gegebenen Zeit am gegebenen Ort aus der Schule geplaudert* habe, nämlich im Vorspiel zur Eröffnung des Theaters in Halle im Juli 1814. Darin (5. Auftritt) singt die Nymphe der Saale u. a.:

> *Bei meiner Treu! bei meiner Sechse!*
> *Die ist just so von meinem Gewächse,*
> *Eine Nixe wie ich, – wohl gar eine Hexe! –*
> *Hexen-Nixe? Nixen-Hexe?*
> *Nichts von Nixe!*
> *Sie zeigt sich auf großem Schaugerüste,*
> *Das tut keine Nixe, daß ich wüßte.*

33

Trumpp meint dazu: *Das Wörtchen ›keins‹, das zu nix und zum Nixchen ebenso gut paßt, wie hex zum Hexchen. Dieses Wortspiel wählte Goethe... zu einem glänzenden Beispiel für einen versteckten Hinweis auf den wahren Sinn des Zauberspruchs, den erst Detailarbeit durchschaubar werden ließ.*

Wenn Trumpp recht hat, dann ist Friedrich Wilhelm Riemer hier nicht nur Goethes Mitarbeiter gewesen, sondern auch sein Komplice, denn die anspruchslosen Verse der *Saalnixe* in der von Goethe entworfenen *höchst seltsam zusammengeflickten* Gelegenheitsdichtung (Hellmuth Freiherr von Maltzahn, 1948) stammen von Riemer, der als ehemaliger Hallenser Student die dortigen platten Redensarten offensichtlich gut gekannt und verwendet hat. Schade, daß er (gest. 1845) sich nicht – auch nach Goethes Tode nicht, *daß ich wüßte* – zu diesem Thema geäußert hat.

Doch sollte sich niemand davon abhalten lassen, die Dissertation zu studieren – unsere nur den äußersten Rand bekrittelnden, bekritzelnden Marginalien wollen lediglich die Grenze aufzeigen, die der Verfasser erreicht oder überschritten hat. Jeder muß selbst nachprüfen, ob es sich um ein Werk handelt, durch das *man alles erfährt und doch zuletzt von der Sache nichts begreift* (wie Goethe in den nachgelassenen Maximen und Reflexionen geschrieben hat) oder ob dies nicht der Fall ist.

Wer an die Dissertation nicht heran kann oder will, sei auf den Artikel »Der Schlüssel zur Hexenküche«, Geistige Welt IV, 4, 1951, hingewiesen. In ihm hat Trumpp die Fülle seiner Gesichte zusammengefaßt.

Schwer ist das Urteil, denn Beweise gibt's hier keine, sagt Wallenstein in dem ursprünglichen, später von Schiller verworfenen, ersten Auftritt von »Wallensteins Tod« (vgl. S. 39).

Man kann es auch ironisch-pathetisch ausdrücken:

> *O Not! o Kreuz!*
> *Furchtbarer Doppelschein!*
> *Entsetzlich Zwielicht*
> *zwischen Ja und Nein!*
> Fr. Th. Vischer, Faust III, 1,10 (Faust).

Wir hätten – wären wir Verfasser der Trumppschen Doktorarbeit – sie Goethen gewidmet und zwar mit dessen eigenem Vers (»Widmung«, Zahme Xenien aus dem Nachlaß):

> *Deine Werke zu höchster Belehrung*
> *Studier ich bei Tag und bei Nacht;*
> *Drum hab ich in tiefster Verehrung*
> *Dir ganz was Absurdes gebracht.*

Denn manchmal, so scheint uns, trifft auf Trumpp Goethes Äußerung (an Zelter am 14. April 1816) zu: *Ferner ist es eine rechte deutsche Art, zu einem Gedicht oder sonstigen Werke den Eingang überall, nur nicht durch die Türe zu suchen.*

Uns will nämlich nicht eingehen, daß Goethe alle oder auch nur einige Fäden gekannt und verwendet habe, die Trumpp so kunstvoll-künstlerisch-künstlich zu einem wundersamen Gebilde geformt hat. Solche Gespinste waren dem Dichter fremd, er mochte sie nicht beschwören. Trumpp offenbart uns aus seinem erstaunlichen Wissen heraus, was alles aus der Hexenküche herausgeholt werden *kann* – aber daß Goethe es hineingelegt *hat*, das bezweifeln wir.

Es erscheint uns möglich, daß er Lavatern, den er so früh als Freund und Feind gekannt, hat verhöhnen wollen, sein »Einmaleins der Menschheit« (s. S. 387), sein *phosphoreszierendes Tintenfaß* und seine *superlativische Feder* (Goethe in einem Brief an Herder); vielleicht dachte er daran, die Zahlenmystik der Neupythagoreer zu verspotten, vielleicht kamen ihm ähnliche (für den Gang der Handlung und das Stück selbst) belanglose Dinge in den Sinn wie später der Lavater-Kranich oder Hennings Zeitschrift (ci-devant Genius der Zeit) im Walpurgistraum – – möglich, möglich, alles möglich.

Auch daß der Greis solche uralten Querelen längst vergessen oder sich ihrer Nichtigkeit (sub specie aeterni!) geschämt – das Genie sich geniert und deswegen als ahnungslos geriert – und sie deswegen geleugnet hat.

Ja, wenn wir einen positiven Hinweis hätten! Wir kennen zwar seine Verse

> *Hineingeheimnist hab ich dies und das,*
> *Damit sie tüchtig auszuraten kriegen –,*

aber leider sind sie ihm von Fr. Th. Vischer in den betagten Mund gelegt worden und stehen im Nachspiel zu Faust III, 4. Auftritt.

Oder wenn wir wüßten, daß das undatierte Distichon an seinen *Urfreund* Karl Ludwig von Knebel auf das Hexeneinmaleins gemünzt war:

> *Völligen Unsinn siegel ich hier, geschriebnes Geschreibe;*
> *Öffne es nicht, sonst schwirrt Käfer auf Käfer umher.*

Oder wenn umgekehrt uns ein angeraucht Papier bekannt wäre, in dem es heißt

»1. März 1788. Rom.
Ich habe schon eine neue Scene ausgeführt, und wenn ich das Papier räuchere, so dächt' ich, sollte sie mir niemand aus den alten herausfinden, denn ich habe mich in eine selbstgelebte Vorzeit wieder versezt und Faustens Verjüngung hingewühlt wie ehedem, und alle Frazzen gleich in Reimen. Das irrlichteliert im Mund der Hexe und ihrer Tiere, und es wird ein Spaß sein, wenn die Deutschen später sich die schweren Köpfe zerbrechen, die morschen Zähne ausbeißen werden an den harten Pinienzapfen, die ich, sie zu vexieren, im Garten Borghese hineingeschwärzt...«

Dann wüßten wir wenigstens, daß wir nach etwas zu suchen hätten, wenn auch nicht wonach. Dann könnten wir uns den Neununddreißigjährigen vorstellen, unter den Palmen dahinstürmend, wie er sich zehn, fünfzehn, zwanzig Jahre zurückversetzt, zunächst noch verworren dies oder jenes Wort aufs Täfelchen notiert, dann Verse strudelt. Erinnerungen an seine *alchymische* Zeit kommen hoch, Bruchstücke aus neupythagoreischen Schwarten, die Eins, numerorum fons et origo, welche die heilige Zehnzahl, die Tetraktys, erzeugt hat – – schon steht eine Zeile da: *Aus Eins mach' Zehn*

– und die paßt nebenbei und hochwillkommen auch auf Lavaters anprangernswerte Art, einen nicht gerade fetten Gedanken zu zehn dünnlichen und dümmlichen Sprüchlein auszuwalzen...

Doch leider sind nur die ersten Zeilen des obigen *angeraucht Papiers* echt, und diese beziehen sich wahrscheinlich auf die Paktszene.

Daher halten wir es mit Ernst Beutler (der zugab, von Trumpps Darlegungen nichts zu verstehen), welcher 1950 Goethes Bemerkung über die dunkele Sprache und den nicht rückenden Gedanken (s. S. 33) zitiert und fortfährt: *An dieser Deutung des Hexeneinmaleins aus dem Munde des Dichters müssen wir festhalten, selbst wenn die Verse nach verschiedenen mathematischen Methoden in Verbindung mit dem okkulten Schrifttum des Mittelalters und der Renaissance als sinnvoll erklärt werden können.*

Wie man überhaupt feststellen kann: nach anfänglichem Schwanken schwenken die Goethekenner wieder auf den Ablehnungskurs ein.

Trumpp,

dessen Trumppf-As jene kurze Notiz des englischen Mathematikers, Alchimisten und Astrologen John Dee ist, welche Günter Goldschmidt im Catalogue des Manuscrits Alchimiques grecs (Brüssel 1932) veröffentlicht hat (vgl. Abb. 14),

Trumpp hat uns in einem schier unübersehbaren, unabwickelbaren Netz von Beziehungen, in das man sich hoffnungslos verstricken kann, unglaublich viele Möglichkeiten aus der Tiefe hervorgeholt, einleuchtend und widerspruchsfrei, Möglichkeiten, die im Hexeneinmaleins versteckt sein können (könnten) – doch wir glauben nicht, daß Goethe auch nur von einer einzigen Gebrauch gemacht, selbst wenn er sie begriffen hätte. Er mochte Buchstaben- und Zahlenzaubereien nicht (wie im nächsten Kapitel an einem besonders auffälligen Beispiel demonstriert wird).

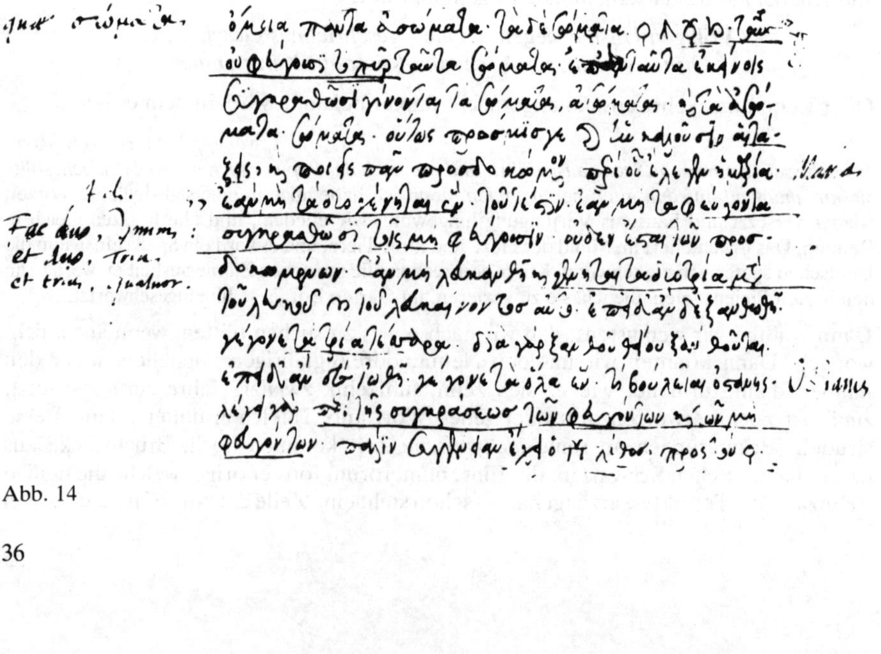

Abb. 14

Nach einer Bemerkung des Kanzlers v. Müller (betr. Julia von Egloffstein) hat Goethe Fouqués »Zauberring« nicht gelesen, angeblich nicht lesen dürfen: *Meine Oberen haben es mir verboten.* War dieser Satz Goethes Schalkerei, Geheimniskrämerei oder ein Vorwand für seine Abneigung gegen Hexenfexen?

Unsere Meinung ist: wir wissen nicht, ob Goethe etwas in seinem Hexeneinmaleins versteckt hat, »der ganzen Welt verborgen«, und wir werden es wohl niemals wissen.

> *Am reinsten strahlt der Dichtung Zauberlicht,*
> *Wenn man vergebens sich den Kopf zerbricht.*
>
> Fr. Th. Vischer, Nachspiel.

> *Mit Gründlichkeit ist nichts getan,*
> *Fängt Unergründliches erst an.*

Eugen Roth, Ein Mensch, dem's immer schon gegraust, wenn man ihn fragt': *Kennst Du den Faust?*

Sagen wir es zum Schluß noch einmal, sagen wir es in eindrucksvollem Latein (nicht ohne zu hoffen, eines Tages durch eine Widerlegung angenehm überrascht zu werden; denn wir nehmen auch unsere eigene Meinung nicht allzu ernst):

IGNORAMUS, VERISIMILE NUNQUAM IGNORABIMUS.

Kapitel 2

Was ist mit diesem Rätselwort gemeint?

»Geistermeisterstücke«, die Goethe nicht mochte

Nun ist die Luft von solchem Spuk so voll,
Daß niemand weiß, wie er ihn meiden soll ...
Faust II,5. Mitternacht (Faust)

—— 1 ——

Wohl den eindrucksvollsten Beleg für Goethes Abscheu vor Buchstaben- und Zahlenkünsteleien findet man in seinem Briefwechsel mit Schiller über die Gestaltung der ersten Szene von »Wallensteins Tod« (ursprünglich als Beginn des vierten Aktes der »Piccolomini« gedacht).

Das Trauerspiel sollte mit einem Buchstabenrätsel eingeleitet werden, dessen Lösung den Herzog von Friedland, den Grafen von Waldstein, veranlaßt, seine kaiserfeindlichen Pläne in Taten umzusetzen: Seni, sein Astrolog, berichtet ihm über ein Orakel, von dem *alle Welt will meinen*, es ziele auf ihn, es bestehe aus fünf Buchstaben F. Seni schreibt sie auf eine Tafel –

Goethe meinte übrigens dazu, die Buchstaben müßten in einen Kreis gestellt werden (demnach die Spitzen eines Pentagramms bilden! Abb. 15).

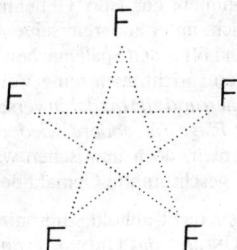

Abb. 15

– und deutet die Buchstaben durch einen Vers (*In Versen spricht die Gottheit*, haucht dazu voller Ehrfurcht Wallenstein):

FIDAT FORTUNAE FRIEDLANDUS FATA FAVEBUNT

(Friedland traue dem Glück! Die Verhängnisse werden ihm hold sein).

39

Des Friedländers Antwort ist ein Musterbeispiel für den prächtigen Pomp des prunkenden Schillerschen Pathos. Sie verdient, dem verstaubten Anhang der Gesamtausgaben entrissen zu werden:

Und wie der Schatte sonst der Wirklichkeit,
So kann der Körper hier dem Schatten folgen.
Denn wie der Sonne Bild sich auf dem Dunstkreis
Malt, eh sie kommt, so schreiten auch den großen
Geschicken ihre Geister schon voran,
Und in dem Heute wandelt schon das Morgen.
Die Mächte, die den Menschen seltsam führen,
Drehn oft das Janusbild der Zeit ihm um,
Die Zukunft muß die Gegenwart gebären.

So hüllte der Meister des Worts eine gängige Redensart in kostbaren Purpur – bei Thomas Campbell (1777 bis 1844) heißt sie schlicht in uns vertrauten Worten *Coming events cast their shadows before* (»Lochiel's Warning«).

Fast alle diese so volltönenden Verse hat Schiller nicht verwendet, hat sie mit dem ganzen ersten Auftritt, so wie er ihn zunächst geplant, fallen lassen und auf die darin enthaltenen Buchstaben-Orakel verzichtet – zugunsten des allbekannten astrologischen: in der neuen Fassung beschreibt Seni eine dem Herzog gerade günstige Konstellation der Planeten, worauf dieser ruft: *Jetzt muß gehandelt werden, schleunig, eh die Glücksgestalt mir wieder wegflieht überm Haupt, denn stets in Wandlung ist der Himmelsbogen.*

Ursache für Schillers Wandlung war Goethes Schreiben vom 8. Dezember 1798, in dem dieser (nach vielfältiger Überlegung) abriet:

Der moderne Orakel-Aberglaube hat auch manches poetische Gute, nur ist gerade diejenige Spezies, die Sie gewählt haben, dünkt mich, nicht die beste, sie gehört zu den Anagrammen, Chronodistichen, Teufelsversen, die man rückwärts wie vorwärts lesen kann, und ist also aus einer geschmacklosen und pedantischen Verwandtschaft, an die man durch ihre inkurable Trockenheit erinnert wird.

Man könnte auf den Gedanken kommen, der Herr Geheimrat habe keinen Spaß an Schnickschnackereien gehabt. Dagegen spricht unter anderem seine Äußerung Falk gegenüber (im Juni 1816), man sollte sich in seiner Jugend öfter den Spaß machen und den Deutschen *solche Brocken wie den Brocken hinwerfen,* dagegen spricht auch seine Vorfreude, *wenn mein Walpurgissack nach meinem Tode sich einmal eröffnen und alle bis dahin verschlossenen, stygischen Plagegeister, wie sie mich geplagt, so auch zur Plage für andere wieder loslassen sollte...* (Man fand im *Walpurgissack* unveröffentlichte Xenien, doch inzwischen waren die Plagegeister gedörrt und zahnlos geworden wie der zur Grille geschrumpfte Gemahl der rosenfingrigen Eos.)

Auch war Goethe dem Wortspiel gar nicht abhold, zum mindesten nicht in seiner Jugend: Im »Satyros«, IV (1773) steht *Wie im* UNDING *das* URDING *erquoll* – dabei war so etwas nach den ästhetischen Grundsätzen des 18. Jahrhunderts in der höheren Dichtung als *falscher Witz* verpönt.

Goethe hat auch in seinen »Faust« manche verspielte Versspiele gewoben, so die Wörter, die einer der Greife (II, 2, 7096/7, Am oberen Peneios) schnarrt, als Assoziationen auf Mephistos Reizwort *Greise: Grau, grämlich, griesgram, greulich, Gräber, grimmig,* etymologisch gleicherweise stimmig. Oder den Vers 4959 (Astrolog in II,1, Kaiserliche Pfalz), auf den Trumpp (s. S. 32 ff.) hinweist: *Die keusche Luna launet grillenhaft* (la lune der Mond, les lunes die Launen = Grillen). Übrigens schließt Trumpp aus derlei Feinheiten, daß Goethe im Hexen-Einmaleins absichtlich die

Hex' mit Apostroph geschrieben habe, und nicht Hex, weil sonst das von ihm dort verwendete Gesetz der Hexade allzudeutlich preisgegeben worden wäre. Nun war damals natürlich jeder Deutsche, der (auf griechisch) bis 6 zählen konnte, in der Lage, frostige Mätzchen mit hex und Hex' zu verfertigen, so wie heute jeder, falls er (auf deutsch) bis 6 zählen kann, freudig Witzchen über Sechs und Sex, über *den* Freud ohne und *die* Freud' mit Apostroph zu reißen weiß. Aber ob Goethe auf den kleinen feinen Unterschied eines Auslaßhäkleins wirklich geachtet hat, ob er die Korrekturbögen daraufhin ansah, ob er sich überhaupt ernstlich um Interpunktionsregeln und -bräuche gekümmert hat? Jedenfalls schrieb der junge Goethe (Weim. Ausg., 4. Abt., I, 258): *Es ist schwer gute Perioden und Punkte zu seiner Zeit zu machen, die Mädgen machen weder Komma noch Punctum, und es ist kein Wunder wenn ich Mädgen Natur annehme.*

Schiller, der Goethes Rat erbeten hatte, weil er selbst mit dem ersten Entwurf der Seni-Szene nicht recht zufrieden war, wischte ihn sogleich vom Tisch. Die fünf F verschwanden ebenso in der Schublade (vielleicht zu den langsam gärenden Äpfeln) wie das siebenfache M, das nach Seni bedeuten sollte

M<small>AGNUS</small> M<small>ONARCHA</small> M<small>UNDI</small> M<small>ATTHIAS</small> M<small>ENSE</small> M<small>AJO</small> M<small>ORIETUR</small>.

Kein Druckfehler: M<small>ENSE</small> M<small>AJO</small>, nicht etwa M<small>ENSE</small> M<small>ARTIO</small>; denn Wallenstein bestätigt: *Und das traf pünktlich ein, im Mai verstarb er.*

Eine der Maximen und Reflexionen aus Goethes Nachlaß lautet: *Zu berichtigen verstehen die Deutschen, nicht nachzuhelfen.* Ob Goethe hier irrt, mag Düntzer (s. S.12) in Valentins Wirtshaus *am Rand der Himmelshallen* (Vischer, »Faust III«) beurteilen.

Der Autor, der weiß, daß er ein geborener Korinthenkracke ist, möchte indes in den Ruf ausbrechen: Hier irrt Seni, hier irrt Wallenstein, hier irrt der Geschichtsprofessor Schiller – denn Seine Majestät Kaiser Matthias geruhten, am 20. *März* 1619 das Zeitliche zu segnen, also M<small>ENSE</small> M<small>ARTIO</small>, *nicht* M<small>AJO</small>.

—— 2 ——

Das fünffache F und das siebenfache M werden in den Schatten gestellt von jenem neunfachen P (aus der Zeit, da Latein noch der Gelehrten Umgangssprache war), mit dem ein trinkfreudiger Hochschullehrer den Ausfall seiner Vorlesung wegen einer Zecherei (oder ihrer Folgen) anzukündigen die liebgewordene Gewohnheit gehabt haben soll:

P P

P P P

P P P P

Angeblich wußten seine Hörer, daß mit diesem *abgestumpfften Dreyeck* gemeint war

P<small>ETRUS</small> P<small>ONTANUS</small>,

P<small>OESEOS</small> P<small>ROFESSOR</small> P<small>UBLICUS</small>,

P<small>ROPTER</small> P<small>OCULA</small> P<small>ROHIBETUR</small> P<small>RAELEGERE</small>.

Die x-fache Häufung eines und desselben Buchstabens ist die Spezialform einer kabbalistischen Künstelei, genannt *Notarikon* : man kennt AEIOU = Alles Erdreich Ist Oesterreich Untertan oder Austria Est Imperare Orbi Universo –

hier sei auf Goethes Gedicht »Séance« (um 1797) hingewiesen, in dem er die Akademiesitzungen verspottet:

Mit Scharlachkleidern angetan,
Saßen die Selbstlauter obenan:
A, E, I, O und U dabei,
Machten gar ein seltsam Geschrei.
Die Mitlauter kamen mit steifen Schritten,
Mußten erst um Erlaubnis bitten ...

und AEG, was nicht nur Allgemeine Elektricitäts-Gesellschaft bedeuten soll, sondern auch deren Werbespruch *Aus Erfahrung gut* (und natürlich noch unzählig vieles Andere bedeuten könnte: etwa *Auch ein Gag* oder *Alle ehren Goethe* oder *Aber erst Gauß* oder *Arithmetica et Geometria* und derlei mehr). Die Alchimisten haben ihre Fachausdrücke als Notarika angesehen, z. B. ALCHIMIA = Ars Laboriosa Convertens Humiditate Ignea Metalla In Aurum. (Man kann verstehen, daß sich der junge Goethe beim Durchstöbern derartiger Werke abgestoßen fühlte von solchem Brimborium und Beziehungswahn, von solcher Deutungssucht und Geheimnistuerei, hinter der nicht *das Absolute*, sondern absolut nichts steckt.)

Damit hat wohl jeder genug von den Buchstaben-Orakeln, die dem *Sitz- und Geistesriesen* Goethe so zuwider waren.

Mit diesem Doppelwort hat des Autors Frau den etwas kurzbeinigen, großen (177 cm großen) Olympier trefflich-treffend körperlich und geistig umrissen.

Betrachten wir nun noch einige exempla aus der *geschmacklosen und pedantischen* Verwandtschaft der Notarika, etliche Anagramme, Chronodistichen und versūs recurrentes.

—— 3 ——

Verwürfelt man die Buchstaben eines Wortes oder eines Satzes so geschickt, daß sich ein anderes Wort oder ein anderer Satz ergibt, so spricht man von (sinnvollen) *Anagrammen*. ALS ist ein Anagramm von LAS, ein Satzbeispiel ist die Deutung der Pilatusfrage auf den anwesenden Christus: Aus QUID EST VERITAS? entsteht EST VIR QUI ADEST!

Als weitere Beispiele seien dargeboten:

Hölderlin in der Höll, Mantel und mental,
Vorlesung und Verlosung, Akzente und Azteken,
Modena, Adenom, Daemon, Domaen',
Nomade und Monade,

Kaiser und Karies, Peron und Opern,
Adolf Hitler und Folter-Hilda,
Alboin, Albion und Albino,
Eiland und Daniel, Insel, Linse, Niels, Silen und senil,
Baku, Kaub und Kuba, Israel, Salier und Relais, Texas und Sexta,
Turan, Natur, Unart und Unrat, Theodor und Herodot,
Tierleben und Leibrente, Ella und alle, Stella im Stalle, Hella in der Halle,
Bella auf dem Balle...

Aus EINS macht SENI SEIN, und NIKSE ist KEINS (vgl. S. 34).

Auch MINIMAX und MAXIMIN weisen dieselben Buchstaben auf. Eine Firma prägte einst für ihren Naßlöscher den einprägsamen Werbespruch

Feuer breitet sich nicht aus,
Hast du MINIMAX im Haus.

Stefan George (1868 bis 1933), dieser *Träger eines Traumes von Weihe, Höhe und Ferne* (so sein Verehrer Friedrich Gundolf), der Verächter der Masse, des Weibes und alles Fremden, zog den Münchener Schüler Maximilian K. in seinen Kreis und besang ihn unter dem Namen Maximin als Inkarnation des Göttlichen. Damals entstand im amüsierten Kreis der Kollegen, die nicht zum Kreis *der geistigen Elite* gehörten, der vergnügte Zweizeiler (George schrieb fast alles klein, außer Gott und – vielleicht – Sich)

frauen breiten sich nicht aus,
hast du MAXIMIN im haus.

Schon den »Geschwistergöttern«, dem Pharaonenpaar PTOLEMAIOS (II.) und ARSINOE (II.) schmeichelten die alexandrinischen Hellenisten durch die Anagramme APO MELITOS (= von Honig) und ION 'ERAS (= Veilchen der Hera). Ein französisches Prachtexemplar ist REVOLUTION FRANÇAISE, sie sollte vom votierten Konsul Napoleon Bonaparte beendet werden – UN CORSE VOTÉ LA FINIRA –, bis er gestürzt wurde und Frankreich wieder seinen König wollte – LA FRANCE VEUT SON ROII – (II für Y, damals schrieb man ROY).

—— 4 ——

Zu den Anagrammen gehören auch die Schüttelreime. Sie sind allerdings mehr fürs Ohr als fürs Auge geschaffen, so die reizenden Verse auf Johann Peter Eckermann, den Gesprächsempfänger von Goethes Exzellenz in deren letzten Lebensjahren (und durch ihre Munifizenz Doktor gar), welcher als Hütejunge in Winsen an der Luhe begonnen hatte:

Kein Windeshauch die LUHE REGT,
Ganz Winsen sich zur RUHE LEGT,
Da hebt Gemuh, GeMECKER AN,
Die Herde heim treibt ECKERMAN(n).

Dieses Reimemeisterstück stammt von dem Verleger und Goethesammler Anton Kippenberg (1874 bis 1950), der sich als nom de plume aus seines Namens Buchstaben Benno Papentrigk gebosselt hat. Sein Freund und Schüttelrivale, der Kunsthistoriker Wilhelm Pinder (1878 bis 1947), veranagrammassierte sich in Lewi P. Rindmehl. Beide versuchten den kürzesten Schüttelreim zu finden (du bist Buddhist – ik war Vikar) – der eine wurde verfaßt von dem einen, der andere von dem anderen (es kann aber auch umgekehrt gewesen sein).

Alexander Moszkowski (s. S. 273) schrieb den Buddhisten-Reim seinem Redaktionskollegen Gustav Hochstetter zu. Eine andere Kurzschüttelei (*Latente Talente*) brachte Kuno Graf Hardenberg (s. S. 54) in »Die Cigarettendose« 1924 (fast) zum ersten Mal; Fr. Theodor Vischer (s. S. 17) hatte bereits 1879 in seinem Roman »Auch Einer« den Schwaben *Talent, aber latent* zugesprochen.

Die erste Einzelschrift voller Schüttelreime erschien gegen Ende des vorigen Jahrhunderts, zwei Techniker waren die Verfasser, Dr.-Ing. Rudolf Skutsch (gest. 1929) und sein Chemiker-Vetter Dr. Hans Gradenwitz (gest. 1932), beide zur Sippe der schlesischen Fraenkel-Pinkus gehörig – sie verschränkten ihre Vor-namen zu dem des *Autors* Harun Dolfs.

Recht (aber zu Unrecht) gehässig klingt Gundolfs (schwacher) Schüttelreim auf den Grafen Hermann Keyserling (1880 bis 1946):

> *Als Gottes Atem leiser ging,*
> *Schuf er den Grafen Keyserling.*

Gundolf stammte aus Darmstadt, und dort hatte der Philosoph Keyserling die »Schule der Weisheit« gegründet (in welcher *der Weg zur Vollendung* gezeigt werden sollte), und die Zeitschrift »Der Leuchter« herausgegeben (vgl. S. 430).

Die Strafe für seine Häme folgte Gundolf auf den Versen (wie Julius Stettenheim gewitzelt hätte) – Keyserling antwortete, nicht erschüttert und nicht schüttelnd:

> *Dann ward sein Atem noch geringer*
> *Und er schuf Friedrich Gundelfinger.*

Gundolf (s. S. 43), von dem sich Meister Stefan George trennte, als der Jünger heiratete, wollte seine Herkunft als schlichter Gundelfinger (so hieß sein Vater, Mathematikprofessor an der Technischen Hochschule Darmstadt) am liebsten vor sich und aller Welt verbergen – daher traf ihn Keyserlings Antwort ins Mark, ja tiefer noch, bis in die, ja wie ein Biß in die Gene.

Kurt Tucholsky (1890 bis 1935, Selbstmord im Exil) konnte den Grafen wegen seines gestelzten Gehabes auch nicht leiden (*K. gehört zu den Menschen, die nicht »ich«, sondern stets »ich persönlich« sagen*), er nannte ihn unfein den Darmstädter Armleuchter und antwortete auf die Frage *Der Weg zur Vollendung?* mit dem Hinweis: *Den Gang entlang, letzte Tür links.*

Von all solchen Anekdoten gibt es Varianten, so auch hier: Nicht Gundolf, sondern Artur Schnabel habe Gottes Atem leiser gehen lassen, und Keyserlings Gegengeschüttel sei gewesen:

> *Am Anfang war auch Schnabel nur*
> *Das Ende einer Nabelschnur.*

Der Pianist Artur Schnabel (1882 bis 1951) lehrte bis 1933 an der Berliner Musikhochschule und ging dann in die Emigration.

Ein absonderlicher Satz (aus dem Jahre 1967) von Manfred Hanke, dem Erforscher der Schüttelreimlinge und ihrer Absonderungen, sei hier im Hinblick auf das vorige und das nächste Kapitel nicht unterdrückt, sondern eingerückt:

> *Der Schüttelreim pflegt zu verblüffen, er weist den Weg zu einer neuen Lesart – ähnliches geschieht im uralten Magischen Quadrat.*

—— 5 ——

In früheren Zeiten verschlüsselten manche Gelehrte den Kernsatz ihrer Entdeckung und veröffentlichten das Anagramm, um sich die Priorität zu sichern, noch bevor ihre Arbeit erschienen war.

Am wenigsten Mühe gab sich (mit Recht) der Oxforder Professor für Geometrie Robert Hooke (er erfand übrigens eine Kreisteilmaschine); er ließ 1679 in den »Philosophical tracts and collections«, London, vierzehn Buchstaben in alphabetischer Folge einrücken:

$$C \quad E \quad III \quad N \quad O \quad SSS \quad TT \quad U \quad V$$

Richtig gestellt, ergeben sie den Hookeschen Satz über die Elastizität

UT TENSIO SIC VIS.

Genau so ging der Verfasser des abenteuerlichen Simplizissimus vor – er *nannte* sich

$$A \quad C \quad EEE \quad FF \quad G \quad HH \quad II \quad LL \quad MM \quad NN \quad OO \quad RR \quad SSS \quad T \quad UU$$

Erst 1837 entdeckte man, daß Christoffel von Grimmelshausen dahinter steckt. (In der »Continuatio« von 1669 schlüpfte er in das perfekte Anagramm German Schleifheim von Sulsfort.)

Galilei plagte sich mehr –: er teilte am 11. Dezember 1610 dem Brieffreund Kepler die Entdeckung der Venusphasen in dem rätselhaften Satz mit: HAEC IMMATURA A ME IAM FRUSTRA LEGUNTUR O. Y. Dies anagrammatische Enigma zu lösen ist wirklich nicht leicht, Galilei hatte darin den Hexameter verborgen CYNTHIAE FIGURAS AEMULATUR MATER AMORUM.

Da gerade von astronomischen Dingen die Rede ist (es gibt übrigens auch ein Galileisches Anagramm über seine Entdeckung des Saturnrings – s. S. 310), sollte man hier Gauß nicht vergessen. Er hat bekanntlich unter vielem anderen Bedeutenden die Bahn der (den Sternsuchern verloren gegangenen) Ceres berechnet, so daß dieser erstentdeckte Planetoid von Gaußens väterlichem Freund Wilhelm Olbers (1758 bis 1840) am 1. Januar 1802 wiedergefunden werden konnte. Drei Monate später stöberte Olbers den zweiten Planetoiden auf, die Pallas. Sie zeichnet sich (darin mancher Diva gleich) durch große Exzentrizität und starke Neigung der Bahn aus und ist deswegen sehr durch die großen Planeten beeinflußbar. Gauß hat sich intensiv mit der Pallas-Bewegung beschäftigt und veröffentlichte sein wichtigstes Ergebnis 1812 (dem Jahr, in dem Europa gebannt und gespannt auf Napoleons Zug nach Moskau starrte) in folgender einfacher, wenn auch nicht verständlicher Form:

$$1111000100101001$$

Sein Kommentar zu diesen Ziffern (in den Göttinger Gelehrten Anzeigen Nr. 67) schloß: *Aus Gründen legen wir es* [ein Resultat von höchstem Interesse] *hier in folgender Chiffre nieder, wozu wir zu seiner Zeit den Schlüssel geben werden.* Aber er hat ihn niemals herausgerückt – und die Botschaft ist erst vor einigen Dekaden ent-ziffert worden, und das, obwohl man wußte, was sie bedeutet. Denn Gauß schrieb am 5. Mai 1812 an Bessel, sie enthalte den Satz, daß der Quotient der mittleren Bewegungen von Jupiter und Pallas um den festen rationalen Wert $\frac{7}{18}$ hin- und herschwankt, daß also hier eine Libration besteht. Das Interesse der Knobler an Gaußens *dyadischem Rätsel* [Lösung: 7/(8) = 18/(9); (8) = Pallas-, (9) = Jupiter-Umlauf] ist minimal (das soll heißen praktisch gleich Null), wohl aus Mangel an Sachkenntnissen – wer weiß schon auf Anhieb, daß das den Kreuzworträtslern nicht präsente Wort *Libration* kein Druckfehler für Leibration ist, auch weder etwas mit *Befreiung* noch mit *Buchzuteilung* zu tun hat, sondern ganz einfach *Schwankung* bedeutet (libra die Waage)? Reizvoller erscheint es ihnen offenbar, sich mit einem Monstrum zu beschäftigen, das in Shakespeares »Liebes Leid und Lust« (V, 1) der Bauernclown Costard dem Pagen Moth vorwirft: ... *du bist um einen Kopf kürzer als*

HONORIFICABILITUDINITATIBUS.

Briten und Deutsche, welche um die letzte Jahrhundertwende die Theorie verfochten, Shakespeares (1564 bis 1616) Werke stammten in Wirklichkeit von Francis Bacon, Baron Verulam, Viscount Saint Albans (1561 bis 1626), fanden eine Bestätigung dafür in obigem Dreizehnsilber. Dieser sei ein Anagramm, man könne aus ihm, ohne einen Buchstaben hinzuzufügen oder wegzulassen, den Satz bilden HI LUDI F. BACONIS NATI TUITI ORBI (Diese Spiele, von F. Bacon geschaffen, sind für die Welt bewahrt). Sir E. Durning-Lawrence hat 1910 darüber ein Buch unter dem Titel »Baconis Shakespeare« veröffentlicht; aber die Profikryptologen W.F. und E.S. Friedmann haben seine und anderer Deutungen als unzureichend bezeichnet (»Shakespeare's ciphers examined«, 1957), auch die von Ignatius Loyola Donnelly (»The Great Cryptogram«, 1887).

Donnelly (1831 bis 1901) war in den sechziger, siebziger Jahren des vorigen Jahrhunderts nordamerikanischer Politiker (Kongreßmitglied, dann Senator von Minnesota), später warf sich dieser *hochintelligente und einfallsreiche* Mann auf das (angebliche) Shakespearerätsel (eines der Werke Bacons heißt »Nova Atlantis«) und die (angebliche) Atlantis (»Atlantis, the antediluvian world«, 1882); der sogenannte Delphinrücken im Azorengebiet sei das abgesunkene Land, von dem Platon erzählt hat.

Wie lange mag es wohl gedauert haben, bis man aus den Trilliarden von Umstellungs-möglichkeiten obigen sinnvollen Satz herausgefunden hat? (Frage eines Naiven.)

Da hatte es sich Edwin Bormann, der sein Lebelang an dem Shakespeare-Bacon-Geheimnis herumbohrende Mann, da hatte Edwin (um 1900) es sich leichter gemacht. Er schrieb das Wort rückwärts, teilte ab in SUBITAT IN ID UTILI BACIFIRON OH und las: Drin erscheint plötzlich dem Geschickten Bacifiron, ach! Und das Rätselwort sei eine Abkürzung von BAconis CIFrati IRONice und das folgende OH bedeute nicht *ach,* sondern *Opus Hoc,* und alles beides heiße: das ist ein Werk des schelmisch chiffrierten Bacon.

Wer dem Latein nicht traut, kann's auch auf englisch haben – man braucht dazu nur die ersten elf Buchstaben, richtig abgeteilt, erst vorwärts, dann rückwärts zu lesen HONOR IF I CAB – BAC IF I RON OH, frei übersetzt: Ehre gewinne ich, wenn ich zurücklaufe; und BA-COH = BACO = BACON nennt den wahren Verfasser.

Doch abgesehen von dem Umstand, daß dieser Dativus pluralis monstruosus des schelmisch aufgeblasenen Wortes honorificabilitudo nicht nur bei Shakespeare vor-kommt, sondern zum Gelächter des ungelehrten Publikums auch in Narrenszenen zeitgenössischer Autoren – die über solchen Künsteleien brütenden Künste-Laienbrü-der unterschätzen sämtlich die fast unglaublich große Macht Seiner Majestät des Zufalls.

Dieser Kobold, dieser »*Clown im Zirkus der Möglichkeiten*«, dieser »*Genickbruch der Wahrscheinlichkeit*« (Carl Ludwig Schleich, 1859 bis 1922) hat einen Alchimisten im

Berlin Friedrichs des Großen zweimal das (preußische) Große Los gewinnen lassen, sorgte in diesem Jahrhundert dafür, daß der Hauptgewinn der Hamburger Staatslotterie zweimal auf dieselbe Nummer (eine Palindromzahl) fiel, und machte 1977 die Gewinnzahlen des bundesdeutschen Lottos gleich denen des niederländischen eine Woche vorher (die Wahrscheinlichkeit ist kleiner als 1 zu 100 Trillionen) – und er hat es auch gefügt, daß im englischen Text der Holy Bible im 46. Psalm das 46. Wort, vom Anfang an gezählt, *shake* und das 46. Wort, vom Ende aus gezählt, *spear* heißt.

Für diejenigen, welche die Authorized King James Version of the Holy Bible nicht zur Hand haben, seien hier die *einschlägigen* Verse abgedruckt:

Psalm 46, 3.

Though the waters thereof roar and be troubled, though the mountains *shake* with the swelling thereof.

Psalm 46, 9.

He maketh wars to cease unto the end of the earth; he breaketh the bow, and cutteth the *spear* in sunder; he burneth the chariot in the fire.

Dieses Wirken des Zufalls (oder sind solche Streiche acts of God oder acts of Old Iniquity, »Faust II«, Vers 7122?) müßte doch jedem Kryptognosten als sicherer Beweis dafür gelten, daß der Schwan von Avon dieses Psalms Verfasser ist, wenn nicht des ganzen Psalters (oder gar des Alten Testaments) – als verdienter Ausgleich dafür, daß die unter seinem Namen segelnden Werke von Bacon geschrieben worden sind oder von Edward de Vere, dem 17. Earl von Oxford, oder von William Stanley, dem 6. Earl von Derby, oder von Christopher Marlowe oder dem 5. Earl von Rutland oder von Sir Walter Raleigh oder gar von H. M. the Queen bessönlich.

 6

Ferner steht fest, daß man aus geeigneten Buchstabenansammlungen mehr sinnvolle Wörter und Sätze zusammensetzen kann, als unsere Schulweisheit sich träumt. Besser: als wir rein gefühlsmäßig anzunehmen geneigt sind. Denn leider ist die Schulweisheit längst vergessen oder mit Lust verdrängt, daß sich aus *n* verschiedenen Buchstaben *n*! $= 1 \cdot 2 \cdot 3 \cdot 4 \cdot \ldots \cdot (n-2) \cdot (n-1) \cdot n$ Permutationen bilden lassen –

Das Kürzel *n*!, ausgesprochen *n Fakultät*, stammt von Kramp (»Eléments d'Arithmétique universelle«, Cologne 1808).

– und daß die Fakultäten einem Potenzgesetz gehorchen, also mit wachsendem *n* schnell auf schwindelnde Höhen schnellen, wofür Beispiele im Kap. 13 nachgelesen werden können. Unter den Illionen von Möglichkeiten finden sich gar nicht so selten auch einigermaßen sinnvolle Aussagen.

Paradestücke für unsere These sind die sechs Sätzchen, die Rektor Jablonski in Lissa aus DOMUS LESCINIA umgestellt hat, als dort Stanislaus Leszinski weilte, und Franz Dülbergs (1873 bis 1934) Gedicht »Radieschen«, 1932 zum 50. Geburtstag Alfred Richard Meyers (= Munkepunke) zusammengezaubert, mit 83 Verschüttelungen des Wortes Radieschen (Chinas Rede, Erdachse in, Dracheneis, Riesendach …). Solche Menschen, in deren Hirn sich die Satzmaterie in Wortmoleküle auflöst, welche dann in

Letternatome dissoziieren, schlüpfen gern aus ihrer Haut in eine selbstgewürfelte, Franz Dülberg in das treffliche Pseudonym *Erzfragbündl;* Arouet l(e) J(eune) hat sich für immer in Voltaire verwandelt (arouer heißt rädern!), der bulgarische Maler Pincas (1885 bis 1930) in den Franzosen Pascin.

Sind derartige Anagramme Symbole für Spaltungen der Seele, die sich nach neuen Formen sehnt? Ausflüge ins Kalifat Dschinnistan oder in die Spaltrepublik Schizothymian? (Heine hat seine ersten gedruckten Gedichte – im »Hamburger Wächter« Nr. 17, 1817 – mit SY. FREUDHOLD RIESENHARF gezeichnet, = Harry Heine, Dusseldorff.) Oder handelt es sich bei ihnen um eine besonders gravierende Art eitler Selbstbespiegelung? Kann man ihren Grad an der Anzahl der Pseudonyme messen? Der »Lolita«-Verfasser Vladimir Nabokov, der sich (in »Ada und Ardov« 1969) als *Baron Klim Avidov* porträtiert hat, zeigt in seinen Romanen auch sonst eine Vorliebe für anagrammatische Namen. Meister im Modeln des eigenen Namens war Arno Schmidt (gest. 1979): Chr. M. Stadion, Dr. Mac Intosh, St. A. Richmond, D. Martin Ochs, Moni Raditsch, oder, um, schmidtzusagen fä-cul-tatief, etwas aus der *Mannichphaltichcoit* seines genitanalsphärischen Fäka-buhl-Ars zu bringen: Roman Schidt und Timon d'Arsch.

> *Ob du auch klüglich dich vermummest/*
> *anagrammatisch mich verdummest . . .*
>
> A. Kippenberg

Genug davon!

———— 7 ————

1, 2, 3 im Sauseschritt Chronos eilt, wir eilen mit, zu den von Goethe so geschmähten *Chronodistichen.* Das sind (zwei) lateinische Verslein, die ein Ereignis besingen, und zwar so gerissen, daß das Jahr des Ereignisses gleich der Summe aller in den Versen enthaltenen römischen Zahlenbuchstaben ist.

Die römischen Zahlzeichen I, V, X, L, C, D, M haben mit den ihnen gleichenden Buchstaben nur die Form gemeinsam (sie sind ihnen im Lauf der Zeit angeglichen worden). Im Griechischen hingegen hat jeder Buchstabe gleichzeitig einen Zahlenwert (Alpha 1, Iota 10, Rho 100, usw.), ebenso im Hebräischen. Dieser Zufall hat, insbesondere in der Kabbala, der Gnosis und in der Magie des Mittelalters zu absonderlichen Spintisierereien geführt; etwas darüber gegen Ende dieses Kapitels.

Dem *gut fritzisch* gesinnten und Kuriositäten schätzenden Kaiserlichen Rat Johann Caspar Goethe wird jenes Chronodistichon Vergnügen bereitet haben (sofern er es gekannt hat), das auf den Hubertusburger Frieden gedrechselt worden ist, in dem Kaiserin Maria Theresia zu Gunsten des Großen Friedrich auf Schlesien verzichten mußte:

> aspera beLLa sILent, reDIIt bona gratIa paCIs,
> o sI parta foret seMper In orbe qVIes!,

zu deutsch: es schweigen die rohen Kämpfe, die schöne Anmut des Friedens kam zurück – o bliebe doch die erlangte Ruhe immer in der Welt!

Dieser fromme Wunsch wurde anno LLILDIIICIIMIVI = MDCLLLVIIIIIII = 1763 ausgesprochen, er ging (selbstverständlich) nicht in Erfüllung.

Im allgemeinen benötigt man rund ein Dutzend Wörter, um die erforderlichen Zahlenbuchstaben zusammenzubekommen, darum sind die zweiversigen Chronodistichen häufiger als die halb so großen Chronostichen. Eines der kürzesten historisch belegten – es besteht aus nur vier Wörtern mit insgesamt 24 Buchstaben, davon 11 Zahlenbuchstaben – lautet (nach dem *Dictionnaire de la Conversation*) pVLta Va MIra CLaDe InsIgnIs (= Pultava, durch eine wundersame Niederlage ausgezeichnet). Gemeint ist die Schlacht, in der Peter der Große den Schwedenkönig Karl XII. vernichtend besiegt hat.

Die Summe der Zahlenbuchstaben MDCLLVVIIII ist gleich 1714 – die Schlacht ist aber bereits 1709 geschlagen worden. Man braucht aber nicht dem (angeblichen) Verfasser, dem Zar aller Reußen, einen Fehler anzukreiden; eher ist anzunehmen, daß der Dictionnaire sich geirrt hat: schreibt man nämlich den Namen des Ortes richtig, nicht Pultava, sondern Poltava, dann vermindern sich die *Chronosomen* um V und alles ist in Ordnung.

Noch kürzer ist ein Chronogramm, welches der Hofmarschall des Herzogs von A** im Jahre 1722 seiner Tagebuch-Chronik anvertraut hat, als Seine Hoheit eine Liaison mit Gräfin Lili von S** anzuknüpfen geruhten: DVX CVM LILI. Damit hat der Chronist ein Chronogramm fertiggebracht, das ausschließlich aus Zahlenbuchstaben besteht. Wegen dieses Unikums sei Graf Tacke-Lehmkur sein unklassisches Latein verziehen.

(Auch IVDICIVM, das lateinische Wort für Gericht, besteht aus lauter Zahlenbuchstaben. Ihre Summe beträgt 1613 – und tausende von armen Narren und reichen Deppen erwarteten damals bebend und betend das Jüngste Gericht!)

—— 8 ——

Doch wieder ist es Zeit; wir verlassen das Herzogtum A**, diesen unbekannten Ort, und marschieren weiter fort, ins vertrackte Land der *Teufelsverse,* die man rückwärts wie vorwärts lesen kann. Sie lassen sich oft aus einem Sondertypus der Anagramme zusammenleimen, aus *Palindromen,* das sind Wörter (und Sätze), welche, von hinten nach vorn gelesen, ebenfalls einen Sinn (es braucht nicht derselbe zu sein) ergeben:

SIE und EIS, SIAM und MAIS, SUEZ und ZEUS,
GRAS und SARG, GRAB und BARG.

Die letzten Wörter kann man zu dem Depeschensatz fügen: GRASGRAB BARG SARG. Solche, von Mönchen im Mittelalter gepflegte Basteleien sind vielleicht auch etwas für neuzeitliche Rentner. RENTNER ist ein Palindrom wie Edam und Edom, RADAR, ROTOR, Renner und REITTIER, wie LAGER, LEBEN,

... Leben heißt leiden. Ist rückwärts gelesen nur Nebel gewesen
(Theobald Nöthig 1889),

REGEN, RELATIV, MARKTKRAM und RELIEFPFEILER (die beiden letzten wohl von Schleiermacher gefunden, nicht von Schopenhauer, wie häufig zu lesen ist). Und schließlich sollte man hier auch SARAS NEUEN STETS NETTEN NEFFEN OTTO NATAN REGER NEBEN ANNA RETTER NENNEN.

49

Eines der ältesten Verspalindrome ist uns vom Bischof Sidonius Apollinaris (Epistel 9, 14, 4) überliefert worden, es sei schon alt, schrieb er im fünften Jahrhundert: Rom, zu dir wird eilends im Aufbruch die Liebe kommen – ROMA TIBI SUBITO MOTIBUS IBIT AMOR. Kunstvoller gebaut ist der Hexameter, den (humanistisch und stoisch gebildete) Mücken summen könnten, wenn sie, in den Kreis eines Lagerfeuers geraten, dort vom Feuer verzehrt werden:

IN GIRUM IMUS NOCTE ET CONSUMIMUR IGNI .

Deutsche Sätze dieser Art wirken dagegen meist recht plump und gekünstelt: Ida war im Atlas, Abdul lud Basalt am Irawadi (von den 36 Buchstaben entfallen 23 auf Fremdwörter). Nicht vergessen sei daher jener bewaffnete Aufstand gegen die perovianische Regierung, fast einmütig erhob sich das Volk, nur *eine treue Familie bei Lima feuerte nie.*

Zum Schluß für die Liebhaber neuerer Sprachen das englische Palindrom, in dem der Patient anderer Meinung ist als der Arzt: Fasten verhindere niemals Fettleibigkeit, er halte Schellfischdiät – Doc note, I dissent a fast never prevents a fatness, I diet on cod, und den kurzen französischen vers boustrophédon ›Elu par cette crapule‹.

Für eine besonders kunstvolle Abart sind uns nur zwei englische Exempelchen in den Sinn gekommen, das simplere heißt:

WHO IS SISSI OHM

Solche Sätze sagen dasselbe aus, wenn man sie auf den Kopf gestellt liest. (Dazu lassen sich nur die Buchstaben H, I, N, O, S, X, Z sowie M und W und die Ziffern 1, 6, 8, 9, 0 verwenden.) Mit Musik geht es viel besser: 1832 hat in Wien L. Schlesinger ein Scherzo veröffentlicht, das man auch dann spielen kann, wenn das Notenblatt verkehrt vor einem liegt (Abb. 16).

—— 9 ——

Die inkurabel trockensten, in Hexenküchen-Rauchfängen gedörrten Teufelssätze sind aber diejenigen, die nicht nur dasselbe ergeben, wenn man sie von rechts nach links und umgekehrt liest, sondern auch von oben und von unten. Hier wird zwangsläufig die Zeile, die Linie, der Strich verlassen, man geht in die Fläche eines Quadrats, in dessen Feldern die Buchstaben angeordnet werden – so etwas könnte *ein Idi nie* (Abb. 17).

Mit solch einfachen 3 · 3-Quadraten gibt sich ein Berufsknobler nicht zufrieden, sein Ehrgeiz zieht ihn zu 4 · 4-, stärker noch zu 5 · 5-Quadraten. Für diese benötigt man einen Satz mit genau 25 Buchstaben (die zum Teil voneinander abhängen) – bei mehr muß man Prokrustes spielen und welche heraushacken. Etwa von den 28 des Satzes

LESER (H)E(I)LT (D)IE STETS EITLE RESEL

die drei eingeklammerten. So kommt das *Diabolindrom* der Abb. 18 heraus.

Wenn aber ein genau so *seltsamer* Satz (um keine abfälligere Bezeichnung zu verwenden) aus aschgrauen Zeiten vorliegt – dann meinen Scharen von Adeppen, es müsse ein geheimer Sinn in ihm verborgen sein, und mühen sich, die verschlüsselte Botschaft herauszubekommen.

Wir sind sehr skeptisch. Sicher kann man Botschaften aus solchen Sätzen schütteln – wir bringen gleich erstaunliche Beispiele –, aber kann man eine Botschaft tatsächlich in einem solchen

Scherzo v. L. Schlesinger aus London. (Wien, am 26. December 1832.)

Abb. 16

51

Teufelsquadrat verstecken? Dazu muß der Verfertiger doch einen »Satz« aus 25 (nicht sämtlich frei wählbaren) Buchstaben besitzen und daraus ein gleichsinniges Palindrom (*stets*) und je zwei Wörter bilden, die (ebenfalls fünfbuchstabig) vorwärts und rückwärts gelesen, verschiedene Bedeutung haben (*Leser – Resel*). Und diese fünf Wörter müssen, mit dem Palindromwort in der Mitte, einen leidlich verständlichen Satz ergeben!

Es erscheint uns schier unmöglich, eine Devise oder eine Weisung oder was auch immer in ein Teufelsquadrat zu verwandeln. Viel leichter ist es, den umgekehrten Weg zu gehen.

E	I	N
I	D	I
N	I	E

Abb. 17

L	E	S	E	R
E	L	T	I	E
S	T	E	T	S
E	I	T	L	E
R	E	S	E	L

Abb. 18

Wie gesagt, man kann nur einen Teil der Felder nach freiem Ermessen mit Buchstaben besetzen, diese *freien Felder* sind in Abb. 19a (welche die ersten fünf ungeradfeldrigen Quadrate zeigt) weiß gelassen.

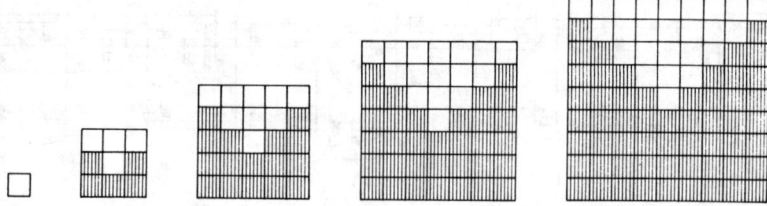

Abb. 19a

Die weißen Quadrätchen bilden einfache pythagoreische Figuren, allerdings in einer anderen als der herkömmlichen Sicht: auf den Kopf gestellt, hängend, hangend, man kann sie, wenn man den Hang dazu hat, *pythagoreische Stalaktiten* taufen.

In einem $(2n-1) \cdot (2n-1)$-Quadrat ist die Zahl der frei besetzbaren, der weißen Felder (man braucht nur einen nachdenklichen Blick auf die Abb. 19a zu werfen), gleich der Summe der n ungeraden Zahlen von $(2n-1)$ bis 1.

Vielleicht gibt das Unterbewußtsein des Lesers (widerwillig genug) die Summenformel für eine solche arithmetische Reihe heraus, haften geblieben aus verdösten Schulstunden (Math macht matt): Anfangsglied plus Endglied mal Anzahl der Glieder, durch 2. In unserem Fall

$$1 + 3 + 5 + . . + (2n-1) = \frac{(1 + 2n - 1)}{2} \cdot n = n^2,$$

also eine *Quadratzahl*.

In Tafel I sind die Daten der ›nebigen‹ fünf Quadrate zusammengestellt.

Tafel I. Daten der ungeradfeldrigen Teufelssatz-Quadrate

Quadrat Nr.	Zellen in einer Reihe	Freie Zellen	Zellen insgesamt	Freie Zellen in Prozent aller Zellen
n	$2n-1$	n^2	$(2n-1)^2$	$100 \cdot \left(\dfrac{n}{2n-1}\right)^2$
1	1	1	1	100,0
2	3	4	9	44,4
3	5	9	25	36,0
4	7	16	49	32,65
5	9	25	81	30,9

Ist das Quadrat geradzahlig mit der Reihenzahl $2n$, dann beträgt die Anzahl der freien Zellen $n(n+1)$, das sind *Rechteckszahlen* oder *doppelte Dreieckszahlen*, siehe dazu Abb. 19b und Tafel II:

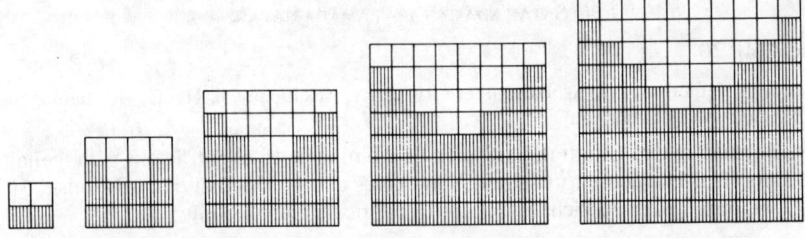

Abb. 19b

Tafel II. Daten der geradfeldrigen Teufelssatz-Quadrate

Quadrat Nr.	Zellen in einer Reihe	Freie Zellen	Zellen insgesamt	Freie Zellen in Prozent aller Zellen
n	$2n$	$n(n+1)$	$4n^2$	$100 \cdot \dfrac{n+1}{4n}$
1	2	2	4	50,0
2	4	6	16	37,5
3	6	12	36	33,3
4	8	20	64	31,25
5	10	30	100	30,0

Wie man bemerken kann, lassen sich die Ergebnisse der letzten Spalten beider Tafeln (Anteil der frei besetzbaren Zellen) miteinander zu einer ständig fallenden Folge verschränken; sie nähern sich immer mehr 25 %.

Die *unfreien* Zellen werden durch *Spiegelung* an den Diagonalen so besetzt, daß der Satz oder die Botschaft oder die Verheißung oder das Rätsel oder der Zauber oder der Fluch, in welcher der vier Richtungen auch gelesen, denselben Fug oder Unfug ergibt (*wie unten, so oben*).

Soviel zum Aufbau der Teufelssätze.

Wenn wir das Beispiel (Abb. 18) hochtrabend *Diabolindrom* betitelt haben, so nur, um es vorübergehend aufzuwerten; es trägt mit wenig Sinn sich selber vor, wurde nur zur Verdeutlichung aufgestellt, ist sonst völlig bedeutungslos und bittet flehentlich, nach Kenntnisnahme sofort wieder vergessen zu werden. *Es kam aus meiner Leier soeben erst ans Licht,* wie Christian Morgenstern es von seinem Nasobēm gesteht (vgl. S. 358).

Notabene: 1905 meinte der Dichter mit Recht, es stehe auch im Brockhaus nicht, doch seit 1932 wird es darin gehegt.

—— **10** ——

Viel mehr Klang, wenn auch anscheinbar nicht viel mehr Sinn als das Leser-Resel-Rätsel hat die geheimnisvolle alte Formel

SATAN ADAMA TABAT AMADA NATAS,

siehe Abb. 20.

Unter dem Namen »v. NATAS, Partikulier« tritt der Gottseibeiuns in Hauffs »Mitteilungen aus den Memoiren des Satan« auf.

Diese Formel, dieses Quadrat, hat vielen Bemühungen, es zu enträtseln, standgehalten, bis Kuno Graf Hardenberg (»Die Lösung eines alten okkultistischen Rätsels«, 1924) das Geheimnis (nach Ansicht Fachkundiger) entschleiern konnte:

Das B in der Quadratmitte bedeute nach der Kabbala das geoffenbarte Wort, den Logos, und die zwölf A versinnbildlichen die Emanationen Gottes. Um die vier inneren A könne man das achtspitzige Templerkreuz beschreiben (Abb. 21), und dieses sei zusammengesetzt aus *zwei Flügelkreuzen* (Abb. 22), genannt *Fyrfos,* das sei die Feuerhieroglyphe arischer Herkunft.

Abb. 20

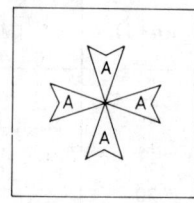

Abb. 21

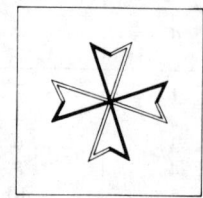

Abb. 22

Durch sie werde des Glaubens Feuer entzündet, und Feueranzünder heißt auf lateinisch fomes, und mit dem Logos-B und den emanierenden A ergibt sich B A fomes und daraus BAFOMET, den in Gestalt eines androgynen Bocks anzubeten die Kapetinger

Philipp IV. und Ludwig X. den Tempelrittern vorwarfen. Und die Konsonanten im Quadrat (STNDMT) seien die Abkürzung von *Salomonis Templum Novum Dominorum Militiae Templariorum* – so hätten sich die Templer genannt.

Aber ist STNDMT wirklich ein Notarikon wie AEIOU (vgl. S. 41)? Der offizielle Name der Templer lautet doch: *Pauperes Commilitones Christi Templique Salomonis*, abgekürzt PCCTS.

Und das achtspitzige Kreuz kann man im SATAN-ADAMA-Quadrat auch so anbringen, daß es *alle* A (Abb. 23a) oder *gar kein A* (Abb. 23b) umfaßt.

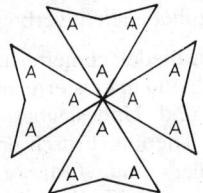 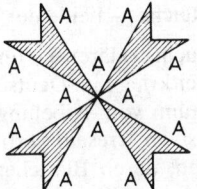

Abb. 23a   Abb. 23b

Das Kreuz der Abb. 21 wird nach Hardenberg in der Heraldik als *das redende Haupt* bezeichnet. Wir wissen nicht, ob die vier A etwas damit zu tun haben. Wenn ja, schlagen wir für Abb. 23a *Plappermäulchen* und für Abb. 23b *Der schweigende Mund* als Titel vor.

Wer Hardenbergs scharfsinnigen Ertüfteleien mehr respekt- als suspektvoll gefolgt ist, insbesondere seiner Deutung des Bafomet, wird Baf sein, daß sich aus dem Satan-Adama-Spruch noch mehr als dieser Widergott herauspressen läßt – nicht etwa eine Versuchung des ersten Menschen durch den Bösen (der Satan versuche den Adam nicht!), sondern zwei klangvolle Versanagramme, wegen der vielen A meist bestehend aus Imperativa der ersten Konjugation und Pluralia neutra der ersten Deklination:

AMA DATA, NATAS SATA, DAMNA TABA

(Liebe die Opfer, nämlich die Erstlinge der Saaten, verdamme das Zersetzte), und

MANDABAS DATA AMATA: NATA SATA

(Du sandtest alle Gaben, die wir lieben: Erstlinge und Früchte).

Der Templer, der es fertiggebracht hat, aus 12 A 1 B 2 D 2 M 2 N 2 S 4 T soviel zu formen, muß ein bewundernswerter Kopf gewesen sein. Daß er das böse Wort SATAN ausgerechnet seinem Bafomet-Quadrat einverleibt und damit vielleicht das Schicksal des Ordens maßgebend beeinflußt hat, wollen wir ihm nicht ankreiden – wir sind auch bereit, alle Deutungen Hardenbergs und seiner Genossen zu schlucken (weil diejenigen Leute, die etwas davon verstehen, ihnen Beifall zollen), und unsere kleinlichen Bedenken nur in einigen vagen Fragen anmelden:

Wenn man sich den Bildungsstand dieser mehr Raub- als Kreuzritter vergegenwärtigt – was dachten sich die hohen Herren wohl bei B und A und fomes wirklich? Was sagten ihnen Begriffe wie Logos und Emanationen des Höchsten? Ihre Adelsgenossen residierten als Herzöge von Achaja in *Sines* und hatten keine Ahnung davon, daß dieser Ort das alte Athen war; ihre Brüder und Vettern ließen es gleichgültig zu, daß ihre christlichen Horden in Konstantinopel das dort gehütete Kulturerbe in rasender Habgier vernichteten. Und die Templer sollten gnostische Begriffe gekannt und verstanden haben?

55

'Am meisten aber stutzen wir über die angebliche Herkunft des Templerkreuzes. Daß man es (übrigens wie das mit ihm identische Kreuz der Johanniter, die offensichtlich nichts von fomes wußten) aus zwei arischen Vierfüßen, also aus Hakenkreuzen, bilden kann, ist unbestreitbar – aber ist es daraus tatsächlich geformt worden? Ist das nachweisbare Tatsache oder nur romantische (besser: germantische) Vermutung?

In Abb. 22 sieht man beide *Wirtel,* einmal linksherum und weiß als die heilbringende Swastika der Inder, und einmal rechtsherum (rechtsran, der Führer kommt!) und schwarz als das (nach der Propatriaganda) endsiegheilbringende Hakenkreuz des Tausendjährigen Reiches – beide der Theorie zuliebe leicht verbogen.

Diese Beziehungssucht erklären wir uns durch die niederschmetternden Zeitläufte nach dem verlorenen Weltkrieg I im Deutschen Reich und in Oesterreich, als die Teutonen, jäh aus dem Traum von Nibelungentreue und Unbesiegbarkeit gerissen, dem germanisch-depressiven Irresein verfielen, auf Theodor Fritsch und Adolf Lanz *von Liebenfels* schworen, deren Blättchen »Hammer« und »Ostara« verschlangen und dadurch in neue Traumgespinste versanken, in eine hohle Welt, in der es waberte von Schmachfrieden, Siegfrieden, Siegmunden, Sieglinden, Gudrunen und Heilsrunen. Man verblondete in kurzer Zeit, schmähte Freimaurer, Juden und Jesuiten, die gemeinsam den Dolch in den Rücken der Front gestoßen haben sollten – was heißt *sollten?* –: gestoßen *hatten,* und sehnte sich nach dem hell aus dem Norden brechenden Licht der Freiheit. *Fritsch* auf mein Volk, heran an nordisches Weistum, Stonehenge, Bohuslän, Ura-Linda-Chronik, Armanenschaft, urarische Gotteserkenntnis, Sonnenräder, Julfeste, Wunschmaiden, Walküren, Walhall und Donnerhall, an all das septentrionale Gewese von Ultima Thule *anno Odin,* und an die deutschösterreichische Welteislehre des rauschebärtigen praktischen Ingenieurs Hanns Hörbiger (1860 bis 1931) wider die fremdstämmige Relativitätstheorie des kraushaarigen theoretischen Physikers Albert Einstein (1879 bis 1955).

Hitler beabsichtigte die Gründung einer Universität zu Linz an der Donau, die sich speziell mit den Weltbildern des Ptolemäus, des Kopernikus und der Welteislehre nach einem gewissen Hörbiger befassen sollte. Auf die medizinische Fakultät projiziert: also etwa mit Hippokrates, Paracelsus und dem Sanitätsgefreiten Neumann. (Walter G. Becker, »Der dritte Mensch und die dingliche Dichtung«, 1966.)

Die *Völkischen* witterten sogar Semitokokken im Blut des *Napoleonanbeters* und (gegen Ende seines Faust) *pfäffischen Römlings* • •. Br. Goethe, dieses vaterlandslosen Gesellen und Meisters vom Stuhl der ☐ Loge Amalia zu Weimar!

Zur Erholung sei angemerkt, daß man das Wort Bafomet = Baphomet auch alchimistisch-mystisch gedeutet hat: BAsileus philosoPHOrum METallicorum (König der metallkundigen Weisen) oder griechisch als Taufe (BAPHĒ) der Weisheit (MĒTIS) oder ganz fein, weil arabisch, als Ouba el Phoumet (der Mund des Vaters).

Das weitaus berühmteste *Geistermeisterstück* (vgl. S. 32) unter den *Vierfachpalindromen* ist das SATOR-AREPO-Quadrat (Abb. 24), es hat Legionen von Interpreten auf den Plan gelockt.

```
S A T O R
A R E P O
T E N E T
O P E R A
R O T A S
```

Abb. 24

Es enthält (wie das Beispiel der Abb. 18) vier bekannte Wörter und ein unverständliches, hier AREPO.

Möglicherweise bedeutet es *Pflug*; diese Annahme stützt sich auf die Tatsache, daß es ein Wort arepennis oder arapennis (= ein halber Morgen Landes) gibt, und auf eine Übersetzung des Spruchs ins Griechische (1450), z. dtsch.: Der Sämann hält den Pflug, die Werke, die Räder. Dann gibt die Formel einen gewissen Sinn, der allerdings ihre Beliebtheit nicht erklären kann.

Wir kennen Amulette, auf dem sie als Zauberspruch gegen Krankheiten und gegen Dämonen steht, man warf sie, auf Holzteller geschrieben, in die Flammen, um Feuersbrünste zu löschen, ritzte sie in Becher zum Schutz gegen Giftränke, benützte sie als Liebeszauber und auch – zum Vollbremsen:

Nach einem Rezeptbuch aus dem Jahre 1580 bewirke die Formel, mit Fledermausblut auf Pergament geschrieben und so in ein Wagenrad gesteckt, daß der Wagen nicht vom Flecke fahren könne, *du nahmest es denn wieder heraus.*

Hat eigentlich niemals jemand die Sator-Rotas-Bremsung rotierender Räder ausprobiert? Vermutlich nicht. Eine Art Gegenstück ist die im Mittelalter beliebte Suche nach dem Grund, warum ein mit Wasser gefülltes Gefäß zwar überlaufe, wenn man irgend einen Körper hineintut, nicht aber ein lebendes Fischlein. Anscheinend wurde diese (selbstverständlich unrichtige) Behauptung blind geglaubt und nie durch ein Experiment falsifiziert.

Möglicherweise ist AREPO ein Name, der Name des Sämanns, welcher die Werke und die Räder hält (ob deswegen der Spruch die Wagenräder anhält, anhalten können soll?). Es gibt eine einleuchtendere Deutung des Wortes, nämlich daß es keins ist, davon später.

Was bedeutet nun

SATOR AREPO TENET OPERA ROTAS?

Aus der Fülle der *Erklärungen* nur einige wenige unter dem Motto:

Wenn es mehrere plausible Deutungen gibt, aber keine, die völlig überzeugt, dann ist es plausibel, daß keine stimmt; davon sind wir völlig überzeugt.

(1)   Man braucht den Spruch nur richtig abzuteilen und einige Buchstaben (im folgenden klein geschrieben) hinzuzufügen, dann erhält man die Benediktinerregel: SAT ORARE POTENter ET OPERAre RatiO TuA Sit (= viel beten und kräftig arbeiten, das sei deine Lebensweise). Aber der Spruch ist älter als der Benediktinerorden.

(2)   Es handelt sich um ein Anagramm, welches ein Gebet *an* den Teufel verschlüsselt; z. B.: SATAN TER ORO TE, REPARATO OPES (= Satan, ich beschwöre dich dreimal, gib den Schatz zurück). Es gibt zehn verschiedene *Satananagrammata*.

(3)   Nein, es ist ein Gebet *gegen* den Teufel: PATER, ORO TE, PEREAT SATAN ROSO (= Vater, ich bitte dich, der Satan möge durch Fraß vernichtet werden).

(4)   Nein, ein Gebet an Gott: ORA, OPERARE, OSTENTATE, PASTOR (= bete, wirke, zeige dich, Hirte!).

(5)   Nein, ein allgemeingültiger Satz: EROS OPERANS PORTAT AERE TOTA (= die tätige Liebe trägt alles in luftiger Höhe). Indessen ist der Spruch älter als alles Mönchslatein.

(6)   Man braucht in dem Sator-Arepo-Quadrat (Abb. 25) nur zwei Ketten von Rösselsprüngen einzuzeichnen, die jeweils ORO TE PATER ergeben, dann bleibt das Wort SANAS übrig (in Abb. 25 durch die Kreisflächen angedeutet). *Ich bitte dich Vater, ich bitte dich Vater, du heilst.* Eine eindrucksvolle Deutung (vier-, fünfmal unabhängig voneinander gefunden), ein eindrucksvoller Weg über das Schachspiel.

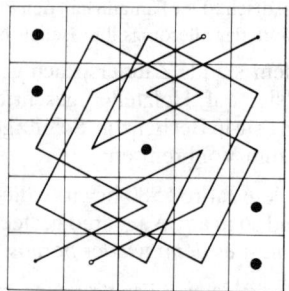

Abb. 25

Nur einem hartgesottenen Skeptiker wird dabei der Sang der Tapetenblume in Christian Morgensterns »Palma Kunkel« (1916) einfallen:

> *Du siehst mich nimmerdar genung,*
> *so weit du blickst im Stübchen,*
> *und folgst du mir per Rösselsprung –*
> *wirst du verrückt, mein Liebchen.*

Hingegen sind Adepten mit intuitivem Gespür für das Richtige in der Magie davon überzeugt, daß man durch die Rösselsprünge dem Satorgeheimnis auf die Sprünge gekommen sei (ist):

Maack (s. S. 18) hat ertüftelt, daß die Lösung PATER ORO TE SANAS ET ORO RETAP geschrieben werden müsse (die zweite Bitte an den Vater demnach gespiegelt). Setzt man diese Buchstaben in ein 5 · 5-Quadrat und ordnet ihnen die 25 ersten natürlichen Zahlen in ihrer natürlichen Reihenfolge zu (Abb. 26a), dann entspreche der Spruch

Sᴀᴛᴏʀ Aʀᴇᴘᴏ usw. einem (nicht ganz vollkommenen) magischen Quadrat (Abb. 26b), in dem die beiden Diagonalen, drei Spalten und drei Zeilen die *magische Konstante* 65 aufweisen.

Dem Raumschachmeister Maack ist anscheinend nicht bekannt geworden, daß die Satorformel älter ist als das Schach und die Sprünge der Rößlein.

Ganz sicher kannte man in Europa im vierten Jahrhundert noch kein Schach – aber aus dieser Zeit kennt man das Sator-Arepo-Quadrat, es befand sich auf dem Mauerbewurf eines Hauses in Corinium Dobunorum (Cirencester, Westengland).

P	A	T	E	R
1	2	3	4	5
O	R	O	T	E
6	7	8	9	10
S	A	N	A	S
11	12	13	14	15
E	T	O	R	O
16	17	18	19	20
R	E	T	A	P
21	22	23	24	25

S	A	T	O	R
11	24	3	6	21
A	R	E	P	O
14	19	10	25	8
T	E	N	E	T
17	4	13	22	9
O	P	E	R	A
18	1	16	7	12
R	O	T	A	S
5	20	23	2	15

Abb. 26a   Abb. 26b

(7) Ist deswegen die Annahme glaubwürdiger, der Spruch sei gnostischen Ursprungs, verfaßt von einem Schüler Marcions (der um die Mitte des zweiten Jahrhunderts die »Pistis Sophia« geschrieben hat) und bedeute Pᴇᴛʀᴏ ᴇᴛ ʀᴇᴏ ᴘᴀᴛᴇᴛ ʀᴏsᴀ sᴀʀᴏɴᴀ (= auch dem Petrus, obwohl er schuldig war, steht die Rose von Saron offen)?

Die Rose von Saron, eine Anemonenart aus der Saronebene, kommt (einmal) in der Liebesdichtung des Hohenliedes (2, 1) vor; in der christlichen Symbolik bedeutet sie das gnadenreiche Blut des Herrn.

Nein, dagegen spricht ein römischer Tonziegel aus dem Anfang des zweiten Jahrhunderts, gefunden in Aquincum (Budapest), mit dem (vor dem Brennen) eingeritzten Satorquadrat. Damals war Marcion noch ein adulescens und hatte keine Ahnung von Gnostik.

(8) Auch hier nimmt die *endgültige Lösung* der Hexenküchenschlüsselbewahrer Trumpp (s. S. 32 ff.) für sich in Anspruch: *Das 25zellige Buchstaben-Palindrom ... ist frühchristlichen Ursprungs (ca. 70 n. Chr.) und als Gedächtnisblatt zum Kreuzestod des Apostels Petrus, vom Höllenfürsten (verkörpert durch Satan Nero) erzwungen, aufzufassen. Den Buchstaben N (Nazarener, ›Nus‹) und P gebührt Logoscharakter und zwar vor und nach der Umstellung. Sator, Arepo, Tenet sind aramäische Hirtennamen...*

Doch dann hätten in Pompeji vor der Verschüttung (anno 79) Christen gelebt haben müssen (man kennt die Satorformel aus dieser Stadt). Dem steht aber das Zeugnis Tertullians entgegen, der ausdrücklich erwähnt (Apol. 40, 8), es habe vor dem Vesuvausbruch *keine* Christen in Pompeji gegeben.

59

(9) Sehr viele Anhänger, auch unter den Gelehrten, hat die zweifellos schönste Anordnung der 25 Buchstaben des Satorquadrats gefunden, welche die Abb. 27 zeigt, das Paternosterkreuz.

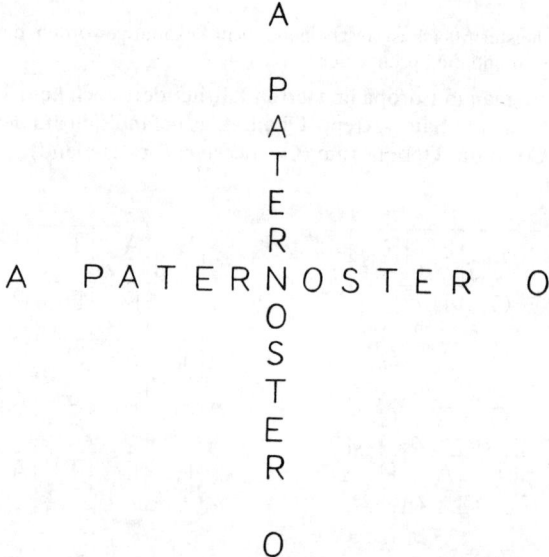

Abb. 27

Zweimal Pater noster nebst A(lpha) und O(mega?), zum griechischen Kreuz geformt – Unser Vater von Anfang an bis zum Ende.

Um nicht in Widerspruch zu Tertullian zu geraten, wird angenommen, das Paternoster*kreuz* sei nicht christlich, sondern *jüdisch*, weil dort (z. B. im Achtzehngebet) der Vateranruf auch vorkommt.

(10)　Man müsse den Text der Abb. 24 (der übrigens bei den ältesten Funden immer mit ROTAS beginnt, s. Abb. 28) so lesen (Abb. 29), wie man die Rinder beim Pflügen wendet, pflugwendig, griechisch boustrophedon, also von vorn und von hinten (natürlich auch von oben und unten) der Mitte zu. (Derartige in Schlangenlinien geschriebene Texte sind recht häufig.) Dann fällt das unangenehme AREPO weg und der Inhalt reduziert sich ohne jede Anagrammerei auf die Worte

SATOR OPERA TENET.

Diese seien stoischer Herkunft und priesen die Allvatergottheit, ihr Erfinder sei möglicherweise Nigidius Figulus (−98 bis −45), der ein Freund Ciceros war und später *pythagoricus et magus* genannt wurde (vgl. S. 415).

Wie dem auch sei, was das Satorquadrat auch bedeuten mag, es ist zum unverständlichen *Bindezauber* herabgesunken, bei dem die Hauptsache war, daß er nicht *zurückgebetet* werden kann. So wie dies Hexen mit dem Paternoster tun:

NE MAO LAMA SONAR
EBIL DESMENO ITAT NET
NI SACUD NI SONENTE

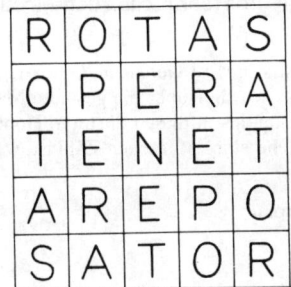

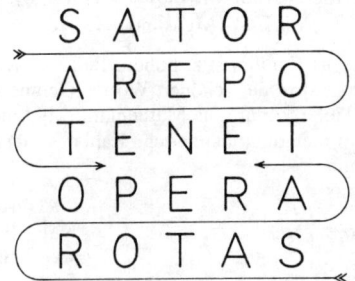

Abb. 28

Abb. 29

NI SONENTE erinnert an Entepente leiolente in Christians Morgensterns »Großem Lalulā« (1905).

Der Text klingt wirklich fremd und zauberisch, *typisch pythisch* (um auch dieses Kurzgeschüttel anzubringen), obwohl und weil seine Umkehrung heißt: et ne nos inducas in tentationem, sed libera nos a malo. Amen.

Die Lösung (10) ist die einfachste und klarste und das letzte Wort in dieser nun glücklich 2000 Jahre alten Sache, bei der uns Mephistos Worte in der Paktszene einfallen:

> *O glaube mir, der manche tausend Jahre*
> *An dieser harten Speise kaut,*
> *Daß von der Wiege bis zur Bahre*
> *Kein Mensch den alten Sauerteig verdaut!*

Da aber bekanntlich jedes letzte Wort von mindestens einem allerletzten, einem *letztesten* gefolgt wird –

man denke an die Episode am oberen Peneios in der klassischen Walpurgisnacht, dort wo Faust die Sphingen nach Helena fragt und die Antwort erhält:

> *Wir reichen nicht hinauf zu ihren Tagen,*
> *Die letztesten hat Herkules erschlagen –*

sowie an die Worte des Ministerpräsidenten in Fr. Th. Vischers Neuem Schluß von Goethes Faust II: *Geschauet wird nur Erstestes und Letztestes.*

(Friedrich Rückert hätte darüber hinaus den Pentameter kneten können: »Ich bin der LETZTERESTE oder der LETZTERSTERE«) –

sei nach der klarsten Lösung noch die *somnambulste* (wenigstens andeutungsweise) angefügt:

(11)   Es komme zunächst auf den Zahlenwert der Buchstaben im Satorspruch an – die 12 Vokale mit dem zentralen N ergeben 354, die Anzahl der Tage eines Mondjahres, die Summe der 13 Konsonanten ergibt 2730, das sei die Anzahl der Tage von 7½ Sonnenjahren.

Was nicht stimmt, denn ein Sonnenjahr (= tropisches Jahr) umfaßt nicht 364, sondern 365, 2422 Tage.

Wenn man die Vokale (als hebräische) richtig lese, erhalte man *das Geheimnis des Wendepunktes ist die Schlange* (soll das vielleicht auf das Lesen in Serpentinen hindeuten?).

61

Das zentrale N stehe für nahaš (Schlange), welches im Hebräischen denselben Zahlenwert hat wie mašîah (Messias) ...

Genug, das ist Equilibristik, höhere Ballistik, Kabbalistik, das ist Gematrie. Gematrijjah ist die hebraisierte Form des schönen Wortes Geometrie – so wurde früher die gesamte Mathematik genannt. Tiefer konnte die Mathematik wohl nicht sinken als in diesen düsteren Hohlraum des Geistes, wo man die johanneische Zahl des Tieres, welche eines Menschen Zahl ist, wo man die 666 z. B. auf

A	(utokrator)
KAI	(sar)
DOMET	(ianos)
SEB	(astos)
GE	(rmanikos),

d. h. auf Domitian bezog, weil die (griechischen) Zahlenwerte von A KAI DOMET SEB GE zusammen 666 ergeben. So gehört 888 zu IĒSOYS, 365 zu MEITHRAS ebenso wie zu ABRAXAS (vgl. S. 72).

―――― 12 ――――

Auch auf diesem Gebiet wartet ein guter Geist, *Agathodaimon,* mit einem Rätsel auf (und auf die Lösung), bisher vergeblich. Es stammt etwa aus dem vierten Jahrhundert unserer Zeitrechnung und handelt vielleicht von Alchymistischem, Allzumystischem:

> *Buchstaben zähle ich neun,*
> *viersilbig bin ich. Nun rate!*
> *Merk': von den ersten drei Silben*
> *hat zwei der Buchstaben jede,*
> *aber die vierte hat drei.*
> *Fünf Buchstaben sind Konsonanten.*

Man vermutet, es werde nach einem Wort gefragt, das in der hellenistischen Magie vorkommt. Das vorgeschlagene ARSĒNIKON erfüllt die obigen Bedingungen. Aber leider geht der Spruch noch weiter:

> *Bilde die Summe der Zahlen –*
> *du findest*
> *zweimal Achthundert, dreimal Dreißig dazu*
> *und Sieben.*
> *Hast du mein Wesen nunmehr erkannt,*
> *so hast du Teil an göttlicher Weisheit.*

Die Summe der Zahlenwerte der neun Buchstaben soll demnach gleich 1697 sein. Dieser Bedingung genügt weder ARSĒNIKON (Summe: $1 + 100 + 200 + 8 + 50 + 10 + 20 + 70 + 50 = 509$) noch das halbe Dutzend anderer vorgeschlagener Lösungswörter.

Um den geheimen Namen oder das Zauberwort zu finden, scheint es uns zweckmäßiger, zunächst seine Buchstaben zu ermitteln. Wir wissen aus unseren Erfahrungen bei der Entzifferung von Planetensigeln, daß die Kenntnisse der spätantiken und mittelalterlichen mystischen Meister auf geometrischem und arithmetischem Gefild recht gering waren. Deswegen gehen wir auch bei diesem Rätsel den einfachsten Weg und ersetzen die angegebenen Zahlenwerte durch die zugehörigen Buchstaben:

zweimal 800 = Omega, Omega,
dreimal 30 = Lambda, Lambda, Lambda.

Damit sind von den vier Vokalen zwei, von den fünf Konsonanten drei festgelegt. Die noch fehlenden zwei Vokale und zwei Konsonanten müssen zusammen den Zahlenwert 7 haben. Das ist nur möglich für Alpha + Alpha + Beta + Gamma = 1 + 1 + 2 + 3 = 7. Demnach besteht das gesuchte Wort aus den Buchstaben AABGLLLŌŌ.

Wir überlassen es den Knoblern, aus den paar Dutzend aussprechbarer zwei- oder dreibuchstabiger Silben die richtigen herauszupräparieren und den Kennern zu präsentieren.

Vielleicht kommt heraus, daß es sich um ALBALŌLŌG oder LŌGALABŌL oder eine ähnlich betitulte geschätzte Tinctura oder geschützte Panacea zur Verhinderung nüchternen Denkens handelt, um Teil an göttlicher Weisheit haben zu können.

—— **13** ——

Wir haben uns vom Sämann Arepo in die finsterste Abstellkammer der Mathematik locken lassen, wo man nur noch zu addieren und zu spintisieren braucht.

SATOR AREPO TENET OPERA ROTAS (Abb. 30) –

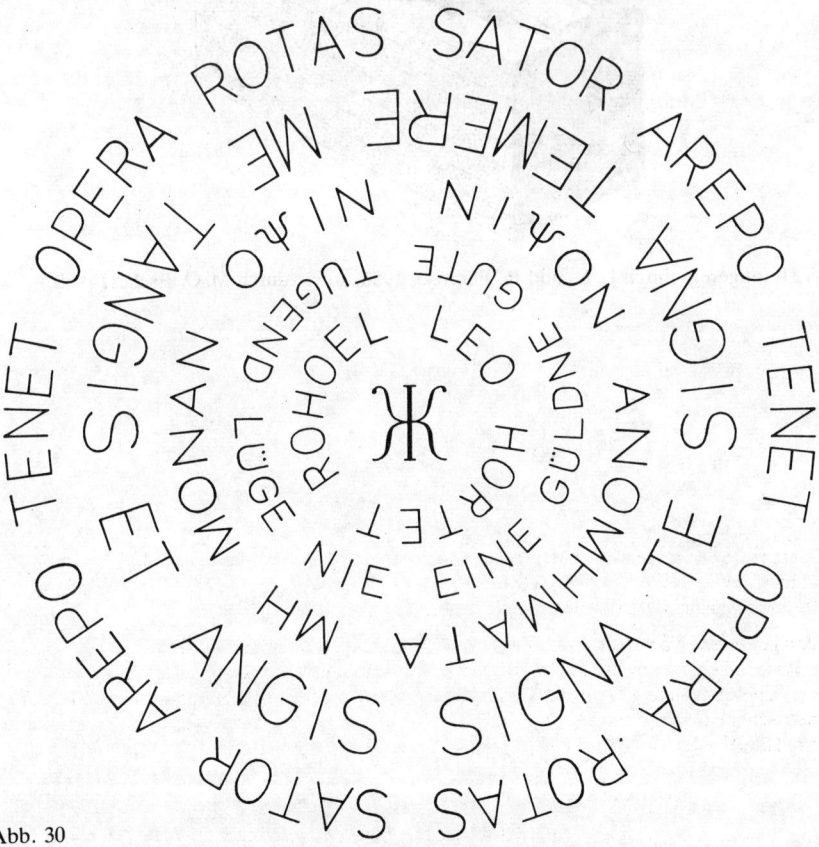

Abb. 30

die Worte gehen wieder und wieder vorwärts und zurück und im Kreise, wie ein Tier auf dürrer Weide, genau so wie es Goethe so treffend ausgedrückt hat (vgl. S. 33): der Gedanke rückt und schreitet nicht fort, die dunkele Sprache bewegt sich stets auf demselbigen Fleck, zuerst vor, dann zurück, schließlich weder vor noch zurück – trocken und jeden ermüdend, der nicht, wie Goethes Wagner im Urfaust, ein trockener Schwärmer ist. Wir wenden uns ab und begeben uns weiter fort, denn auch wir

(wie Thomas Stearns Eliot, »Family Reunion«, 1939, deutsch 1947), *mögen es nicht, wenn wir eine Treppe hinaufsteigen und spüren, sie führt hinunter* (Abb. 31).
Wir mögen es nicht, wenn wir zur Tür hinausgehen und uns

wieder im selben Zimmer befinden.

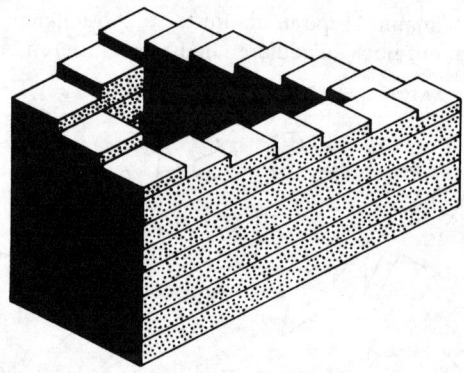

Abb. 31 (angeregt durch L. C. und R. Penrose, 1956, sowie durch M. C. Escher, 1960.)

Kapitel 3

Mathemagie und Mathematik

Mystisch-kryptische und lateinisch-griechische Quadrate

Mir widersteht das tolle Zauberwesen!...
Weh mir, wenn du nichts Bessers weißt!
Faust I, Hexenküche (Faust)

—— 1 ——

Dämonen, weiß ich, wird man schwerlich los, mit diesem Ausspruch des hundertjährigen Faust kurz vor seinem Ableben entschuldigt sich der Autor dafür, daß er mit dem Leser zwar am Ende des zweiten Kapitels das Zimmer verlassen hat, sich aber am Anfang des dritten mit ihm wieder im selben Zimmer befindet.

Es ist nämlich noch zu klären, warum Maack (S. 58) mit seiner Transformation der »Oro te pater, sanas«-Deutung in ein *semi*magisches Quadrat zufrieden war und kein magisches konstruiert hat. Sein Quadrat (Abb. 32, vgl. auch Abb. 26b, S. 59) weist in je zwei senkrechten und waagerechten Reihen nicht die *ständige magische Konstante* oder (weniger gespreizt ausgedrückt) *Reihenkonstante* auf, die beim 25-zelligen Quadrat 65 beträgt (s. Tafel V, S. 75).

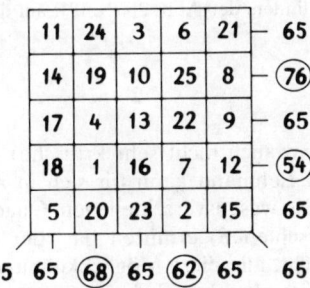

Abb. 32

Maack ist es gelungen, die Volte zu schlagen vom Satorspruch zum magischen Quadrat, so weit sie auch hergeholt sein mag. Maack war zweifellos ein Original in seiner Pracht,

und Mephisto könnte sein Wort über den Baccalaureus (Faust II, 2) leicht auf ihn umformen:

Wenn sich der Maack auch ganz absurd gebärdet,
Er findet zuletzt doch noch e' Reim.

Maack hält die allgemein übliche (arithmetische) Forderung an ein magisches Quadrat, es müsse in allen Zeilen, Spalten und Diagonalen als Summe die Reihenkonstante r aufweisen, für weniger wichtig, er verlangt, daß

(auch) *die magisch angeordneten Zahlen, verglichen mit der Zahlenlage des natürlichen Quadrats, geometrische Figuren von zentraler Symmetrie bilden.*

Dazu wird eine weitere Größe benötigt, die Summe der beiden im $n \cdot n$-Quadrat vorkommenden Extremwerte 1 und n^2. (Wir behandeln hier nur Quadrate, die mit den ersten n^2 Zahlen gefüllt sind.) Diese Summe wird als *magischer Arm* oder *Polarkonstante p* bezeichnet, es gilt demnach

$$p = n^2 + 1.$$

Zieht man die *Polarstrecken,* die Verbindungslinien zwischen allen *polaren* Zahlen, also zwischen n^2 und 1, $n^2 - 1$ und 2, $n^2 - 2$ und 3, usw., so erhält man mehr oder minder symmetrische Figuren, wie z. B. an den verschiedenen Variationen des $4 \cdot 4$-Quadrats nachprüfbar ist. Am glücklichsten sind die Maackisten, wenn alle Polarstrecken durch den Mittelpunkt des Quadrats gehen; denn solche Quadrate sind für sie *vollkommen.* Ein magisches Quadrat kann ruhig im arithmetischen Sinne semimagisch sein (wie das Sator-Quadrat), – Hauptsache, es ist zentralsymmetrisch. Und das ist dies Quadrat in der Tat, ebenso wie das mit Zahlen in ihrer natürlichen Reihenfolge gefüllte Quadrat, welches demnach die gleiche *Zahlenlage* hat (Abbn. 33 und 34).

1	2	3	4	5
6	7	8	9	10
11	12	13	14	15
16	17	18	19	20
21	22	23	24	25

Abb. 33

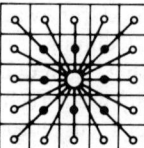

Abb. 34

Anm.: Biegt man das Quadrat der Abb. 33 zu einem Zylinderstück und stellt dieses auf den Kopf, erhält man einen Teil des Zylinders der Abb. 2b (S. 19), auf dem die Zahlen nach Restklassen modulo 5 geordnet sind.

—— 2 ——

Der überaus fleißige (wenn auch nicht sehr kritische) Architekt, Bauingenieur und Maackjünger Max Bruno Lehmann kann für sich in Anspruch nehmen, als erster Deutscher (1925) die 880 wesensverschiedenen Quadrate mit 16 Zellen, welche Frénicle (1693 postum erschienen) ermittelt hat (der berühmte Zahlentheoretiker Fermat hatte nicht vermocht, alle diese Möglichkeiten auszuschöpfen), vollständig in eine übersichtliche Ordnung gebracht zu haben, und zwar mit Hilfe ihrer Polarstrecken. (Seine angelsächsischen Vorgänger L.S. Frierson und H.E. Dudeney hat er wohl nicht gekannt.)

Es gibt zwölf verschiedene Figuren, sie sind in den Abbildungen 35 a bis 35 l dargestellt, neben jeder Figur steht ein dazu gehörendes magisches Quadrat als Beispiel; die Reihenfolge der Figuren ist durch die Anzahl der zu jeder Gruppe gehörenden Quadrate gegeben. (Vgl. auch Tafel III.)

66

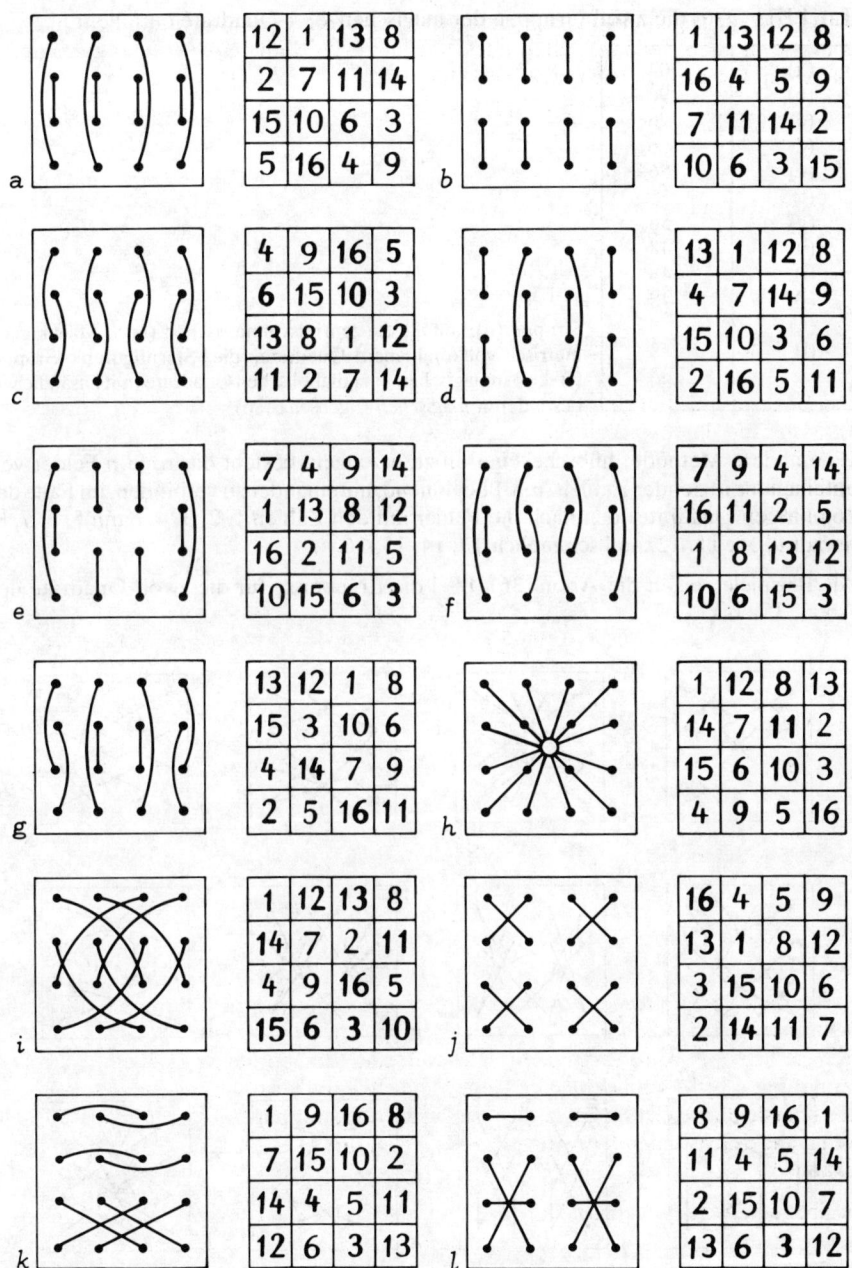

Abb. 35

Tafel III. Auf die zwölf Gruppen der magischen 4 · 4-Quadrate entfallen:

(a)	304
(b)	96
(c)	96
(d)	56
(e)	56
(f)	56
(g)	56
(h)	48
(i)	48
(j)	48
(k)	8
(l)	8
	880

Gruppe (h) umfaßt die zentralsymmetrischen (nach Maack geometrisch vollkommenen) Quadrate, die »Sternfiguren«-Gruppe (i) die panmagischen oder diabolischen Quadrate (mit zusätzlichen besonderen *magischen* Eigenschaften).

Eine andere Methode, hübsche Figuren zu erzeugen, besteht darin, je *n* Felder voll aufeinander folgender Zahlen, mit 1 beginnend, miteinander zu verbinden, im Falle des 16feldrigen Quadrates demnach die Felder mit den Zahlen 1, 2, 3, 4, dann 5, 6, 7, 8, darauf 9, 10, 11, 12, und schließlich 13, 14, 15, 16.

Als Beispiele zeigen die Abbn. 36a bis l die Ergebnisse für die zwölf Quadrate der Abbn. 35a bis l.

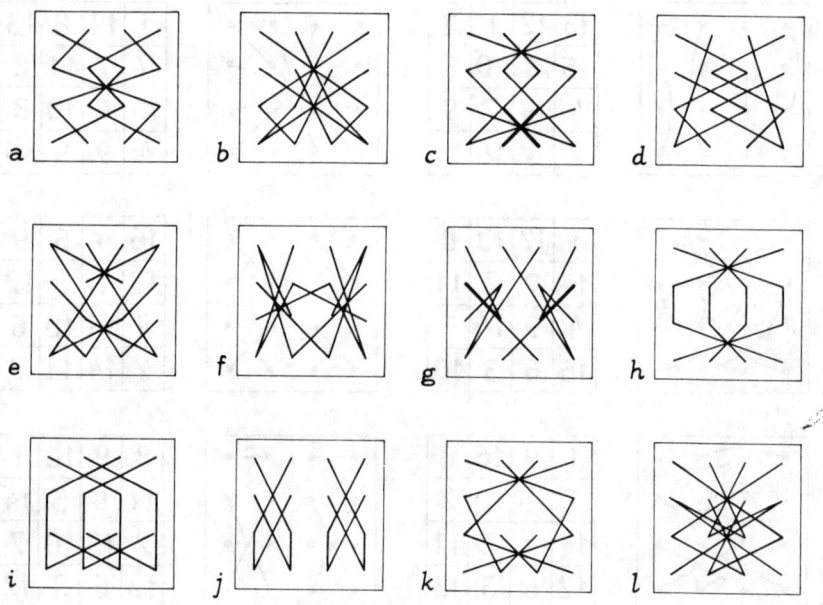

Abb. 36

Derlei Spaß trieb Zeiß (s. S. 21); allerdings waren ihm unter den 16feldrigen Quadraten nur solche der Gruppe h bekannt; er nannte die beiden durch Spiegelung zusammengehörenden Linienzüge zu Ehren seines *größeren Vetters* ›Zeissische Linsen‹ (Abbn. 37 a,b).

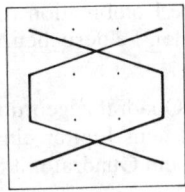 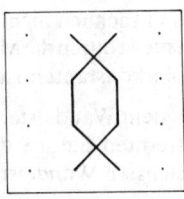

Abb. 37a   Abb. 37b

Bei den Mathemagikern wird sozusagen die Arithmetik weniger geschätzt als die Geometrie, die Summen der Zahlen in den Quadraten weniger als die sie verbindenden Striche. Hier gilt ein (leicht abgewandeltes) Goethesches Paralipomenon zur Hexenküche:

Und merk dir ein für allemal
Den wichtigsten von allen Sprüchen:
Es liegt dir kein Geheimnis in der Zahl,
Allein ein großes in den – Strichen.

(Statt *Brüchen,* die übrigens Trumpp – s. S. 32 ff. und S. 59 – auf Goethes Ehebrüche mit Frau von Stein deutet.)

Um diesen Käuzen eine Freude zu machen (und um zu neuen okkulten Kulten anzuregen), haben wir im SANAS-Quadrat Maacks (s. S. 59) »Zeissische Linien« gezogen, welche die Zahlen 1 bis 5, 6 bis 10, 11 bis 15, 16 bis 20, 21 bis 25 miteinander verbinden (Abbn. 38 a,b,c). Dank an Frau Luther-Kamcke!

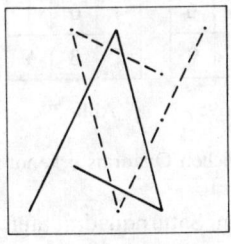 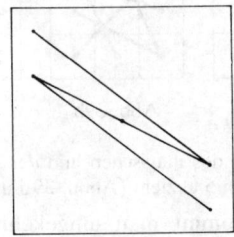 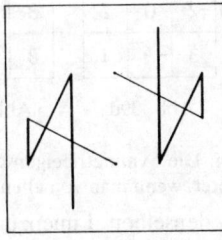

1 bis 5, 21 bis 25   11 bis 15   16 bis 20, 6 bis 10
Abb. 38a   Abb. 38b   Abb. 38c

Die jeweiligen Verbindungslinien (unter den Abbn. angegeben) bilden deutlich zwei A, ein N und zwei S (man drehe Abb. 38c um 90° nach rechts und links und lasse die im Kabbalismus unerläßliche Phantasie spielen) – SANAS auch hier:

Und in SANAStros Zauberhain
Tritt man mit frommem Schauder ein.

69

Dem Mittelalter waren solche Kindereien tiefsinniger Ernst, man konstruierte (wie man sehen wird, recht primitiv) mit derartigen Stricheleien die *Sigilla* der Planeten, die *Charaktere* der zodiakalen Sternbilder und sonstigen Tiefensinn und Tiefunsinn. Die Planetensigel sind tatsächlich nichts anderes als eine Kombination von Linien, graden und krummen, die meist durch die Mitten solcher Zahlen-Felder gehen, deren Summe ein Vielfaches der Polarkonstanten ist.

Bekanntlich war jedem Wandelstern ein magisches Quadrat zugeordnet, dem (damals) am weitesten entfernten Saturn das neunfeldrige, dem Jupiter ein 16feldriges und schließlich dem nächsten Wandelstern, dem Mond, ein Quadrat mit 81 Feldern.

Die Astrologen hätten gut daran getan, umgekehrt vorzugehen, also dem schnellen Mond das am schnellsten zu bewältigende 3 · 3-Quadrat beizugeben, dem träge dahinschleichenden Saturn das komplizierte 9 · 9-Quadrat. Dann könnten sie heute zwanglos Uranus, Neptun und Pluto 10 · 10-, 11 · 11- und 12 · 12-Quadrate verleihen, und es machte ihnen nichts aus, wenn man weitere Planeten entdeckte. Aber für das Altertum und das Mittelalter war ja das Weltgefüge bekannt und unveränderlich.

Das sigillum Saturni (Abb. 39b) kann man auf zweierlei Weise gewinnen, aus dem Saturnquadrat (Abb. 39a, auch Abb. 5, S. 20), aber auch aus dem mit den Zahlen in ihrer natürlichen Reihenfolge gefüllten Quadrat (Abb. 39 c). In Abb. 39 b zeigen die beiden Rösselzüge und die Diagonale an, wie man die Zahlen ordnen muß, um das Saturnquadrat zu erhalten, denn

$$4 + 3 + 8 = 15 \quad \text{ist dessen erste Spalte,}$$
$$9 + 5 + 1 = 15 \quad \text{die zweite und}$$
$$2 + 7 + 6 = 15 \quad \text{die letzte.}$$

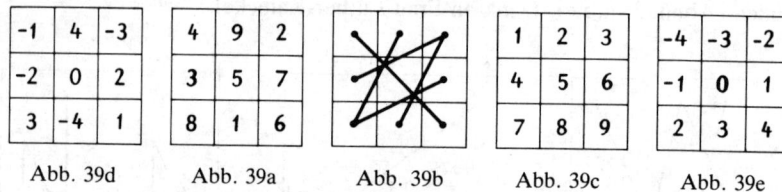

| Abb. 39d | Abb. 39a | Abb. 39b | Abb. 39c | Abb. 39e |

Anm. Die Symmetrieeigenschaften des magischen und des natürlichen Quadrats erkennt man leichter, wenn man von allen Zahlen 5 abzieht (Abbn. 39d und 39e).

Mit denselben Linienzügen kommt man umgekehrt vom Saturnquadrat auf das natürliche zurück.

Maack äußert sich zur »Dechiffrierung« der Sigilla:

... die geometrische Vollendung [i. e. die Zentralsymmetrie] *ist geradezu Postulat z. B. für die magisch-quadratische Dechiffrierung des menschlichen Körpers oder der talismanischen Planeten-Sigille und Geister-Charaktere ....*

Schön; viel mehr Grips braucht man nicht dazu.

Die tabulae planetarum waren übrigens nicht stets dieselben. Z. B. sieht das Jupiterquadrat folgendermaßen aus (Abb. 40a, b, c),

4	14	15	1
9	7	6	12
5	11	10	8
16	2	3	13

Abb. 40a

16	3	2	13
5	10	11	8
9	6	7	12
4	15	14	1

Abb. 40b

1	15	14	4
12	6	7	9
8	10	11	5
13	3	2	16

Abb. 40c

je nachdem man nachschaut bei

a) Agrippa von Nettesheim, De Occulta Philosophia, Antwerpen 1531,
b) Israel Hiebner, Mysterium sigillorum, Erfurt 1651 (identisch mit dem Dürerquadrat),
c) Athanasius Kircher, Oedipus Aegyptiacus, Rom 1652.

Die tabula Iovis (Abb. 41a) hat mit dem *natürlichen* 4 · 4-Quadrat (Abb. 41c, hier an einer senkrechten Kante gespiegelt) eine verblüffende Ähnlichkeit: Die vier Mittel- und die vier Eckfelder sind die gleichen, ihre Polarkonstanten bilden ein Andreaskreuz. Die acht übrigen Zahlen liegen auf einem Kreis, den man nur um 180° zu drehen braucht, um die eine Figur in die andere überzuführen. Und tatsächlich besteht das Sigel oder Siegel des Jupiter aus dem Kreis und dem Andreaskreuz – so wenig steckt hinter dieser geheimnisvoll raunenden Runerei! (Abb. 41b)

Wir wollen an der tabula Solis zeigen, daß dies keine einsame Ausnahme ist. Die Abb. 42a stellt das 6 · 6-Sonnenquadrat dar, Abb. 42c das zugehörige (an einer senkrechten Kante gespiegelte) natürliche Quadrat, Abb. 42b die Linien des sigillum Solis.

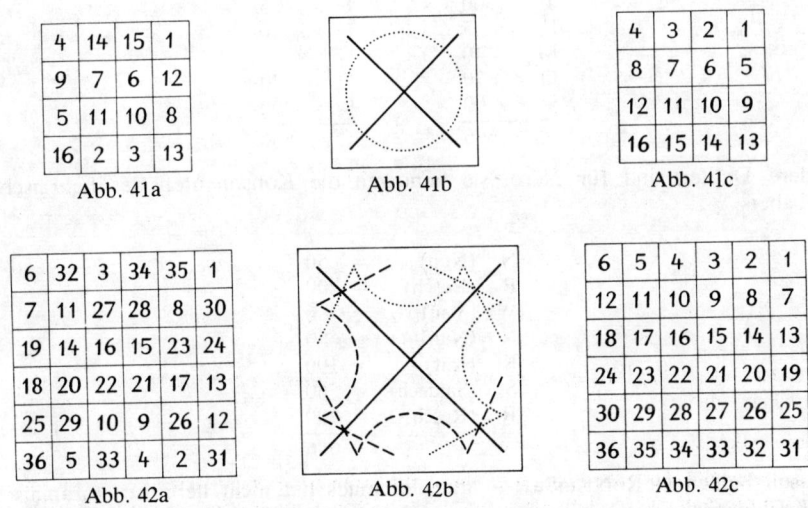

Abb. 41a — Abb. 41b — Abb. 41c

Abb. 42a — Abb. 42b — Abb. 42c

——— Fix-Diagonalen von a) und c);
– – – – geht in a) durch Achsenspiegelung an der zentralen Vertikale bzw. Horizontale aus c) hervor;
. . . . . geht in a) durch Punktspiegelung am — d. i. durch 180°-Drehung um den — Quadratmittelpunkt aus c) hervor.

71

Beim Anblick von Abb. 42 b mag manchem Georg Büchner (1813 bis 1837) einfallen, der seinen *Woyzeck* sagen läßt: *Linien ... Kreise ... Figuren – da steckt's ... Wer das lesen könnte!*

Vergleicht man Abb. 42 a mit 42 c, so sieht man, daß auch hier die vier Mittelfelder und die vier Eckfelder sowie die Diagonalen die gleichen geblieben sind; beim eingehenderen Betrachten wird man feststellen, wie einfach das magische Quadrat aus dem natürlichen gewonnen worden ist.

Die Figur der Abb. 42 b, die Grundlage des sigillum Solis, enthält zwei punktierte, zwei gestrichelte und zwei ausgezogene Linien, welche, auf jedes (!) der beiden Quadrate (Abb. 42 a und Abb. 42 c) gelegt, Zahlen verbinden, die jeweils die Summe 222 ergeben – das ist der dritte Teil der Gesamtsumme aller Zahlen im Quadrat, der dritte Teil von 666.

————— 4 —————

Daß das Sigel der Sonne demnach mit der Zahl des Tieres (Ofb. 13, 18) »zusammenhängt«, hat schon manchen Kabbalisten aufgeregt.

Nochmals sei auf das *Isopsephon* 666 eingegangen. Mit Hilfe der »Kunst« der Gematrie hat man nicht nur den Kaiser Domitian daraus ermittelt (s. S. 62), sondern auch das griechische Wort für Gegner (ANTEMOS) sowie (vom Kirchenvater Irenäus bevorzugt) LATEINOS:

				L	=	30
A	=	1		A	=	1
N	=	50		T	=	300
T	=	300		E	=	5
E	=	5		I	=	10
M	=	40		N	=	50
O	=	70		O	=	70
S	=	200		S	=	200
		666				666

Andere Deuter sind für Nero, sie benutzen die Konsonanten des hebräischen Alphabets:

N	(Nun)	=	50
R	(Resch)	=	200
(W)	(Vau)	=	6
N	(Nun)	=	50
K	(Kāf)	=	100
S	(Samech)	=	60
R	(Resch)	=	200
			666

Das soll heißen NeRoNKaiSaR – aber Johannes hat nicht hebräisch (aramäisch) geschrieben, wenn auch vielleicht während des Verfassens griechischer Sätze hebräisch gedacht. Die Gematrie hat noch im späten Mittelalter die Geister verwirrt. In der Präambel zur Lehninschen Weissagung (aus dem 14. Jh., 1745 gedruckt) ist vom Antichrist Ludovicus die Rede, *wie die Zahl des Tieres 666, die in diesem Namen enthalten ist, zu erkennen giebet.* Hier hat man nach Art der Chronographen (s. S. 48) gearbeitet: LVDoVICVs = DCLVVVI = 666. Peter Bungus hat in einem, nicht 666-, sondern 700seitigen Buch »nachgewiesen«, daß 666 Martin Luther bedeute – und der vorzügliche Mathematiker und auch sonst absunderliche Stifel »bewies«, damals noch Augustinerpater, 666 sei Papst Leo X. – und wurde daraufhin Protestant. (Notabene besteht 666 aus lauter verschiedenen Zahlbuchstaben: DCLXVI.)

Es muß für die Okkultisten eine ständig schwärende schwere Wunde sein, daß es kein 6 · 6-Quadrat gibt, welches arithmetisch ein vollkommen magisches ist und gleichzeitig (in ihrem Sinne) geometrisch vollkommen, d. h. zentralsymmetrisch. Aber der Mathematiker nickt verständnisvoll: 36feldrige Quadrate sind eigenartige Einzelgänger – darüber wird in diesem Kapitel noch zu sprechen sein.

Ein kleiner Trost: Wenn man darauf verzichtet, ausschließlich die Zahlen 1 bis 36 zu verwenden, lassen sich auch geometrisch vollkommene 6 · 6-Quadrate herstellen, z. B. folgendermaßen: Man gehe von einem mit den Zahlen 1 bis 49 in natürlicher Reihenfolge gefüllten 7 · 7-Quadrat aus (die Summe seiner Zahlen ist gleich 1225), entferne aus ihm das *Mittelkreuz* (Summe der Zahlen 325) (Abb. 43) und ordne die ein 6 · 6-Quadrat bildenden Restzahlen (Summe 900) der Abb. 44 a so um, wie Abb. 44 b zeigt. Dieses 6 · 6-Quadrat ist magisch (Reihenkonstante 150, Polarkonstante 50) und – hurra! – zentralsymmetrisch. (Man beachte die Verwandtschaft der beiden 6 · 6-Quadrate.)

1	2	3	4	5	6	7
8	9	10	11	12	13	14
15	16	17	18	19	20	21
22	23	24	25	26	27	28
29	30	31	32	33	34	35
36	37	38	39	40	41	42
43	44	45	46	47	48	49

Abb. 43

1	2	3	5	6	7
8	9	10	12	13	14
15	16	17	19	20	21
29	30	31	33	34	35
36	37	38	40	41	42
43	44	45	47	48	49

Abb. 44 a

1	42	29	35	36	7
48	9	20	16	13	44
5	38	33	31	40	3
47	10	19	17	12	45
6	37	34	30	41	2
43	14	15	21	8	49

Abb. 44 b

Ob die Gläubigen wohl wissen, daß man die Zahl des 6 · 6-Quadrats der Sonne, daß man 666 auch so schreiben kann:

$$666 = \left(\frac{6}{2}\right)^2 \cdot [(6+1)^2 + (6-1)^2] = \frac{6^2}{2} \cdot (6^2+1^2) \ ?$$

Und damit Hex' ade! Genug von der mystischen Hexade! (zunächst!)

——— 5 ———

Ob die Gläubigen ferner wissen, daß man die *magischen* Zahlen der magischen Quadrate, die Polarkonstante, die Reihenkonstante (vgl. S. 65) und – bei ungeradzahligen Quadraten – die Mittelfeldkonstante mit leichter Mühe aus dem allereinfachsten pythagoreischen Zahlendreieck ermitteln kann? Wahrscheinlich nicht, sonst hätten sie es mit ihrer geradezu Riemerschen Lust an pomphaften Wörtern wohl *triangulum mirabile vel mirificum* getauft.

Friedrich Wilhelm Riemer (s. S. 34), Altphilologe, Gymnasialprofessor, Bibliothekar, Geheimer Hofrat, einer der Ordner des Goetheschen Nachlasses, vom Meister mit der Mitherausgabe seiner Werke beauftragt, Riemer, *immer glücklich, wenn er statt eines einfach deutschen Wortes ein gelehrtes, lateinisches oder griechisches brauchen konnte,* hat den nicht verwendeten Abfallschnitzeln der Fausttragödie den hochtrabenden Namen Paralipomena gegeben, *blödem Volke unverständlich.*

Das oben angekündigte pythagoreische Dreieck zeigt Tafel IV. In ihm sind die natürlichen Zahlen in ihrer natürlichen Reihenfolge so angeordnet, daß
in der ersten Zeile die eine Zahl 1 steht,
in der zweiten Zeile die zwei Zahlen 2 und 3 stehen,
in der dritten Zeile die drei Zahlen 4, 5 und 6,
dann die vier Zahlen 7, 8, 9, 10, welche das Dreieck zur Tetraktys ründen, und so fort.

Tafel IV. Das einfachste pythagoreische Zahlendreieck

```
                    1
                 2  |  3
              4   5   6
           7   8  |  9  10
         ───────────────────
        11  12  13  14  15
      16  17  18 | 19  20  21
    22  23  24  25  26  27  28
  29  30  31  32 | 33  34  35  36
37  38  39  40  41  42  43  44  45
46  47  48  49  50 | 51  52  53  54  55
56  57  58  59  60  61  62  63  64  65  66
     ·    ·     ·    ·     ·    ·     ·
```

(In Parenthese bemerkt: Ordnet man die natürlichen Zahlen in Zeilen von drei, fünf, sieben usw. Gliedern, dann sind die Summen der Glieder links und rechts von dem senkrechten Strich einander gleich:

74

```
              1   2   │ 3
          4   5   6   │ 7   8
      9  10  11  12   │13  14  15
  16  17  18  19  20  │21  22  23  24
25  26  27  28  29  30 │31  32  33  34  35
 .   .   .   .   .   .      .   .   .   .   .
```

Ordnet man die natürlichen Zahlen hingegen folgendermaßen:

```
              1   2
          3   4   5
      6   7   8   9
  10  11  12  13  14
15  16  17  18  19  20
21  22  23  24  25  26  27
     .   .   .   .   .   .
```

dann sind in jeder *zweiten* Reihe die Summen der ins Quadrat erhobenen Glieder links und rechts der Senkrechten einander gleich.

```
                  3²  4²   │ 5²
             10² 11² 12²   │13² 14²
         21² 22² 23² 24²   │25² 26² 27²
     36² 37² 38² 39² 40²   │41² 42² 43² 44²
 55² 56² 57² 58² 59² 60²   │61² 62² 63² 64² 65²
  .   .   .   .   .   .        .   .   .   .   .
```

Auch hier reicht die Leiter leider nicht weiter, vgl. S. 100.)

Die Mittelsenkrechte des Tafel IV-Dreiecks geht durch 1, 5, 13, 25, 41 ... und liefert damit die Mittelfeldkonstanten m der ungeradfeldrigen magischen Quadrate.

Die Summe aus dem Anfangs- und dem Endglied jeder Zeile ist gleich der Polarkonstante p. Und die Summe aller Glieder jeder Zeile ergibt die Reihenkonstante r (Tafel V).

Tafel V.   Zum Verständnis der magischen Quadrate

Zellen in einer Reihe n	Zellen gesamt n^2	Mittelfeld-konstante $m = \dfrac{n^2+1}{2}$	Polar-konstante $p = n^2+1$	Reihen-konstante $r = \dfrac{n(n^2+1)}{2}$	Summe aller Zahlen im Quadrat $S = \dfrac{n^2(n^2+1)}{2}$
3	9	5	10	15	45
4	16		17	34	136
5	25	13	26	65	325
6	36		37	111	666
7	49	25	50	175	1225
8	64		65	260	2080
9	81	41	82	369	3321
10	100		101	505	5050
11	121	61	122	671	7381
12	144		145	870	10440

Die Mathemagier mögen von einem Wunder faseln, auf die Mathematiker hingegen trifft das Wort des *in tiefen Gedanken stehen gebliebenen* Friedländers zu: *Wer nicht den Glauben hat, für den bemühn sich die Dämonen in verlornen Wundern* (Schiller, »Wallensteins Tod« I,1, ursprüngliche Fassung).

Denn an dem Dreieck aus natürlichen Zahlen in natürlicher Reihenfolge (Tafel IV) ist natürlich nichts Mystisches, nichts Kabbalistisches.

Am nächstliegenden wäre es, zunächst die Summe S der Zahlen von 1 bis n^2 festzustellen, welche das Quadrat füllen, also zu bilden (nach einer schon wieder fast vergessenen Formel, *die früh sich einst dem trüben Blick gezeigt,* Anfangsglied plus Endglied mal Anzahl der Glieder, durch 2, vgl. S. 52):

$$S = \frac{(1+n^2)n^2}{2}.$$

Dividiert man S durch n, erhält man die Summe der Zahlen, die in einer Reihe stehen müssen, also die Reihenkonstante r:

$$r = \frac{S}{n} = \frac{(1+n^2)n^2}{2n} = \frac{(1+n^2)n}{2}.$$

Wir aber wollen hier von der Betrachtung des Dreiecks der Tafel IV ausgehen, zunächst von dessen *rechter* Kante, die mit den Endzahlen e_n der Zeilen (1, 3, 6, 10, 15, . .) besetzt sind. Man erkennt in dieser Folge sofort die der (pythagoreischen) Dreieckszahlen (vgl. auch S. 53), deren $n$te (e_n) gleich $1+2+3+$ .. $+n$ ist, also nach der eben bereits verwendeten Formel gleich

$$e_n = \frac{(1+n)n}{2}.$$

Die *linke* Kante enthält die Anfangszahlen a_n der Zeilen, sie sind offensichtlich jeweils um 1 größer als die Endzahlen e_{n-1} der vorhergehenden Zeile:

$$a_n = e_{n-1} + 1 = \frac{n(n-1)}{2} + 1.$$

Anfangsglied plus Endglied jeder Zeile ergibt

$$a_n + e_n = \frac{n(n-1)+(1+n)n}{2} + 1 = \frac{n^2-n+n+n^2}{2} + 1 = 1 + n^2,$$

d. h. die Polarkonstante $p = 1+n^2$.

Das Mittelglied m bei ungeradem n, die Mittelfeldkonstante, ist gleich dem arithmetischen Mittel aus Anfangs- und Endglied

$$m = \frac{a_n+e_n}{2} = \frac{1+n^2}{2} \left(=\frac{p}{2}\right),$$

und die Summe aller n Glieder einer Zeile ist gleich der Reihenkonstante

$$r = \frac{(a_n+e_n)n}{2} = \frac{(1+n^2)n}{2} \left(=n\frac{p}{2}\right).$$

In der letzten Spalte der Tafel V (S. 75) ist noch die Summe aller Zahlen im Quadrat angegeben.

Wir haben die Tafel V nicht »Hauptdaten der magischen Quadrate« betitelt, weil *alle* Daten auch z.B. für die Quadrate mit Zahlen in regulärer Reihenfolge zutreffen (wenn auch bei ihnen die Reihenkonstante nicht immer – aber stets in den Hauptdiagonalen – auftritt). Es ist bereits bei den Planetensigeln auf die Verwandtschaft *magischer* und *regulärer* Quadrate hingewiesen worden.

Wir sehen: vor einem klaren Blick für die einfachen rechnerischen Zusammenhänge löst sich der ganze okkulte Spuk in Staub auf. Man kann mit dem Brimborium keinen höllischen Pudel hinter dem Ofen hervorlocken (das ist seit Fausts Zeiten wohl vorbei), keine Berge verrücken, höchstens Sinne, und unsere Welt nicht erschüttern – wenn auch vielleicht Dutzende von höheren Welten, die uns verschlossen sind und nur Esoterikern offenstehen, die »um« das Geheimnis, »um« das Absolute, »um« das Od, den Hum und den Mum, den bug und den pitz wissen.

Wir indes vermögen

vor jener dunkeln Höhle nicht zu beben,
in der sich Phantasie zu eigner Qual verdammt,
nach jenem Durchgang hinzustreben,
um dessen engen Mund die ganze Hölle flammt...

Goethe, »Faust I«, Nacht (Faust).

Und hinterwärts mit solchen Trugesschatten sei auch hinfort der böse Geist gebannt, mit dem so gern sich Jugendträume gatten, der böse Geist des Irr-Rationalen, der farbige Ringe um das zu Erforschende zaubert, der die Gedanken leicht zerfranst, so daß sie sich leicht in fremdartige Höhlen verfranzen, der einen hindert, klar, kantig, konturiert zu schreiben, der einem Wörter einbleut wie mystisch, mantisch, magisch, panmagisch, diabolisch, satanisch, okkult, kabbalistisch – –

Wie viele (wie wenige) Menschen hätten sich wohl mit den Zahlenquadraten abgegeben, wenn sie nicht *magisch* hießen, sondern einfach und nüchtern *summengleich* oder *gleichsummig?*

Für die nackte Zahl haben nämlich diese Schwärmer nicht viel übrig, sie muß in ein ehrwürdiges, geheimnisvolles, überirdisches, märchenhaftes Gewand gehüllt sein. Wenn man ihnen sagt, die Summe der ersten neun Primzahlen sei gleich 100, läßt sie das kalt (100 hat für sie zu wenig *Aura*), aber die Tatsache, daß die ersten acht Primzahlen zusammengezählt,

$$2 + 3 + 5 + 7 + 11 + 13 + 17 + 19 = 77 \text{ (nicht nur auf S. 77)}$$

ergeben, regt sie auf, denn 77 zeige den ›ganzen Unterschied‹ zwischen AT (›Lamech soll 77 mal *gerächt* werden‹ 1. Mos. 4,24) und NT (›man seinem Bruder 7 · 70 [!] mal *vergeben* soll‹, Matth. 18,22). Aber wie groß ist erst das Entzücken der Träumer, wenn sie erfahren, daß die Summe der ersten sieben (!) Primzahlquadrate, daß also

$$4 + 9 + 25 + 49 + 121 + 169 + 289 = 666 \text{ ist!}$$

(s. S. 72).

Zum Schluß dieses Abschnittes, bevor es ernst wird, noch eine gar feine Kunstfigur: ein *magisches* 8 · 8-Quadrat, gefüllt mit den Zahlen 1 bis 64, und ein zugehöriges *bimagisches,* gefüllt mit den Zahlen 1^2 bis 64^2 in der gleichen Anordnung (Abbn. 45a und 45b).

6	64	26	36	41	19	53	15
23	45	11	49	60	2	40	30
61	7	33	27	18	44	14	56
48	22	52	10	3	57	31	37
28	34	8	62	55	13	43	17
9	51	21	47	38	32	58	4
35	25	63	5	16	54	20	42
50	12	46	24	29	39	1	59

36	4096	676	1296	1681	361	2809	225
529	2025	121	2401	3600	4	1600	900
3721	49	1089	729	324	1936	196	3136
2304	484	2704	100	9	3249	961	1369
784	1156	64	3844	3025	169	1849	289
81	2601	441	2209	1444	1024	3364	16
1225	625	3969	25	256	2916	400	1764
2500	144	2116	576	841	1521	1	3481

Abb. 45b

——— 6 ———

Die gleichsummigen Quadrate machen nur einen geringen Bruchteil aller möglichen Quadrate derselben Felderzahl aus.

Es gibt 4! = 1 · 2 · 3 · 4 = 24 vierfeldrige Quadrate (keines ist gleichsummig oder magisch), in jedem sind die Zahlen 1, 2, 3, 4 anders angeordnet, s. Abb. 46.

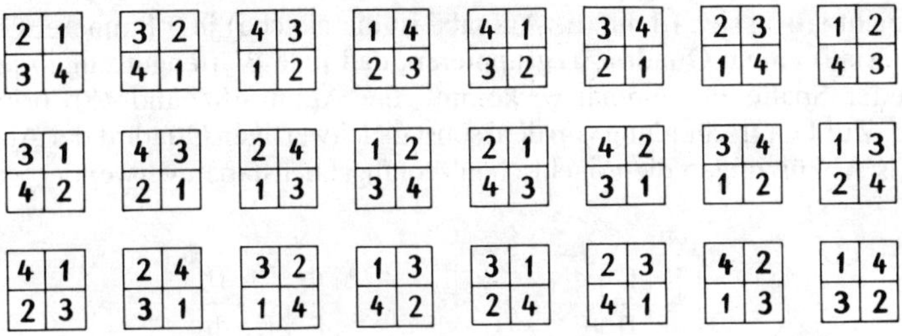

2 1	3 2	4 3	1 4	4 1	3 4	2 3	1 2
3 4	4 1	1 2	2 3	3 2	2 1	1 4	4 3

3 1	4 3	2 4	1 2	2 1	4 2	3 4	1 3
4 2	2 1	1 3	3 4	4 3	3 1	1 2	2 4

4 1	2 4	3 2	1 3	3 1	2 3	4 2	1 4
2 3	3 1	1 4	4 2	2 4	4 1	1 3	3 2

Abb. 46

Je acht Quadrate kann man durch Drehen oder Spiegeln ineinander überführen, so daß $4! : 8 = 3$ »Grundquadrate« übrigbleiben; als solche kann man z. B. die am Anfang der drei Achterreihen (Abb. 46) stehenden wählen.

Es gibt $9! : 8 = (1 \cdot 2 \cdot 3 \cdot 4 \cdot 5 \cdot 6 \cdot 7 \cdot 8 \cdot 9) : 8 = 362880 : 8 = 45360$ derartige Grund-$3 \cdot 3$-Quadrate (gefüllt mit den Zahlen 1 bis 9), davon ist nur ein einziges gleichsummig, das dem Saturn zugeordnete, welches so oft und so mannigfach bei der Deutung des Goetheschen Hexeneinmaleins herangezogen worden ist.

16feldrige Grundquadrate gibt es $16! : 8 = 20922789888000 : 8 = 2615348736000$, also mehr als 2,6 Billionen – nur 880 davon sind, wie wir wissen (s. S. 68), gleichsummig.

Es ist jetzt wohl verständlich, daß wir die Anzahl der gleichsummigen Quadrate mit 25, 36, 49 und mehr Feldern nicht kennen – die Anzahl der 25feldrigen Grundquadrate ist größer als 1,9389 Quadrillionen.

――― 7 ―――

Mit einer schwierigeren Art von Quadraten, den lateinisch-griechischen, hat sich Leonhard Euler in seinen »Recherches sur une nouvelle espèce de quarrés magiques«, 1782, beschäftigt.

Wir beginnen mit einer einfachen Aufgabe, um die Herleitung eines lateinisch-griechischen Quadrates und seinen Namen zu erklären: Drei Leutnants, drei Hauptleute und drei Generäle sollen derart auf einem (natürlich genügend großen) Schachbrett mit $3 \cdot 3$ Feldern aufgestellt werden, daß in jeder Zeile und in jeder Spalte sämtliche drei Dienstgrade vertreten sind. Diese Aufgabe ist nicht schwer, Abb. 47 zeigt eine Lösung; die Dienstgrade sind mit ihren lateinischen Anfangsbuchstaben L, H, G abgekürzt.

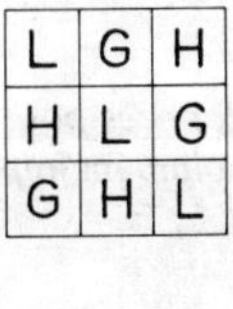

L	G	H
H	L	G
G	H	L

Abb. 47

Ebenso leicht lassen sich (denn die Aufgabe ist die gleiche) je 3 Pioniere, Grenadiere und Flieger auf einem Quadrat so gruppieren, daß jede Waffengattung in jeder Zeile und in jeder Spalte nur einmal vorkommt; die Abbn. 48a und 48b bringen zwei Lösungen. Zur Unterscheidung von dem sonst gleichwertigen Quadrat der Abb. 47 sind diesmal als Abkürzungen die griechischen Anfangsbuchstaben verwendet worden.

Π	Γ	Φ
Φ	Π	Γ
Γ	Φ	Π

Abb. 48a

Φ	Γ	Π
Γ	Π	Φ
Π	Φ	Γ

Abb. 48b

Abb. 48b ist die Spiegelung der Abb. 48a an ihrer (rechten oder linken) senkrechten Kante.

Nun bilden wir aus dem *Dienstgradquadrat* (Abb. 47) und jedem der beiden *Truppenteilquadrate* (Abb. 48a,b) sogenannte *Produktschemata*, indem wir in jedes Feld eines neuen Quadrats (Abb. 49a und Abb. 49b) das geordnete Paar der jeweilig dort stehenden lateinischen und griechischen Buchstaben setzen, also in die erste Zeile LΠ, GΓ, HΦ (Abb. 49a) bzw. LΦ, GΓ, HΠ (Abb. 49b) usw.

LΠ	GΓ	HΦ
HΦ	LΠ	GΓ
GΓ	HΦ	LΠ

Abb. 49a

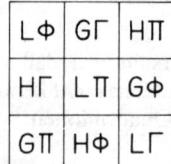

LΦ	GΓ	HΠ
HΓ	LΠ	GΦ
GΠ	HΦ	LΓ

Abb. 49b

Im linken Quadrat kommen die Zusammenstellungen LΠ, GΓ, HΦ je dreimal vor (je 3 Leutnants der Pioniere, Generäle der Grenadiere und Hauptleute der Flieger), im rechten hingegen finden sich neun verschiedene Paare von Buchstaben. Quadrate, die, *zusammengeschoben,* diese Eigenschaft aufweisen (Abb. 47 und Abb. 48b), heißen *orthogonal.* Das aus ihnen entstandene Quadrat (Abb. 49b) löst die schwerere Forderung, je drei Offiziere verschiedenen Ranges aus drei verschiedenen Waffengattungen so in einem Karree antreten zu lassen, daß in jeder *Reihe* und in jeder *Kolonne* jeder Rang und jede Waffe nur einmal vertreten ist: Leutnant der Flieger, General der Grenadiere, Hauptmann der Pioniere, usw.

Anlaß zu Eulers Arbeit war eine seinem geistigen Rang würdigere Aufgabe: 36 Offiziere, 6 Dienstgrade, 6 Regimenter – sonst wie oben. Doch hier mußte Euler die Waffen strecken, er konnte die Nuß nicht knacken, das 6 · 6-Quadrat hat seine Tücken (vgl. S. 73).

Dazu äußerte er sich:

Or, après toutes les peines qu'on s'est données pour résoudre ce problème, on a été obligé de reconnaître qu'un tel arrangement est absolument impossible, bien qu'on ne puisse en donner une démonstration rigoureuse.

Er ließ daher dieses Spezialproblem zunächst liegen und beschäftigte sich mit Quadraten beliebiger Felderzahl. Er fand

(1)   es gibt orthogonale Quadrate für jede *ungerade Basis* $2n + 1$, d. h. also mit $(2n + 1)^2$ Feldern, $3 \cdot 3 = 9$ (wie unser Beispiel), $5^2 = 25$, weiter 49, 81, 121 und so fort,

(2)   es gibt auch orthogonale Quadrate für jede *gerade Basis* der Form $4n$ (wenn die Basis sich demnach durch 4 teilen läßt), $4 \cdot 4 = 16$, weiter 64, 144, ...

—— 8 ——

Folglich ist die Aufgabe lösbar, die je vier Buben, Damen, Könige und Asse eines Kartenspiels auf einem (auch hinreichend großen – nicht unbedingt einem *länglichen*, vgl. S. 25) Quadrat so unterzubringen, daß jeder Kartenwert und jede Farbe (Caro, Herz, Pik, Kreuz) in jeder Zeile und in jeder Spalte nur einmal vorkommt. Die in Abb. 50 dargestellte Lösung ist (wenn wir sie in Farbe brächten) dadurch besonders reizvoll, daß die roten und die schwarzen Blätter (hier durch ein schwarzes Dreieck links oben im Feld gekennzeichnet) schachbrettartig angeordnet sind. (Die erste Zeile ist zu lesen: Herzas, Pikkönig, Carodame, Kreuzbube.)

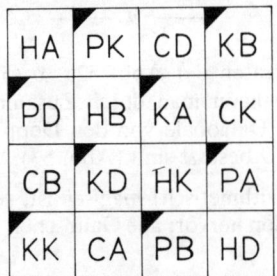

Abb. 50

In der einen Diagonale sind alle Herzkarten aufgereiht, in der anderen alle Kreuzkarten. Gauß hat verlangt, daß es auch in den Diagonalen gemischt zugehen solle, wie in den Zeilen und Spalten; derartige Quadrate heißen nach dem *princeps mathematicorum Gaußsche Quadrate.*

Neunfeldrige Gaußsche Quadrate kann es offensichtlich ebensowenig geben wie vierfeldrige Eulersche; der Leser kann dies mit leichtester Mühe nachprüfen. Die *einfachen* lateinisch-griechischen Quadrate nennt man heutzutage nach Euler – wir haben die Bezeichnung eben gebraucht –, auch benutzt man keine Buchstaben mehr: weder lateinische noch griechische, sondern statt dessen Zahlen.

Die Abbn. 51a, b, c, d bringen vier $4 \cdot 4$ feldrige Gaußsche Quadrate, in denen die Buchstaben durch Zahlen ersetzt sind (die jeweils zwei Zahlen in einer Zelle müssen strenggenommen jede für sich gelesen werden, 21 zum Beispiel nicht einundzwanzig, sondern zwei-eins).

81

11	22	33	44
43	34	21	12
24	13	42	31
32	41	14	23

11	34	42	23
43	22	14	31
24	41	33	12
32	13	21	44

11	34	43	22
42	23	14	31
24	41	32	13
33	12	21	44

23	42	31	14
34	11	22	43
12	33	44	21
41	24	13	32

Abb. 51a   Abb. 51b   Abb. 51c   Abb. 51d

Eine Erinnerung: Eines der letzten Galgenlieder Christian Morgensterns trägt die Überschrift

»Km 21«

und beginnt:

Ein Rabe saß auf einem Meilenstein
und rief Ka-em-zwei-ein, Ka-em-zwei-ein..

Die vier Gaußschen Quadrate der Abbn. 51 a, b, c, d lassen sich durch Drehung oder Spiegelung nicht ineinander überführen: im ersten besetzen die »Doppelzahlen« 11, 22, 33, 44 eine Reihe, im zweiten eine Diagonale, im dritten die Eck-, im vierten die Innenfelder.

——— 9 ———

Aus den beiden 8 · 8-Quadraten der Abb. 52a, b (52b geht durch Drehung und Spiegelung aus 52a hervor) kann man durch Zusammenschiebung ein Gaußsches Quadrat bilden, dessen eine Diagonale von den Doppelzahlen, die andere von den Zahlen mit der Quersumme 9 besetzt sind (Abb. 53).

Daß dieses Quadrat auch (arithmetisch) *magisch* ist, sein muß (Summe 360 + 36 = 396), geht aus der Konstruktion hervor; *alle* Gaußschen Quadrate sind in diesem Sinne magisch.

Besetzt man ein Schachbrett (wie üblich schwarzes Eckfeld links unten) mit den Zahlen der Abb. 53 und faßt die Zahlen als zweistellige auf, dann findet man, daß die Summe (114) der *weißen Zahlen* der ersten und der zweiten Reihe gleich der Summe der *schwarzen Zahlen* der letzten und vorletzten Reihe ist. Entsprechendes (mit der Summe 122) gilt für die mittleren Reihen. Dies sei eine Anregung für Knobler, nach weiteren Zahlenbeziehungen zu suchen.

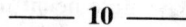

——— 10 ———

Zwischen der Konstruktion von Eulerschen und Gaußschen Quadraten und Lösungen des sogenannten *Damenproblems* auf dem Schachbrett bestehen Zusammenhänge.

Bekanntlich hat die Dame im Schachspiel (wie im Leben) die größte Bewegungsfreiheit, sie kann vorwärts, rückwärts und (natürlich) auch schräg bis an die äußerste Grenze gehen. Das *Damenproblem* ist nichts anderes als die Frage, ob man auf einem üblichen Schachbrett mit 64

1	7	4	6	2	8	3	5
8	2	5	3	7	1	6	4
2	8	3	5	1	7	4	6
7	1	6	4	8	2	5	3
6	4	7	1	5	3	8	2
3	5	2	8	4	6	1	7
5	3	8	2	6	4	7	1
4	6	1	7	3	5	2	8

Abb. 52 a

1	8	2	7	6	3	5	4
7	2	8	1	4	5	3	6
4	5	3	6	7	2	8	1
6	3	5	4	1	8	2	7
2	7	1	8	5	4	6	3
8	1	7	2	3	6	4	5
3	6	4	5	8	1	7	2
5	4	6	3	2	7	1	8

Abb. 52 b

11	78	42	67	26	83	35	54
87	22	58	31	74	15	63	46
24	85	33	56	17	72	48	61
76	13	65	44	81	28	52	37
62	47	71	18	55	34	86	23
38	51	27	82	43	66	14	75
53	36	84	25	68	41	77	12
45	64	16	73	32	57	21	88

Abb. 53

Feldern acht Damen so unterzubringen vermag, daß sie sich nicht schlagen können, man also sozusagen Damenringkämpfe vermeiden kann.

Die Antwort: es gibt 92 verschiedene Stellungen der Damen, die auf 12 *Grundstellungen* (eine davon zeigt Abb. 54) zurückgehen. Aus 11 von ihnen kann man (einschließlich der Grundstellung selbst) durch Drehung und Spiegelung je 8 hervorlocken (wie bei Quadraten zu erwarten), aus der zwölften nur 4, weil sie so symmetrisch ist – wie etwa bei Damen auf a4, b6, c8, e7, d2, f1, g3, h5 (in ›algebraischer‹ Schachnotation).

Daß man mit Hilfe von Lösungen des Damenproblems zu besonders bemerkenswerten Eulerschen Quadraten kommen kann, sei an einem 25feldrigen Quadrat demonstriert. Abb. 55a zeigt eine Lösung, als Symbol der Dame ist die Zahl 1 gewählt. Die Abbn. 55b, c, d sind durch Drehen oder Spiegeln aus Abb. 55a gewonnen; als Symbole werden die Zahlen 2, 4, 5 verwendet.

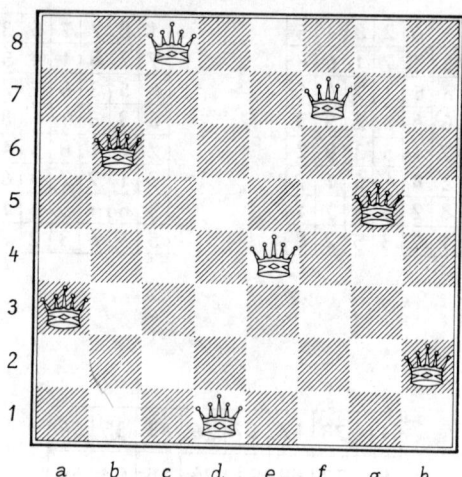

Abb. 54

a

	1			
			1	
1				
		1		
				1

b

		2		
				2
	2			
			2	
2				

c

				4
	4			
			4	
4				
		4		

d

5				
		5		
				5
	5			
			5	

Abb. 55

Eine andere Lösung (mit 3 als Symbol) zeigt Abb. 56.

			3	
3				
		3		
				3
	3			

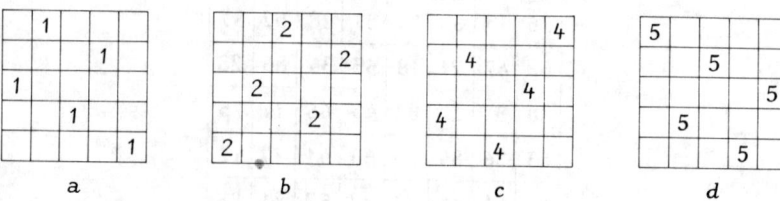

Abb. 56

Wir tragen alle Zahlen in ein 25feldriges Quadrat ein (Abb. 57a): sämtliche Felder sind mit Zahlen besetzt, keine Zahl kann eine gleichwertige schlagen (was Damen schwer erträglich wäre).

Abb. 57b entstand aus Abb. 57a in bereits bekannter Weise durch Drehspiegelung. Beide Quadrate, zusammengeschoben, ergeben ein Eulersches Quadrat (Abb. 58).

Dieses Eulersche Quadrat sei dem Liebhaber gebosselter Raritäten angedienert: es ist sogar ein Gaußsches Quadrat besonderer Art, denn nicht nur Zeilen, Spalten und

5	1	2	3	4
3	4	5	1	2
1	2	3	4	5
4	5	1	2	3
2	3	4	5	1

Abb. 57a

1	3	5	2	4
5	2	4	1	3
4	1	3	5	2
3	5	2	4	1
2	4	1	3	5

Abb. 57b

51	13	25	32	44
35	42	54	11	23
14	21	33	45	52
43	55	12	24	31
22	34	41	53	15

Abb. 58

Hauptdiagonalen, sondern auch die gebrochenen Diagonalen enthalten jede Zehner- und jede Einer-Zahl nur einmal. Zudem ist es überall gleichsummig: sogar die gebrochenen Diagonalen ergeben als Summe 165. Und schließlich ist es zentralsymmetrisch: alle Verbindungslinien der sich zu 66 ergänzenden Zahlen gehen durch den Mittelpunkt.

––––– 11 –––––

Wir kehren nun zum Problem der 36 Offiziere zurück. Meister Euler konnte weder ein Paar orthogonaler Quadrate mit je 36 Feldern auftreiben noch beweisen, daß es mindestens eins geben müsse oder daß es keins geben könne. Nun existieren offensichtlich keine orthogonalen Quadrate mit $2 \cdot 2 = 4$ Feldern – und so erschien es als zum mindesten nicht unmöglich, daß dies bei allen Quadraten der Fall sei, deren Basis gerade, aber nicht durch 4 teilbar ist, also die Form $2 \cdot (2n - 1)$ hat. Das wären also Quadrate der Tafel VI (,die als magische, gefüllt mit den Zahlen 1 bis $4 (2n-1)^2$, nicht zentralsymmetrisch sein können, vgl. S. 73).

Tafel VI.   Quadrate mit der Basis $2 (2n-1)$

n	$2n - 1$	Basis	Feldanzahl
1	1	$2 \cdot 1 = 2$	4
2	3	$2 \cdot 3 = 6$	36
3	5	$2 \cdot 5 = 10$	100
4	7	$2 \cdot 7 = 14$	196
5	9	$2 \cdot 9 = 18$	324
6	11	$2 \cdot 11 = 22$	484

85

und so fort. Euler vermutete, daß dies so sei, und bis in unsere Tage hat man versucht, seine Vermutung (durch einen allgemeinen Beweis) zu bestätigen oder (etwa durch ein Gegenbeispiel) zu widerlegen.

Zu letzterem Zweck durchmusterte im letzten Jahr des vorigen Jahrhunderts, also 1900, Gaston Tarry (zusammen mit seinem Bruder) sämtliche möglichen lateinischen Quadrate mit 36 Feldern und stellte nach langem Mühen fest: in diesem Bereich stimmt die Eulersche Vermutung; kein Paar der lateinischen $6 \cdot 6$-Quadrate läßt sich zu einem lateinisch-griechischen zusammenfügen, wissenschaftlicher ausgedrückt: es gibt hier keine zueinander orthogonalen Quadrate – die Herren Offiziere können sich nicht wie (vermutlich höheren Orts) gewünscht aufstellen.

Die Anzahl der Paare lateinischer Quadrate wächst rasch mit ihrer *Ordnungszahl:* für die Ordnung 8 (man mag sich die Zahlen 0 bis 7 auf üblichen Schachbrettern verteilt vorstellen) sind es schon 8^{128}, sie ist demnach ›fast‹ so groß wie die Anzahl der Weizsäckerschen ›Urs‹ (s. S. 102).

Den Versuch zu machen, auf Tarrys Spuren die lateinischen Quadrate der Ordnung 10 Stück für Stück zu überprüfen, um festzustellen, ob es unter ihnen zueinander orthogonale gibt oder nicht – diesen (ebenso langwierigen wie langweiligen) Versuch hat man erst gemacht, als es Elektronenrechner gab, und auch dann nur mittels Stichproben; denn die 10^{200} (Hundert Trillionen Trigintillionen!), die man für eine völlige Durchmusterung benötigt, machen jeden Computer fertig, bevor er mit ihnen fertig ist. Die Stichproben förderten keine orthogonalen Quadrate zutage, doch das konnte Zufall sein.

Man versuchte auch allgemein zu beweisen, daß Eulers Vermutung richtig sei, allen voran Gaston Tarry. Sein Beweis war fehlerhaft, die Beweise anderer desgleichen.

Die drei Männer, welche die Lösung fanden, sind amerikanische Bürger: E.T. Parker, R. C. Bose und S. S. Shrikhande. Sie konstruierten nach längeren theoretischen Arbeiten ein lateinisch-griechisches Quadrat mit $n \cdot n = 22 \cdot 22 = 484$ Feldern, also eins mit einer geraden, nicht durch 4 teilbaren Basis.

Die *Euler-spoilers* wurden in ihrem Lande gebührend gefeiert, ihre Entdeckung stand auf der ersten Seite der seriösen Zeitungen, das Quadrat schmückte den Umschlag der berühmten Zeitschrift Scientific American (November 1959). Es wurde allgemein bewiesen, daß für alle *n* außer 2 und 6 Eulersche Quadrate existieren – Euler hatte sich mit seiner Vermutung geirrt!

Das erste Eulersche Quadrat mit 100 Feldern, von Parker konstruiert, ist in Abb. 59a zu sehen. Wenn man, was, wie gesagt, streng genommen nicht zulässig ist, die Zahlen nicht getrennt, sondern als *eine* liest, also nicht vier-sieben oder eins-eins, sondern siebenundvierzig oder elf, so hat man in diesem Quadrat eine Lösung der so lange unbeantwortet gebliebenen Frage: Wie kann man die hundert Zahlen 00, 01, 02 und so fort bis 97, 98, 99 in einem $10 \cdot 10$-Quadrat so anordnen, daß in jeder Zeile und in jeder Spalte jede Ziffer sowohl bei den Zehnern wie bei den Einern nur einmal auftritt?

Eine grillenhafte Laune des Zufalls läßt die in der Welt und der Werbung bekannteste Doppelzahl 47-11 in dem ersten je aufgestellten Eulerschen Quadrat mit 100 Feldern dicht beieinander, allerdings nicht nebeneinander, stehen. Dies störte den Dr.rer.nat.

00	47	18	76	29	93	85	34	61	52
86	11	57	28	70	39	94	45	02	63
95	80	22	67	38	71	49	56	13	04
59	96	81	33	07	48	72	60	24	15
73	69	90	82	44	17	58	01	35	26
68	74	09	91	83	55	27	12	46	30
37	08	75	19	92	84	66	23	50	41
14	25	36	40	51	62	03	77	88	99
21	32	43	54	65	06	10	89	97	78
42	53	64	05	16	20	31	98	79	87

47	11	80	96	69	74	08	25	32	53
18	57	22	81	90	09	75	36	43	64
76	28	67	33	82	91	19	40	54	05
29	70	38	07	44	83	92	51	65	16
93	39	71	48	17	55	84	62	06	20
85	94	49	72	58	27	66	03	10	31
34	45	56	60	01	12	23	77	89	98
61	02	13	24	35	46	50	88	97	79
52	63	04	15	26	30	41	99	78	87
00	86	95	59	73	68	37	14	21	42

Abb. 59 a   Abb. 59 b

Ted de Tauwer ebenso wie der Umstand, daß hier die Zahl 4711 unmittelbar rechts der 00 angesiedelt ist, also (nach dem – wieder einmal – nicht ganz appetitlich schreibenden Heine in den »Bädern von Lucca«) bei *jenem seltsamen Parfüm, der* [!] *mit Eau de Cologne nicht die mindeste Verwandtschaft hat.* Drum modelte er das Quadrat der Abb. 59a flugs in das der Abb. 59b um, in dem beide Ärgernüsse beseitigt sind. (Wir gehen jede Wette darauf ein, daß Ted dafür höchstens drei Minuten gebraucht hat.)

Leichter ist es, magische Quadrate zu bauen, welche bestimmte Zahlen, z. B. 47 und 11, an hervorragender Stelle enthalten. Am simpelsten wohl hat Marc Kleuthke die Aufgabe gelöst. Er schuf aus dem (gedrehten und gespiegelten) *sigillum Saturni* (Abb. 60a) ein magisches *4711*-Quadrat ganz einfach dadurch, daß er jede Zahl mit 9 multiplizierte und zu jedem Ergebnis 2 addierte (Abb. 60b).

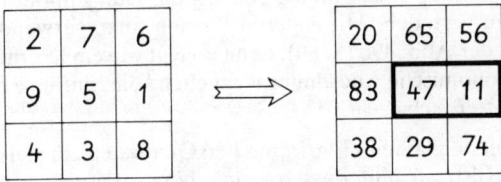

Abb. 60a   Abb. 60b

Wir können nicht verschweigen, daß die PSIchologin Thekla Mucker auf den Spuren der Gematriker (s. S. 72) zu der *Erkenntnis* gekommen ist, zwischen Marc Kleuthke und 4711 bestehe eine schicksalhafte Affinität: ordnet man nämlich den 25 Buchstaben des deutschen Alphabets (i = j) die ersten 25 natürlichen Zahlen zu, so ergibt die »Summe der Buchstaben« seines Namens

$$M + A + R + C + K + L + E + U + T + H + K + E =$$
$$12 + 1 + 17 + 3 + 10 + 11 + 5 + 20 + 19 + 8 + 10 + 5 =$$
$$121 = 74 + \underline{47} = \underline{11} \cdot 11$$

(Auch die 74 kommt in Abb. 60b vor.)

Dieselbe zahlenmäßige Zuneigung zu 4711 besteht auch bei Thekla Mucker selbst sowie bei manchen in diesem Buch genannten Personen (*persona* bedeutete ursprünglich ›Verkleidung‹).

Doch sie werden weit übertroffen von dem 4711-Schwärmer pavian (i.e. Ivan Paasche), der (»Praxis der Mathematik«, Aug. 1978) fragte: »Wie kann man mathematisch exakt beweisen, daß eine junge Dame, die 4711 benutzt, von ihren vier Spezis very sexy gefunden wird?« Seine Antwort für die vier Spezies:

$$4 + 7 + 1 \cdot 1 = 6 + 6$$
$$4 + 7 - 11 = 6 - 6$$
$$47 - 11 = 6 \cdot 6$$
$$(4 + 7) : 11 = 6 : 6$$

—— 12 ——

Sind die Eulerschen Quadrate nur eine, wenn auch amüsante und kopfzerbrechende Spielerei? Nein – schon Euler wies darauf hin, daß die Schlußfolgerungen, zu denen ihn das Problem der 36 Offiziere geführt hatte, äußerst wichtig für die Kombinatorik sind. Inzwischen weiß man, daß Betrachtungen über derlei Quadrate zusammenhängen mit der Frage nach der Existenz endlicher projektiver Ebenen. Der Weg führt dann weiter zu den sogenannten Blockplänen (Beispiel: die Steinerschen Dreier-Systeme). Blockpläne ermöglichen die Planung zeitsparender und zugleich sehr aussagekräftiger Versuchsreihen.

Wenn man beispielsweise den Einfluß der drei Düngemittel Pitrat, Philasse und Gammal (abgekürzt Π, Φ, Γ) auf Gerste, Hafer und Lein (abgekürzt G, H, L) ermitteln soll oder sogar will, empfiehlt es sich, die drei Pflanzenarten G, H, L in einem neunfeldrigen Geviert so auszusäen, wie es Abb. 47 (S. 79) darstellt, und dann auf die neun Felder (hier paßt die Bezeichnung genau!) die Düngemittel Π, Φ und Γ gemäß Abb. 48b (S. 80) zu verteilen. Mit anderen Worten, man verwende als Vorlage das Eulersche Quadrat der Abb. 49b (S. 80); denn es liegt wie ein Kornfeld auf der flachen Hand, daß diese ökonomische Anordnung weitgehend die Einflüsse der Bodenbeschaffenheit und des Wetters schwächt.

So hat uns Euler mit den lateinisch-griechischen Quadraten ein vielseitiges, brauchbares und nützliches Rüstzeug hinterlassen – ein schönes Beispiel dafür, wie ein genialer Mathematiker aus einer spielerischen Anregung (dem Problem der 36 Offiziere) ein praktisches Instrument zu schmieden vermag.

—— 13 ——

Vielleicht wird es stets ein Geheimnis bleiben und für unseren Verstand ein Rätsel, weshalb von allen Quadraten, angefangen mit dem neunfeldrigen, *lediglich* das mit

$$6 \cdot 6 = 36$$

Feldern kein Eulersches Quadrat liefert.

Deswegen braucht man aber keineswegs die 6 mit der Zahl des Tieres oder der tabula solis mantisch-maniakisch zu verknüpfen, braucht keinen Kult mit der Sechs zu treiben, wie es die Herrschaften, welche nichts anderes gelernt haben, mit dem Sex tun, indem sie mit hochsexplosivem Trinitribittuol kokeln, braucht keine Zündschnüre zu ziehen, keine Fäden zu spinnen, braucht überhaupt nicht zu spinnen.

Jede Zahl hat ihre Eigenheiten, jede Zahl ist ein Individuum; die Lehre von den ganzen Zahlen, die Zahlentheorie, birgt ganze Kisten voller Wunder und Wunderlichkeiten. In den nächsten drei Kapiteln werden wir in diesen Kisten wühlen, einige Kleinodien vorweisen und an ihnen zeigen, was die Nachfolger Diophants herausgefunden haben – oder zu haben glaubten.

ALLEN VORAN FERMAT.

Kapitel 4

Ärger mit Fermat

Auch mit den Schnitze̜n der Genies haben die Kärrner zu tun

*Denn zum Erkennen ist der
Größte viel zu klein...*
Par. zu Faust I, Paktszene (Mephisto)

———— 1 ————

Ärger mit Pierre de Fermat (1601? bis 1665), Parlamentsrat, das heißt Rat am Obersten Gerichtshof, in Toulouse, demnach – Respekt! – von Beruf Jurist, hatten schon seine Herren Vorgesetzten: sie bescheinigten ihm, er sei zwar gewissenhaft, aber ein wenig konfus.

Ärger mit Fermat haben auch die Genealogen: es wird nämlich behauptet, er sei am 17. (vielleicht auch am 20.) August 1601 in Beaumont-de-Lomagne (bei Montaubon, nördlich von Toulouse) geboren, also bei seinem Ableben am 12. Januar 1665 (in Castres, östlich von Toulouse) mehr als 63 Jahre alt gewesen – doch auf dem Grabstein ist sein Sterbealter mit 57 Jahren angegeben.

Ärger hat Fermat, dieser *Fürst der Amateure,* auch den Mathematikern gemacht, mehr noch den Amateuren auf dem einfach erscheinenden, schwierigen Gebiet der Lehre von den ganzen Zahlen.

Auf einige seiner mehr oder minder ausgereiften Gedanken über Fragen der Zahlentheorie wollen wir daher eingehen, doch seine genialen Leistungen, besonders als Vorläufer von Leibniz und von Newton auf dem Felde der Differential- und Integralrechnung, müssen wir leider beiseitelassen.

Fermat war nicht nur als Jurist gewissenhaft, sondern auch als *Geometer* (wie man zu seiner Zeit immer noch die Mathematiker nannte), er gab nichts als völlig gewiß aus, was er nicht bewiesen hatte – oder bewiesen zu haben glaubte.

Getreu diesem Leitsatz schrieb er zum Beispiel 1654 in einem Brief an Blaise Pascal (s. auch S. 420), einen Beweis habe er zwar nicht finden können, sei aber davon überzeugt, daß der Ausdruck

$$F_n = 2^{2^n} + 1$$

für alle ganzzahligen n (von $n = 0$ an) stets Primzahlen liefere (also Zahlen, die keine ganzzahligen Teiler haben außer den trivialen, d. h. 1 und sich selbst). Tafel VII diene zur Erläuterung und Nachprüfung der Fermatschen Behauptung.

Tafel VII.   Die ersten Fermatschen Zahlen F_n

n	2^n	$F_n = 2^{2^n} + 1$
(0)	(1)	(3)
1	2	5
2	4	17
3	8	257
4	16	65537
5	32	4294 967297
6	64	18 446744 073709 551617

Man sieht, daß jedes F_n etwa doppelt so lang ist wie sein Vorgänger (es gilt lg $(F_n-1) =$ 2 lg $(F_{n-1}-1)$), die F_n wachsen also rasch zu unvorstellbar hohen Werten an und können mit Leichtigkeit jede vorgegebene Primzahl übertreffen, und sei sie noch so groß.

Beispielsweise kannte man zu Fermats Zeiten genau acht vollkommene Zahlen V_m (sie sind gleich der Summe ihrer echten Teiler: z.B. $V_1 = 6 = 1 + 2 + 3$, $V_2 = 28 = 1 + 2 + 4 + 7 + 14$), die größte war damals

$$V_8 = 2^{30} (2^{31} - 1) = 2\,305843\,008139\,952128.$$

Deren zweiter Faktor ist, wie Euler erst 1772 nachwies, eine Primzahl (nämlich gleich 2147483647) und wäre sofort durch die mehr als doppelt so große *Fermatsche Primzahl* F_5 zu übertrumpfen gewesen, *wenn* F_5 eine Primzahl wäre.

Sehr ärgerlich, daß der Rechenkünstler Fermat diese verhältnismäßig kleine Zahl nicht daraufhin geprüft hat –

Fermat, der doch zum Beispiel die Faktoren von 100895598169 *mit der Leichtigkeit eines Zauberkünstlers, der Kaninchen aus seinem Zylinder hervorholt,* hinschreiben konnte, Fermat, der auch gezeigt hat, daß

$$2^{37} - 1 = 137438953471$$

keine Primzahl, sondern durch 223 ohne Rest teilbar ist.

Man ist zu glauben versucht, daß der Glaube an die Richtigkeit seiner Behauptung ihn von jedem Versuch abgehalten hat, der seine Illusion hätte zerstören können.

Es war Leonhard Euler (dessen Vermutung, es gebe keine lateinisch-griechischen Quadrate der Basis $2(2n - 1)$ vor zwei Jahrzehnten widerlegt worden ist, vgl. S. 86), es war Euler, der anno 1732 die Fermatsche Vermutung ad absurdum geführt hat, indem er F_5 als Produkt $(641 \cdot 6700417)$ darstellte.

Rund 150 Jahre später gelang es Landry, F_6 in die beiden Primfaktoren 274177 und 67280421310721 zu spalten (1880).

F_6 ist um genau 2 größer als die bekannte Menge der Weizenkörner, welche Sissa, der Erfinder des Schachspiels, von seinem Herrn zu verlangen den Mut (oder die Taktlosigkeit) besessen haben soll. Und F_6 ist um genau 1 größer als die Menge aller Teilmengen, die sich aus den 64 (fortlaufend numerierten) Feldern eines entsprechend zersägten Schachbretts bilden lassen (vgl. S. 276).

Seitdem hat man rund vier Dutzend Fermatscher Zahlen untersucht – alle erwiesen sich als zusammengesetzt. Daher neigen manche Mathematiker neuerdings *auf schwanker Leiter der Gefühle* zu der genau so unbewiesenen *Gegenvermutung*, die Fermatzahlen von F_5 an aufwärts seien sämtlich nichtprim. Uns erscheint es gewagt, eine solche *Anti-Fermat-Hypothese* auf die paar durchgerechneten Beispiele zu stützen, wenn sich unter diesen auch solch ein Brocken befindet wie die Zahl

$$F_{73} = 2^{2^{73}} + 1,$$

welche man durch die Primzahl $2^{75} \cdot 5 + 1 = 188894\,659314\,785808\,547841$ (J.C. Morehead, 1906) teilen kann.

F_{73} hat rund 2843 Trillionen Ziffern. Ein Rechenautomat, der in jeder Sekunde eine Million Ziffern zu drucken vermag, liefert (bei ununterbrochener Arbeit) im Jahr 31,5569 Billionen Ziffern. Wenn jede von ihnen nicht mehr als einen Quadratmillimeter beansprucht und wenn auf dem Streifen 1000 nebeneinander stehen, dann wächst dieses 1 m breite Band in jeder Sekunde um 1 m und ist nach 5 Jahren rund 158 Millionen km lang, also länger als die Entfernung der Erde von der Sonne; in dieser Zeit wurden 158 Billionen Ziffern produziert. Nimmt man 1000 Automaten statt des einen, wären sie in 90000 Jahren fertig und hätten soviel Papier benötigt, daß man darein die Erde mehrmals einwickeln könnte – auf jedes Weizenkorn, das Sissa gefordert hatte, entfallen 154 Ziffern der Zahl F_{73}.

Man kennt noch viel größere nichtprime Fermatsche Zahlen, z. B. $F_{150}, F_{267}, F_{316}, F_{452}, F_{1945}$. Sollte die Anti-Fermat-Hypothese sich als richtig erweisen – nicht durch weitere Beispiele, und seien es Trillionen, sondern durch einen hieb- und stichfesten Beweis –, dann wäre ein Ärger der Geometer beseitigt, dann wüßten sie nämlich, daß es nur 31 und nicht mehr regelmäßige Vielecke ungerader Eckenzahl gibt, die man mit Zirkel und Lineal konstruieren kann.

——— 2 ———

Die erste große Tat des jungen Gauß (wir wissen das Datum der Entdeckung: 30. März 1796) war der Beweis, daß die Eckenzahl derartiger Vielecke eine prime Fermatzahl sein müsse oder eine multiplikative Kombination aus solchen Zahlen.

Nicht zu den mit Zirkel und Lineal konstruierbaren Vielecken gehört das Siebeneck, für das Dürer eine brauchbare Näherungskonstruktion angibt (die immer wieder von glücklichen Bastlern gefunden und unglücklicherweise für exakt gehalten wird, vgl. S. 198/9).

Hingegen ist – völlig unerwartet – das Siebzehneck konstruierbar, da $17 = F_2 = 2^{2^2} + 1$ eine Primzahl.

Auf der Briefmarke, welche die Deutsche Demokratische Republik zum 200. Geburtstag von Gauß herausgebracht hat (Abb. 61), ist das Siebzehneck im Kreis angedeutet, zusammen mit Zirkel und Linealdreieck. (Dieses Symbol ist auch das Signet der Olympiaden junger

Abb. 61

93

Mathematiker in der DDR.) Das Porträt auf der Marke ist ein Jugendbild. Ein Gemälde, welches den alten Gauß zeigt, prangt auf einer Marke sowie auf einer Münze der Bundesrepublik Deutschland (Abb. 88 auf S. 186).

Bis jetzt kennt man, wie gesagt, 31 regelmäßige Vielecke ungerader Eckenzahl, die man mit Zirkel und Lineal konstruieren kann; sie sind in Tafel VIII aufgeführt. Es sind alle, wenn die Anti-Fermat-Hypothese stimmt.

Dann hätte man eine Art Gegenstück gefunden zu dem eigentümlichen Verhalten der Eulerschen Quadrate: nur am Anfang beider Folgen gibt es Individualisten, die anders sind als die anderen – bei Fermat die fünf existierenden Primzahlen 3, 5, 17, 257, 65537 von der Form $F_n = 2^{2^n} + 1$, bei Euler die Quadrate mit den Basen 2 und 6, welche keine lateinisch-griechischen liefern.

Tafel VIII.　Alle(?) mit Zirkel und Lineal konstruierbaren regelmäßigen Vielecke ungerader Eckenzahl

Nr.	Seitenzahl des Vielecks
1	$3 = F_0$
2	$5 = F_1$
3	$15 = 3 \cdot 5$
4	$17 = F_2$
5	$51 = 3 \cdot 17$
6	$85 = 5 \cdot 17$
7	$255 = 3 \cdot 5 \cdot 17$
8	$257 = F_3$
9	$771 = 3 \cdot 257$
10	$1\,285 = 5 \cdot 257$
11	$3\,855 = 3 \cdot 5 \cdot 257$
12	$4\,369 = 17 \cdot 257$
13	$13\,107 = 3 \cdot 17 \cdot 257$
14	$21\,845 = 5 \cdot 17 \cdot 257$
15	$65\,535 = 3 \cdot 5 \cdot 17 \cdot 257$
16	$65\,537 = F_4$
17	$196\,611 = 3 \cdot 65537$
18	$327\,685 = 5 \cdot 65537$
19	$983\,055 = 3 \cdot 5 \cdot 65537$
20	$1\,114\,129 = 17 \cdot 65537$
21	$3\,342\,387 = 3 \cdot 17 \cdot 65537$
22	$5\,570\,645 = 5 \cdot 17 \cdot 65537$
23	$16\,711\,935 = 3 \cdot 5 \cdot 17 \cdot 65537$
24	$16\,843\,009 = 257 \cdot 65537$
25	$50\,529\,027 = 3 \cdot 257 \cdot 65537$
26	$84\,215\,045 = 5 \cdot 257 \cdot 65537$
27	$252\,645\,135 = 3 \cdot 5 \cdot 257 \cdot 65537$
28	$286\,331\,153 = 17 \cdot 257 \cdot 65537$
29	$858\,993\,459 = 3 \cdot 17 \cdot 257 \cdot 65537$
30	$1\,431\,655\,765 = 5 \cdot 17 \cdot 257 \cdot 65537$
31	$4\,294\,967\,295 = 3 \cdot 5 \cdot 17 \cdot 257 \cdot 65537$

Nr. 16, das 65537-Eck, ist tatsächlich einmal konstruiert worden: in der Bücherei des Mathematischen Instituts der Universität Göttingen kann man die etwa 250 Riesenseiten durchblättern, die (im letzten Viertel des vorigen Jahrhunderts) ein zäher Ostpreuße innerhalb von fast zehn Jahren eng beschrieben hat, und mag dabei ergriffen vor sich hinsummen: deutscher Ehrgeiz, deutscher Eifer, deutsches Sitzfleisch, deutscher Fleiß...

Sollte, wäre, hätte, wüßten – solange man in Konjunktiven, im Irrealen, schwelgen kann, sogar muß, bleibt der Ärger, man ist nicht um ein Haarbreit höher und dem Unendlichen nicht näher, vgl. S. 268.

Auch die über Fermats Vermutung hinausgehende Hypothese, die Folge

$$2 + 1, 2^2 + 1, 2^{2^2} + 1, 2^{2^{2^2}} + 1 \text{ usw.}$$

enthalte nur Primzahlen, hat sich als falsch erwiesen: das fünfte Glied, die Fermatzahl

$$F_{16} = 2^{2^{16}} + 1 = 2^{65536} + 1$$

(eine Zahl mit nahezu 20000 Stellen), ist durch 825753601 teilbar.

All dieser Ärger mit Fermat wäre uns Nachfahren erspart geblieben, hätte dieser sich (schon wieder ein Konjunktiv!) in seinem 57- bis 64jährigen Leben dazu entschließen können, seine Funde und Vermutungen, Entdeckungen und Behauptungen zu veröffentlichen, zusammen mit den etwaigen Beweisen.

—— 3 ——

Aber da dies ja nur ein Wunschtraum ist, machte (und macht noch) Fermat Ärger über Ärger durch seine berühmt-berüchtigte Randbemerkung in Diophants Werk, welches der Mathematiker und Humanist Caspar Claudius Bachet de Méziriac 1621 ediert hatte. Die Marginalie ist die zweite von insgesamt 48 und steht neben Diophants Satz (Arithmetica II,8): »Eine gegebene Quadratzahl in zwei Quadratzahlen zu zerlegen« (das bekannteste Beispiel liefert das kleinste pythagoreische Zahlentripel: $5^2 = 4^2 + 3^2$).

Fermat schrieb (um 1637) neben diesen Satz:

Es ist jedoch nicht möglich, einen Kubus in zwei Kuben oder ein Biquadrat in zwei Biquadrate und allgemein eine Potenz, höher als die zweite, in zwei Potenzen mit ebendemselben Exponenten zu zerlegen. Und dann kommt der vielzitierte Satz: *Ich habe hierfür einen wahrhaft wunderbaren Beweis entdeckt, doch ist dieser Rand hier zu schmal, um ihn zu fassen.*

Der letzte Satz findet sich, nur etwas variiert, auch am Ende der 46. Fermatschen Randbemerkung:

Ich habe nicht die Möglichkeit, den Beweis hierfür auf diesem Rand hier anzubringen, da der Raum dafür zu gering ist.

Doch den dortigen Fermatschen Satz zu beweisen, ist nicht schwer (es handelt sich um sogenannte figurierte Zahlen; zu ihnen gehören z.B. die Dreieckszahlen, s. auch S. 76). Aber Fermats *demonstratio mirabilis sane* für den *Großen Fermatschen Satz,* für seine Behauptung, die Gleichung

$$x^n + y^n = z^n \quad (n > 2)$$

sei niemals durch drei ganze Zahlen *x, y, z* zu befriedigen, dieser sein Beweis ist noch immer nicht gefunden worden, aber auch kein anderer. Wie ärgerlich, daß der Rand des Blattes zu schmal war, wie ärgerlich, daß Fermat seinen wunderbaren Beweis nicht irgendwo anders notiert hat, wie ärgerlich, daß man deshalb nicht weiß: hat sich ein Mann vom Format eines Fermat hier getäuscht?

Daß kein Tripel ganzer Zahlen dem Fall $x^3 + y^3 = z^3$ Genüge tun kann, »wußten« die arabischen Mathematiker schon vor tausend Jahren. (Es kann eben nichts Neues gesagt werden, auch Terenz war davon überzeugt: *Nullum est iam dictum, quod non sit dictum prius.*) Die Araber hatten sogar einen *Beweis*, allerdings war er falsch; einen richtigen fand erst Euler.

Gehört etwa Fermats allgemeiner Beweis zu den tausenden und abertausenden von Scheinbeweisen, die sich sämtlich als falsch herausgestellt haben?

Die meisten stammen von Laien aus allen Berufsständen, manche aber auch von gelernten, hochgelehrten und mit Recht geehrten Mathematikprofessoren, beispielsweise von F. v. Lindemann (1852 bis 1939), der bekanntlich als erster die Transzendenz von π nachgewiesen und dadurch den Kreisquadrierern ihr Steckenpferd für immer zerbrochen hat (was allerdings nicht viele von ihnen zur Kenntnis nahmen). Vgl. auch S. 212.

———— 4 ————

Es war überhaupt eine ärgerliche Angewohnheit Fermats, seine Beweise nur anzudeuten oder die Ergebnisse an Beispielen nachzuweisen, ohne den Weg zu zeigen, auf dem er dahin gelangt war. Daher ist es sehr schmerzlich für uns Epigonen, daß die oben erwähnten »Bemerkungen zu Diophant« erst 1670 von Fermats Sohn Samuel veröffentlicht worden sind. (Er war übrigens ebensowenig wie sein jüngerer Bruder und seine drei Schwestern für Mathematik begabt.)

Wären sie zu Lebzeiten des Verfassers erschienen, hätte man ihn nach der Beweismethode fragen können, die zu seinem *Großen Satz* geführt hatte, von deren Richtigkeit er – zumindest bei Abfassung der Marginalie 2 – überzeugt war. Das geht aus seiner Bemerkung 33 hervor, worin er sagt,

die Aufgabe $x^4 + y^4 = z^2$ könne mit ganzen Zahlen nicht gelöst werden, *wie auf Grund unserer Beweismethode unwiderleglich gezeigt werden kann.* (Diese Behauptung hat übrigens Euler in seiner »Algebra«, Unbestimmte Analytik, Kap. 13 verifiziert.).

Vielleicht hat Fermats Beweismethode etwas mit seiner *descente infinie* zu tun, die er u. a. in Bemerkung 48 andeutet:

Auf Grund derselben Schlußfolgerung fände man nach demselben Verfahren, mit dem die vorige Quadratsumme gefunden wurde, eine kleinere Quadratsumme als die vorhergehende, man bekäme dann eine unbeschränkte Anzahl von stets kleineren Quadratsummen in ganzen Zahlen, die alle denselben Bedingungen genügen. Dies ist jedoch unmöglich; denn nimmt man irgendeine ganze Zahl als gegeben an, so kann es nicht unbeschränkt viele ganze Zahlen geben, die kleiner sind als die gegebene.

Es handelt sich demnach bei der descente infinie um eine der bei vielen Mathematikern in hohem Ansehen stehenden indirekten Beweismethoden. Tatsächlich kann man mit ihr den Großen Fermatschen Satz für $n = 4$ beweisen, also die Unmöglichkeit, die Gleichung

$$x^4 + y^4 = z^4$$

durch ganze Zahlen zu befriedigen. (Euler tat dies.) Für alle anderen geraden Zahlen braucht man, wie leicht einzusehen ist, ebensowenig einen eigenständigen Beweis wie für die zusammengesetzten ungeraden.

Namhafte Fachleute haben sich alles Wissen angeeignet, das den Mathematikern zu Fermats Zeit bekannt war, sie haben auch seinen Nachlaß bis auf das letzte Schnitzelchen durchforscht – jedoch selbst von diesen *Fermatologen* konnte sein Beweis nicht rekonstruiert werden, ein Beweis, der ja *für n = 4 und alle ungeraden Primzahlen* gelten müßte. Inzwischen ist die Richtigkeit des Großen Fermatschen Satzes für den Anfang der Zahlenfolge der n nachgewiesen worden:

für $n = 3$ und $n = 4$ von Euler, wie schon erwähnt, für $n = 5$ (A. Legendre und L. Dirichlet, 1825), für $n = 7$ (G. Lamé und V. A. Lebesgue, 1840), schließlich für ganze (eventuell endliche!) Klassen von Primzahlen. Lange Zeit war $n = 4002$ die Grenze, heute ist man bei

$$n = 125\,000$$

angelangt. Die Beweismethoden waren verschieden, immer wieder verschieden.

Infolgedessen vermuten viele Mathematiker (wiederum: *Gefühl ist alles...*), es existiere überhaupt kein allgemeiner, für alle $n > 2$ gültiger Beweis für Fermats Behauptung (an deren Richtigkeit wohl niemand zweifelt).

——— 5 ———

Im Gegensatz dazu resignieren die Nichtmathematiker keineswegs, heute nicht, so wenig wie vor 75 Jahren. Damals (1908) stiftete der Mathematiker Paul Wolfskehl in seinem Testament einen Preis von 100000 Mark (Goldmark!) für denjenigen, der Fermats Satz beweisen (*allgemein* beweisen!) oder ein Beispiel für seine Unrichtigkeit beibringen könne. 100000 Goldmark – Mathematiker waren (sind?) im allgemeinen nicht so reich (uns fällt nur der Zahlentheoretiker Landau ein, der die Tochter Paul Ehrlichs, des Entdeckers des Salvarsans, geheiratet hatte, Kronecker, der Gegner Georg Cantors, des Schöpfers der Mengenlehre, und Pringsheim, der Schwiegervater Thomas Manns. Alle drei zufällig jüdischer Herkunft, wie Wolfskehl, Ehrlich und Cantor auch). Aber Paul Wolfskehl war im Hauptberuf Bankier in Darmstadt und hatte bei seinen finanziellen Transaktionen mehr Erfolg als bei seiner Jagd nach dem Fermatbeweis.

Paul Wolfskehls Sohn Karl (1869 bis 1948) machte sich um die älteste und die alte Dichtung der Deutschen (z. B. Übersetzung des Archipoeta 1921) verdient (s.S. 429) bis in die golden twenties; er mußte in den brown thirties sein geliebtes Vaterland verlassen. Auch Karl Wolfskehl war übrigens ein routinierter Wortspieler: aus grotesk und kokett formte er, um die Tänzerin Valeska Gert zu kennzeichnen, das Neuwort *groskett*.

Die Auslobung des Wolfskehlpreises (der, was auch ein Bankier damals nicht voraussehen konnte, lange vor dem letzten Termin für die Beweiseinsendung, dem 23.

97

September 2007, durch Inflation und Währungsreform nahezu entwertet wurde) animierte sofort ganze Scharen nicht nur deutscher Amateure zum orgiastischen Tanz um den goldenen Wolfskehl: Ingenieure und Offiziere, Pastoren und Bänker, Lehrer, Studenten und Gymnasiasten wetzten Geist und Feder und bewiesen auf Teufel komm raus – aber weder dieser noch ein göttlicher Gedankenfunke erschien; denn all jenen Fermatfanatikern und Fermathematikern war *gemeinsam, daß sie keine Ahnung von der ernsten mathematischen Bedeutung des Problems hatten.* Wie viel sie sich zutrauten und wie wenig sie von den Profis der Rechenkunst hielten, sei an einem amüsanten Beispiel gezeigt.

Die Berliner Tageszeitung »Tägliche Rundschau« veröffentlichte die Formel

$$x^n + y^n = z^n \ (n > 2)$$

in ihrer Meldung über die Stiftung des Wolfskehlpreises mit einem Setzfehler: statt des Größerzeichens stand ein Plus. Und so las man, daß derjenige 100000 $\mathcal{M}$ erhalten werde, der beweise, daß die Gleichung

$$x^n + y^n = z^n \ (n + 2)$$

nicht durch ganze Zahlen befriedigt werden könne, oder das Gegenteil an einem Beispiel zeige. Ein im Erfassen mathematischer Formeln offensichtlich versierter Leser sah den Klammerausdruck $(n + 2)$ als einen Faktor der rechten Gleichungsseite an, setzte versuchsweise $n = 1$, erhielt

$$x + y = z \ (1 + 2) = 3z$$

und zeigte an mehr als nur einem Beispiel (was seiner Ansicht nach bisher der Verstand der Verständigen noch nimmer gesehen), daß diese Gleichung doch durch ganzzahlige Werte zu befriedigen sei, z. B. durch

$$4 + 11 = 3 \cdot 5.$$

Und schickte, noch ehe die Tägliche Rundschau den Druckfehler berichtigen konnte, seine zweifellos richtige Lösung siegessicher an das Preisrichterkollegium, die Göttinger Königliche Gesellschaft der Wissenschaften. Es erscheint uns notwendig, hier den Ausspruch des Göttinger Mathematikers David Hilbert (1862 bis 1943) zu zitieren: *Manche Menschen haben einen Gesichtskreis vom Radius Null und nennen ihn ihren Standpunkt.*

Lange vor Wolfskehl hatte die französische Akademie der Wissenschaften Belohnungen für einen vollständigen Beweis der Fermatschen Behauptung ausgesetzt (zuletzt 1850). Und auch damals meinten tausende von (diesmal vorwiegend französischen) Unter- und Scharlatanen, Dilettanten und Ignoranten, mit einigen vollgekritzelten Blättern leicht zu Geld zu kommen. *Kennzeichnend für alle diese Anstrengungen ist, daß die Verfasser überhaupt keine Notiz von der bereits veröffentlichten ungeheuren Menge von Arbeiten nehmen, und auch nicht gewillt sind, zu erfahren, wo die Schwierigkeit des Problems liegt.* Keiner von ihnen bekam natürlich den Preis.

— 6 —

Aber 1857 erhielt Ernst Eduard Kummer (1810 bis 1893) von der Akademie eine Goldmedaille im Werte von 3000 Francs (obwohl er sich um den ausgesetzten Preis gar nicht beworben hatte). Er hatte nämlich den Unmöglichkeitsbeweis für alle sogenannten regulären Primzahlen erbracht (die einstelligen Primzahlen $n = 3, 5, 7$ sind regulär, von den zweistelligen nur 37, 59 und 67 nicht) sowie für eine Gruppe nichtregulärer, zu denen die drei genannten gehören. Damit war die Frage für sämtliche Exponenten bis $n = 100$ zugunsten von Fermat entschieden. Kummer (dem das Multiplizieren einstelliger Zahlen stets Kummer gemacht hat) war einer der ganz großen Förderer bei der allmählichen Lösung des Fermatproblems.

Er hatte es zuerst mit einem allgemeinen Beweis versucht, der auf der Annahme fußte, $x^n + y^n$ lasse sich stets nur auf eine einzige Weise in reelle und imaginäre Faktoren zerlegen. Sein Lehrer Dirichlet wies indessen nach, daß diese Annahme falsch ist, der darauf basierende Beweis also auch. Kummer schuf daraufhin seine *Theorie der Idealzahlen,* welche ihm die obigen Erfolge einbrachte.

Sogar in die Belletristik unserer Tage hat der Fermatsche Satz Eingang gefunden: Arno Schmidt (s. S. 48), 1914 bis 1979 –

– als Studiker konnte er 20stellige Zahlen im Kopf miteinander multiplizieren; damals hat er eine achtstellige Logarithmentafel berechnet. (In einer Pressemitteilung des Rowohlt-Verlages aus dem Jahre 1950 heißt es hingegen: ... *hat er eine 7stellige Logarithmentafel konstruiert, die ihn den letzten Rest seiner Nerven kostete.)*

– Arno Schmidt ließ in seiner praeenigmatischen Periode (»Schwarze Spiegel«, 1951, S. 208) durch das tote Mitteleuropa (nach einem Atomkrieg totalen Ausmaßes und totalen Erfolges) einen überlebenden und nicht nur deswegen äußerst selbstzufriedenen Radfahrer strampeln. Der nimmt sich eines Tages einen großen Bogen Papier vor und – *das Problem des Fermat.*

Flink zogen sich die Symbole aus dem Bleistift, und ich murkste munter so weiter: das muß man sich mal vorstellen: ich löse das Problem des Fermat!

Und was tut er wirklich? Von Schmidt ausgestattet mit seiner Arnoganz und den Kenntnissen eines Abiturienten, formt der einsame Egomane die Gleichung um, kommt damit rasch auf pythagoreische Tripel, bleibt aber nicht auf dem Weg zur descente infinie, sondern fördert nur eine recht triviale Tripeleigenschaft zutage. Bald stelzt er mit Goethescher Attitüde ins *Bedeutend Allgemeine,* nämlich in eine weitere Konjektur und bricht (mit Recht) schnell ab.

Die weitere Konjektur ist die schon von Euler geäußerte Vermutung, in der Gleichung

$$\Sigma a_\nu^n = a^n$$

brauche man auf der linken Seite (mindestens) n Glieder, um sie mit ganzzahligen a lösen zu können, die Gleichung müsse demnach lauten

$$\sum_1^n {}_\nu a_\nu^n = a_{n+1}^n$$

beispielsweise in Buchstaben

$$a_1^2 + a_2^2 = a_3^2$$
$$a_1^3 + a_2^3 + a_3^3 = a_4^3$$
$$a_1^4 + a_2^4 + a_3^4 + a_4^4 = a_5^4$$

und in Zahlen

$$3^2 + 4^2 = 5^2$$
$$3^3 + 4^3 + 5^3 = 6^3$$

(leider geht's so nicht weiter).

Bei Arno Schmidt wird die Vermutung zur apropodiktischen Gewißheit: *Für die Bedingung der Ganzzahligkeit darf jeder Ausdruck*

$$A^N + B^N + C^N + D^N + \dots = Z^N$$

in seiner sparsamsten Form auf der linken Seite N Glieder haben, nicht weniger!

Also auch dieser Radfahrer, dem vor Selbstzufriedenheit förmlich der Saft aus dem Munde trenzt, ist von Eulers Vermutung überzeugt (die von kaum jemand bezweifelt worden ist, wenn auch der Beweis noch ausstand). Früher galt der consensus omnium, die Zustimmung aller, als ein stichhaltiger Beweis, etwa für die Existenz Gottes, heute begnügt man sich damit nicht; denn auch alle können irren – so bei dieser Konjektur; folgendes Gegenbeispiel beweist es:

$$27^5 + 84^5 + 110^5 + 133^5 = 144^5 \quad \text{oder}$$

$$14\,348\,907 + 4\,182\,119\,424 + 16\,105\,100\,000 + 41\,615\,795\,893 = 61\,917\,364\,224.$$

Auf des Radfahrers großem Papierbogen hat Arno am Schluß also eine ebenso bedeutend allgemeine wie falsche Behauptung aufgestellt, aber nicht die Lösung des Fermatschen Problems gegeben, *ohne Furcht, der geringgeschätzte Leser werde den Betrug auch nur ahnen* (Josef Huerkamp 1978).

Daß Arno ab und zu Fehler macht, ist bekannt, daß er manchmal nicht auf der Höhe der Zeit ist, kann man ebenfalls verzeihen, auch dann, wenn er sich besonders hochfahrend und esoterisch gibt, wie am Anfang der 1. Szene des 6. Aufzugs in der »Schule der Atheisten« [19(69)70-1971]:

FrühNachmittag des 12. Oktober 2014 – (ein 'Sonntag' nach dem altsklavischen Giaur-Stil; korrekter: Nummer '2.456.943'JD) – Aber seit 1957/58 zählt man nicht mehr nach J. D. (Julianischem Datum), sondern ›modifiziert‹ nach M. J. D.; denn man hat den Nullpunkt der Zählung auf den 17. November 1858, $0^h0^m0^s$ Weltzeit verschoben, also vom ursprünglichen Nullpunkt (1. Jan. – 4713 mittags) um 2 400 000, 5 Tage.

Genug (für dieses Kapitel) vom Großen Fermatschen Satz, den die Angelsachsen *Fermat's Last Theorem* nennen, weil es das letzte noch nicht gelöste Problem ist, das wir diesem großen Mathematiker verdanken. Ganz genau genommen verdanken wir es der Indiskretion Samuel Fermats; denn dieser hat die höchst privaten Notizen seines Vaters in dessen Diophantexemplar (das übrigens verloren ist), die nicht für fremde Augen bestimmt waren, der Nachwelt (zum Glück und ihrem Unglück) zugänglich gemacht. Den Zeitgenossen hat Fermat niemals seinen Satz in allgemeiner Form mitgeteilt, vielmehr nur die Fälle der Exponenten $n = 3$ und $n = 4$. Diese beiden Fälle lassen sich, wie bereits gesagt, mit der descente infinie beweisen. Für $n = 5$ ist dies schon sehr schwierig, für höhere Exponenten hat man keine Ansatzpunkte gefunden, Fermats indirekte Beweismethode anzuwenden. Ob der Meister dies später erkannt und deswegen seine vielleicht übereilt siegessichere Marginalie Nr. 2 verschwiegen (und sie später vergessen) hat?

Bevor wir hier von Fermat Abschied nehmen, sei eine Fermate angezeigt, um in einer Schlußkadenz das Thema dieses Kapitels noch einmal zu variieren: Es gibt den *Kleinen Fermatschen Satz*, einen Satz, den er um 1640 bewiesen hat, einen Satz, der stimmt, dessen Beweis man kennt und der ebenfalls stimmt – und der dennoch manchem Ärger gemacht hat, welcher ihn zu flüchtig ansah.

Wir bringen hier nur den einfachsten Sonderfall (den übrigens die Chinesen schon vor mehr als 2500 Jahren kannten):

Wenn p eine (ungerade) Primzahl ist, läßt sich

$$2^{p-1} - 1$$

stets ohne Rest durch p teilen.

Zur Prüfung fertigen wir eine Tabelle an, mit allen ganzen Zahlen $2 < n < 21$, nicht nur mit den Primzahlen (Tafel IX).

Tafel IX.   Zum kleinen Fermatschen Satz

n	$n-1$	$2^{n-1}-1$	$(2^{n-1}-1):n$
3	2	3	1
4	3	7	1 Rest 3
5	4	15	3
6	5	31	5 Rest 1
7	6	63	9
8	7	127	15 Rest 7
9	8	255	28 Rest 3
10	9	511	51 Rest 1
11	10	1 023	93
12	11	2 047	170 Rest 7
13	12	4 095	315
14	13	8 191	585 Rest 1
15	14	16 383	1 092 Rest 3
16	15	32 767	2 047 Rest 15
17	16	65 535	3 855
18	17	131 071	7 281 Rest 13
19	18	262 143	13 797
20	19	524 287	26 214 Rest 7

Die Tafel bestätigt, wie zu erwarten, den bewiesenen Satz: bei allen Primzahlen (hier 3, 5, 7, 11, 13, 17, 19) *geht die Division auf.* Dadurch unterscheiden sich diese Aristokraten von den zusammengesetzten Zahlen; bei deren Division bleibt »offensichtlich« ein Rest, *bleibt ein Erdenrest zu tragen peinlich* (vgl. S. 18).

Und im Rausch dieser Erkenntnis erweitern wir die vorstehende Tafel bis $n = 400$ und begeben uns damit in das Gebiet der Vigintillionen.

Eine Vigintillion gleich 10^{120} beträgt nach C.F. v. Weizsäcker etwa die Zahl der im Weltall vorhandenen, für uns unteilbaren, Urobjekte. 10^{120} schleppt 120 Nullen hinter ihrer 1 her (vgl. S. 285).

Und natürlich klappt es immer, zum Beispiel gibt die Division für die beiden aufeinanderfolgenden Primzahlen $n = 337$ und $n = 347$ keinen Rest.

Indessen ist dies auch der Fall bei der zwischen ihnen liegenden Zahl $n = 341$, die zusammengesetzt, nämlich gleich $11 \cdot 31$ ist! (Zwecks Erleichterung des Nachprüfens: 341 ist Teiler von $1023 = 2^{10} - 1$, und dieser Ausdruck ist Teiler von $2^{340} - 1$.)

Hat sich Fermat etwa doch geirrt wie mit seiner Vermutung über den Primzahlcharakter der nach ihm benannten Zahlen F_n (S. 91)? Ist der Kleine Fermatsche Satz falsch, ist sein Beweis ein Scheinbeweis gleich den vielen *allgemeinen Beweisen* seines Großen Satzes? Oder irrten die alten Chinesen (ähnlich den alten Arabern bei ihrem »Beweis« für die Unmöglichkeit, die Gleichung $x^3 + y^3 = z^3$ durch ganze Zahlen zu befriedigen), die Chinesen, welche davon überzeugt waren, daß *ausschließlich* die Primzahlen bei der Division von $(2^{n-1} - 1) : n$ keinen Rest ließen?

Die Zeitgenossen des Kung-tse (Konfuzius) hatten nicht weit genug gerechnet, und wir haben den kleinen Fermatschen Satz zu oberflächlich gelesen: er sagt doch nur, daß die Division bei Primzahlen aufgeht, z. B. läßt $(2^{134217826} - 1)$ bei der Division durch die Primzahl 134217827 keinen Rest, vgl. S. 331, er sagt hingegen nicht, daß dies *lediglich* bei ihnen der Fall ist (wie z. B. bei dem schönen Satz von Wilson). Also kann dies auch bei dieser oder jener zusammengesetzten Zahl zutreffen. Tatsächlich gibt es unendlich viele, und im vorliegenden Sonderfall der Basis 2 ist die kleinste unter ihnen eben 341 (das weiß man erst seit 1819). Die nächste ist 2047.

Also wollen wir von dem Juristen (nochmals: Respekt!) und Mathematiker Pierre de Fermat lernen:

Nicht nur richterliche Urteile, sondern auch mathematische Aussagen müssen Wort für Wort gelesen und gewogen werden – andernfalls bekommt man

ÄRGER,

denn: Alles, was – – –

Kapitel 5

Alles, was lediglich wahrscheinlich ist, ist wahrscheinlich falsch

Es liegt doch manch Geheimnis in der Zahl

...Mich als Dozent noch einmal zu erbrüsten,
Wie man so völlig recht zu haben meint.
Faust II, 2, Hochgewölbtes, enges gotisches Zimmer (Mephisto)

—— 1 ——

Hätten wir lieber das Gold vergraben, das wir von Wolfskehl bekommen haben – dieser Gedanke könnte den Göttinger weisen Verwaltern des Wolfskehlschen Fermatpreises (s. S. 97) am 20. November 1923 gekommen sein, als 100 000 Mark nur noch den hunderttausendsten Teil eines »goldenen« Pfennigs wert waren. Damit hatte die Wirklichkeit die Phantasien von Baron Friedrich Fouqué im »Galgenmännchen« (1810) und von Robert Louis Stevenson im »Flaschenkobold« (1893) in den schwärzesten Schatten gestellt. Dort, im tiefen Dunkel, unter einem Gedenkstein auf Göttingens altem Friedhof, hätte man Wolfskehls 100 000 Goldmark verbergen sollen, am sinnvollsten wohl in der Ruhestätte des princeps mathematicorum Carl Friedrich Gauß. Dessen Geist hätte mutmaßlich den Schatz so gehütet, wie er sich im Leben gehütet hat, Fermats letzten Satz anzupacken.

Als Wilhelm Olbers (der Wiederauffinder des Planetoiden Ceres auf Grund der Gaußschen Berechnungen, s. S. 45) ihn 1816 auf die Preisaufgabe der Pariser Akademie aufmerksam machte, den Fermatsatz im positiven oder negativen Sinne zu erledigen, antwortete Gauß:

Ich danke Ihnen sehr für die Nachricht aus Paris. Ich gestehe jedoch, daß der letzte Fermatsche Satz als Einzelaufgabe für mich nur von geringem Interesse ist, denn ich könnte leicht eine Menge solcher Sätze aufstellen, die sich von niemandem beweisen oder widerlegen ließen...

Er hoffe, bei der Entwicklung seiner Ideen über eine große Ausweitung der höheren Arithmetik zu Ergebnissen zu kommen, bei denen das Fermatsche Problem nebenbei gelöst werde.

Anscheinend hat er später diese Hoffnung fahren lassen.

Könnte man heute den Schatz heben, 5 000 Doppelkronen mit dem Kopf Wilhelms des Zweiten, Deutschen Kaisers und Königs von Preußen, und dem Adler des Deutschen Reiches, fast 40 kg Rauhgewicht, einen beachtlichen Haufen, könnte man heute das Gold verkaufen, auf wieviel wohl würde sein Wert sich belaufen? Auf ein Mehrfaches seines damaligen Wertes, und bei einigermaßen hohen Zinssätzen könnte man den

Betrag in einigen Jahren jeweils um weitere 100 000 DM vermehren. Aber sie haben es nicht vergraben, weil sie auf Wolfskehl geschworen haben, und so fast alles verloren haben.

Der Stifter dachte, Bankier, der er war, selbstverständlich daran, daß der Preis, solange noch keinem zugeteilt, im Interesse der guten Sache Interessen abwerfen müsse (Profite rechts, Profite links, der Geldspind in der Mitten). Und er bestimmte, daß die Zinsen dazu dienen sollten, die mathematischen Wissenschaften zu fördern und die beteiligten Jünger der Pallas Athene zu belohnen.

Weshalb David Hilbert (vgl. S. 98) geäußert haben soll, die Mathematiker täten gut daran, das Fermatsche Problem nicht endgültig zu lösen, weil sie sonst das Huhn schlachteten, das die goldenen Eier legt. (Vielleicht hat er sogar gesagt, man solle sich hüten, dem Dukatenwolf die güldene Kehle durchzuschneiden oder zu durchschneiden.)

$$\text{------ } 2 \text{ ------}$$

Einer der ersten, der etwas von den Zinsen zugesprochen bekam (ganze 100 $\mathcal{M}$), war (1909) A. Wieferich. Er hatte die Lösung der einen Hälfte des Fermatproblems (des sogenannten Falls I) gefördert, nämlich für denjenigen Teil der Gleichungen

$$x^p + y^p = z^p,$$

bei denen das Produkt der zueinander primen ganzen Zahlen x, y und z, bei denen also $x \cdot y \cdot z$ *nicht* durch die Primzahl p teilbar ist. Wieferich zeigte nämlich, daß die der obigen Gleichung verwandte Beziehung $x^p + y^p + z^p = 0$ dann nicht durch ganze Zahlen befriedigt werden kann, wenn die Division

$$(2^{p-1} - 1) : p^2$$

einen Rest läßt. (Man denke an den Schluß des 4. Kapitels und folgere nicht vorschnell, daß die Aufgabe für diejenigen p gelöst werden kann, mit denen die Division aufgeht!)

Das *Wieferichsche Kriterium* erinnert in seiner Form an den *Kleinen Fermatschen Satz* (s. S. 101), der (im einfachsten Fall) besagt, daß die Division

$$(2^{p-1} - 1) : p$$

für jede Primzahl aufgeht. Auf Grund der bisherigen Darlegungen ist zu erwarten, daß die Division durch p^2 nicht immer aufgehen darf. Dies wird durch Tafel X bestätigt, in welcher die Ergebnisse für den kleinen Fermatschen Satz (*niemals* ein Rest) und das Wieferichsche Kriterium (*stets* ein Rest – aber die Tabelle reicht nur bis $p = 31$) für die ersten zehn ungeraden Primzahlen enthalten sind.

Immerhin ist damit gewiß, daß z. B. die Gleichung

$$x^{31} + y^{31} + z^{31} = 0$$

nicht durch ganze Zahlen lösbar ist, welche zu 31 teilerfremd sind.

Tafel X. Zum kleinen Fermatschen Satz und zum Wieferichschen Kriterium

p	$p-1$	$2^{p-1}-1$	$(2^{p-1}-1):p$	p^2	$(2^{p-1}-1):p^2$	
3	2	3	1	9	0	1/3
5	4	15	3	25	0	3/5
7	6	63	9	49	1	2/7
11	10	1 023	93	121	8	5/11
13	12	4 095	315	169	24	3/13
17	16	65 535	3 855	289	226	13/17
19	18	262 143	13 797	361	726	3/19
23	22	4 194 303	182 361	529	7 928	17/23
29	28	268 435 455	9 256 395	841	319 186	1/29
31	30	1 073 741 823	34 636 833	961	1 117 317	6/31

Könnte man nachweisen, daß das Wieferichsche Kriterium durch *keine* Primzahl erfüllt werden kann, dann wäre die *halbe* Fermatvermutung bewiesen. Die Wahrscheinlichkeit dafür stieg, als man obige Tabelle bis $p = 997$ (der größten Primzahl unter 1000) erweitert hatte (2^{996} ist eine Zahl mit dreihundert Stellen), ohne ein *restloses* Ergebnis zu erhalten.

Der russische Zahlentheoretiker Grave vermutete daher etwas kühn, es gebe überhaupt keine dem Kriterium genügende Primzahl. Doch: alles, was lediglich wahrscheinlich ist, ist wahrscheinlich falsch – 1913 zeigte M. Meissner, daß die Division

$$(2^{1092} - 1) : (1093)^2$$

keinen Rest läßt. (Die nächste Primzahl mit dieser Eigenschaft ist 3511, die folgende größer als 1 000 000 000, wenn es sie gibt.)

Es wird sogar behauptet, Grave habe behauptet, nicht nur vermutet, das Wieferichsche Kriterium könne *niemals* erfüllt werden. Es ist aber nicht zu glauben, daß ein Mathematiker so schließt.

Notabene ist man bald auf dem von Wieferich gewiesenen Pfad weitergekraxelt:

so wies Mirimanow nach, daß auch

$$(3^{p-1} - 1) : p^2$$

aufgehen müsse, Vandiver tat das gleiche für die Basis 5, Frobenius für 11 und 17; und 1941 war man so weit, zu wissen, daß

$$x^p + y^p + z^p = 0$$

durch kein ganzzahliges Terzett x, y, z befriedigt werden kann, wenn

$$p \leqq 253747889,$$

vorausgesetzt (Fall I), daß x, y, z zueinander und zu p prim sind.

105

Zur Ehrenrettung der russischen Mathematiker sei die Geschichte von der Zerlegung der einfachsten algebraischen Gleichung $n$ten Grades, der Kreisteilungsgleichung

$$x^n - 1 = 0$$

erzählt. Jeder weiß, daß man dieses Binom in die Faktoren

$$(x - 1)\,(x^{n-1} + x^{n-2} + .. + x + 1)$$

zerlegen kann; der zweite Faktor läßt sich häufig noch weiter aufspalten, wie Tafel XI zeigt.

Tafel XI. Die Zerlegung des Binoms $x^n - 1$ für $n = 1$ bis $n = 6$

n	
1	$x - 1 = x - 1$
2	$x^2 - 1 = (x - 1)\,(x + 1)$
3	$x^3 - 1 = (x - 1)\,(x^2 + x + 1)$
4	$x^4 - 1 = (x - 1)\,(x + 1)\,(x^2 + 1)$
5	$x^5 - 1 = (x - 1)\,(x^4 + x^3 + x^2 + x + 1)$
6	$x^6 - 1 = (x - 1)\,(x + 1)\,(x^2 + x + 1)\,(x^2 - x + 1)$

Man sieht, daß die auftretenden Koeffizienten von x entweder gleich $+1$ oder gleich -1 sind.

Auch hier ist im Laufe der Jahre die Tabelle mit einiger Mühe erweitert worden, und zwar bis zu $n = 100$, und die Vermutung, daß Koeffizienten mit Absolutwerten größer als 1 nicht vorkommen können, wurde dadurch erheblich gestärkt.

N. Tschebotarew forderte 1938 die Mathematiker auf, die Vermutung zu beweisen. Der Beweis blieb aus, er mußte ausbleiben – das Gegenbeispiel lauerte hart hinter der Grenze der Tabelle: 1941 zeigte W. Iwanow, daß ein Faktor von

$$x^{105} - 1$$

zweimal den Koeffizienten -2 enthält.

Der Faktor beginnt mit

$$x^{48} + x^{47} + x^{46} - x^{43} - x^{42} - 2x^{41} - x^{40} \ldots$$

und endet mit

$$\ldots - x^8 - 2x^7 - x^6 - x^5 + x^2 + x + 1).$$

—— 4 ——

Der Sonderfall $2^n - 1$ des Binoms $x^n - 1$ ist für viele n darauf untersucht worden, ob er eine Primzahl darstelle; denn dann ist der Ausdruck

$$2^{n-1} \cdot (2^n - 1)$$

eine vollkommene Zahl (vgl. S. 92), eine Zahl, die gleich der Summe ihrer echten Teiler (einschließlich 1, aber ohne die Zahl selbst) ist. Die ersten Zahlen dieser seltenen Art sind 6 und 28, und seit den Chaldäern hat man viel mystisches Wesen um sie gemacht. So schrieb St. Augustinus:

6 ist eine vollkommene Zahl in sich selbst, und nicht etwa, weil Gott alle Dinge in 6 Tagen geschaffen hat – vielmehr ist das Umgekehrte wahr: Gott schuf alle Dinge in 6 Tagen, weil diese Zahl vollkommen ist.

Die Zahlen von der Form $2^n - 1$ heißen Mersennezahlen nach dem ebenso gelehrten wie unzuverlässigen Minimen Marin Mersenne, er starb 60jährig am Ende des Dreißigjährigen Krieges.

Der Orden der Minimen (*Mindeste Brüder*, die sich noch geringer einstuften als die Minoriten, die minderen Brüder) wurde 1454 vom hl. Franz von Paula gegründet.

Er war der vertrauteste Freund von René Descartes, der sich und den Lesern seines »Discours de la méthode« vorhielt, daß alles, was lediglich wahrscheinlich ist, wahrscheinlich falsch ist.

Die betreffende Stelle lautet (gekürzt):

Betrachte ich..., wie viele verschiedenartige Ansichten es über denselben Gegenstand gibt, die alle von Gelehrten behauptet werden, ohne daß doch mehr als eine wahr sein kann, so erachte ich fast alles für falsch, was nur wahrscheinlich ist. (»Discours de la méthode«, I. Teil, Ziffer 12; 1637.)

Die von uns benutzte einprägsame Fassung findet sich bei Alexander Moszkowski, »Die ewigen Worte«, 1918.

Für diesen Satz liefern wir gleich weitere Beispiele:

P. Bungus (vgl. S. 73) gab in seiner »Numerorum Mysteria« vierundzwanzig Zahlen an, die vollkommen sein sollten. Mersenne wies nach, daß dies nur für acht von ihnen zutraf, die größte war (vgl. S. 92).

$$V_8 = 2^{30} (2^{31} - 1) = 2\,305\,843\,008\,139\,952\,128.$$

Mersenne behauptete ferner in seinen »Cogitata physico-mathematica« 1644, die nächsten drei vollkommenen Zahlen hätten als Faktoren die Primzahlen

$$2^{67} - 1,\ 2^{127} - 1 \text{ und } 2^{257} - 1.$$

Wie er die Exponenten 67, 127 und 257 ermittelt hat, weiß man nicht (manche Forscher denken an Fermats Hilfe) – seine Überlegungen waren indessen nicht nur wahrscheinlich, sondern sicher falsch, richtig muß es (statt 67, 127, 257) heißen: 61, 89, 107, 127, 521 (z. B. ist $2^{67} - 1 = 193\,707\,721 \cdot 761\,838\,257\,287$).

Mersenne wird in seinen kühnsten Träumen (seinen schwersten Alpträumen) nicht daran gedacht haben, daß man jemals feststellen könne, ob die von ihm als Primzahl deklarierte Zahl $2^{257} - 1$ wirklich diese Eigenschaft hat. Tatsächlich gelang die Entscheidung erst 1947, rund 300 Jahre nach Mersennes falscher Behauptung.

Wenn man bedenkt, wie wenig Richtiges Mersenne auf diesem Gebiet *prophezeit* hat, wird man sich wundern, daß Primzahlen von der Form $2^n - 1$ (von W. W. R. Ball) nach ihm benannt worden sind und noch so genannt werden – doch warum soll Fermat mit ›seinen‹ Zahlen $2^{2n} + 1$ allein stehen (vgl. S. 92)? Daher nennen wir *alle* Zahlen dieser Form Mersennezahlen.

1979 hat man Rechner eingesetzt und die siebenundzwanzigste vollkommene Zahl gefunden:

$$V_{27} = 2^{44496} \, (2^{44497} - 1)$$

mit mehr als 26 750 Stellen. Der zweite Faktor stellt die größte uns bekannte Primzahl dar (s. S. 274 u. S. 329).

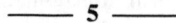

5

Leichter als die vollkommenen Zahlen sind die sogenannten befreundeten Zahlen zu ermitteln, deren kleinstes Paar bereits von Pythagoras benutzt worden sein soll, um den Freund zu kennzeichnen als das alter ego, *wie dies 220 und 284 sind.* Die Summe der echten Teiler von 220 ist nämlich gleich 284, und die Addition der echten Teiler von 284 ergibt 220.

$$220 = 1 + 2 + 4 + 71 + 142$$
$$284 = 1 + 2 + 4 + 5 + 10 + 11 + 20 + 22 + 44 + 55 + 110$$

Man kennt rund 400, also viel mehr befreundete Zahlenpaare als vollkommene Zahlen; Euler veröffentlichte z.B. im Jahre 1750 eine Liste mit 60 Paaren. Es war äußerst unwahrscheinlich, daß der große Meister der Mathesis ein Pärchen übersehen hätte; wohl deswegen überprüfte kein Mathematiker Eulers Aufstellung auf Lücken. Mehr als hundert Jahre später, 1866, fand ein Sechzehnjähriger mit dem Namen Nicolò Paganini (der gleichnamige Geigenzauberer war als Sechzehnjähriger seinem Vater entlaufen und 1840 gestorben), daß Euler das zweitkleinste Paar übersehen hatte:

$$1184 = 1 + 2 + 5 + 10 + 11 + 22 + 55 + 110 + 121 + 242 + 605$$
$$1210 = 1 + 2 + 4 + \ 8 + 16 + 32 + 37 + \ 74 + 148 + 296 + 592.$$

Hier hat einmal ein Laie – dies sei zur Anfeuerung seiner Brüder im Geiste angemerkt – die *orthodoxen Ochsen* geschlagen.

Um wieder einmal Euler nach Berlin zu tragen: Horaz sagt in seiner ars poetica, zuweilen schlafe auch der gute Homer (Quandoque bonus dormitat Homerus). Warum nicht auch der gute Meister Leonhard? Er meinte z.B. in seinen Briefen an Prinzeß Friederike von Brandenburg-Schwedt, Magdeburg läge tiefer als Berlin – was nicht der Fall ist –, weil die Spree von Berlin hinab in die Havel und diese in die Elbe fließt, an der Magdeburg liegt, (aber weit oberhalb der Havelmündung!).

6

Euler irrte hingegen kaum, wahrscheinlich nicht, wenn er mit Chr. Goldbach (1742) davon überzeugt war, daß man jede gerade Zahl mindestens auf eine Weise additiv aus zwei Primzahlen zusammensetzen kann (vgl. S. 128). Die Zahlen 4, 6, 8 und 12 erhält man so nur auf eine einzige Art: die kleinsten Zahlen, bei denen dies auf 2, 3, 4, 5, 6 Arten gelingt, sind 10, 22, 34, 48, 60.

Z.B. ist

$$60 = 7 + 53$$
$$= 13 + 47$$
$$= 17 + 43$$
$$= 19 + 41$$
$$= 23 + 37$$
$$= 29 + 31$$

(Wer hier den Ausdruck 1 + 59 vermißt, dem sei gesagt, daß 1 heute nicht mehr als Primzahl gilt, vgl. S. 119; daher müssen wir in der Folge der geraden Zahlen die gerade Primzahl weglassen; sie ist gerade die einzige gerade Zahl, für welche Goldbachs Theorem – wenn es gilt – nicht gilt!)

Man hat große Verzeichnisse aufgestellt, Georg Cantor bis 1000 – wahrscheinlich als Erholung von seinen Grübeleien über über- und überüberabzählbare Mengen –, heutzutage bis 100 000, dabei stieß man auf völlig *gesetzlose* Sprünge, z. B. kann man sowohl 88 wie 92 auf nur vier Weisen aus zwei Primzahlen zusammensetzen, die zwischen 88 und 92 liegende 90 hingegen auf neun.

Mit solchen Feststellungen wird das Problem der Lösung nicht näher gebracht; dies erreichten auf ganz anderen Wegen L. Schnirelmann (1930) und vor allem I.M. Winogradow, der 1937 bewiesen hat, daß *genügend große* (d. h. *fast alle*) ungerade Zahlen aus drei (ungeraden) Primzahlen additiv zusammengesetzt werden können, vgl. S. 324. (Er bekam 1941 dafür den ersten Stalinpreis, 100 000 Rubel.)

Zwar ist die Goldbachsche Vermutung nicht für *alle* Zahlen bewiesen; doch hat man mit Hilfe wahrscheinlichkeitstheoretischer Betrachtungen gezeigt, daß Goldbach höchstwahrscheinlich (!) recht hat.

Aber ein Mathematiker muß (nicht nur) in solchen Fällen mit Pierre Corneille (›Horace‹ I, 1; 1640) sagen: *Ich begnüge mich niemals mit irgendeiner Wahrscheinlichkeit.* Möglicherweise gehört die Goldbachsche Vermutung aber zu den Sätzen, von denen Gauß schrieb (vgl. S. 103), daß sie sich von niemandem beweisen oder widerlegen lassen so wie Fermats Letztes Theorem, was bedeuten würde, daß sie *praktisch* unentscheidbar wären.

Nicht etwa theoretisch unentscheidbar wie die quälende Frage in der Mengentheorie, ob es zwischen der Mächtigkeit *Aleph Null* der Menge der ganzen Zahlen und der Mächtigkeit *Aleph* der Menge der reellen Zahlen noch Mengen gebe, mächtiger als jene und weniger mächtig als diese (vgl. S. 350). Seit Paul Joseph Cohen (1966) wissen wir, daß diese Frage »so entscheidbar« ist, wie vergleichsweise die Frage nach der Zahl der Parallelen zu einer Geraden durch einen Punkt außerhalb von ihr.

—— 7 ——

Kehren wir aus diesen unangenehm kühlen Höhen zurück und erholen uns an der simplen Gleichung

$$1 + 13 + 28 + 70 + 82 + 124 + 139 + 151$$
$$= 4 + 7 + 34 + 61 + 91 + 118 + 145 + 148 = 608.$$

Das ist nicht aufregend, aber interessanterweise ist auch

$$1^2 + 13^2 + 28^2 + 70^2 + 82^2 + 124^2 + 139^2 + 151^2$$
$$= 4^2 + 7^2 + 34^2 + 61^2 + 91^2 + 118^2 + 145^2 + 148^2 = 70076.$$

(Eine Art Gegenstück zu dem bimagischen Quadrat auf S. 78). Ja, hier wird's sogar trimagisch, denn es gilt auch

$$1^3 + 13^3 + 28^3 + \ldots + 151^3 = 4^3 + 7^3 + 34^3 + \ldots + 148^3 = 8\,953\,712.$$

Es könnte sein, daß ein Mensch mit seinem gesunden Verstand alle Glieder der Gleichung in die 4. Potenz erhebt, um am Ergebnis zu zeigen, daß nun der Hokuspokus ein Ende hat. Doch er hört noch nicht auf – im Gegenteil, es ist

$$1^4 + 13^4 + 28^4 + \ldots + 151^4 = 4^4 + 7^4 + 34^4 + \ldots + 148^4,$$

desgleichen

$$1^5 + 13^5 + 28^5 + \ldots + 151^5 = 4^5 + 7^5 + 34^5 + \ldots + 148^5,$$

ebenfalls

$$1^6 + 13^6 + 28^6 + \ldots + 151^6 = 4^6 + 7^6 + 34^6 + \ldots + 148^6.$$

Der gesunde Menschenverstand, nunmehr davon überzeugt, die Gleichung gelte für *jede* Potenz, *beweist* dies in seinem dunklen Drange dadurch, daß er sowohl die Summe von

$$1^7 + 13^7 + 28^7 + \ldots + 151^7 \quad \text{als auch von}$$
$$4^7 + 7^7 + 34^7 + \ldots + 148^7$$

ausrechnet und beidemal zu seiner Genugtuung 3276 429220606352 erhält. Tatsächlich ist das Zahlenspiel indes mit der siebenten (!) Potenz zu Ende.

Wer an derartigem artigem Tand Trost findet, mag in müßigen Minuten manche *Multigrade* modeln.

──── 8 ────

Doch nun wird's wieder ernst (die Praxis ist immer ernst):

Aus dem Gleichungspaar

$$2198\,x - 2200\,y = 1098$$
$$2196\,x - 2198\,y = 1097$$

erhält man durch Subtraktion $y = x - 0{,}5$. Setzt man diesen Wert in eine der Gleichungen ein, findet man $x = 1$ und daraus $y = 0{,}5$.

Nun werde der Faktor 2196 von x in der zweiten Gleichung um weniger als ein Millionstel seines Wertes vergrößert, nämlich auf 2196,002; alle anderen Zahlen bleiben unverändert.

$$2198{,}000\,x - 2200\,y = 1098$$
$$2196{,}002\,x - 2198\,y = 1097$$

Diesmal ergibt die Subtraktion nicht, wie eben, $y = 1{,}000\,x - 0{,}5$, sondern $y = 0{,}999\,x - 0{,}5$.

Jeder, nicht nur Herr Jedermann, wird die Wahrscheinlichkeit, daß die x und die y in beiden Gleichungspaaren um weniger als ein Hundertstel voneinander abweichen, als *an Sicherheit grenzend* bezeichnen (wie der juristische Ausdruck lautet). Rechnet man indessen die Werte aus, so findet man betroffen $x = -10$ und $y = -10,49$.

Fazit: Man unterschätze nicht die Folgen von Beobachtungsfehlern und von Störungen der gegebenen Daten eines Gleichungssystems.

——— 9 ———

Daß man nicht so lustig und unbeschwert mit Formeln umgehen darf, wie das vor zwei-, dreihundert Jahren hie und da geschehen ist, soll ein (von Euler stammendes) Beispiel zeigen:

Bekanntlich (?) ist die Summe s einer unendlichen Reihe mit dem Anfangsglied a und dem Quotienten q gleich

$$s = \frac{a}{1-q} \ .$$

Setzt man $a = n$ und $q = n$, so erhält man

$$s_1 = n + n^2 + n^3 + \ldots = \frac{n}{1-n} = -\frac{n}{n-1} \ ,$$

setzt man $a = 1$ und $q = 1/n$, dann ergibt sich

$$s_2 = 1 + \frac{1}{n} + \frac{1}{n^2} + \ldots = \frac{1}{1-\frac{1}{n}} = \frac{n}{n-1} \ .$$

Formal ist daher $s_1 + s_2 = -\dfrac{n}{n-1} + \dfrac{n}{n-1} = 0$, d. h. es ist

$$\ldots + n^3 + n^2 + n + 1 + \frac{1}{n} + \frac{1}{n^2} + \ldots = 0,$$

was offensichtlich Unsinn ist, ganz gleich, welchen Zahlenwert man für n einsetzt. (Das liegt daran, daß s_1 nur für $|n| < 1$ gilt und s_2 nur für $|n| > 1$.)

Hierhin scheinen uns auch die Rechenkunststückchen zu gehören, welche die Mathematiker uns Technikern anzudichten versuchen, nicht nur das Ergebnis $2 \cdot 2 = 3,99$ mit Hilfe eines ungepflegten Rechenschiebers oder $2 \cdot 2 = 4,0000001$ auf Grund eines leicht gestörten Taschenrechners, sondern auch

$$2 \cdot 2 = 2 \cdot \frac{1}{1-\frac{1}{2}} \approx 2 \cdot (1 + \frac{1}{2}) = 3$$

sowie

$$2 \cdot 2 = -2 \cdot \frac{1}{1-\frac{3}{2}} = -2 \cdot \left[1 + \frac{3}{2} + \left(\frac{3}{2}\right)^2 + \ldots \right] \rightarrow -\infty$$

Um zwischen all diesen arithmetischen Unwahrscheinlichkeiten auch einmal die anschaulichere Geometrie zu Bild kommen zu lassen, begeben wir uns (erleichtert) in die Unterklassen mit der dort vegetierenden Lehre von den kongruenten und den ähnlichen Dreiecken.

Ein Dreieck hat bekanntlich sechs Bestimmungsstücke, die (seit Euler so benannten) Seiten a, b, c und die Winkel α, β, γ.

Damit zwei Dreiecke kongruent (= deckungsgleich) sind, genügt die Übereinstimmung in drei bestimmten Stücken; darüber belehren uns die Kongruenzsätze. Einer von ihnen lautet: Zwei Dreiecke sind deckungsgleich, wenn sie in zwei Seiten und dem von ihnen eingeschlossenen Winkel übereinstimmen, vgl. S. 402.

Wieviel *deckungsgleicher* –

Alle Tiere sind einander gleich, aber einige sind gleicher als die anderen. George Orwell (i.e. Eric Blair, 1903 bis 1950), »Animal Farm«, 1945 –

wieviel deckungsgleicher müssen dann erst zwei Dreiecke sein, die in zwei Seiten und *allen* drei Winkeln übereinstimmen!

Die juristische Grenzlinie zur Sicherheit wird von dieser Wahrscheinlichkeit *frag- und zweifellos* weit überschritten. Doch hier irrt Krethi.

Die Dreiecke mögen übereinstimmen (Abb. 62)

in den Seiten $a = 12$ und $b = 9$
sowie in den Winkeln $\left. \begin{array}{l} \alpha = 47°56' \\ \beta = 33°50' \\ \gamma = 98°14' \end{array} \right\}$ (gerundet).

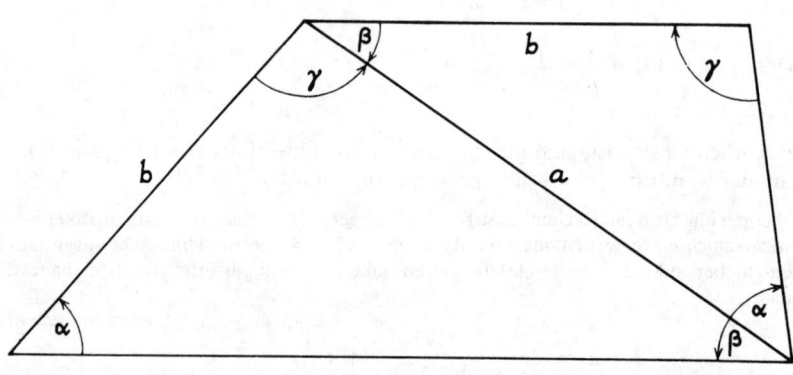

Abb. 62

Die Dreiecke müssen einander ähnlich sein, weil sie gleiche Winkel haben; daß sie nicht deckungsgleich sind, ersieht man aus Abb. 62. Der Grund ist sehr leicht zu finden.

Jetzt noch zwei Fragen aus der Kalenderkunde.

(1) Wie groß ist die Wahrscheinlichkeit, daß in einem Jahr der 4.4., 6.6., 8.8., 10.10. und 12.12. auf den gleichen Wochentag fallen, vorausgesetzt, unser heutiger gregorianischer Kalender gelte in alle Ewigkeit?

(2) Wie groß ist die Wahrscheinlichkeit, daß das Jüngste Gericht auf
einen Freitag (Feiertag der Mohammedaner),
einen Samstag (Feiertag der Juden) *oder*
einen Sonntag (Feiertag der Christen)
fällt, ebenfalls vorausgesetzt, der gregorianische Kalender gelte unverändert bis zum Jüngsten Gericht, und weiter vorausgesetzt, dieses finde am 1. Januar eines Jahrtausendbeginns statt? (Vgl. auch S. 439.)

Die Antworten werden manchen verblüffen:

(1) Die Wahrscheinlichkeit ist gleich 1. In jedem Jahr liegt der 6.6. neun Wochen, der 8.8. achtzehn, der 10.10. siebenundzwanzig und der 12.12. sechsunddreißig Wochen nach dem 4.4..

(2) Die Wahrscheinlichkeit ist gleich 0. Alle Jahrtausende beginnen (abwechselnd) mit einem Montag oder einem Donnerstag. Der 1.1.2001 ist ein Montag.

Und schließlich eine letzte Aufgabe aus jener vorelektronischen Zeit, als man noch mühsam Logarithmentafeln konsultieren mußte, statt Taschenrechner zu benutzen – man berechne auf neun Dezimalen den Ausdruck

$$5 + \lg \{5 + \lg [5 + \lg(5 + \lg 5{,}760456934)]\}.$$

Man wird nachrechnen müssen, um glauben zu können, daß dieser Ausdruck gleich 5,760456934... ist; denn dessen dekadischer Logarithmus ist abgerundet gleich 0,760456934.

Wir hoffen, durch diese Fragen bei dem knobelnden Leser mindestens jene *mäßige Freude* erzeugt zu haben, welche dem melancholischen Gauß einmal übers Gesicht gehuscht ist (als er einem Freund die Schiefertafel zeigte, auf der er als Schüler bewiesen hatte, daß das regelmäßige Siebzehneck mit Zirkel und Lineal konstruierbar ist).

Nicht einmal diese mäßige Freude, sondern nur Ärger über die vertane Zeit ward bisher jedem zuteil, der sich vermaß, ohne wesentliche Kenntnisse Fermats Vermutung zu verifizieren. Es ist ein dem Menschen tief eingewurzelter Traum, daß er leicht, ohne große Mühe, zu Geld und Ansehen kommen und die gelahrtesten Häupter schlagen kann, so wie Dr. Allwissend oder der Hirtenbub oder der einfache Pfaff und die anderen Pfifflinge in den Märchen, und daß er im Handumdrehen die Rätsel der Sphinx und Turandots, Schleiermachers und Franz Brentanos zugleich werde lösen können.

113

Allzuleicht machen es sich allerdings jene Fermaniaken, welche wähnen, es genüge, daß man versteht, was man unter einer Potenz versteht, und daß man außerdem im Besitz von Kugelschreiber, Selbstvertrauen und kleinkariertem Papier ist – diesen Kleinkarierten ist nicht zu helfen. Sie ähneln dem kleinen Muck bei Wilhelm Hauff: *wenn er einen Scherben auf der Erde im Sonnenschein glänzen sah, so steckte er ihn gewiß zu sich, im Glauben, daß er sich in den schönsten Diamanten verwandeln werde.* Nur daß sie kein simples Juwel, sondern den Stein der Weisen erhoffen.

Gedacht ist vielmehr an jene sympathischen Freunde der Mathematik, die in ihrer Freizeit zur Erholung mit Zahlen und Figuren hantieren und davon durchdrungen sind, daß ihnen in dem unerforschten Land zwischen Morgen und Niemals eine Lorbeerkrone winkt. Ihnen sei geraten, ihre Fähigkeiten an leichteren Sätzen zu erproben, z. B. den Beweis nachzuvollziehen, daß es nur eine einzige positiv ganzzahlige Lösung der Gleichung

$$y^3 = x^2 + 2$$

gibt, nämlich $y = 3$, $x = 5$. (In der gleich folgenden Anmerkung wird der Beweis skizziert.) Wem er (ohne vorher nachzusehen) gelingt, der hat schon einige Ahnung und wohl auch das Zeug, ein Zahlentheoretiker zu werden, sollte aber ebenfalls die Hände von Fermats Letztem Theorem lassen. Mit Schulweisheit aus der Primanerzeit kann man es nicht schaffen; die Möglichkeit, daß von diesen Liebhabern der Mathematik ein richtiger Beweis geliefert wird, ist so wahrscheinlich wie das Auftauchen eines Gegenbeispiels zu Fermats Behauptung.

Jeder dieser von keinem Tröpflin Fermat-Sperma befruchteten Tröpfe müßte bei wirklich kritischer Durchsicht seiner Arbeit bekennen, was Kilian Brustfleck in Goethes *mikrokosmischem Drama* »Hanswursts Hochzeit oder der Lauf der Welt« von sich sagt:

Was ich nun nicht all kunt bemeistern,
Das wußt ich weise zu überkleistern.

Anmerkung zur Gleichung $y^3 = x^2 + 2$.

Wir zerlegen die rechte Seite der Gleichung in ihre *Primfaktoren* (siehe unten), diese müssen wegen der links stehenden dritten Potenz Kubikzahlen sein. Aus

$$y^3 = (x + i\sqrt{2})\,(x - i\sqrt{2}), \quad i^2 = -1$$

folgt also z. B.

$$x + i\sqrt{2} = (u + vi\sqrt{2})^3 = u^3 + 3u^2vi\sqrt{2} - 6uv^2 - 2v^3i\sqrt{2}.$$

Der Koeffizientenvergleich des imaginären Teils ergibt

$$1 = 3u^2v - 2v^3 = v(3u^2 - 2v^2),$$

folglich ist $u^2 = 1$, $u = \pm 1$ und $v = 1$.

Der Koeffizientenvergleich des reellen Teils ergibt

$$x = u^3 - 6uv^2 = u(u^2 - 6v^2) = \pm 1\,(1 - 6) = \mp 5.$$
$$x^2 + 2 = 27, \quad y^3 = 27, \quad y = 3.$$

Soweit ist die Aufgabe leicht zu lösen. Aber *vorher* muß man nachweisen, daß $x^2 + 2$ für Einsetzungen $x = a + bi\sqrt{2}$ mit ganzzahligen a, b eindeutig nur in obige *Primzahlen*(: in dem betreffenden Ring unzerlegbare Elemente) gespalten werden kann. Dies ist für den hier vorliegenden »Ring $Z(i\sqrt{2})$« tatsächlich der Fall – ebenso bekanntlich für den Gaußschen Ring $Z(i)$.

Die Zerlegung in derartige Primzahlen ist *nicht immer* eindeutig möglich, z. B. kann man im Ring $Z(i\sqrt{5})$ die Zahl 6 in $2 \cdot 3$ und in $(1 + i\sqrt{5})\,(1 - i\sqrt{5})$ zerlegen – und diese vier Zahlen sind hier sämtlich *Primzahlen*. (Vgl. dazu Dirichlets Kritik an Kummers – falscher – Voraussetzung für seinen *allgemeinen* Fermatbeweis, S. 99, ferner S. 119/120.)

Wir sind am Schlusse – und es war ein langer und mühseliger Weg, wie Wilhelm Raabe (1870) am Ende seines »Schüdderump« schrieb, ein Weg, der uns von Wolfskehls Fermat-Goldfüchsen über Wieferichs Kriterium geführt hat, über die Kreisteilungsgleichung, die vollkommenen und die befreundeten Zahlen, die Goldbachsche Vermutung, *unentscheidbare* Probleme, multigrade Gleichungen und solche mit zwei Unbekannten, von den Kalenderquizfragen zu schweigen, zurückgeführt hat zu den Fermathilfswilligen, die früher nach Reichtum dürsteten, jetzt nur noch nach Ruhm, von denen jeder *mit gierger Hand nach Schäzzen gräbt und froh ist, wenn er Regenwürmer findet,* wie es schon in Goethes »Urfaust« heißt. (Wenn!)

Wir enden mit der nochmaligen Mahnung, Fermats ungelöstes Problem so unberührt zu lassen, wie dies der große Geist des weisen Gauß getan.

»Pardon, m'sieu, 'alten Sie es für wahrscheinlich, daß Ihre Mahnung 'at Erfolg?«

«Je l'espère, Monsieur Descartes.»

»Dann ist diese 'offnung wahrscheinlich

FALSCH.«

Kapitel 6

Achtung – Primzahl!

Vom Sperrgut in der Zahlenfolge

Auch ein gelehrter Mann
Studiert so fort, weil er nicht anders kann.
Faust II, 2, Hochgewölbtes, enges gotisches Zimmer (Mephisto)

—— **1** ——

Wer war dieser auf S. 102 flüchtig, aber rühmend erwähnte (Sir John) Wilson? Für die Antwort wohl am meisten zuständig scheint die Encyclopaedia Britannica zu sein; in ihr sind mehr als ein Dutzend prominenter Wilsons verzeichnet. Der Naturwissenschaftler freut sich, dort den Schotten Charles Thomson Wilson zu finden, den Schöpfer der nach ihm benannten bekannten Wolken- und Nebelkammer. Militärs können über Sir Henry Wilson nachlesen, den britischen Feldmarschall des ersten Weltkrieges, der 1922 auf der Schwelle seines Hauses von zwei Iren ermordet wurde (natürlich aus politischen Gründen), und über Baron Henry Wilson, den britischen Feldmarschall des zweiten Weltkrieges, der einem solchen Ende entging. Ganz zuletzt stößt man auf den Vierzehn-Punkte-Wilson, den 28. Präsidenten der USA, mit dem Vornamen Woodrow. Außerdem gibt es in dem Lexikon noch Wilsons mit den Vornamen Alexander, Edmund, George, Harold, James, Richard und Robert, auch zwei Johns sind dabei, ein Musikus und ein Schriftsteller, aber ein Sir John ist nicht darunter.

Wer war also Sir John Wilson? Ein Richter wie Pierre de Fermat (vgl. S. 91) und nebenbei ein Mathematiker gleich diesem, doch keineswegs als Mathematiker diesem gleich. Geläufig ist sein Name den Zahlentheoretikern, demnach selbstverständlich nicht der schweigenden unmathematischen Mehrheit der Menschheit; daher wohl das Schweigen des Lexikons.

Wilson hat einen Satz aufgestellt, den sein Freund Waring, Mathematikprofessor in Cambridge, 1770 veröffentlicht hat, allerdings ohne Beweis, den lieferte im folgenden Jahr Lagrange. (Den Satz bringt der Große Meyer, 9. Aufl., Bd. 25.)

Nur nebenbei sei bemerkt, daß der *Wilsonsche* Satz eigentlich nach Leibniz heißen müßte, der ihn schon hundert Jahre früher gekannt hat – ein Beispiel mehr für die vielen falschen Etikettierungen, angefangen vom Lehrsatz des Pythagoras bis zur *Pellschen* Gleichung $y^2 - Dx^2 = 1$, die Fermat als erster in Briefen Frénicle, Wallis und Lord Brouncker mitteilte. Dieser löste sie mit Hilfe von Kettenbrüchen. Er war im Nebenberuf britischer Kanzler und Großsiegelbewahrer. Und John Pell, der übrigens das Divisionszeichen ÷ in England eingeführt hatte, starb 1685 *in London und großer Armut.*

117

Wie lautet denn nun der berühmte Wilsonsche Satz, und warum ist er so berühmt?

Die Division, so behauptete Wilson und bewies Lagrange,

$$\frac{(n-1)!+1}{n}$$

(Über die Bedeutung und die Aussprache des Ausrufungszeichens siehe S. 47.)

geht auf, wenn und nur wenn (engl. iff) n eine Primzahl ist.

Oder mit den Worten Edward Warings in seinen »Meditationes algebraicae«: *»Ist p eine Primzahl, dann ist*

$$[(p-1)!+1] : p$$

eine ganze Zahl. Diese sehr elegante Eigenschaft von Primzahlen hat der ausgezeichnete, in mathematischen Dingen sehr bewanderte John Wilson Armiger [= Esquire] entdeckt.«

Und berühmt ist der Satz, weil er zu den wenigen gehört, die ausschließlich für Primzahlen gelten, also nicht außerdem noch für unzählige zusammengesetzte Zahlen (wie das beim kleinen Fermatschen Satz der Fall ist, s. S. 102).

Tafel XII verifiziert die Richtigkeit des Wilsonschen Satzes für den Anfang der Zahlenfolge: nur dann, wenn n eine Primzahl ist, geht die Division auf, bei sämtlichen zusammengesetzten Zahlen hingegen bleibt ein Rest.

Tafel XII. Zum Wilsonschen Satz

n	$n-1$	$(n-1)!$	$[(n-1)!+1] : n =$	
2	1	1	$2 : 2 =$	1
3	2	2	$3 : 3 =$	1
4	3	6	$7 : 4 =$	1 R 3
5	4	24	$25 : 5 =$	5
6	5	120	$121 : 6 =$	20 R 1
7	6	720	$721 : 7 =$	103
8	7	5 040	$5\,041 : 8 =$	630 R 1
9	8	40 320	$40\,321 : 9 =$	4 480 R 1
10	9	362 880	$362\,881 : 10 =$	36 288 R 1
11	10	3 628 800	$3\,628\,801 : 11 =$	329 891
12	11	39 916 800	$39\,916\,801 : 12 =$	3 326 400 R 1
13	12	479 001 600	$479\,001\,601 : 13 =$	36 846 277
14	13	6 227 020 800	$6\,227\,020\,801 : 14 =$	444 787 200 R 1
15	14	87 178 291 200	$87\,178\,291\,201 : 15 =$	5 811 886 080 R 1

Zum Vergleich zwei Beispiele für den eben erwähnten kleinen Fermatschen Satz, der (in seiner allgemeinen Form) besagt, daß für alle Primzahlen die Division

$$\frac{a^{n-1}-1}{n}$$

aufgeht, sofern a kein Vielfaches von n ist. Wir wählen $a = 8$ und erhalten für $n = 7$ (also eine Primzahl)

$$(8^{7-1} - 1) : 7 = 262\,143 : 7 = 37\,449 \text{ Rest } 0,$$

wie erwartet. Aber leider gilt auch für n = 9 (eine zusammengesetzte Zahl)

$$(8^{9-1} - 1) : 9 = 16\,777\,215 : 9 = 1\,864\,135 \text{ Rest } 0.$$

Solche *Entgleisungen* sind beim Wilsonschen Satz nicht möglich – man braucht *nur* $(n-1)! + 1$ zu bilden, und wenn die Division durch *n* keinen Rest läßt, dann weiß man bestimmt: *n* ist eine Primzahl. Aber leider wachsen die Fakultäten so rasch ins Unübersichtliche (Tafel XII zeigt dies schon), daß der Satz praktisch unverwendbar ist (10 000! hat bereits rund 35 700 Stellen). Aber der theoretische Wert des Wilsonschen Satzes bleibt dadurch unberührt – mit ihm kann man (in Gedanken) jede Zahl als prim oder zusammengesetzt erkennen.

Es kommt bekanntlich (vgl. S. 105) ab und zu vor, daß nicht nur $(2^{p-1} - 1) : p$, sondern auch $(2^{p-1} - 1) : p^2$ *aufgeht*. Eine solche *Erweiterung* kennt man auch für den Wilsonschen Satz: Die Division $[(p-1)! + 1] : p^2$ läßt keinen Rest für die *Wilsonschen Zahlen* 5, 13 und 563 (warum gerade für 563, fragt man sich erstaunt). Die nächste Wilsonsche Zahl, *wenn* sie existiert, ist größer als 50 000.

—— **2** ——

So wie die Chemie unter *Atomen* die Ur-Teile der Materie versteht, weil sie diese mit ihren Mitteln nicht weiter zu zerlegen vermag, so kann man in der Arithmetik die Primzahlen als die Atome der Zahlen ansehen; aus ihnen setzen sie sich (multiplikativ) zusammen; die Primzahlen selbst sind atomos, unteilbar. (Jede Zahl, also auch jede Primzahl, läßt sich zwar durch sich selbst und durch 1 teilen, doch von diesen beiden formalen, mit Recht *trivial* genannten Teilern sehen wir hier ab. *Echt* heißt jeder positive Teiler außer dem Dividenden selbst, s. S. 91 u. S. 107.)

Man kann – um ein vielleicht nicht ganz überflüssiges Beispiel zu bringen – die Zahl 30 als Produkt verschiedener *Zahlen* schreiben,

$$30 = 2 \cdot 15 = 3 \cdot 10 = 5 \cdot 6,$$

aber nicht als Produkt verschiedener *Primzahlen* (ihre Reihenfolge spielt, wie man sofort sieht, keine Rolle):

$$30 = 2 \cdot 3 \cdot 5 \, (= 2 \cdot 5 \cdot 3 = 3 \cdot 2 \cdot 5 = 3 \cdot 5 \cdot 2 = 5 \cdot 2 \cdot 3 = 5 \cdot 3 \cdot 2).$$

2, 3 und 5 sind die ersten Primzahlen, 2 ist die einzige gerade. 1 wurde zu Eulers und Goldbachs Zeiten den Primzahlen zugerechnet, jetzt nicht mehr, weil sonst (formal) das Gesetz der eindeutigen Zerlegung durchbrochen würde:

$$30 = 1 \cdot 2 \cdot 3 \cdot 5 = 1 \cdot 1 \cdot 2 \cdot 3 \cdot 5 = 1 \cdot 1 \cdot 1 \cdot 2 \cdot 3 \cdot 5 = \ldots$$

Dieses Gesetz der eindeutigen Zerlegung ist keineswegs so selbstverständlich wie es uns scheint (»21 kann nicht sowohl gleich 3 · 7 als auch gleich 2 · 11 sein«), es muß vielmehr bewiesen werden (vgl. die Anmerkung S. 114). Statt eines Beweises zunächst ein Ausflug in *den Halbring der positiven geraden Zahlen*, der abwechselnd aus *unzerlegbaren*, wie 2, 6, 10 usw., und *zerlegbaren*, wie $4 = 2 \cdot 2, 8 = 2 \cdot 2 \cdot 2, 12 = 2 \cdot 6$ usw., besteht. (6 ist in diesem Halbring nicht zerlegbar, weil in ihm keine ungeraden

Zahlen vorkommen, also auch nicht die 3.) Wenn wir die zerlegbaren Zahlen 4, 8, 12 usw. in ihre Faktoren spalten, so machen wir – zum ersten Mal bei 60 – die überraschende Entdeckung, daß dies auf wesentlich verschiedene Weisen geschehen kann; denn

60 ist sowohl gleich 2 · 30 als auch gleich 6 · 10.

Die unzerlegbaren Zahlen dieses Halbrings (2, 6, 10, 14, 18, 22, ...) entsprechen den Basiszahlen derjenigen Quadrate, von denen Euler vermutet hatte, daß sie keine orthogonalen Quadrate liefern könnten (vgl. Tafel VI, S. 85).

Vielleicht noch instruktiver ist die Beschäftigung mit dem Reich der Zahlen von der Form $4m + 1$, in dem ebenfalls die eindeutige Zerlegung nicht immer möglich ist; siehe auch Tafel XIII.

Tafel XIII. Zahlen der Form $4m + 1$ und ihr Charakter

m	$4m + 1$	Char.	m	$4m + 1$	Char.	m	$4m + 1$	Char.
1	5	P	11	45	5 · 9	21	85	5 · 17
2	9	PP	12	49	PP	22	89	P
3	13	P	13	53	P	23	93	PP
4	17	P	14	57	PP	24	97	P
5	21	PP	15	61	P	25	101	P
6	25	5 · 5	16	65	5 · 13	26	105	5 · 21
7	29	P	17	69	PP	27	109	P
8	33	PP	18	73	P	28	113	P
9	37	P	19	77	PP	29	117	9 · 13
10	41	P	20	81	9 · 9	30	121	PP

Wir müssen vergessen, daß es außerhalb dieses Reiches noch Zahlen gibt, 3, 7 oder 11 zum Beispiel, sie sind (frei nach Morgenstern) nichtexistent im Sinne dieser unsrer Konvention (s. S. 372).

Auch in diesem fremdartigen Gebiet findet man zusammengesetzte Zahlen $(85 = 5 \cdot 17)$ und Primzahlen (P) uns bekannter Art (13), daneben aber noch – nennen wir sie: Pseudoprimzahlen (PP) 9, 21, 33, 49, ..., welche sich nicht multiplikativ aus kleineren $(4m+1)$-Zahlen zusammensetzen lassen. Und so gilt hier

$$441 = 9 \cdot 49 = 21 \cdot 21;$$

diese Zahl ist auf zwei verschiedene Weise aus (Pseudo-)Primzahlen zusammensetzbar. Andere Beispiele sind

$$4389 = 57 \cdot 77 = 21 \cdot 209 = 33 \cdot 133$$

und

$$1089 = 9 \cdot 121 = 33 \cdot 33.$$

1089 erhält man ›magischerweise‹ stets, wenn man eine dreistellige nichtsymmetrische Zahl (445 z. B.) von ihrem Spiegelbild (544) abzieht (oder umgekehrt, wenn dieses kleiner ist), und die Differenz (099) zu deren Spiegelbild (990) addiert: 099 + 990 = 1 089.

Bevor wir das Reich der $(4m+1)$-Zahlen verlassen, sei noch berichtet, daß die *echten* Primzahlen unter ihnen (5, 13, 17, 29, 37, 41, 53, 61, ...), man nennt sie Primzahlen erster Art, die bemerkenswerte Eigenschaft haben, aus der Summe zweier Quadratzahlen gebildet werden zu können, und zwar nur auf eine *einzige* Weise (was Girard behauptet, Fermat mit seiner descente infinie bestätigt und Euler 1749 nach siebenjährigem Mühen bewiesen hat), vgl. Tafel XIV.

Tafel XIV.   Primzahlen erster Art als Summe zweier Quadratzahlen

$$5 = 2^2 + 1^2$$
$$13 = 3^2 + 2^2$$
$$17 = 4^2 + 1^2$$
$$29 = 5^2 + 2^2$$
$$37 = 6^2 + 1^2$$
$$41 = 5^2 + 4^2$$
$$53 = 7^2 + 2^2$$
$$61 = 6^2 + 5^2$$

Diese Eigenschaften haben die Primzahlen zweiter Art $(3, 7, 11, 19, 23, 31, .. 4m-1, ...)$ nicht, aber leider endlos viele *gewöhnliche* Zahlen, wie $20 = 4^2 + 2^2$ oder $85 = 7^2 + 6^2$, ganz abgesehen von dem pythagoreischen Paradestück $25 = 5^2 = 4^2 + 3^2$. Es ist also nichts mit dem Einfall, man brauche nur zwei Quadratzahlen zu addieren, um eine Primzahl zu erhalten.

——— 3 ———

Hingegen kann man eine Primzahl eindeutig daran erkennen, daß sie im Pascalschen Dreieck (Tafel XV) alle Zahlen der Querzeile, in der sie vorkommt (mit Ausnahme der beiden Einsen an deren Enden), ohne Rest teilt. Auch dieser Satz ist, wie der Wilsonsche, umkehrbar.

Tafel XV.   Der Anfang des Pascalschen Dreiecks

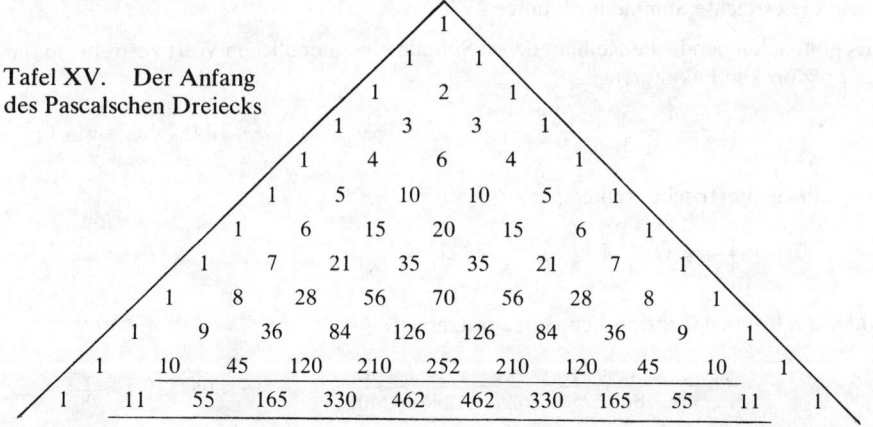

121

Man sieht sogleich, daß z. B. 10 nicht alle (inneren) Zahlen der zugehörigen Zeile teilt, wohl aber 11 eine Zeile tiefer.

Die Schrägreihen liefern, von der ersten abgesehen, bekannte unendliche Zahlenfolgen abnehmender Dichte: die Folge der natürlichen Zahlen hat die größte, denn sie weist keine Lücke auf

$$1, 2, 3, 4, 5, 6, 7, \ldots,$$

die Folge der Dreieckszahlen

$$1, 3, 6, 10, 15, 21, 28, \ldots$$

hat (ebenso wie alle folgenden Folgen) arithmetisch wachsende Lücken. Wie diese sich auf die Dichte auswirken, kann man sich dadurch verständlich(er) machen, daß man die Summen der Reihen der zugehörigen *reziproken* Zahlen betrachtet:

$$\frac{1}{1} + \frac{1}{2} + \frac{1}{3} + \frac{1}{4} + \frac{1}{5} + \frac{1}{6} + \frac{1}{7} + \ldots \to \infty$$

Außer dieser Reihe, der harmonischen Reihe, haben alle Reihen endliche Summen:

$$\frac{1}{1} + \frac{1}{3} + \frac{1}{6} + \frac{1}{10} + \frac{1}{15} + \frac{1}{21} + \frac{1}{28} + \ldots \to 1 + \frac{1}{1}$$

$$\frac{1}{1} + \frac{1}{4} + \frac{1}{10} + \frac{1}{20} + \frac{1}{35} + \frac{1}{56} + \frac{1}{84} + \ldots \to 1 + \frac{1}{2}$$

$$\frac{1}{1} + \frac{1}{5} + \frac{1}{15} + \frac{1}{35} + \frac{1}{70} + \frac{1}{126} + \frac{1}{210} + \ldots \to 1 + \frac{1}{3}$$

$$\frac{1}{1} + \frac{1}{6} + \frac{1}{21} + \frac{1}{56} + \frac{1}{126} + \frac{1}{252} + \frac{1}{462} + \ldots \to 1 + \frac{1}{4}$$

Und so geht es weiter, die Summen der nächsten Reihen streben den endlichen Grenzwerten $1\frac{1}{5}$, $1\frac{1}{6}$, $1\frac{1}{7}$ usw. zu. Nur die harmonische Reihe wächst bekanntlich über alle Grenzen, wenn auch äußerst langsam; bei einer Vigintillion $= 10^{120}$ Gliedern liegt die erreichte Summe noch unter 277.

Es gibt viele unendliche Reihen, deren Summe einem endlichen Wert zustrebt, so die der reziproken Fakultäten

$$\frac{1}{1!} + \frac{1}{2!} + \frac{1}{3!} + \frac{1}{4!} + \frac{1}{5!} + \frac{1}{6!} + \frac{1}{7!} + \ldots \to 1{,}71828\ldots = e - 1$$

oder die geometrische Reihe

$$\frac{1}{1} + \frac{1}{2} + \frac{1}{4} + \frac{1}{8} + \frac{1}{16} + \frac{1}{32} + \frac{1}{64} + \ldots \to 2$$

oder die Reihe der reziproken Biquadratzahlen

$$\frac{1}{1} + \frac{1}{16} + \frac{1}{81} + \frac{1}{256} + \frac{1}{625} + \frac{1}{1296} + \frac{1}{2401} + \ldots \to 1{,}08232\ldots = \frac{\pi^4}{90}$$

Es fragt sich, wohin die Reihe der reziproken Primzahlen einzuordnen ist, also

$$\frac{1}{2} + \frac{1}{3} + \frac{1}{5} + \frac{1}{7} + \frac{1}{11} + \frac{1}{13} + \frac{1}{17} + \ldots = \sum_{1}^{\infty} v \, \frac{1}{p_v}$$

denn wir wissen bereits seit Euklid, daß diese Reihe niemals abbricht, daß es keine größte Primzahl p_ω gibt. Er zeigte durch einen indirekten Beweis, daß

$$2 \cdot 3 \cdot 5 \cdot 7 \cdot 11 \cdot \ldots \cdot p_\omega + 1 = \prod_{1}^{\omega} v \, p_v + 1$$

entweder eine Primzahl ist oder durch Primzahlen teilbar, die größer als die vorgegebene *größte* Primzahl p_ω sind.

——— 4 ———

Es ist leicht nachzuprüfen, daß auf die obige Zahl

$$\prod_{1}^{\omega} v \, p_v + 1$$

mindestens p_ω zusammengesetzte Zahlen folgen müssen.

Beispiel für $p_\omega = 7$. $(2 \cdot 3 \cdot 5 \cdot 7) + 1 = 211$ Primzahl

212	ist teilbar durch	2
213	durch	3
214	durch	2
215	durch	5
216	durch	2
217	durch	7
218	durch	2,

das sind $p_\omega = 7$ Zahlen. Die nächste Primzahl ist nicht 219, sondern 223.

Daraus geht hervor, daß es beliebig große Lücken zwischen den Primzahlen geben muß. Wenn man statt 7 in obigem Beispiel die Primzahl $p_\omega = 1\,000\,000\,000\,333$ setzt, beträgt die Lücke zwischen

$$(2 \cdot 3 \cdot 5 \cdot \ldots \cdot 1\,000\,000\,000\,333) + 1$$

(wenn dieser Ausdruck eine Primzahl darstellt!) und der nächsten Primzahl mindestens eine Billion zusammengesetzter Zahlen.

Diese Tatsache erscheint nicht mehr so merkwürdig, wenn man bedenkt, daß bereits der Abstand zwischen den aufeinanderfolgenden Biquadraten 6300^4 und 6301^4 mehr als 1 Billion beträgt, denn

$$6301^4 - 6300^4 = 1\,576\,296\,526\,165\,201 - 1\,575\,296\,100\,000\,000$$
$$= 1\,000\,426\,165\,201.$$

Die Primzahlen liegen also offensichtlich viel dichter als die Biquadratzahlen, sie liegen auch dichter als die Quadratzahlen und als die Dreieckszahlen: die Summe der Reihe der reziproken Primzahlen hat keinen Grenzwert, wie Euler (1737) nachgewiesen hat. Die Reihe der reziproken Primzahlen ist also in dieser Hinsicht der harmonischen Reihe und deren Sippe verwandt, z. B. der Reihe der reziproken geraden Zahlen.

Joseph Bertrand (1822 bis 1900) hat hierzu ein Postulat aufgestellt, welches für die Primzahlen gelten soll (für die anderen genannten Zahlenarten gilt es sicher nicht): Zwischen jeder ganzen Zahl (größer als 1) und ihrem Doppelten muß mindestens eine Primzahl vorhanden sein (vgl. Tafel XVI). Das Postulat ist erfüllt, P. L. Tschebyschew hat's bewiesen, auch für das schärfere von $n > 3$ an mit $2n - 2$ als Obergrenze.

Tafel XVI.   Zum Bertrandschen Postulat

n	p	$2n$
2	3	4
3	5	6
4	5 7	8
5	7	10
6	7 11	12
7	11 13	14
8	11 13	16
9	11 13 17	18
10	11 13 17 19	20
11	13 17 19	22
12	13 17 19 23	24
13	17 19 23	26
14	17 19 23	28
15	17 19 23 29	30
16	17 19 23 29 31	32
17	19 23 29 31	34
18	19 23 29 31	36
19	23 29 31 37	38
20	23 29 31 37	40
21	23 29 31 37 41	42
22	23 29 31 37 41 43	44
23	29 31 37 41 43	46
24	29 31 37 41 43 47	48
25	29 31 37 41 43 47	50

—— 5 ——

Die Primzahleigenschaft kann man zwar durch Rekursion definieren, aber man kennt keine explizit geschlossene Funktion, welche die $n$te Primzahl zu bestimmen ermöglicht. Derartige Formeln für die $n$te Quadrat-, Biquadrat-, Fakultäts-, Dreieckszahl sind n^2, n^4, $n!$, $n(n + 1)/2$; eine ähnlich gebaute Formel für die Folge der Primzahlen gibt es nicht. Auch sind alle Versuche gescheitert, irgendwelche Gesetzmäßigkeiten nach Art der in Tafel XVII dargestellten zu finden.

Tafel XVII.   Die Funktion $10^{2n} - 10^n + 1$

n	$10^{2n} - 10^n + 1$		Charakter
1	$10^2 - 10^1 + 1 =$	91	zus. ges.
2	$10^4 - 10^2 + 1 =$	9 901	prim
3	$10^6 - 10^3 + 1 =$	999 001	zus. ges.
4	$10^8 - 10^4 + 1 =$	99 990 001	prim
5	$10^{10} - 10^5 + 1 =$	9 999 900 001	zus. ges.
6	$10^{12} - 10^6 + 1 =$	999 999 000 001	prim
7	$10^{14} - 10^7 + 1 =$	99 999 990 000 001	zus. ges.
8	$10^{16} - 10^8 + 1 =$	9 999 999 900 000 001	prim
9	$10^{18} - 10^9 + 1 =$	999 999 999 000 000 001	zus. ges.
10	$10^{20} - 10^{10} + 1 =$	99 999 999 990 000 000 001	sorry: not prime

Mit der letzten Zeile der Tafel XVII ist der Traum ausgeträumt, die Funktion $10^{2n} - 10^n + 1$ liefere für gerade n ständig Primzahlen. Man weiß nicht einmal, ob sie überhaupt unendlich viele Primzahlen produziert.

—— 6 ——

Ferner ist die Frage noch nicht beantwortet, ob es (wie man vermutet) unendlich viele Primzahlen von der Form $n^2 + 1$ gibt ($2 = 1^2 + 1$, $5 = 2^2 + 1$, $17 = 4^2 + 1$, $37 = 6^2 + 1$, $101 = 10^2 + 1$, ...).

Auch andere Funktionen liefern nur eine Zeit lang *ausschließlich* Primzahlen, die einfachsten (und am wenigsten ergiebigen) sind – Tafel XVIII –

$$n(n + 1) + 11$$

und

$$n(n + 1) + 17.$$

Obige Ausdrücke (von der Form $n(n+1) + p$) liefern Primzahlen für $p-1$ aufeinanderfolgende Werte von n. (Das gilt aber nur für einige seltene p; man bilde die Gegenbeispiele $n(n + 1) + 13$ und $n(n + 1) + 23$.)

Euler fand 1772, daß

$$n(n + 1) + 41$$

nicht nur für $n = 0$ bis $n = 39$ Primzahlen aufweist, sondern noch weitere 47 für $n = 40$ bis $n = 100$, allerdings mit verschieden großen und unregelmäßigen Lücken.

Es sei davor gewarnt, nach einem ›stärkeren‹ p zu suchen, das größer als 41 ist und für welches die Funktion $n(n + 1) + p$ eine ununterbrochene Folge von $p - 1$ Primzahlen produziert. Man kennt keine, weiß aber, daß p größer als 1250 000 000 sein müßte.

125

Tafel XVIII. Die Funktionen $n(n+1)+11$
und $n(n+1)+17$.

n	$n+1$	$n(n+1)$	$n(n+1)+11$ prim	$n(n+1)+17$ prim
0	1	0	11	17
1	2	2	13	19
2	3	6	17	23
3	4	12	23	29
4	5	20	31	37
5	6	30	41	47
6	7	42	53	59
7	8	56	67	73
8	9	72	83	89
9	10	90	101	107
10	11	110	–	127
11	12	132	–	149
12	13	156	167	173
13	14	182	193	199
14	15	210	–	227
15	16	240	251	257
16	17	272	283	–

Hingegen kann die Anzahl der erzeugbaren Primzahlen *überhaupt* (also nicht nur von unmittelbar aufeinanderfolgenden) noch übertroffen werden: Während $n(n+1)+41$ es bis $n=11000$ auf insgesamt 4506 Primzahlen bringt, sind es 4923 bei $n(n+1)+72491$. Und 78 Primzahlen ohne Lücke (nicht alle verschieden) findet man mit Hilfe der Funktion $(n-40)[(n-40)+1]+41 = n^2-79n+1601$.

1951 gelang es E. M. Wright (U.S.A.), zu beweisen: es gibt eine reelle Zahl α_0 mit der Eigenschaft, daß die mit der Rekursionsformel

$$\alpha_{n+1} = 2^{\alpha_n}$$

bestimmten Zahlen $[2^{\alpha_0}]$, $[2^{\alpha_1}]$, $[2^{\alpha_2}]$, ... sämtlich Primzahlen sind. Doch leider wachsen diese wegen

$$\alpha_1 = 2^{\alpha_0}, \alpha_2 = 2^{2^{\alpha_0}}, \alpha_3 = 2^{2^{2^{\alpha_0}}}, \ldots$$

sehr schnell in vergletscherte Höhen, die von unserer Anschauung nicht bestiegen werden können, s. S. 329.

Über die Geschichte der Primzahlforschung könnte man das Wort Hans Arps (»Täglicher Traum«, 1953) setzen:

ALLES IST UNGEFÄHR.

Alle Aussagen, die man über das Gefüge der Primzahlen machen kann, sind tatsächlich nur *ungefähr;* sie ähneln den Angaben über die Sterblichkeit oder über die

Molekülbewegung oder die Quantensprünge: sie schätzen z. B. mit mehr oder minder großer Sicherheit ab, wie groß die Anzahl $\pi(x)$ der Primzahlen innerhalb der ersten x Zahlen ist. Bekannt ist der Integrallogarithmus

$$\text{li}(x) = \int_2^x \frac{dt}{\ln t}$$

der für $x = 1\,000\,000\,000$ den Wert $50\,849\,235$ hat, während die tatsächliche Anzahl der Primzahlen in diesem Bereich

$$\pi(1\,000\,000\,000) = 50\,847\,534$$

ist. Der Näherungswert liegt nur um 0,03 % höher. (Die von E. Meissel stammende, in älteren Büchern stehende Zahl für $\pi(1\,000\,000\,000)$, $50\,847\,478$, ist nicht richtig.)

Der Integrallogarithmus gibt, wie auch das Beispiel zeigt, anfangs für die Anzahl der Primzahlen zu hohe Näherungswerte an, vermutlich bis zu Zahlen der Größenordnung 10^{1200}, dann ändert sich die Relation, und so wechselt sie in »ewigem« Rhythmus. Diese Erkenntnis war einmal sensationell, Gauß hatte noch angenommen, $\text{li}(x)$ liefere immer zu hohe Werte.

Der erste Wechsel liegt, so S. Skewes (1933), vor der Zahl (s. auch S. 324)

$$e^{e^{e^{79,122}}} \approx 10^{10^{10^{34}}}$$

R.S. Lehmann konnte 1966 diesen Wert auf $1,65 \cdot 10^{1165}$ herunterdrücken. Die Skeweszahl war lange Zeit die größte, welche bei einer wissenschaftlichen Untersuchung benötigt wurde. Sie ist jetzt weit überholt durch die Zahlen in der Knuthschen Pfeilschreibweise bei der Lösung des Ramseyschen Hyperwürfelproblems (vgl. S. 284, S. 296, S. 333).

Der wahre Sachverhalt erscheint viel plausibler, seit man weiß, daß B. Riemanns (bessere) Näherungsfunktion, der Anfang seiner Reihe aus lauter Integrallogarithmen,

$$\text{li}(x) - \frac{1}{2}\text{li}(\sqrt{x})$$

zwischen 1 und 9 000 000 an neunzehn Stellen die Funktion $\pi(x)$ ›durchsetzt‹, also dort mit den tatsächlichen Anzahlen übereinstimmt.

—— 7 ——

Da sich die Primzahlen, diese multiplikativen Bausteine der Zahlenwelt, keinem Gesetz zu unterwerfen scheinen – deshalb Paneths treffende Bezeichnung *Sperrgut* –, hat man sich bemüht, gesetzmäßige Beziehungen zwischen ihnen und den anderen Zahlen zu finden, nicht multiplikativer, sondern subtraktiver und additiver Art. Wie wir sehen werden, mit mehr oder weniger Erfolg.

Hierhin gehört die Behauptung, jede gerade Zahl lasse sich als Differenz von Primzahlen darstellen und zwar *unendlich oft* (s. Tafel XIX).

Tafel XIX.   Gerade Zahlen als Primzahldifferenzen

2 =	5−3,	7−5,	..,			...
4 =	7−3,		11−7,	.., 911−907,		...
6 =		11−5,	13−7,	..,		...
8 =	11−3,	13−5,	..,	919−911,		...
10 =	13−3,		17−7,	..,	929−919,	...
12 =		17−5,	19−7,	.., 919−907,		...
14 =	17−3,	19−5,	..,			...
16 =	19−3,		23−7,	..,		...
18 =		23−5,	..,		929−911, 937−919,	...
20 =	23−3,		..,			...
22 =		29−7,	.., 929−907,		941−919	...
24 =		29−5, 31−7,	..,			...
26 =	29−3,	31−5,	..,	937−911,		...
28 =	31−3,		..,		947−919,	...
30 =		37−7,	.., 937−907, 941−911,			...

Diese Behauptung ist bisher weder bewiesen noch widerlegt worden.

Chr. Goldbach (vgl. S. 108/9), der die nach ihm benannte, nie bestrittene, aber noch immer nicht ganz bewiesene Vermutung aufgestellt hat, jede gerade Zahl sei auf mindestens eine Weise die *Summe* zweier Primzahlen (also eine Art Gegenstück zu der eben dargelegten Konjektur), Goldbach hat auch vermutet, jede *ungerade* Zahl sei

entweder eine Primzahl (für ihn war 1 noch eine Primzahl)

oder/und die Summe einer Primzahl und einer doppelten Quadratzahl,

s. Tafel XX.

Tafel XX.   Zur Goldbachschen Vermutung über ungerade Zahlen

$2x^2$ / p	2	8	18	32	50	...
(1)	3	9	19	33	51	...
3	5	11	21	35	53	...
5	7	13	23	37	55	...
7	9	15	25	39	57	...
11	13	19	29	43	61	...
13	15	21	31	45	.	...
17	19	25	35	49	.	...
19	21	27	37	51	.	...
23	25	31	41	55	.	...
29	31	37	47	61	.	...
31	33	39	49	.	.	...
37	39	45	55	.	.	...
41	43	49	59	.	.	...
43	45	51	61	.	.	...
47	49	55	.	.	.	...
53	55	61	.	.	.	...
59	61	.	.	.	.	...

Sie umfaßt die ungeraden Zahlen von der Form

$$2n + 1 = p + 2x^2$$

von $n = 1$ bis $n = 30$, also bis 61. Tatsächlich findet man mit einer Ausnahme alle ungeraden Zahlen von 3 bis 61, manche, wie zu erwarten, mehrmals (55 z. B. fünfmal), darunter auch die meisten Primzahlen (61 ist ebenfalls fünfmal vertreten). Die einzige fehlende Zahl ist 17 – und 17 ist eine Primzahl. Diese Goldbachsche Vermutung läßt sich nicht beweisen, aber durch eine Erweiterung der Tafel oder dadurch widerlegen, daß man ungerade Zahlen vorweist, die in dem Schema nicht vorkommen und doch keine Primzahlen sind, z. B. $5777 = 53 \cdot 109$ und $5993 = 13 \cdot 461$.

Solche *Primzahlgesetze mit Ausnahmen*, die also gar keine Gesetze sind, gibt es noch mehr, so die Behauptung, jede Zahl sei die Summe einer Primzahl und einer Potenz. Z. B.

$$21 = 17 + 2^2$$
$$22 = 13 + 3^2$$
$$23 = 7 + 4^2$$
$$24 = 23 + 1^2$$
$$25 = 17 + 2^3$$

Unter den ersten 10 000 Zahlen ist die einzige Ausnahme 1549.

1848 behauptete A. de Polignac, jede ungerade Zahl $< 3 000 000$ lasse sich mit Ausnahme von 959 als die Summe einer Primzahl und einer Potenz von 2 darstellen. Das stimmt nicht. Man hat bald weitere Zahlen gefunden (so 127, 149, 251). Außerdem wurde 1960 ganz allgemein bewiesen, daß es unendlich viele ungerade Zahlen gibt, die dem Polignacschen *Gesetz* nicht gehorchen, darunter 2 999 999.

Nun wird man verstehen können, warum die Zahlentheoretiker Wilsons Satz (s. S. 118) so in Ehren halten, der für alle Primzahlen gilt und *nur* für diese – wenn man ihn auch nicht dafür verwenden wird, festzustellen, ob

$$13\,842\,607\,235\,828\,485\,645\,766\,393$$

eine Primzahl ist. (Sie ist's, nämlich ein Faktor der Mersennezahl (s. S. 107) $2^{97} - 1$. Der andere heißt (kein Scherz!) 11 447.)

———— **8** ————

Es ist erwiesen, daß man die Primzahlen nicht mit einer Formel solcher Art aufzählen kann, wie dies z. B. für die Fakultäten oder die Zweierpotenzen der Fall ist. Es gibt kein Polynom

$$f(x) = a_n x^n + a_{n-1} x^{n-1} + \ldots + a_1 x + a_0 \quad (a_n > 0),$$

welches für jedes ganze x (möglichst sogar aufeinanderfolgende) Primzahlen liefert, es gibt auch keine Exponentialfolge

$$y_n = ax^n + b \text{ mit } n = 1, 2, 3, \ldots,$$

die ständig Primzahlen y_n produziert.

129

Die längste bisher bekannte *Primzahlkette* dieser Art ist $y_n = 45 \cdot 2^n - 1$ für $n = 1$ bis $n = 6$. Man erhält 89, 179, 359, 719, 1439, 2879 – und damit Ad acta, Ende, Finis, Gong, Schluß.

Wie soll denn nun der Laie es anstellen, wenn er eine lückenlose Primzahltabelle aufzustellen hat?

Noch immer wird er *im Prinzip* zum Sieb des Eratosthenes greifen, jenes hellenistischen *Freundes aller geistigen Beschäftigungen*, – 276 bis – 194. Da er alle Primzahlen innerhalb eines Bereichs erfassen soll, wird er einfach alle zusammengesetzten Zahlen wegstreichen, erst die durch 2 teilbaren, dann die durch 3, 5, 7 usw. teilbaren (sofern sie noch nicht weggestrichen sind). Was als unteilbar übrig bleibt, ist die Menge der Primzahlen.

Im Mittelalter fing man klein an: Leonardo von Pisa notierte (1202) die Primzahlen von 11 bis 97, im 17. Jahrhundert Pietro Cataldi bis 743 – und so ging es weiter bis zu D. N. Lehmers Werk von 1914 »List of Prime Numbers from 1 to 10006721«.

Nicht vergessen sei dabei J. P. Kuliks (leider nicht ganz zuverlässiges) achtbändiges Lebenswerk (zwanzig Jahre hat es ihn gekostet), die ungedruckten Faktorentafeln für alle Zahlen bis zu 100 Millionen. Sie werden seit 1867 in Wien aufbewahrt, der zweite Band mit den Faktoren der Zahlen von 12642600 bis 22852800 ist unauffindbar.

Wir kennen demnach die Verteilung der Primzahlen bis in beachtliche Höhen. Wir wissen auch manches über ihr Verhalten in unvorstellbar fernen Bereichen zu sagen, z. B. daß es ganz sicher eine Million a u f e i n a n d e r f o l g e n d e r Primzahlen gibt, die a l l e voneinander durch mehr als eine Billion zusammengesetzter Zahlen getrennt sind.

Ferner ist seit P.G.L. Dirichlet bekannt, daß in *j e d e r* arithmetischen Folge mit dem $n$ten Glied $a_n = a_1 + (n - 1) \, d$ unendlich viele Primzahlen vorkommen, sofern das Anfangsglied a_1 und die Differenz d zueinander teilerfremd sind. Beispiel: die Folge

$$3, 1000003, 2000003, 3000003, \text{usw.}$$

Doch alle solche Erkenntnisse klären die Verteilung der Primzahlen nicht. Dies sei an einem Exempel demonstriert.

Vergleicht man eine der uns geläufigen Folgen, z. B. die Folge $\binom{n}{3}$ von $n = 3$ an: 1, 4, 10, 20, 35, 56, 84, 120, 165, 220, 286, ... mit der Folge der Primzahlen

$$2, 3, 5, 7, 11, 13, 17, 19, 23, 29, 31, \ldots,$$

so stellt man als einzige Übereinstimmung fest, daß die Glieder beider Folgen wachsen, bei der ersten nach einer leicht zu findenden Regel (die Differenz zwischen dem $n$ten Glied und seinem Nachfolger ist gleich $(n + 1) \, (n + 2)/2$).

Einen ähnlich gebauten Ausdruck für die Unterschiede zwischen den aufeinanderfolgenden Primzahlen zu ermitteln, haben sich manche Knobler vergeblich bemüht – weswegen ihnen auch nicht gelang, die Fortsetzung der Folge

$$4, 5, 7, 9, 13, 15, 19, 21, 25, 31, 33, \ldots$$

zu finden. Die Lösung liegt für diejenigen auf der Hand, welche merken, daß die Differenzen dieser Folge und die der Primzahlfolge identisch sind, nämlich

$$1, 2, 2, 4, 2, 4, 2, 4, 6, 2, \ldots$$

Später wachsen sie; gehen wir, um dies zu prüfen, zu Primzahlen über, die um rund 10 000 größer sind:

10007, 10009, 10037, 10039, 10061, 10067, 10069, 10079, 10091, 10093, 10099. ...

mit den Differenzen

$$2, 28, 2, 22, 6, 2, 10, 12, 2, 6, ...$$

Aber während der Aufbau der anderen Folgen für uns überschaubar ist,

> sie marschieren *nach dem Gesetz, wonach du angetreten*
> (Goethe, »Urworte, Orphisch«, Dämon),

rückt die Primzahlfolge in unregelmäßiger, unvorhersehbarer Weise vor, z. B. folgt auf die Trillionen-Primzahl $2^{61} - 1 = 2\,305\,843\,009\,213\,693\,951$ (vgl. S. 273) als nächste schon $2\,305\,843\,009\,213\,693\,967$ (Differenz 16). Und was immer wieder besonders *stört*, ist die immer wieder auftretende Differenz 2; diese trennt die sogenannten Primzahlzwillinge voneinander.

9

Auf solche Zwillinge ist man gestoßen, soweit man die Primzahlfolge verfolgt hat, $1\,000\,000\,009\,649$ und $1\,000\,000\,009\,651$ gehören zu ihnen. Aber man weiß nicht, immer noch nicht, ob es endlich viele dieser Pärchen gibt oder ob deren Anzahl über alle Grenzen wächst.

Seit Viggo Brun (um 1920) ist bekannt, daß die Reihe der reziproken Zwillingsprimzahlen einen Grenzwert hat:

$$\left(\tfrac{1}{3} + \tfrac{1}{5}\right) + \left(\tfrac{1}{5} + \tfrac{1}{7}\right) + \left(\tfrac{1}{11} + \tfrac{1}{13}\right) + \left(\tfrac{1}{17} + \tfrac{1}{19}\right) + \left(\tfrac{1}{29} + \tfrac{1}{31}\right) + \ldots < \infty,$$

indes dies zeigt doch nur, daß sie nicht so dicht gelagert sind wie die Primzahlen – und das weiß man sowieso.

Wäre erwiesen (vgl. Tafel XIX, S. 128), daß 2 die Differenz von *u n e n d l i c h* vielen Primzahlen ist, dann wüßte man, daß es unendlich viele Primzahlzwillinge gibt.

Andererseits kennt man seit 1949 einen von P. A. Clement gefundenen Satz, der gestattet, von jeder Zahl n festzustellen, ob sie und ihre größere Schwester $n + 2$ Primzahlzwillinge sind. Der Satz ist eine Folgerung aus dem eingangs besprochenen (vgl. S. 118) Wilsonschen Satz und lautet:

»n und $n + 2$ sind dann und *nur dann* Primzahlzwillinge, wenn

$$4\,[(n - 1)! + 1] + n$$

durch $n(n + 2)$ ohne Rest teilbar ist.«

Tafel XXI enthält einige Beispiele.

Tafel XXI. Zum Clementschen Satz

n	$n+2$	$n-1$	$(n-1)!$	$Z=4[(n-1)!+1]+n$	$N=n(n+2)$	Z/N	
3	5	2	2	15	15	1	
5	7	4	24	105	35	3	
7	9	6	720	2 891	63	45	R 56
9	11	8	40 320	161 293	99	1 629	R 22
11	13	10	3 628 800	14 515 215	143	101 505	

Selbstverständlich führt auch der Clementsche Satz genau wie der Wilsonsche rasch zu praktisch untraktablen Zahlen.

Wenn man daher eine Liste der Primzahlzwillinge aufstellen muß, wird man auf Lehmers Primzahlliste zurückgreifen. Hat man diese nicht zur Hand, bietet ein Liebhaber der Zahlen, der Bankprokurist Friedrich Sauer (kürzlich in München verstorben) ein von ihm konstruiertes Sieb an. Es ist ein Gegenstück zu dem von S. P. Sundaram und Genossen (1941) gebastelten eigenartigen Sieb, *aus dessen Löchern, den im Schema fehlenden Zahlen* (wie wohl tut es, sich selbst zitieren zu müssen), alle Primzahlen fallen.

Die Sauersche Regel sei hier ohne Beweis und in Anlehnung an seine Worte gebracht:

Um alle Primzahlzwillinge zu bestimmen, die unter der Grenze

$$G = (6M + 5)^2 - 1$$

liegen (M sei eine positive ganze Zahl), schreibe man für $1 \leqslant m \leqslant M$ die Zahlenfolgen

$$
\begin{aligned}
n_1 &= 2m(3m-1) \\
n_2 &= n_1 + 2m \\
n_3 &= n_2 + 4m - 1 \\
n_4 &= n_3 + 2m \\
n_5 &= n_4 + 4m - 1 \\
n_6 &= n_5 + 2m \\
n_7 &= n_6 + 4m - 1 \\
&\vdots
\end{aligned}
\qquad \text{und} \qquad
\begin{aligned}
n_1' &= 2m(3m+1) \\
n_2' &= n_1' + 4m + 1 \\
n_3' &= n_2' + 2m \\
n_4' &= n_3' + 4m + 1 \\
n_5' &= n_4' + 2m \\
n_6' &= n_5' + 4m + 1 \\
n_7' &= n_6' + 2m \\
&\vdots
\end{aligned}
$$

auf bis zur Zahl $(G/6) - 1 = 2(M+1)(3M+2) - 1$. Die in diesen Zahlenfolgen *nicht* vorkommenden Zahlen multipliziere man mit 6 und vermindere und vermehre die Ergebnisse um 1. Damit hat man sämtliche Primzahlzwillinge bis zur Grenze G.

Einfachstes Beispiel: $M=1$, $G=120$, $(G/6)-1=19$, $m=1$, $2m(3m-1)=4$, $2m=2$, $4m-1=3$, $2m(3m+1)=8$, $4m+1=5$.

Die Zahlenfolgen lauten

$$n = 4, 6, 9, 11, 14, 16, 19 \text{ und } n' = 8, 13, 15.$$

Die darin fehlenden Zahlen n_f und die anschließenden Ergebnisse kann man Tafel XXII entnehmen.

Tafel XXII. Zur Ermittlung der ersten Primzahlzwillinge nach Sauer

n_f	$6n_f$	$6n_f-1$	$6n_f+1$
1	6	5	7
2	12	11	13
3	18	17	19
5	30	29	31
7	42	41	43
10	60	59	61
12	72	71	73
17	102	101	103
18	108	107	109

Dieses auf den ersten Blick verblüffende Verfahren macht für größere Bereiche dem Schreibtischmenschen ohne Rechenautomat (sofern es ihn noch gibt) bald erhebliche Arbeit (zur Ermittlung der Zwillinge unter 4225 benötigt man bereits zwanzig Folgen). Die Mühe kann aber erheblich vermindert werden, wenn man in den Folgen alle Zahlen wegläßt, die auf 1, 4, 6 oder 9 enden. Es sind nämlich nur die n und n' von der Form $5t-2$ oder $5t$ oder $5t+2$ fähig (aber nicht verpflichtet!), Primzahlzwillinge hervorzubringen.

Beispiel: $t=1$ Gegenbeispiel: $t=2$

$6(5t+2) \mp 1 = 41, 43$ $6(5t-2) \mp 1 = 47, 49.$

Trotzdem wird es ziemlich lange dauern, bis man die 8164 Primzahlzwillinge unter der ersten Million Zahlen (davon 78 498 Primzahlen) oder gar die fünfzehn Zwillinge zwischen 999 999 990 000 und 1 000 000 000 000 ermittelt hat (das letzte Paar unter diesen ist 999 999 999 959 und die um 2 größere Schwester, oder das Pärchen 140 737 488 353 508 $\mp$ 1.

Wie stöhnt Heine in seinen »Nachtgedanken«?:
Und zählen muß ich – mit der Zahl
schwillt immer höher meine Qual.

Zum Abschluß dieser Betrachtung sei noch ein Gegenstück zu den primzahlerzeugenden Funktionen wie $n(n+1)+17$ genannt:

$$n = 30(2m-27)(m-15)$$

gebiert für $m=1$ bis $m=20$ Primzahlzwillinge von der Form $z_1 = n-1$ und $z_2 = n+1$.

——— 10 ———

Es ist zu verstehen, daß man immer wieder versucht, durch Experimente, durch Einteilen, durch Abzählen, durch Anordnen hinter das Geheimnis der Primzahlen zu kommen – und ihre Häufung am Beginn der Zahlenreihe täuscht manchem Eifrigen trügerische *Gesetze* vor. Manchmal sind die gefundenen Gesetze sogar richtig, aber trivial, und die daraus gezogenen Schlüsse falsch.

Um dies an einem ganz primitiven Beispiel zu zeigen: Sieht man von der einzigen geraden Primzahl 2 ab, so sind alle Primzahlen ungerade, denn alle geraden Zahlen sind durch 2 teilbar, also keine Primzahlen. Aus diesen Tatsachen darf man indessen nicht schließen, alle ungeraden Zahlen seien Primzahlen.

Alle ungeraden Zahlen haben die Form $U = 2n \pm 1$ ($n = 1, 2, ...$). Ihr Quadrat lautet $U^2 = 4n^2 \pm 4n + 1$. Daraus folgt

$$U^2 - 1 = 4n^2 \pm 4n = 4n(n \pm 1).$$

n und $n + 1$ bzw. $n - 1$ sind aufeinanderfolgende Zahlen, also ist eine davon gerade, d.h. durch 2 teilbar. Demnach gilt der Satz:

Zieht man vom Quadrat einer ungeraden Zahl 1 ab, so ist der Rest durch $4 \cdot 2 = 8$ teilbar.

Erich Bischoff, ein Erforscher der Kabbala, kannte nach eigener Aussage für diesen simplen Satz keine befriedigende Erklärung.

Ebenso kann man alle Zahlen, die weder durch 2 noch durch 3 teilbar sind, in der Form $T = 6n \pm 1$ schreiben. Für sie gilt

$$T^2 = 36n^2 \pm 12n + 1$$
$$T^2 - 1 = 36n^2 \pm 12n = 12n(3n \pm 1),$$

woraus ersichtlich ist, daß das Quadrat dieser Zahlen, abzüglich 1, einen Rest läßt, welcher durch $12 \cdot 2 = 24$ teilbar ist. Die Regel gilt natürlich auch für die Primzahlen, da sie ebenfalls (mit Ausnahme von 2 und 3) durch $6n \pm 1$ dargestellt werden können, s.o.

Diese harmlose Tatsache hat viele Menschen schwer beeindruckt – der Hexen-Sechsforscher Julius Trumpp (vgl. S. 32) ist (allerdings erst im hohen Alter) der Faszination der hexischen *Hexaden* erlegen, andere stießen darauf, als sie nach Spuren und Auswirkungen des Sexagesimalsystems suchten oder nach einer Ordnung der Primzahlzwillinge, oder nach einem Gesetz der Primzahlen selbst.

Auch jedes Primzwillingspaar hat die Form (muß die Form haben) $6n - 1$ und $6n + 1$, abgesehen vom ersten Zwillingspaar 3,5 (s.o. und Tafel XXII, S. 133).

------ 11 ------

Aber es gibt keine Ordnung der Primzahlzwillinge: wenn z.B. ein $6n - 1$ eine Primzahl (P) ist, braucht $6n + 1$ keineswegs auch eine zu sein, und umgekehrt. Ebenso können beide Zahlen zusammengesetzt (Z) sein. Ganz ohne »Plan«. Z.B. ist für

n	$6n$	$6n - 1$	$6n + 1$
21	126	125 Z	127 P
22	132	131 P	133 Z
23	138	137 P	139 P
24	144	143 Z	145 Z

Und mit einem *Gesetz der Primzahlen* ist es nicht anders.

Wenn man z. B. nach altem Sieb und Brauch, d. h. nach dem Rezept des Eratosthenes, erst alle durch 2, dann durch 3, 5 und 7 teilbaren Zahlen aus den ersten $2 \cdot 3 \cdot 5 \cdot 7 = 210$ Zahlen ausscheidet, dann bleiben die durch 11 oder 13 usw. teilbaren und die überhaupt nicht teilbaren zurück, und alle diese lassen sich zur Zahl $105 = 210/2$ symmetrisch ordnen.

$105 - 2 = 103$		$107 = 105 + 2$	
$105 - 4 = 101$		$109 = 105 + 4$	
usw.	97	113	usw.
	89	121 Z	
	83	127	
	79	131	
	73	137	
	71	139	
	67	143 Z	
	61	149	
	59	151	
	53	157	
	47	163	
	43	167	
	41	169 Z	
	37	173	
	31	179	
	29	181	
	23	187 Z	
	19	191	
	17	193	
bis	13	197	bis
$105 - 94 = 11$		$199 = 105 + 94$	

In der linken Spalte stehen ausschließlich Primzahlen ohne jede Lücke, in der rechten beinahe auch – braucht man also, um *stets* neue Primzahlen zu finden, lediglich eine Primzahl von 210 abzuziehen? Die »paar Ausnahmen« (mit Z bezeichnet) sind doch wohl belanglos?

Solche Versuche, die wohl jeder zahlenfreundliche und etwas grüblerisch veranlagte Sekundaner einmal angestellt hat, gaukeln Erfolge vor, solange man nur mit kleinen Zahlen experimentiert. Sobald man höher hinauf geht, zeigt sich schnell, daß die Ausnahmen zur Regel werden; vgl. die nächste Aufstellung, bei der wir vorstehende Zahlen um je $42000 = 400 \cdot 105 = 200 \cdot 210$ vermehrt haben.

$$42105 - 2 = 42103 \text{ Z} \qquad\qquad 42107 \text{ Z} = 42105 + 2$$
$$42105 - 4 = 42101 \qquad\qquad 42109 \text{ Z} = 42105 + 4$$

usw.	42097 Z	42113 Z	usw.
	42089	42121 Z	
	42083	42127 Z	
	42079 Z	42131	
	42073	42137 Z	
	42071	42139	
	42067 Z	42143 Z	
	42061	42149 Z	
	42059 Z	42151 Z	
	42053 Z	42157	
	42047 Z	42163 Z	
	42043	42167 Z	
	42041 Z	42169	
	42037 Z	42173 Z	
	42031 Z	42179	
	42029 Z	42181	
	42023	42187	
	42019	42191 Z	
	42017	42193	
bis	42013	42197	bis
$42105 - 94 =$	42011 Z	42199 Z $= 42105 + 94$	

Solche Symmetrien finden sich für die Zahlen 2, $6 = 2 \cdot 3$, $30 = 2 \cdot 3 \cdot 5$, $210 = 2 \cdot 3 \cdot 5 \cdot 7$, $2310 = 2 \cdot 3 \cdot 5 \cdot 7 \cdot 11$ usw. sowie ihre ungeraden Vielfachen.

Auch *Gesetzmäßigkeiten* wie

$5 + 6 = 11$	$7 + 30 = 37$	$47 + 210 = 257$	7	199
$11 + 6 = 17$	$37 + 30 = 67$	$257 + 210 = 467$	2767	409
$17 + 6 = 23$	$67 + 30 = 97$	$467 + 210 = 677$	5527	619
$23 + 6 = 29$	$97 + 30 = 127$	$677 + 210 = 887$	8287	829
	$127 + 30 = 157$	$887 + 210 = 1097$	11047	1039
		$1097 + 210 = 1307$	13807	1249
			16567	1459
				1669
				1879
				2089

versickern rasch.

Luigi Poletti veröffentlichte 1914 darüber ein Buch »Resultati teorico-pratici di una radicale modificazione del Crivello di Eratostene«. Er war damals rund 50 Jahre alt und wartete bis zu seinem Tode (er starb mit 103 Jahren) vergebens auf Anerkennung. Ein Liebhaber der Zahlentheorie (der sich ihr mit der gleichen Sehnsucht nach dem Wunder ergeben zu haben scheint wie Faust der Magie) hat Polettis Buch gefunden, den Namen *Polettiperioden* erfunden und Aufsätze darüber geschrieben. Dem Schluß einer seiner Publikationen wurde – wohl von einem, sagen wir: treuherzigen Redakteur – tadelnd hinzugefügt:

Moderne Lehrbücher der Zahlentheorie bringen keinen Hinweis auf die Periodenstruktur der Primzahlen, in vielen Fachbibliotheken ist der Name Polettis unbekannt!

Und wird es bleiben, denn die Primzahlen haben keine *Periodenstruktur*. Und *der Schlüssel für eine gewisse Ordnung in den Primzahlen* ist nicht gefunden, wenn dies auch der Wiederauffinder der Schriften Polettis meint.

C'est la rage de vouloir penser et sentir au delà de sa force

(schrieb Maximilian Harden von Gerhart Hauptmann in einer Kritik seiner »Versunkenen Glocke«).

12

Rückblickend können wir wohl sagen, daß der Aufbau der Primzahlen von dem anderer Zahlengruppen so verschieden zu sein scheint wie Zufall und Gesetz, daß zwischen den klaren, übersichtlichen Gebäuden der sonstigen Zahlenfolgen die Architektur des *Turms der Primzahlen* als unklar, als bizarr, als unangenehm empfunden wird. Der Aufbau wirkt *irgendwie* irreal wie die Traumstädte Antoine Carous (1521 bis 1599) oder die asiatischen Phantasietempel Roeders (1874 bis 1947). Man denkt vielleicht auch an Howard P. Lovecrafts (1890 bis 1937) Geschichten von der »Corona Mundi« am Südpol oder der Leichenstadt R'lyeh mit ihrer *wrong geometry*.

Auch die Carceri d'invenzione (2. Fassung ≈ 1761) von Giovanni Battista Piranesi fallen uns ein, der dort die euklidische Geometrie offenbar nicht mehr als die einzige Möglichkeit der Raumstruktur ansieht, der mit den normalen Regeln der Zentralperspektive bricht, weswegen uns der Raum anisotrop und inhomogen erscheint.

Wir stellen uns die carceri gern als das Inferno der Rechenamateure vor: durch die schauerlichen Verstrickungen seiner Riesenverliese wimmeln hektisch als puppi diese Möchtegern-Primzahlmeister und -oberzahlmeister; denn es will ihnen nicht gelingen, auch nur das kleinste der vielen Probleme zu meistern, die ihnen stumm aus dem Dunkel entgegenstarren.

Wie etwa die Frage, ob es endlich oder unendlich viele Primzahlen p gibt, für welche die Division

$$(p-1)! + 1 \text{ durch } p^2$$

ohne Rest aufgeht. (Für $p = 13$ ist $(12! + 1):13^2 = 479\,001\,601:169 = 2\,834\,329$ Rest 0; 13 ist die zweite der drei bis jetzt bekannten Wilsonschen Zahlen, s. S.119.)

Die befremdendste Tatsache in der Struktur des Primzahlaufbaus sind die Zwillinge, die gesetz- und rücksichtslos stets wieder (soweit man bisher gekommen ist) in der Kette der allmählich doch seltener werdenden Primzahlen auftauchen.

Hängt dies vielleicht damit zusammen, daß die Primzahlen *ausgesiebt* werden (werden müssen)?

13

Es scheint so: 1956 machten sich einige Mathematiker, an der Spitze Stanislaw M. Ulam (aus Lemberg, damals im Sonnenscheinstaat New Mexiko), also Ulam und seine

Ulamen siebten mit Hilfe eines Computers aus den Zahlen 1 bis 100 000 einige aus, die sie *lucky numbers* nannten.

Im Unterschied von der Methode des Eratosthenes wurden weggefallene Zahlen beim Abzählen *nicht* mehr berücksichtigt.

Welche Zahlen wegfallen, bestimmt die auf 1 folgende noch nicht verwendete Zahl. Zunächst sind alle Zahlen vorhanden:

$$1\ 2\ 3\ 4\ 5\ 6\ 7\ 8\ 9\ 10\ 11\ 12\ 13\ 14\ 15\ ...$$

Wegen der 2 wird, mit 1 beginnend, jede zweite, also jede gerade Zahl gestrichen. Es verbleiben die ungeraden Zahlen

$$1\ 3\ 5\ 7\ 9\ 11\ 13\ 15\ 17\ 19\ 21\ 23\ 25\ 27\ ...$$

Wegen der 3 wird, wieder mit 1 beginnend, jede dritte Zahl gestrichen. Der Rest lautet

$$1\ 3\ 7\ 9\ 13\ 15\ 19\ 21\ 25\ 27\ 31\ 33\ 37\ 39\ ...$$

Nun fällt jede siebente weg, hier also die 19 und die 39, dann jede neunte (27) usw. Tafel XXIII enthält die ersten *Glückszahlen*.

Tafel XXIII.   Die Glückszahlen unter 200

1	3		7	9		13	15		
21		25			31	33		37	
	43			49	51				
	63		67	69		73	75		79
			87			93			99
		105			111		115		
			127	129		133	135		
141					151				159
	163			169	171				
				189		193	195		

Unter den ersten 500 Zahlen gibt es 85 Glücks- (gegenüber 95 Prim-)zahlen; die asymptotische Dichte ist bei beiden Zahlenfolgen die gleiche ($1/\ln x$).

Und noch eine erstaunliche Feststellung: die Goldbachsche Vermutung über gerade Zahlen (s. S. 108) scheint auch hier zu gelten, diese sind anscheinend auf mindestens eine Weise als Summe zweier Glückszahlen darstellbar, vgl. Tafel XXIV. (Natürlich ist diese Vermutung auch für die Glückszahlen nicht bewiesen.)

Das Beruhigendste und zugleich Anfeuerndste ist wohl, daß es Glückszahlzwillinge gibt, so weit man bisher gerechnet hat (unter den ersten 500 Zahlen 18, gegenüber 23 Primzahlzwillingen, vgl. Tafel XXII und XXIII).

Und so hat der abartige Primzahlturm ein Gegenstück erhalten (inzwischen gibt es noch mehr, entstanden aus anderen Sieben) und erscheint uns nicht mehr so einsam-fremd.

```
 2 = 1+ 1
 4 = 1+ 3
 6 =          3+ 3
 8 = 1+ 7
10 = 1+ 9,  3+ 7
12 =          3+ 9
14 = 1+13               7+ 7
16 = 1+15,  3+13,  7+ 9
18 =          3+15            9+ 9
20 =                   7+13
22 = 1+21,             7+15,  9+13
24 =          3+21,            9+15
26 = 1+25                          13+13
28 =          3+25,  7+21,         13+15
30 =                        9+21               15+15
32 = 1+31,             7+25
34 = 1+33,  3+31,           9+25,  13+21
36 =          3+33,                            15+21
38 = 1+37,             7+31,       13+25
40 =          3+37,  7+33,   9+31,             15+25
42 =                        9+33                          21+21
```

Damit seien diese »Fragmente einer apokryphischen Sibylle über apokalyptische Mysterien« (J. G. Hamann 1779) beendet in der Hoffnung, daß es bald auch für unsere Leser heißen möge:

SPHINX LOCUTA EST.

Kapitel 7

Dem alten Reich kam keines gleich (?)

Pyramythen um Pyramiden

In Traumgespinst verwickelt uns die Nacht!
Faust II,5, Mitternacht (Faust)

―― **1** ――

SPHINX LOCUTA EST – diese triumphierenden Worte hatte Louvier (s. S. 15) seinem Buch über Goethes Faust als Obertitel gegeben, weil er wähnte, alle (seiner Meinung nach) darin verborgenen Rätsel gelöst zu haben.

SPHINX LOCUTA EST – unausgesprochen schwebt dieser Satz über den vielen, vielen Werken, deren Erzeuger meinten, sie hätten dem Bild von Saïs die letzte Hülle abgerissen, hätten die Geheimnisse der Weisen Ägyptens *endgültig und für alle Zeiten* entschleiert.

SPHINX LOCUTA EST – das behaupten seit den Tagen Bonapartes Dutzende und Aberdutzende witziger und aberwitziger, nicht selten recht memorabler, Persönlichkeiten, Gelehrte und Laien, Realisten und Träumer, fanatische Forscher und forschende Fanatiker.

Alle meinen sie, zu ihnen habe die (oder der) Sphinx von Gise gesprochen, für sie die Memnonssäule bei Sonnenaufgang getönt, vor ihnen die »Große Pyramide« ihr Verborgenstes enthüllt.

Für die meisten allerdings klang die Memnonssäule falsch oder gar nicht – so wie in Ibsens »Peer Gynt«. Auch ihnen mag ein Dr. Begriffenfeldt erschienen sein mit einem sonderbar eingeengten Feld von Begriffen, über welches man stracks zu einem Haus in Kairo kommt, in dem Verschrobene, Verkauzte, leicht aus der Norm Gerückte sich gegenseitig wunderliche Gedankenblasen zuwerfen.

Aber solche Irr-Realisten deswegen als *Pyramidioten* schlechthinzustellen, wie es Borchardt (s. S. 165) mit Piazzi Smyth getan, ist zu scharf geurteilt, gleichzeitig auch zu unscharf, denn unter Idioten versteht man hochgradig Schwachsinnige, die man nicht bilden kann – die Pyramidomanen hingegen mögen zwar leichtgläubig und punktuell erkenntnisbehindert, ihre Pyramideen über Pyramiden stark phantasiegefärbt sein – aber ansonsten sind sie durchaus so gebildete Menschen wie du und Sie.

Man denke an John Taylor, den frommen und kühnen sailor auf dem Ozean der Vermutungen, um nicht zu sagen, auf dem Meer des Irrtums (Goethe, »Faust I«, V. 1065) – er war Redakteur des Londoner Observer. Sein eifriger Schüler und

Anhänger, (der eben in Schutz genommene) Piazzi Smyth, war Professor an der Edinburgher Universität und der kgl. Astronom von Schottland.

Den abseitigen Vornamen verdankte dieser Admiralssohn seinem Paten, dem Astronomateur Pater Giuseppe Piazzi in Neapel, der zu Beginn des vorigen Jahrhunderts, am 1. Januar 1801, die Ceres entdeckt hatte (s. auch S. 45). Max Eyth lernte Smyth in Ägypten kennen, er hat ihn als *Joe Thinker* in seinem Roman »Der Kampf um die Cheopspyramide« (1902) porträtikiert.

Ihre und ihrer Traumgenossen umfangreiche Werke, von den Fachleuten abgelehnt und verspottet, verstauben in den Bibliotheken, sind verschwunden wie ihr victorianisches Zeitalter. Im Deutschen Reich flammte kurz nach dem ersten Weltkrieg ein neuer Streit auf, erlosch aber ein Jahrzehnt später nach heftigem *Kreuz und Links und Hin und Her.* Heute akzeptiert das Publikum weitgehend die kühle Beurteilung des *Großen Meyer* von 1972:

Cheopspyramide ... ursprünglich 146,6 m, jetzt 137 m hoch;
Seitenlänge der quadratischen Grundfläche: ursprünglich 230,38 m, jetzt 227,5 m ...
Die verschiedenen Maß- und Zahlentheorien zur Pyramide sind wissenschaftlich unhaltbar.

Natürlich nicht für diejenigen, welche der Astronauten-Hypothese der Charroux, von Däniken und Genossen anhangen, wonach Exploratoren von fernen Sternen auf der Erde, diesem *Tropfen am Eimer* (Klopstock, »Die Frühlingsfeier«, 1759) vor etzlichen Jahrtausenden gelandet sind und plenti kultura mitgebracht haben.

Wir stellen uns gern vor, sie stammten von der Medusa, dem 14. Planeten des Sirius, erfunden von Hellmuth Unger (»Der Sprung nach Drüben«, 1922), s. S. 293.

Verspätete Nachzügler dieser Emissäre aus dem All könnten in Ägyptens Altem Reich aufgetaucht sein, zwischen der dritten und der vierten Dynastie, gerade als man sich dort mit Pyramiden mühte. Ein König hatte Pech, sein Bau stürzte in sich zusammen. Man sollte ihn Katastropharao nennen im Gegensatz zu Cheops, dem Astropharao, dessen Pyramide in unglaublicher Fülle Wissen über Wissen predigt, freilich nur denen, welche die langen Ohren haben, sie zu hören.

 **2**

Doch die massive und positive Mehrheit, die weder Dänikenner noch dessen Verehrer ist, vielmehr auf den Großen Meyer schwört (Meyer verkünde, wir glauben dir!) – diese große Gruppe sieht sich auf einmal (besser vielleicht: wieder einmal, sicher nicht: einmal mehr) einem sensationell aufgemachten Buch gegenüber, das ein ausländischer *Wissenschaftspublizist* über die Cheopspyramide zusammengestellt hat, fleißig aus amerikanischen, englischen, französischen, russischen, tschechoslowakischen Quellen schöpfend – den größten Phantasten, den Deutschen Dr. Fritz Noetling, hat er (aus Unkenntnis oder mit Absicht) weggelassen, was sehr zu loben ist. Vom Fleiß des Verfassers zeugt auch ein Quellenverzeichnis und eine umfangreiche Bibliographie. (In der deutschen Ausgabe ist beides weg- und damit manches im Unklaren gelassen worden.)

Dafür ist auf dem besonders geduldigen Papier des Schutzumschlags eine Inhaltsanpreisung zu lesen, von einem staunenswert smarten Marketeam verfertigt:

4000 Jahre nach der Erbauung der Cheops-Pyramide ist es
Mathematikern,
Astronomen,
Radiologen,
Geologen und
Vermessungsingenieuren
in intensiver Teamarbeit gelungen, die ursprüngliche Bedeutung der Großen Pyramide zu
enträtseln. Sie war ...

steinernes Lehrbuch der Mathematik,
überdimensionaler Kompaß,
Weltenuhr und
ewiger Kalender,
Observatorium und
Heiligtum zugleich.

4000 Jahre ist sogar noch untertrieben, aber selbstverständlich werbewirksamer als die (vermutlich) genauere Zahl 4500. Napoleon hat es ja genauso gemacht, als er im ägyptischen Feldzug (am 12. August 1798) zu seinem Gefolge sagte: *Du haut de ces pyramides quarante siècles vous contemplent.* Deshalb lassen wir alle kleinliche Beckdüntzerei um einige Jahrhunderte und Dynastien beiseite – Hauptsache, daß wir endlich – vielleicht in letzter Sternminute – erfahren, was die langsam zerbröckelnde Steinmasse, beraubt und verschandelt von Baumeistern, Dieben, Forschern und Andenkenjägern, daß wir endlich erfahren, was die Cheopspyramide (vor 4500 Jahren) der damaligen Menschheit bedeutet hat (oder auch nur jenem elitären Zirkel, der sich des Bauwerks bedient hat als Kompaß, Weltenuhr, Kalender, Sternwarte, Sanktuarium und steinernes Lehrbuch der Mathematik).

Jeder, der einiger Formeln mächtig ist, wird gespannt sein, wie es die (mindestens $5 \cdot 2 = 10$) Mitglieder des auf dem Umschlag gepriesenen Teams fertig gebracht haben, die Seiten dieses Lehrbuches aufzuschlagen oder seine Saiten anzuschlagen. Man ist neugierig, die Namen der Herren kennenzulernen, über welche die Zeitungen und Zeitschriften bisher völlig geschwiegen haben, ihre Titel, Stellungen, Herkunftsländer, die Zusammenkünfte, die gemeinsam *erarbeiteten* Ergebnisse, den Abschlußbericht, die Aufnahme ihrer Veröffentlichungen in der wissenschaftlichen Welt.

Also man *käuft* das Buch. Damit ist das Planziel der Marketinger erreicht und der Schutzumschlag hat seine Wirkung getan.

Doch leider hält der Autor nicht
das, was der Schutzumschlag verspricht.

Er kann das Versprechen nicht halten, weil es das Team nicht gab, nicht gibt und nicht geben wird, es sei denn, man bezeichnet gegen alle Etikette sämtliche Menschen, die sich wissenschaftlich oder dilettantisch mit der Cheopspyramide beschäftigt haben, von der arabischen Eroberung an über Napoleons Zeiten bis heute, als ein einziges Team, ein Ungeteam.

Und selbst dann wird man vergebens nach einem Radiologen in diesem sonderbaren Verein suchen. Das Wort Team kommt gegen Ende des Buches zwar vor, doch nur als Zusammenfassung der Forscher, die 1968 das – von dem Nobelpreisträger Luis Alvarez (Univ. of California) entwickelte – Gerät bedienten, welches den Durchgang kosmischer Strahlen durch die – nein nicht die Cheops-, sondern die Chephrenpyramide (!!) aufzeichnete. (Übrigens ohne das erhoffte Ergebnis, man fand keine unbekannten Kammern.)

Beim Lesen der deutschen Ausgabe vermißt man immer wieder schmerzlich die (wohl zur Schonung der grauen Zellen des angepeilten Publikums) rücksichtslos/rücksichtsvoll weggelassenen Verzeichnisse – ohne sie ist es schwer, die farbige Fülle der Angaben nach Wichtigkeit (und nach Glaubwürdigkeit) zu ordnen. Den Verdacht, der Verfasser sei manchmal (aber keineswegs stets!) allzu vertrauensselig seinen Gewährsmännern gefolgt, kann man daher nicht beweisen, wird ihn aber nicht los.

Über den Verfasser selbst ist uns nur bekannt – der Schutzumschlag weist stolz darauf hin –, daß er zur Gilde der Wissenschaftspublizisten gehört.

Wissenschaftspublizist klingt nach viel mehr, braucht aber nicht viel mehr zu sein als *Sachbuchautor* – und von diesem behauptet Robert Lembke, er sei ein Mensch, der die Fähigkeit besitze, aus neun Büchern ein zehntes zu machen. (Früher warf man solche suspekt-sinistre Fähigkeit den Doktoranden vor.)

Indes, ein echter Wissenschaftspublizist liest Fachliteratur – er ist also eine rara avis, einer jener seltenen Vögel, welche die schwer verdaulichen Ausscheidungen der Gelehrten aufpicken, um sie später in angenehm verflüssigter Form über die wißbegierige Menge zu verspritzen. Mit anderen Worten (für diejenigen, denen dieser weniger kapriziöse als kopiös kopröse Vergleich dégoutant erscheint): sie übersetzen das Desperanto der Fachleute in einen von Herrn Jedermann leicht einnehmbaren Jargon, der diesen für sie einnimmt.

Ein Wissenschaftspublizist muß also die Wissenschaften kennen, über die er sich auslassen will, darf nichts Wesentliches auslassen, nichts verfälschen und soll alles so bergkristallklar darstellen, daß es der Mann auf und das Mädchen von der Straße verstehen können (falls sie dazu das Bedürfnis haben).

Solch Unterfangen ist für manche Gebiete des Wissens nicht allzu schwer, weil es dort gar viele *noch nicht völlig ausdiskutierte* Ansichten und kontroverse Hypothesen gibt, ganz abgesehen von den schillernden Sprachgebilden aus manchen wortreichen Wortreichen, welche meinen, sie gehörten zur Wissenschaft, weil sie an diese grenzen.

Schwerer hat's aber so ein Publizist mit den sogenannten exakten Wissenschaften, wo er exakt die exakte Bedeutung jedes der vielen exakt definierten Begriffe erfassen und verwenden muß. Am schwersten ist das wohl in der Mathematik der Fall (und den von ihr völlig durchseuchten Fächern wie der theoretischen Physik). Dort darf man nämlich die Worte nicht so einfach, auch nicht einfach so nehmen, wie sie fallen.

Desgleichen die Zeichen nicht. Es zeugt von einem leicht gestörten Verhältnis zur Mathematik beim Verfasser, beim Übersetzer (nicht beim Setzer, der setzt, was man ihm vorsetzt) und beim Lektor, wenn in dem Buch gedruckt ist

$$\cos 30° = \sqrt{\frac{3}{2}}.$$

Man sollte sich noch erinnern können, daß der Kosinus nicht größer werden kann als 1 und daß die Wurzel aus einer Zahl, die 1 übersteigt, die 1 übersteigt.

cos 30° kann also nicht gleich der Wurzel aus 1,5, d. h. gleich 1,2247... sein. Richtig muß es heißen

$$\cos 30° = \frac{\sqrt{3}}{2} = 0,8660...$$

Auch sonst empfiehlt es sich, die Zahlenangaben des Buches nachzuprüfen, z. B. ist

$$\sqrt{5} - 1 = 1{,}23606\ldots$$

und nicht, wie es im Buche steht, gleich 1,2345 (was allerdings leichter zu merken ist).

Wir wissen nicht, ob der Autor der ursprüngliche Verantwortliche ist, oder ob der Übersetzer schuld hat. *Übersetzungen, so hat ein Franzose gesagt*

(wenn in dem Aphorismus eines ungenannten Verfassers eine Frau vorkommt, dann handelt es sich um *einen Franzosen:* Volksglaube),

Übersetzungen gleichen Frauen: sind sie schön, so sind sie nicht treu, und sind sie treu, so sind sie nicht schön. Er vergaß das Heer der weder schönen noch treuen Frauen und Übersetzungen.

Wir belassen es hier bei diesem Hinweis auf die Fragwürdigkeit einiger Zahlenangaben in dem Buche, das uns verspricht, vielmehr dessen Umschlag uns werbespricht, ein Lehrbuch der Mathematik aufzuschließen. Das ist keine Hanslickerei, sondern ein Test, um die mathematischen Kenntnisse, die Gründlichkeit und die Zuverlässigkeit des Verfassers (und/oder seiner Interpreten) zu prüfen.

— 3 —

Doch bevor wir nachlesen, welche geometrischen und arithmetischen Offenbarungen in dem Buch stehen (von den anderen Gebieten verstehen wir zu wenig), wollen wir uns über den sonstigen Inhalt flüchtig unterrichten. Wenn auch nach den erregenden Fanfarenstößen auf dem Umschlag der jähe Umschlag in die tiefe Enttäuschung darüber gefolgt ist, daß es gar kein Team gibt – so wollen wir dies dem Publizisten, der ja nichts dafür kann, nicht nachtragen, sondern uns von ihm tragen lassen in das wundervoll ausgemalte Alte Reich der vierten Dynastie.

Zwar wird uns der von der Reklame verheißene *Einstein des Pharaonenzeitalters* nicht vorgeführt, es ist nur von Architekten die Rede. Aber diese kannten die Dimensionen der Erde, die Länge des Jahres auf vier Stellen nach dem Komma (365,2422 Tage) ––

doch weitergesagt haben sie es nicht, sonst hätte man doch nicht hundert und aberhundert Jahre lang mit Jahren von 360 und von 365 Tagen gerechnet – das Edikt von Kanopus, mit dem der Schalttag alle vier Jahre eingeführt wurde (oder besser: werden sollte) stammt erst aus der Ptolemäerzeit ––

kannten auch die Länge des *Platonischen Jahres.*

In dem Buch wird seine Länge mit 25700 Jahren angegeben; anderswo liest man 25800 bis 26000 Jahre.

Und wieder einmal taucht die dämonische Sechs auf: Man will wissen, das Platonische Jahr dauere genau 25920 Erdjahre, und 25920 ist tatsächlich gleich

$$36 \cdot 720 = 6 \cdot 6 \cdot (6 \cdot 5 \cdot 4 \cdot 3 \cdot 2 \cdot 1)$$
$$= 6 \cdot 6 \cdot 6! \ (!).$$

145

Damals, im Alten Reich als Eingeweihter zu leben, muß ein beneidenswertes Geschick gewesen sein: Zu wissen, daß die Erde keine Scheibe war, sondern eine freischwebende Kugel, daß die ägyptischen Maße aus denen der Erde abgeleitet waren (ähnlich wie unser heutiges Meter), daß die Sonne kein Gott namens Re war, der in nicht allzuweiter Entfernung aus dem östlichen Ozean auftauchte und im westlichen verschwand, sondern ein flammender Riesenstern, um den unser Planet samt den anderen kreist – – zu wissen, daß die Geschwindigkeit des Lichts nicht unendlich ist – was uns armen Epigonen erst seit Ole Rømer (vgl. S. 250) bekannt ist – –

Doch verirren wir uns nicht in Sehnsüchte, suchen wir nicht nach einem imaginären Lehrer der Architekten, einem idealisierten Imhotepstein* – lesen wir weiter in dem Buch, das uns nicht nur die ganz, halb- oder viertelwegs ernst zu nehmenden Theorien präsentiert, sondern auch (öfters mit geziemenden Vorbehalten) die banalen, fatalen, sakralen,

Wahrheiten und Dummheiten nebeneinander – *Gelehrte und Esel in die Mitte,* getreu dem Ruf, der bei Bonapartes Grenadieren erscholl, sobald sich Murad Beys Mamelucken zum Angriff auf die Franken anschickten.

*Imhotep hat wirklich gelebt, er war der Erbauer der Stufenpyramide des Djoser in Sakkara (um −2600), aus guter Familie, Sohn des Direktors der öffentlichen Bauvorhaben in beiden Ägypten, und im übrigen (nach einer Inschrift auf einem Statuensockel im Zeremonienhof des Stufenpyramidenkomplexes)

Wesir des Königs von Unterägypten,
Erster nach dem König von Oberägypten,
Großer Haushofmeister,
Inhaber der erblichen Adelswürde,
Hoherpriester von Heliopolis,
Baumeister,
Bildhauer,
Oberster Vasenhersteller.

(Ende der Aufsage. Rühren!)

―――― 4 ――――

Wir hören von dem schottischen Schwärmer Robert Menzies, der 1865 aus den Gängen der Großen Pyramide die biblischen Prophezeiungen herauslas, oder von Morton Edgar, welcher in denselben Gängen Pyramidenzoll für -zoll die *Weltgeschichte* von Adam (4000 v. Chr.) bis zum Jüngsten Gericht (nicht so sicheren Datums) vorgefunden hat.

Ohne auf spezielle Voraussagungen einzugehen, wollen wir hier ganz allgemein darauf hinweisen, daß eine echte Prophezeiung, die haargenau in Raum und Zeit und allen Groß- und Kleinigkeiten eintreffen soll, eine Zukunft voraussetzt, die völlig determiniert ist, unveränderlich, unveränderbar, fest betoniert, in Blei gegossen.

Eine derart strukturierte Zukunft ist eine schlüssige Folgerung aus dem Dogma von Gott dem Allwissenden, dem nichts verborgen ist, der alle Geschehnisse vorher kennt, jedes Ereignis, jede Begebenheit, das Geschick jedweder Kreatur, und der sich nicht irren kann.

Darauf berief sich listig-lustig der Mathematiker Omar Chajjám (1048 bis 1131, s. S.276):

Ich trinke Wein, wie jeder, der gescheit.
Dies wußte Allah vor Erschaffung der Zeit.
Drum prost, ihr Leute! Tränk ich nicht,
Wär' das ja Zweifel an Allahs Allwissenheit.

Dieser Gott, der am Anfang Himmel und Erde schuf, Sonne, Mond und Sterne, kurzum die ganze Welt in sechs Tagen, und am siebenten Tag ruhte, dieser Gott, der alle Zeiten übersah bis ans Ende der Zeiten, konnte natürlich nicht übersehen, daß er im Laufe der (festliegenden, weil vom Anfang an festgelegten) Geschichte Seines Volkes noch einiges benötigte – und so schuf er (Talmud, Pesachim 54a) schnell noch vor dem Ende der Schöpfung, in der Dämmerung vor dem ersten Sabbat u. a.

den Regenbogen als Zeichen für das
Bündnis mit Noah, nach der Sintflut,
das Manna für die Wüstenwanderer,
das Loch für die Rotte Korah,
die Stimme für Bileams Eselin...

Die Lehre von der Prädestination, vom unabwendbaren Schicksal, liegt der schönen Parabel vom Tod in Samarkand zugrunde: Zu einem Sultan stürzte eines Morgens sein Wesir und bat um das schnellste Pferd, ihm habe soeben in den Gärten der Tod gewinkt – um ihm zu entrinnen, wolle er sofort nach Samarkand aufbrechen, wo er am Abend sein könne. Der Sultan gab ihm das Roß und sprach am Mittag mit dem Tod (dessen Lieblingsaufenthalt damals anscheinend die königlichen Gärten waren). Der meinte, er habe keineswegs dem Wesir gewinkt, sondern nur durch eine Gebärde sein Erstaunen darüber ausgedrückt, den Wesir *hier* zu sehen, habe er doch den Auftrag, ihn am Abend – in Samarkand zu holen.

Dazu noch ein Rubā'ī von Omar Chajjám:

In der Vorzeit auf Allahs Tafel zu lesen
War die Zukunft der Guten und der Bösen.
Im Schicksal ist alles vorausbestimmt,
Widerstreben und Angst stets vergeblich gewesen.

Dieser Fatalismus gefällt keinem recht. Schon bei den Hellenen, deren Götter von der blinden Tyche abhängig waren, wandten sich viele, um der Prädestination zu entgehen, den ägyptischen Göttern Isis und Osiris zu, welche Herren über das Schicksal waren, es also wenden konnten.

Der Fatalismus ist den Staaten fatal, weil sie keine Fatalisten brauchen, die ja nur darauf warten, daß das Fatum sie zu reichen, mächtigen, klugen Männern macht, ohne daß sie selbst etwas dazu tun müßten, inschallah – aber auch dem Einzelnen mißfällt er im Grunde, weil seine Eitelkeit nicht zugeben will, daß der eigene Wille unfrei ist (getreu Nietzsches Wort: *Wer die Unfreiheit des Willens leugnet, ist dumm, wer sie fühlt, geisteskrank*). Deswegen neigen sich die Menschen und ihre Staaten nicht vor dem unerforschlichen Walten der Moira, sondern dazu, die Zukunft als durchsetzt, durchspickt, durchwachsen mit Zufallskeimen anzusehen (so der dialektische Materialismus).

In diesem Fall kann es aber keine *auf jeden Fall* eintreffende Prophezeiung geben, denn die Seiten im Buch des Schicksals können ja durch den Zufall abgeändert, sogar herausgerissen werden – dann ist die Zukunft nicht Blei, sondern Brei. Dann ist es möglich, daß des Wesirs Renner durchgeht und seinen Reiter wider dessen Willen nach Isfahan trägt (bei Allah und im Märchen ist kein Ding unmöglich) – der Tod sieht dann in Samarkand vergeblich nach seinem Opfer, er hat es nicht, sondern nur das Nachsehen.

Die Einzelheiten des künftigen Geschehens können sich ändern, der Zufall, dieser Teufel, steckt im Detail. Solche nicht völlig determinierte Zukunft ist die Erklärung dafür, daß Prophezeiungen nur dann genau den Verlauf der Geschichte vorhersagen, wenn sie *hinterher* verfertigt worden, also vaticinia post eventum sind, wie die meisten von Daniel und dem Apokalyptiker Johannes und vom heiligen Malachias, die bei jeder Papstwahl wieder hervorgeholt wird (s. S. 183). Und wenn sich Weissagungen als offensichtlich falsch erweisen wie Daniels letzte oder die der Pyramideschatologen, dann liegt's nicht stets am Propheten, vielleicht auch an der zufallsgeschwängerten, gerade etwas Unvorhersehbares gebärenden Zukunft (oder, wie wir unterstellen, an beiden).

Denn wir sehen auch die Vergangenheit nur als das Ergebnis von Myriaden willkürlicher Zufälle (*Quantensprung eines Elektrons verursacht Seitensprung eines Elektrikers*) und sind beeindruckt von dem faszinierenden Titel eines weniger reizvollen Buches von Theodor Lessing: »Geschichte als Sinngebung des Sinnlosen« (1916) (vgl. S. 429).

Wir lesen noch mehr geheimnisvolle Geschichten: In der Pyramide seien nach den Legenden der Araber tief im Inneren große Schätze enthalten, darunter Gefäße aus biegsamem Glas, sowie eine Chronik der vergangenen und der zukünftigen Zeit (vielleicht ein Durchschlag vom Buch des Lebens). In der Pyramide sei früher auch die Initiation zum höchsten Grad des Mysteriendienstes gefeiert worden, von dem die Dreipunktebrüder, die ∴ Freimaurer, die Rosenkreuzer und (natürlich) die Templer (vgl. S. 54) einiges bewahrt hätten. Die Einweihung – im wesentlichen in Arithmetica et Geometria (AEG! vgl. S. 42) – habe 22 (die magische Konstante des Pentagramms, s. S. 27) Jahre gedauert.

Und bei uns hießen bemooste Häupter *ewige Studenten,* die längst keine 44 Semester hinter sich gebracht hatten.

Außerdem, so liest man betreten, gebe es – noch unbetreten – prächtige Gänge und Kammern, das versichert Thomas Holland, ein ∴ Freimaurer 33. Grades (demnach ein Bürger der U.S.A.). Überhaupt befinde sich unter der ägyptischen Wüste ein unterirdsches Königreich –

(aus ihm hat möglicherweise Cheops Besuch einiger Götter von den Sternen bekommen, die sich verspätet hatten und dann bei ihm *aufgetaucht* sind)

– das behauptet ein *Baron de Cologne,* zitiert von Robert Charroux (i. e. Grugeau, s. S. 306) in »Le Livre des Secrets Trahis«, 1965.

——— 5 ———

Doch wir hören nicht nur von solchen Mären und Chimären, sondern auch von nackten Fakten, an deren Ausnutzung und Ausdeutung sich jedes ausgeruhte Köpfchen beteiligen und möglicherweise zu Reichtum und Ruhm kommen kann wie der falsche und der echte Prinz im Hauffschen Märchen

(auf jeden Fall sicherer als durch den Versuch, Fermats letztes Theorem zu *erledigen,* vgl. S. 97).

Da hat Antoine Bovis die Königskammer durchstöbert und in einer Abfalltonne tote Tiere gefunden, geruchlos, unverwest, deshydriert und mumifiziert, trotz der Luftfeuchtigkeit in der Kammer. Die Ursache dafür könne nur die Gestalt der Pyramide sein, zuckte es ihm durchs Menschenhirn, flugs nahm er Kalbshirn und eine tote Katze, packte sie in ein maßstabgetreues, streng nach Norden ausgerichtetes Holzmodell der Pyramide (vgl. Abb. 63) in eine Höhe, welcher die der Königskammer entsprach. Der intuitiv vorausgesehene Erfolg stellte sich prompt ein, kein Hirn verfaulte in dem Modell, die Katze verweste nicht – und wenn sie auch gestorben ist, sie bleibt so frisch wie damals.

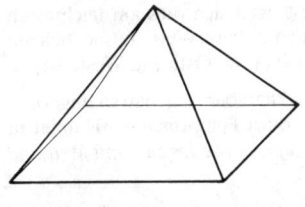

Abb. 63

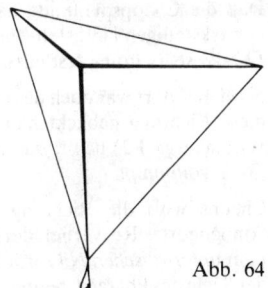

Abb. 64

Auch in Italien und Jugoslawien sei derart Ergetzlich-Erschröckliches beobachtet worden, dort soll sich Millich in pyramidalen Packungen unbegrenzt frisch halten, außerhalb von Kühltruhen – eine französische Firma habe sich bereits eine pyramidenförmige Verpackung für Joghurt patentieren lassen.

Hier horcht der Bundesbürger auf, hat er sich doch jahrelang mit einem ähnlichen Milchbehälter herumplagen und -ärgern müssen, der keinerlei Vorteile bot, sperrig wie eine Primzahl war und sich längst nicht so gut neben- und übereinander stellen ließ wie Quader oder Kuben (und die Milch nicht länger frisch hielt als jene). Bei dieser ausgestorbenen Packung handelte es sich aber nicht um eine Pyramide (vier Dreiecke über einer quadratischen Grundfläche, Abb. 63), sondern um ein (von vier gleichseitigen Dreiecken begrenztes) Tetraeder (Abb. 64), welches als Milchbehälter witzig *Picasso-Euter* getauft worden ist.

Es wird dem geneigten und gespannten Leser nicht entgangen sein, daß sich (wenigstens in den genannten Ländern) die Milch auch dann in Pappyramiden frisch hält, wenn diese nicht genau nach den vier Himmelsrichtungen austariert sind.

Die genaue Nordrichtung zu finden, ist leicht und war offensichtlich schon den ersten Kulturvölkern geläufig. Sie bemerkten, daß sich alle Fixsterne auf Kreisen bewegten, deren gemeinsamer Mittelpunkt als Himmelsnordpol P bezeichnet wird. Nachts waren die Zirkumpolarsterne *ständig* zu sehen, die anderen *gingen auf und unter*. Man braucht lediglich die Auf- und Untergangspunkte (z. B. an einer Mauer) zu markieren und deren Abstand zu halbieren – schon ist der Nordpunkt N festgelegt. (Abbn. 65a, b.)

Abb. 65. Stereographische Himmels-Projektion unter 30° nördlicher Breite: a) horizontal; b) polständig. (Jede solche Projektion ist winkeltreu.)

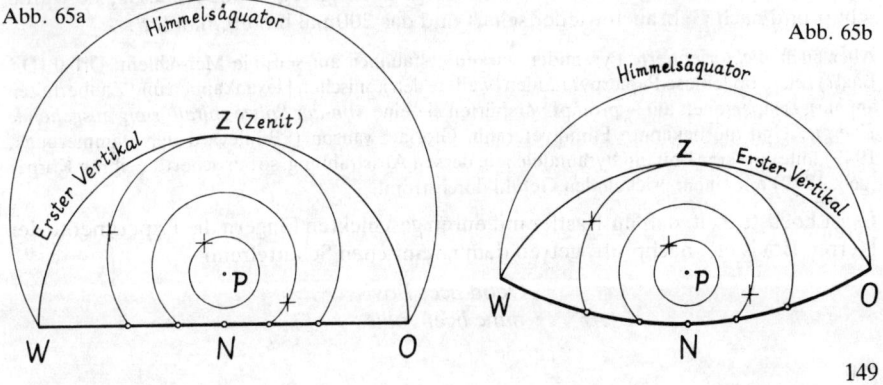

Abb. 65a

Abb. 65b

149

Daß die Cheopspyramide nach *Norden* ausgerichtet worden ist, weil sich dies am leichtesten bewerkstelligen läßt, steht für uns fest, aber vielleicht wollte man auf diese Weise tatsächlich die *Ost-West*-Richtung festlegen (was ja bei einem Quadrat Jacke wie Hose, Oste wie Weste ist).

Norden – dort war doch das eisige, finstere Reich des Nebels; der Pharao mag genau so ungern in diese Richtung geblickt haben wie Hamlet, von dem es (in Gerhart Hauptmanns »Hamlet in Wittenberg« I,2) heißt, *daß ihn der Blick nach Norden, wie er sagt, jedwedes Mal mit Wut und Galle vollpumpt.*

Cheops wird die Richtung lieber gehabt haben, in welcher die Bahn seines Vaters, des Sonnengottes Re, verlief, der im Himmelsboot von Osten kam, im Westen versank und nachts *auf dem unterirdischen Nil* zurückeilte. (Man denke auch an die *Sonnenschiffe*, gebaut für die Reise der Seele des Pharao Cheops ins Jenseits zu Re, Schiffe, die unversehrt und voll ausgerüstet 1954 in einer Felsgruft neben der Pyramide gefunden wurden. Die sollten doch wohl nach Westen segeln, zu den Inseln der Seligen, und nicht gen Norden.)

Vielleicht ruhte der Pharao deswegen gern in der Richtung der Erdrotation (welche die Ägypter bereits gekannt haben sollen), wie einige Jahrtausende später der Geist v. Korf bei Morgenstern:

> *Und so scherzt er kaustisch-köstlich:*
> *Nein, mein Diwan bleibt – westöstlich!*

im Gegensatz nämlich zu *Professor* Palmström, der

> *... nervös geworden;*
> *darum schläft er jetzt nach Norden.*
> ...
> *Solches steht bei zwei Gelehrten,*
> *die auch Dickens schon bekehrten –*
> *und erklärt sich aus dem steten*
> *Magnetismus des Planeten.*
> *Palmström also heilt sich örtlich,*
> *nimmt sein Bett und stellt es nördlich.*

Hingegen muß der Cheopspyramidenrasierklingenschärfer (1959 angeblich unter Nr. 91304 in der Tschechoslowakei patentiert, jedenfalls für $3,50 bei der Toth Pyramid Co, New York, N.Y. zu erwerben) ganz genau nach Norden *orientiert* (besser wohl: septentrionalisiert) sein, so wie seine Große Mutter am Nil, wenn er fungsionieren soll. Der Erfinder oder Entdecker Drbal, Karel, Funkingenieur, hatte die Bovisschen Berichte über »Strahlungen jeglicher Beschaffenheit« gelesen, ebenfalls eine Intuition gehabt, ein 15 cm großes Pappmodell der Großen Pyramide *erstellt,* es vorschriftsmäßig ausgerichtet, eine gebrauchte Rasierklinge hineingelegt – und siehe da, sie wurde scharf und nach Gebrauch wieder scharf und das 200mal hintereinander ...

Aber auch *nichtorientierte* Pyramiden wirken erstaunlich auf sensible Menschlein: Drbal (Dr. Baal?) setzte bodenlose Papierpyramiden (weil sie den konischen Hexenkappen und Zauberhüten ähneln) Testpersonen auf – prompt verspürten sie eine *von der Spitze spiralförmig ausgehende Energie.* Und die bekannte Filmdiveteranin Gloria Swanson (»Boulevard der Dämmerung«, 1949) hütet unterm Bett ein Pyramidelchen, dessen Ausstrahlung, so versichert sie, ihren Körper (geb. 1899) mit einem prickelnden Gefühl durchströmt.

Es ist höchste Zeit, daß ihr Bastler mit euren geschickten Fingern die Experimente der Herren Bovis etc. nachprüft, getreu dem lateinischen Schüttelreim

> *Quod licet Bovis,*
> *nunc licet vobis.*

Wir wissen, heutzutage sind die Menschen meist *ungläubig, also leichtgläubig* (Joseph Roth am 29. Januar 1938 im Pariser Exil), um so nötiger ist es, die Bovistereien nachzuprüfen und den böhmischen Pyramiden-Papp-Powidl (Py-pa-po). Die erforderlichen Maße (die uns am glaubwürdigsten erscheinenden Maße) sind in Abb. 66 angegeben, sie zeigt die Pyramide senkrecht von oben gesehen, die vier Manteldreiecksflächen sind in die Grundflächenebene geklappt.

Es wäre nämlich beschämend, wenn wir uns an eine Erklärung der Mumifizierungs-, Konservierungs- und Regenerationsphänomene machten, ohne vorher zu untersuchen, *ob* sie auftreten, *wann* sie auftreten, unter welchen Bedingungen, wie Form, Gestalt, Größe, Lage variiert werden können undsofort. (Möglicherweise verifiziert man schnell den Ausruf Mephistos am oberen Peneios: *Doch ach! der Bovist platzt entzwei!*) Andernfalls wären wir jenen mittelalterlichen Spekulierern gleich zu achten, welche ohne weiteres die Behauptung akzeptierten, ein Fischlein bringe ein mit Wasser voll gefülltes Gefäß nicht zum Überlaufen, – oder die SATOR-AREPO-Formel könne Feuer löschen (s. S. 57).

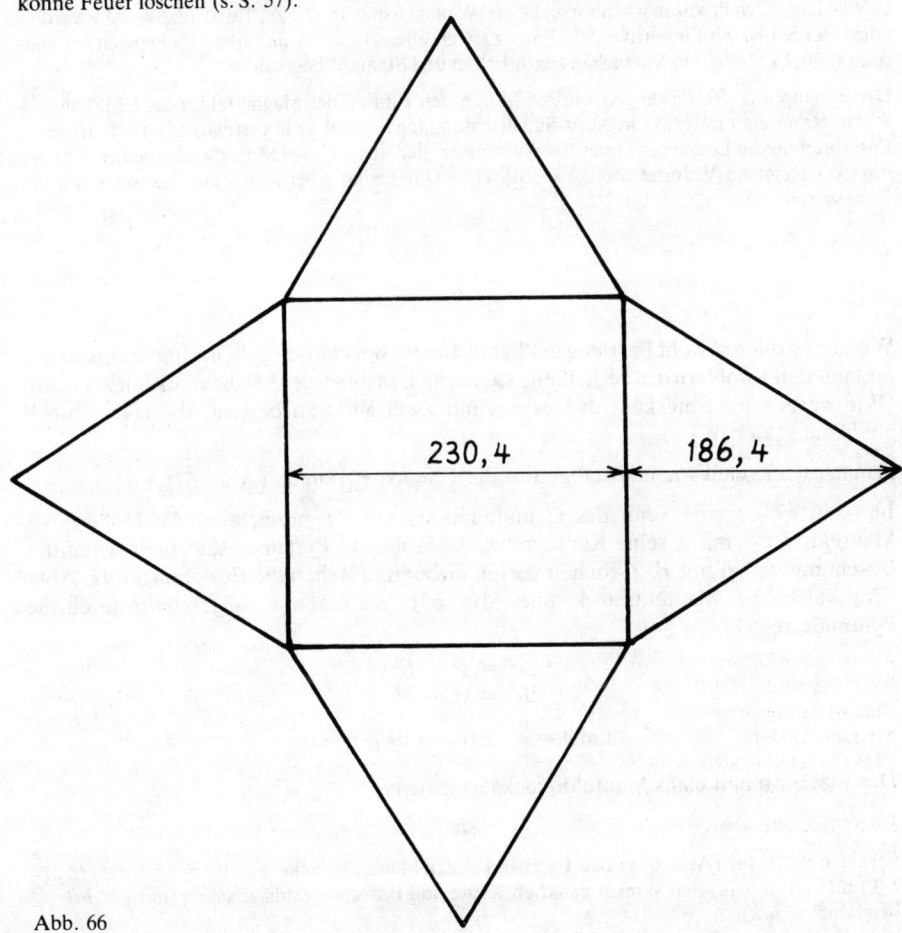

230,4   186,4

Abb. 66

Wir fürchten allerdings, daß bereits die mit dem Wort schnell fertigen Wortverfertiger dargelegt haben, welches der Grund für die Klingenschärferei ist: Der Einfluß der sakrastralen Strahlen, unzugänglich der träumenden Schulweisheit, einer transzendenten kosmischen Strahlung, wirkend durch das Medium der (auf Grund hermetischen Wissens nach göttlich-menschlichen Maßen errichteten) Pyramide in Verbindung mit der Richtung auf den Pol des Himmels – – wodurch die ungeordneten Moleküle des stumpfen Klingenrandes wieder in die ursprüngliche, ausgerichtete Ordnung des Schliffs retransformiert werden. Denn das sogenannte Gesetz (der nicht in andere Daseinsebenen hineinragenden Physiker) vom ständigen Wachsen der Entropie – dieses entropische Wachstum ist natürlich ein kurzlebiger Irrtum. Blabla, drum Brüderchen, ergo blablamus – so springen wir über die eigene Klinge!

Übrigens:

Wem die Bastelei zu mühselig ist, der erwerbe vier Zeltstangen aus Aluminium, füge sie zu einem pyramidenähnlichen Gestell und prüfe nach, was jüngere Forscher im Sommer 1977 experimentell festgestellt haben wollen: nicht nur bleiben Brot und Früchte länger frisch, wenn man sie unter das Gestell legt, auch Pflanzen wachsen schneller, Wein gewinnt an Würze, Tabak und Whisky werden edler, der Schlaf wird intensiver, die Potenz steigt, ebenso die Fruchtbarkeit – demnach hat man spätestens 1976 mit den Versuchen (natürlich in den Staaten) begonnen.

Die Behauptung, Rasierklingen würden (durch den Einfluß des Magnetfeldes der Erde) wieder scharf, wenn man sie exakt in Nord-Süd-Richtung lege, stand wohl erstmals um 1940 in einem Leserbrief an die Londoner Times. Der Verfasser, der sich Colonel Musselwhite nannte, war der Physiker Reginald V. Jones von der schottischen Universität Aberdeen – und das ganze war ein Professorenscherz.

—— 6 ——

Wir aber wollen sowohl Bastler wie Phantastler im wesenlosen Scheine hinter uns lassen und mit den Knoblern das verheißene steinerne Lehrbuch der Mathematik aufschlagen. (Wir werden bald merken, daß es aus nur zwei Blättern besteht, die zudem noch aneinander kleben.)

Zunächst zeichnen wir maßstabgetreu die Cheops-Pyramide (Abb. 67).

In Abb. 67 ist eine Seite des Grundquadrats mit $2b$ bezeichnet, die Höhe eines Manteldreiecks mit s, seine Kante mit k, die Höhe der Pyramide selbst mit h und der Böschungswinkel mit β. Zwischen diesen Größen bestehen die Beziehungen (s. Abb. 67a, welche ein Manteldreieck, und Abb. 67b, die einen *Teilsägeschnitt* durch die Pyramide zeigt).

$$k^2 = s^2 + b^2$$
$$h^2 = s^2 - b^2$$

$$\tan \beta = \frac{h}{b} \quad \text{bzw.} \quad \cos \beta = \frac{b}{s}.$$

Der Flächeninhalt eines Manteldreiecks ist gleich

$$sb.$$

Ferner nennen wir (Abb. 67a) den Basiswinkel der Manteldreiecke μ ($\tan \mu = s/b$ bzw. $\cos \mu = b/k$) und (Abb. 67c) den Winkel zwischen Kante und Basisquadratdiagonale $\varkappa$ ($\tan \varkappa = h/b\sqrt{2}$ bzw. $\sin \varkappa = h/k$).

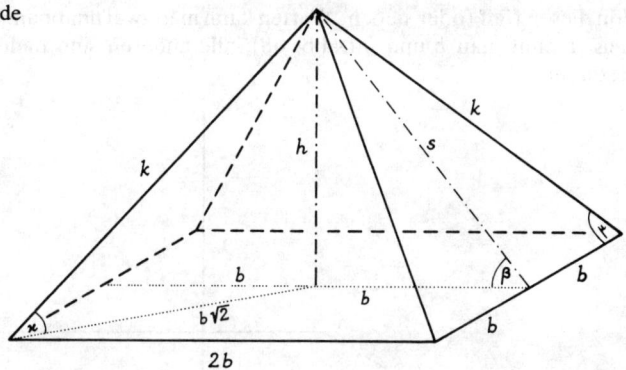

Abb. 67a

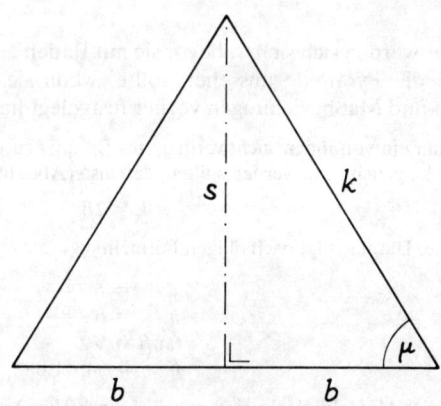

Abb. 67c   Abb. 67b

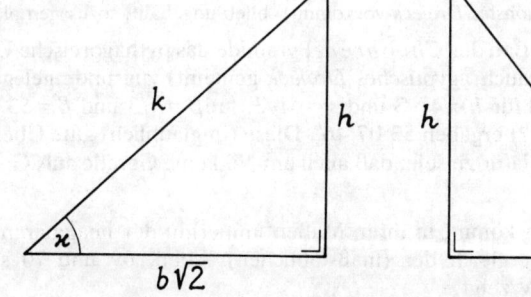

Von diesen fünf (oder sieben) Werten kann man zwei unabhängig voneinander wählen; meist nimmt man b und h (Abb. 68), alle anderen sind dann nach obigen Formeln bestimmt.

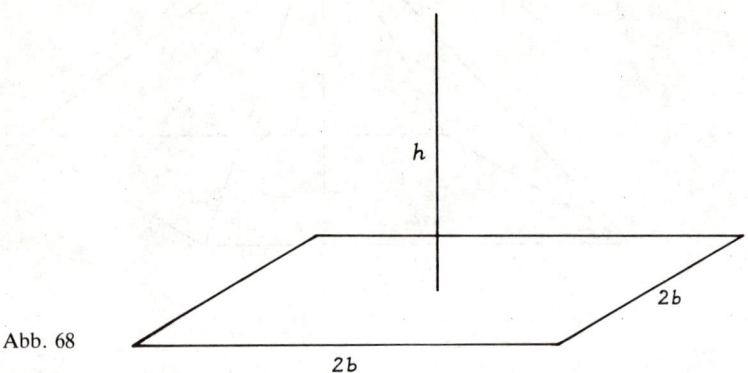

Abb. 68

Die Ägypter werden sich sicher, bevor sie mit Bauen anfingen, ein Bild davon gemacht haben, wie die Pyramide aussehen sollte, wenn sie fertig war, werden also Maße vorgegeben und Maßbeziehungen vorher festgelegt haben.

Sie hätten (um ein von ihnen *nicht* verifiziertes Beispiel zu geben) bestimmen können, daß die Manteldreiecke gleichseitig werden sollten, daß also (Abb. 69)

$$k = 2b$$

werden müsse. Daraus folgt nach obigen Formeln

$$
\begin{aligned}
s &= b\sqrt{3} \\
h &= b\sqrt{2} \\
\tan\beta &= \sqrt{2} \\
\beta &= 54°44'08''
\end{aligned}
$$

Alle Winkel des Manteldreiecks sind natürlich nach Voraussetzung 60° groß ($\tan\mu = \sqrt{3}$), der Winkel $\varkappa$, mit dem k gegen die Diagonale der Grundfläche geneigt ist, ($\tan\varkappa = h/b\sqrt{2} = 1$) ist gleich 45°.

Leider haben die alten Architekten solche förmlich ins Auge springenden Maße (Abb. 69) nicht verwendet. Das halbe Oktaeder, die ›Platonische‹ Pyramide (wir nennen sie so, weil auf ihrem Mantel achtmal Platons *schönstes Dreieck* vorkommt), blieb ungebaut, sozusagen platonisch.

Wohl eindeutig ist beim Bau der *Chephren*-Pyramide das pythagoreische Urdreieck mit den Seiten 3, 4, 5 (auch *ägyptisches Dreieck* genannt) zugrunde gelegt worden (Abb. 70), denn es wird für $h = 4b/3$ und $s = 5b/3$: $\tan\beta = 4/3$ und $\beta = 53°07'48''$ – Borchardts Messungen (?) ergaben 53°07'46''. Diese (unglaublich) gute Übereinstimmung scheint ein Beleg dafür zu sein, daß auch am Nil keine Gerade aufs Geratewohl gezogen wurde.

Die Chephren-Pyramide kommt in ihren Maßen immerhin der imaginären Platonischen nahe, wie ein Vergleich der (maßstäblichen) Abbn. 69 und 70 sowie die nachstehende Tafel XXV zeigt.

154

Tafel XXV. Vergleich der ›platonischen‹ mit der Chephren-Pyramide

	Platon	Chephren
μ	60°	59°02′
β	54°44′	53°08′
$\varkappa$	45°	43°19′

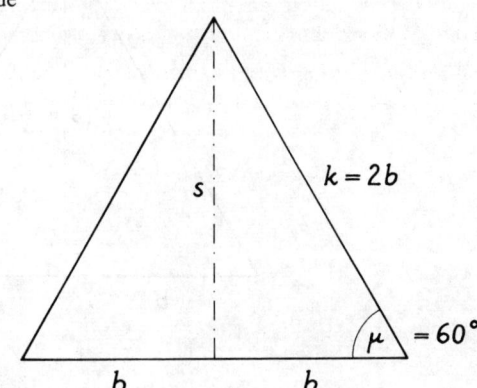

Abb. 69: Platonische Pyramide

Abb. 69a

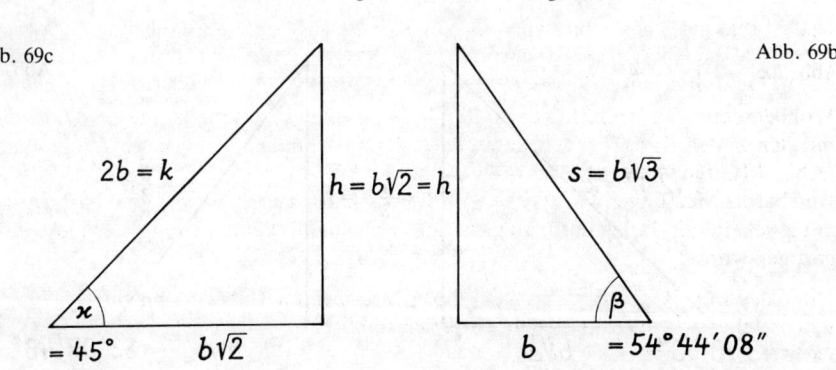

Abb. 69c   Abb. 69b

155

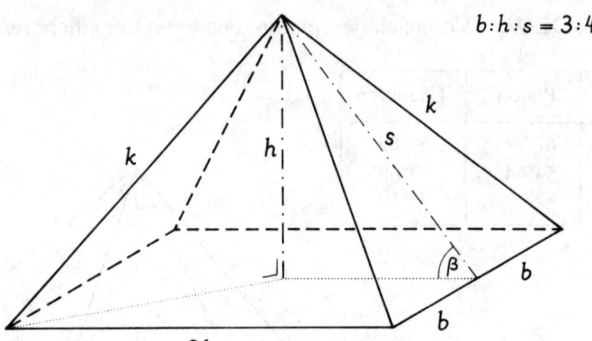

$b : h : s = 3 : 4 : 5$

Abb. 70: Chephren-Pyramide

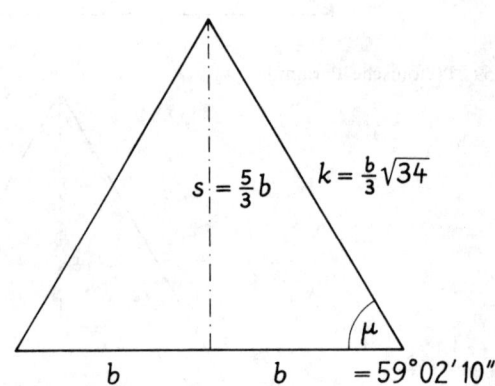

Abb. 70a

$s = \frac{5}{3} b$ $k = \frac{b}{3}\sqrt{34}$

b b $\mu = 59°02'10''$

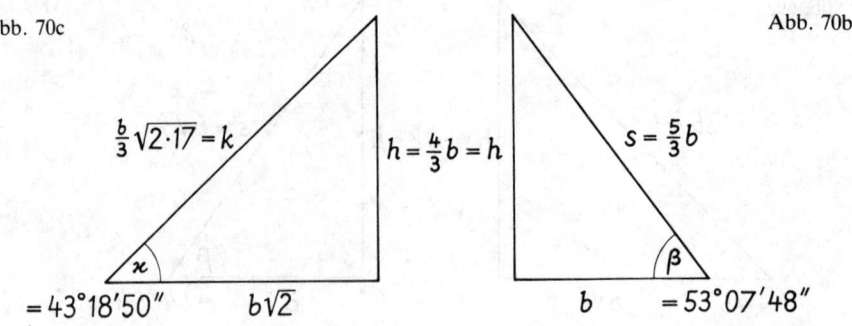

Abb. 70c   Abb. 70b

$\frac{b}{3}\sqrt{2 \cdot 17} = k$ $h = \frac{4}{3} b = h$ $s = \frac{5}{3} b$

$\varkappa = 43°18'50''$ $b\sqrt{2}$ b $\beta = 53°07'48''$

156

Bei der Großen Pyramide liegen die Verhältnisse anders, die Maßverhältnisse nicht so vor Augen – man muß auf die Suche gehen. Es gibt mehrere Möglichkeiten, Maßbeziehungen herzustellen.

Eine Theorie nimmt an, die Höhe h sei so gewählt worden, daß sie 9/10 der Halbdiagonale d des Grundquadrats betrage (Abb. 71).

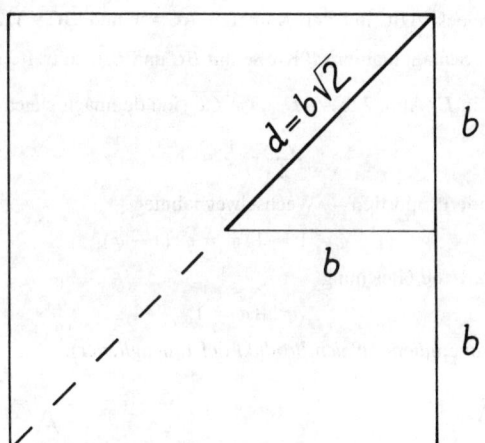

Abb. 71

Mit $h = 0,9\,b\sqrt{2}$ wird $\tan\beta = \dfrac{h}{b} = 0,9\sqrt{2} = 1,272792\ldots$ und $\beta = 51°50'39''$, was mit den

tatsächlichen Meßergebnissen sehr gut übereinstimmt, s. unten. Aber man wird den Verdacht nicht los, daß diese Zahlen zufällig zueinanderpassen; es gibt keinen plausiblen Grund, weshalb man gerade 45 % der Diagonale des Grundquadrats als Pyramidenhöhe gewählt haben sollte.

Die Messungen können wegen des Fehlens der Pyramidenspitze und der Deckplatten, auch wegen der Unsicherheit, welche Steinschicht die erste über dem Fundament ist, nicht genau sein. Im vorigen Jahrhundert bestimmte Flinders Petrie den Böschungswinkel zu 51°52′ mit einer Fehlergrenze von ± 2′, in diesem Jahrhundert neigt man mehr dem Wert 51°50′30″ zu. Dieser *errechnet* sich aus den nicht gemessenen (weil nicht mehr existierenden), sondern erschlossenen Werten

$$h = 146,60\,\text{m}$$
$$2\,b = 230,38\,\text{m}.$$

Doch ist die zweite Stelle nach dem Komma unsicher.

Die Theorien über die Zahlen und Zahlenverhältnisse, welche beim Bauen verwendet (oder *in den Bau hineingeheimnißt*) worden sind, müssen natürlich – wenigstens annähernd – auf die vorstehenden Zahlen führen.

Die »mathematischen« Pyramidentheoretiker kann man einteilen in π-Männchen und in φ-Hüter. Die einen schwören darauf, in der Cheopspyramide sei π, also das Verhältnis des Kreisumfangs zum Kreisdurchmesser, dadurch in Stein der Nachwelt überliefert, daß der Umfang des Grundquadrats das 2πfache der Höhe sei. Die anderen beteuern, der Bau wäre nach dem *goldenen Schnitt* gebaut – wir nennen ihn schlicht *stetige Teilung*, – in ihm oder ihr spielt der Ausdruck $\varphi = \dfrac{\sqrt{5}-1}{2}$ eine *maßgebende* (im wörtlichen Sinne) Rolle.

Eine geometrische Konstruktion von φ (Abb. 72):

Im rechtwinkligen Dreieck ABC mit den Katheten $\overline{AC}=1$ und $\overline{BC}=1/2$ ist die Hypotenuse $\overline{AB}=\dfrac{\sqrt{5}}{2}$ (Abb. 72a). Schlägt man um B Kreise mit $\overline{BC}$ und $\overline{BA}$, so treffen sie $\overline{AB}$ in D bzw. die Verlängerung von $\overline{BC}$ in E (Abb. 72b). $\overline{AD}$ sowie $\overline{CE}$ sind demnach gleich

$$\frac{\sqrt{5}}{2} - \frac{1}{2} = \varphi.$$

φ erfüllt die fortlaufende Proportion – »Wechselwegnahme« –

$$(1+\varphi):1 = 1:\varphi = \varphi:(1-\varphi),$$

aus der sich die quadratische Gleichung

$$\varphi^2 + \varphi = 1$$

ergibt (*Produkt der Außenglieder gleich Produkt der Innenglieder*).

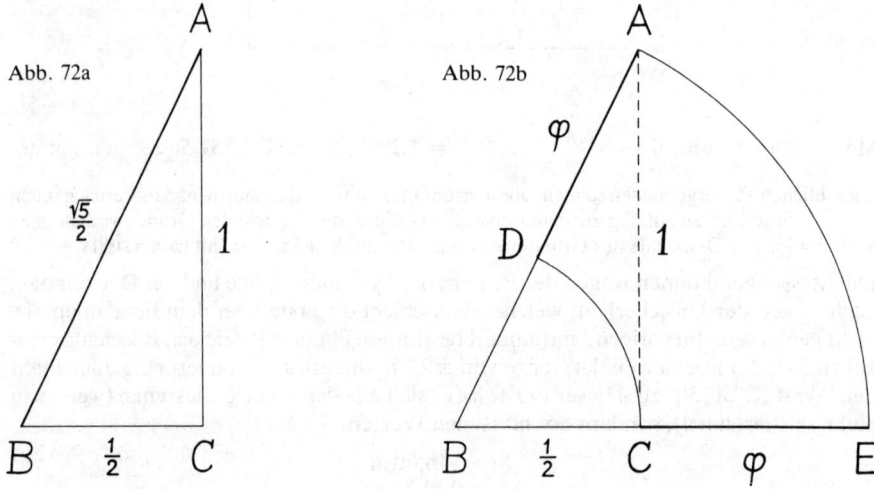

Abb. 72a

Abb. 72b

Wir werden uns zunächst nicht um die Messungen kümmern, mit denen beide Parteien ihre Ansichten zu untermauern suchen, sondern ganz einfach ausrechnen, welche Maßverhältnisse Pyramiden aufweisen müssen, wenn man die von den Parteien behaupteten Beziehungen zwischen b und h zugrundelegt.

DIE GENAUE π-PYRAMIDE

Die π-Theorie wurde bereits von J. Taylor verfochten. Wenn der Umfang der Grundfläche (vgl. Abb. 67) $8\,b$ beträgt, dann sei die Höhe h gleich dem Radius eines Kreises vom Umfang $8\,b$. Es gelte also die Beziehung

$$2\pi h = 8b \quad \text{oder}$$
$$h = \frac{4}{\pi}b$$
$$\tan \beta = \frac{h}{b} = \frac{4}{\pi} = 1{,}27323954(5)$$
$$\beta = 51°51'14''.$$

Wir haben hier π bis auf 8 Stellen nach dem Komma benutzt (eine nicht nur für Altägyptens Konstrukteure unerreichbare Exaktheit), weil die π-Anhänger geradezu phantastische Genauigkeiten aus ihren Messungen herausgelesen haben.

Eine einfache Überlegung indessen zeigt, daß diese Genauigkeiten tatsächlich nicht erzielt werden können: Angenommen, man errichtet einen kreisrunden Mauerring, dessen Durchmesser (Außenwand) genau ein Kilometer lang ist. Dann wird man vielleicht beim Messen des Umfangs noch Zehntel mm ablesen können: 3141,5926 m, hätte damit also sieben Stellen von π nach dem Komma. Wenn man den Böschungswinkel auf die Sekunden genau haben will, braucht man für π sieben Stellen, aber nicht mehr. Umgekehrt kann man aus dem Böschungswinkel, selbst wenn man ihn bis auf die Sekunden genau messen könnte, für π nie mehr als 7 Stellen nach dem Komma ermitteln. Die 40 Stellen von π, die Max Eyth in seinem Roman (*Roman*, kein Tatsachenbericht, wie Noetling anscheinend meinte) einem Kapitel als Einfassung gibt, sollen möglicherweise als Abschreckung dienen (er behauptet dies), sicher aber zur Erheiterung der Kenner.

Auf Näherungswerte für π (die verwendet worden sein könnten) greifen wir noch zurück, s. S. 170.

Der errechnete Winkel kommt dem gemessenen β nahe genug; von den Tatsachen her ist die Theorie daher nicht von der Hand zu weisen, a limine nicht zu eliminieren.

DIE GENAUE φ-PYRAMIDE

Zwei Theorien führen zum selben Ziel.

Die erste, die *Winkelfunktionstheorie*, nimmt an, die Pyramide sei so gebaut worden, daß der Sinus ihres Böschungswinkels β gleich dessen Kotangens ist, daß also (vgl. Abb. 67, S. 153)

$$\sin \beta = \cot \beta, \quad \text{d.h.}$$
$$\frac{h}{s} = \frac{b}{h} \quad \text{oder}$$
$$h^2 = bs.$$

159

Die zweite Theorie, die φ-Theorie, behauptet von vornherein, daß von vornherein nach dem Bauplan das Quadrat über der Höhe flächengleich einem Manteldreieck sein sollte – und beruft sich dabei auf Herodot (um -450), der diese Nachricht von Ägyptens Priestern gehört haben will (s. S. 166). Die Behauptung, als Formel geschrieben, ist mit der vorigen identisch:

$$h^2 = bs \quad \text{oder}$$
$$\frac{s}{h} = \frac{h}{b}$$

Diesen Ausdruck kann man die Gleichung des geometrischen Mittels nennen oder auch die Beziehung der Höhe in *jedem* rechtwinkligen Dreieck zu den beiden Höhenabschnitten der Hypotenuse (Abb. 73).

Diese Beziehung verwendete Nicolaus Cusanus zur Lösung eines Hochseeproblems, s. S. 238.

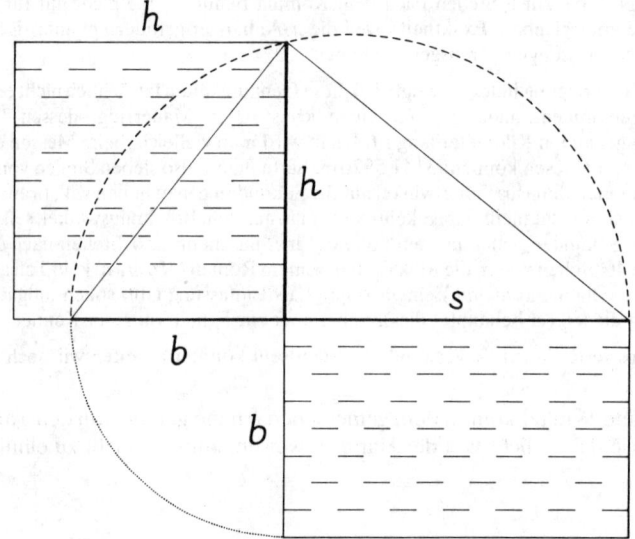

Abb. 73

Da für jede Pyramide $h^2 = s^2 - b^2$ (Abb. 67b, S. 153), gelten für die φ-Pyramide (Abb. 74) die Beziehungen

$$h^2 = bs = s^2 - b^2,$$

$$s^2 = bs + b^2 = b(s+b) \rightarrow \frac{s+b}{s} = \frac{s}{b},$$

$$s^2 - b^2 = (s+b)(s-b) = bs \rightarrow \frac{s+b}{s} = \frac{b}{s-b},$$

d. h. es gilt auch

$$\frac{s}{b} = \frac{b}{s-b},$$

in Worten: b ist der Maior von s, dieses wird von b und $s-b$ stetig geteilt. (Ebenso auch, siehe oben, $s+b$ durch s und b.)

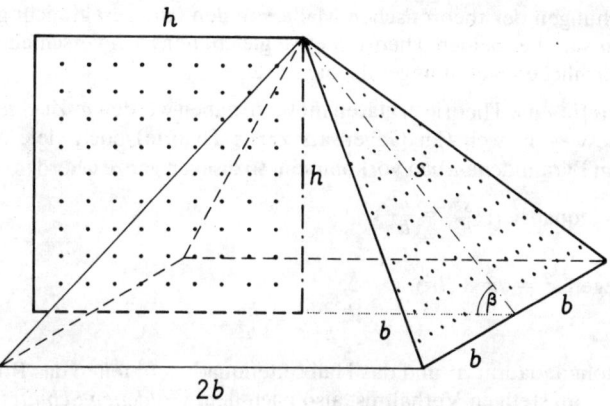

Abb. 74

Die arithmetische Auflösung

$$b^2 + bs - s^2 = 0 \quad \text{bzw.} \quad s^2 - bs - b^2 = 0$$

führt auf
$$\frac{b}{s} = \varphi = \frac{\sqrt{5}-1}{2}, \frac{s}{b} = \frac{\sqrt{5}+1}{2} = 1 + \varphi = \frac{1}{\varphi},$$

$$\frac{s+b}{b} = 2 + \varphi = (1 + \varphi)^2,$$

wobei $\varphi = 0{,}6180339887\ldots$ (auch hier absichtlich viele Stellen).

Damit wird $s = (1 + \varphi)\,b$,

$$h^2 = bs = (1 + \varphi)\,b^2,\ h = b\sqrt{1 + \varphi},$$

$$\tan\beta = \frac{h}{b} = \sqrt{1 + \varphi} = 1{,}272019649,$$

$$\beta = 51°49'38'',$$

also ebenfalls in guter Übereinstimmung mit den gemessenen Werten.

———— **10** ————

Zum Vergleich sind die wichtigsten Daten in Tafel XXVI zusammengestellt.

Tafel XXVI.   Vergleich der π- und der φ-Pyramide mit der des Cheops

	π-Pyramide	tatsächliche Pyramide	φ-Pyramide
s/b	1,61899	1,61855	1,61803
$h/b = \tan\beta$	1,27324	1,27268	1,27202
β	51°51'14''	51°50'30''	51°49'38''
$4b/h$	3,14159 ..	3,14297	3,14461 ..

161

Die Abweichungen der theoretischen Maße von den (wie gesagt nicht ganz sicheren) tatsächlichen sind bei beiden Theorien etwa gleich, nur nach verschiedenen Richtungen, die tatsächlichen halten ungefähr die Mitte.

Wenn wir uns für eine Theorie erklären müßten, gäben wir den φ-Züchtern die Palme, und zwar deswegen, weil (im Gegensatz zur π-Theorie) noch viele andere stetige Teilungen im Pyramidenaufbau vorkommen, sozusagen ganze φherden.

Aus $\dfrac{s}{h} = \dfrac{h}{b}$, quadriert $\dfrac{s^2}{h^2} = \dfrac{h^2}{b^2}$,

entsteht (wegen $s^2 = h^2 + b^2$)

$$\frac{h^2+b^2}{h^2} = \frac{h^2}{b^2},$$

d. h.: Das Höhenquadrat h^2 und das Halbseitenquadrat b^2 teilen das Böschungsstreckenquadrat s^2 im stetigen Verhältnis, also nach dem *Goldenen Schnitt* (Abb. 75).

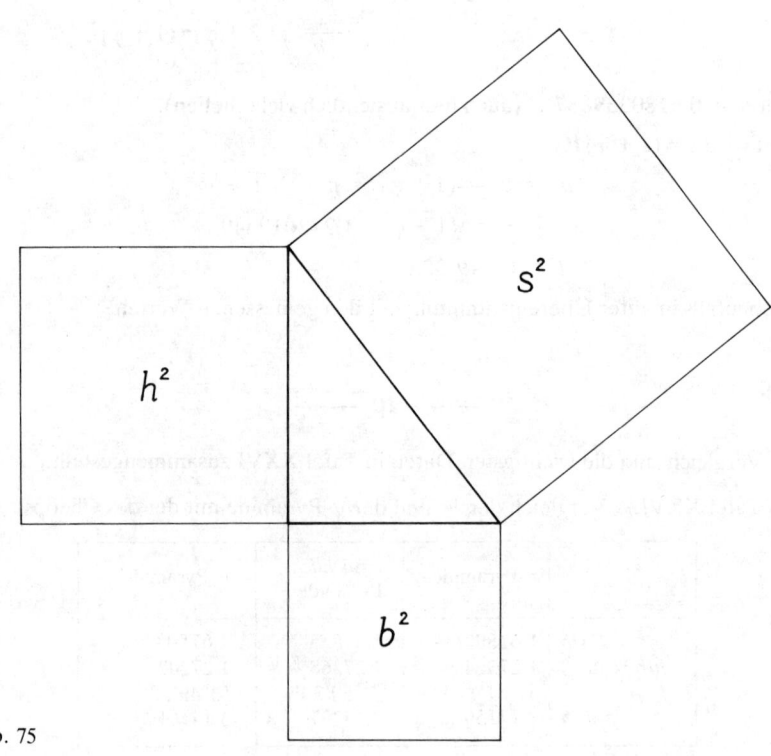

Abb. 75

So soll dies Verhältnis zum ersten Mal von Leonardo da Vinci voll künstlerischen Entzückens genannt worden sein. Und seitdem schwören Scharen von Künstlern und Laien auf dieses *goldene* Verhältnis, es sei das schönste überhaupt denkbare (trotz Platons schönstem Dreieck, mit den Maßen s, $s\sqrt{3}/2$, $s/2$).

Der Leser möge die maßstabgetreue Abb. 75 innig betrachten und sich eine Zeit lang die pflichtgemäßen Schauer ästhetischen Entzückens durch Rückenmark und Bein rieseln lassen.

Wer sie nicht fühlt, kann sie vielleicht erjagen beim Anblick der Abb. 76, in der obige drei Quadrate ineinandergeschachtelt sind.

Das kleinste Quadrat erscheint hier größer als b^2 in Abb. 75 – so leicht läßt sich das Auge täuschen.

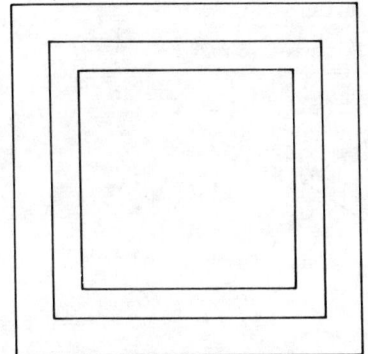

Abb. 76

Sie schimmern im Original in drei sublimen aufeinander abgestimmten Blötönen; es handelt sich um das Meisterwerk *Hommage à Josef Albers* von Mat Quarré aus Cru-aux-églises.

> *Es trägt hier Kunst mit wenig Sinn*
> *Und Unverstand sich selber vor.*

> Goethe, »Sauft I«, Nahct, 1997.

> *Die Galerien sind wohlgesinnt,*
> *denn urteilen ist schwer.*
> *Wer meine Kunst nicht herrlich find't,*
> *der ist reaktionär.*

Günter Neumann, »Schwarzer Jahrmarkt«. Eine Revue der Stunde Null, 1947, I,4. Das Karussell.

> *Und bei genauerer Betrachtung*
> *Steigt mit dem Preise auch die Achtung.*

> Wilhelm Busch, Einleitung zu »Maler Klecksel«, 1884.

Die Ästheterei geht stetig (ä-sthetig) weiter (Abb. 77).

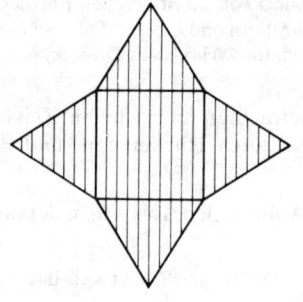
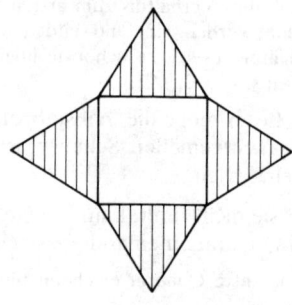

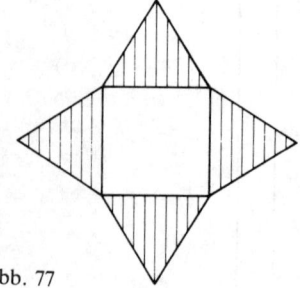
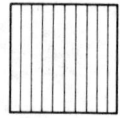

Abb. 77

Multipliziert man nämlich in der Gleichung

$$\frac{sb+b^2}{sb} = \frac{sb}{b^2}$$

alle Ausdrücke mit 4, erhält man

$$\frac{4sb+4b^2}{4sb} = \frac{4sb}{4b^2} ,$$

in Worten: Die Gesamtoberfläche der Pyramide (Mantelfläche $4\,sb = M$ plus Grundfläche $4\,b^2 = G$) verhält sich zur Mantelfläche wie diese zur Grundfläche:

$$\frac{M+G}{M} = \frac{M}{G} ,$$

bildlich in Abb. 77 dargestellt.

Damit ist nicht gesagt, daß diese Konsequenz aus der Vorschrift $h^2 = sb$ den Erbauern bewußt war, bevor sie bauten. Sie kann ihnen erst später aufgestoßen sein – ebenso wahrscheinlich ist, daß sie sie weder erkannt noch gekannt haben. Fest steht nur, daß die Konsequenz fest steht.

Die π-Theorie kann mit derartigen netten Beziehungen am Außenbau nicht aufwarten. (In die Gänge und Kammern trauen wir uns nicht hinein.)

164

Die Messungen, die stets mit Fehlern behaftet sind (beim Böschungswinkel z.B. mindestens ± 1′) können nicht entscheiden, welche der beiden Theorien stichhaltiger ist. Wie stets, stoßen sich auch hier hart im Raum die Sachen (»Wallensteins Tod«, II,2). Im Reiche der Gedanken können wir den Böschungswinkel auf beliebig kleine Bruchteile von Winkelsekunden berechnen – auf dem Trümmerhaufen von Gise haben Steindiebe, Steingräber, Steinzänger, Händler und Touristen voll Gewinn-, Geltungs- und Vergnügungssucht das ihrige getan, um den Steinmessern ihr Handwerk zu erschweren, um nicht zu sagen: zu legen. Am genauesten sind noch Basisseite und Böschungswinkel zu bestimmen (wobei man sich einigen muß, ob man vom Fundament der Ecksteine ausgehen soll oder vom Niveau der Pflasterung, und wie weit man den paar übriggebliebenen Böschungsverkleidungssteinen trauen darf, die nicht von empörten Arabern zertrümmert oder von Europäern verschleppt worden sind).

Nun werden aber die Alten nicht von Winkeln ausgegangen sein, sondern von Strecken, von Längen, Breiten, Höhen, die sie selbstverständlich nicht in Metern gemessen haben, sondern in Ellen, und sie werden sicher zumindest der Basisseite eine *runde,* durch 10 teilbare, Länge gegeben haben (sie benutzten das Dezimalsystem), und anderen Strecken (z.B. Höhe der Pyramide, Höhen der Mantelflächen) wohl auch. Ob die Ägypter mehrere Ellenlängen nebeneinander benutzt haben, ist eine Streitfrage.

Schon Newton hatte gemeint, sie hätten die *profane* königliche Elle von Memphis und eine längere, *sakrale* verwendet. Die profane habe rund 52,4 cm (von uns ins metrische System umgerechnet) betragen, die Königskammer in der Pyramide sei 10 dieser Ellen breit und 20 lang. Die sakrale hingegen sei auch beim Tempelbau in Jerusalem benutzt worden. (Vgl. seine fast verschollene, seltsame Schrift: »A Dissertation upon the Sacred Cubit of the Jews and the Cubit of several Nations: in which, from the Dimensions of the Greatest Pyramid ... the ancient Cubit of Memphis is determined.«)

Wir halten uns mit Borchardt an die Elle von Memphis, wie sie auf dem Pegel von Elephantine (zur Messung des Nilwasserstandes) markiert ist; sie ist, wie der aufmerksame Leser bereits weiß, rund 0,524 m lang. Dividiert man durch diesen Wert die in Metern ausgedrückte Basisseite, so erhält man

$$2b = \frac{230,38}{0,524} = 439,66 \text{ Ellen.}$$

Im linken Bruch sind die jeweils letzten Stellen nicht ganz sicher, man kann daher mit Borchardt als sicher unterstellen, die Basisseite habe 440 Ellen betragen.

Diese Zahl ist zwar durch 10 ohne Rest teilbar, aber man wundert sich doch, daß die alten Planer sie nicht auf 450 Ellen aufgerundet haben.

Wir folgen Borchardt deswegen, weil er unter den Pyramidologen der Nüchterling par excellence ist.

Er war Geheimrat, Professor, Doktor, Direktor des Deutschen Archäologischen Instituts in Kairo in den zwanziger Jahren. Er veröffentlichte 1922 ein Heftchen: »Gegen die Zahlenmystik an der großen Pyramide bei Gise.« Er starb 1938 im Exil. Sein Bruder war der Schriftsteller Georg Hermann (»Jettchen Gebert«, 1906), vergast am 17. Nov. 1943 in Auschwitz.

Kuehl (s. S. 26) hat (kaum als erster) eine Erklärung dafür gefunden, warum die Cheopspyramidenerbauer für die Basisseite gerade 440 Ellen und nicht 400 oder 450 oder 500 gewählt haben.

Kuehl ist davon überzeugt, daß die Maße der Pyramide durch die stetige Teilung bestimmt worden sind. Er glaubt an Herodot und an seine Gewährspriester (so wie wir Tertullian glauben, wenn er versichert, daß in Pompeji vor dem Untergang keine Christen gelebt haben, vgl. S. 59).

Kuehl muß aber auch den Deutern des Herodotschen Berichtes glauben, welche aus

...esagögon tēs esti pantache metopon hekaston okto phletra eouses tetragonou kai hypsos ison...

(= sie ist viereckig, und jede Seite hält acht Phletra in die Länge, welcher die Höhe gleich ist) die Beziehung $h^2 = bs$ herauslesen.

Hielte man sich an die obige Übersetzung, so käme bei wörtlicher Auslegung keine ersprießliche, d. h. an der wirklichen Pyramide verifizierbare, Deutung heraus. Welche Höhe soll der Länge 2 b gleich sein? Es gibt nur drei Linien *oberhalb* der Grundfläche: die Höhe *h* der Pyramide, die Höhe *s* des Manteldreiecks sowie, um die Trias vollzumachen, die Kante *k*. In der folgenden Tafel XXVII sind für die drei Fälle alle notwendigen Daten zusammengestellt. Ein Vergleich mit den tatsächlichen Maßverhältnissen (z. B. bei dem Böschungswinkel *β*) bestätigt, daß aus den drei Möglichkeiten für die Deutung der Cheopspyramidenzahlen nichts zu holen ist; Fall 3 ist der schon behandelte des Oktaeders.

Tafel XXVII. Zur Deutung der Herodotschen Angaben

h	$2b$	$b\sqrt{3}$	$b\sqrt{2}$
s	$b\sqrt{5}$	$2b$	$b\sqrt{3}$
k	$b\sqrt{6}$	$b\sqrt{5}$	$2b$
$\tan\beta$	2	$\sqrt{3}$	$\sqrt{2}$
$\tan\mu$	$\sqrt{5}$	2	$\sqrt{3}$
$\tan\varkappa$	$\sqrt{2}$	$\sqrt{1,5}$	1
β	63°,43	60°	54°,74
μ	65°,91	63°,43	60°
$\varkappa$	54°,74	50°,77	45°

Nachstehend noch die maßstabgetreuen *Sägeschnitte* (Abb. 78).

Abb. 78

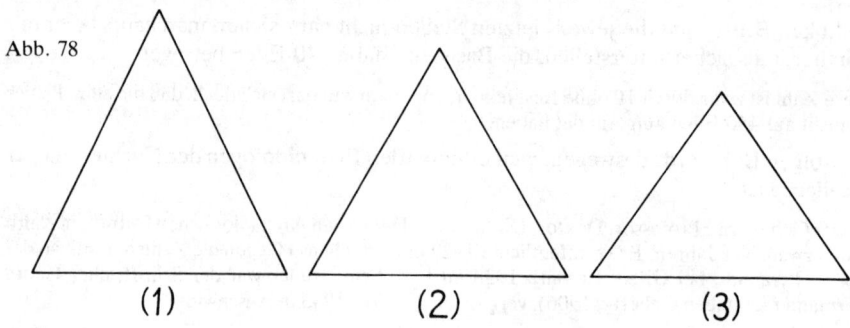

(1)   (2)   (3)

Ob die Ägypter von der Gleichung $h^2 = bs = s^2 - b^2$ ausgegangen und dann auf die Proportion

$$\frac{s}{b} = \frac{b}{s-b}$$

(s. S. 160) gekommen sind, oder ob es umgekehrt war, überläßt Kuehl dem Geschmack des einzelnen; für ihn steht fest, daß die Alten weder obige Gleichung noch obige Proportion *arithmetisch* lösen, wohl aber *geometrisch* aus dem Maior *b* die Strecke *s* konstruieren konnten, vielleicht mit Hilfe des schon damals (wenn auch natürlich nicht unter diesem Namen) bekannten pythagoreischen Lehrsatzes.

Man zeichne ein rechtwinkliges Dreieck mit den Katheten *b* und *b*/2 (Abb. 79), die Hypotenuse hat dann die Länge $b\sqrt{5}/2$. Man verlängere sie um *b*/2, die Gesamtstrecke ist dann gleich

$$\frac{b}{2}\sqrt{5} + \frac{b}{2} = b\,\frac{\sqrt{5}+1}{2} = b(1 + \varphi) = s.$$

Die dritte Strecke $s - b$ ist leicht zu finden, wenn man den verwendeten Kreisbogen zum Halbkreis verlängert, vgl. S. 158.

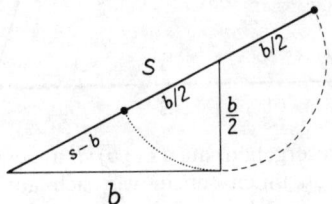

Abb. 79

Die auf S. 160 abgeleiteten Proportionen

$$\frac{s+b}{s} = \frac{s}{b} = \frac{b}{s-b}$$

finden sich z. B. am regelmäßigen Fünfeck nebst seinen Diagonalen (Abb. 80).

Kuehl scheint vom Drudenfuß (s. S. 27) auf die φ-Theorie gekommen zu sein.

Diese Figur war den Ägyptern nicht unbekannt: ihre Göttin der Weisheit (!) trug als Diadem einen Fünfstern, und über den Eingängen mancher Grabstätten befinden sich sehr genau behauene Steine von der Form regelmäßiger Pentagone.

Den Baumeistern müssen daher (angenäherte) Maßverhältnisse $b:s$ bekannt gewesen sein, 3:5 oder 5:8, vermutlich aber auch feinere wie 34:55 oder 55:89.

Es ist müßig, darüber zu grübeln, ob am Nil bereits der gesetzmäßige Zusammenhang zwischen diesen Näherungswerten von $\varphi = 1/(1 + \varphi) = (\sqrt{5} - 1)/2$ bekannt war, die Folge, welche Fibonacci als erster veröffentlicht hat, und deren Bildungsregel man sofort erkennt (φbonacci!):

$$\frac{0}{1}, \frac{1}{1}, \frac{1}{2}, \frac{2}{3}, \frac{3}{5}, \frac{5}{8}, \frac{8}{13}, \frac{13}{21}, \frac{21}{34}, \frac{34}{55}, \frac{55}{89}, \ldots$$

Wenn man einmal an einem Fünfstern einige Messungen vorgenommen hat, kann man leicht auf diese *Fibonacci-Folge* stoßen, schon zu dieses Meisters Zeiten, als es noch eine Tat war, die Primzahlen unter 100 aufzulisten. Warum eigentlich sollte man dies den Steinmetzen des Cheops nicht zutrauen?

167

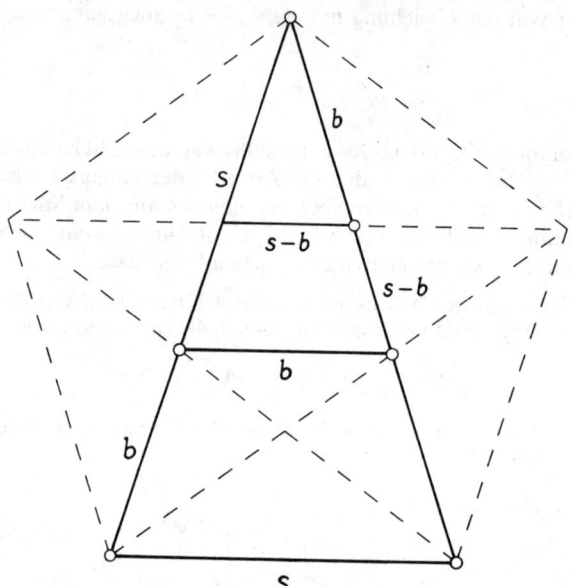

Abb. 80

Die ersten Werte der Folge ergeben, auf $(s-b):b$ angewendet, keine brauchbaren Fünfsterne, – man kann an ihnen sehen, wie sich aus breit- und spitzköpfigen Wechselbälgern mit Langspreiz- oder mit Stummelbeinen rasch immer vollkommenere Seesterne entwickeln, die Kepler sicher gern als Beleg für seine These vorgezeigt hätte, die lebende Natur sei Fünfigem mehr hold als das Reich der Gesteine (Abb. 81).

Aber erst das Pentagramm mit den Werten $s=89$, $b=55$ befriedigt – vor allem bei größeren Ausmaßen – unser kritisches Auge völlig (Abb. 81 Mitte):

$$89/55 = 1,61818 \quad \text{statt} \quad 1 + \varphi = 1,61803.$$

Dieses Verhältnis, welches sie vielleicht sogar für den wahren Wert hielten –

(aber das ist eine völlig aus der Grabkammerluft gegriffene Vermutung Kuehls!) –

haben möglicherweise die Planer des Gebäus verwendet, um die Forderung

$$\frac{s}{h} = \frac{h}{b}$$

zu erfüllen.

Wenn man demnach $s=\frac{89}{55}b$ setzt und dann verlangt, daß s ganzzahlig werde, muß man für b ein Vielfaches von 55 wählen. Man entschied sich (so Kuehl, der nicht dabei war) für $b = 4 \cdot 55 = 220$ Ellen; damit ist die *holprige* Zahl $2b = 440$ (vgl. S. 165) erklärt. S. Abb. 82, in der auch der zu

$$\cos \beta = \frac{220}{356} = \frac{55}{89} = 0,6179775\ldots$$

gehörende Böschungswinkel β ($= 51° 49' 53''$) eingetragen ist.

Damit scheint sich die Waagschale zu Gunsten der φ-Theorie zu neigen. *Scheint.*
Kein Grund zu triumφren:

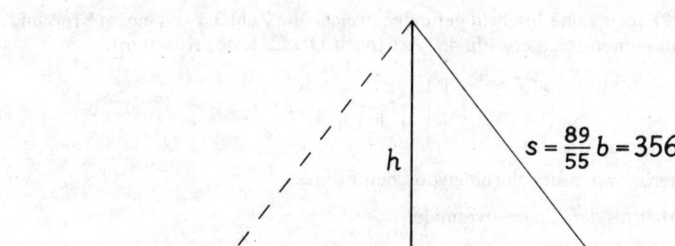

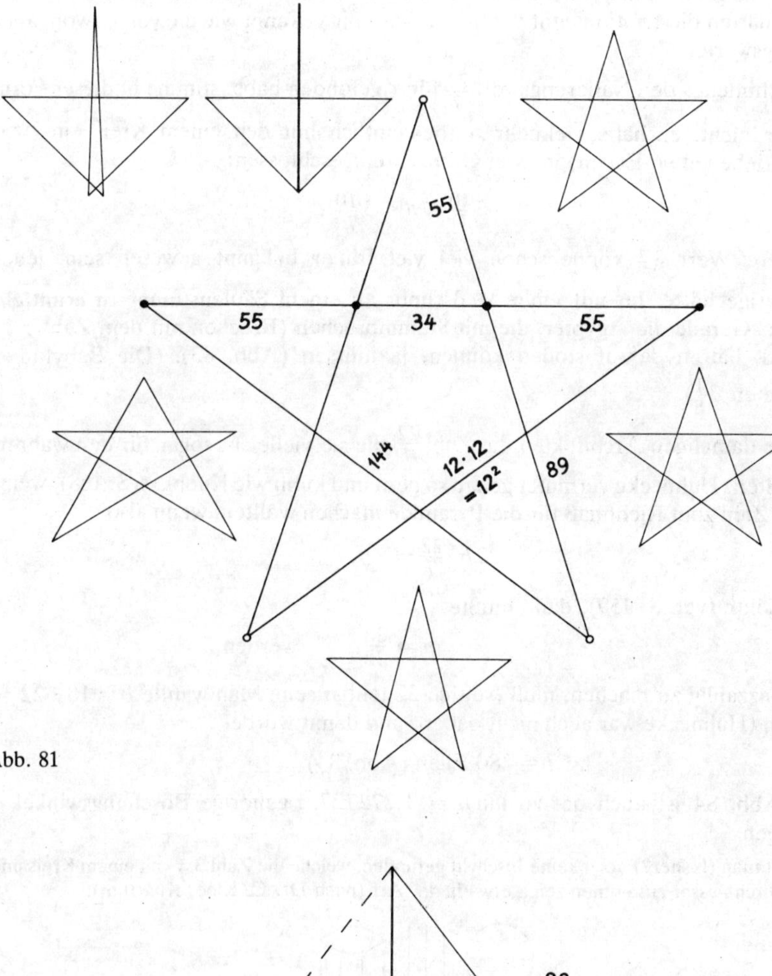

55

55   34   55

144   12·12
       =12²   89

Abb. 81

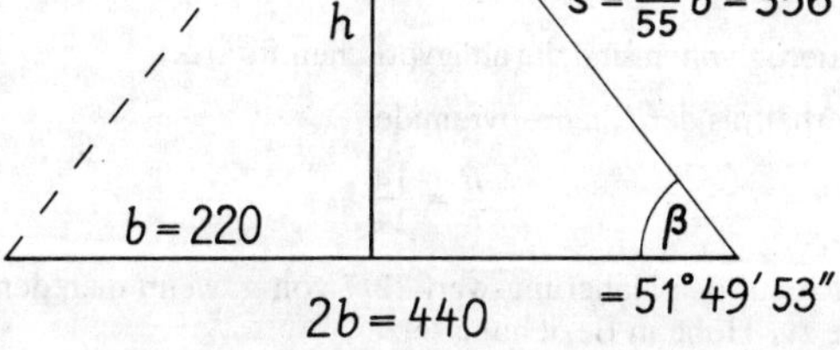

$$s = \frac{89}{55}\, b = 356$$

h

$b = 220$

$2b = 440$

$\beta = 51°\,49'\,53''$

Abb. 82

169

13

Denn Halmecke (S. 26), stets bereit, einen anderen Weg als Kuehl (wohl auch nicht als erster) zu gehen, unterstützt die π-Männchen. Er meint – ebenfalls mit Recht –, die Ägypter hätten die Irrationalität von π ebensowenig gekannt wie die von φ, wohl aber Näherungswerte.

Daß Archimedes den Näherungswert $\frac{22}{7}$ für π gefunden habe, stimme in dieser Form doch gar nicht, er habe vielmehr π (bekanntlich mit den einem Kreis ein- und umbeschriebenen 96-Ecken) in zwei Grenzen eingeschlossen:

$$3\frac{10}{71} < \pi < 3\frac{10}{70} \ .$$

Der obere Wert $3\frac{1}{7}$ könne schon viel viel früher bekannt gewesen sein, jeder Wißbegierige hätte ihn mit einer Meßschnur an einem Säulenstumpf zu ermitteln vermocht. Gerade die Ägypter, die mit Stammbrüchen (Brüchen mit dem Zähler 1) rechneten, hätten darauf stoßen können, ja müssen (Abb. 83). (Die Babylonier verwendeten $3\frac{1}{8}$).

Wenn die damaligen Architekten die Zahl $\frac{22}{7}$, die sie vielleicht sogar für den wahren Wert hielten (Halmecke vermutet genau so gern und kühn wie Kuehl, s. S. 168), wenn sie diese Zahl zum Richtmaß für die Pyramide machen wollten, wenn also

$$2h \cdot \frac{22}{7} = 8b$$

werden sollte (vgl. S. 159), dann mußte

$$h = \frac{28}{22}b \qquad \text{werden.}$$

Um h ganzzahlig zu machen, muß b durch 22 teilbar sein. Man wählte $b = 10 \cdot 22 = 220$ Ellen (Halmecke war auch nicht dabei), und damit wurde

$$h = 280 \text{ Ellen (Abb. 84).}$$

In der Abb. 84 ist auch der zu $\tan\beta = 1,272727...$ gehörige Böschungswinkel β eingetragen.

Leider hat man (bisher?) noch keine Inschrift gefunden, welche die Zahl $3\frac{1}{7}$ mit einem Kreis und seinem Durchmesser zusammen zeigt, etwa in der Art (nach Dr. C. Klee, Khartum):

(Die beiden rechten Hieroglyphen sind die altägyptischen für $3\frac{1}{7}$.)

Aus dem Böschungsverhältnis der Cheopspyramide

$$\frac{h}{b} = \frac{14}{11}$$

kommt man bekanntlich auf den Näherungswert 22/7 von π, wenn man den halben Umfang der Pyramidengrundfläche zur Höhe in Beziehung setzt,

$$\frac{4b}{h} = \frac{44}{14} = \frac{22}{7}\,;$$

darauf gründen sich ja viele Pyramidentheorien.

Wir haben Spaß daran, daß dieses Böschungsverhältnis 14/11 der Cheopspyramide, um 3 vermehrt, die *wohlriechtige* Zahl 47/11 ergibt.

Nun stehen die Waagschalen mit φ und mit π wieder gleich. Analog zur Tafel XXVI zeigt Tafel XXVIII die *Näherungspyramidenwerte* im Vergleich zu den mutmaßlich wahren Meßwerten.

Soweit Kuehl und Halmecke. Zur Ergänzung die Ansicht des Wissenschaftspublizisten, dessen Sachbuch den Anlaß zu diesem Kapitel gegeben hat:

Die Ägypter sind in der Mathematik so weit fortgeschritten gewesen, daß sie (wörtlich)

die Fibonacci-Reihe und die Funktion von π und φ entdeckten. Was sie außerdem noch wußten, bleibt zu erforschen.

Ein bißchen mager für ein steinernes Lehrbuch der Mathematik. (Übrigens: was sich der Publizist oder sein Übersetzer unter der *Funktion von π und φ* vorstellen, bleibt zu erforschen.)

Abb. 83

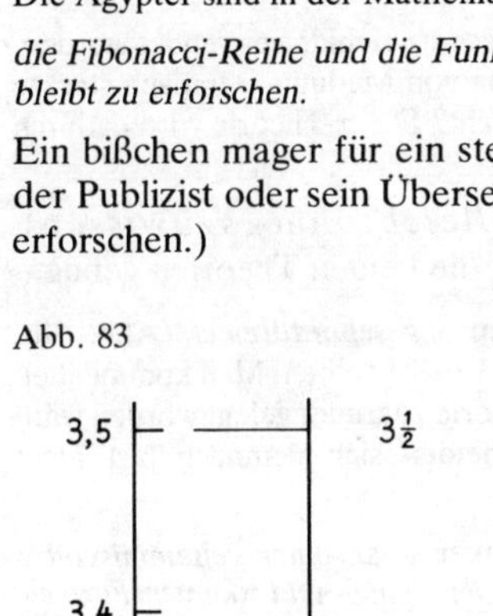

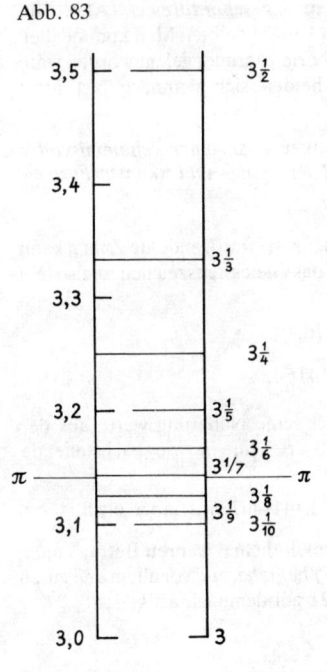

Abb. 84

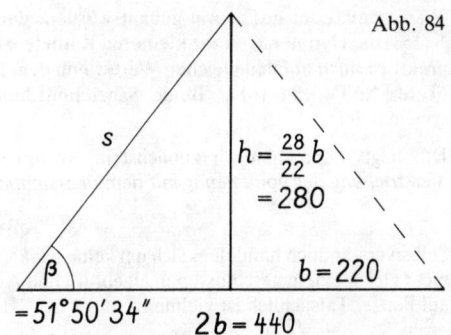

Tafel XXVIII. Vergleich der $\frac{22}{7}$- und der $\frac{89}{55}$-Pyramide mit der des Cheops

	$\frac{22}{7}$-Pyramide	tatsächliche Pyramide	$\frac{89}{55}$-Pyramide
s/b	1,61859	1,61855	1,61818
$h/b = \tan\beta$	1,27273	1,27268	1,27223
β	51°50'34''	51°50'30''	51°49'53''
$4b/h$	3,14286	3,14297	3,14409
b	220 Ellen	219,83 Ellen	220 Ellen
h	280 "	279,77 "	279,89 "
s	356,09 "	355,80 "	356 "

171

14

Wir meinen, daß sich die damaligen Architekten ähnlich verhielten wie die Meister der Bauhütten im Mittelalter: sie arbeiteten nach überkommenen Regeln oder *Weisheiten*, führten diese fort und verfeinerten sie, sie kannten Zahlenverhältnisse, die *schön* waren oder *heilig*, meist wohl beides – und sie frönten wie alle echten Künstler auch ihrem Spieltrieb. Sie werden manches Zahlenverhältnis *eingemauert* haben, um den Göttern zu gefallen oder einfach *nur so*. Die Herodotsche Nachricht wird keine Mär sein, man hat die Basisseite mit 440 Ellen angesetzt, wollte die Dreieckshöhe $s = 356$ Ellen lang machen, fand, daß dann die Pyramidenhöhe fast 280 Ellen betragen müsse – und rundete diese auf 280 Ellen auf, um ein einfaches *Böschungsmaß* zu erhalten, nämlich $280 : 220 = 14 : 11$.

Dieses Böschungsmaß ist bereits bei einer Vorgängerin der Cheopspyramide verwendet worden, nämlich bei der Stufenpyramide des Snofru, der Stufenmastaba von Medum. Demnach steckte auch in ihr der Wert 22/7. Bei Snofru Zufall, bei Cheops Absicht? Die π-Theorie wird dadurch leicht erschüttert.

Mit anderen Worten: man ist, ohne es zu wollen (und *v i e l l e i c h t o h n e e s z u w i s s e n*), von φ nach π gerutscht und hat eine Pyramide errichtet, die beiden Theorien genügt.

Wäre gemäß der φ-Theorie gebaut worden, dann muß in dem *Sägeschnittdreieck* (Abb. 67b, S. 153) die Hypotenuse s zur kleineren Kathete b im Verhältnis 1,618:1 stehen. Man kommt aber praktisch auch auf den gleichen Wert, wenn dem Bau die π-Theorie zugrundegelegt worden wäre (Tafel XXIV, S. 161). Beide Sägeschnittdreiecke unterscheiden sich demnach fast nicht voneinander.

Das liegt – sprechen wir zunächst in Ausdrücken der Mystiker – an *einer geheimnisvollen Verstrickung des goldenen φ mit dem übersinnlichen π gemäß der signiφ- und πkanten Formel*

$$5\pi = 6(2 + \varphi).$$

Selbstverständlich handelt es sich um keine *exakte* Beziehung, denn die transzendente Zahl π kann nicht gleich einem geschlossenen algebraischen Ausdruck sein, das Gleichheitszeichen ist also fehl am Platze. Tatsächlich ist vielmehr

$$15,70796\ldots = 5\pi \neq 6(2 + \varphi) = 15,70820\ldots$$

$$3,14159\ldots = \pi \neq \frac{6}{5}(2 + \varphi) = 3,14164\ldots$$

Setzt man in vorstehende Ungleichung für φ der Reihe nach seine Näherungswerte aus der Fibonaccifolge ein, erhält man einige bekannte Näherungswerte für π, wie nachstehende Tafel XXIX zeigt.

Die Folge $\frac{6}{5} \cdot (2 + \varphi)$ nähert sich dem irrationalen Grenzwert $3,141640786\ldots$, aber nicht π. Sie liefert zunächst den Näherungswert 3 der Juden, dann den vermeintlichen wahren Betrag von π, nämlich 3,2 (s. S. 223), den Arbeitswert der Babylonier (3,125) *beinahe*, und vor allem den guten Näherungswert 22/7 des Archimedes. Für diesen und $\varphi \approx 13/21$ gilt demnach *exakt*

$$\frac{5 \cdot 22}{7} = 6 \cdot \left(\frac{42}{21} + \frac{13}{21} \right) = \frac{6 \cdot 55}{21} = \frac{2 \cdot 55}{7}.$$

Der in der Tafel XXIX als letzter enthaltene Bemerkens-Wert 377/120 ist bemerkenswert gut, wird indes an Güte von dem (in dieser Folge nicht vorkommenden) Bruch $355/113 = 3,1415929\ldots$ übertroffen. (Tsu Ch'ung-Chih, 430 bis 501).

Tafel XXIX.　Zur angeblichen Beziehung zwischen π und φ

φ	$2+\varphi$	$\frac{6}{5}\,(2+\varphi)$	$\approx \pi$
1/2	5/2	3	= 3
2/3	8/3	16/5	= 3,2
3/5	13/5	78/25	= 3,12
5/8	21/8	63/20	= 3,15
8/13	34/13	204/65	= 3,13846
13/21	55/21	22/7	= 3,14286
21/34	89/34	267/85	= 3,14118
34/55	144/55	864/275	= 3,14182
55/89	233/89	1398/445	= 3,14157
89/144	377/144	377/120	= 3,14167

—— 15 ——

Vielleicht ohne es zu wissen. Näherungswerte von φ kannten sie aus den Fünfsternkonstruktionen. Der Näherungswert $3^{1}/_{7}$ für π war leicht zu finden – aber wurde nach ihm gesucht? Lag nicht vielmehr damals schon eine *heilige* Zahl fest, welche als Lösung der *Quadratur des Kreises* galt, an der zu deuten niemand dachte, niemand denken durfte? War damals bereits ehern *(für alle Zeiten)* festgelegt, daß man 16/9 des Kreisradius nehmen *müsse,* um die Seite des dem Kreis flächengleichen Quadrats zu erhalten? (Abb. 85)

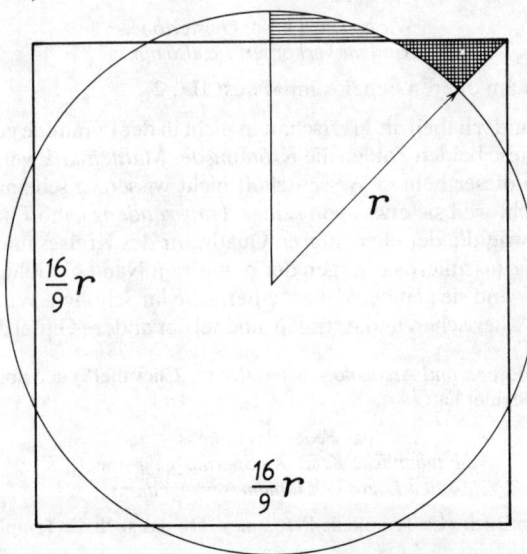

Abb. 85

Ursprünglich handelte es sich wohl um einen empirischen (und recht gelungenen) Versuch, die Fläche des Achtelkreises durch die eines rechtwinklig-gleichschenkligen Dreiecks zu ersetzen.

Inhalt des Dreiecks

$$\Delta = \frac{1}{2} \cdot \frac{8}{9} r \cdot \frac{8}{9} r,$$

Inhalt des Quadraturquadrats

$$8\Delta = \frac{8 \cdot 8 \cdot 8}{2 \cdot 9 \cdot 9} r^2 = \frac{16 \cdot 16}{9 \cdot 9} r^2 = \left(\frac{16}{9}\right)^2 r^2 = \frac{256}{81} r^2 = 3,1604938\ldots r^2.$$

16 und 9 waren, als Quadrate von 4 und 3, Zahlen des *ägyptischen Dreiecks,* möglicherweise sakral und unantastbar. Wir wissen, daß wir hier phantasieren (wenn auch weniger als mancher aus der Branche der Cheoptiker), aber wir wollen eine plausible Erklärung dafür anbieten, daß Jahrtausende nach dem Bau der Großen Pyramide (immer noch?) mit 256/81 gearbeitet wurde statt mit dem beachtlich genaueren 22/7. Weder im Papyrus Rhind (in ihm steht das Rechenbuch des früher Ahmes genannten Ahmosis) noch im Moskauer Papyrus wird 22/7 benutzt, stets 256/81 = (4 · 4 · 4 · 4)/(3 · 3 · 3 · 3). Schließlich hätten doch Pharao, Priesterschaft und Gaufürsten ein erhebliches Interesse daran haben müssen, den *wahren* Inhalt der Speicher und Kornkammern zu erfahren. (Vielleicht zogen sie aber den *zu hohen* Wert vor, weil durch ihn die ihnen zufließenden Steuern höher wurden.)

Die Kornkammern hatten die Form von Kreiskegelstümpfen (Papyrus Rhind, Aufgaben 41 bis 43) und – wenn man den Text der Aufgabe 10 im Moskauer Papyrus so deuten darf – von Halbkugeln.

Wir zweifeln nicht daran, daß der Wert 22/7 *indirekt* beim Bau verwendet wurde, wohl aber, daß man seine Bedeutung erkannt hatte. Die fanden erst die Deuterlinge heraus und trieben und treiben damit ihr Wesen:

> *Wir hauchen unsre Geistertöne,*
> *Und ihr verkörpert sie alsdann.*

haucht die Sphinx am oberen Peneios im »Faust II«, 2.

Doch mehr als φ und π haben die Herrschaften nicht in der Pyramide gefunden, aber sie tun so, als wären diese beiden Zahlen die *Krönung der Mathematik,* vermutlich deshalb, weil sie mehr von dieser hehren Wissenschaft nicht wissen. π scheint für sie der eine Gipfel zu sein, wohl weil sie etwas von seiner *Transzendenz* gehört haben, und damit Unmöglichkeiten wie die der elementaren Quadratur des Kreises und Übersinnliches vermengen. Und φ fasziniert sie wegen der pompösen Namen: Goldener Schnitt und göttliche Teilung – und sie glauben daher, φ herrsche im Schönen, Wahren und Guten, im Ästhetischen, Ätherischen und Astralen, und sei der andere Gipfel der Mathematik.

Zum Beleg: Der *Philosoph und Archäologe* Schwaller (= Chevalier?) de Lubicz weiß, was φ für die alten Ägypter bedeutet hat:

> *das Feuer des Lebens,*
> *die männliche Kraft des Sperma* [φ, φ donc!]
> *den Logos des Johannesevangeliums.*

So zu lesen in seinem Buch »Le Temple de l'Homme«. Ob das auch die Templer gewußt haben? (Vgl. S. 54.)

Dazu fallen einem die Verse ein:

Auf gebahnten Weges Mitte
Wankt er tastend halbe Schritte.
Er verliert sich immer tiefer,
Siehet alle Dinge schiefer ...

Goethe, »Faust II«, 5, Mitternacht (Sorge).

Die im vorigen Jahrhundert aufgekommene Mode, alle Zahlbeziehungen in Natur und Kunst auf »φ« zurückführen zu wollen, übersieht dabei z. B. die vielen Maßverhältnisse, welche auf das gleichseitige Dreieck und/oder seine rechtwinklige Hälfte, Platons »schönstes Dreieck«, zurückgehen; man denke an Bauten in Babylon, Phrygien (das sogenannte Grabmal des Tantalos), Hellas (das Markttor in Athen) bis in die Gotik hinein, bis zu Dürer und Leonardo da Vinci (vgl. S. 163).

Betrachten wir doch einmal ganz ohne Eifer die Zeiten im Mittelmeerraum, bevor die Griechen zu denken anfingen. In dem *fruchtbaren Halbmond,* der sich vom Nil bis über das Zweistromland hinaus schwang, lagen die Stätten aller westlichen Kulturvölker der Jahrtausende vor Christus. Deren Geometrie und Arithmetik diente *ausschließlich* praktischen Bedürfnissen, man löste Aufgaben, die das *Leben* stellte: Dammbau, Inhalte von Pyramiden und Kegelstümpfen, Herstellung von rechten Winkeln, von Böschungen.

Eine *Theorie* der von den Göttern gegebenen Zahlen 1, 2, 3, ... war unnötig. Man konnte sie zu Brüchen zusammenfügen und damit jedes Verhältnis in ausreichender Schärfe ausdrücken.

Das ist *im Leben* auch heute keineswegs anders: wir rechnen zwar selten noch mit *gemeinen* Brüchen, viel mehr mit Dezimalbrüchen, aber doch nur mit der für den jeweiligen Zweck genügenden Anzahl von Stellen nach dem Komma. Jeden dieser verwendeten Dezimalbrüche kann man in ein Verhältnis zweier ganzer Zahlen umwandeln, jeder *dieser* Dezimalbrüche ist folglich *rational*. Tatsächlich kann man alles, was unserer Messung zugänglich ist, durch solche rationale Verhältnisse beschreiben. Und die Meinung des Pythagoras, *Alles ist Zahl*, läßt sich durch irgendwelche *Meßexperimente* nicht widerlegen.

—— **16** ——

In Ägypten war es nicht anders. Wenn unser Wissenschaftspublizist seinem unwissenschaftlichen Publikum als erwiesene Wahrheit die spätantike Legende auftischt, Pythagoras sei 22 Jahre lang Priester in Ägypten gewesen und von Kyros(?) nach Babylon verschleppt worden; all sein mathematisches Wissen stamme vom Nil – wenn diese Geschichte stimmt, dann beweist sie, daß die Ägypter nicht weiter waren als die Babylonier, daß auch sie nur rationale Zahlen kannten wie jene. Denn Pythagoras verkündete doch bis zu seinem Lebensende, *alles* sei Zahl, alles sei *Zahl – ganze Zahl!* –, das Verhältnis ganzer Zahlen, alles in der Welt sei nur Nachahmung dieser Zahlen. Selbstverständlich war für ihn der Maior einer Strecke ein rationaler Bruchteil von ihr, vielleicht 55/89, selbstverständlich war dasselbe der Fall für das Verhältnis des Kreisumfangs zu seinem Durchmesser, möglicherweise 256/81, selbstverständlich auch für das Verhältnis der Quadratdiagonale zur Quadratseite, etwa 7/5. Feinere Messungen konnten zwar allenfalls bessere Werte liefern, aber auch nur das *Verhältnis zweier ganzer Zahlen.*

Als die Mathematik in den jonischen Siedlungen an Kleinasiens Küsten, auf den Inseln der Ägäis und in Großgriechenland entstand, da versank alles in den Schatten, was die Geometer in den Zeiten davor gekannt und gelehrt. Jetzt wurden wirkliche *Beweise* für die Sätze verlangt, nicht mehr Floskeln zu den Rezepten wie: Man kann so viel und so oft probieren wie man will – stets kommt es wie gehabt heraus.

Kein Ägypter zur Zeit des Cheops, aber auch kein Babylonier zu Kambyses' Zeiten ist auf den ausgefallenen Gedanken gekommen, zu fragen, welche Verhältnisse die Diagonalen eines Quadrats zu dessen Seiten *exakt* haben, exakt, bewiesen durch logisches Denken, nicht durch Messen, Nachmessen und nochmals Messen. Die Erschütterung, daß dabei *kein* Verhältnis ganzer Zahlen herauskommt, muß man nachzufühlen versuchen, um zu verstehen, wie diese erste *Grundlagenkrise* in der Mathematik die Finder oder wohl besser die Erfinder des Irrationalen getroffen haben muß.

—— **17** ——

Wäre uns ein Papyrus oder eine Inschrift aus Cheops' Zeiten über die Irrationalität bekannt – dann, ja dann könnten wir sagen, die Weisen vom Nil seien denen vom Euphrat, Ganges, Hwangho weit weit voraus gewesen. Aber die Kenntnis einiger Zahlenwerte hebt die Ägypter nicht aus den anderen Kulturvölkern heraus. Ob $3\frac{1}{7}$ für π, wie man ihnen zutraut, oder $3\frac{1}{8}$, womit in Babylon gerechnet wurde – das ist nicht wesentlich. Die Sumerer konnten Wurzeln ziehen, in Indien tändelte man mit Zweierpotenzen, in China permutierte und kombinierte man und schuf das erste magische Quadrat – – alles mehr oder minder durch Probieren, ohne Beweise. Genau so wie zu Ahmosis' Zeiten, dessen Rechenbuch vielleicht auf Kenntnisse zurückgreift, die man in Ägypten (erst) hatte, als die Cheopspyramide bereits ein halbes Jahrtausend stand.

Ohne Beweise – die gab es erst seit Thales und Pythagoras. Respekt vor den Baumeistern am Nil, doch mathematisch »sind alle nicht aequales Pythagoras und Thales«, und erst recht nicht den Entdeckern der Irrationalzahl; diese benötigt man nicht für Berechnungen an Grundstücken und Landkarten, für Kalender und Sternkunde, eine neue Art von *Zahlen*, die nicht in der Natur vorkommen, sondern lediglich in unserem Hirn ein seltsames Leben führen, Schlangen gleich, die nur am Anfang greifbar sind, aber dann im Dämmer zerfließen...

Wir gestehen gern den damaligen ägyptischen Baumeistern die Kenntnis der stetigen Teilung zu, ebenfalls – wenn auch mit einigem Bedenken – von Kreisnäherungswerten. Wir gehen nicht so weit, *alle* Rechnereien um das große Denkmal als »Pyramidenquatsch« abzutun. Man kann auch die Skepsis übertreiben und auf einmal kopflos dastehen, wenn man die Strudel der Phantasien allzuweit umschifft.

Incidis in Scyllam,
cupiens vitare Charybdin.

Gualtherus ab Insulis, Alexandreis, um 1180.

Das gilt auch für jene, die mit breitbeinigem Selbstbewußtsein auf der wohlgegründeten dauernden Erde stehen und sich durch deren Rotation nicht die klugen Köpfchen kreiseln lassen wollen, jene Männer, welche das Auftauchen des π-Verhältnisses einfach damit abtun, daß sie die Ägypter in der Ebene mit dem Umfang eines gerollten *Sonnenrades*, im Vertikalen aber mit dessen Durchmesser messen lassen.

Diese Deutung geht auf den *Elektronikexperten* T. E. Connolly zurück, der den alten Ägyptern die Vorstellung von der Isotropie des Raumes abspricht.

Und wie wurde damit die 3:4:5-Chephren-Pyramide errichtet?

Wir haben außer dem Steinhaufen selbst nichts Konkretes *in der Hand,* wir wissen nicht einmal genau, warum Imhotep & Co. gerade diesen besonderen Neigungswinkel, dieses 14:11-Verhältnis gewählt haben. Wir können überhaupt nichts genau über das Alte Reich wissen, dessen Einzelheiten verschwimmen im schweigenden Dunkel der Frühzeit, denn (wie es in »Faust I«, Nacht, heißt):

> Mein Freund, die Zeiten der Vergangenheit
> Sind uns ein Buch
> MIT SIEBEN SIEGELN.

177

Kapitel 8

(Zwischenspiel)

Siebenmal von der siebenseltsamen Sieben

Es erbt sich grade das Absurde wie eine ew'ge Krankheit fort

Von Aberglauben früh
und spat umgarnt...
Faust II, 5, Mitternacht (Faust)

—— 1 ——

Es fing damit an, daß die Menschen mit Augen statt mit Fernrohren oder Kameras am Kopf geschaffen worden sind und daher nur sieben Körper am Himmel wandeln sehen können.

Tausend Sterne stehen still (relativ zueinander), nur sieben bewegen sich am Himmelszelt dicht über der flachen Erdenscholle – auf ihnen *müssen* die Götter wohnen, die unser Schicksal bestimmen, diese *Planeten* sind wohl sogar die Götter selbst – so dachte man in den Städten des Zweistromlandes und gab den *Wandelnden* die Namen der Götter. Die astrale Dreiheit der babylonischen Obergötter hießen Schamasch, der Sonnengott, Sin, der Mondgott, und Ischtar, die Herrin des Morgen- und Abendsterns, dieser weiß am Dämmerhimmel strahlenden Blüte.

Gegen den Planetenkult wendet sich das Alte Testament: *Daß du auch nicht deine Augen aufhebest gen Himmel, und sehest die Sonne, und den Mond, und die Sterne, das ganze Heer des Himmels, und fallest ab, und betest sie an, und dienest ihnen.* (5. Mos. 4, 19). Die es dennoch tun, denen prophezeit Jeremia (8,2): *Sie sollen nicht wieder aufgelesen und begraben werden, sondern Kot auf dem Lande sein.* Im Koran (Sure 6, 75 bis 79) zeigt der Herr anschaulich dem Patriarchen Abraham, wie sinnlos die Anbetung der Gestirne ist.

Ischtar wurde von den Phönikern als Astarte verehrt, ihr Name wechselte von Volk zu Volk, Aphrodite, Venus, Freia, aber *die Liebe* hörte nimmer auf, ihr Sinnbild blieb stets derselbe Stern. Und die heiligen sieben Sterne, die Sterngötter, so glaubten die Menschlein – spannten alles Geschehen fest in ihr Netz. Jeder Gott, jedes Wandelgestirn, hatte Macht über einen Tag. Nach sieben Tagen, nach einer Woche, wiederholte sich dies in ständigem Rhythmus. So eroberte die sumerisch-akkadisch-babylonisch-jüdische Woche die Erde – auf den Flügeln des Christentums.

Behandelt worden ist von uns früher bereits die naheliegende Frage, warum die Wochentage sich nicht in der Folge der (scheinbaren) Planetenumläufe aneinanderreihen, also folgendermaßen:

☽	Mond	→	Montag
☿	Merkur	→	Mercredi
♀	Venus	→	Vendredi
☉	Sonne	→	Sonntag
♂	Mars	→	Mardi
♃	Jupiter	→	Giovedi
♄	Saturn	→	Saturday

Die Lösung ist bekannt: Die *Planeten* regierten tatsächlich in vorstehender, rückwärts zu lesender, Reihenfolge nicht die Tage, sondern deren *Stunden*, und zusätzlich denjenigen Tag, dessen *erste* Stunde (die nach Mitternacht) *ihre* Stunde war. Und weil 24:7 den Rest 3 läßt, muß man immer zwei Planeten überspringen und den drittfolgenden nehmen, wenn man die Folge der Wochentage erhalten will.

Wer Spaß daran hat, kann diese Springerei durch einen Siebenstern verdeutlichen (Abb. 86), dessen Spitzen von den Planeten in ihrer Umlaufsfolge besetzt sind, und dessen Strecken die Wochentage in ihrer richtigen Reihenfolge miteinander verbinden. (*Wenn der Mond im siebten Hause steht und Jupiter auf Mars zugeht...* beginnt das Musical »Hair« 1967/9.)

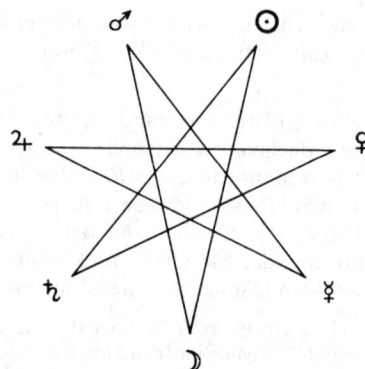

Abb. 86

——— 2 ———

Wir haben auch schon von dem so häufigen Auftreten der Siebenzahl recht ausführlich berichtet, z. B. über die sieben Weltwunder. Von ihnen stehen nur noch die Pyramiden, und mit ihrer berühmtesten, der Cheopspyramide, haben wir uns im vorigen Kapitel sattsam beschäftigt.

Übrigens soll ihre Vorgängerin im Totenfeld von Sakkara sieben Stufen gehabt haben. Ebensoviele hatte der Grabbau des Königs der Könige Kyros, dessen sieben Satrapen an der Spitze von sieben Provinzen standen.

Auch von den sieben Weisen Griechenlands war bereits die Rede, einer von ihnen war der erste Mathematiker auf Erden, Thales, angeblich −624 bis − 547. (77 Jahre!)

Thales kam zuerst nach Ägypten und brachte die Geometrie nach Griechenland; und vieles in dieser Wissenschaft hat er selbst gefunden. Eudemos, »Geschichte der Geometrie«, fr. 84.

Vor allem hat er sich von den *Rezepten* der Papyri gelöst und die ersten wirklichen Beweise gefunden. Mit Thales und Pythagoras hat die echte Mathematik begonnen, nicht mit Imhotep (s. S. 146), der zweifellos ein bewundernswerter und sehr kluger Praktiker war, genau so wie seine Feldmesser, Seilspanner, Sterngucker und Bauleiter.

Ob der griechische Mythos von den sieben Söhnen des Sonnengottes, welche *die weisesten Gedanken unter den früheren Menschen empfingen* (Pindar,»Olymp.«,7, 71), ob diese Sage eine Rückübertragung der Sieben Weisen in das goldene Zeitalter ist, bleibe dahingestellt. Aber das Buch von den Sieben weisen Meistern des Johannes de Saxonia (Handschrift aus dem Jahre 1407) geht sicher – wenigstens im Titel – auf die sieben Weisen Griechenlands zurück, wenn vielleicht auch nur indirekt.

Es ist bemerkenswert, wie leicht sich das ›barbarische‹ Latein dieser Handschrift liest:

Tunc aspexit Sindibar in astronomia et cognovit quod si puer loqueretur usque ad septem dies, quod mori deberet..., zu deutsch: Da blickte Sindebar in die Sterne und erkannte, daß der Knabe sterben müßte, wenn er innerhalb von sieben Tagen spräche...

Mit den sieben weisen Meistern sind wir bereits im hohen Mittelalter, dem Zeitalter, als alle Menschen noch glaubten und aberglaubten, als anno 1505 in Passau »Doktor Johannes Faust's Magia naturalis und innaturalis« erschien. Dort kann man von den sieben großen Feuergeistern und den Geistern der sieben freien Künste lesen.

Damals war man davon überzeugt, daß immer das siebente männliche Kind, ohne daß ein Mädchen dazwischen hineingeboren wurde, die Kraft besäße, durch bloße Berührung Kröpfe zu vertreiben.

Luther schrieb, als sein Söhnchen Hans das siebente Lebensjahr begann, belehrend-langstilig:

Das siebente Jahr ist ein Stufenjahr..., d. h. ein verwandelndes... Denn das siebente Jahr wandelt allezeit den Menschen. So ist das siebente Jahr eines jeden Menschen ein Stufenjahr, welches ein neues Leben, einen neuen Charakter und einen anderen Zustand herbeiführt.

Infans, puer, adulescens, juvenis, senior . . . und Ähnliches glaubt man noch heute, *wissenschaftlich* verbrämt, wegen der sich erneuernden Zellen und so. (Was aber nicht für die Gehirnzellen zutrifft, sofern vorhanden.)

—— 3 ——

Zur Lutherzeit ordnete man, antike und arabische Vorbilder nachahmend, den Planeten bestimmte Tiere, Pflanzen, Edelsteine zu – auch die sieben Engel, welche vor dem Angesicht Gottes stehen, siehe die folgende Tafel XXX.

Bei der Sonne und dem ihr zugeordneten Erzengel Raphael mag man an den *Prolog im Himmel* denken, der mit Raphaels Worten beginnt: *Die Sonne tönt nach alter Weise in Brudersphären Wettgesang...* Und wenn man feststellt, daß der geile Bock zur Venus und der reißende Wolf zum

In der Urbild-Welt.	Ararita אראריתא				Asser Ehcie אשר אהיה			Namen Gottes in sieben Buchstaben
In der geistigen Welt.	צפקיאל Zaphkiel	צדקיאל Zahkiel	כמאל Camael	רפאל Raphael	חאניאל Haniel	מיכאל Michael	גבריאל Gabriel	Sieben Engel, welche vor dem Angesichte Gottes stehen
In der himml. Welt.	שבתאי Saturn	רם Jupiter	מאדים Mars	שמש Sonne	נוגה Venus	כוכב Merkur	לבנה Mond	Sieben Planeten
In der element. Welt.	Wiedehopf	Adler	Geier	Schwan	Taube	Storch	Nachteule	Sieben Planeten-Vögel
	Tintenfisch	Delphin	Hecht	Seekalb	Aesche	Meer-Aesche	Seekatze	Sieben Planeten-Fische
	Maulwurf	Hirsch	Wolf	Löwe	Bock	Affe	Katze	Sieben Planeten-Thiere.
	Blei	Zinn	Eisen	Gold	Kupfer	Quecksilber	Silber	Sieben Planeten-Metalle
	Onyx	Sapphir	Diamant	Karfunkel	Smaragd	Achat	Krystall	Sieben Planeten-Steine
I. d. kleinenWelt.	Rechter Fuß	Kopf	Rechte Hand	Herz	Schamglied	Linke Hand	Linker Fuß	Sieben den Planeten zugetheilte integrir. Glieder
	Rechtes Ohr	Linkes Ohr	Rechtes Nasenloch	Rechtes Auge	Linkes Nasenloch	Mund	Linkes Auge	Sieben den Planeten zugetheilte Oeffnungen des menschlichen Hauptes
In der Unter-Welt.	Hölle גיהינם	Todespforten שערי צלמות	Todesschatten צלמות	Todesbrunnen באר שחת	Koth-Grube טיט היון	Verderben אברון	Abgrund שאול	Sieb. Wohnungen der Unterwelt nach der Beschreibung des Kabalisten Rabbi Joseph von Castilien in seinem Nußaarten.

Mars gehört, merkt man, daß der Nigromanten karge Phantasei hier ebenso nach dem Nächstliegenden gegriffen hat wie beim Formen der Planetensigel (s. S. 70).

Ganz kraus und schematisch zugleich (wovon wir einiges in einem Schema – Tafel XXX – gebracht haben) wird es im *Buch Arbatel*, betitelt »Von der Magie der Alten oder das höchste Studium der Weisheit«. Der Inhalt steht dem ungelenken Titel nicht nach. In Numero XVI des dritten Siebentels der Aphorismen wird zum Beispiel gelehrt, daß sieben Ämter *sind im Firmament, durch welche Gott die ganze Welt will regiert*

Tafel XXXI.   Herrscher über die Welt und ihre Zeiten

Zeichen	Geistername	Provinzenzahl	herrscht von	bis
♄	Aratron	7 · 7	−550	−60
♃	Bethor	6 · 7	−60	430
♂	Phaleg	5 · 7	430	920
☉	Och	4 · 7	920	1410
♀	Hagith	3 · 7	1410	1900
☿	Ophiel	2 · 7	1900	2390
☽	Phul	1 · 7	2390	2880

haben. Ihre sichtbaren Gestirne sind – und dann werden die Planeten in umgekehrter Reihenfolge aufgezählt, also zuerst Saturn, aber nicht unter dieser Bezeichnung, sondern mit einem absunderlichen Geisternamen. Jedem dieser Geister untersteht eine Siebenzahl von Provinzen, jeder Geist herrscht über die Welt $10 \cdot 7 \cdot 7 = 490$ Jahre, vgl. dazu die Tafel **XXXI**.

Wie das darin vorkommende *Endalter* 2880 mit dem (kürzeren) des Malachias und dem (längeren) des Nostradamus sowie mit den Zahlen 1 290 und 1 335 (Daniel 12, 11 u. 12) zusammenstimmen – dies zu untersuchen sei, bei Aratron und Phul, unbedarften Bedürftigen überlassen.

Nach »S. Malachiae Archiepiscopi de summis episcopis prophetia«, angeblich von 1139, erstmals gedruckt (und kurz vorher verfertigt) Venedig 1592, war Johannes Paul I. der vierte und letzte Engelspapst, sein Nachfolger Johannes Paul II. ist der Papst der Sonnenfinsternis (Devise: De labore solis). Wenn man dran glaubt, hat er eine lange Regierungszeit zu erwarten; denn die nächste totale Sonnenfinsternis über Mitteleuropa ist für Mittwoch, den 11. August 1999 berechnet worden. Ihm folgt der Papst *gloria olivae*, zu dessen Zeit Henoch und Elias wiederkommen (die beiden Entrückten des Alten Testaments), und schließlich der Römer Petrus II. Weiter geht's nicht (geht die Prophezeiung nicht), nam iudex tremendus iudicabit populum suum – das Jüngste Gericht setzt ein und allem ein Ende; denn dieser iudex calculabit.

Übrigens gibt es, zu lesen im Buch Arbatel, sieben höchste Geheimnisse (z. B. so lange zu leben, wie es einem gefällt), sieben mittlere (z. B. die Verwandlung der Metalle), und sieben geringere (z. B. ein guter Mathematiker zu sein, der seinen Euklid wohl versteht).

—— **4** ——

In Christopher Marlowes Drama »Die tragische Geschichte des Doktor Faust« (1588) sagt (III,1) der Papst (gemeint ist der vorletzte Nicht-Italiener auf dem Stuhle Petri ›Papst Adrian‹, der Utrechter Hadrian VI., 1522 bis 1523):

> *Sieh diesen Silbergürtel hier: er trägt*
> *Die sieben goldnen Schlüssel, fest gesiegelt*
> *Mit sieben Siegeln, die ein Zeichen sind*
> *Für unsre siebenfache Himmelsmacht,*
> *Zu binden, lösen, schließen, richten, strafen,*
> *Besiegeln und erlassen, wie wir wollen.*

Nach diesem kleinen Happen aus dem Werke eines großen Dichters die trockene Gelehrsamkeit des Agrippa von Nettesheim, der uns *alles über die Sieben* mitteilt:

> Es ist *die Sieben, als die Zahl der Ruhe,*
> *dem Saturn zugeteilt;*
> *auch regelt sie die Bewegung und*
> *das Licht des Mondes;*
> *die tritonische Jungfrau heißt sie,*
> *weil sie Nichts erzeugt;*
> *ferner wird sie der Minerva zugewiesen,*
> *weil sie von keiner Zahl erzeugt wird;*
> *und ebenso der Pallas als Mannweib,*
> *weil sie sowohl aus männlichen als*
> *auch aus weiblichen bestehn.*

Die Zuteilung der Sieben zum Saturn geschah natürlich, weil dieser der siebente Planet ist, ihre Verbindung mit dem Mond, weil dessen Phasen rund sieben Tage dauern und sein Umlauf, roh gerechnet, viermal sieben Tage beträgt. Der Rest der Angaben ist von den Neupythagoreern abgeschrieben.

Diese teilten ihre Lieblingszahlen bis 10 (man weiß: *Tetraktys*) etwa folgendermaßen ein.

1 ist keine Zahl, sondern Quelle und Ursprung der Zahlen (s. S. 35),

So wahr, als aus der Eins die Zahlenreihe fließt...   Rückert, »Die Weisheit des Brahmanen«

2 erzeugt die 4 und die 8,
3 erzeugt die 6 und die 9,
5 erzeugt die 10,

die 7 ist die einzige Zahl unter ihnen, die weder erzeugend noch erzeugt ist. (Zu ihr gehört in Abb. 87 weder eine gerade noch eine gekrümmte Linie.)

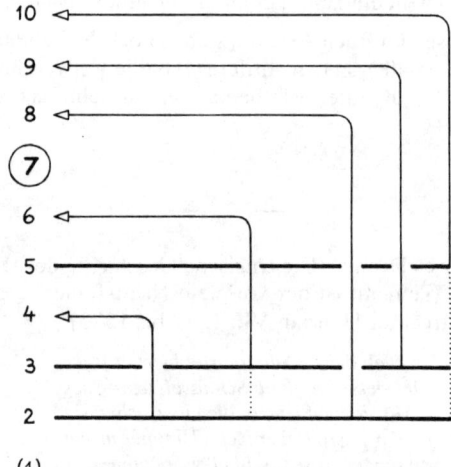

Abb. 87   (1)

Deswegen wird die Sieben mit jungfräulichen Göttinnen zusammengebracht, auch mit der nichterzeugten, vielmehr dem Haupt des Zeus entsprungenen, Pallas Athene, die sich keinem der Götter und keinem der Menschen vermählt hat.

Die pythagoreische Einteilung der Zahlen in ungerade männliche und gerade weibliche und ihre Zusammenfügung zu höheren ungeraden Zahlen trifft im hier betrachteten *pythagoreischen Bereich* nicht nur auf die 7, sondern auch auf die 5 und die 9 zu.

Merkwürdigerweise (darauf haben wir früher hingewiesen) teilt man die Sieben nicht in 2 und 5 auf, sondern stets in 3 und 4. (Agrippa erklärt dies dadurch, daß er die Drei auf die Seele wegen ihres dreifachen Vermögens des Verstandes, des Verabscheuungs- und Begehrungsvermögens bezieht, die Vier auf den aus vier Elementen bestehenden Leib, welchen vier Eigenschaften bestimmen.) Man denke an des Knaben Wunderhorn von Arnim und Brentano, in dessen drittem Teil das Lied vorkommt: *Die vier Heilige Drei König mit ihrem Steara, Der Kasper, der Melchar, der Baltes, der Beara* ... und an das ebendort zitierte Distichon Friedrich Schlegels mit der Überschrift »Herakles Musagetes«: *Kennst die bewegliche Drei du noch nicht, und der Viere Gebilde / Wahrlich, so wollt es der Gott, findest du nimmer die Eins.*

Und um noch eine moderne Belegstelle zu bringen – der Schluß von Peter Weissens »Der Schatten des Körpers des Kutschers«, 1960, lautet: ... *gab mir zu denken, so daß ich in dieser, dr e i Tage und bald vi e r Nächte hinter mir liegenden Nacht nicht zum Schlafen kam.*

Allerdings ist zu vermuten, daß Weiß diesen Satz nicht selbst ersonnen, sondern aus dem kollektiven Unbewußten à la C. G. Jung zugestrahlt bekommen hat.

Mit diesem kollektiven Unbewußten (oder durch dieses) könnte man *jene verborgenen, kaum geahnten Wünsche erklären, die auch in die klarste und reinste Seele trübe und gefährliche Wirbel zu reißen vermögen, ..., von den geheimen Bezirken, nach denen sie kaum Sehnsucht verspürten und wohin der unfaßbare Wind des Schicksals sie doch einmal, und wär's auch nur im Traum, verschlagen könnte.* (Arthur Schnitzler, »Traumnovelle«, I, 1926).

——— 5 ———

Eine solche Angst hat wohl Jakob Böhme (1575 bis 1624) zu den Weissagungen getrieben, *auf die fürchterlichen drey 7, die wir fast in tausend Jahren nicht in unserer Jahreszahl gehabt haben und die gerade im tausendsten Jahr wiederkommen,* nämlich anno 1777. Bekanntlich hat Lichtenberg diese Furcht aufgegriffen, dabei halb sich selbst verspottend, und dem Jahr, den Menschen und der Literatur nichts Gutes prophezeit. Aber er hat das schnurrige Avertissement, welches den Taschenspieler und selbsternannten *Künstler der Mathematik* Philadelphia aus Göttingen vertrieb, trotzdem am 7.1.1777 verfaßt. (*Seelen fordert Philadelphia,* schrieb der junge Schiller in »Laura am Klavier«.) Und vor allem wurde Lichtenbergs Weissagung – ebenso bekanntlich – von Carl Friedrich Gauß durch seine Geburt widerlegt.

Seines 200. Geburtstages (vgl. auch S. 93) wurde in der Bundesrepublik Deutschland durch ein Fünfmarkstück (Abb. 88) gedacht. (Entwurf von Erich Ott, Oberammergau, nach einer Vorlage des Malers Jensen aus dem Jahre 1840.)

Menschen, die nicht an den Zufall glauben, werden es für eine Fügung halten, daß ein *1777* geborener die elementare Konstruktion des *17*-Ecks entdecken mußte.

Apropos 17:

Es gibt nur *e in* Quadrat mit ganzzahligen Seiten *a,* für welches die Maßzahl *U* des Umfangs gleich der Maßzahl *I* des Inhalts ist; *a* = 4, *U* = *I* = 16. Es gibt auch nur *e in* Rechteck mit ganzzahligen Seiten *a* und *b* und der gleichen Eigenschaft; *a* = 6, *b* = 3, *U* = *I* = 18.

Die 17, welche 16 und 18 trennt, soll deswegen (?) bei den Pythagoreern eine Unglückszahl gewesen sein.

Studienräte bedauern, daß Gaußens Wahlspruch (Abb. 89) – pauca sed matura, wenige (sieben!) aber reife (Werke) – auf dem Rand der bundesdeutschen Gedenkmünze nicht mit genau 17 Zeichen (PAUCA o SED o MATURA o) angebracht worden ist, sondern mit 19.

30. 4 1777-23. 2 1855

Abb. 88

Abb. 89

Die Deutsche Bundespost wollte auch etwas tun und nahm sich vor, den Bundesbürgern die von Gauß geschaffene komplexe Zahlenebene näher zu bringen. Dazu schrieb das Bundesministerium für das Post- und Fernmeldewesen erklärend: *Gauß ... bewies, daß eine mathematische Gleichung n-ten Grades n Lösungen hat* und fährt etwas weiter unten fort: *Diese komplexe n Zahlen sind von Gauß in die Mathematik eingeführt worden.* (Es muß natürlich *komplexen Zahlen* heißen; ein Druckfehler ist es nicht; denn das *n* ist kursiv gedruckt wie oben bei *n* Lösungen.) Jedenfalls eröffnet die Gaußsche Zahlenebene *für die Mathematik eine bis dahin unbekannte, aber als existierend vermutete Dimension.* Eine ähnliche Mischung aus Wahrheit und Irrtum ist auch die Marke, die eher einem bunten Fleckerlteppich ähnelt, die Laien schockierend und die Kenner irritierend – als würden die komplexen Zahlen nicht mehr durch Punkte, sondern durch farbige Rechtecke dargestellt. Dieser Entwurf von Bruno E. Wiese wurde vom Kunstbeirat einem anderen des gleichen Künstlers vorgezogen, auch einigen der Bundesdruckerei (u. a. mit einer Darstellung der Gaußschen Krümmung).

Wir bringen zu Ehren des Meisters das mit 17 beginnende »Dreißigwortegedicht« von Robert Gernhardt, der auf Morgensterns Pfaden zu wandeln wähnt:

> *Siebzehn Worte schreibe ich*
> *auf dies leere Blatt,*
> *acht hab' ich bereits vertan,*
> *jetzt schon sechzehn, und es hat*
> *alles längst mehr keinen Sinn,*
> *ich schreibe lieber dreißig hin:*
> *dreißig.*

Noch einige Hinweise auf die häufige Verwendung der Sieben seit den Klassikern bis auf unsere Tage.

Schiller plante eine Ballade mit dem (an Kafka vor-erinnernden) Titel »Das Geheimnis der sieben Pforten«, hat aber keine Zeile dazu hinterlassen.

Zelter schrieb im März 1830 an Goethe: *Nun muß ich schweigen (wie unser Philologus Becker, den sie den Stummen in sieben Sprachen nennen).*

Gemeint ist August Immanuel Bekker (1785 bis 1871); der Ausdruck stammt von Schleiermacher.

Hermann Löns jammerte im »Abendlied« um die Rosemarie – *sieben Jahre mein Herz nach dir schrie,* vielleicht inspiriert von des Knaben Wunderhorn, in dem steht:

> *Es war einmal ein junger Knab,*
> *Der liebt sein Schätzlein sieben Jahr,*
> *Wohl sieben Jahr und noch viel mehr,*
> *Die Lieb, die nahm kein Ende mehr.*

(In Köln wird zur Karnevalszeit der junge Knab reimgerechter zu einem treuen Husar, dieser liebt allerdings sein Mädchen zunächst nur *ein* ganzes Jahr. Bei Heine, »Die Launen der Verliebten«, 1853, heißt es realistischer: *Dort blieb er sitzen sieben Jahr, bis daß die Braut verfaulet war* – er war ein Käfer, die Braut eine Fliege.)

Ein nettes Beispiel für die Macht der Sieben, welche sogar die Erinnerung verfälschen kann, lieferte Hebbel, als er schrieb: *Es sprach Horaz: laß dein Gedicht im Pulte sieben Jahre liegen.* Horaz empfahl indes (Ars poetica, V. 388): *nonum*que prematur in annum, *neun* Jahre bleib' es verborgen.

Zum Überdruß (und zu unserem unterdrückten Gelächter) strapaziert Annette von Droste-Hülshoff die Sieben im »Fegefeuer des westfälischen Adels«:

> *– da »sieben« schwirren die Lüfte,*
> *»Sieben, sieben, sieben« die Klüfte,*
> *»In sieben Wochen, Johann Deweth!«*
> *…*
> *Denn »sieben, sieben« flüstert es stets*
> *Und »sieben Wochen« ihm in das Ohr.*
> *Und als die siebente Woche verronnen,*
> *Da ist er versiegt wie ein dürrer Bronnen –*
> *Gott hebe die arme Seele empor!*

(Und verschone uns mit dem Sieben-Chor.)

Auch unser Jahrhundert ist fleißig dabei. Zunächst sieben deutsche Buchtitel aus fünfzig Jahren.

> Siebenquellen (Jos. Ponten, 1909)
> Siebenschmerz (Norb. Jacques, 1919)
> Siebenruh (J.F. Perkonig, 1925)
> Sieben vor Verdun (J.M. Wehner, 1930)
> Siebenfrauen (Ruth Schaumann, 1933)
> Siebenhundertsieben (Marg. Elzer, 1949)
> Siebenmal sah ich den Himmel (Hans Bekessy, 1959).

Heinz Konsalik (i.e. Günther) schrieb »Bittersüße 7 Jahre«. 1955 kam ein Marilyn-Monroe-Film zu uns, benannt »Das verflixte 7. Jahr«, 1967 erschien ein Roman von Frio Malpass mit dem nach frischer Wäsche duftenden Titel »Morgens um 7 ist die Welt noch in Ordnung«, 1976 wurde der Film *Sex-Export aus Amsterdam* angepriesen mit dem nach gebrauchten Laken riechenden Plagiat »Abends um 7 ist das Bett noch in Ordnung«.

Abschließend noch (für Mystiker) ein Zusammenhang der 7, 17, 27, 37, den sie nicht erwarten werden:

$$\frac{37 \cdot 37 \cdot 37 + 17 \cdot 17 \cdot 17}{27 \cdot 7 \cdot 7 \cdot 7} = 6$$

Damit sei diese Nachlese zu früheren »Sieben«-Sammlungen geschlossen, s. aber auch die Hinweise im Register.

6

Eine funkelnagelneue Sieben-Beziehung verdanken wir dem Ingenieur Mutchek (s. S. 30). Er, zweifellos in dem Technitrio Kuehl-Halmecke-Mutchek der intellektuelle Schwejk-Ulenspiegel, hat sich nicht an der Pyramidengräbelei und -grübelei seiner Kollegen (s. S. 166 u. 170) beteiligt, weil er mit Recht mutmaßte, daß nichts (Neues) dabei herauskäme. Mit einigem Stöbern werde man wohl in vergessenen Schriften mehr oder minder clairobscursichtiger Cheopsforscher all die Theorien mit 22/7 und 89/55 und 440 Ellen finden, welche seine beiden Kollegen erstmals ans Licht des Re gefördert zu haben inbrünstig zu glauben gläubig bereit sind.

Um Mutcheks Fund in den gebührenden Rahmen zu setzen, kehren wir noch einmal zum Anfang dieses Kapitels zurück. Man hatte den Planeten nicht nur Götter, Steine, Pflanzen, Tiere, Tage zugeordnet, sondern auch *sämtliche* Metalle. Die sieben Götter hatten es nämlich gefügt, daß den ersten Kulturvölkern genau sieben Metalle bekannt wurden, so daß man lange Zeit glaubte, es gäbe nur sieben. Vgl. Taf. XXX, S. 182.

Als man im Mittelalter Zink, Arsen, Kobalt, Nickel fand, weigerte man sich, sie als Metalle anzuerkennen – so stark wirkte die eingefleischte Tradition und der feste Glaube an die Wissenschaft der Alten – *sie schleppen von Geschlecht sich zum Geschlechte und rücken sacht* [sehr sacht, zu sacht] *von Ort zu Ort* (»Faust I«, Studierzimmer, Mephisto).

Die Zuordnung der Metalle zu den Planeten erfolgte wohl (ähnlich wie die des Adlers zu Jupiter und des Karfunkels zur Sonne) nach äußerlichen, naheliegenden Gesichtspunkten.

Das Eisen gehörte selbstverständlich dem kriegerischen, damit wild um sich schlagenden Mars; zur goldenen Sonne und zum silbernen Mond kamen die Metalle ihres Glanzes –

Leider ist nicht alles Mond, was Silber ist.   Hans Arp, »Mondsand«, 1960 –

das träge Blei entsprach dem langsam einherschlendernden Saturn; das quicke Quecksilber dem quirligen Merkur; und das Kupfer der Venus – denn es wurde auf Kypros gewonnen, in der Nähe dieser Insel ist Venus dem Schaum des Meeres und des Uranus entstiegen – und aus Kupfer wurden Spiegel verfertigt (das Zeichen der Venus ♀ ist ein Spiegel), welche die Frauen noch liebreizender erscheinen ließen als sie sich sowieso einbildeten. Und Zinn blieb Jupitern. (Vgl. die beiden ersten Spalten der folgenden Tafel XXXII.)

Die Planetenquadrate und -sigilla (vgl. S. 70) wurden auf das planeteneigene Metall geprägt, soweit möglich – Merkur hatte das Nachsehen und das Nachlaufen.

Tafel XXXII.   Spezifische Gewichte der Planetenmetalle

Zeichen der Planeten	Metall		Spez. Gewicht
☽	Silber	Ag	10,5
☿	Quecksilber	Hg	13,6
♀	Kupfer	Cu	8,9
☉	Gold	Au	19,3
♂	Eisen	Fe	7,9
♃	Zinn	Sn	7,3
♄	Blei	Pb	11,4

Mutchek suchte nach einer Gesetzmäßigkeit in der Zuordnung Metalle – Planeten, aber er fand keine Ordnung, weder nach Farbe noch nach Härte, weder nach Hauptfundorten noch nach dem spezifischen Gewicht.

Zwar soll erst Archimedes (man weiß: zu volle Badewanne und schon »Heurēka!«) das spezifische Gewicht entdeckt, erfunden, definiert haben; aber wer weiß, vielleicht hatten die gewitzten Weisen am Nil und Euphrat schon längst davon genaue Kunde – durch Israels Patriarchen oder die Atlanter oder die Ufo-rmanten oder sonstige Milchstraßenbahner.

Mutchek setzte schließlich als Hilfskraft (und Orakel!) jenes Heptagramm 2. Art ein (vgl. Abb. 86, S. 180),das für uns in die Verteilung der Wochentage Licht bringt. Da dieses aber in der *Metallfrage* nicht weiter half, griff Mutchek zu dem besonders siebenträchtigen Siebenstern 1. Art (mit dem Spitzenwinkel $77\frac{1}{7}°$, vgl. S. 252), Abb. 90.

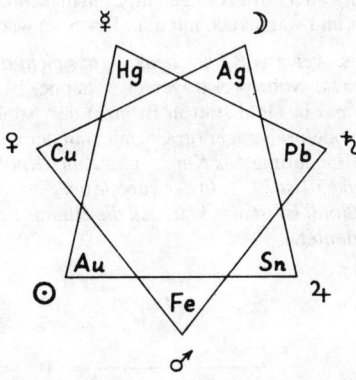

Abb. 90

Und siehe da: wandert man auf diesem (Abb. 90) vom Mars an rechts herum, so erhält man die Metalle in der Folge

Fe   Cu   Ag   Sn   Au   Hg   Pb,

somit in der Ordnung ihrer Atomgewichte (!)

55,8   63,5   107,9   118,7   197,0   200,6   207,2.

189

Damit bringt Mutchek allen Alchimystikern und Ägyptosophen die Erkenntnis, daß die Alten bereits die Atomgewichte gekannt haben. Die Zuordnung zu den Planeten erfolgte für die Metalle demnach nicht nach den oben aufgeführten äußerlichen Gesichtspunkten – diese sind wohl von den phantasiebegabten Griechen erst erfabelt worden, als der wahre Grund vergessen war.

Vielleicht, mutmaßt Mutchek weiter, waren die Priester noch viel weiter in der Erkenntnis fortgeschritten (oder hatten sie von den Astrogöttern, diesen diis ex machina?), vielleicht kannten sie bereits das periodische System der Elemente und deren Ordnungszahlen. Ordnet man diese den Metallen in obiger Folge zu, erhält man

$$\begin{array}{ll} Fe & 26 \\ Cu & 29 \\ Ag & 47 \\ Sn & 50 \\ Au & 79 \\ Hg & 80 \\ Pb & 82 \, . \end{array}$$

Mutchek: Man möge bemerken, daß Eisen und Kupfer, Silber und Zinn, Gold und Blei die Ordnungszahldifferenz 3 haben, daß Quecksilber und Zinn die zehnfache Differenz $10 \cdot 3 = 30$ aufweisen, und daß die Ordnungszahl 50 von Zinn gleich 79–29, dem Unterschied der Ordnungszahlen von Gold und Kupfer ist, also $Cu + Au = Fe + Pb$ sowie $Sn + Au = Ag + Pb$ und schließlich $Cu + Sn = Au$.

Ist das nun Alchimie oder nicht?

Was wir dazu sagen? – Mutchek setzt leichtfüßig und leichtsinnig über die Tatsache hinweg, daß in obiger Starre die Metalle mit *ihren* Planeten erst im Mittelalter verlötet waren. Im Altertum waren dem Jupiter manchmal Messing oder Bronze zugeteilt, Zinn manchmal der Venus, manchmal dem Merkur. Dieser hatte es dann und wann auch mit dem Eisen, so wie Mars mit dem Münzmetall!

Und: *Wer kann was Dummes, wer was Kluges denken, das nicht die Vorwelt schon gedacht?* – Richard Kuhn (1900 bis 1967), Nobelpreisträger für Chemie, beantragte im März 1959 die nochmalige Verleihung (diesmal in Gold statt in Bronze) der Adolf-von-Harnack-Medaille an Otto Hahn (1879 bis 1968), Nobelpreisträger für Chemie, mit der entwaffnenden humoristischen Begründung: *Bronze ist eine Legierung aus Kupfer und Zinn. Kupfer hat die Ordnungszahl 29, Zinn 50. Die Summe von 29 und 50 ist 79. ... In der Tabelle der Atomgewichte findet sich unter der Ordnungszahl 79 Au, das ist Gold. Es ist also klar, daß die Summe der beiden Ordnungszahlen... unmißverständlich auf Gold deutet...*

—— 7 ——

Mephisto: *Was gibts denn da?*

Servibilis: *Gleich fängt man wieder an:*

> *Ein neues Stück, das letzte Stück von sieben;*
> *So viel zu geben, ist allhier der Brauch.*
> *Ein Dilettant hat es geschrieben...*

(»Faust I«, Walpurgisnacht.)

Wenn man einen Kreis in sieben gleiche Teile teilt, jedem Teilpunkt ein Metall in obiger Reihenfolge (nach steigenden Ordnungszahlen oder nach steigenden *A t o m*gewichten) zuordnet, dazu den jeweils zugehörigen Planeten schreibt – und dann diese in der Reihenfolge ihrer Umläufe (Mond, Merkur, Venus, Sonne, Mars, Jupiter, Saturn) miteinander verbindet (Abbn. 91a,b), so erhält man (was eigentlich nicht verwundern dürfte!) einen Siebenstern 2. Art, wie es recht und billig ist.

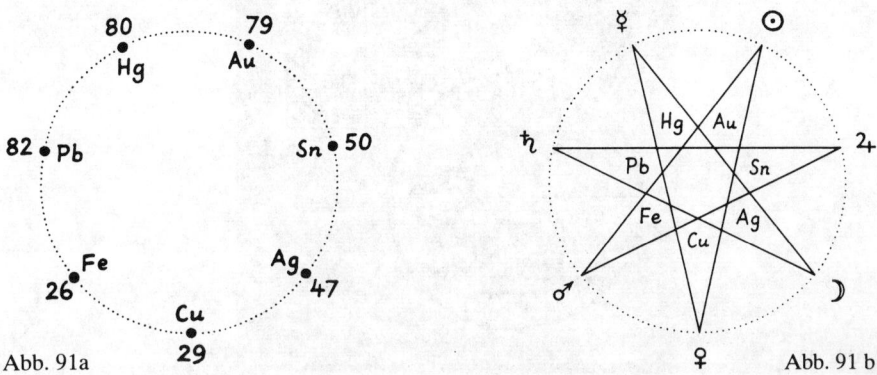

Abb. 91a   Abb. 91 b

Ordnet man hingegen die Metalle in der Reihenfolge ihrer *spezifischen* Gewichte (s. Tafel XXXII) im Siebenkranz (Abb. 92a), fügt die entsprechenden Planeten hinzu und verfährt weiter wie eben, dann entdeckt man (Abb. 92b) den Kopf einer Eule im runden Spiegel sowie ein großes M, was hier nicht Magna Mater (Venus) bedeutet, sondern – vermutlich – der Anfangsbuchstabe von Mutchek ist. *Was Venus weihen wolle* (frei nach Tucholsky).

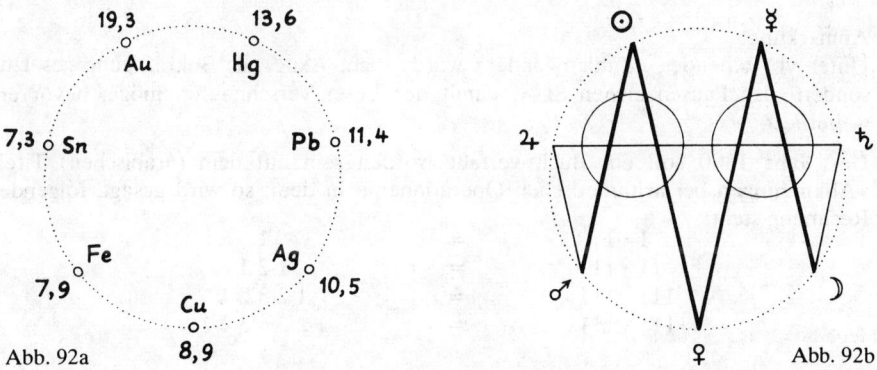

Abb. 92a   Abb. 92b

Auf den Bericht über seine Forschungsergebnisse hat Mutchek eine Till-Eulenspiegel-Marke geklebt und ihn am 7.7.77 — 7 Uhr aus 7777 mit einem *Salem Aleikum* abgesandt (Abb. 93).

Und um am Schluß dieses Siebenerkapitels siebenmal die siebenseltsame Sieben mal siebenmal die siebenseltsame Sieben zu bringen, multiplizieren wir zwei Zahlen

Abb. 93

miteinander, die beide die 7 in ihrer Mitte zeigen, während alle kleineren links und rechts von ihr in absteigender Folge bis hinunter zur 1 geordnet sind:

$$1\,2\,3\,4\,5\,6\,7\,6\,5\,4\,3\,2\,1 \cdot (1 + 2 + 3 + 4 + 5 + 6 + 7 + 6 + 5 + 4 + 3 + 2 + 1)$$

Wir erhalten

$$7\,777\,777 \cdot 7\,777\,777$$

Sela.

Anmerkung:
Unter vorstehendes »Zahlenwunder« wurde nicht Amen als Bekräftigung gesetzt, sondern das Pausenzeichen Sela, damit der Leser verschnaufen möge, bevor er weiterliest.

Ums Jahr 1300 soll ein Buch verfaßt worden sein mit dem (arabischen) Titel »Abkürzungen bei arithmetischen Operationen«, in dem, so wird gesagt, folgende Rechnung steht:

$$
\begin{aligned}
1 \cdot 1 &= 1 \\
11 \cdot 11 &= 1\,2\,1 \\
111 \cdot 111 &= 1\,2\,3\,2\,1 \\
1111 \cdot 1111 &= 1\,2\,3\,4\,3\,2\,1 \\
\vdots \quad &\quad \vdots \\
111\,111\,111 \cdot 111\,111\,111 &= 1\,2\,3\,4\,5\,6\,7\,8\,9\,8\,7\,6\,5\,4\,3\,2\,1
\end{aligned}
$$

Sie kann (und soll) demjenigen, der hochachtungsvoll die siebenseltsame Rechnung zur Kenntnis nahm, die Ehrfurcht vor solch Hexenkünsten nehmen – es geht alles ganz simpel und logisch zu:

192

$$1\ 2\ 3\ 4\ 5\ 6\ 7\ 6\ 5\ 4\ 3\ 2\ 1 \text{ ist gleich } 1\,111\,111 \cdot 1\,111\,111 \text{ und}$$
$$1 + 2 + 3 + 4 + 5 + 6 + 7 + 6 + 5 + 4 + 3 + 2 + 1 \text{ ist gleich } 49 = 7 \cdot 7,$$

folglich ist das Produkt der beiden linken Zahlen gleich

$$7\,777\,777 \cdot 7\,777\,777.$$

Der Verfasser des arabischen Rechenbuches soll von 1258 bis 1339 gelebt haben und ein Marokkaner mit dem klangvollen Namen Abul Abbas Achmed Ben Mohammed Ben Osman Ibn Bannaa Marrakeschi gewesen sein. So behauptet es Ali R. Amir-Moéz von der Uni Florida. (Wir wären nicht ärgerlich, wenn wir hier den Phantasien eines Anhängers und Fortsetzers des Emirs Kara ben Nemsi May aufgesessen wären; denn wir waren schon zu dessen Lebzeiten stolz darauf, den Namen Hadschi Halef Omar Ben Hadschi Abul Abbas Ibn Hadschi Dawuhd al Gossarah fehlerlos herunterschnurren zu können – indes (Allah akbar!) den Verfasser des Werkes ›Der kleine Sattel‹ nebst dem Kommentar ›Die Aufhebung des Schleiers‹ hat es tatsächlich gegeben, sein Name war sogar noch um die drei Worte Ibn Albanna Algarnati länger!)

AMEN.

Als Nachtrag noch eine Siebener-Meldung aus neuester Zeit:

Am 7. 7. 77 brachte das Zweite Deutsche Fernsehen in den 7-Uhr-Abend-Nachrichten eine ad-hoc-Meldung über die Einweihung des größten deutschen Verschiebebahnhofs: 7 Jahre Bauzeit, 7 km lang, 700 m breit, 700 Millionen DM Kosten (Im ersten Programm hieß es um 8 Uhr: 800 Millionen) ... Und dann wurde noch gesagt, es seien 47 Brücken und 11 Straßen gebaut worden. 47 – 11, dabei steht die Anlage gar nicht in Köln, sondern in Hamburg!

Kapitel 9

Was spinnen und singen sie nicht?

Wider die Nekrophilie der Quadra- und ähnlicher Toren

In solchem Wust und Moderleben
Muß es für ewig Grillen geben.
Faust II, 2, Hochgewölbtes, enges gotisches Zimmer (Mephisto)

—— **1** ——

Man sollte die Toten ruhen lassen und seine Liebe dem Lebendigen zuwenden. Aber die Gier nach Gold hat die Pharaonengräber zerstört, und die Gier nach schönen Körpern macht vor Leichenhallen nicht Halt. Der Toten Ruhe zu stören, gilt als schamlos und strafwürdig, in den Störern sieht man Gestörte, Zurückgebliebene, irreguläre Irregeleitete.

Als der junge Epheser Calimachus (im gleichnamigen Stück der Hrotsvit von Gandersheim, liber secundus, um 965) im Begriff ist, der dahingeschiedenen frommen Drusiana im inneren Grabgewölbe das *anzutun, was mir gefällt,* da stürzt auf ihn mit Ungestüm ein giftges Schlangenungetüm und bringt ihn (bis auf weiteres!) um.

Was nach lebendigem Menschenrecht toten Menschen recht ist, sollte man auch toten Problemen zubilligen – dazu gehört die Quadratur des Kreises, von der seit Jahrhunderten selbst die Poeten wissen, daß sie so etwas wie »Unmöglichkeit« bedeutet.

Dante Alighieri (1265 bis 1321) benutzte diesen Vergleich ganz kurz vor dem Schluß seiner Göttlichen Komödie, im Canto trentesimoterzo des Paradiso:

Dem Geometer gleich, der sich drauf warf,
Den Kreis zu messen, und trotz allem Grübeln
Nicht findet das Prinzip, des er bedarf ...

Goethe notierte sich für die (nie ausgeführte) Auditoriumsszene im Faust I (in welcher die Schulweisheit verspottet werden sollte) das Mephistowort:

Mit pathetischem Dünkel
Quadriert den Zirkel,
Biseziert den Winkel...

Aus der Satellitenschar um den Goetheschen Faust drängen sich noch die Zitate auf:

Lehr' uns vom Circulus
Die Quadratur!
Friedrich Theodor Vischer, »Faust II, neuer Schluß«
(Gesang der *vollendeteren Stadtstudierenden, in Rhombendodekaederbewegung sich nähernd*).

Ich bin von alledem so konsterniert,
als würde mir ein Kreis im Kopfe quadriert.
Kurd Laßwitz, »Prost, der Faust-Tragödie (−n)ter Teil« (Fuchs).

Das Allervertrackteste,
Hier war es bezweckt...
Fr. Th. Vischer, »Faust III« (Chorus mysticus).

———— 2 ————

Ist es denn wirklich so verzwickt, so verbockt, so verzickt, geometrisch einen Kreis zu quadrieren, also ein Quadrat zu konstruieren, welches dem Kreis flächengleich ist? Oder die eng damit verwandte Aufgabe zu bewältigen, eine Strecke zu finden, die genau so lang ist wie der Kreisumfang, also diesen zu *rektifizieren?*

Keineswegs. Man kennt zahlreiche Verfahren, welche beide Probleme exakt lösen.

Die älteste Kurve, mit der dies gelang, heißt sinnigerweise Quadratrix (man kann aber mit ihrer Hilfe auch jeden beliebigen Winkel fehlerlos in z. B. 3 gleiche Teile teilen). Sie wurde im 5. Jahrhundert v. Chr. von Hippias, dem Sophisten aus Elis, er- (oder ge-)funden.

Die Konstruktion der Quadratrix ist verhältnismäßig einfach (Abb. 94).

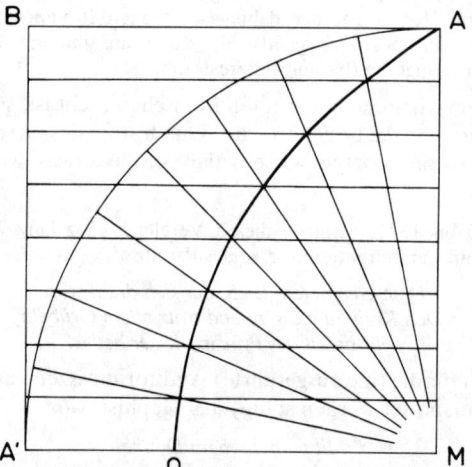

Abb. 94

Eine Seite ($\overline{AB}$) eines Quadrats gleitet parallel zu sich mit konstanter Geschwindigkeit, bis sie mit der *gegenüberliegenden* Seite ($\overline{MA'}$) zusammenfällt. Eine andere Seite ($\overline{MA}$) dreht sich gleichförmig in der gleichen Zeit um einen Endpunkt (M), bis sie mit der *anliegenden* Seite ($\overline{MA'}$) zusammenfällt. Die Schnittpunkte von $\overline{AB}$ mit $\overline{MA}$ ergeben die Quadratrix.

Mittels dieser Quadratrix gelang es Deinostratos (um −350), den Umfang des Kreises (mit dem Radius $r = \overline{MA}$ um den Mittelpunkt M) zu rektifizieren.

Es besteht nämlich die Beziehung

$$\frac{\overset{\frown}{AA'}}{\overline{MA}} = \frac{\overline{MA}}{\overline{MQ}},$$

der Radius ist die mittlere Proportionale zwischen dem Viertelkreisbogen und der Entfernung des Mittelpunkts von dem Punkt, in dem die Quadratrix die Quadratseite $\overline{MA'}$ schneidet. Diese Entfernung $\overline{MQ}$ ist gleich $2r/\pi$; obige Gleichung lautet demnach

(mit $\overset{\frown}{AA'} = r\pi/2$, $\overline{MA} = r$ und $\overline{MQ} = 2r/\pi$)

$$\frac{r\pi}{2} : r = r : \frac{2r}{\pi}.$$

Da $\overline{MQ}$ bekannt ist, kann man also den Viertelkreisbogen in eine Strecke verwandeln.

Wir gehen auf die Quadratrix und auf die weitere Konstruktion, welche die Rektifikation des Kreisumfangs, die Quadratur des Kreisinhalts und die Winkelteilung für *jede* Anzahl gleicher Teile liefert, nicht näher ein – wir wollten nur einen Weg andeuten, der zu einer richtigen Lösung des Problems führt.

Die Quadratrix ist eine von vielen Kurven, mit denen die angeblich unlösbaren Aufgaben erledigt werden können, und zwar nicht nur angenähert, sondern (theoretisch) ohne jeden noch so kleinen Fehler.

——— 3 ———

Also warum die ganze Aufregung?

Weil man in der Antike – vielleicht durch Platons Einfluß – nur zwei Instrumente zum Konstruieren zulassen wollte, das Lineal zum Herstellen gerader Linien und den Zirkel für die einfachsten oder schönsten oder himmlischsten krummen Linien, die Kreise. Und mit Geraden und Kreisen kann man zwar allerlei Punkte von allerlei Kurven finden, aber nicht einmal so einfache Figuren wie Ellipsen vollständig zeichnen; trotzdem waren, wie gesagt, andere Geräte (etwa Ellipsenzirkel) verpönt.

Deshalb wurden Lösungen mittels anderer Linien als Gerade und Kreise zwar als richtig *erkannt* (sofern sie richtig waren), aber nicht *anerkannt;* denn sie waren *mit unerlaubten Mitteln* zustande gekommen, waren nicht *elementar.*

Nur dann nämlich, wenn das Problem mit Zirkel und Lineal allein bewältigt wurde

– wobei das Lineal nur zum Punkteverbinden benutzt werden durfte und der Zirkel nur zum Kreisschlagen um Punkte – und beides nur *endlich oft –,*

nur dann galt das Problem als wirklich gelöst.

Wegen dieser, man kann sagen *puristischen Marotte* ließen die Mathematiker in der Antike und im Mittelalter die Quadratrix und alle anderen Kurven und Werkzeuge beiseite und mühten sich, mit den beiden zugelassenen Requisiten zum Beispiel den Punkt Q in Abb. 94 festzulegen – denn dann hätten sie die Quadratur und die Rektifikation *elementar und exakt* gelöst.

Vielleicht ist es nützlich, darauf hinzuweisen, daß eine wirklich durchgeführte Konstruktion (etwa mit dem Bleistift auf Papier oder gar mit dem Finger im Sand) niemals exakt sein kann. Man kann infolgedessen auch nicht durch Nach*messen* entscheiden, ob eine Konstruktion exakt ist oder eine Näherungslösung bringt. Dieser Nachweis erfolgt vielmehr durch Übertragen der geometrischen Schritte in arithmetische Formeln, also durch Nach*rechnen*.

Zum Beispiel vermag man mit Zirkel und Lineal ein Quadrat, seine Diagonale und (über ihr) das Quadrat doppelten Inhalts zu konstruieren und damit das *Problem der Verdoppelung des Quadrats* zu lösen (Abb. 95). Man kann auch mit diesen beiden Instrumenten das einem Kreis einbeschriebene regelmäßige Dreieck zeichnen, dessen halbe Seite siebenmal auf dem Kreisumfang abtragen und so ein regelmäßiges Siebeneck erstellen (Abb. 96). Das war schon zu Dürers Zeiten bekannt.

Die Rechnung, die glücklicherweise unabhängig von der Güte der Zeichnung ist, ergibt, daß das Quadrat mit der Seite s den Inhalt $s \cdot s = s^2$ hat, ferner daß die Diagonale d (nach dem *Pythagoras* ist $d^2 = s^2 + s^2$) gleich $s\sqrt{2}$ ist und daß das Quadrat über der Diagonale den Inhalt $s\sqrt{2} \cdot s\sqrt{2} = 2s^2$ hat. Diese elementare Konstruktion ist demnach exakt.

Man errechnet an Hand der Abb. 96 (wieder mit Hilfe des *Pythagoras*), daß die halbe Seite t des gleichseitigen, dem Kreis mit dem Radius r einbeschriebenen Dreiecks gleich

$$t = \sqrt{r^2 - \frac{r^2}{4}} = r \cdot \frac{\sqrt{3}}{2}$$

ist. Der zur Sehne t gehörende Zentriwinkel α (Abb. 97) müßte, wenn die Konstruktion exakt wäre, genau gleich dem 7. Teil des Vollwinkels sein, also gleich 360°/7. Aus Abb. 97 liest man indessen ab, daß

$$\sin \frac{\alpha}{2} = \frac{t}{2r} = \frac{r\sqrt{3}}{2 \cdot 2r} = \frac{\sqrt{3}}{4}$$

ist. Zu diesem Wert gehört der Winkel $\frac{\alpha}{2} = 25°39'32''$, d. h. es ist

$$\alpha = 51°19'04''$$
$$7\alpha = 359°13'28'', \text{ also nicht gleich } 360°.$$

So »richtig« diese elementare Konstruktion auf dem Papier aussehen mag – sie ist lediglich eine Näherungslösung, allerdings eine gute.

Falsch, teurer Freund, ist alle Empirie und nur die Rechnung ist gewiß.

Laßwitz, ›Faust-Tragödie (-n)ter Teil‹ (Mephisto)

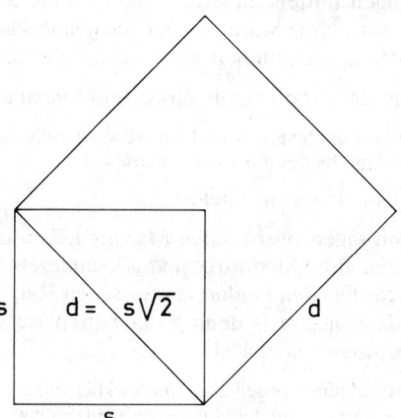

Abb. 95

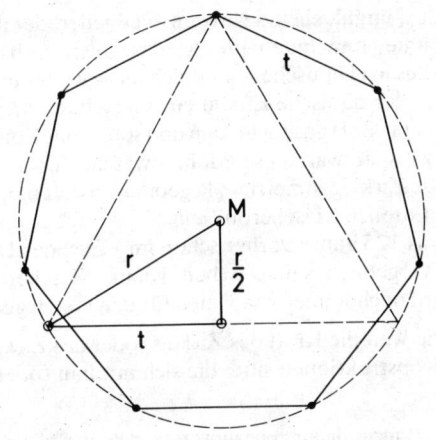

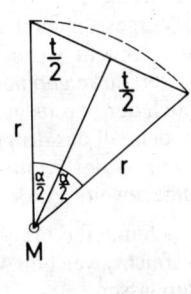

Abb. 96

Abb. 97

———— 4 ————

Daß man nicht alle Aufgaben mit den beiden Geräten erledigen kann, sieht man ein, eben weil die erlaubten Konstruktionsmittel stark eingeschränkt sind – um wieviel mehr muß die Menge der lösbaren Probleme sinken, wenn man zusätzlich noch den Zirkel verbietet oder das Lineal!

Man denke an die Forderung, welche der Bunt-Spiralyiker und Tausendsassa Hundertwasser (eigentlich Friedrich Stowasser) gestellt hatte: *Verbrecherisch ist die Benutzung des Lineals. Schon das Bei-sich-Tragen einer geraden Linie müßte – zumindest moralisch – verboten werden.* (»Verschimmelungsmanifest«, 1958.)

Kann man z.B. den *verloren gegangenen* Mittelpunkt eines Kreises nur mit einem Instrument wiederfinden? (was mit beiden leicht geht). Genügt das Lineal, genügt der Zirkel allein?

Daß und wie es möglich ist, diese (hiermit den Knoblern in die Hand und ans Herz gelegte) Aufgabe nur mit dem Zirkel zu lösen, hat der Mathematiker Lorenzo Mascheroni (mit der leicht zu merkenden Lebenslänge 1750 bis 1800) in Padua gezeigt. (Wieder einmal hat unser gesunder Menschenverstand anders geraten, er hatte sich mangels Kenntnissen zuviel Erkenntnisvermögen zugetraut.)

Der erste Mathematiker, der sich erfolgreich mit der Frage beschäftigt hat, welche Aufgaben man mit alleiniger Benutzung des Zirkels bewältigen kann, war der Däne Georg Mohr. Er fand heraus (und bewies einwandfrei), daß *alle* mit Zirkel und Lineal lösbaren Aufgaben *auch* mit dem Zirkel *allein* gelöst werden können, daß also hierbei das Lineal vielleicht erleichternd, aber nicht notwendig ist. Dieses verblüffende, bis dahin unbekannte und sicher auch für ihn unerwartete Ergebnis mag in Mohr den etwas hoffärtigen Gedanken geweckt haben, er sei dem Altmeister der Geometrie, dem Hellenen Euklid gleichwertig, er sei gewissermaßen der dänische Euklid. Wie dem auch sei – Mohr gab dem Buch über seine Entdeckung (erschienen 1672 in Amsterdam) den unglücklichen Titel Euclides Danicus, unglücklich deswegen, weil jeder, der ihn hörte oder sah, annahm, annehmen konnte, annehmen mußte, das Buch enthalte eine Übersetzung des Euklidischen Werkes ins Dänische, – und sich nicht weiter um seinen Inhalt kümmerte. Und so dämmerte der dänische Euklid ein Vierteljahrtausend im Keller der Vergessenheit dahin, bis er (1928!) ans Licht kam und sofort mit Kommentar neu herausgebracht wurde. Viel zu spät war diese Mohrenwäsche für den ersten Entdecker der Zirkelgeometrie. »Die Zirkelgeometrie«, la geometria del compasso, so hatte nämlich der bereits genannte Lorenzo Mascheroni sein 1797 erschienenes Buch betitelt, in dem all das drin steht, was 125 Jahre vorher schon im »Euclides Danicus« gedruckt war – der Mohr hatte vergeblich seine Arbeit getan. Mascheroni, der (selbständige) zweite Entdecker, wird noch immer von vielen für den ersten gehalten.

Es drängt sich nun die Frage auf, wie weit die Kraft des Zirkels (oder des Zirkels samt Lineal) ausreicht, welcher Art die Konstruktionen sind, die sich mit ihm (oder ihnen) durchführen lassen.

Diese Frage läßt sich (selbstverständlich?) nicht dadurch beantworten, daß man alle möglichen Konstruktionen durchzuproben versucht, denn auf diese Weise kommt man an kein Ende.

—— 5 ——

Es ist schon darauf hingewiesen worden, daß eine Konstruktion keineswegs nur deshalb als geglückt, als richtig, anerkannt werden kann, weil in der Zeichnung alles zu stimmen scheint – nicht die äußere Anschauung, sondern die innere Schau, der Geist, die Logik ist Richter. Der Wichtigkeit wegen soll noch einmal auf die eben behandelte geometrische Verdoppelung des Quadrats eingegangen werden und zwar an Hand der entzückenden Stelle bei Platon, wo (im Dialog »Menon«) Sokrates behauptet, Lernen sei nichts anderes als Wiedererinnerung. Er versucht, diese These an einem Sklaven des Menon zu demonstrieren, einem zufällig herausgegriffenen Jungen, im Haus des Herrn aufgewachsen und daher ganz gut hellenisch sprechend.

Sokrates zeichnet ein Quadrat von zwei Fuß Seitenlänge in den Sand, fragt nach dem Quadrat doppelten Inhalts und läßt durch geschickte Fragen (die freilich manchmal einer gewissen Suggestivität nicht entbehren, und – vielleicht – durch einige Striche, die wir in Abb. 98 angedeutet haben) den namenlosen Sklaven selbst darauf kommen, daß seine erste Antwort (das Quadrat von 4 Fuß Länge, weil 4 doppelt so groß ist wie 2) ebenso falsch ist wie seine zweite (das Quadrat von 3 Fuß Länge, weil 3 in der Mitte zwischen 2 und 4 liegt).

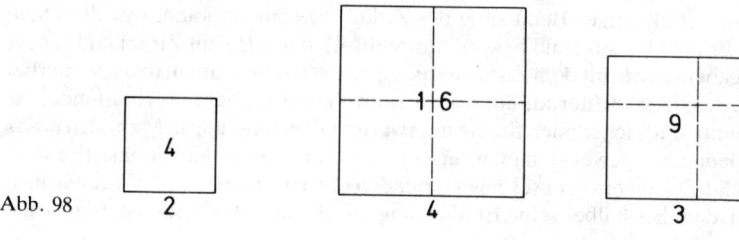

Abb. 98

Schließlich zeichnet Sokrates die Diagonale des *zweifüßigen Vierecks* und bringt den Sklaven so auf die richtige Lösung (Abb. 99).

Was Sokrates in den Sand geritzt hat, um der Sklavenseele die Wiedererinnerung zu erleichtern, kann ein geübter Kopf sich ohne Stützen vorstellen; ein etwas weniger versierter Mensch wird zu Lineal, Zirkel, Bleistift und Papier greifen (oder die Abbn. 98 u. 99 betrachten).

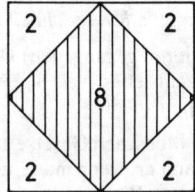

Abb. 99

Nochmals: Heutzutage beweisen wir gern die Tatsache, daß das schraffierte Quadrat das gesuchte mit der doppelten Fläche ist, durch Rechnung (vgl. S. 198). Aber hier kann man auch ohne diese – wie es dem Sklaven gelang – *sehen und einsehen,* nämlich durch bloßes Betrachten der acht kongruenten Dreiecke, daß das obige Quadrat tatsächlich doppelt so groß ist wie das ursprüngliche.

—— 6 ——

Hätte Sokrates den Sklaven nicht nach dem Doppel eines Quadrats, sondern eines Würfels gefragt, d.h. das sogenannte *delische Problem* aufgegriffen –

die Bewohner von Delos sollen auf die Frage, wie sie die grassierende Pest los werden könnten, vom delphischen Orakel die Antwort erhalten haben: Verdoppelt den dortigen (kubischen) Altar Apollons –

hätte Sokrates den Jungen aufgefordert, sich an die Verdoppelung eines gegebenen Würfels zu wagen, dann wäre dieser vielleicht wie vorher zunächst auf den Gedanken gekommen, die Würfelseite zu verdoppeln (Abb. 100). Er wird schnell erkannt haben, daß der neue Würfel nicht doppelt so groß, sondern achtmal größer ist.

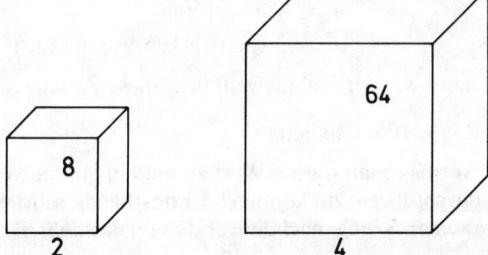

Abb. 100

201

Der Sklave hätte in unserer Fiktion zunächst denselben Irrtum begangen wie der kretische König Minos aus der Zeit, da die Götter noch auf Erden wandelten und erfolgreich mit den Frauen anbandelten. Als Minos (Sohn des Zeus und der Europa) sein Söhnchen Glaukos verlor (es war in einer mit Honig gefüllten Amphore ertrunken), ließ er für das Kind eine würfelförmige Grabkammer errichten, fand sie aber für einen Königssproß zu klein und forderte den Baumeister auf:

Zu klein entwarfst du mir die königliche Gruft,
Verdopple sie; des Würfels doch verfehle nicht!
Verdopple jede Kante schnell des Grabs.

Diese Verse aus dem (im übrigen verloren gegangenen) Drama »Polyidos« des Euripides zitiert Eratosthenes, der Erfinder des Primzahlsiebes (vgl. S. 130) in einem (unechten, aber aus dem Altertum stammenden) Brief an Ägyptens König.

Minos gilt als der erste Heros, der den Menschen Gesetze gab; er waltete später im Totenreich als oberster Richter. Offensichtlich verstand er, wenn man Euripides trauen darf, mehr von Rechten als vom Rechnen – schon auf den ältesten Richter traf also der bekannte Spruch zu:

IVDEX NON CALCVLAT.

Der Sklave könnte sich an die Diagonale des Quadrats erinnern, welche zur Verdoppelung des Quadrats führte, und probieren, ob vielleicht die Raumdiagonale des ursprünglichen Würfels die Kante des Doppelwürfels ist (Abb. 101).

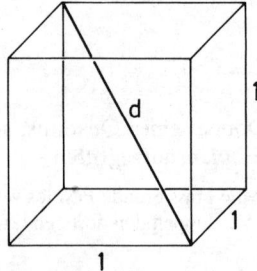 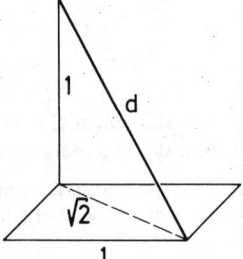

Abb. 101

Aber die zweimalige Anwendung des *Pythagoras* zeigt, daß in dem rechtwinkligen Dreieck, welches die Raumdiagonale *d* als Hypotenuse hat, die Katheten die Werte 1 und $\sqrt{2}$ haben, und daß gilt

$$d^2 = 1^2 + (\sqrt{2})^2 = 1 + 2 = 3$$
$$d = \sqrt{3} = 1{,}732\ldots$$
$$d^3 = 3\sqrt{3} = 5{,}196\ldots, \text{ aber nicht } = 2.$$

Die Kante muß vielmehr, wie der (gelangweilt über diese Zeilen) geneigte Leser weiß, die Länge $\sqrt[3]{2} = 1{,}25992105\ldots$ haben.

Auf welchem Wege vermag man diesen Wert zu finden, um die Würfelverdoppelung geometrisch exakt durchführen zu können? Eratosthenes schrieb darüber in dem angeblichen Brief an seinen König, nachdem er diesem das *delische Problem* dargelegt hatte:

Alle waren in Verlegenheit, da fand zuerst Hippokrates von Chios, daß man den Würfel verdoppeln könne, wenn es möglich wäre, zwischen einer Strecke und einer weiteren von doppelter Länge zwei mittlere Proportionalen in stetiger Proportion einzuschalten.

In modernem Gewand lautet der Gedankengang des Hippokrates (um -440):

Es seien 1 und 2 die Längen der beiden gegebenen Strecken. Man nennt bekanntlich die Strecke m dann die (geometrische) mittlere Proportionale zu 1 und 2, wenn die Gleichung $1/m = m/2$ (oder $m^2 = 1 \cdot 2$) gilt. Die Abb. 102 macht klar, wie man m mit Hilfe des bekannten Höhensatzes finden kann, vgl. S. 160.

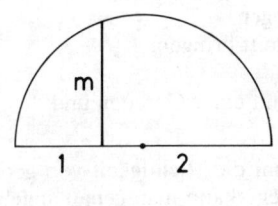 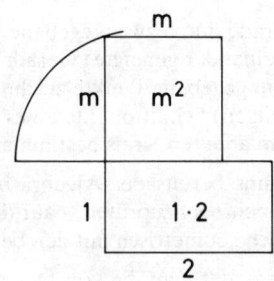

Abb. 102

Hippokrates ergrübelte, man müsse zwei Strecken x und y finden, welche die *beiden* mittleren Proportionalen zu 1 und 2 werden; in heutiger Formelsprache dargestellt: Es soll gelten
$$1/x = x/y = y/2.$$
Daraus errechnet sich $\quad y = x^2$ und $y = 2/x$,
d.h. $\qquad\qquad\qquad x^3 = 2$ oder $x = \sqrt[3]{2}$,

also tatsächlich die gesuchte Kante des gesuchten Würfels vom doppelten Inhalt.

Die erste Lösung des Problems im Sinne des Vorschlags von Hippokrates fand Archytas von Tarent (-428 bis -365), einer der führenden Pythagoreer. Er konstruierte die beiden mittleren Proportionalen durch im Raum erzeugte Körper, indem er einen Zylinder mit einem Kegel und einem Torus besonderer Art (vom Kehlkreisdurchmesser Null) schnitt.

Er löste also die Aufgabe mit stereometrischen Rotationen, die sich in Raumkurven durchdringen, und wurde deshalb – ebenso wie Eudoxos und Menaichmos – von Platon getadelt, weil er die Mathematik aus der reinen Sphäre des Unkörperlichen in die sinnliche Welt *herabgezogen* habe.

In den Rahmen dieses Buches paßt die Herleitung der Konstruktion nicht. Archytas muß ein ideenreicher Mann mit einer ausgezeichneten Raumanschauung gewesen sein, der eine *wahrhaft göttliche Eingebung* hatte (und hier nicht, wie in dem von ihm stammenden 8. Buch der Euklidischen Elemente, mit der Logik auf Kriegsfuß stand).

Um wieder auf Eratosthenes zu kommen: er löste das delische Problem mit einem *unzulässigen Werkzeug,* dem Mesolabium (= Mittelnehmer), das er erfunden hatte und dem König widmete.

Nur mit den beiden »heiligen« Instrumenten Lineal und Zirkel hat man das Problem der Verdoppelung des Würfels im Altertum nicht lösen können, auch später nicht – und man kann sich nun fragen, ob es zu den unlösbaren gehört (wie z. B. die Konstruktionen der Ellipse oder der Quadratrix).

—— 7 ——

Mit Zirkel und Lineal kann man lediglich fünf »Fundamentalkonstruktionen« ausführen:

1. Eine Gerade durch zwei gegebene Punkte legen,
2. zwei (zueinander geneigte) Gerade zum Schnitt bringen,
3. Kreise um gegebene Punkte zeichnen,
4. die (etwaigen) Schnittpunkte eines Kreises mit einer Geraden und
5. mit einem anderen Kreis bestimmen.

Wir haben uns bereits der Algebra bedient, um die Richtigkeit von geometrischen Konstruktionen nachzuprüfen – auf diesem Wege kann man genau angeben, welche Aufgaben sich geometrisch mit den beiden Instrumenten bewältigen lassen.

Hierbei verwendet man die von Descartes entwickelte analytische Geometrie.

Dazu die netten Verse von Kurd Laßwitz:

> Und ein Grieche war's, Euklides,
> der schrieb's auf und unterschied es,
> stützte schon vorsorglich schlau
> seinen ganzen Lehrsatz-Bau
> auf die Axiome.
>
> So kam unser Raum zu Ehren,
> und sein Anseh'n noch zu mehren,
> Achsen ihm Descartes verlieh,
> daß man die Geometrie
> auch könnt' kalkulieren.

(»Unser guter Raum«, 1886)

Wer ihre Anfangsgründe kennt, weiß, daß die Gleichung einer Geraden $y = x \tan \alpha + b$ sowie die eines Kreises um den Mittelpunkt des Koordinatensystems $x^2 + y^2 = r^2$ lautet (Abb. 103a,b). Er wird sich denken können, daß die Transformation der eben genannten fünf Fundamentalkonstruktionen ins Algebraische auf lineare und quadratische Gleichungen führt, und wird nicht erstaunt sein, zu hören, daß

die konstruierbaren Punkte von den gegebenen Punkten rational oder quadratisch-irrational abhängen.

Algebraisch sind diese Beziehungen durch Ausdrücke darstellbar, die nur rationale Zahlen (positive und negative ganze Zahlen und Brüche) und/oder Quadratwurzeln, auch Quadratwurzelaggregate, enthalten.

Man kann demnach mit Zirkel und Lineal z. B. die Quadratwurzel aus 2 oder aus 3 (wie oben gezeigt) *ziehen,* aber auch Ausdrücke wie

$$\sqrt{2 - \sqrt{2 + \sqrt{2 + \sqrt{2 + \sqrt{2 + \sqrt{3}}}}}}$$

konstruieren, und dann ›nach Art des Archimedes‹ Grenzen von π ermitteln.

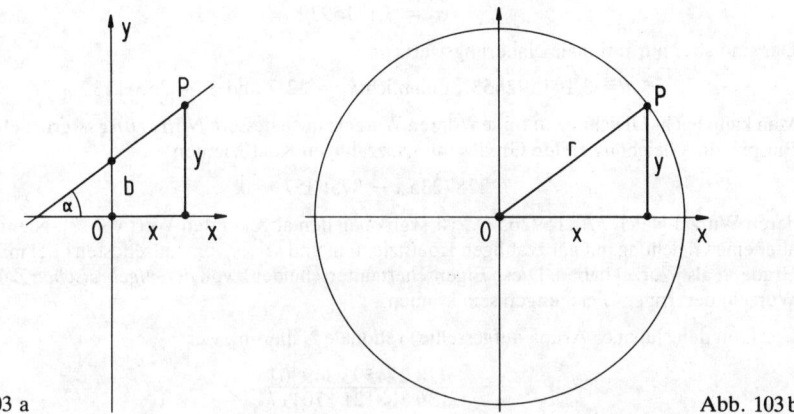

Abb. 103 a   Abb. 103 b

Damit ist der Bereich der mit Zirkel und Lineal (oder ohne Lineal) exakt lösbaren Aufgaben exakt umschrieben: alle, die algebraisch durch lineare und/oder quadratische Gleichungen dargestellt werden können, in manchen Fällen auch durch spezielle Gleichungen höheren Grades, welche rationale oder quadratisch-irrationale Lösungen besitzen.

——— 8 ———

Was diesen Bedingungen nicht genügt, ist elementar *und* exakt nicht lösbar; dazu gehören (leider?) auch die paar seit Jahrtausenden berühmten geometrischen Probleme

der Würfelverdoppelung,
der Konstruktion eines regelmäßigen Vielecks mit beliebiger Eckenzahl (vgl. Tafel VIII, S. 94),
der Dreiteilung eines beliebigen Winkels,
der Verwandlung einer vollständigen Kreisfläche in ein flächengleiches Quadrat,
der Ermittelung einer Strecke von der Länge des Umfangs eines gegebenen Kreises.

Bevor man das Kriterium gekannt hat, war das Bemühen der Geometer, diese Probleme mit *platonischen Mitteln* zu lösen, immerhin noch verständlich (die Unmöglichkeit der Quadratur des Kreises wurde endgültig erst 1882 von Ferdinand Lindemann gezeigt, als er bewies, daß das Verhältnis des Kreisumfangs zum Durchmesser, die berühmte Zahl π, nicht Wurzel einer Gleichung beliebigen Grades mit ganzzahligen Koeffizienten sein kann).

205

Eine Gleichung zweiten Grades mit ganzzahligen Koeffizienten ist

$$791x^2 - 4971x + 7810 = 0.$$

Sie hat die Wurzeln

$$x_{1,2} = (4971 \pm 1)/1582$$
$$x_1 = 3{,}1428571...$$
$$x_2 = 3{,}1415929...$$

Das sind aber nur rationale Näherungswerte von

$$\pi = 3{,}141592653..., \text{ nämlich } x_1 = 22/7 \text{ und } x_2 = 355/113.$$

Man kann leicht Gleichungen finden, deren Wurzeln noch bessere *Näherungs* werte liefern, zum Beispiel die Gleichung ersten Grades mit ganzzahligen Koeffizienten

$$2787235\,x - 8756357 = 0,$$

deren Wurzel gleich $3{,}141592653...$ ist (vgl. oben den abgekürzten Wert von π). Niemals kann aber eine Gleichung mit ganzzahligen Koeffizienten, und sei sie vom tausendsten oder millionsten Grade, π als Wurzel haben. Diese Eigenschaft unterscheidet π von den *algebraischen* Zahlen, die Wurzeln derartiger Gleichungen sein können.

Der (von dem Japaner Arima aufgestellte) rationale Näherungswert

$$\frac{428\ 224593\ 349304}{136\ 308121\ 570117}$$

liefert π auf 30 Stellen genau. (Es empfiehlt sich aber, lieber diese 30 Stellen auswendig zu lernen als die 30 Ziffern des Näherungsbruchs!)

Nachdem vor nun rund hundert Jahren einwandfrei bewiesen ist, daß sich die genannten Probleme geometrisch nicht elementar lösen lassen, weil sie algebraisch nicht durch Gleichungen darstellbar sind, welche rationale oder quadratisch-irrationale Wurzeln haben – seitdem die Probleme also tot sind, wird jeder vernünftige Mensch *entweder* den Mathematikern glauben *oder* ihre Beweise nachprüfen (und dann mit Sicherheit wissen, daß sie recht haben).

 9

Aber leider gibt es eine Menge Menschen, die nicht die erforderlichen Kenntnisse haben, um die Beweise nachvollziehen zu können (bei der Würfelverdoppelung und den anderen Problemen, die nicht den Kreis betreffen, genügen Schulkenntnisse) und die den Mathematikern nicht trauen – sie glauben einfach nicht an den Tod der Probleme; diese Toren versuchen sich an Zombies, an *lebenden Toten* ihrer Phantasie – und begehen fortgesetzt Leichenschändung. Man wird sich von ihren sinnlosen Spinnereien fernhalten – aber sie selbst, voller Stolz auf den vermeintlichen Sieg über die Trottel vom Fach, sie rufen, trompeten, schreiben Briefe, Artikel, Bücher (meist im Selbstverlag): Hoch WIR selber – Tod den Fachisten!

So hohl ist selten ein Kopf, daß er nicht voll wäre von einer Lehre.

Helmut Lamprecht 1975.

Aber wer davon nichts versteht und nichts verstehen will, wer an die Versicherungen der Kundigen nicht glaubt, der wird vielleicht dem Scheinproblem nachirren sein Leben lang, getreu dem Goethewort aus den Zahmen Xenien:

> *Wie sind die vielen doch beflissen?*
> *Und es verwirrt sie nur der Fleiß.*
> *Sie möchten's gerne anders wissen*
> *Als einer, der das Rechte weiß.*

Man ist versucht, die Frage der dritten Norne in Richard Wagners »Götterdämmerung« »Was spinnen und singen wir nicht?« auf diese Schwarmgeister umzudeuten und auszurufen

WAS SPINNEN UND SINGEN SIE NICHT?

Aber manchmal gelingen ihnen erstaunliche Näherungslösungen – und deswegen sei einiges von ihnen berichtet, obwohl sie immer wieder Kundige stören und sensationsgierige Journalisten aufstören.

—— **10** ——

Über die *Verdoppelung des Würfels* brauchen wir nicht mehr viele Worte zu verlieren: die *zugehörige* Gleichung lautet $x^3 = 2$, ist also vom dritten Grade. Sie hat demnach drei Wurzeln, von denen zwei komplex, folglich für unsere Zwecke unbrauchbar sind. Die dritte ist $\sqrt[3]{2} = 1,2599\ldots$

Der Näherungswert 1,26 für die Kante liefert einen Würfel mit dem Inhalt 2,000376; damit wird sich Apollon vermutlich in Delos begnügt haben; denn die Pest ist erloschen.

(Man wird nicht sofort glauben wollen, daß Abb. 104 einen Würfel auf seinem Doppel darstellt.)

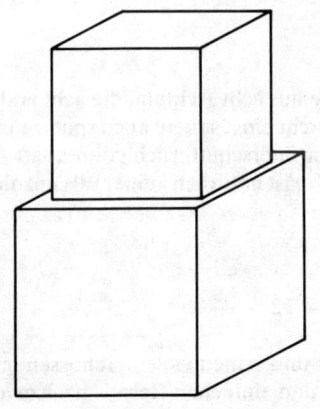

Die Inhalte der Würfel mit den Kantenlängen 4 und 5 verhalten sich fast wie 1 zu 2 (genauer wie 1 : 1,953).

Abb. 104

Welche *regelmäßigen Vielecke* man mit Zirkel und Lineal konstruieren kann, steht nach der staunenswerten Tat des Primaners Gauß fest (vgl. S. 94). Das Siebeneck und das Neuneck sind *nicht* dabei. Man kann sie natürlich zeichnen, mit jeder gewünschten Genauigkeit zeichnen, am schnellsten wohl durch geschicktes Probieren; auch ein Winkelmesser kann gute Dienste leisten. Doch Zirkel und Lineal allein tun's freilich nicht. Indessen: ein im Ruhrpott lebender Re-Busfahrer, der viel über das Leben berühmter Mathematiker gelesen hat, hält sich nicht nur deswegen für befähigt und berufen, sämtliche genannten Probleme mit Leichtigkeit zu lösen.

Es ist bemerkenswert, wie dieser enorm schreibselige Mann sich auf die geistige Ebene von Universitätsprofessoren herabzulassen geruht, zu ihnen väterlich-freundlich wie zu begriffsstutzigen Hilfsschülern spricht und dabei ein eindrucksvolles pädagogisches Geschick zu entwickeln sich nicht für zu erhaben dünkt:

Man könne sich doch wohl eine kreisförmige Torte vorstellen, die in acht gleiche Teile geteilt ist, was mit Zirkel und Lineal exakt durchgeführt werden kann (Abb. 105). Von jedem Teil könne man mit denselben Mitteln ein Achtel abtrennen und daraus ein neuntes Tortenstück fabrizieren (Abb. 105). Die acht beschnittenen Tortenstücke werden zusammengerückt – und siehe da: das neue neunte Stück paßt haargenau in die Lücke!

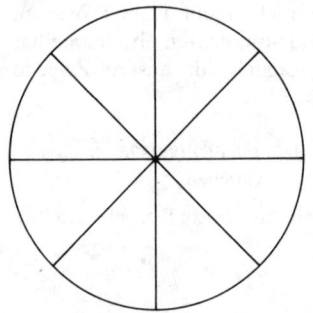 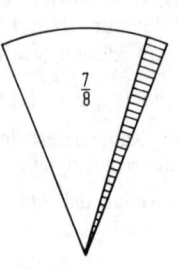 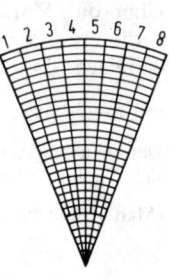

Abb. 105

Der Einwand, das neunte Stück bestehe aus acht Achteln, die acht anderen aus sieben Achteln, wurde von dem Herrn lange nicht eingesehen, auch später nicht zugegeben – er flüchtete sich vielmehr – nach wie vor unerschütterlich gönnerhaft – in eine andere Konstruktion, die von jedem Anfänger (*er* ist natürlich keiner) als unzulässig erkennbar ist.

Von diesem kuriösen Neuneckenbauer und seinen vielen Genossen im Schwarmgeist müßte man verlangen können, daß sie den einfachen Beweis nachzuvollziehen in der

Lage sind, welcher zeigt, daß man den Winkel von 120° nicht elementar dritteln kann. Dies wäre der Fall, wenn man auf irgend eine Weise nur mit Zirkel und Lineal den Zentriwinkel 360° : 9 = 40° des Neunecks ermitteln könnte.

In jeder Formelsammlung der ebenen Trigonometrie findet man die Beziehung zwischen einem beliebigen Winkel α und seinem dritten Teil $\alpha/3$:

$$4 \cos^3 \frac{\alpha}{3} - 3 \cos \frac{\alpha}{3} = \cos \alpha,$$

(eine Beziehung, die man auch selbst leicht ableiten kann). Man bringe $\cos \alpha$ auf die linke Seite, multipliziere alle Glieder mit 2, setze $2 \cos(\alpha/3) = x$ und $\cos \alpha = c$, und erhält die sogenannte *Winkeltrisektionsgleichung*, eine Gleichung dritten Grades

$$x^3 - 3x - 2c = 0.$$

Im allgemeinen sind die Wurzeln dieser Gleichung weder rational noch quadratisch-irrational, es existieren also keine elementar konstruierbaren Dreiteilungslösungen für die den c zugehörigen Winkel. Aber es gibt (übrigens unzählig viele) spezielle c, also spezielle Winkel α, bei denen eine elementare Dreiteilung möglich ist, z. B. 216°, 180°, 135°, 90°, 72°.

Aber wie gesagt, nicht 120°.

Dessen $\cos 120° = c$ ist gleich $-1/2$, die Trisektionsgleichung lautet hier also

$$x^3 - 3x + 1 = 0,$$

hat demnach nur rationale Koeffizienten.

Für derartige Gleichungen 3. Grades gilt der Satz, daß sie dann keine *konstruierbare* Lösung besitzen, wenn sie keine *rationale* Lösung haben. Um dies für obige Gleichung festzustellen, setzen wir für x die unbestimmte rationale Zahl m/n mit teilerfremden m, n ein:

$$\frac{m^3}{n^3} - 3 \frac{m}{n} + 1 = 0$$

oder $\quad m^3 - 3mn^2 + n^3 = 0,$

d. h. es muß sein

$$\text{sowohl } \quad m^3 = n(3mn - n^2)$$
$$\text{als auch } \quad n^3 = m(3n^2 - m^2).$$

Daraus folgt, daß m durch n und n durch m teilbar sein müßte, was nur für $m = \pm n$ der Fall ist; $x = m/n$ müßte also gleich $+1$ oder -1 sein. Diese beiden Zahlen befriedigen die Gleichung aber nicht, sie hat demnach keine rationale Lösung, also auch keine konstruierbare.

Folglich kann man den Winkel von 120° nicht mit Zirkel und Lineal in drei gleiche Teile teilen, demnach auch kein regelmäßiges Neuneck zeichnen.

Eine stets neu gefundene, immer nur an spitzen Winkeln demonstrierte, rührend einfache Trisektion drittelt die Sehne im naiven Glauben, es sei dem Bogen billig, was der Sehne recht ist (Abb. 106a). In Wirklichkeit ist der mittlere der drei Teilwinkel größer als die Flügelmänner; dies sieht man sofort, wenn man das Verfahren auf einen stumpfen Winkel anwendet. In Abb. 106b ist dies für den Winkel von 120° geschehen. Man kann leicht nachrechnen, daß die beiden

209

Seitenwinkel halb so groß sind wie der Mittelwinkel. (Fällt man noch vom Kreismittelpunkt das Lot auf die Sehne, dann hat man durch diese »*Tri*sektion« den Winkel von 120° in genau *vier* gleiche Winkel geteilt.)

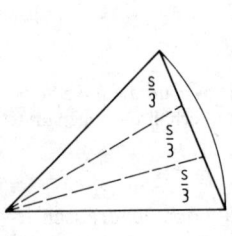

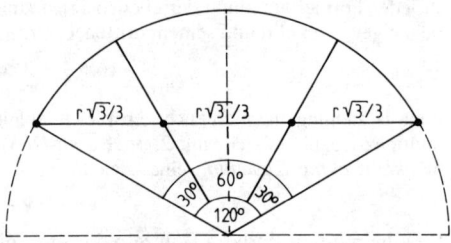

Abb. 106 a   Abb. 106 b

Eine einzige Ausnahme zeigt aber bereits, daß es kein elementares Verfahren geben kann, welches *sämtliche* Winkel dreizuteilen gestattet.

Jemand könnte auf den Gedanken kommen, die sattsam bekannte Drittelung einer Strecke durch fortgesetztes Halbieren auf die Winkeldrittelung zu übertragen; denn elementar halbieren oder »bisezieren« läßt sich bekanntlich jeder Winkel.

In den Versen am Anfang dieses Kapitels spricht der junge Goethe vom Bisezieren statt vom Trisezieren des Winkels – offensichtlich hatte er etwas läuten, aber nicht genau hin gehört.

Er halbiert den gegebenen Winkel (in Abb. 107 beträgt er 120°), dann den so gewonnenen undsoweiter, abwechselnd mal nach rechts und mal nach links – alle Konstruktionen sind elementar und (im Geiste) exakt zugleich.

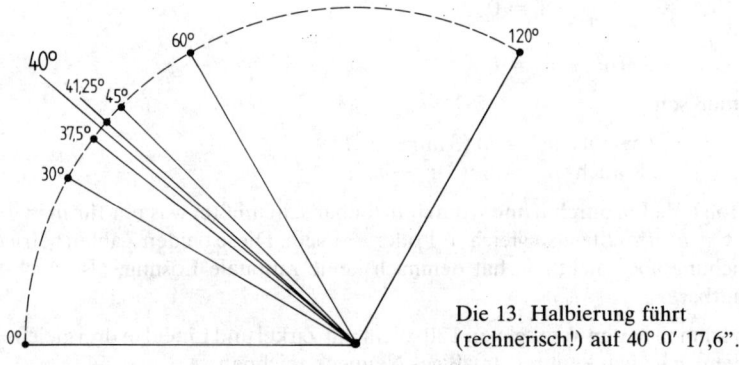

Die 13. Halbierung führt
(rechnerisch!) auf 40° 0′ 17,6″.

Abb. 107

Doch er bleibt zwar im Elementaren, aber nicht im Endlichen, er gelangt niemals an das Ziel – und daher ist auch dieser Konstruktionsversuch keine Lösung im Sinne Platons und der antiken Geometer.

210

Exakt und spielend, wenn auch nicht elementar, kann man jeden Winkel mit dem Winkelhaken von Nicholson (1883) dreiteilen, der sich ganz leicht herstellen läßt:

Man schneide von einem Papplineal der Breite b (Abb. 108a) ein Stück der Länge $2b$ ab und leime es senkrecht zu dem Lineal auf dieses, wie in Abb. 108b zu sehen.

Wie man den Nicholsonschen Haken anlegen muß, um einen Winkel zu dritteln, zeigt Abb. 109. Vorerst muß die Parallele zu einem Schenkel des Winkels im Abstand b der Hakenbreite gezeichnet werden.

Verlassen wir nun die unsichere Ruhestätte des seit Jahrhunderten toten Problems der elementaren Trisektion des Winkels, eine Ruhestätte, in der immer noch viele ebenso überhebliche wie unwissende Grabschänder herumkratzen und -stochern.

Dabei gelingen ihnen manchmal überraschend genaue Näherungslösungen, so einem Schneidermeister in Ludwigshafen am Rhein. Er war ein wirklicher Kopf, denn er hieß so (könnte Jean Paul sagen). Bei einer seiner Konstruktionen ist der Fehler niemals größer als 15″ (15″ sind der 21600. Teil eines rechten Winkels). Natürlich hatte sich Eugen Kopf in den Kopf gesetzt, die exakte Dreiteilung gefunden zu haben.

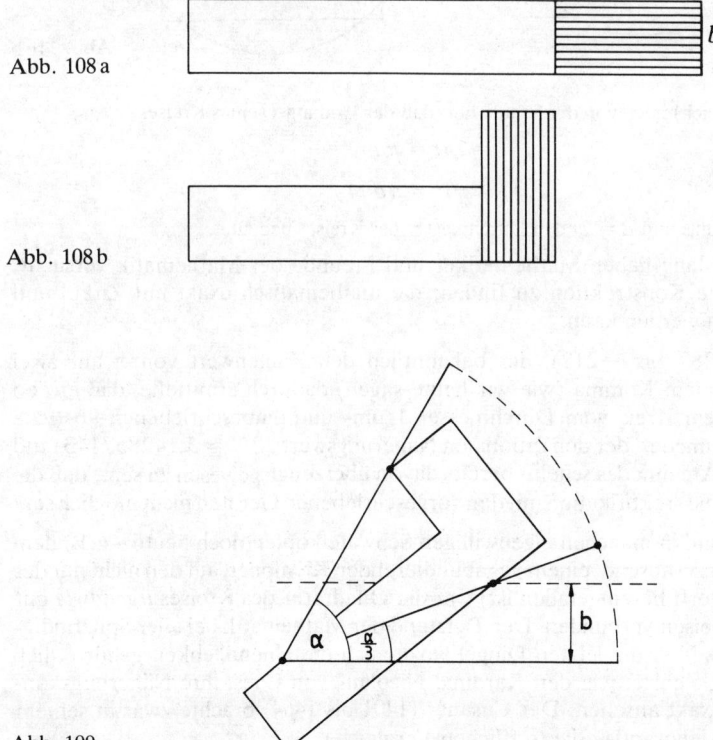

Abb. 108 a

Abb. 108 b

Abb. 109

Wallfahren wir jetzt zum Grabmal der elementaren Quadratur des Kreises in der Universität München, dort wo unter der Büste des vollbärtigen Professors der Mathematik Carl Louis Ferdinand Lindemann aus Hannover (1852 bis 1939) der Buchstabe π eingemeißelt ist, umrahmt von einem Kreis und einem ihm flächengleichen Quadrat (Abb. 110a). Daneben (Abb. 110b) zeigen wir das gleiche Quadrat zusammen mit demjenigen Kreis, dessen *Umfang* mit dem des Kreises übereinstimmt. Man wird nicht glauben wollen, daß die Proportionen stimmen (weil man unwillkürlich Flächen statt Längen vergleicht), aber sie stimmen (vgl. Abb. 115, S. 217).

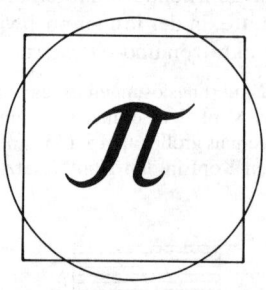

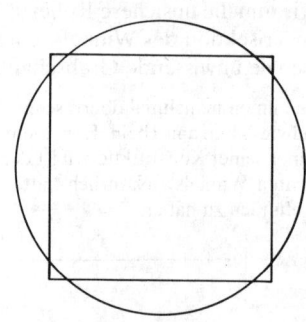

Abb. 110 a   Abb. 110 b

Man weiß (hoffentlich) noch von der Schule her, daß der Umfang U eines Kreises

$$U = 2\pi r = \pi d$$

und sein Inhalt I

$$I = \pi r^2 = \pi d^2/4$$

ist, wenn r den Radius und $d = 2r$ den Durchmesser des Kreises bedeutet.

23 Jahrhunderte lang haben Mathematiker und Freunde der Mathematik versucht, eine geometrische Konstruktion zu finden, die mathematisch exakt mit Zirkel und Lineal ausgeführt werden kann.

Archimedes (−287 bis −212), der bekanntlich den Zahlenwert von π auf zwei Dezimalen nach dem Komma (wie wir heute sagen) dadurch ermittelte, daß er den Umfang der einem Kreis vom Durchmesser 1 um- und einbeschriebenen 96-Ecke errechnete, Archimedes, der den rationalen Näherungswert $22/7 \approx 3{,}142857143$ fand (s. aber S. 170), Archimedes scheint bereits davon überzeugt gewesen zu sein, daß die Kreisquadratur und -rektifikation mit den vorgeschriebenen Geräten nicht möglich sei.

Im Mittelalter (und in manchen eigenwilligen Schwafelköpfen noch heute – z.B. dem *Goldmacher* Franz Tausend, einem vagabundierenden Klempner, auf den nicht nur der *Feldherr* Ludendorff hereingefallen ist) war die Quadratur des Kreises *irgendwie* mit dem Stein der Weisen verbunden. Der Tiefstand der Mathematik bei aller Spitzfindigkeit des Denkens über die letzten Dinge, wozu auch die Unendlichkeit gehörte, ließ sogar geübtere Gelehrte, wie den Kardinal Nicolaus von Cues, ihre Näherungskonstruktionen als exakt ansehen. Der Cusaner (1401 bis 1464) brachte zwar in seinem Werk »De docta ignorantia« die trefflichen Vergleiche

»*Gott ist eine intelligible Kugel, deren Mittelpunkt überall, deren Umfang nirgends ist*« (Dieser Satz steht allerdings genau so in der siebenten [!] theologischen Regel des »*doctor universalis*« Alanus ab Insulis, aus Lille, um 1150: *Deus est sphaera intelligibilis, cuius centrum ubique, circumferentia nusquam.*),

»*Die Vernunft, die nicht die Wahrheit ist, ... verhält sich zur Wahrheit wie das Vieleck zum Kreis; je mehr Ecken das Vieleck besitzt, um so ähnlicher wird es dem Kreis, aber selbst wenn die Zahl der Ecken ins Unendliche vermehrt wird, wird es dennoch nie dem Kreis gleich, es sei denn, es ginge in Wesenseinheit mit dem Kreis über.*«,

aber trotz gewisser Bedenken (da das Gerade und das Krumme doch wesensverschieden seien) hielt er in seinem Buch »De circuli quadratura« durch nachstehende Konstruktion die Umwandlung einer aus Strecken gebildeten Figur in einen umfanggleichen Kreis für möglich. Sie werde wegen ihrer Einfachheit gebracht (Abb. 111).

Gegeben sei ein gleichseitiges Dreieck mit den Seiten *s* und dem Mittelpunkt *M* seines Umkreises. Es hat den Umfang 3*s*. Um den Radius $\overline{MP}$ des umfanggleichen Kreises zu finden, teile man von einer Dreiecksecke aus auf einer Seite deren vierten Teil ab, verbinde *M* mit dem so gewonnenen Punkt und verlängere diese Verbindungsstrecke um ihren vierten Teil bis *P*. $\overline{MP} = r$ ist der gesuchte Radius, meint der Cusaner.

Die Rechnung ergibt indes, daß $r = (5 \cdot \sqrt{21}/48)\,s = 0{,}47735163495\,s$

und $2\pi r = 2{,}999288779\,s$ (statt 3*s*) ist.

Der gefundene Näherungswert für π ist gleich $\pi_C = (3 \cdot 48)/(2 \cdot 5 \cdot \sqrt{21}) = 3{,}142337619\ldots$

Nicht viel schlechter, aber leichter zu erhalten, ist der Näherungswert, den ein anderer Großer der Naturwissenschaften gefunden hat. Christian Huygens (Pendeluhr, Stoßgesetze, Wellentheorie des Lichts, Entdecker des Saturnrings, des ersten Saturnmondes und des Orionnebels) schrieb als 25jähriger eine Arbeit »De circuli magnitudine inventa« (1654). Hier findet sich folgende einfache (ausdrücklich als solche bezeichnete) *Näherungs*konstruktion für den Kreisumfang (Abb. 112).

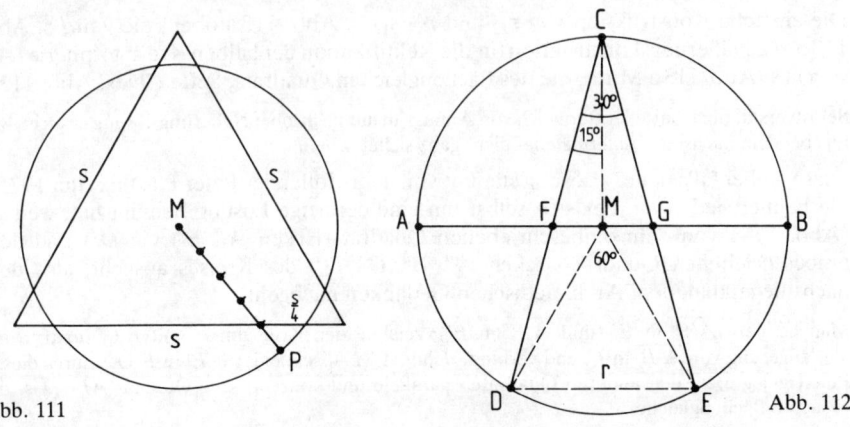

Abb. 111   Abb. 112

Man teile den gegebenen Kreis (Mittelpunkt M, Radius $r = \frac{1}{2}$) durch einen Durchmesser $\overline{AB}$ in zwei Halbkreise, dann den einen Halbkreis (mittels C) in zwei Viertel- und den anderen (mittels D und E) in drei Sechstelkreise, verbinde C mit D und mit E. Die Verbindungslinien schneiden $\overline{AB}$ in F und G.

Es ist

$$\overline{FG} = 2\,\overline{FM} = 2\,r\tan 15° = \tan 15°$$
$$\overline{GC} = \sqrt{r^2 + \overline{FM}^2} = \tfrac{1}{2}\sqrt{1 + \tan^2 15°}$$
$$\overline{FG} + \overline{GC} = 0{,}26794919 + 0{,}51763809$$
$$= 0{,}78558728 \approx \pi/4$$

Daraus folgt $\pi_{HY} = 3{,}1423491\ldots$

Viel besser ist die Näherungslösung von Adam Kochansky (1685), die wegen ihrer Genauigkeit (und weil sie nur eine einzige Zirkelöffnung benötigt) oft vorgeführt und in populären Werken gern dargestellt wird, daher hier nur erwähnt werden soll.

Der Kochanskysche Näherungswert für π ist gleich $\pi_K = \sqrt{(40/3) - \sqrt{12}} = 3{,}141533339\ldots$

Noch etwas übertroffen an Genauigkeit wurde Kochansky durch Prof. G. Dotterweich (1976).

Der Name ist kein Anagramm, kein Pseudonym und auch nicht von Gustav Meyrink erfunden (in seinem Roman aus dem Jahre 1917 »Das grüne Gesicht« kommt ein Chassid aus Odessa namens Lazarus Eidotter vor), sondern – beim Eierstock! – echt.

Dotterweich benutzt als Hilfsgröße die Seite s_{12} des dem Kreis vom Radius r einbeschriebenen regelmäßigen Zwölfecks, welche die Länge $r \cdot \sqrt{2 - \sqrt{3}}$ hat.

Ein rechtwinkliges Dreieck mit $r + s_{12}$ als Hypotenuse und r als der einen Kathete hat als zweite Kathete die Länge

$$l = \sqrt{(r + s_{12})^2 - r^2} = 1{,}141588968\ldots r.$$

Man braucht also nur $2r$ zu diesem Ausdruck zu addieren, um in $3{,}141589\,r$ einen sehr guten Näherungswert für π zu erhalten.

Die einfache Konstruktion von s_{12} und $r + s_{12}$ s. Abb. 113a oben, die von l s. Abb. 113b, die Näherungskonstruktion für die Rektifikation der halben Kreisperipherie ($\overline{AB} \approx \pi r$) s. Abb. 113a Mitte, die des flächengleichen Quadrats, Seite $\overline{CD}$, s. Abb. 113a.

Selbstverständlich hatte Dotterweich von Anfang an nur nach einer Näherungslösung gesucht, was uns bei dem nächsten *Quadratzieher* nicht ganz sicher scheint.

Diese – ebenfalls neue – Lösung stammt von dem Holländer Peter Hustinx (um 1975). Sie heimelt jeden an, der sich selbst um eine derartige Lösung bemüht hat, weil sie (Abb. 114) von dem einbeschriebenen Quadrat (Ecken A', B', C', D') und dem umbeschriebenen Quadrat (Ecken A'', B'', C'', D'') des Kreises ausgeht, also dem nächstliegenden, dem Archimedischen Gedanken nachgeht.

Man halbiere $\overline{A'B'}$ in E' (und $\overline{A''B''}$ in E''), zeichne den Kreis um E' mit $\overline{E'C'}$ (er trifft die Verlängerung von $\overline{A'B'}$ in F) und verbinde F mit A''. $\overline{FA''}$ schneidet $\overline{E'E''}$ in P. Das durch diesen Punkt gelegte, zu den anderen Quadraten parallele und konzentrische Quadrat $ABCD$ ist das gesuchte flächengleiche.

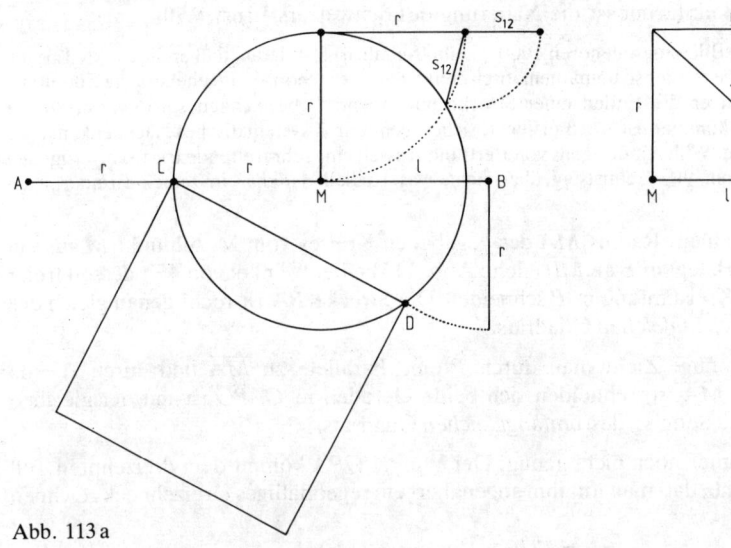

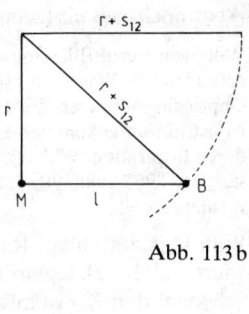

Abb. 113 b

Abb. 113 a

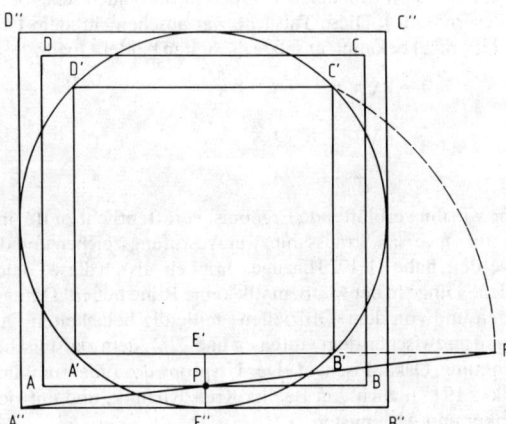

Abb. 114

Ein Vergleich des so gefundenen Quadrats mit dem Kreis führt auf das angenäherte

$$\pi_{HX} = 3,143710451...$$

Diese Konstruktion mit ihrem nicht gerade überwältigenden Ergebnis wird wegen ihrer *bestechenden Einfachheit* gelobt.

215

Aber noch viel einfacher ist die Näherung des Schweizers Ernst Willi.

Willi, von Beruf Bildhauer, geboren 1900, glaubt (heimlich) fest daran, daß er die exakte Lösung gefunden hat. Wie er (der so unmathematisch denkt, daß er es schon als ungeheuerliche Zumutung empfindet, wenn er die Enden einer Strecke mit A und B bezeichnen soll), wie er zu der Konstruktion gekommen ist, weiß er nicht, sicher nicht durch systematisches Nachdenken, eher durch Inspiration. Willi hat übrigens von Bertrand Russell eine sehr treffende Büste verfertigt und sie ihm 1962 zum 90. Geburtstag überreicht, was Russell dankbar in seinen Erinnerungen vermerkt.

Willi teilt auf einem Radius $\overline{MA}$ des gegebenen Kreises vom Mittelpunkt M aus ein Viertel ab bis B, legt in B an $\overline{MB}$ (siehe Abb. 115) einen Winkel von 45°, dessen freier Schenkel den Kreisumfang in P schneidet. Die Strecke $\overline{PA}$ ist recht genau gleich der Seite s_F des *flächengleichen* Quadrats.

Damit nicht genug: Zieht man durch P eine Parallele zu $\overline{MA}$ und durch A eine Senkrechte zu $\overline{MA}$, so schneiden sich beide Geraden in Q. $\overline{PQ}$ ist mit der gleichen Genauigkeit die Seite s_U des *umfanggleichen* Quadrats.

Damit aber immer noch nicht genug: Der Winkel QPA kommt dem dreizehnten Teil von 360° so nahe, daß man mit ihm angenähert ein regelmäßiges Dreizehneck zeichnen kann.

$$\pi_W = (7 + \sqrt{31})/4 = 3,141941\ldots$$
$$\sphericalangle\ QPA = 27°35'27''$$
$$360°/13 = 27°41'32''.$$

Abb. 115 zeigt deutlich, daß das flächengleiche Quadrat (also auch seine Seite) größer ist als das umfanggleiche (und dessen Seite). Diese Tatsache war anscheinend dem Doktor Alfred Strauss (»Die Weltzahl Pi«, 1929) nicht bekannt; er setzte die Seiten beider Quadrate gleich a und rechnete

$$a = r \sqrt{\pi} \qquad a = r \frac{\pi}{2}$$
$$r \sqrt{\pi} = r \frac{\pi}{2}$$
$$\pi = 4.$$

Dieses ebenso einfache wie ihn verblüffende Ergebnis, veröffentlicht zu Beginn seines 7. Kapitels (»Des Kreises Quadratur«), versah Strauss mit zwei Ausrufungszeichen und der Bemerkung: ›Es ist zum Verrücktwerden, habe ich 1923 dazugeschrieben, als ich diese Gleichung ableitete. Als mir nämlich verschiedene Dinge in der Mathematik keine Ruhe ließen! Dann ging ich kurzerhand unter die so zahlreichen und von den »Offiziellen« mitleidig belächelten Quadratoren . . .‹ und unterschied von nun an zwischen dem »toten« π und 22/7, dem »kosmischen« Pi, ward Anhänger von Maack und Noetling, Oskar Fischer (»Der Ursprung des Judentums im Licht alttestamentlicher Zahlensymbolik«, 1917), auch von Baehrs Kreisdynamik, und entwickelte sich zu einem bedeutenden Gematriker und Alchimisten.

Ein anderer Bildhauer, Pioche aus Metz, ersann 1818 eine nicht so simple Konstruktion, die dafür aber den Wert von π auf sechs Stellen nach dem Komma (!) genau liefert.

$$\pi_P = \frac{501 + 80 \sqrt{10}}{240} = 3,141592553\ldots$$

Man mache sich klar, daß die Genauigkeit dieser Näherungskonstruktion bei den üblichen Zeichnungsgrößen durch Nachmessen überhaupt nicht nachzuprüfen ist – so gut ist sie.

216

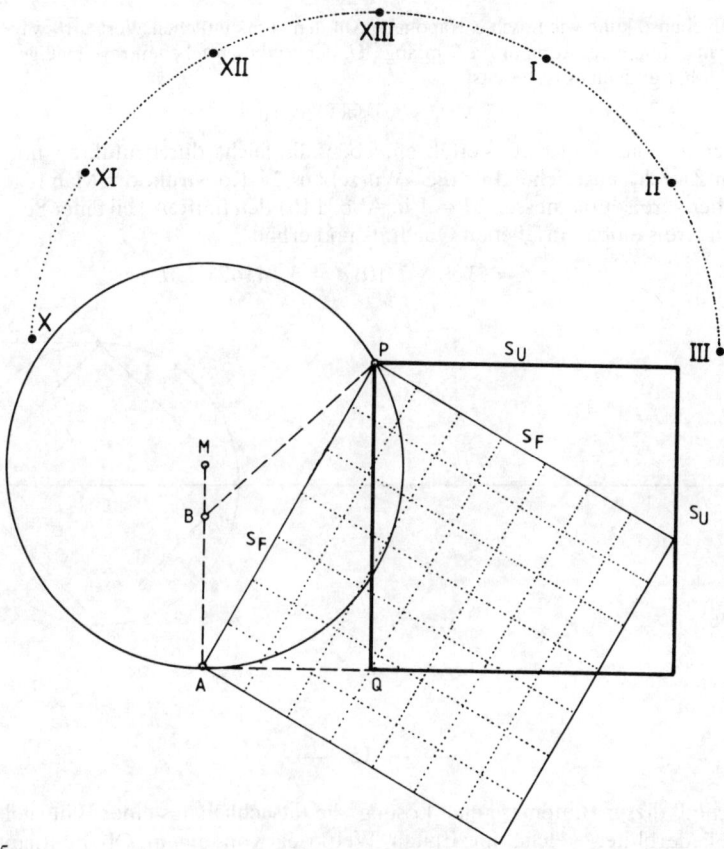

Abb. 115

Der in nebiger Formel vorkommende Ausdruck

$$\sqrt{10} = 3,16227766\ldots$$

wurde übrigens von dem Inder Brahmagupta (um 650) für den wahren Wert von π gehalten. Er hatte die Umfänge u_n der einem Kreis *ein*beschriebenen regelmäßigen 6-, 12-, 24- usw. -Ecke berechnet

n	$u_n \approx$
6	$\sqrt{9,000}$
12	$\sqrt{9,646}$
24	$\sqrt{9,813}$
48	$\sqrt{9,856}$
96	$\sqrt{9,866}$

und dann ebenso kühn wie falsch extrapoliert. Auf den vermeintlichen Wert $\sqrt{10}$ wäre er sicher dann nicht gekommen, wenn er die Umfänge U_n der *um*beschriebenen regelmäßigen Vielecke betrachtet hätte; denn es ist bereits

$$U_{24} \approx \sqrt{9{,}983} < \sqrt{10}.$$

Genauer als das Willische Verfahren, ebenfalls leicht durchzuführen und für die meisten Zwecke ausreichend ist die »Wurzel aus 2«-Konstruktion: Man füge zu dem dreifachen Kreisdurchmesser ($d = 1$ in Abb. 116) den fünften Teil einer Seite $d\sqrt{2}/2$ des dem Kreis einbeschriebenen Quadrats und erhält

$$\pi d \approx (3 + \sqrt{2}/10)\, d = 3{,}141421\ldots d.$$

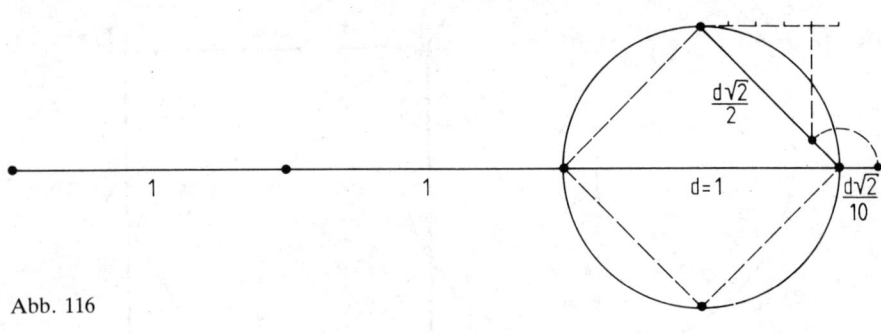

Abb. 116

——— 15 ———

Zum Schluß dieser Blütenlese eine Lösung, die tatsächlich aus einer Blüte gelesen ist, einer Fliederblüte, welche im Ersten Weltkrieg von einem Oberleutnant genau betrachtet worden war, wobei ihm die Eingebung kam, daß in dieser Blüte die Natur den Kreis exakt quadriert, also das bewerkstelligt habe, was dem Menschen versagt ist.

Die Figur der *Fliederblüte* entsteht dadurch (Abb. 117), daß man um die Ecken eines Quadrats die Viertelkreise (mit der Seite als Radius) zieht, welche in das Quadrat fallen. Ihre vier Schnittpunkte bestimmen ein inneres Quadrat, das nach der hoffenden Meinung des gläubigen Militärs demjenigen Kreis flächengleich sein möge, welcher die vier Viertelkreise von innen berührt.

Die ganze Figur ist leicht mit Zirkel und Lineal konstruierbar, daher kann sie keine exakte Lösung bringen. Tatsächlich hat *das π des Oberleutnants* den (schlechten) Wert

$$\pi_o = 2\,(2 - \sqrt{3})/(3 - 2\sqrt{2}) = 3{,}123445\ldots$$

Merke: Die Natur hat keine übernatürlichen Kräfte.

Oder gibt es doch geheimnisvolle Beziehungen zwischen unserer Welt und der oberen, Beziehungen, die sich in der Quadratur des Kreises, eines besonderen Kreises mit einem besonderen Radius manifestieren? (Abb. 118). Ein Rabbi im 12. Jahrhundert hat's gemeint.

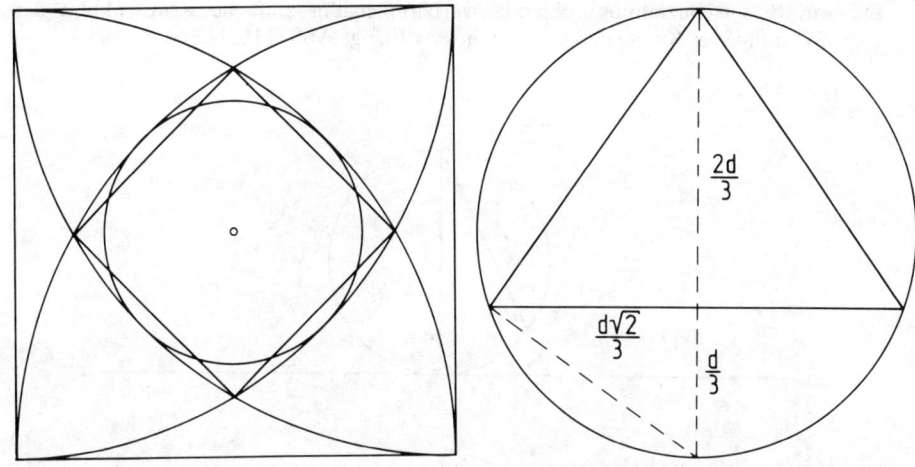

Abb. 117   Abb. 118

Man zeichne in einen Kreis vom Durchmesser d ein gleichschenkliges Dreieck mit der Höhe $2d/3$, folglich der halben Basislänge $d\sqrt{2}/3$. Seine Fläche F ist $= (2 \cdot \sqrt{2}/9)\, d^2 = 0,3142696805\ldots\, d^2$

Für $d = 10$ und *nur* für diesen Wert ist $\quad F_{d=10} = 31,42696805\ldots,$
also *fast* gleich dem Kreisumfang $\qquad U_{d=10} = 31,41592654\ldots$

Für mittelalterliche Gelehrte (die wohl nur den Näherungswert $22/7 = 3,14285714\ldots$ kannten) mag diese Übereinstimmung eines Flächeninhalts mit einem Umfang dem Zahlenwert nach *genau* gewesen sein.

Obige Figur hat M. Eichenbaum aus Odessa im Jahre 1839 in einer hebräisch geschriebenen Arbeit des Rabbi Ibn-Esra aus dem 12. Jahrhundert entdeckt. Der Rabbi hat auch die Deutung der zahlenmäßigen Übereinstimmung gefunden:

Die Beziehung ist deswegen *nur* beim Durchmesser 10 und keinem anderen möglich, weil 10 der Zahlenwert des hebräischen Buchstabens Jod (vgl. S. 72) und dieser der Anfangsbuchstabe des Gottesnamens Jehova ist.

Man sollte dem Dreieck, welches in so vielen Darstellungen das Auge Gottes umschließt, die Proportionen der obigen Abbildung geben, rät Chmul Raketke.

Übrigens kann man die Figur auch zu einer Näherungsquadratur benutzen; denn die Kreisfläche ist ungefähr gleich dem zweieinhalbfachen der Dreiecksfläche.

Vielleicht gehört hierhin, an den Rand der Kabbala, der *mystische* Zusammenhang des Zahlenwerts von π mit dem des so verehrten *goldenen* Schnittes, dem Wert von φ.

Näherungsweise (aber für praktische Zwecke durchaus ausreichend) gilt nämlich (vgl. S. 172) $\quad \pi_\varphi = 1,2 \cdot (2 + \varphi) \approx \pi$

(wobei $\varphi = (\sqrt{5} - 1)/2 = 0,6180339887\ldots$ ist) oder auch
$$\pi_\varphi = (\sqrt{5}/2 + 1/2 + 1) \cdot 6/5 = 3,141640786\ldots$$

Die aus dieser Beziehung folgende, verhältnismäßig einfache Konstruktion der Rektifikation eines Kreises vom Durchmesser 1 zeigt Abb. 119.

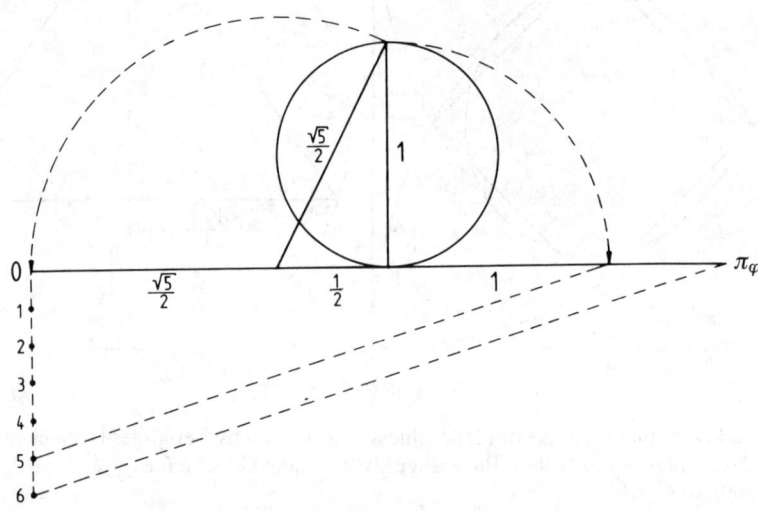

Abb. 119

In Tafel XXXIII sind 17 Näherungswerte von π nach steigender Güte geordnet.

Tafel XXXIII.   Näherungswerte für $\pi = 3,141592(653)\ldots$

Nr.	Bezeichnung	Wert	Abweichung	
			absolut	in ^{o}/oo
1	Bibel (3)	3,000000	− 0,141593	− 45,07045
2	Brahmagupta ($\sqrt{10}$)	3,162278	0,020685	6,58424
3	Ahmosis $(16/9)^2$	3,160494	0,018901	6,01638
4	Fliederblüte	3,123445	− 0,018148	− 5,77669
5	Babel ($3\,^1/8$)	3,125000	− 0,016593	− 5,28178
6	Hustinx	3,143710	0,002117	0,67386
7	Archimedes (22/7)	3,142857	0,001264	0,40234
8	Rabbi Ibn-Esra	3,142697	0,001104	0,35141
9	Huygens	3,142349	0,000756	0,24064
10	Nic. Cusanus	3,142338	0,000745	0,23714
11	Willi	3,141941	0,000348	0,11077
12	$3 + \sqrt{2}/10$	3,141421	− 0,000172	− 0,05475
13	Kochansky	3,141533	− 0,000060	− 0,01910
14	$1,2\,(2 + \varphi)$	3,141641	0,000048	0,01528
15	Dotterweich	3,141589	− 0,000004	− 0,00127
16	355/113 (S. 172)	3,14159292	0,00000027	0,0000859
17	Pioche	3,14159255	− 0,00000010	− 0,0000318

Um nachzuweisen, daß die Quadratur des Kreises nicht in Platons Sinne zu bewältigen ist, haben die Mathematiker mehr als 2000 Jahre gebraucht. Besonders erwähnt werde Johann Heinrich Lamberts Schrift »Vorläufige Kenntnisse für die, so die Quadratur ... des Circuls suchen« (1770).

Lambert hat es als Autodidakt vom Schneidergesellen in Mülhausen (Elsaß) bis zum Vollmitglied der Königlich Preußischen Akademie der Wissenschaften in Berlin gebracht. Alfred Pringsheim schrieb 1899, Lambert habe in der genannten Schrift »außerordentlich scharfsinnig und im wesentlichen vollkommen einwandfrei« die Irrationalität von π bewiesen. Pringsheim (1850 bis 1941), Ordinarius für Mathematik in München, bekannter Sammler italienischer Majoliken, Schwiegervater Thomas Manns, starb im Exil (vgl. S. 97).

Doch damit war das Problem noch nicht aus der Welt geschafft – irrational sind ja auch Wurzelausdrücke wie der auf Seite 205 abgedruckte komplizierte, zur π-Näherung verwendbare, der durchaus mit Zirkel und Lineal konstruierbar ist – und deshalb mußte noch bewiesen werden, daß π nicht zu solchen konstruierbaren irrationalen Zahlen gehört; denn es gibt ja (vgl. S. 205) algebraische Gleichungen höheren Grades mit ganzzahligen Koeffizienten, bei denen die Vorsehung es zugelassen hat, daß sie rationale und/oder quadratisch-irrationale Wurzeln haben.

Zum Beispiel hat die Gleichung $x^6 - 6x^4 + 9x^2 - 2 = 0$ oder $(x^3 - 3x + \sqrt{2})(x^3 - 3x - \sqrt{2}) = 0$ unter anderen die Wurzeln $\sqrt{2}$ und $-\sqrt{2}$. Die Gleichung spielt eine Rolle bei der Dreiteilung des Winkels von 135°, die demnach elementar durchgeführt werden kann (was man allerdings auch ohne Rechnung sofort sieht).

Nachdem es 1882 Lindemann, wie gesagt, gelungen ist, nachzuweisen, daß π überhaupt nicht Wurzel einer algebraischen Gleichung mit ganzzahligen Koeffizienten sein kann, demnach sicher weder rational noch quadratisch-irrational ist – seitdem ist das Problem der Quadratur des Kreises nur mit Zirkel und Lineal im negativen Sinn entschieden, als unlösbar erwiesen, endgültig tot.

Das hatten kluge Mathematiker schon lange vorher teils vermutet, teils halb erschlossen, nachdem sie so reizvolle Darstellungen für π gefunden hatten wie die

unendliche Reihe $\qquad \pi = 8\,[(\sqrt{2}-1) - \tfrac{1}{3}(\sqrt{2}-1)^3 + \tfrac{1}{5}(\sqrt{2}-1)^5 - + \ldots]$

oder die unendlichen nichtperiodischen Kettenbrüche

$$\frac{\pi}{2} = 1 + \cfrac{1}{1 + \cfrac{1\cdot 2}{1 + \cfrac{2\cdot 3}{1 + \cfrac{3\cdot 4}{1 + \cfrac{4\cdot 5}{1 + \cdot\,\cdot}}}}}$$

(Euler 1739),

und $\qquad\qquad 2 = \cfrac{\pi^2}{6 - \cfrac{\pi^2}{10 - \cfrac{\pi^2}{14 - \cdot\,\cdot}}}$

Wäre π in diesem Kettenbruch rational, wäre der Kettenbruch irrational, könnte also nicht gleich 2 sein. Im übrigen beachte man die Zahlenfolge (2), 6, 10, 14, ..., die uns schon öfter begegnet ist (vgl. z. B. S. 85).

Dasselbe kann man aus dem von Lord Brounker (1620 bis 1684) gefundenen Kettenbruch schließen, bei dem in den Zählern die ungeraden Quadratzahlen auftreten:

$$\frac{\pi}{4}=\cfrac{1}{1+\cfrac{1}{2+\cfrac{9}{2+\cfrac{25}{2+\cfrac{49}{2+\cdots}}}}}$$

Selbstverständlich gelingt die Quadratur nach wie vor exakt mit geeigneten Kurven und Instrumenten (wie dem modernen Integraphen), nur der alte Traum der Quadratoren ist für alle Zeiten ausgeträumt. Sollte man wenigstens meinen.

Aber die Quadratoren *können* die Gegenbeweise nicht verstehen oder *wollen* sie nicht verstehen – sie dünken sich sowieso erhaben über das Geschrei der böotischen Fachleute; sie denken so wie Sarastro, der sich in Schikaneders Text zu Mozarts Zauberflöte (II,1) – verständlicherweise nicht ganz verständlich – äußert:

Mag immer das Vorurteil seinen Tadel über uns Eingeweihte auslassen, Weisheit und Vernunft zerstückt es gleich dem Spinnengewebe. Unsere Säulen erschüttern sie nie.

———— 17 ————

Insbesondere nicht die Säulen der Weisheit jenes seligen Greises, der irgendwo zwischen Nord- und Bodensee seine Gedankenfäden vor sich hin spinnt und seine Erkenntnisse in ganzseitigen Anzeigen den deutschen Verlegern zum Druck anbietet. Wir nennen ihn G*** und siedeln ihn in Nonsen a. d. Wolke an, weil wir den gütigen und gläubigen Alten vor Zuschriften bewahren wollen. Er hat nämlich in Nonsens Hauptblatt demjenigen eine Belohnung von 2 000 DM versprochen, der als erster ihm nachweist, daß sein Beweis der Rationalität von π falsch sei.

Er hat natürlich schon solche stichhaltigen Beweise erhalten, aber als Richter in eigener Sache überall vermeintliche schwerwiegende Fehler entdeckt und die Arbeiten mit milden Verweisen zurückgeschickt.

Sein Eifer, π einen einfachen, rationalen, übersichtlichen, leicht zu merkenden Wert zuzuweisen, wird noch übertroffen von Eric Klim aus Shannon, der bis auf das *eherne Meer* des Jerusalemer Tempels zurückging, als er schrieb:

'Tis a favorite project of mine
A new value of π to assign,
I would fix it at 3
For it's simpler, you see
Than 3 point 14159.

222

Eine Hauptrolle in G***s Phantasien spielt eine Figur (Abb. 120), die entfernt an ein Spinnennetz oder auch an eine Spinne erinnert und von ihm *Quadraturspinne* genannt wird. Es handelt sich um ein Quadrat, das von einem Kreis mit demselben Mittelpunkt in acht Punkten geschnitten wird, die von den Quadratecken den Abstand *Ein Viertel der Quadratseite* haben. Durch diese Punkte sind vom Mittelpunkt aus Strahlen gezogen.

Zu einer sehr ähnlichen Figur schrieb v. Bressendorf: »Die Acht kann auch gekennzeichnet werden durch das achtspeichige Sonnenrad, das in seinen Richtungspunkten [?] irgendwie [!] an die Quadratur des Kreises rührt.« (»Zahl und Kosmos«, 1930.)

Die Maßverhältnisse in der Quadraturspinne sind leicht zu ermitteln (Abb. 121).

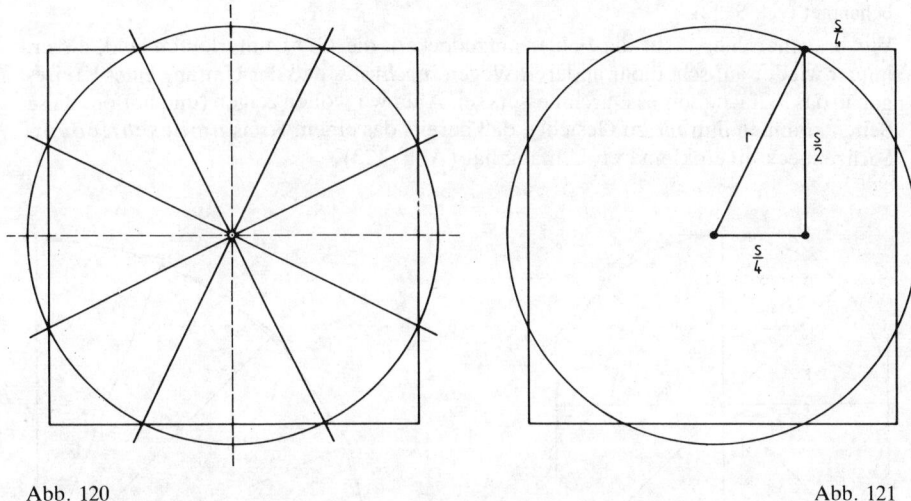

Abb. 120   Abb. 121

Bezeichnet man mit s die Seite des Quadrats, so findet man für den Kreisradius $r = s\sqrt{5}/4$, r^2 demnach gleich $\frac{5}{16}s^2$. Das Verhältnis der Quadratfläche s^2 zum Quadrat des Kreisradius ist $s^2/r^2 = 16/5 = 3,2$.

Daraus schließt jeder durch Fachkenntnisse Verblendete, daß das Quadrat um rund 1,86 % größer ist als der Kreis, da $3,2 : \pi = 1,0185916\ldots$

Nicht so G***. Dieser *weiß* und hat es dutzendweis *bewiesen*, daß beide Flächen minutiösig einander gleich sind (vermutlich weil zwischen s und r–worauf schon die $\sqrt{5}$ hinweist – Beziehungen nach der *göttlichen,* will sagen stetigen, Teilung bestehen). Wenn man das aber weiß (oder voraussetzt!), kann es nur eine einzige Rechnung geben, nämlich

$$s^2/r^2 = 3,2$$
$$s^2 = 3,2\, r^2 = \pi r^2$$
$$\pi = 3,2.$$

Ein anderes Beispiel für die Möglichkeit von zwei Schlüssen geben die beiden Gleichungen mit zwei Unbekannten

$$9 (x - 1) = y$$
$$x - y = 9$$

Sie führen auf

$$9 x = x$$

woraus für den geübteren Schüler folgt, daß $x = 0$ (und $y = -9$) sein muß. Ein anderer, der mit der Mathematik noch nicht auf Duzfuß steht, *hebt x* rechts und links *weg* und hat auf diese leichte Art *bewiesen,* daß

$$9 = 1$$

ist, was Goethes Hexe seit Junker Volands (›Faust I‹, V. 4023) Zeiten, mindestens aber seit 1788 behauptet (vgl. S. 12).

Wir brauchen hier nicht die Fehler aufzudecken, die G*** unterlaufen sind, als er, immer wieder auf scheinbar anderen Wegen, *nachwies,* daß der Umfang eines Kreises genau das 3,2fache seines Durchmessers sei. Aber wir wollen zeigen (und hoffen, diese Seiten kommen ihm *nie* zu Gesicht), daß bereits das einem Kreis *u m b e s c h r i e b e n e* Sechzehneck einen kleineren Umfang hat (Abb. 123).

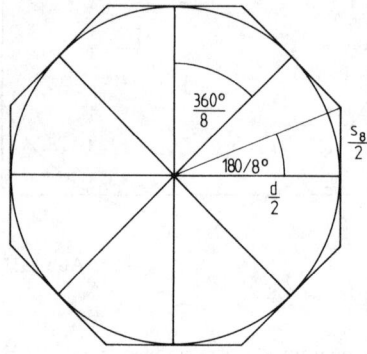

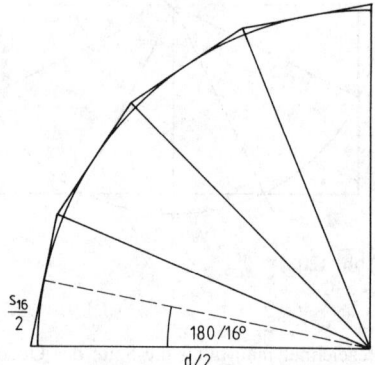

Abb. 122   Abb. 123

Wie leicht nachzuprüfen ist, hat eine Seite eines dem Kreis vom Durchmesser $d = 2r$ umbeschriebenen regelmäßigen n-Ecks die Länge

$$s_n = d \tan (180°/n),$$

sein Umfang die Länge

$$U_n = n \cdot s_n = n\, d \tan (180°/n),$$

(vgl. Abb. 122, welche das regelmäßige umbeschriebene Achteck und Abb. 123, welche einen Teil des umbeschriebenen Sechzehnecks zeigt). Jeder Tafel der Kreisfunktionen sind nachstehende Werte zu entnehmen:

n	$180°/n$	$\tan(180°/n)$	$n\, d \tan(180°/n)$
4	45°	1	4,00000 d
8	22°, 5	0,41421	3,31571 d
16	11°, 25	0,19891	3,18260 d

Wer keine Tafel zur Hand hat, oder dieser (wie vielleicht G***) nicht traut, kann die hier benötigten Tangenswerte leicht selbst berechnen, weil sie nur Quadratwurzelausdrücke sind, so $\tan 22°,5 = \sqrt{2}-1$ und $\tan 11°,25 = (\sqrt{2}\sqrt{2-\sqrt{2}}-1)/(\sqrt{2}-1)$.

Damit ist G***s Vision von einem rationalen, also exakt und elementar konstruierbaren π als Fata morgana erwiesen (bereits das umbeschriebene Vierzehneck hat einen Umfang von weniger als 3,2 d).

G*** erscheint uns als Prototyp jener Menschen, die mit ihrer Sehnsucht *in die finstere Richtung* gehen. Sein Stil ist leicht biblisch angehaucht, seine Denkart etwas dunstig – man wird an Albrecht van der Qualens ständige Floskel erinnert

ALLES MUSS IN DER LUFT STEHEN,

obgleich es eine etwas dunkle Redewendung war, wie Thomas Mann hinzufügt (»Der Kleiderschrank, eine Geschichte voller Rätsel«, 1899). Diese Novelle ist das einzige, was Mann in seinem Leben abends und auch nach dem Genuß von etwas Alkohol geschrieben hat.

Tatsächlich, hier steht alles in der Luft, hat keine mathematisch gesicherte Fundamente, sondern wird getragen allein durch den Glauben.

Speziell auf G*** kann man eine Bemerkung Goethes (»Dichtung und Wahrheit«, II,8) anwenden: ... *daß man sich zuletzt in eine gewisse Terminologie hineinstudierte, und, indem man mit derselben nach eignem Belieben gebarte, etwas, wo nicht zu verstehen, doch wenigstens zu sagen glaubte.*

Interessant ist, daß Goethe dies *Gebaren* auf sein Verhalten nach der Lektüre von Wellings Opus »Mago-Cabbalisticum et Theosophum«, 1735/1760, bezieht. Einige Zeilen weiter spricht er von Basilius Valentinus (vgl. S. 23). Dieser Name ist übrigens ein Deck- und Zweckname: die beiden Güter, zu denen der Stein der Weisen verhilft, sind das königliche (basilicus) Gold und die starke (valens) Gesundheit.

Bei G*** finden wir nicht nur die schöne Bezeichnung Quadraturspinne, sondern auch *goldrichtige* π-beweise, *quadratürlich-golden,* teilen durch die *Goldpunkte, Wundertüte, Küßpunkte, Küßkugeln, Kugelküßgesetze* – letztere bei der »Lösung des 2000 Jahre alten Problems [der] Würfelverdopplung«, das er ebenfalls, ganz nebenbei, erledigt. Er spricht vom Wachstumsgesetz und vom Neigungsgesetz der Natur, vom Naturgesetz *Goldener Schnitt, auch genannt die göttliche Teilung;* π nennt er manchmal Weltkonstante, manchmal ebenfalls Naturgesetz getreu seiner senialen Senimentalität.

225

Wir wollen von G*** scheiden, indem wir noch einige seiner Sätze aus einem *Extrablatt* zitieren:

Um kein Naturgesetz ist länger und mühseliger gerungen worden wie um das Naturgesetz Pi. Weil 2000 Jahre vergehen mußten, bis ein ganz alter Mann des Sternes Erde die von so vielen Professoren für ganz unmöglich gehaltene Problem-Lösung endlich zustande bringen durfte,

zustande bringen mußte und
zustande bringen konnte,

deshalb meine ich, daß unser lieber himmlischer Vater es so gewollt hat...

(Anzeige Ende 1975.)

Diese Worte rühren uns an und berühren sich mit Worten aus dem »Traum des Galilei« von J.J. Engel (»Der Philosoph für die Welt«, 16. Stück), den Lichtenberg den schönsten Traum unserer Sprache genannt hat:

Und darum will ich nie ,..., auch nicht in diesem zitternden Alter, aufhören nach Wahrheit zu forschen: denn wer sie h i e r suchte, dem blüht d o r t Freude hervor, wo er nur hinblickt...

Leider geht es G*** wie dem Glockenton B<small>AM</small> bei Morgenstern (»Galgenlieder«, Bim, Bam, Bum):

Der B<small>AM</small> fliegt weiter durch die Nacht
wohl über Wald und Lichtung.
Doch, ach, er fliegt umsonst! Das macht,
er fliegt in falscher Richtung.

Sagen wir nun auch allen übrigen falschfliegenden Fans *Lebewebewohl* und lassen wir sie ihre hausgemachten Farfarellen (»Faust II«, 2, nach Vers 6591) weiter züchten.

Allen gläubigen und ungläubigen Quadratoren sei der Spruch vorgehalten, mit dem der Pfarrer bei der Konfirmation des Autors diesen (übrigens auch vergeblich) gewarnt hat:

Stehe nicht nach dem / was dir zu schwer ist /
vnd dencke nicht vber dein vermügen. / Sondern
was Gott dir befolhen hat / des nim dich stets
an / Denn es fromet dir nichts / das du gaffest
nach dem / das dir verborgen ist.

Jesus Sirach 3, 20/21.

Und wenn uns nun zum Schluß einer von denen, die immer noch zweifeln, fragt, ob denn wirklich keins der klassischen Probleme exakt mit Zirkel und Lineal gelöst werden kann, so müssen wir die gleiche klassische Antwort geben, welche Radio Eriwan bei der Anfrage bereit hatte, ob zwei Männer ein Kind zeugen können: Im Prinzip

N<small>EIN – WIRD ABER IMMER WIEDER VERSUCHT.</small>

Kapitel 10

Aus der mathematischen Hexenküche

Leckerbissen für Gourmets und für Gourmaths

Ihr müßt wie ich erst nur euch selbst vertrauen
Und denken, daß hier was zu wagen ist...
Par. zu Faust, Vorspiel auf dem Theater
(Lustige Person, i. e. Mephisto)

—— 1 ——

WIRD ABER IMMER WIEDER VERSUCHT – von Leuten, die leider unfähig sind, jenes mathematische Wissen zu erlangen, welches notwendig ist, sich von der Unmöglichkeit einer positiven Lösung zu überzeugen.

Ein besonders einprägsames Beispiel für diese bedauernswerten Bewohner Dilettlands hat Thomas Mann im »Zauberberg« vorgestellt, den Staatsanwalt Paravant, einen ständigen Gast des Waldsanatoriums ›Berghof‹ in Davos.

Mann teilt uns mit

der ihm eigentümlichen, manchmal schwer erträglichen, Sucht, mit ungängigen Fremdwörtern umzugehen (so als wolle er immer wieder zeigen, daß man auch dann ein gebildeter, pardon: eruditierter, ja eruditärer Mann werden kann, wenn Mann erst mit 19 Jahren *und mit Müh'* den Berechtigungsschein für den einjährig-freiwilligen Militärdienst, d.h. die Obersekundareife, erlangt hat),

also (der nachmalige Prof. Dr. h. c.) Mann teilt uns mit:

das Problem, dem bei Tag und Nacht all sein Sinnen gehörte, an das er all jene Persistenz ... wandte, mit der er ehemals, vor seiner oft verlängerten Beurlaubung, welche in völlige Quieszierung überzugehen drohte, die Überführung armer Sünder betrieben hatte, – war kein anderes als die Quadratur des Kreises.

Kein Zweifel (s. S. 202), quin praetor non calculet, daß ein Jurist nicht rechnet – auch Paravant hatte das Zeichnen vorgezogen, zu Zirkel und Lineal gegriffen, ungezählte Blätter mit einem Gewirr von Kreisen und Strecken bedeckt – und damit für die Wissenschaft genau so viel, genau so wenig (nämlich nichts) getan wie seine Leidensgenossen im Zauberberg mit ihrer Briefmarkensammelei, mit dem Schokoladeessen, Spiritistisieren, Patiencelegen, Esperantolernen und Schweinchenzeichnen bei geschlossenen Augen. Das Ende der Bemühungen Paravants, sein psychisches Ende, sei als (wohl vergebliche) Warnung an seine Laiengenossen hierhergesetzt:

Man sah ihn öfters noch spät am Abend ... an seinem Tische sitzen, auf dessen entblößter Platte er ein Stück Bindfaden sorgfältig in Kreisform legte, um es plötzlich, mit überrumpelnder Gebärde, zur Geraden zu strecken, danach aber, schwer aufgestützt, in bitteres Grübeln zu verfallen.

Das ist der Stupor davon.

Wir wollen nun diese uneinsichtigen Quadrierer, Duplierer, Trisektierer, überhaupt alle mathematisierenden Sektierer dem verdienten Schicksal überlassen, im Dunst des eigenen Weihrauchs dahinzuzirkeln ihr Leben lang – und uns jenem liebenswerten Menschenschlag zuwenden, der staunend vor den Ergebnissen der heiligen Mathesis steht, soweit er sie *versteht*, der sozusagen mit frommem Schauder in der Athena Zedernhain, Eichenhain, Zeichenhain eintritt. Zu diesem Menschenschlag rechnen wir (großzügig) auch solche unmathematische Naturen wie Hans Blüher und Hans Arp. Blüher verdankt einen wichtigen Grundpfeiler seiner Philosophie einem *Asymptoten-erlebnis* in Untersekunda, als ihm von den Geraden erzählt wurde, welche sich Hyperbelästen immer mehr nähern, ohne jemals mit ihnen zusammenzufallen, wie ihr Name es sagt. Bei Arp schließen wir aus seinem (unten stehenden) Gedicht »Mondsand« (1960), daß er einmal vor einer Hyperbel gesessen und in Gedanken einen Punkt verfolgt hat, der auf dem einen Ast (Abb. 124) *links unten* verschwindet und auf dem anderen wieder erscheint – worauf die *Verse* aus dem Malerbildhauerdichter tropften:

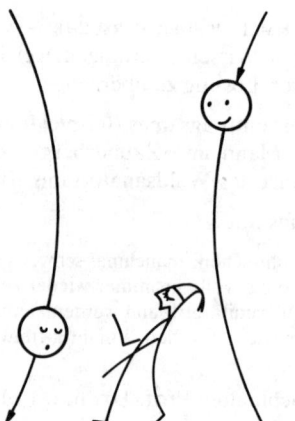

Ein Mond der so tut
als sei er unbeweglich
aber unerwartet und im Handumdrehen
sich vor den Augen eines Mondträumers
in die bodenlose Tiefe fallen läßt
um im gleichen Augenblick
aus der bodenlosen Tiefe*
hinter dem Mondträumer
wieder aufzutauchen
stumm wieder silbern lächelnd...

Abb. 124

* Hier rutscht das Arp-eggio ab: es müßte *deckenlose Höhe* dastehen; denn ein Hyperbelweg ist kniffliger als der Kreisweg, den die Sonne zu durchfahren scheint; man erinnere sich an Heines Verse:

Mein Fräulein! sei'n Sie munter,
Das ist ein altes Stück;
Hier vorne geht sie unter
Und kehrt von hinten zurück.

Bei beiden *Denkern* ist es die *Unendlichkeit,* die ihnen Unbehagen einflößt, bei Blüher jene *geheimnisvolle, weil philosophiegeladene* Asymptote (Werke und Tage, 1953), welche sich *mit der Kurve erst »im Unendlichen« schneidet, geradeso, als ob es eine Parallel wäre,* bei Arp die hyperbelastenden Hyperbelastenden, die *im Unendlichen* zusammenhängen, also eine einzige Kurve sind und nicht, wie es scheint, zwei.

(Im übrigen: wem eigentlich flößt die Unendlichkeit *kein* Unbehagen ein?)

Weit über die zaghaften Erlebnisse dieser beiden hinaus gehen die jener friedlichen Käuze, die gern mit farbigen Tinten schreiben, Jean-Paul-Naturen, deren Verstand und deren Gefühl noch nicht erstarrt sind durch stetes Starren auf den Fernsehschirm, Menschen, denen die mathematische Welt nicht ganz *kalt und helle* ist, sondern voller großer und kleiner Wunder und Wunderlichkeiten. Ihnen genügt nicht, den Verstand nur zum Kampf ums Dasein oder ums Dabeisein zu gebrauchen, sie jückt es vielmehr, sich zu beweisen, daß ihr Grips imstande ist, auch unnütze – fürs tägliche Leben unnütze – Aufgaben anzupacken. Sie haben sich in einem Eckchen ihres Schädels ein kindliches Gemüt bewahrt, welches ab und zu spielen muß.

Wir sprechen von den heimlichen Sonderlingen, die in ihren Mußestunden an den Rändern der mathematischen Felder ein *Streber*gärtlein bebauen, die beim Lösen oder Widerlegen der ihnen zugänglichen Aufgaben und Problemchen uns dunkel an Clemens Brentanos Lieblingsverse erinnern:

Die Einfalt hat es ausgesät,
Die Schwermut hat hindurchgeweht,
Die Sehnsucht hat's getrieben.

Wie weit sie sich von der Sehnsucht treiben lassen können, hängt von dem Wissen ab, das ihnen aus den höheren Klassen noch anhängt oder das ihnen irgendwoher zugeflogen ist. Manche können noch arithmetische und geometrische Reihen summieren, manche beherrschen (glücklicherweise) die Anfangsgründe der Differentialrechnung, manche nur noch die elementaren geometrischen Sätze – wir bringen im bunten Durcheinander *für jeden etwas*, allerlei Merkwürdigkeiten, verbunden durch das Band zufälliger Assoziationen – jeder suche das, was ihn reizt und übergehe alles, was ihm (vorerst) zu schwer dünkt.

Heißt es nicht (ungefähr) im »Vorspiel auf dem Theater«:

Greift nur hinein ins Faß der Raritäten,
Und was Ihr packt, das ist interessant.?

Als erstes möchten wir einiges Verwunderliche aus dem Themenkreis π erzählen, anknüpfend an die kurzen Hinweise auf S. 221 und 222.

Bekanntlich kann man Zahlen durch unendliche Reihen ausdrücken, deren Grenzwert sie sind; so ist

$$2 = 1 + \frac{1}{2} + \frac{1}{4} + \frac{1}{8} + \frac{1}{16} + \dots$$

$$\frac{\pi}{4} = \frac{1}{1}\left(\frac{1}{2^1} + \frac{1}{5^1} + \frac{1}{8^1}\right) - \frac{1}{3}\left(\frac{1}{2^3} + \frac{1}{5^3} + \frac{1}{8^3}\right) + \frac{1}{5}\left(\frac{1}{2^5} + \frac{1}{5^5} + \frac{1}{8^5}\right) - + \dots$$

Die erste Gleichung ist die bekannte Aufteilung der Einheit durch fortgesetztes Halbieren in immer kleinere Teile, die von Zenon zu einem Paradoxon verwendet worden ist.

Wobei man stets daran denken sollte, daß die beiden Seiten dieser Gleichungen durch ein recht fragwürdiges Gleichheitszeichen miteinander verbunden sind, ein Gleichheitszeichen, das streng genommen nur zulässig wäre, wenn *sämtliche* Glieder der Form

$$1/2^n \text{ oder } (-)^{n-1} \frac{1}{2n-1} \left(\frac{1}{2^{2n-1}} + \frac{1}{5^{2n-1}} + \frac{1}{8^{2n-1}} \right)$$

bis zum wirklich allerletzten *rechts* aufmarschiert *wären* (ein *Prozeß*, der sich, harmlos tuend, hinter den drei Punkten nach dem letzten Pluszeichen verbirgt).

Man kann auch Zahlen als Grenzwerte unendlicher *Produkte* schreiben: z. B. ist

$$\sqrt{2} = \frac{2 \cdot 2}{1 \cdot 3} \cdot \frac{6 \cdot 6}{5 \cdot 7} \cdot \frac{10 \cdot 10}{9 \cdot 11} \cdot \frac{14 \cdot 14}{13 \cdot 15} \cdots$$

Im Zähler stehen die uns bekannten Zahlen der Form $2(2n-1)$; sie gleichsam haben Leonhard Euler (s. S. 85) zu einer irrigen Vermutung über die Unmöglichkeit gewisser lateinisch-griechischer Quadrate verleitet.

Wir haben, gegen die Gepflogenheit, die rechte Seite der Gleichung in *Viererblöcke* eingeteilt.

Diese besitzen nacheinander die Werte

$$\frac{4}{3}, \frac{36}{35}, \frac{100}{99}, \frac{196}{195},$$

allgemein

$$\frac{4(2n-1)^2}{4(2n-1)^2 - 1} .$$

Vielleicht vermißt jemand in obiger Gleichung für $\sqrt{2}$ die Viererblöcke

$$\frac{4 \cdot 4}{3 \cdot 5}, \frac{8 \cdot 8}{7 \cdot 9}, \frac{12 \cdot 12}{11 \cdot 13}, \frac{16 \cdot 16}{15 \cdot 17}, \dots,$$

schiebt sie in die Gleichung ein und fragt, welche Zahl nun herauskommt; größer als $\sqrt{2}$ wird, muß sie ja sein:

$$? = \frac{2 \cdot 2}{1 \cdot 3} \cdot \frac{4 \cdot 4}{3 \cdot 5} \cdot \frac{6 \cdot 6}{5 \cdot 7} \cdot \frac{8 \cdot 8}{7 \cdot 9} \cdot \frac{10 \cdot 10}{9 \cdot 11} \cdot \frac{12 \cdot 12}{11 \cdot 13} \cdot \frac{14 \cdot 14}{13 \cdot 15} \cdot \frac{16 \cdot 16}{15 \cdot 17} \cdot$$
$$\cdots \frac{2n \cdot 2n}{(2n-1)(2n+1)} \cdots$$

In jeder Formelsammlung findet man, daß der Grenzwert gleich $\pi/2$ ist. Welch interessante Tatsache: Die einfachste Irrationalzahl, eine Lösung der simplen quadratischen Gleichung $x^2 = 2$, mit Zirkel und Lineal konstruierbar, ist *irgendwie* verwandt mit der stinkvornehmen Verhältniszahl π, die sich nicht als Wurzel der kompliziertesten algebraischen Gleichung mit ganzen Koeffizienten darstellen läßt und deswegen zum transzendenten Adel gehört!

Wem die Produktdarstellung zu fremd ist, dem sei die nachstehende *additive* Reihe präsentiert:

$$\frac{4}{1 \cdot 3} + \frac{4}{3 \cdot 5} + \frac{4}{5 \cdot 7} + \frac{4}{7 \cdot 9} + \frac{4}{9 \cdot 11} + \frac{4}{11 \cdot 13} + \dots = 2.$$

In den Nennern kommen alle ungeraden Zahlen (Ausnahme 1) zweimal vor. Wen dies stört, der streiche jeden zweiten Bruch weg. Er erhält

$$\frac{4}{1 \cdot 3} + \frac{4}{5 \cdot 7} + \frac{4}{9 \cdot 11} + \dots = \frac{\pi}{2} .$$

Wie merkwürdig, wie wunderlich, wie wunderbar ist es, daß wir nur *die Hälfte* der Glieder dieser unendlichen Reihe für 2 wegzulassen brauchen, um aus der ersten Primzahl eine transzendente Zahl, nämlich $\pi/2$, zu erhalten! Man sollte über dieses überraschende Ergebnis nicht so kühl hinweglesen wie die eingefleischten, eingekühlfleischten, frostrierten Matheprofis; so wie es ein Mitschüler Hans Blühers getan hätte mit den bei diesem (»Werke und Tage«, zweite Fassung) zitierten Worten:

Na, Mensch, dat is doch janz einfach! Kiek mal hier, so macht man det... nu brauchste doch bloß hinzukieken... Hauptsache, et stimmt, und det tuts immer...

In Abb. 125 sind die beiden *artfremden* Vettern nebeneinander gestellt; man erkennt ihren Zusammenhang über die Rektifikation des Kreises.

In diesem Zusammenhang sei auf eine Formel von Vieta hingewiesen:

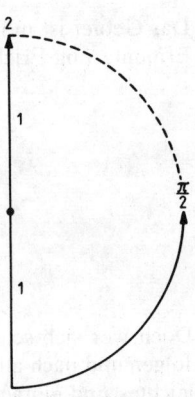

$$\frac{2}{\pi} = \frac{\sqrt{2}}{2} \cdot \frac{\sqrt{2+\sqrt{2}}}{2} \cdot \frac{\sqrt{2+\sqrt{2+\sqrt{2}}}}{2} \cdot \ldots$$

deren Faktoren auf der rechten Seite alle mit Zirkel und Lineal konstruierbar sind. Der sechste Faktor

$$\sqrt{2 + \sqrt{2 + \sqrt{2 + \sqrt{2 + \sqrt{2 + \sqrt{2}}}}}} \,/\, 2$$

sieht dem à la Archimedes für die Abschätzung von π verwendbaren Ausdruck (s. S. 205)

$$\sqrt{2 - \sqrt{2 + \sqrt{2 + \sqrt{2 + \sqrt{2 + \sqrt{3}}}}}}$$

recht ähnlich; der obere ist übrigens gleich cos (90°/64), der untere gleich 2 sin (90°/96).

Abb. 125

Das Verhältnis Kreisumfang zu Kreisdurchmesser wurde erstmals mit π bezeichnet von William Jones (»Synopsis Palmariorum Matheseos«, 1706). Euler benutzte (1734) statt dessen p (= perimeter), 1736 c, Christian Goldbach 1742 π; nach dem Erscheinen von Eulers »Introductio in analysin infinitorum« (1748) wurde das dort verwendete Zeichen π allgemein benutzt. (Auch die Bezeichnungen e und i stammen von ihm; die Beziehung

$$e^{i\pi} = -1,$$

in der die drei berühmtesten Zahlen-Buchstaben vorkommen, hat er ebenfalls gefunden.)

Schnell noch etwas zum Kopfzerbrechen: Um zu zeigen, daß die nebige Reihe

$$4 \left(\frac{1}{1 \cdot 3} + \frac{1}{3 \cdot 5} + \frac{1}{5 \cdot 7} + \frac{1}{7 \cdot 9} + \ldots \right)$$

tatsächlich dem Grenzwert 2 zustrebt, forme man sie um in

$$4 \cdot \frac{1}{2} \left[\left(\frac{1}{1} - \frac{1}{3} \right) + \left(\frac{1}{3} - \frac{1}{5} \right) + \left(\frac{1}{5} - \frac{1}{7} \right) + \left(\frac{1}{7} - \frac{1}{9} \right) + \ldots \right]$$

Man braucht sich nur die runden Klammern wegzudenken, dann *sieht* man sofort, »daß sich innerhalb der eckigen Klammern alle Glieder mit Ausnahme des ersten wegheben«, man erhält daher als Grenzwert

$$4 \cdot \frac{1}{2} \cdot \frac{1}{1} = 2$$

und wird wohl – denn das Ergebnis ist richtig – richtig geschlossen haben.

Indes – wenn man den Ausgangsausdruck umformt in

$$4\left[\left(\frac{1}{1} - \frac{2}{3}\right) + \left(\frac{2}{3} - \frac{3}{5}\right) + \left(\frac{3}{5} - \frac{4}{7}\right) + \left(\frac{4}{7} - \frac{5}{9}\right) + \ldots\right]$$

und dann weiter genau so schließt wie eben, findet man als Grenzwert

$$4 \cdot \frac{1}{1} = 4.$$

Hat man aus lauter Schließkunst fehlgeschlossen? Oder ist es einem gelungen, der Hexe Befehl (in Kap. 1), aus Eins 10 zu machen, wenigstens fünftelwegs auszuführen und aus der 2 die 4 zu zaubern?

Das Gebiet ist möglicherweise vielen neu und unbekannt – aber man möge stets der Ermunterung Erich Kästners eingedenk sein:

Vergiß in keinem Falle,
auch dann nicht, wenn vieles mißlingt:
Die Gescheiten werden nicht alle!
(So unwahrscheinlich das klingt.)

———— 3 ————

Doch wer sich scheut, ins Unendliche zu schreiten, wer's vorzieht, Goethes Rat zu folgen und nach allen Seiten im Endlichen zu gehen (s. S. 354), der findet ein weites, leichtes und einfaches Spielfeld, wenn er sogenannte pythagoreische Tafeln zeichnet und die Summen der darin enthaltenen Zahlen auf verschiedene Arten zerlegt; er wird manche Belehrung und manch Ergötzen daraus schöpfen.

Wir haben früher einmal gezeigt, wie man aus einer einfachen pythagoreischen Tafel mit Hilfe von Winkelhaken (»Gnomonen« bei den Griechen) ermitteln kann, daß die Summe der ersten n Kubikzahlen gleich dem Quadrat der $n$ten Dreieckszahl ist:

$$1 + 8 + 27 + 64 + 125 + \ldots + n^3 = \left[\frac{n(n+1)}{2}\right]^2$$

Wer etwa einen sakralen Segen für die Tetraktys und das Dezimalsystem in der Tatsache erblickt, daß

$$1 + 2 + 3 + 4 = 10$$

und

$$1^3 + 2^3 + 3^3 + 4^3 = 100 \qquad \text{ist,}$$

der rechne mit Buchstaben, er wird ernüchtert finden, daß stets

$$\sum_{1}^{n} \nu^3 = \left[\frac{n(n+1)}{2}\right]^2 = \left(\sum_{1}^{n} \nu\right)^2.$$

In gleicher Weise kann man die Summe der ersten n *ungeraden* Kubikzahlen feststellen, nur darf man nicht von einer Tafel *aller*, sondern nur der *ungeraden*

Zahlen ausgehen. Also nicht (wir beschränken uns im folgenden auf die ersten vier Zahlen bzw. ungeraden Zahlen) von

1	2	3	4		1	3	5	7		2	6	10	14
2	4	6	8		3	9	15	21		6	18	30	42
3	6	9	12		5	15	25	35		10	30	50	70
4	8	12	16,	sondern von	7	21	35	49		14	42	70	98

Diese Zahlen verdoppeln wir, wie oben rechts geschehen, ziehen die Winkelhaken und stellen (1) die Gesamtsumme der Zahlen sowie (2) ihre Summe in den einzelnen Gnomonen fest.

$$
\begin{array}{cccc}
2 & 6 & 10 & 14 \\
6 & 18 & 30 & 42 \\
10 & 30 & 50 & 70 \\
14 & 42 & 70 & 98
\end{array}
$$

(1) Gesamtsumme.

Die Summe der ersten Zeile ist gleich

$$2 + 6 + 10 + 14 = \frac{2+14}{2} \cdot 4 = 32,$$

die Summen der folgenden Zeilen das 3-, 5-, 7fache davon, also ist die Gesamtsumme gleich

$$
\begin{array}{rcl}
1 \cdot 32 & = & 32 \\
3 \cdot 32 & = & 96 \\
5 \cdot 32 & = & 160 \\
7 \cdot 32 & = & 224 \\
\hline
\frac{1+7}{2} \cdot 4 \cdot 32 & = & 512
\end{array}
$$

(2) Die Summen der Zahlen in den Gnomonen sind nacheinander

$$2 + 30 + 130 + 350 = 512.$$

Wir spalten von jeder Summe auf der linken Seite die *zugehörige* ungerade Zahl ab. (Wenn man das allgemeine Glied hinschreibt, wird durch dessen Form dieser Schritt nahegelegt.)

$$
\begin{array}{rcl}
(1+1) + (3+27) + (5+125) + (7+343) & = & 512, \\
1 + 27 + 125 + 343 + (1+3+5+7) & = & 512 \text{ oder} \\
1^3 + 3^3 + 5^3 + 7^3 & = & 512 - 16 = 496.
\end{array}
$$

Die allgemeine, aus diesem Zahlenbeispiel leicht erschließbare Formel lautet:

$$1^3 + 3^3 + 5^3 + .. + (2n-1)^3 = 2n^4 - n^2 = n^2(2n^2 - 1).$$

Vielleicht kommt diesem oder jenem das Ergebnis des (absichtlich deswegen gewählten) Zahlenbeispiels bekannt vor – tatsächlich ist 496 eine der wenigen bekannten geraden vollkommenen Zahlen (s. S. 234).

Ungerade vollkommene Zahlen sind, wie bekannt, unbekannt; sie müßten – falls sie existieren – größer als 10^{50} (oder gar 10^{100}) sein und könnten in Kapitel 13 eingereiht werden.

Gerade vollkommene Zahlen haben die Form (vgl. S. 106)

$$V = 2^{q-1} \cdot (2^q - 1),$$

wobei der zweite Faktor eine Primzahl sein muß.

Voraussetzung dafür ist, daß der Exponent q eine Primzahl ist. Aber leider ist der Satz nicht umkehrbar: *nicht alle* Primzahlen q liefern Primzahlen der Form $2^q - 1$, wie die nachstehende Tafel XXXIV zeigt.

Tafel XXXIV. Die ersten geraden vollkommenen Zahlen

	q	2^q		2^q-1	V
P	2	4	P	3	6
P	3	8	P	7	28
P	5	32	P	31	496
P	7	128	P	127	8128
P	11	2048		2047 = 23 · 89	
P	13	8192	P	8191	33 550336
P	17	131072	P	131071	8589 869056

Die ersten vier $2^q - 1$ der Tafel XXXIV sind Faktoren der ersten vier geraden vollkommenen Zahlen 6, 28, 496 und 8128, nach der *Elferlücke* folgen die nächsten beiden.

Die obige Formel für V kann man für ungerade $q = 2m + 1$ umschreiben in

$$V = 2^{2m}(2^{2m+1} - 1) = (2^m)^2 \cdot [2 \cdot (2^m)^2 - 1].$$

Setzt man darin $2^m = n$, erhält man (s. S. 233):

$$n^2 (2n^2 - 1),$$

die Summe der ersten n ungeraden Kubikzahlen. Daraus folgt zwingend, daß alle geraden vollkommenen Zahlen Summen von (ungeraden) Kubikzahlen sind.

Zwingend? Alle? – Nein: *fast* alle: die verflixte 6 spielt uns (wie so häufig) auch hier einen Streich; s. die Tafel XXXV, in der sie fehlt.

Tafel XXXV. Gerade vollkommene Zahlen als Summe ungerader Kubikzahlen

m	2^m	$(2^m)^2$	$2 \cdot (2^m)^2 - 1$	V
1	2	4	7	28 = 1+27
2	4	16	31	496 = 1+27+125+343
3	8	64	127	8128 = 1+ . .+343+729+1331+2197+3375

Wenn wir 6 in die Tafel XXXV hineinzwängen wollten, müßten wir für m den Wert 1/2 zulassen. (Andere Brüche führen nicht auf vollkommene Zahlen.)

Erwähnenswert ist, daß der Zusammenhang der vollkommenen Zahlen mit den Kubikzahlen erst sehr spät erkannt wurde, nämlich von T. L. Heath (1861 bis 1940). Daß Zahlentafeln keineswegs nur von Nobellaien zu Knobeleien verwendbar sind, sondern auch die Aufmerksamkeit der Mathematiker gefunden haben, dafür zeuge eine weithin unbekannte Bemerkung Lichtenbergs (Sudelheft D, 730); es handelt sich dabei um einen Satz, auf den er *einmal anno 1763 gekommen* ist.

Wenn ich die Zahlen so unter einander schreibe

$$
\begin{array}{ccccc}
1 & 2 & 3 & 4 & 5 \\
2 & 3 & 4 & 5 & 6 \\
3 & 4 & 5 & 6 & 7 \\
4 & 5 & 6 & 7 & 8 \\
5 & 6 & 7 & 8 & 9,
\end{array}
$$

so ist die Summe aller in dem Quadrat befindlichen Zahlen = dem Kubus der Zahl, die in der oberen Ecke rechter Hand und in der linken unten steht. Die Summe [der] Zahlen in den Diagonalen ist dem Quadrat derselben Ziffern gleich.

Diesen Satz kann man leicht allgemein beweisen. Lichtenberg hätte –

(aber das Vorspiel auf dem Theater zu Goethes Faust erschien erst nach Lichtenbergs Tode) –

Lichtenberg hätte von sich sagen können, was wir jedem unserer Leser wünschen:

Ich hatte nichts und doch genug:
Den Drang nach Wahrheit und die Lust am Trug!

(Indessen hätte Lichtenberg Goethen kaum zitiert, er schätzte den Verfasser des Werthers und des Götz nicht besonders.)

―――― 4 ――――

Lust am Trug?

Eine andere Notiz Lichtenbergs, der, wie alle verspielten Naturen, seinen Spaß an Kuriositäten hatte, betrifft eine optische Täuschung (Sudelheft A, 247):

Wenn man in einem Triangel abc die Seite ab in d verlängert und ad = ac macht, so sieht allemal ad dem Auge länger aus als ac, wenigstens einem Auge, das sich nur an bloße halbierte Linien gewöhnt hat (Abb. 126a).

Heutzutage benennen wir die Eckpunkte eines Dreiecks nicht mehr mit kleinen Buchstaben wie Lichtenberg (1742 bis 1799), sondern mit großen unter dem Einfluß von Euler (1707 bis 1783) und behalten die kleinen Buchstaben den Strecken vor (vgl. S. 112). Lichtenberg mußte diese noch durch ihre beiden Eckpunkte beschreiben. In Eulerscher Bezeichnungsweise heißt die Lichtenbergsche Beobachtung kürzer (Abb. 126b) oder wenigstens uns verständlicher (Abb. 126b):

Wenn man in einem Dreieck ABC die Seite b über A hinaus bis D verlängert, wobei $\overline{AD} = c$, so erscheint $\overline{AD}$ länger als c.

Eine bezaubernde optische Täuschung an einem gleichschenkligen Dreieck ist die Müller-Lyersche Diagonaltäuschung, bezaubernd deswegen, weil man ihr auch dann

235

erliegt, wenn man die Figur selbst gezeichnet hat und daher weiß, *daß nicht sein darf, was nicht sein kann* (Judith Abendsonn, »Der gewisse Schein«, 1981):

Man zeichne ein stumpfwinklig-gleichschenkliges Dreieck und markiere die beiden gleichen Schenkel (Abb. 127a).

Dann ziehe man von der Dreiecksspitze aus nach einer Richtung parallel zur Grundlinie eine kurze Strecke, verbinde ihren Endpunkt mit der nächstliegenden Dreiecksecke (Abb. 127b) und ziehe zu dieser Verbindungslinie durch die anderen beiden Dreiecksecken Parallelen von gleicher Streckenlänge (Abb. 127c). Vervollständigt

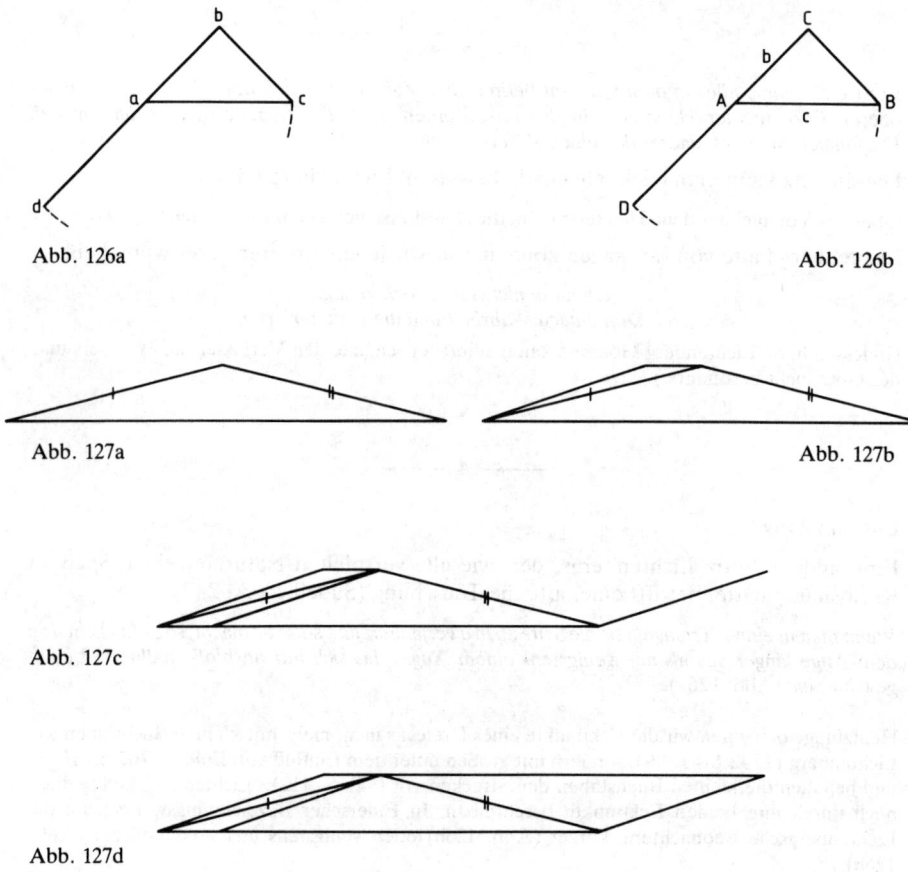

Abb. 126a

Abb. 126b

Abb. 127a

Abb. 127b

Abb. 127c

Abb. 127d

man die Figur zu einem Parallelogramm (Abb. 127d), dann ist auch die optische Täuschung vollständig; *offensichtlich* sind die beiden markierten Strecken ungleich, die mit zwei Strichen markierte *ist* ungleich größer.

Das hier verwendete gleichschenklige stumpfe Dreieck soll uns nunmehr dazu dienen, zwei einfache Aufgaben für diejenigen durchzurechnen, welche (noch) die Anfangsgründe der Differentialrechnung beherrschen. Am Ende der zweiten Rechnung wird eine Frage gestellt, die hoffentlich einiges Kopfzerbrechen verursacht.

Gegeben ein gleichschenkliges Dreieck mit der Grundlinie 24 und der Höhe 3 (Abb. 128). Gesucht derjenige Punkt auf der Höhe, für den das Quadrat seiner Abstände von den drei Ecken ein Minimum ist, d. h. der Schwerpunkt.

Die zu minimierende Funktion F lautet demnach

$$F = (3 - x)^2 + 2\,(144 + x^2).$$

Die Differentiation nach x ergibt

$$\frac{\mathrm{d}F}{\mathrm{d}x} = -2\,(3 - x) + 4x.$$

Setzt man diesen Ausdruck gleich Null, erhält man

$$x_e = 1.$$

Die Lage dieses Dreiecks-Schwerpunktes ist unabhängig von der Länge der Grundlinie des gleichschenkligen Dreiecks.

Nachdem nunmehr die Differentiation wieder aus dem Schulunterbewußtsein herausgeholt ist, soll als zweite (und glücklicherweise letzte) Aufgabe für dasselbe Dreieck der Abb. 128 derjenige Punkt auf der Höhe ermittelt werden, dessen Abstände (also nicht wie eben deren Quadrate) von den Ecken ein Minimum ist. Jetzt lautet die zu minimierende Funktion

$$F = 3 - x + 2\,\sqrt{144 + x^2},$$

differentiiert

$$\frac{\mathrm{d}F}{\mathrm{d}x} = -1 + \frac{2x}{\sqrt{144 + x^2}},$$

woraus sich für $\mathrm{d}F/\mathrm{d}x = 0$ ergibt (der Arithmeter tritt herein und beweist Euch, es müßt' so sein):

$$x_e = 4\sqrt{3} \approx 6{,}93.$$

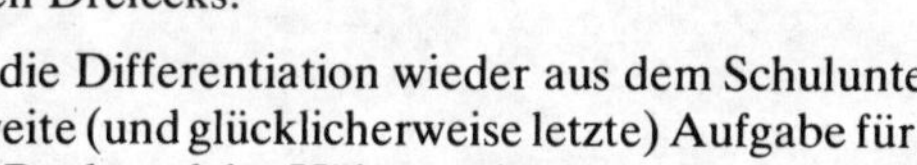

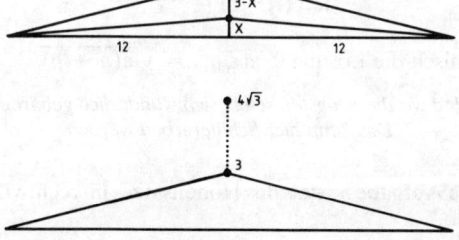

Abb. 128

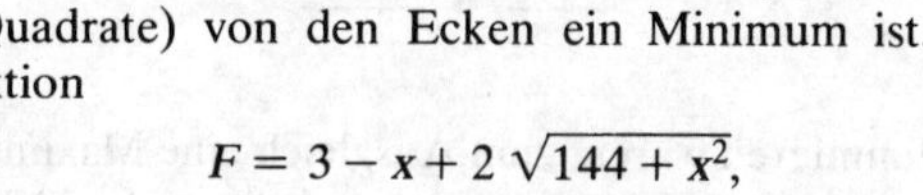

Abb. 129

Das (richtig errechnete) Resultat ist *evidentaliter* unsinnig (Abb. 129), denn jeder Punkt zwischen $x = 4\sqrt{3}$ und der Dreiecksspitze hat von den Ecken insgesamt einen geringeren Abstand.

Dieses Ergebnis ist genau so zustandegekommen wie das vorige; es wurde nicht durch Null dividiert, es wurden keine Vorzeichenfehler, etwa bei der Wurzel, gemacht, die zweite Ableitung ist für $x_e = \pm 4\sqrt{3}$ weder gleich Null noch unbestimmt – nun können die Knobler zeigen, ob sie noch alles wissen, was man ihnen über die Lage der Maxima und Minima beigebracht hat. Mini Heil!

Wenn wir in der Mitte der zwanziger Jahre an der Technischen Hochschule Aachen die »Übungen zu Mathematik I« leiten durften, brachten wir gern die vorstehende Aufgabe, weil sie dazu dienen kann, die Anfänger an Regeln und Vorschriften zu erinnern, die sie häufig vergessen oder mißachten.

Dazu gehört auch die Frage nach dem Verlauf der Krümmungskreise von Kurven (Näheres s. S. 382/3).

Ferner die simple Aufgabe, das Integral $\int \sin x \cos x \, dx$ zu berechnen. Je nachdem, ob man $\sin x = u$ oder $\cos x = v$ setzt, erhält man als Lösung $(\sin^2 x)/2$ oder $(-\cos^2 x)/2$. Da beide Ergebnisse gleich sein müssen, ergibt sich $\tan^2 x = -1$ oder $\tan x = \pm i$, demnach ist der Tangens jedes beliebigen Winkels imaginär!

—— 6 ——

Da wir eben beim Minimieren waren, zum Ausgleich eine Maximumaufgabe, mit der sich Nicolaus von Cues (s. S. 212) beschäftigt hat und die er (natürlich ohne die damals noch unbekannte Differentialrechnung) gelöst hat. Es handelt sich (s. Abb. 130a) um ein Hochseeproblem, es soll der maximale Winkel bestimmt werden, unter dem zwei Leuchttürme L_1 und L_2 von einem Schiff A aus erscheinen können. Wenn das Schiff sehr nahe an der Küste ist (z. B. am Ort A_1) ist der Winkel sehr klein, ist es sehr weit entfernt, ebenfalls, dazwischen liegt ein Maximum des Winkels ε für die unbekannte Entfernung $x(\varepsilon_{\max})$ des Schiffes A von der Küste (a und h gegeben).

Jeder höhere Schüler setzt den Klapperatismus der Differentialrechnung in Bewegung, indem er ansetzt

$$\tan(\alpha + \varepsilon) = \frac{a+h}{x} \; ,$$

er erhält fast mechanisch die Lösung $x(\varepsilon_{\max}) = \sqrt{a(a+h)}$.

> *Und wo die Klügsten selbst sich wunderlich gebärden,*
> *Das kann hier Schülerarbeit werden.*

(Par. zu Faust I).

Der Cusaner löste die Aufgabe mittels des Höhensatzes im rechtwinkligen Dreieck (vgl. S. 160), s. Abb. 130b.

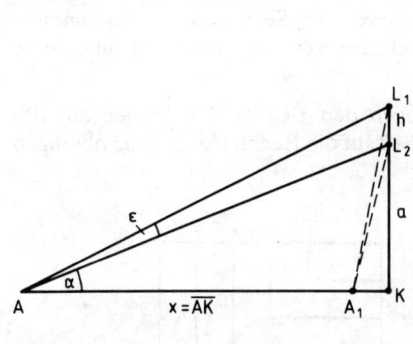

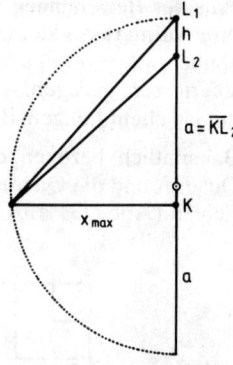

Abb. 130a

Abb. 130b

Dies soll als Anregung dienen, elementare Lösungen von Aufgaben zu ergrübeln, die mit höheren Mitteln zwar leicht, aber etwas stumpfsinnig zu bewältigen sind.

—— 7 ——

Unter *elementar* verstehen wir hier solche Lösungen, die mit den Mitteln der Euklidischen Geometrie zustandegekommen sind, wenn nicht gar nur durch Betrachtungen, wie sie die Pythagoreer angestellt hatten.

Wir erinnern daran, daß die Zahlen die Schöpfer der Dreieckszahlen sind (weniger feun ausgedrückt: die aufeinanderfolgenden Zahlen sind die Differenzen der Dreieckszahlen):

$$
\begin{array}{lcl}
1 & = & 1 \\
1 + 2 & = & 3 \\
1 + 2 + 3 & = & 6 \\
1 + 2 + 3 + 4 & = & 10 \\
& \cdots &
\end{array}
$$

Die ungeraden Zahlen sind die Schöpfer der Quadratzahlen

$$
\begin{array}{lcl}
1 & = 1 & = 1 \cdot 1 \\
1 + 3 & = 4 & = 2 \cdot 2 \\
1 + 3 + 5 & = 9 & = 3 \cdot 3 \\
1 + 3 + 5 + 7 & = 16 & = 4 \cdot 4 \\
& \cdots &
\end{array}
$$

Die geraden Zahlen sind die Schöpfer der oblongen oder Rechteckszahlen

$$
\begin{array}{lcl}
2 & = 2 & = 1 \cdot 2 \\
2 + 4 & = 6 & = 2 \cdot 3 \\
2 + 4 + 6 & = 12 & = 3 \cdot 4 \\
2 + 4 + 6 + 8 & = 20 & = 4 \cdot 5, \\
& \cdots &
\end{array}
$$

welche gleich den doppelten Dreieckszahlen sind.

Eine der Beziehungen zwischen Figuren (und auch Körpern), denen die Pythagoreer ihre Aufmerksamkeit zugewendet hatten, war die Ähnlichkeit. Alle Kugeln sind sich ähnlich, alle Kreise, alle regelmäßigen Figuren (Dreiecke, Sechsecke, Pentagramme – sofern *recht gezogen!* – und Quadrate). Aber nicht alle Rechtecke, sondern nur gewisse mit gleichem Längen-Breiten-Verhältnis.

Bekanntlich bezogen die Pythagoreer *deswegen* den Begriff der *Einheit* auf das Quadrat und die Quadratzahlen, den der *Vielheit* auf die Rechtecke und die oblongen Zahlen (Abb. 131 a,b).

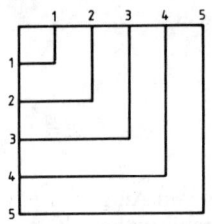
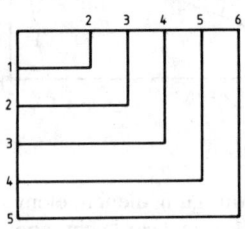

Abb. 131a   Abb. 131b

Die Quadrate (Abb. 131a) sind ähnlich, sämtlich haben sie das Seitenverhältnis

$$\frac{1}{1} = \frac{2}{2} = \frac{3}{3} = \frac{4}{4} = \frac{5}{5} = \cdot\cdot = \frac{n}{n} = \cdots,$$

die Rechtecke (Abb. 131b) hingegen nicht; denn ihre Seitenverhältnisse sind

$$\frac{1}{2}, \frac{2}{3}, \frac{3}{4}, \frac{4}{5}, \frac{5}{6}, \cdots, \frac{n}{n+1}, \cdots$$

Unter den (echten) Kegelschnitten (Ellipsen, Parabeln, Hyperbeln) scheint die *entartete Ellipse,* der Kreis, die Rolle des *entarteten Rechtecks,* des Quadrats unter den *länglichen Quadraten* (s. S. 25) zu spielen: wie man auf den ersten Blick sieht, sind hier nur alle Quadrate und alle Kreise sich ähnlich (Abb. 132a,b), denn das Verhältnis der Rechteckseiten und auch der Ellipsenachsen ist stets ein anderes.

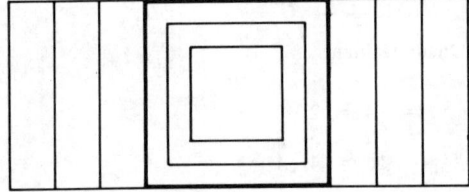
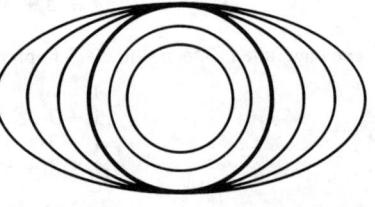

Abb. 132a   Abb. 132b

Mit einem Schuß von Goethescher Bedächtigkeit (S. 251) wird man feststellen, daß prima vista (wie oft) ein Irrblick war, daß vielmehr auch alle Parabeln einander ähnlich sind (Abb. 133). Wir überlassen den rechnerischen Beweis dem gereizten (dazu gereizten) Leser.

240

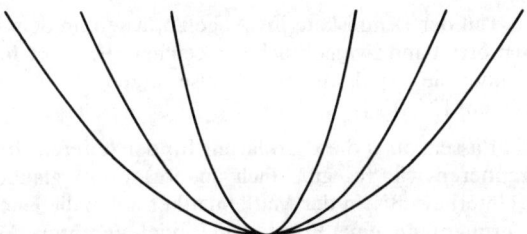

Abb. 133

Ernst Bindel, ein besinnlicher und versonnener Mathematiker, hat einmal darüber nachgegrübelt, warum die Menschen bei ihren vier Grundrechnungsarten gerade die Zeichen +, −, × und : verwenden (zu seiner Zeit waren die Multipliktionszeichen × und · noch gleichberechtigt). Er wußte, daß sie vor einigen Jahrhunderten auftauchten und sich schnell verbreiteten, wußte, daß man ihre Herkunft mehr oder weniger (meist weniger) gut erklären konnte – aber er fragte sich darüber hinaus, warum die ersten Benutzer dieser Zeichen gerade zu *diesen* Zeichen, *zu Kreuz und Punkten, Strich und Mal* (um Clemens Brentanos Stil nachzuahmen) gegriffen haben. Vielleicht meinte er, daß auch die Wahl eines Rechenzeichens nach den ewigen, ehrnen Gesetzen (Goethe) erfolgen muß, vielleicht schwebten ihm Jungsche Archetypen vor, vielleicht webten in ihm geistige Kräfte höherer Welten, die ihm zeigten, daß Figuren auf die Seelen der Zeichensetzer wirkten und sie zwangen, +, −, × und : zu wählen. Und so kam er auf folgende originelle Vermutung, die man ablehnen wird, nicht ohne ihr einen freundlichen Blick zu gönnen (wie etwa auch Louviers Deutung des Goetheschen Hexen-Einmaleins durch die Zehn Gebote, s. S. 16).

Der von seinen Schülern verehrte Bindel – er weilt seit einigen Jahren auf einer höheren Daseinsebene – geht von Figuren der analytischen Geometrie aus und fragt:

Welches ist der *geometrische Ort* aller Punkte, für welche die Summe (bzw. die Differenz bzw. das Produkt bzw. der Quotient) ihrer Abstände von zwei festen Punkten F_1 und F_2 konstant ist?

Die Antwort ist den meisten (wenigstens für die beiden ersten Fragen) bekannt: es handelt sich um Ellipsen, Hyperbeln, Lemniskaten und Apollonische Kreise (Abb. 134 a bis d). Nun braucht man nur die beiden Hauptachsen der Ellipse, die reelle Achse der

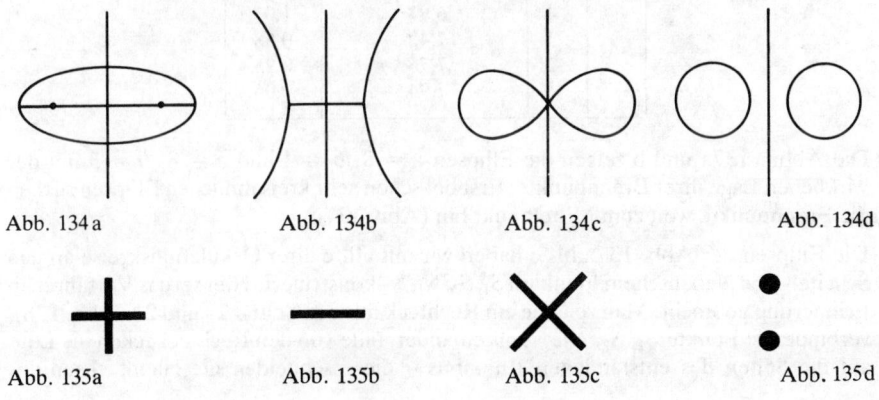

| Abb. 134 a | Abb. 134b | Abb. 134c | Abb. 134d |

| Abb. 135a | Abb. 135b | Abb. 135c | Abb. 135d |

Hyperbel und den Teil der Lemniskate ins Auge zu fassen, in dem sie sich (übrigens rechtwinklig) durchsetzt, dann zwingen sich die Zeichen $+$, $-$, $\times$ förmlich auf (Abb. 135 a bis c) – und die Apollonischen Kreise ergeben, um 90° gedreht, das Divisionszeichen (Abb. 135d).

Es bleibt jedem überlassen, ob er diese Erklärung für den tieferen Grund gerade dieser Zeichenwahl akzeptieren will (es gibt auch andere), ob er glauben mag, daß die Kegelschnitte im Unterbewußtsein der Mathematiker ihnen die Hand geführt haben. Diese Ableitung erinnert an eine Frage des Bindel-Verehrers Dr. med. Helmut Hessenbruch in »Geheimnisse und Wesen der Zahlen«, [2]1963:

Ist es nicht merkwürdig, daß die beiden objektiven Zeichen für die Vierheit, das Kreuz und der rechte Winkel, in ihrer Verschränkung das Zahlenzeichen der arabischen 4 ergeben?

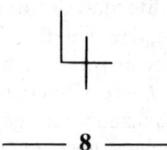

———— 8 ————

Bei der Initiatorin des Pluszeichens, bei der Ellipse, werden (wie auch, allerdings absichtlich, von uns in verschiedenen Abbildungen) die Brennpunkte fast stets falsch eingezeichnet, nämlich zu weit von den Scheiteln entfernt. Dieser Abstand (Abb. 136) ist gleich $\overline{F_1 S_1} = \overline{F_2 S_2} = a - e = a - \sqrt{a^2 - b^2}$.

Die folgende Tafel XXXVI bringt die Größe von $a - e$ für verschiedene Ellipsen.

Tafel XXXVI. Die Lage der Brennpunkte einiger Ellipsen

a	b	$e = \sqrt{a^2 - b^2}$	$a - e$
8	8	0	8
	7	3,87	4,13
	6	5,29	2,71
	5	6,24	1,76
	4	6,93	1,07
	3	7,42	0,58
	2	7,75	0,25
	1	7,94	0,06

Die Abbn. 137a und b zeigen die Ellipsen $a = 8$, $b = 4$ und $a = 8$, $b = 3$ mit der wirklichen Lage ihrer Brennpunkte. Erst bei schon sehr kreisähnlichen Ellipsen rücken die Brennpunkte weit zum Mittelpunkt hin (Abb. 137c).

Die Ellipsen der Abb. 137a bis c haben wir mit Hilfe ihrer Oskulationskreise an den Scheitel- und Nebenscheitelpunkten S_1, S_2, N_1, N_2 konstruiert. Hier sei das Verfahren in Erinnerung gebracht: Man zeichne ein Rechteck mit den Seiten $2a$ und $2b$ (Abb. 138), verbinde die Punkte S_1, S_2, N_1, N_2 miteinander, fälle von den Rechteckecken die Lote auf die Seiten des entstandenen Rhombus – diese schneiden die Hauptachsen des

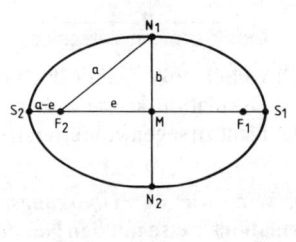

Abb. 136

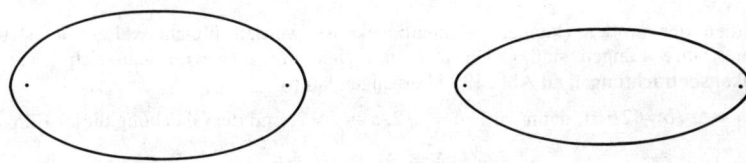

Abb. 137a   Abb. 137b

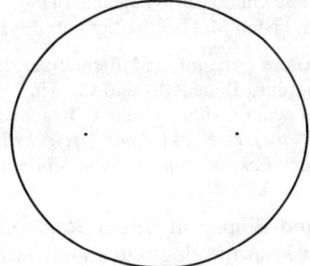

Abb. 137c

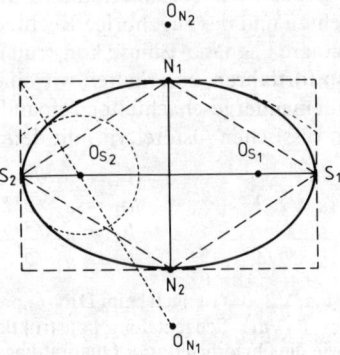

Abb. 138

Rechtecks (und der Ellipse) oder deren Verlängerungen in den Mittelpunkten der Oskulationskreise O_{N_1}, O_{N_2}, O_{S_1}, O_{S_2}. Die Kreise um O_{S_1} mit $\overline{O_{S_1} S_1}$, um O_{N_1} mit $\overline{O_{N_1} N_1}$ usw. nähern die Ellipse in der Umgebung ihrer Scheitel- und Nebenscheitelpunkte gut an.

9

Bei der gewählten, wenn auch vollschlanken, aber doch noch schlanken Ellipse liegen die Mittelpunkte der *großen* Oskulationskreise außerhalb des Rechtecks bzw. der Ellipse. Bei der behäbigen, um nicht zu sagen vollfetten Ellipse der Abb. 137c hingegen innerhalb.

Man kann darauf neugierig sein, wie die *Übergangsellipse* aussieht, bei der die Mittelpunkte der großen Oskulationskreise mit den Nebenscheitelpunkten zusammenfallen.

Die Radien der großen (kleinen) Oskulationskreise werden üblicherweise mit ϱ_1 und ϱ_2 bezeichnet, ihre Längen sind gleich a^2/b und gleich b^2/a (wovon man sich leicht durch Ähnlichkeitsbetrachtungen an Abb. 138 überzeugen kann).

Wenn $\varrho_1 = a^2/b = 2b$ ist, dann wird $\varrho_2 = a/2$, $a = b\sqrt{2}$, und die Gleichung dieser Ellipse zu

$$\frac{x^2}{a^2} + \frac{y^2}{\frac{a^2}{2}} = 1.$$

Wir nennen sie nach dem Marchese Giulio Carlo Fagnano di Fagnani (1682 bis 1766), der sich mit ihr und ihren Eigenschaften zum ersten Mal beschäftigt hat, die *Fagnano-Ellipse*.

(Dieser, *Graf Fagnano der Ältere* genannte, Mathematiker hat nach anderen Quellen die Vornamen Giulio Cesare Bernardino Benedetto und die Titel Marchese von Toschi und Sant' Onofrio geführt. Vorsichtshalber nennen wir ihn Giulio C. Fagnano. Nach ihm ist der Satz genannt, den wir auf S. 237 benutzt haben: *Der Punkt einer Dreiecksfläche, für den die Summe der Quadrate seiner Abstände von den Eckpunkten zu einem Minimum wird, ist der Schwerpunkt der Dreiecksfläche.*)

In Abb. 139 ist die Fagnano-Ellipse in *ihrem Rechteck* und um *ihren Rhombus* gezeichnet, ihre Oskulationskreismittelpunkte durch ausgefüllte, ihre Brennpunkte durch unausgefüllte Kreislein angegeben.

Wenn wir nun die vier Oskulationskreismittelpunkte als Eckpunkte eines neuen kleineren Rhombus betrachten und das zugehörige Rechteck einzeichnen (Abb. 140), die dadurch bestimmte kleinere Fagnano-Ellipse konstruieren (mit ihren Oskulationskreismittelpunkten) und so fortfahren, so erhalten wir eine nicht endende Folge von stets kleiner werdenden, ineinandergeschachtelten (einander ähnlichen) Fagnano-Ellipsen (Abb. 141), ähnlich russischen Ostereiern, mit den jeweiligen Halbachsen

$$
\begin{aligned}
a_1 && b_1 &= a_1\sqrt{2}/2 \\
a_2 = b_1 &= a_1\sqrt{2}/2 & b_2 &= a_2\sqrt{2}/2 = a_1/2 \\
a_3 = b_2 &= a_1/2 & b_3 &= a_3\sqrt{2}/2 = a_1\sqrt{2}/4 \\
a_4 = b_3 &= a_1\sqrt{2}/4 & b_4 &= a_4\sqrt{2}/2 = a_1/4
\end{aligned}
$$

Stets verhält sich b_n zu a_n wie 1 zu $\sqrt{2}$; das ist auch beim DIN-Papierformat der Fall, daher ist ein DIN-A-4-Blatt sehr geeignet für die Schachtelungskonstruktion. (Von allen rechteckigen Formaten, deren Seiten sich wie die Quadratseite zur Quadratdiagonale verhalten, unterscheidet sich das DIN-Format durch die Vorschrift, daß die Fläche des Ausgangsblatts A–0 $1\,\mathrm{m}^2$ betragen muß; A-4 hat demnach die Fläche $1/2^4 = 1/16\,\mathrm{m}^2$.)

Lichtenberg fiel auf, daß das von ihm benutzte Klein-Folio-Blatt die Proportionen $1 : \sqrt{2}$ hatte (Brief vom 25. Okt. 1786 an den Technologen Johann Beckmann). Er schrieb darüber im Göttinger Taschenkalender für 1796, und fügte entschuldigend ein:

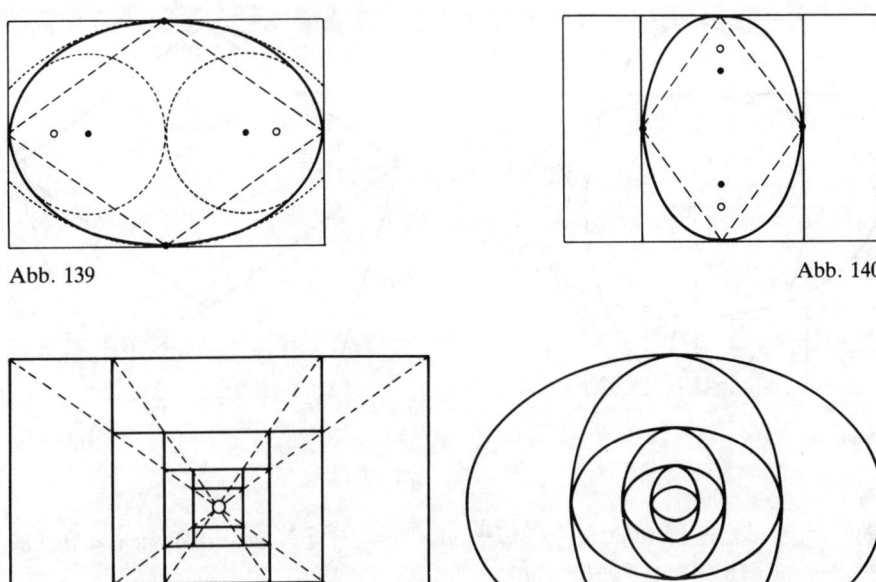

Abb. 139

Abb. 140

Abb. 141a

Abb. 141b

... *Sollte dieser kleine Artikel manchen Leserinnen etwas zu mathematisch scheinen, so müssen wir ihnen zu bedenken geben, daß dieses Verfahren ganz à l'Angloise ist, eine Mode, die sie sonst so sehr schätzen.*

Die Entschuldigung nützte nichts. Die Formeln in dem Artikel wie

$$a : x = x : 2a \quad \text{oder} \quad \tfrac{1}{2}\sqrt{2} : 1 = 1 : \sqrt{2}$$

scheinen für die Leserinnen zu schwierig gewesen zu sein; denn Lichtenberg schrieb (am 29. Aug. 1796 an den Kaufmann Paul Christian Wattenbach):

Daß ich dem diesjährigen Kalender eine algebraische Formel für ein Bücherformat gegeben habe, hat dem Verleger über 200 Taler geschadet.

Für welche Ellipse ist die zweite Ellipse genau gleich der ersten? Bei ihr muß (Abb. 142) sich verhalten

$$\frac{a+b}{a} = \frac{a}{b} = \frac{b}{a-b}$$

Das ist aber das uns nicht unbekannte (s. S. 160) Verhältnis der stetigen Teilung, der sectio divina, des Goldenen Schnitts.

Hier wird die zweite Ellipse weder kleiner noch größer als die erste, und dadurch die dritte so groß wie die zweite und so fort. Jede Ellipse kopiert sich selbst.

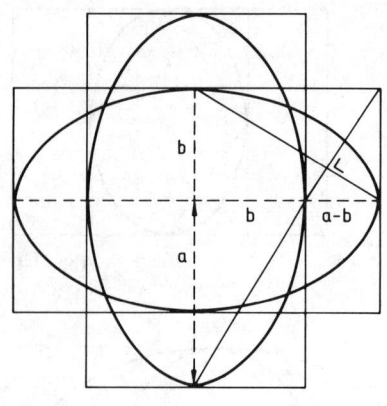

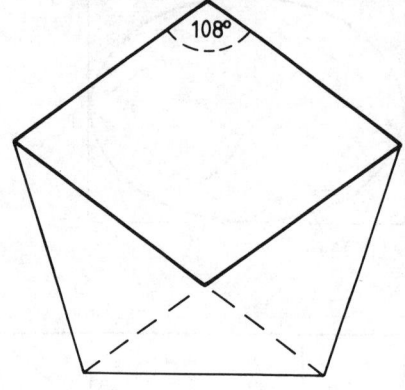

Abb. 142

Abb. 143

Aus $a^2 = ab + b^2$ folgt $a = b\dfrac{\sqrt{5}+1}{2}$ oder $b = a\dfrac{\sqrt{5}-1}{2}$. a verhält sich zu b wie $\dfrac{\sqrt{5}+1}{2} = 1{,}618\ldots = 1 + \varphi \ (= a:b)$.

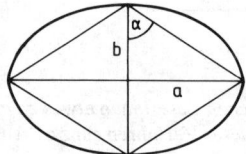

Abb. 144

Im Rhombus ist (Abb. 144) $a:b$ der Tangens des halben stumpfen Winkels α.

Wir haben im Kapitel 7 den Basiswinkel μ der Mantelflächen der Cheopspyramide nicht benötigt und daher nicht berechnet. Sein Tangens, das Verhältnis der Dreieckshöhe s zur halben Basisseite b beträgt bei der tatsächlichen Pyramide etwa 1,61855, bei der φ-Pyramide 1,61803…, der dazu gehörige Winkel ist 58° 16′ 57″, der doppelte 116° 33′ 54″, wie beim Rhombus obiger Ellipse.

Wer dazu veranlagt ist, kann diese Ellipse die Goldene oder gar die göttliche nennen. Auch für Amulette bieten sich die beiden gekreuzten Ellipsen an; zudem kann man *das* ästhetische achtspitzige Kreuz aus der Gesamtfigur bilden.

Wer nüchterner denkt, mag erstens untersuchen, weshalb die gewünschte Lösung nicht von dem bekannten Rhombus im regelmäßigen Fünfeck geliefert wird, das doch von stetigen Teilungen nur so wimmelt (Abb. 143); und zweitens feststellen, daß der stumpfe Winkel dieses (ebenfalls *goldenen*) Rhombus 108° beträgt und damit dem entsprechenden Winkel des *Fagnano-Rhombus* (109°, 471 – man beachte die Ziffern hinter dem Komma) recht nahe kommt. Woraus doch wohl folgt, daß beide Rhomben uns gleich schön oder gleich häßlich erscheinen müssen, daß demnach von einer Präponderanz der göttlich-ästhetischen Teilung nicht die Rede sein kann (vgl. auch S. 175).

10

Eine Entsprechung für den Winkel α bzw. den Winkel 2α bei der Fagnano-Ellipse (tan $\alpha = a:b = \sqrt{2}$) ist bei einem mindestens ebenso kunstvollen Bau wie der Pyramide zu finden, nämlich der Bienenzelle. Für tan$\alpha = \sqrt{2} = 1,4142\ldots$ ist $\alpha = 54°44'08''$
$$2\alpha = 109°28'16''.$$

Die Bienen errichten ihre Waben senkrecht auf regelmäßigen Sechsecken, aber nicht in Form von Prismen wie Effel (Abb. 145) anzunehmen scheint. (Effel = F.L., Abk. von François Lejeune, 1908 bis 1982). Vielmehr sind die sechs Kanten nicht gleich lang, sondern abwechselnd *lang* und *weniger lang* (Abb. 146a). Die entstandenen Zackengebilde werden durch Dächer geschlossen, die aus drei gleichgroßen Rhomben bestehen (Abb. 146b).

Abb. 145: Aus Jean Effel, Heitere Schöpfungsgeschichte für fröhliche Erdenbürger, Rowohlt-Verlag, Reinbek, 1965. Effel hätte sich die goldene Honigwabe zum Vorbild nehmen sollen, welche, der Sage nach von Daidalos geschaffen, in Eryx auf Sizilien verwahrt wurde.

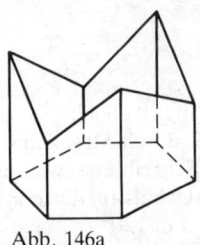 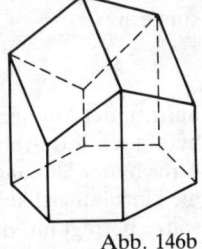

Abb. 146a   Abb. 146b

Eine solche Wabe hat, ganz unabhängig von dem Längenunterschied zwischen den langen und den weniger langen Kanten, den gleichen Inhalt (wir machen dies gleich an einem zweidimensionalen Gegenstück plausibel); die Oberfläche hingegen ist von dem genannten Längenunterschied abhängig (Abb. 147a,b).

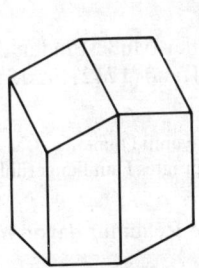 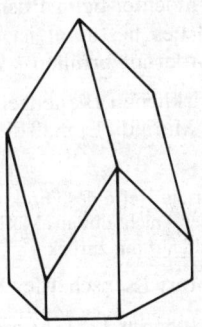

Abb. 147a   Abb. 147b

Das von uns zur Verdeutlichung des Problems verwendete zweidimensionale Gegenstück besteht aus zwei aneinandergrenzenden Flächen des Prismas, in eine Ebene hineingebogen. Wir erhalten zwei nebeneinanderliegende Rechtecke mit den Grundlinien g und den Höhen h (Abb. 148a).

Nun verlängern wir die mittlere Höhe um die beliebige Länge $x \leqq h$ und vermindern die beiden äußeren um den gleichen Betrag, verbinden die gewonnenen Punkte und erhalten das Bild einer *Schreibfeder* (Abb. 148b), zweidimensionales Gegenstück der Bienenwabe (Abb. 146b). Man kann der Abb. 148b sofort entnehmen, daß der Inhalt der Schreibfeder, unabhängig von der Größe von x, gleich dem des Rechtecks der Abb. 148a ist, dem Gegenstück des Prismas der Abb. 145. Der Umfang hingegen ist von x abhängig, augenscheinlich hat er ein relatives Maximum für $x = h$ (Abb. 148c). Es liegt nahe, das Minimum für $x = 0$, also für das Rechteck, anzunehmen. Wir prüfen dies nach: Der Umfang der Schreibfeder (Abb. 148b) U_x ist gleich

$$U_x = 2(g + h - x + \sqrt{g^2 + 4x^2}),$$

für $x = h$ ist

$$U_h = 2(g + \sqrt{g^2 + 4h^2}),$$

für $x = 0$ ist

$$U_0 = 2(2g + h) = 4g + 2h.$$

Die Differentialrechnung ergibt, daß das Minimum des Umfangs nicht für $x = 0$, sondern für

$$x_m = \frac{\sqrt{3}}{6} g \approx 0{,}288675\,g$$

auftritt, der Minimalumfang ist gleich $U_m = g(2 + \sqrt{3}) + 2h \approx 3{,}732\,g + 2h < U_0$, wie man auch aus Abb. 149 durch Streckenvergleich ablesen kann. (Erst für $x = 2g/3$ erreicht der Umfang der Schreibfeder wieder den des Rechtecks; ein weiterer Beleg für die Unzulänglichkeit des Urteils auf den ersten Blick.) Der Winkel an der Schreibfederspitze beträgt im Minimalfall 120°.

Ähnlich liegen die Verhältnisse bei dem *Kirchturm*, der auf dem sechseckigen Grundriß aufgebaut und von dem dreirhombigen Dach bedeckt wird. Ganz gleich, wie groß der Unterschied zwischen den langen und den kurzen Kanten ist – der Inhalt des Körpers bleibt konstant (und zwar gleich dem des Prismas mit lauter gleich langen Kanten). Seine Oberflächengröße hingegen wechselt; deren Minimum liegt nicht, wie man hier vermuten möchte, beim Prisma, sondern bei einem Bau mit einem gewissen flachen Dach, welches bestimmt ist durch die drei gleichen Rhomben, deren Winkel die Minimalforderung erfüllen.

Mit den wirklichen Bienenzellen beschäftigte sich in seinen Mußestunden der Pariser Astronom Maraldi. Er maß die Winkel der Rhomben und fand (1712) für den stumpfen 109°28′.

Maraldi war ein Neffe des Direktors der Pariser Sternwarte Giovanni Domenico Cassini, der wie viele Italiener – nicht nur aus Mafiakreisen – offenbar ein ausgeprägtes Familiengefühl besaß. Wir kommen bald auf ihn zurück.

Als der Naturwissenschaftler René Antoine Ferchault de Réaumur davon hörte,

(Réaumur, 1683 bis 1757, ist wie Celsius und Fahrenheit auf einer Thermometerskala in die wandelhaften Wandelhallen des Ruhmestempels geklettert.)

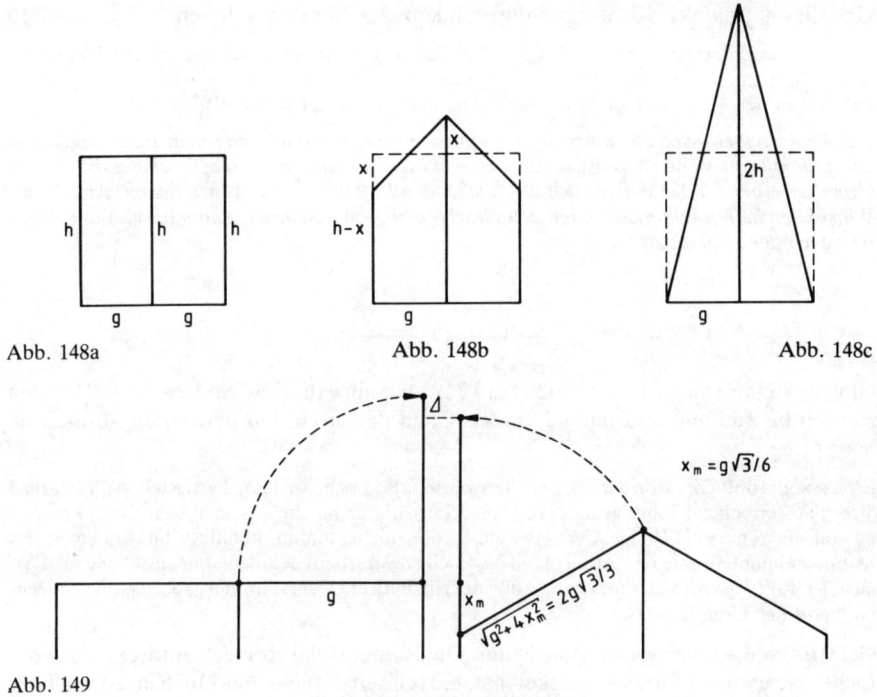

Abb. 148a   Abb. 148b   Abb. 148c

$$x_m = g\sqrt{3}/6$$

$$\sqrt{g^2 + 4x_m^2} = 2g\sqrt{3}/3$$

Abb. 149

Ich bin der Graf von Réaumur
und hass' euch wie die Schande!
Dient nur dem Celsio für und für,
Ihr Apostatenbande!

Chr. Morgenstern, »Galgenlieder«.

Réaumur würde staunen, wenn er hörte, daß die Anfangsbuchstaben seiner Vornamen heutzutage als Notarikon (s. S. 41) für Royal Air Force oder für Rote Armee Fraktion verwendet werden.)

vermutete er, die Bienen befolgten bei ihrem Wabenbau das Minimalprinzip und regte den deutschen Mathematiker S. König dazu an, dies rechnerisch nachzuprüfen. König prüfte (das könnte *heutzutage* jeder helle Primaner auch) und fand (1739) einen Winkel von 109°26', also eine sehr gute Übereinstimmung. Und nicht nur Réaumur freute sich.

Die Geschichte ist aber noch nicht zu Ende.

Mac Laurin, 1698 bis 1746, (er gehört in die Reihe der Männer, nach denen eine Reihe benannt ist), prüfte Königs Rechnung und stellte (vermutlich befriedigt, wenn nicht gar erfreut) einen kleinen Fehler fest (vielleicht begangen beim Nachschlagen in einer Tafel). Er verkündete dies 1743 (Philosophical Transactions, London), unter dem Titel »On the Bases of the Cells wherein the Bees deposite their Honey«. Die Bienen minimieren instinktiv: Der von der Rechnung dafür geforderte Winkel ist tatsächlich gleich 109°28'.

Und dies nach vielen Richtungen durchzudenken lohnt sich wahrlich.

Übrigens berichtet darüber sogar Edgar Allan Poe (ebenso bombastisch wie fehlerhaft) in einer Anmerkung zu seiner Groteske »Die tausendundzweite Erzählung der Schehrezad« (welche indessen in den 1001 Nächten keineswegs 1001 Geschichten erzählt hat!):

Die Bienen haben – von allem Anfang her – ihre Zellen stets mit solchen Seiten, in solcher Anzahl und mit solchen Winkeln konstruiert, wie – und das hat man bewiesen, in einem die tiefsten Grundsätze der Mathematik in sich beschließenden Problem – eben genau Seiten, Anzahl und Winkel beschaffen sein müssen, um den Geschöpfen größtmöglichen Raum bei größtmöglicher Festigkeit der Struktur zu bieten.

—— **11** ——

Giovanni Domenico Cassini (1625 bis 1712) hat auf Huygens' Spuren (s. S. 213) den zweiten bis fünften Saturnmond entdeckt und den nach ihm benannten Streifen im Saturnring.

Er war seit 1669 Direktor der Pariser Sternwarte, also noch vor ihrer Fertigstellung, hinterließ diesen Posten seinem Sohn Jacques (1677 bis 1756), dieser gab ihn an seinen Sohn César François Cassini de Thury (1714 bis 1784) weiter, der nicht umhin konnte, ihn seinem Sohn Jean-Dominique Comte de Cassini (1748 bis 1845) zu vererben, der die Familienstellung bis 1796 hielt. Er war (wie sein Vater und sein Großvater) im Pariser Observatorium geboren worden, dem Sterbeort des Urgroßvaters.

G. D. Cassini – einer seiner Mitarbeiter, Ole Rømer (Olaf Römer), entdeckte, daß das Licht eine endliche Geschwindigkeit hat und schrieb darüber anno 1676 im Journal des Savants –, Cassini meinte, die Planetenbahnen durch *Cassinische Kurven* darstellen zu können; in Abb. 150 sind einige gezeichnet, darunter die wichtigste, die *liegende Acht*, das Unendlichkeitszeichen, die Lemniskate.

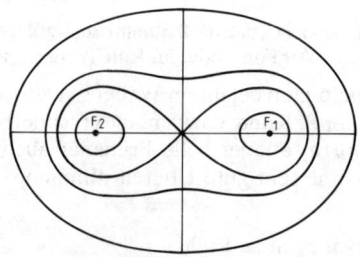

Abb. 150

Mit der Lemniskate hat sich besonders Graf Giulio C. Fagnano beschäftigt. Wir nennen hier nur eine (keineswegs die wichtigste) seiner Entdeckungen: Die Peripherie der Lemniskate läßt sich mit Zirkel und Lineal dritteln, vierteln, fünfteln – in all den Fällen teilen, bei denen dies beim Kreis möglich ist. Seit Gauß gezeigt hat, daß die Siebzehnteilung beim Kreis elementar durchgeführt werden kann, wissen wir, daß dies auch bei der Lemniskate der Fall ist.

Die Lemniskate hat in Polarkoordinaten die Gleichung

$$r^2 = 2a^2 \cos 2\varphi,$$

in kartesischen
$$(x^2 + y^2)^2 = 2a^2(x^2 - y^2) \quad \text{(vgl. auch S. 241).}$$

> Doch tad'l ich keinen, wenn's ihn gibt (Goethe z. B.),
> Der solche Rechnerei'n nicht liebt.

—— 12 ——

Für die Anarithmetiker ist spannend und entspannend zugleich das Spiel mit den regulären Vielecken und deren Diagonalen; ein ganz schönes Spiel mit ganzen Zahlen und schönen Figuren.

Man verbinde nacheinander jeden Eckpunkt mit dem nächsten, dem zweitnächsten, drittnächsten, viert- usw. nächsten, und erhält so (außer dem Vieleck selbst) kranz- bis sternförmige Gebilde, die manchmal in einem Zug durchlaufen werden können. Die ersten Figuren sind in Tafel XXXVII auf S. 252 zusammengestellt.

Gewarnt seien zunächst die schneidigen Ritter ohne Furcht mit Tadel, die nach einigen Blicken auf die nachfolgende Tafel damit beginnen wollen, sofort allgemein gültige Regeln oder Gesetze aufzustellen, etwa:

›Es sei e die Anzahl der Ecken, m die Anzahl der beim Ziehen der Diagonalen jeweils übergangenen Punkte. Dann sind nur diejenigen Figuren in einem Zug durchlaufbar, für welche die Division $e:(m+1)$ einen Rest läßt.

Beispiele: Die beiden Arten des Siebensterns. Hier ist $7:2 = 3$ Rest 1 bzw. $7:3 = 2$ Rest 1. Man kann sie durchlaufen. Gegenbeispiele: Die beiden Arten des Sechssterns mit $6:2 = 3$ ohne Rest und $6:3 = 2$ ohne Rest. Man kann sie nicht in einem Zug durchlaufen.‹

Hier ist ein leicht abgewandelter Ausspruch Wilhelm Buschs (»Die Haarbeutel«, 1878) angebracht:

> *Mein lieber Sohn, du tust mir leid!*
> *Dir mangelt die – Bedächtigkeit.*

Nämlich die *Bedächtlichkeit, nur das Nächste ans Nächste zu reihen, oder vielmehr das Nächste aus dem Nächsten zu folgern.*

Der Satz stammt von Goethe (»Der Versuch als Vermittler von Objekt und Subjekt«). Er fährt fort:

(Diese Bedächtlichkeit) haben wir von den Mathematikern zu lernen, und selbst da, wo wir uns keiner Rechnung bedienen, müssen wir immer so zu Werke gehen, als wenn wir dem strengsten Geometer Rechenschaft zu geben schuldig wären.

Diesen öffentlichen Rat des Geheimen Rats (der gleichzeitig eine Reverenz vor den ihm so fremden Mathematikern ist) soll man beherzigen:

Das eben so schnell aufgestellte »Gesetz« gilt nämlich zwar für die Figuren der Tabelle, wird aber bereits widerlegt durch den Zehnstern 3. Art, in dem die vierten Punkte miteinander verbunden, also immer $m = 3$ Punkte übersprungen werden (Abb. 151). Für diese Figur gilt $10:4 = 2$ Rest 2, aber die beiden Pentagramme lassen sich zusammen keineswegs in einem Zuge zeichnen.

Also gemächlich an die reizvolle Arbeit gehen, aus den Figuren Gesetze zu erspüren (und sie dann zu beweisen)! Auf diese Weise kann man z.B. die Regeln für die Teilbarkeit der ganzen Zahlen geometrisch nett illustrieren und demonstrieren.

Tafel XXXVII. Figuren in regulären Vielecken

n	Eckenzahl e		Verbunden ist jeder Endpunkt mit dem			
	$=2n$	$=2n+1$	nächsten	zweitnächsten	drittnächsten	viertnächsten
1	2					
		3	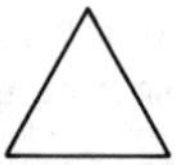			
2	4			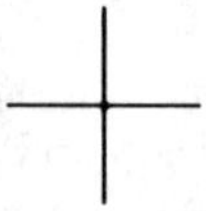		
		5	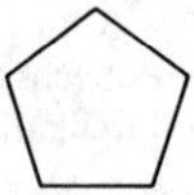			
3	6		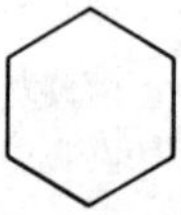	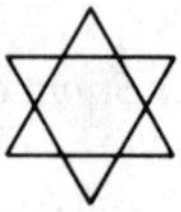	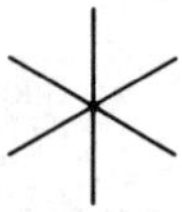	
		7	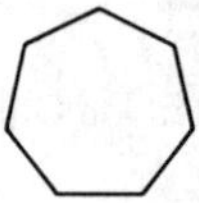	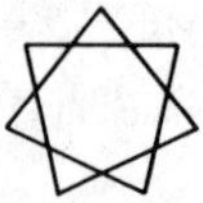		
4	8		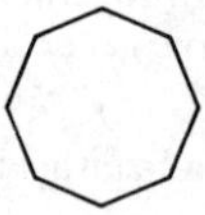	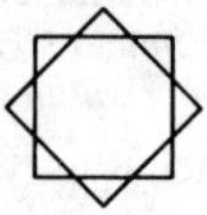		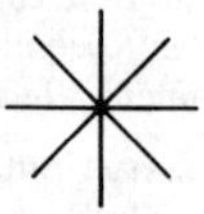
		9	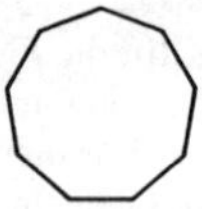	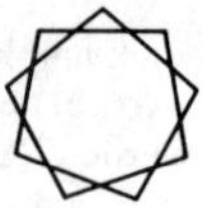		

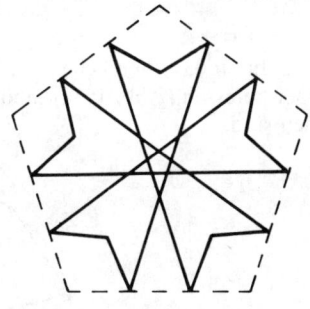

Abb. 151   Abb. 152

Manche der Figuren sind weithin bekannt, der Drudenfuß-Fünfstern und das aus zwei ineinander geschobenen regelmäßigen Dreiecken bestehende Wappenzeichen Israels, Magen David, Schild Davids (vgl. Psalm 5,13) genannt (bei den islamischen Sufis und im Abendlande unter dem Namen *Siegel Salomonis* bekannter), auch die beiden Siebensterne (vgl. S. 29, 189, 191).

Man kann nun beispielsweise empirisch zu ermitteln suchen, welche der Sternfiguren man zu *magischen* machen, d.h. welche man mit den Zahlen 1,2,3, usf. so besetzen kann, daß die Summe der Zahlen auf jeder Strecke dieselbe wird.

Beim Pentagramm gelingt dies nicht – es ist demnach keine magische Figur in unserem Sinne! (vgl. S. 260) –, wohl aber z. B. beim Hexagramm (vgl. Abb. 10, S. 29) und beim Heptagramm 1. Art (vgl. Abb. 162, S. 261).

Einfach ist es, die Anzahl L_n der Linien eines regelmäßigen n-Ecks festzustellen, sowie die Anzahl D_n seiner Diagonalen:

$$L_n = \frac{n(n-1)}{2}, \ D_n = \frac{n(n-3)}{2}.$$

Es ist z.B. $D_{47} = \dfrac{47 \cdot 44}{2} = 47 \cdot 22$
$$= 47 \cdot 11 \cdot 2.$$

Dieses schöne Ergebnis bekanntzugeben, ist uns ein unbezahltes Bedürfnis, da unsere Sympathie der einzigen Zahl gehört, die gesetzlich geschützt ist, sowie dem Duft, welchen unser Wohnort Köln der großen weiten Welt geschenkt hat.

Man kann auch hübsche Figuren in ein Polygon einzeichnen, die in einem Zug durchlaufen werden können – Abb. 152 zeigt ein fünfarmiges Kreuz im regelmäßigen Fünfeck. Man könnte prüfen, wieviel in dieser Figur vom *goldenen Schnitt* vorhanden ist, wie oft φ oder $1 + \varphi$ darin vorkommt; man kann zur Erholung einen Abstecher ins Algebraische machen und die ersten Glieder des Ausdrucks

$$1 + \varphi = \sqrt{1 + \sqrt{1 + \sqrt{1 + \sqrt{1 + \ldots}}}}$$

berechnen. (Das neunte ergibt 1,6180, das dreizehnte 1,618034, das neunzehnte 1,618033989.)

Wer mehr für das Räumliche ist, möge sich mit dem *goldschnitthaltigen* Pentagondode-kaeder befassen (Abb. 153a), und festzustellen versuchen, wo in ihm φ bzw. $1 + \varphi$ zu finden sind.

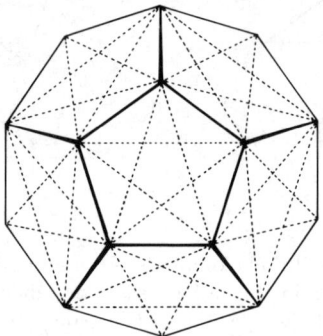

Abb. 153a

Er braucht sich dabei nicht auf das Dodekaeder zu beschränken: z. B. erhält man die Ecken eines Ikosaeders, wenn man die Kanten eines Oktaeders nach dem Goldenen Schnitt teilt. (Eine vielleicht interessierende Einzelheit: von den Platonischen Körpern läßt sich nur das Oktaeder wie ein Schachbrett abwechselnd schwarz-weiß färben.)

Die fünf »Platonischen Körper«, welche möglicherweise bereits alle den Pythagoreern bekannt waren, sind zuerst von Platons Freund Theaitetos (gefallen – 369) mathematisch behandelt worden, die Bezeichnung *Platonische Körper* erhielten sie erst von Heron (um 100). Sie haben reguläre Flächen und reguläre Raumwinkel und sind konvex. Läßt man die letzte einschränkende Bestimmung fallen, so erhält man weitere vier reguläre Polyeder, die *sterneckigen*. Einen zeigt Abb. 153b (12 Flächen, 30 Kanten, 12 Ecken), er wurde erst 1809 von Poinsot entdeckt; die Tatsache, daß es nur vier regelmäßige Sternpolyeder gibt, bewies Cauchy 1811.

Wir haben, um die nach φ und $1 + \varphi$ Suchenden an- und aufzuregen, in Abb. 153b durch stärkere Umrandung einen *körperlichen* Fünfstern herausgehoben. Wir meinen, daß das Auffinden von φ in solchen Figuren eine ähnliche Befriedigung bringen kann, wie das Versenken in die Kettenbruchdarstellung

$$1 + \varphi = 1 + \cfrac{1}{1 + \cfrac{1}{1 + \ddots}}$$

wobei man die Tatsache nicht vergessen sollte, daß unter allen regulären Kettenbrü-chen dieser am langsamsten konvergiert (man berechne die ersten Näherungs-werte!).

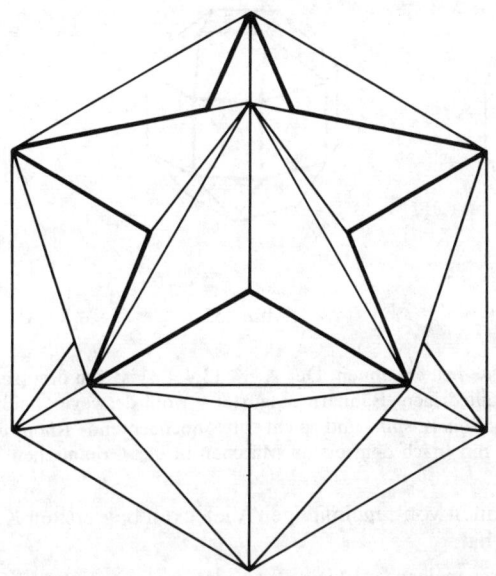

Abb. 153b

Wer mehr an Figuren als an Zahlen Freude hat, beschäftige sich mit den (*halbregulären*) Polyedern, den nach Archimedes genannten Körpern; seine Arbeit über sie ist verloren gegangen. Der Vater des Autors hat in seinen letzten Lebensjahren die Archimedischen Körper selbständig berechnet und exakte Modelle angefertigt, darunter (3,8,8). Dieser geht aus einem Würfel dadurch hervor, daß man seine Ecken soweit abschleift, bis die quadratischen Seiten zu Achtecken geworden sind. An jeder Ecke stoßen dann 1 Dreieck und 2 Achtecke zusammen, daher die Abkürzung (3,8,8). Oder (5,6,6), dessen Projektion auf die umbeschriebene Kugel auf jedem »Fernsehfußball« (so drückte sich unser Nachbar Werner Höfer vor Jahren aus) zu sehen ist. Wer dies veranlaßt hat, ist uns leider unbekannt.

Noch eins: Die Polyeder vom Typus (3,k,3,k) bilden die Familie der *quasiregulären* Körper. Dazu gehören das Platonische Oktaeder und das Archimedische Kuboktoeder (3,4,3,4) und das Ikosidodekaeder (3,5,3,5). Ihre Eckenfiguren sind zentralsymmetrisch, ihre Ecken Kantenmittelpunkte Platonischer Körper.

Das Pentagondodekaeder gehört zu den *uniformen* Polyedern, sie haben äquivalente Ecken und kongruente Kanten wie die (unendlich vielen) Prismen und Antiprismen, die fünf Platonischen und die dreizehn Archimedischen Körper. Daß auf diesem Gebiet noch Entdeckungen möglich waren, konnte J.C.P. Miller 1930 zeigen: Er baute ein Modell des Archimedischen Körpers (3, 4, 4, 4), s. Abb. 154, welcher aus einer Zone (von acht Quadraten) und zwei Kappen (aus je fünf Quadraten und vier Dreiecken) besteht. Als Miller eine der Kappen (aus Versehen?) nicht symmetrisch zu der anderen aufsetzte, sondern um 45° verschoben, erhielt er ein Polyeder mit regulären Flächen und kongruenten Eckenfiguren, welches zwar nicht uni*form* ist (weil die Ecken nicht äquivalent sind), aber vielleicht ein Uni*kum* (Abb. 155).

255

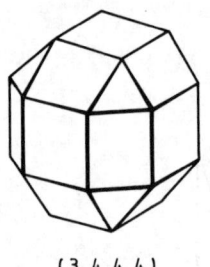
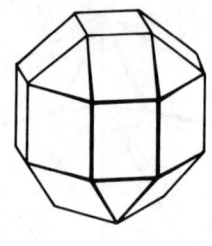
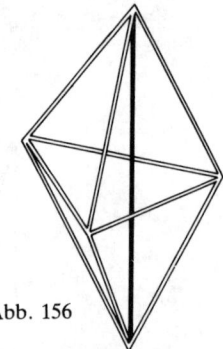

(3 , 4 , 4 , 4)

Abb. 154   Abb. 155   Abb. 156

Daß wir nicht vergessen zu erwähnen: Der A. K. (3,4,4,4) ist von drei (senkrecht aufeinander-
stehenden) ›quadratgliedrigen‹ Bändern umgürtet – wohl deswegen heißt er in Anglosaxonia
oft liebevoll-salopp *square-spin* und nicht nur hochachtend *Rhombicuboctahedron*. Die
Deutschen könnten ihn (nach dem ersten Märchen in der Grimmschen Sammlung) ›eiserner
Heinrich‹ nennen.

Oder man suche einen von regelmäßigen Vielecken begrenzten Körper, der nur eine
einzige Diagonale hat:

Es handelt sich um zwei *aneinandergeklebte* Tetraeder, das Ergebnis hat fünf Ecken, neun Kanten,
sechs Flächen und tatsächlich nur eine Diagonale (Abb. 156), es heißt Hexadeltaeder.

Wer sich noch weiter wagen will, nämlich in die vierte Dimension (in der es, wenn es sie
gibt, sechs Gebilde gibt, die den fünf dreidimensionalen Platonischen Körpern
entsprechen), der versuche eine Projektion des *Maßpolytops* in unseren Raum zu
konstruieren (des vierdimensionalen Gegenstücks zum Würfel). Aber man wird
möglicherweise enttäuscht sein, wenn es einem so ergeht wie einem zweidimensionalen
Schattenwesen vor einer Projektion unseres Würfels in seine Fläche: man hat die Teile
in der Hand – fehlt leider nur das geistige Band, wie Mephisto im Studierzimmer sagt
(vgl. S. 366 ff.).

—— 14 ——

Der Liebhaber der Arithmetik, zu der wir nochmals kurz zurückkehren, wird sicher
einmal eine Entdeckung machen, über die in den gängigen Büchern nichts berichtet
wird – er wird ein *wichtiges Gesetz der Philosophie der Zahlen* finden (wie sich ein
vermeintlicher Philosoph der Zahlen ausgedrückt hat). Immer wieder ziehen es findige
Fischer aus dem Meer der Ziffern an Land, es lautet:

Jede Zahl abzüglich ihrer Quersumme läßt bei der Division durch 9 keinen Rest.

Als Beispiel nehmen wir die Differenzen der Primzahlen, angefangen mit der heiligen 7, bis der
Rhythmus 4–2 aufhört, zu einer fünfstelligen Zahl zusammengestellt:

$$7, 11, 13, 17, 19, 23, 29$$
$$4\ 2\ 4\ 2\ 4\ (6)$$
$$42424 - (4 + 2 + 4 + 2 + 4) = 42424 - 16 = 42408$$
$$42408 : 9 = 4712, \text{Rest } 0.$$

(Wie schade daß wir nicht eine der Zahlen 42410, 42411 ,.., 42418, 42419 gewählt haben!)

Natürlich muß man dafür einen allgemeinen (leicht zu führenden) Beweis vorweisen; denn ein solcher kann durch noch so viele Beispiele nicht ersetzt werden. Wir bringen hier den Beweis für *jede* fünfstellige Zahl

$$a_4 \cdot 10^4 + a_3 \cdot 10^3 + a_2 \cdot 10^2 + a_1 \cdot 10^1 + a_0 \cdot 10^0 \quad (10^0 = 1).$$

Die a_v können alle voneinander verschieden oder z. T. verschieden oder auch alle gleich sein (aber nicht größer als 9) – es kann sich, wie gesagt, um jede beliebige fünfstellige Zahl handeln ($a_4 \neq 0$). Die Quersumme ist gleich

$$a_4 \cdot 1 + a_3 \cdot 1 + a_2 \cdot 1 + a_1 \cdot 1 + a_0 \cdot 1.$$

Die Differenz beider Zahlen ist

$$a_4(10^4 - 1) + a_3(10^3 - 1) + a_2(10^2 - 1) + a_1(10 - 1) + a_0(1 - 1)$$
$$= 9999\,a_4 + 999\,a_3 + 99\,a_2 + 9\,a_1 + 0 \cdot a_0$$
$$= 9\,(1111\,a_4 + 111\,a_3 + 11\,a_2 + a_1).$$

Das *wichtige Gesetz der Philosophie der Zahlen* erweist sich also als Trivialität.

Interessanter ist vielleicht die Tatsache, daß jede (gerade) vollkommene Zahl (jede? – nein: mit Ausnahme wieder der 6) bei der Division durch 9 den Rest 1 läßt.

―――― 15 ――――

Die *Geometer aus Liebe* sollten sich mit dem berühmten Vierfarbenproblem nicht mehr sehr befassen, es ist inzwischen mit des Herrn und der Computer Hilfe entschieden worden.

Das Problem ist dadurch entstanden, daß (für die Ebene und die Kugeloberfläche) durch P. J. Heawood (um 1890) zwar bewiesen war, man brauche zum Färben einer Landkarte höchstens fünf Farben, daß man aber keine Karte konstruieren konnte, zu deren Färben man mehr als vier Farben benötigt (kein Gebiet darf mit einem gleichfarbigen längs einer *Linie* zusammenstoßen).

Wir wollen an einem einfachen Beispiel zeigen, welches die Hauptschwierigkeit beim Entwerfen solcher *Landkarten* ist:

Angenommen, einer jener Maler, die im Soge Meister Mondrians und seiner Gesellen aus neoplastizistischen Gründen rechteckige Flächen auf die Leinwand zaubern – vielleicht Mat Quarré oder die bekehrte Polly Gohn – hat in harter Stirn- und Faustarbeit das Kunstwerk der Abb. 157a entworfen. Er besitzt und benutzt nur die Farben rot, orange, schwarz und weiß und hat sie bereits sämtlich eingesetzt.

Leider stößt der noch unbemalte obere Rest der Leinwand (deren Proportionen übrigens aus Respekt vor der sectio divina 8 : 5 betragen), leider stößt dieser Rest an alle vier Farben längs mindestens einer Linie, so daß er mit einer fünften Farbe (z. B. grau, Abb. 157b) beschmutzt werden muß, was das endgültige Ende der Kreativität unseres Meisters besiegeln würde.

Hat er damit intuitiv eine *Landkarte* gefunden, die mit fünf Farben eingefärbt werden *muß*? Nein – ihm und dem Leser zum Trost sei gesagt, daß eine leichte Umfärbung

257

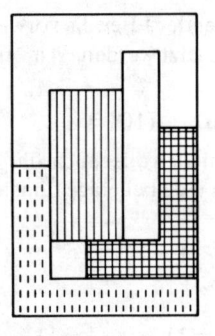 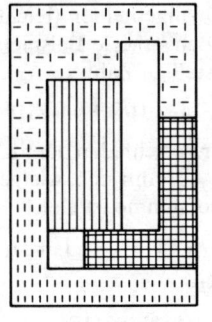 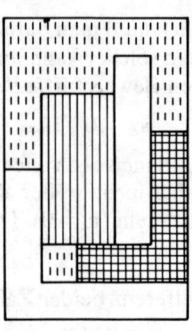

Abb. 157a   Abb. 157b   Abb. 157c

genügt, um das Quadrumvirat der Farben wieder herzustellen – aber diese andauernde Umfärberei ist die Crux der Farbenbastler, die zeigen wollen, daß eine fünfte Farbe nötig sei.

Die umgefärbte Gestaltung (Abb. 157c) erhielt den Titel »Farb an Farb 77« und wurde mit Unterstützung des Vereins der Freunde Nonsens von dieser Stadt angekauft (vgl. S. 222).

Eine Landkarte, zu deren Färbung man fünf Farben braucht, veröffentlichte die sehr seriöse und sehr kritische Zeitschrift Scientific American im April 1975. Entworfen ist sie von dem Graphentheoretiker William McGregor aus Wappingers Falls, NY. Die Karte umfaßt 110 Flächen (nicht 109, wie auf – nicht mit der nötigen Sorgfalt – nachgezeichneten Verballhornungen in der Bunderepublik Deutschland zu sehen ist), s. Abb. 158.

Abb. 158

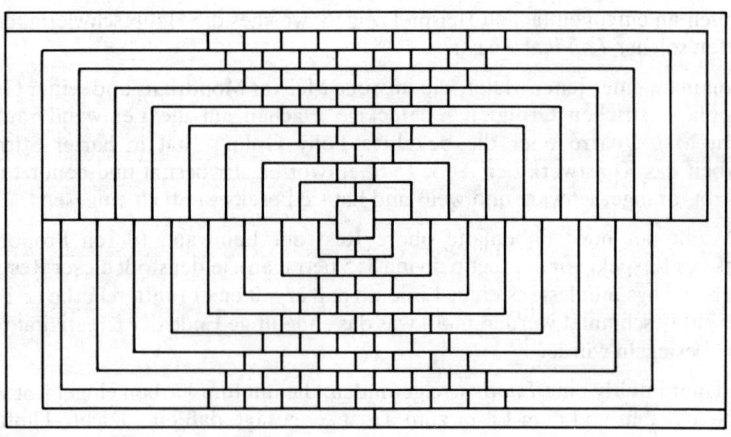

Damit schien das Problem gelöst – wenn es nicht Dieter Hermann aus München gelungen wäre (Oktober 1975), sie mit vier Farben zu färben. Was nachzuvollziehen wir interessierten Lesern gern überlassen.

Schade, daß dieser whopping big fellow aus Wappingers Falls nicht recht behalten und damit die Vermutung widerlegt hat, man könne stets mit vier Farben auskommen! Nun mußte die Sucherei weitergehen.

Die Arbeit kann dadurch vereinfacht werden, daß man die einzelnen *Länder* zu Punkten zusammenzieht und diese miteinander verbindet, wenn die zugehörigen Länder längs einer Linie aneinandergrenzen (Abb. 159a). Dann dürfen die Linien niemals *gleichfarbige* Punkte verbinden (was im Fall der Abb. 159b nicht der Fall ist).

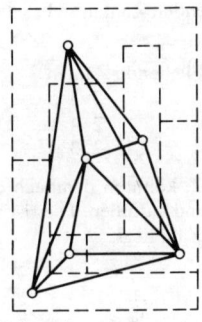

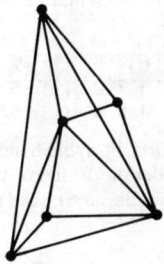

Abb. 159a   Abb. 159b

H. Heesch, der Ende der zwanziger Jahre in Göttingen bereits aufsehenerregende Untersuchungen über die Bedeckung der Ebene mit gleichen Figuren durchgeführt hatte, förderte durch seine »Untersuchungen zum Vierfarbenproblem« (1969) dieses so weit, daß in Urbana sein Schüler W. Haken mit K. Appel – und einem Rechenautomaten – es lösen konnte. Ganz befriedigt uns diese Methode deshalb nicht, weil man jahrelang (1972 bis 1976) sozusagen alle Möglichkeiten durchprobiert und auf diese Weise festgestellt hat, daß stets vier Farben ausreichen. Ein gültiger Beweis ist das schon, man denke an die Auszählung der 6 · 6-Quadrate durch die Brüder Tarry (s. S. 86), aber *irgendwie niederen Ranges*, so als ob man – was auch ohne Computer schaffbar wäre – alle Möglichkeiten, die Ecken eines Drudenfußes mit den Zahlen 1 bis 10 zu besetzen, durchspielen und so die Unmöglichkeit eines magischen Pentagramms demonstrieren wollte.

Daher denken wir, wenn uns der Frankaturstempel der Uni Urbana, Ill., den Satz zuschreit: FOUR COLORS SUFFICE, stets an die dortigen *drei* Beweiser, an W. Haken, K. Appel und R. Echner.

Natürlich wäre es zu begrüßen, wenn ein Beweis für das *Vierfarbenproblem* auf der Kugel gefunden würde, wie er für das *Siebenfarbenproblem* auf dem Torus (etwa Rettungsring) von Heawood geliefert worden ist, aber es ist den Amateuren nicht zu raten, sich damit zu befassen, nachdem viele Generationen von Profis resignieren mußten.

16

Gehören Sie zu den Forschern, die zu klug sind, um sich ans Vierfarbenproblem oder gar aufs Fermatterhorn zu wagen, aber verwegen genug, kleine Probleme besonders dann anzugehen, wenn man behauptet, sie seien unlösbar?

Wir meinen diesmal ausnahmsweise nicht die eingefleischten Quadrierbolde. Aber man könnte für solche Gemüter ein Spiel auf den Markt bringen: ein großes Pentagramm mit zehn großen Kreisen auf den Ecken (Abb. 160, vgl. S. 31) nebst zehn mit 1 bis 10 bedruckten Scheibchen.

Wer es fertig bringt, die Scheiben so auf dem Fünfstern zu verteilen, daß sich die Summe 22 auf allen fünf Strecken ergibt, erhält – sollen wir 10000 DM sagen, oder 100000 oder eine Million? Doch allzubald wird uns nachgewiesen werden, daß wir Unmögliches begehren (*Den lieb ich, der Unmögliches begehrt,* »Faust II«, V. 7488), etwa von Grüblern wie F. Sauer (s. S. 132):

Die beiden Strecken, auf denen die 1 liegt, können nur mit folgenden Zahlen so besetzt werden, daß die Summe beidemal 22 beträgt:

								Übrigbleibende Zahlen
6	7	8	(1)	2	9	10		3 4 5
5	7	9	(1)	3	8	10		2 4 6
4	8	9	(1)	5	6	10		2 3 7

Die jeweils drei übrigbleibenden Zahlen haben die Summe 12, könnten demnach die zweite Strecke, auf der die 10 liegt (Abb. 161), der Aufgabe entsprechend auffüllen. Dies ist aber nicht möglich, da auf dieser Strecke außer der 10 bereits eine andere Zahl liegt.

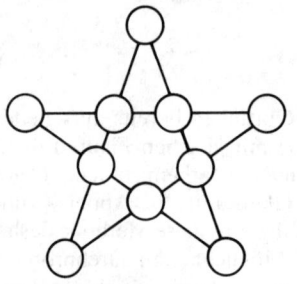 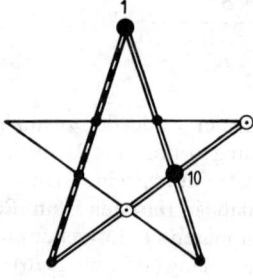

Abb. 160   Abb. 161

Bemerkung: Die Strecke, welche 1 und 10 aufweist, kann, damit sie die Summe 22 trägt, außer durch die oben verwendeten Zahlpaare 2,9; 3,8; 5,6 noch durch 4,7 gefüllt werden. Diese Besetzungsmöglichkeit

$$4, 7, 10, 1,$$

welche angenehme Aromatiationen hervorruft, ist aber derart goldblaublütig, daß sie für die andere Strecke keine mögliche Besetzung zuläßt.

Ein analoges Spiel mit einem Hexagramm oder einem Heptagramm bietet größere Erfolgs-Chancen; S. 29 haben wir zwei Lösungen für den Sechsstern gebracht, hier folgt eine für den Siebenstern 1. Art (Abb. 162). (Wir waren ebenso überrascht wie erfreut, als wir nach getaner Puzzelei die drei obersten Zahlen erblickten.)

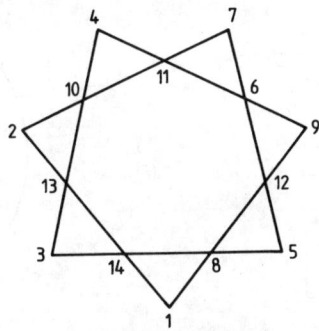

Abb. 162

Die Summe der Zahlen von 1 bis 14 ist gleich 105, jedes Feld wird zweimal durchwandert, es gibt sieben Strecken; die »magische Konstante« ist daher gleich $(2 \cdot 105)/7 = 30$.

Der Mathematiker, Belesprit und Belletrist Abraham Gotthelf Kästner hatte in Athanasius Kirchers »Arithmologia« gelesen, daß die Griechen die *fünf* Buchstaben ihres Wortes für Gesundheit, hygieia, an die *fünf* einspringenden Ecken eines Pentagramms schrieben (h wurde bei ihnen durch das Häkchen des spiritus asper angedeutet, der Doppellaut ei für *einen* Buchstaben gerechnet). Kästner bemerkte dazu, daß wir Deutschen die *zehn* Ecken des Drudenfußes mit unserem *zehn* buchstabigen Wort Gesundheit besetzen könnten (in Kinds »Harfe«, Bd. VIII, 1786). Wir ziehen Zahlen vor.

 17

Wenn man den forschen Forschern drei Kreise und drei Quadrate zeichnet und dabei sagt, man könne die Quadrate nicht mit allen Kreisen derart verbinden, daß sich nicht mindestens zwei Verbindungslinien schneiden (ganz gleich, ob in der Ebene oder auf einer Kugelfläche), siehe Abb. 163 und Abb. 164 – dann stürzen sie sich drauf und probieren mit heißem Bemühn.

Sobald man einen Tunnel durch die Kugel zuläßt (und damit ihre Struktur verändert), läßt sich das *Problem* leicht positiv lösen. Ist nämlich Mutter Erde längs ihrer Achse durchbohrt und so eine «Verwandte» des Torus geworden, führt durch den Tunnel der bisher fehlende Weg für den letzten Draht. Abb. 165 zeigt die gleiche Lösung auf einem »klassischen« Torus (Ä u. K sind Punkte auf dem Äquator bzw. Kehlkreis).

Bei der Globustunnellösung ist eine Leitung *durch* die Erde, eine andere *um* die Erde gelegt worden. Wir werden dadurch an den schon stark abgegriffenen Strick erinnert, der, 10 m länger als der Erdumfang, die Erde ähnlich einem Saturnring umgibt im Abstand x, den es abzuschätzen gilt. Man schätzt x stets zu klein und will nicht glauben, daß der Abstand nur wenig geringer ist als 1 m 59 cm 2 mm.

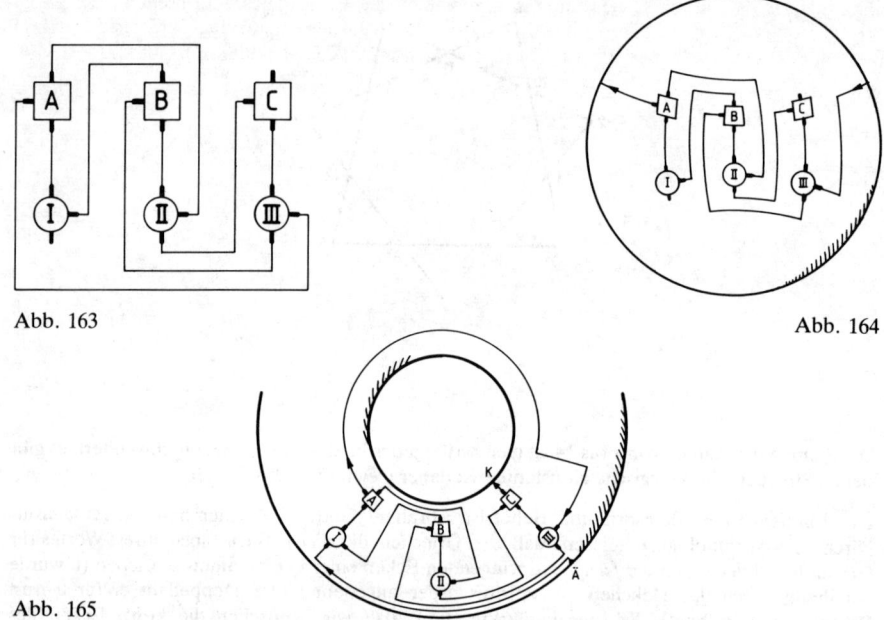

Abb. 163

Abb. 164

Abb. 165

Doch dies kann man an einer beliebigen konvexen ebenen Figur nicht nur einsehen, sondern auch leicht berechnen, am einfachsten wohl an einem Quadrat (Abb. 166), um das ein *Strick* gelegt werden soll, der 10 m länger ist und *überall* den gleichen Abstand x haben soll.

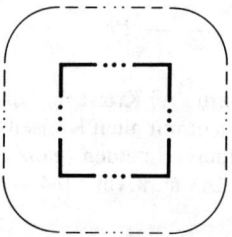

Abb. 166: Die Punkte in den Seitenmitten deuten an, daß die Seiten beliebig lang sein dürfen; deren Größe beeinflußt das Ergebnis nicht, wie man sofort (ein)sieht.

Man denke sich den Strick in vier Stücke von der Länge der Quadratseiten und den 10-m-Rest zerlegt, diesen zu einem Kreis geformt und in vier Viertelkreise geteilt.

Der Radius des Kreises vom Umfang $2 r \pi = 10$ m beträgt danach

$$r = \frac{10}{2\pi} \quad \text{gleich rund 1,59 m.}$$

Je einen Viertelkreis lege man an die vier Quadratecken mit diesen als Mittelpunkt (Abb. 166) und verbinde sie miteinander durch die ersten vier Stücke des Stricks (gestrichelt). Das entstandene *abgerundete* Quadrat hat einen 10 m längeren Umfang als das gegebene *eckige* und von ihm überall den gleichen Abstand $x = r \approx 1{,}59$ m. Es ist leicht einzusehen, daß dieses Verfahren bei jedem (auch unregelmäßigen) n-Eck jeder Größe entsprechend anwendbar ist und stets zu demselben Abstand r führt. (Nach einer Idee von Kemal Thuerck.)

Reizvoll ist die (lösbare) Aufgabe, mit ganz elementaren geometrischen Mitteln den Satz von Collignon zu beweisen (vgl. Abb. 167):

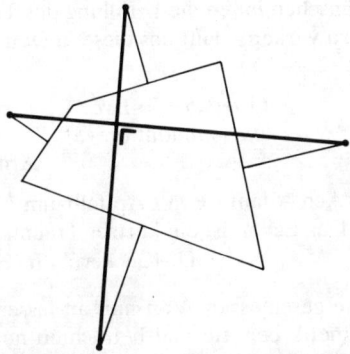

Abb. 167

Auf den Seiten eines beliebigen Vierecks errichte man nach außen die Mittelsenkrechten bis zur Länge der halben zugehörigen Seite und verbinde die vier gewonnenen Punkte *kreuzweise* miteinander.

Der Satz von Collignon besagt, daß die beiden Verbindungslinien gleich lang sind und senkrecht aufeinander stehen.

Hinweis: Man ziehe im Viereck eine Diagonale und betrachte zunächst eines der beiden dadurch entstandenen Teildreiecke nebst den zugehörigen Lotstücken.

Das waren mindestens 13 Wege zu Köstlichkeiten der Mathematik: unendliche Produkte und Reihen, pythagoreische Tafeln, optische Täuschungen an Dreiecken, Minimierungsaufgaben, Ähnlichkeiten, Ellipsen, $\sqrt{2}$ und goldener Schnitt, das Problem der Bienenzelle, Lemniskate, Sternfiguren, Polyeder und Polytope, Vierfarbenproblem, Topologie ...

Den Liebhabern der *wortlosen* Kunst der Mathematik haben wir damit eine Schatz gezeigt, einen Teil des Schatzes, den kein Fafnir hütet, der jedem zugänglich ist, der den ab und zu steinigen Weg nicht scheut. Den *heimlich seligen Käuzen, die bei jeder Einkehr in sich schon den Tisch gedeckt und lustige Gesellschaft finden* (Jean Paul), solchen wird dies Kapitel besonders ans Hirn gelegt.

Wir wenden uns *nicht* an die *Menschen deutscher Nation,* denen Goethe vorwirft, unfähig zu sein, Laune zu empfinden. *Wenn man ihnen eine Blume zeigt, so fragen sie gleich: Riecht sie? Kann man Thee davon trinken? Dürfen wir es nachmachen?* (14. August 1780 zu Joh. Anton Leisewitz.) Wir wenden uns an alle, die nicht nach dem Zweck, sondern nach dem Sinn fragen, und etwas tun wollen, was zwar einen Sinn hat, aber keinen Zweck. (Hat nicht Schopenhauer etwas Ähnliches gemeint, als er schrieb, dem Dilettanten sei die Sache Zweck, dem Mann vom Fach, als solchem, bloß Mittel?)

263

Wir wünschen verständigen Lesern dieses Kapitels, daß ihnen Konstruktionen, Lösungen, Beweise glücken, wir wünschen ihnen das unbeschreibliche Gefühl, in ruhigen Stunden abseits von den wichtigen Nichtigkeiten der Welt –

in den Dörfern windstillen Lebens Genüge

Detlev v. Liliencron

– etwas aus sich heraus geformt, geschaffen zu haben, jene reine Freude am reinen Spiel des reinen Geistes, wir wünschen ihnen die Erfüllung des Traums, einmal ganz frei zu sein, frei zu denken, frei zu wirken – laßt uns diese kurzen, allzukurzen Augenblicke genießen, denn

O Adame / o Eve /
Vita somnium breve!

Arno Holz, »Dafnis«, Ende.

Ach Adam / Eva / Apffelbaum /
Das Leben ist ein kurtzer Traum.

U. Kleckermath, H. zum Gedencken, 1779.

Damit sei die Hexenküche geschlossen. Von nun an lassen wir alle Geometrie, alle Trigonometrie, alle Arithmetik beiseite und betrachten nur noch Zahlen, möglichst große,

EINE IMMER GRÖSSER ALS DIE ANDERE.

Kapitel 11

Welches ist die größte Zahl?

Weißt du, wieviel Quanten springen?

Und ist man erst der Herr zu drei,
Dann hakelt man das vierte bei;
Da geht es denn dem fünften schlecht...
Faust II, 5, Palast. Weiter Ziergarten. Großer, gradgeführter Kanal (Mephisto)

—— 1 ——

Wenn jemand nach der größten Geschwindigkeit fragt, fällt uns Albert Einstein ein und seine Relativitätstheorie und die Grenzgeschwindigkeit, die des Lichts, von rund 300000 Kilometer je Sekunde. (Vor achtzig Jahren hätte man über den Begriff Grenzgeschwindigkeit gelächelt.)

Will man die größtmögliche Temperatur wissen, schlägt man in Fachwerken nach und spricht dann von Billionen Kelvin oder Celsiusgraden. (Ganz verständlich: es gibt eine kleinste Geschwindigkeit, es gibt eine kleinste Temperatur – warum soll es nicht eine größte geben?)

Aber wenn ein wißbegieriges Kind zu uns gelaufen kommt und plappert:

»Die kleinste Zahl kenne ich jetzt, die Eins – wie heißt die größte Zahl?«,

dann müssen wir über so viel Einfalt unwillkürlich lachen,»wissen« wir ja von – Kindesbeinen an, daß sich zu jeder noch so großen Zahl sogleich eine größere dadurch aufzeigen läßt, daß man beispielsweise eine Eins hinzufügt oder eine Null anhängt: Aus 1 mach 10, aus 10 mach 100, daraus 1000, 10000, 100000, eine Million und so weiter »ad infinitum«. Deswegen zweifelt niemand an dem Satz: Die natürlichen Zahlen 1, 2, 3, ... haben einen Anfang, aber kein Ende.

Diese Erfahrung, diese Einsicht, diese uns eingepflanzte Gewißheit hat Giuseppe Peano (1858 bis 1932) in sein bekanntes Axiomensystem über die natürlichen Zahlen hineingenommen. Die Peanoschen Axiome lauten in Worten, die jedermann versteht, in der immer etwas konturlosen, schillernden, mehrdeutigen Sprache, mit der wir uns im Alltag und in den Geisteswissenschaften verständigen:

1. Eins ist eine Zahl,
2. Der unmittelbare Nachfolger einer Zahl ist eine Zahl,
3. Eins ist nicht der unmittelbare Nachfolger einer Zahl,
4. Es gibt keine zwei (verschiedenen) Zahlen, die denselben unmittelbaren Nachfolger haben,

5. Jede Eigenschaft, die der Zahl Eins zukommt und die auch dem unmittelbaren Nachfolger einer Zahl zukommt, welche selbst diese Eigenschaft besitzt, kommt allen Zahlen zu.

Nur nebenbei:

1 hat die Eigenschaft, daß $1^1 = 1 \cdot 1$. Diese Eigenschaft kommt auch 2, dem unmittelbaren Nachfolger von 1, zu: $2^2 = 2 \cdot 2$. Müßte dann nicht nach dem fünften Peanoaxiom $n^n = n \cdot n$ gelten?

Paquet (s. S. 277) scheint einem ähnlichen Schluß zum Opfer gefallen zu sein, sofern er überhaupt geschlossen hat.

Trotz diesem (sofort widerlegbaren) Einwurf – wir glauben an die Peanoschen Axiome und sind davon überzeugt, daß wir, von 1 angefangen, so weit zählen könnten wie wir wollten, wenn wir nur genug Zeit (und Lust) dazu hätten. Nicht nur ein paar hundert blütenweiße Schäfchen vor dem Einschlafen, nicht nur einige tausend Aufsätze über zahlentheoretische Probleme oder andere Belustigungen des Verstandes und des Witzes, sondern Millionen und Milliarden.

---- 2 ----

Die erste Milliarde Minuten unserer Zeitrechnung (welche am 1. Januar des Jahres 1, Punkt 0 Uhr begann) war (wie H. Schubert innerhalb einer Viertelstunde berechnet hat) am 29. April 1902, 10 Uhr 40 Minuten, verflossen. Wenn ein schlafloser Erzvater oder ein gelangweilter Erzengel (einem schlichten Menschen kann man das weder zutrauen noch zumuten) während dieser rund 1900 Jahre in jeder Minute tausend Zahlen notiert hätte, wäre er erst bei einer Billion angekommen, in Zehnerpotenzen ausgedrückt bei 10^{12}.

Um eindrucksvollere Ergebnisse zu bekommen, brauchen wir längere Zeiträume und schnellere Zählmethoden. Lassen wir unserer Einbildungskraft freies Spiel, nehmen wir an, ein Rechenautomat der (von verwegenen Schriftstellern und gläubigen Anhängern erträumten) *Götter aus dem All* bringe es fertig, in jeder Sekunde 10 Billionen, also 10^{13}, Punkte (auf hauchdünne Goldfolien) zu stanzen, und beschäftige sich mit dieser ihm angemessenen geistlosen Arbeit bereits seit 30 000 Jahren in einer jener mittelamerikanischen unwirtlichen Riesenhöhlen, deren Existenz der Exwirt von Däniken unbeschwert beschwört (und dem so gern von der glaubenslosen Masse geglaubt wird; denn das *rationale Wunder* ist des Unglaubens liebstes Kind).

Dieser Computer wäre heute bei $30\,000 \cdot 365{,}2422 \cdot 86400 \cdot 10^{13}$, das sind rund 9,467 Quadrillionen, angelangt, hätte aber längst die reale Stanzerei mangels Masse eingestellt.

Und wenn die Götter (mit Hilfe des den science-fiction-Erzählern unentbehrlichen *Superraums*) mit unentwegt zählenden Automaten vom *Ende unserer Welt* gekommen wären, etwa aus der Gegend des Quasars OH 471,

– das ist kein Druckfehler, aber auch keine rudimentäre Werbung für 4711; die quasistellare Radioquelle heißt wirklich so –

dessen Alter auf 12 Milliarden Jahre geschätzt wird? Oder aus der Umgebung des Pulsars JP 1953 (nicht das Jahr der Entdeckung, sondern seine Koordinaten), der, zwar nur tausend Lichtjahre entfernt, im Sternbild des Schwans liegt, von dem aber eine sehr kühne Hypothese behauptet, er sei 45 Milliarden Jahre alt, ein Relikt aus der Zeit vor unserer Zeit, vor dem Entstehungs-Urknall *unseres* Universums?

Um noch weiter in den Bereich der an Unmöglichkeit grenzenden Wahrscheinlichkeiten einzudringen, begeben wir uns auf die Myrya, the incredible planet (aus der gleichnamigen Geschichte von John W. Campbell jr., deutsch 1952, reich an Einfällen und arm an Einsichten). Myryas technisch hochbegabte (und meist tiefgefrorene) Bewohner hatten ein Alter von 473,375 Milliarden Erdjahren erreicht. In dieser Zeit wäre die vorhin imaginierte Rechenmaschine auf mehr als 100 Quintillionen oder Quinquillionen, also mehr als

$$10^{32} = 100\,000\,000\,000\,000\,000\,000\,000\,000\,000\,000$$

gekommen.

Das ist zwar eine recht stattliche Ziffernansammlung; aber sehr weit, das ist jetzt klar, läßt sich das Zählen nicht verwirklichen. Doch unsere Phantasie kann sich einen Computer schaffen, der *seit Ewigkeiten* (d. h. aber nur: schon sehr sehr lange) zählt,

der zählt und zählt und zählt und zählt und zählt und zählt, wie es bei Raymond Queneau heißt
(»Petite cosmogonie portative«, 6. Gesang, 1950)

der tapfer *bis in alle Ewigkeit* auf das potentielle Unendlich zu zählt, ohne an ein Ende zu kommen, Sextillionen, Septillionen, Oktillionen, Nonillionen, Dezillionen, ..., wie dies unsere Nomenklatur so bequem vorgezeichnet hat.

------ 3 ------

Eine davon völlig abweichende Namengebung hat sich der Schweizer Adolf Wölfli (1864 bis 1930) mit schizophrener Zähigkeit gebastelt; sein eigentümliches malerisches und sonstiges Werk ist kürzlich durch Ausstellungen auch weiteren Kreisen bekannt geworden. Einige Erfindungen des schwyzophrenen *Algebratohrs,* wie er sich nannte:

Die Quintillion, also

10^{30}, heißt Regoniff,
10^{33} Suniff,
10^{36} Teratif

– so geht es nach dem Alphabet weiter (I = J) und dann wieder von A an –

10^{51} heißt Ysanteron,
10^{63} Corrantt (von Kurant oder gar dem Mathematiker Courant?),
10^{78} Horatif,
10^{87} Legion (bei Mark. 5, 9 die Bezeichnung für eine große Zahl),
10^{90} Miriaaden (erinnert an die altgriechische Myriade = 10^5),
10^{93} Negrier, und schließlich
10^{96} Oberon.

Diese Zahl soll, nach Wölfli, *nicht überstiegen werden, weil derselbe ein Ungglücks-Fall ist.*

Man möchte mit Paul Celan, 1920 bis 1970, («Fadensonnen«, Gedichte II, 1967) sagen *Der Namenbau setzt aus.* (Der Tscheche Celan hat geschickt seinen Nachnamen Antschel in Tschelan umgestellt und fortan Celan geschrieben. Vgl. Pincas–Pascin, S. 48.)

Der erste Ungglücks-Fall wären dann wohl 10^{99}, tausend Oberonen, man könnte die Zahl Quitt oder auch Oberin nennen, aber sie heißt ja schon nach der deutschen Zählung Sedezilliarde.

Zehn Quitte(n) oder Oberinnen ($= 10^{100}$) werden uns als Grundzahl eines Systems noch begegnen (s. S. 320).

Apropos 10^n – eine vielleicht müßige, aber immerhin gestellte und bearbeitete Frage: Wieviel Zahlen von der Form 10^n gibt es, deren beide Faktoren 2^n und 5^n keine Null enthalten? Man hat zehn gefunden, s. Tafel XXXVIII.

Tafel XXXVIII. Zahlen von der Form 10^n ohne Nullen in ihren Teilern

$$
\begin{aligned}
10^{1} &= (2) \cdot (5) \\
10^{2} &= (4) \cdot (25) \\
10^{3} &= (8) \cdot (125) \\
10^{4} &= (16) \cdot (625) \\
10^{5} &= (32) \cdot (3125) \\
10^{6} &= (64) \cdot (15625) \\
10^{7} &= (128) \cdot (78125) \\
10^{9} &= (512) \cdot (1953125) \\
10^{18} &= (262144) \cdot (3814697265625) \\
10^{33} &= (8589934592) \cdot (116415\,321826\,934814\,453125)
\end{aligned}
$$

Sollte es noch weitere geben, müßten sie größer als

$$10^{5000} \approx 10^{10^{3,69897}}$$ sein.

Wir wissen natürlich, daß jede Zahl mit noch so vielen Stellen ein *Nichts* ist gegen die *Unendlichkeit,* und zitieren möglicherweise die Worte Mephistos (»Faust I«, Studierzimmer):

> *Setz dir Perücken auf von Millionen Locken*

und Fausts Antwort

> *Ich bin nicht um ein Haar breit höher,*
> *Bin dem Unendlichen nicht näher.*

Wie weit überhaupt werden solche Zahlengiganten im Leben und in der Forschung benutzt und gebraucht?

Bevor wir diese Frage untersuchen, soll die Merkwürdigkeit beseitigt werden, daß *die* Zahlen einen Anfang, aber kein Ende haben sollen.

Wie steht es notabene in dieser Hinsicht mit der Zeit? Ewige Wiederkehr?, (s. S. 420).

Wir wenden einen Trick an, wir erweitern den Zahlbegriff und fügen den 1, 2, 3, ... die Stammbrüche 1/1, 1/2, 1/3, ... als Zahlen hinzu: Jetzt gibt es zu jeder natürlichen Zahl *n* eine *Gegenzahl* 1/*n*, und diese Zahlenfolge hat (wie beruhigend!) weder ein Alpha noch ein Omega, weder Anfang noch Ende. Dabei nimmt die 1 eine Sonderstellung ein, sie ist die Gegenzahl von sich selbst, gehört als 1 zu den natürlichen Zahlen und als 1/1 zu den Stammbrüchen.

Hier mag es manchen geben, der schreibt getrost: Am Anfang steht die Null. Das ist richtig, sie steht am Anfang, trennt die positiven von den negativen Größen, aber sie gehört nicht zu unserer Gruppe

$$\begin{matrix} (1) & = & (1/1) \\ 2 & & 1/2 \\ 3 & & 1/3 \\ \vdots & & \vdots \end{matrix}$$

andernfalls wäre sie die Gegenzahl des absoluten Endes der Gruppe, also derjenigen größten Zahl, nach welcher die Kinder fragen, und stünde am *Ende* der rechten Spalte, die doch *unendlich* lang sein soll. Das ginge nur dann, wenn es ein fixes, ein fertiges, aufzeigbares, *aktuales* Unendlich gäbe, sozusagen eine enorm große Schachtel, in welcher alle, wirklich alle natürlichen Zahlen (nebst ihren Gegenzahlen) stecken. Diese Vorstellung gedenkt sich der schlichte Menschenverstand nicht anzueignen (vgl. Goethes Wort S. 12), eher schon war St. Augustinus dafür zu haben. Die Intuitionisten unter den Mathematikern lehnen sie völlig ab.

Lichtenberg verfaßte eine »Rede der Ziffer 8 am jüngsten Tage des 1798ten Jahres im großen Rat der Ziffern gehalten«, worin die Null so angeredet wird: *erhabene Nulle, ..., Kreis, Kugel, Bild der Ewigkeit, Schöpferin und Erbin des Chaos.* Er hätte noch hinzufügen können: Vertreterin und Verweserin des Unendlichen in unserem Rate.

Im tiefsten Grunde ist uns die Null so wenig verständlich wie ihr Ausspruch (in Vischers »Faust III«, 3,11): *Das Absolute ist das reine Zero.*

Die *liegende Acht*, ∞ (bei den alten Griechen hippopedē, die Pferdefessel; so anschaulich benannten sie die Schleifen der scheinbaren Planetenbahnen), ist keine bestimmte Zahl, sondern ein Zeichen für eine über alle Grenzen wachsende, besser noch (um eine Lehrerphrase aus Franz Werfels »Der Abituriententag«, 1928, zu benutzen:) eine über alle Grenzen zu wachsen *im Begriffe sich befindende* Größe. Die *Formel*

$$0 = 1/\infty$$

ist eine, Mißverständnisse herausfordernde, Spielerei; an Stelle der 1 kann man in ihr jede (nicht verschwindende) Zahl einsetzen und so »*beweisen*«, daß $n = m$.

Alle Stammbrüche $1/n$ ($n = 1, 2, 3, ...$) liegen zwischen Eins und der unerreichbaren Null, während die zugehörigen Zahlen *n* von Eins an ins Unermeßliche wachsen.

Graphisch lassen sich die Beziehungen zwischen den natürlichen Zahlen und ihren Gegenzahlen, den Stammbrüchen, auf vielerlei Weise darstellen. Hier drei Beispiele.

In einem rechtwinkligen (x, y)-Koordinatensystem mit dem Mittelpunkt 0 seien auf der (zur y-Achse parallelen) Geraden $x = 1$ die Zahlen 1, 2, 3, .., n, ... in gleichen Abständen voneinander abgetragen und ihre Bildpunkte mit 0 verbunden (Abb. 168a).

Ein Punkt P_n (Abb. 168b) auf dem Fahrstrahl $\overline{0n}$ habe die Koordinaten x_n, y_n, die Strecke $\overline{0P_n}$ heiße ϱ_n, und deren Winkel mit der positiven x-Achse φ_n.

Man kann nun verlangen, daß entweder x_n oder y_n oder ϱ_n gleich $1/n$ sein soll. Der *geometrische Ort* aller Punkte P_n ist (Abbn. 169, 170, 171) für $x_n = 1/n$ die Gerade $y = 1$, für $y_n = 1/n$ die Parabel $y^2 = x$, für $\varrho_n = 1/n$ die Quartik $\varrho = 1/\tan \varphi$ oder $y^2(x^2 + y^2) = x^2$.

Auf diesen Kurven, auf einem winzigen Stückchen dieser Kurven, liegen alle Reziproken, alle Gegenzahlen der natürlichen Zahlen, alle Stammbrüche, immer dichter, aber nie auf Tuchfühlung miteinander, denn jeder Stammbruch ist von seinem ihm vorhergehenden Nachbarn durch unzählige Nichtstamm-Brüche getrennt. In Abb. 169 sind die Bilder der Stammbrüche nebeneinander aufgefädelt, in Abb. 170 stehen sie, nach der Größe geordnet, vor uns, in Abb. 171 zeigt jeder $1/n$-lange radius vector wie der Stab eines Fächers in Richtung seines zugehörigen n.

1 ist die kleinste natürliche Zah!, eine größte kann man nicht nennen, 1/1 ist der größte Stammbruch, einen kleinsten kann man nicht nennen.

Stellen wir uns vor, wir seien ein Punkt und rutschten auf der Parabel der Abb. 170 oder der Quartik mit dem Spitzrückkehrpunkt im Ursprung (Abb. 171) von P_1 bis P_2, also von 1/1 bis 1/2, dann von 1/2 bis 1/3, das geht schon in kürzerer Zeit, von 1/3 bis 1/4, wieder kürzer – und so begrüßen wir *alle* Stammbrüche, die immer schneller aufeinanderfolgen, und trotzdem kommen wir zu keinem Ende. Die Null bleibt fern, unnahbar unsern Schritten – so fern wie das Unendliche, wenn wir die Gerade $x = 1$ von 1 über 2 und 3 und und und *hinaufkletterten*.

Wenn Arno Schmidt dies läse (er hatte sein Mathematikstudium aufgegeben, um nicht SA-Mann werden zu müssen), wenn der dies läse, zitierte er (vieh-laicht) aus seiner »Schule der Atheisten« (1971) *Das Nichts & das Unendliche sind – (dem Mathematiker ganz = geläufich) – verwandt und aus einem Stamme.* (Er hat es leider nicht mehr lesen können.)

Und wir, auf der Parabel hockend und hinunterstarrend auf die Null, können mit Hans Arp (»Schneetlehem«, um 1924) rufen: *Herr Je, das Nichts ist bodenlos,* und dann träumen und philosophantasieren:

—— 5 ——

Sind Nichts und Null wirklich identisch? Wie kann Nichts *ein* sein und Null *dasselbe?* Zwingt die Sprache nicht die Gedanken auf abwegige Gleise und in unbrauchbare Korsetts? (Wir erinnern an das Wort: *Aus nichts wird nichts – sagte Gottvater und schuf aus dem Nichts die Welt,* und an Manfred Hausmanns sophisisierende Behauptung

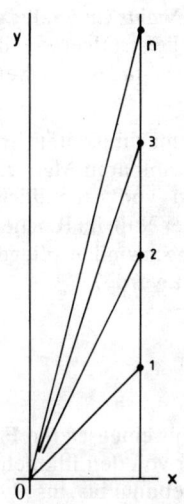

Abb. 168a

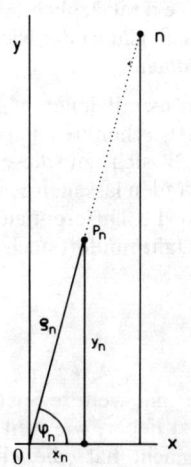

Abb. 168b

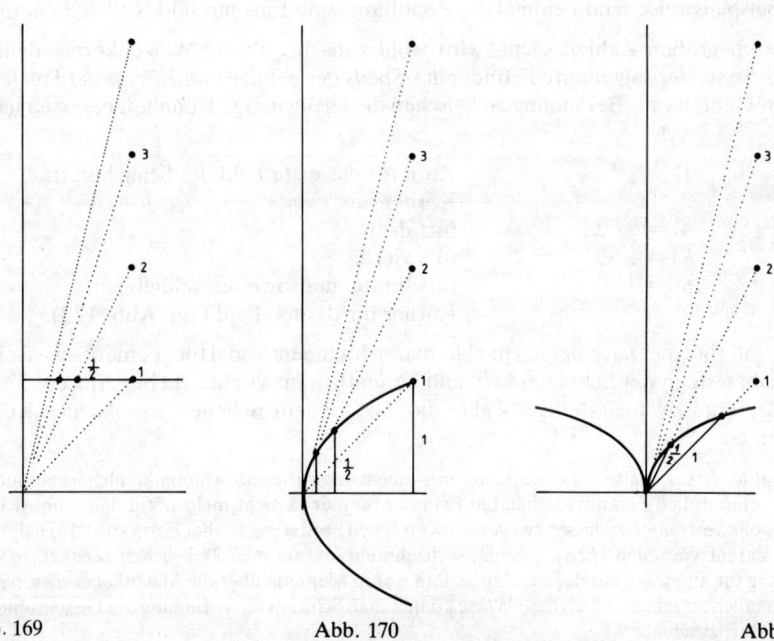

Abb. 169   Abb. 170   Abb. 171

Nichts ist gleich dem All, also ist das All gleich dem Nichts (in »Salut gen Himmel«, 1929).) Gibt es tatsächlich *das Nichts*, etwas völlig Entleertes, das *Ewigleere* Mephistos? Vielleicht ist das Nichts ebenso wenig existent und ebensowenig vorstellbar wie *das Unendliche?*

Und wie steht es mit jenen Mächtigkeiten und Übermächtigkeiten in dem uns von Georg Cantor geschenkten Paradiese jenseits der abzählbaren Mengen? Ist es nicht sonderbar, daß sich zu diesen (endlosen?) Stufen von Unendlichkeiten keine Gegenstücke finden lassen, irgendwo ganz ganz nahe der Null, im Reiche des *unendlich Kleinen*, – wo die Differentiale geheimnisvoll zu verschwinden pflegen, wie es vor einem halben Jahrhundert noch in den Schulen gelehrt wurde?

──── **6** ────

Überlassen wir das weitere Spekuspintisieren den dafür eingesetzten Fachleuten und fragen uns jetzt lieber, wie weit die Menschheit bisher von den Illionen und Illiarden Gebrauch gemacht hat, die eine gefällige Namengebung bis ins Unendliche ihr anbietet. (*Bis ins Unendliche?* Die Wortmonstren würden doch recht bald unhandlich bis zur Unbrauchbarkeit, wenn man nicht zu Abkürzungen greift und Zehnerpotenzen aufeinandertürmt. Aber auch *der* Kunstgriff wirkt nur eine Weile.)

Versuchen wir also zu ermitteln, wie hoch man das Zahlengebirge emporgeklettert ist in Sage und Dichtung, Forschung und Versenkung, bei Aufgaben und Problemen. Hat man beispielsweise schon einmal die Zentillion, eine Eins mit 600 Nullen, benötigt?

Wer nach großen Zahlen sucht, wird wohl zunächst an die Weizenkörner denken, welche Sissa, der sagenhafte Erfinder des *Spiels der Könige* und *Königs der Spiele* von seinem Gebieter als Belohnung zu heischen die leichtsinnige Kühnheit besessen haben soll:

1	Korn für das erste Feld des Schachbretts,
2	Körner fürs zweite,
$4 = 2 \cdot 2$	fürs dritte,
$8 = 2 \cdot 2 \cdot 2 = 2^3$	fürs vierte,
$16 = 2^4$	fürs fünfte, undsoweiter, schließlich
2^{63}	Körner für das 64. Feld (vgl. Abb. 172).

Insgesamt sind dies nach der leicht ableitbaren Summenformel für geometrische Reihen (wir haben sie in der Schule *gehabt* und hoffentlich inzwischen nicht verloren) $2^{64} - 1$ Körner, eine zwanzigstellige Zahl, die fast abgedroschener ist als alle Körner zusammen.

Man sollte dieses uralte Geschichtchen mit einem *moralischen* Schlußmäntelchen aufputzen: König Schiram ließ den unverschämten Erfinder (den er ja nicht mehr nötig hatte, um sich die Langeweile vertreiben zu lassen) wegen seiner frechen Forderung in aller Form zunächst halbieren (1:2), darauf vierteilen (1:4), achteln, sechzehnteln undsofort in 2^n Teilchen zerstückeln – als Warnung für alle seine Brüder im Geiste, ihre wahre Meinung über die Machthaber diesen nicht allzu deutlich zu zeigen. (Auf diese Weise könnte man Schiram die Erfindung der Gegenzahlen zu 1, 2, 4, 8 ... zuschieben.)

					2^5	2^6	2^7
2^8							2^{15}
2^{16}		SISSAS					2^{23}
2^{24}		BRETT					2^{31}
2^{32}							2^{39}
2^{40}							2^{47}
2^{48}							2^{55}
2^{56}	2^{57}	2^{58}	2^{59}	2^{60}	2^{61}	2^{62}	2^{63}

Abb. 172

2^{64}	2^{65}	2^{66}	2^{67}	2^{68}	2^{69}	2^{70}	2^{71}
2^{72}							2^{79}
2^{80}		STEINHAUS'					2^{87}
2^{88}		ERGÄNZUNGS-					2^{95}
2^{96}		BRETT					2^{103}
2^{104}							2^{111}
2^{112}							2^{119}
2^{120}	2^{121}	2^{122}	2^{123}	2^{124}	2^{125}	2^{126}	2^{127}

Abb. 173

Vorab genug von Sissa (oder *was von ihm noch da war*), aber noch lange nicht genug vom Schachbrett und den Potenzen von 2.

H. Steinhaus hat (1950) neben das Brett ein zweites gelegt (Abb. 173) und die Verdoppelung der Körner weiter getrieben bis zur Potenz 2^{127} auf dem letzten, dem 128. Feld der beiden Bretter. 127-mal wurde, von dem Korn auf dem ersten Felde ausgehend, die jeweilige Menge verdoppelt, und als Ergebnis entfielen auf das letzte Feld

$$170\,141\,183\,460\,469\,231\,731\,687\,303\,715\,884\,105\,728 \text{ Körner.}$$

Nimmt man hiervon ein Korn weg, so hat man eine hübsche Verdeutlichung der Größe von $2^{127} - 1$, der Primzahl, die 75 Jahre lang als größte bekannte bewundert wurde.

Sie wurde 1876 von E. Lucas (1842 bis 1897) ermittelt; erst später entdeckte man die kleineren mit den Exponenten 107, 89 und 61. Diese vier Primzahlen sind die letzten *handgestrickten*, d. h. ohne Rechenautomaten gefundenen.

$2^{61} - 1$ war 1886 von Pervušin und Seelhoff *entdeckt* worden, sie wurde im Taschenbuch für Mathematiker und Physiker in voller Länge gedruckt (Herausgeber war der Jenaer Physiker Felix Auerbach, 1856 bis 1934, Freitod mit Gattin). Aus dem Taschenbuch übertrug Alexander Moszkowski, Raritätensammler auf vielen Gebieten, die Zahl in sein »Buch der tausend Wunder«, (1916) und trompetete darin:

Das Trillionen-Monstrum von Zahl

$$2\,305843\,009213\,693951$$

bezeichnet haarscharf die heutige [!] Jagdgrenze für die Primzahljäger; sie ist die größte aller bis jetzt [!] als solche nachgewiesenen Primzahlen; ein kapitaler Einundsechzigender, in der Trophäensammlung auch als $2^{61} - 1$ gebucht. Bis jetzt! Die Zukunft kann die Zahl entthronen und ein anderes, noch viel ungeheuerlicheres Monstrum an ihre Stelle setzen. Denn es existiert sicher und andere in unbegrenzter Zahl dazu!

Dazu fällt uns ein, daß SECHZIGENDER und ENDSECHZIGER Anagramme sind, und daß Mosch (wie er in Kollegenkreisen hieß) damals auf die Endsechzig zusteuerte. In *dem* Alter kann es einem schon mal zustoßen, daß man ein Trillionenmonstrum preist, welches bereits zehn Jahre vor seiner Auffindung durch einen Sextillionengiganten übertroffen war.

273

Seitdem Rechenautomaten auf Primzahlsuche dressiert worden sind, ist das Interesse merklich abgekühlt – wenn man heute hört, daß $2^{11213} - 1$ eine Primzahl ist, fragt man leicht gelangweilt: *Und wie heißt die nächste dieser Form?*

Antwort: $2^{19937} - 1$, sie hat 6002 Ziffern, beginnt mit 43154 und hört (Kölns 11000 Jungfrauen mögen uns als Eideshelfer beistehen!) tatsächlich mit 41471 auf. (Ermittelt wurde sie von Tuckermann, dessen Name an tickende Computer gemahnt.) Die im Jahr 1979 gefundene und zur Zeit größte Primzahl ist $2^{44497} - 1$ mit 13395 Stellen (s. S. 108).

──── 7 ────

Die Zahlen von der Form $2^n - 1$ nennt man nach dem Minimenpater (s. S. 107) Mersenne, sie sind, sofern Primzahlen, Bestandteile der (geraden) vollkommenen Zahlen; diese haben bekanntlich die Eigenschaft, gleich der Summe ihrer echten Teiler zu sein, z. B. ist

$8128 = 1 + 2 + 4 + 8 + 16 + 32 + 64 + 127 + 254 + 508 + 1016 + 2032 + 4064.$

Auch sonst hat sich Mersenne mit großen Zahlen beschäftigt: In seinen »Cogitata physico-mathematica« hat er die kleinste Zahl M angegeben, die *genau* eine Million echter Teiler (einschließlich 1, ausschließlich der Zahl selbst) hat. Abgedruckt ist sie seit der vierten Auflage der »Riesen und Zwerge im Zahlenreiche« bei W. Lietzmann, leider nicht ganz richtig: der angegebene Exponent 66 muß 99 heißen. M lautet korrekt

$$(1\,267650\,600228\,229401\,496703\,205376)^{99} \cdot (847288\,609443)^4;$$

die beiden eingeklammerten Zahlen sind gleich 2^{100} und 3^{25}, wie man ohne Mühe nachprüfen kann, so daß

$$M = 2^{9900} \cdot 3^{100}$$

ist, eine Zahl mit (nach bekannter Regel)

$$(9900 + 1) \cdot (100 + 1) - 1 = \text{genau } 1\,000000 \text{ echten Teilern.}$$

Der Nachweis, daß M die kleinste Zahl mit der gewünschten Eigenschaft ist, läßt sich ebenfalls unschwer führen.

Umso verwunderlicher ist Lietzmanns Anmerkung: *Eine Frage im Bolletino di Matematica (4. Reihe, Bd. II, S. 28), ob diese Behauptung tatsächlich bewiesen ist, blieb meines Wissens bisher unbeantwortet.*

──── 8 ────

Zahlen, die aus einer beträchtlichen Anzahl verhältnismäßig kleiner Faktoren zusammengesetzt sind, nennt der Mathematiker *runde*. (Sie können – müssen aber nicht –, wie die meisten runden Zahlen im praktischen Leben, mit Nullen enden.) Runde Zahlen in obigem Sinn sind beispielsweise

$$36000 = 2 \cdot 2 \cdot 2 \cdot 2 \cdot 2 \cdot 3 \cdot 3 \cdot 5 \cdot 5 \cdot 5$$
$$177147 = 3 \cdot 3 \cdot 3 \cdot 3 \cdot 3 \cdot 3 \cdot 3 \cdot 3 \cdot 3 \cdot 3 \cdot 3$$

Dieses Beispiel ist ganz willkürlich gewählt worden, etwaige Ähnlichkeiten mit einer weltbekannten Zahl sind rein zufällig und ungewollt.

$$9\,699\,690 \;=\; 2 \cdot 3 \cdot 5 \cdot 7 \cdot 11 \cdot 13 \cdot 17 \cdot 19.$$

Derartige runde Zahlen sind sehr selten (obwohl ihre Anzahl über alle Grenzen wächst; man braucht nur, um dies einzusehen, an die nie abbrechende Folge der Potenzen von 2 oder 3 oder 5 zu denken). Die weit überwiegende Mehrheit der Zahlen obiger Größenordnungen hat viel weniger Teiler; typische Zahlen sind vielmehr

$$7\,115\,629 \;=\; 97 \cdot 109 \cdot 673 \;\text{ oder}$$
$$3\,831\,487 \;=\; 11 \cdot 47 \cdot 7411 \;=\; 7411 \cdot 47 \cdot 11 \;\text{ (gewollt!)}$$

aus drei Faktoren. Theoretische Überlegungen haben ergeben, daß die Anzahl der Faktoren einer Zahl n gewöhnlich ungefähr gleich $\ln \ln n$ ist ($\ln$ = natürlicher Logarithmus), vgl. Tafel XXXIX.

n	$\ln \ln n$
10^4	2,220
10^5	2,443
10^7	2,780
10^9	3,031
10^{25}	4,053
10^{65}	5,008
10^{9566}	10

Tafel XXXIX.
Größe von $\ln \ln n$ für einige Zahlen

Man erkennt, daß die *Mersennesche Zahl* $M = 2^{9900} \cdot 3^{100} \approx 10^{3027,909}$ ($\ln \ln M \approx 8{,}850$) mit ihrer sehr großen Teilerzahl eine völlig atypische, weil runde, Zahl ist.

Die Anzahl der Zerlegungen in Summanden (statt in Faktoren) wächst sehr schnell. Die Zahl 7 kann man auf fünfzehn verschiedene Weise additiv zusammensetzen (es ist üblich, die Zahl selbst mitzurechnen):

$$
\begin{aligned}
7 &= 7 \\
&= 6 + 1 \\
&= 5 + 2 \\
&= 5 + 1 + 1 \\
&= 4 + 3 \\
&= 4 + 2 + 1 \\
&= 4 + 1 + 1 + 1 \\
&= 3 + 3 + 1 \\
&= 3 + 2 + 2 \\
&= 3 + 2 + 1 + 1 \\
&= 3 + 1 + 1 + 1 + 1 \\
&= 2 + 2 + 2 + 1 \\
&= 2 + 2 + 1 + 1 + 1 \\
&= 2 + 1 + 1 + 1 + 1 + 1 \\
&= 1 + 1 + 1 + 1 + 1 + 1 + 1
\end{aligned}
$$

Man schreibt: $p(7) = 15$. Es ist:

$$
\begin{aligned}
p(100) &= 190\,569\,292 \\
p(200) &= 3\,972\,999\,029\,388 \\
p(721) &= 161\,061\,755\,750\,279\,477\,635\,534\,762
\end{aligned}
$$

Um wieder auf das Schachbrett zurückzukommen: wenn man es in seine 64 Felder zersägt und jedes Feld mit einer Nummer versieht, um es von den anderen unterscheiden zu können, so hat man die Möglichkeit, aus diesen 64 Plättchen 2^{64} Teilmengen zu bilden, wobei, wie üblich, die Leermenge und die Menge der 64 Plättchen selbst mitgezählt wird. 2^{64} ist gleich der (um ein Korn vermehrten) Körnermenge auf dem ersten Schachbrett, vgl. S. 272.

Allgemein beträgt die Anzahl der Teilmengen einer aus n Elementen bestehenden Menge 2^n; wie sie sich aufgliedern, sei am Beispiel $n = 6$ (Elemente a, b, c, d, e, f) in Erinnerung gerufen (Abb. 174).

Die Zeichengruppen in Abb. 174 geben die Anzahlen der jeweiligen Teilmengen an:

$\quad\quad$ 1 Leermenge,
$\quad\quad$ 6 Teilmengen mit einem Element,
$\quad$ 15 mit zwei Elementen,
$\quad$ 20 mit drei,
$\quad$ 15 mit vier,
$\quad\quad$ 6 mit fünf, und
$\quad\quad$ 1 Menge selbst
$\overline{}$
zusammen $\quad$ 64 $= 2^6$.

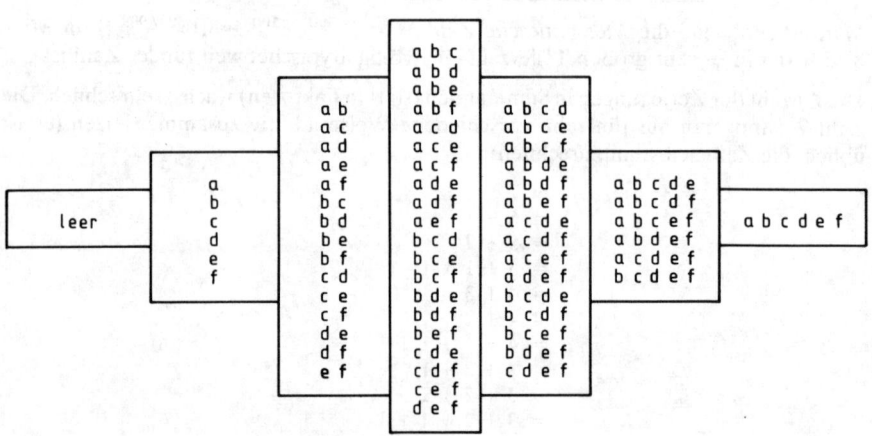

Abb. 174

Diese Zahlen finden sich bekanntlich im allbekannten Pascalschen Dreieck.

Allbekannt: der Inder Halâyudha kannte es bereits im 10. Jahrhundert, der Chinese Chu Shi-kié im 13. Jahrhundert, der Araber Al-Kâşî um 1400. Das Binomialtheorem hat als erster möglicherweise der Mathematiker, Physiker, Philosoph, Astronom und Kalenderreformer (1074) Ghizathudin Abulfath Omar Ibn Ibrahim al Chajjám entdeckt; er ist als *Omar der Zeltmacher* mit seinen Rubā'ijāt (Vierzeilern) in die Weltliteratur eingegangen, vgl. S. 146.

Petrus Apian (1495 bis 1552, eigentlich Peter Bennewitz) gab den Binomialkoeffizienten ihren Namen und kannte ebenfalls ihr additives Bildungsgesetz.

Wir stilisieren *Pascals* Dreieck der Zweckmäßigkeit wegen in eine Art von norddeutschem Giebel um (Abb. 175). Die zweite Zahl jeder Zeile gibt die Anzahl der Elemente der Menge an, und die Summe aller Zahlen der Zeile die Anzahl der Teilmengen; gleich 2 hoch der Elementenanzahl.

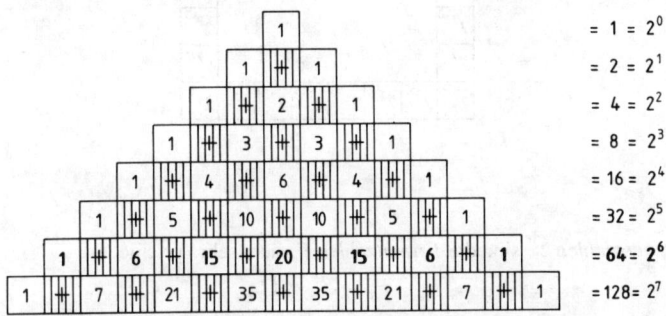

$$= 1 = 2^0$$
$$= 2 = 2^1$$
$$= 4 = 2^2$$
$$= 8 = 2^3$$
$$= 16 = 2^4$$
$$= 32 = 2^5$$
$$= 64 = 2^6$$
$$= 128 = 2^7$$

Abb. 175

Die Gesamtheit der 2^{266} Teilmengen einer Menge von 266 Elementen ist so groß, daß sie die Anzahl aller Nukleonen übertrifft, die es in unserem Weltall geben soll (10^{80}). Das macht *die Kraft der* 2^n, die Kraft der Zweierpotenzen (vgl. S. 328).

Wieviel kräftiger müssen erst die 2^{2^n} sein! Ein Beispiel dafür hat (ungewollt und unbewußt) Dr. phil. A. Paquet (1888 bis 1944) gegeben, in den zwanziger Jahren ein Mitarbeiter der Frankfurter Zeitung und geschätzter Schriftsteller. In einem Feuilleton erwähnte er die damals schon sattsam bekannte Anekdote von der Erfindung des Schachspiels, ließ aber auf das jeweils nächste Feld *nicht* das *Doppelte*, sondern das *Quadrat* der Körnerzahl des Vorfeldes legen.

Vielleicht hat er den beliebten – und häufig falsche Ergebnisse liefernden – Schluß vom Besonderen aufs Allgemeine benutzt: weil $2 \cdot 2 = 2^2$ ist, wird auch $2z = z^2$ sein. Geisteswissenschaftler gehen ja manchmal großzügig-sorglos mit mathematischen Begriffen um.

Natürlich darf man auf das erste Feld nicht Ein Korn legen, sondern deren zwei, auf das zweite dann 4, auf das dritte $16 = 4^2 = 2^4$, auf das vierte $16 \cdot 16 = 2^8 = 2^{2^3}$ und so fort. Auf dem siebten Feld liegen bereits mehr Körner (eins mehr) als auf dem ganzen Sissabrett zusammen, vgl. Abb. 176. Hier kommt schon die dem neunten Feld zugeordnete Zahl $2^{2^8} = 2^{256} \approx 10^{77}$ der Nukleonenanzahl nahe.

Einem Feld bei Sissa mit 2^m Körnern entspricht bei Paquet ein Feld mit 2^{2^m} Körnern; dem Endfeld Sissas mit

$$2^{63} = 9\,223\,372\,036\,854\,775\,808$$

Weizenkörnern ist das Paquetsche Endfeld zugeordnet, *auf* dem ein Paketchen mit

$$2^{2^{63}} = 2^{9\,223\,372\,036\,854\,775\,808} \text{ Körnern}$$

deponiert ist – und das ist, vgl. S. 332, eine wirklich respektable Größe.

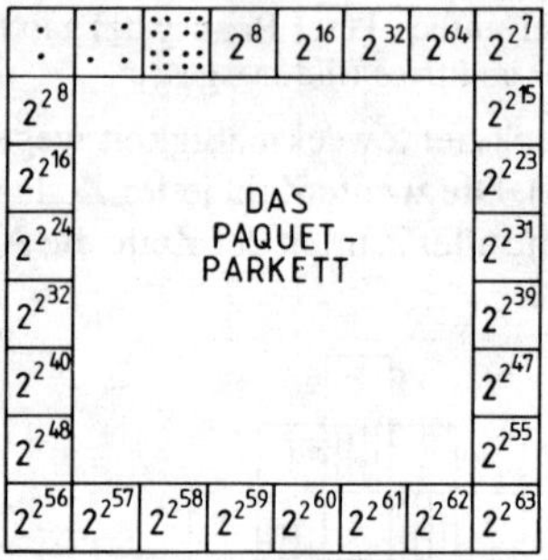

$$\begin{array}{c}
\vdots \quad \vdots \quad \vdots \quad 2^8 \;\; 2^{16} \;\; 2^{32} \;\; 2^{64} \;\; 2^{2^7} \\
\end{array}$$

2^{2^8}			$2^{2^{15}}$
$2^{2^{16}}$	DAS		$2^{2^{23}}$
$2^{2^{24}}$	PAQUET-		$2^{2^{31}}$
$2^{2^{32}}$	PARKETT		$2^{2^{39}}$
$2^{2^{40}}$			$2^{2^{47}}$
$2^{2^{48}}$			$2^{2^{55}}$

$$2^{2^{56}} \;\; 2^{2^{57}} \;\; 2^{2^{58}} \;\; 2^{2^{59}} \;\; 2^{2^{60}} \;\; 2^{2^{61}} \;\; 2^{2^{62}} \;\; 2^{2^{63}}$$

Abb. 176

Von den *Paquetzahlen* 2^{2^n} sind die *Fermatzahlen* F_n nicht sehr verschieden:

$$F_n = 2^{2^n} + 1,$$

die nach des Meisters Vermutung stets Primzahlen sein sollten und es für $n = 0, 1, 2, 3$ und 4 auch sind (s. S. 92). Nach Gauß sind regelmäßige Vielecke dieser Eckenzahl (3, 5, 17, 257, 65 537) mit Zirkel und Lineal konstruierbar, aber nur wenn es sich um Primzahlen handelt. Man hat – bisher vergeblich – die Folge der Fermatzahlen auf weitere Primzahlen durchforscht (z. B. sind F_{17}, F_{36} und F_{1945} keine Primzahlen, von dieser ist ein Teiler bekannt); es ist, wie gesagt, die Vermutung auf-(sehr schwächliche Füße)-gestellt worden: Die Anzahl der Primzahlen unter den F_n ist endlich (s. S. 93). – Gäbe es kein Unendlich, wären allerdings *alle* Folgen endlich (vgl. S. 358).

———— **10** ————

Wenn man die Zahlen des Pascalschen Dreiecks nicht, wie üblich, entlang der Zeilen addiert, sondern entlang von Parallelen (Abb. 177), die hier zu den Zeilen die Neigung von 1 : 3 haben, so erhält man die Folge (s. auch S. 167)

$$
\begin{aligned}
1 &= 1 \\
1 &= 1 \\
1 + 1 &= 2 \\
1 + 2 &= 3 \\
1 + 3 + 1 &= 5 \\
1 + 4 + 3 &= 8 \\
1 + 5 + 6 + 1 &= 13 \\
1 + 6 + 10 + 4 &= 21 \\
1 + 7 + 15 + 10 + 1 &= 34 \\
1 + 8 + 21 + 20 + 5 &= 55 \\
1 + 9 + 28 + 35 + 15 + 1 &= 89 \\
&\;\;\vdots
\end{aligned}
$$

welche nach Fibonacci (~1180 bis ~1250) genannt wird (der allerdings die Ableitbarkeit der Folge aus dem Pascalschen Dreieck nicht gekannt hat, sie wurde erst

278

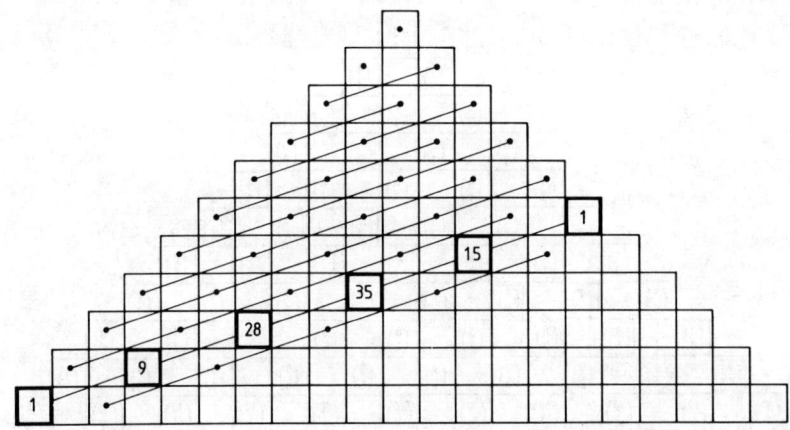

Abb. 177

1876 von Edouard Lucas (S. 273 u. 424) gefunden oder aufgestellt). Für diese Folge gilt, daß jedes Glied a_{m+1} die Summe der beiden vorhergehenden Glieder ist:

$$a_{m+1} = a_m + a_{m-1}.$$

Die Fibonaccifolge und die Eigenschaften ihrer Glieder haben unter den Liebhabern der Zahlentheorie (besonders in den Vereinigten Staaten von Amerika) begeistertes Interesse gefunden. Die Glieder sind bis weit hinauf genau ausgerechnet worden (was ja leicht, wenn auch zeitraubend ist) und noch weiter hinauf abgeschätzt; so ist

$$
\begin{aligned}
f_{33} &= 3\,524\,578 \\
f_{1000} &\approx 10^{209} \\
f_{10000000} &\approx 10^{2089876}
\end{aligned}
$$

Von einer völlig ausgerechneten Zahl sei wenigstens Anfang und Ende angeführt: f_{571} beginnt mit 9604120061 89 und endet mit 183008074629, dazwischen liegen 95 Ziffern.

Die Beziehungen zwischen den Zahlen der Fibonaccifolge (und auch der ihr verwandten Folgen, s.u.) treten besonders schön hervor, wenn man sie durch Binomialkoeffizienten ausdrückt. Ein Beispiel (vgl. Abb. 178)

$$
\begin{array}{r}
34 \\
+\ 55 \\
\hline
=\ 89
\end{array}
$$

oder

$$
\begin{array}{r}
1 +\ 7 + 15 + 10 + 1 \\
+\ 1 +\ 8 + 21 + 20 +\ 5 \\
\hline
=\ 1 +\ 9 + 28 + 35 + 15 + 1
\end{array}
$$

und dann

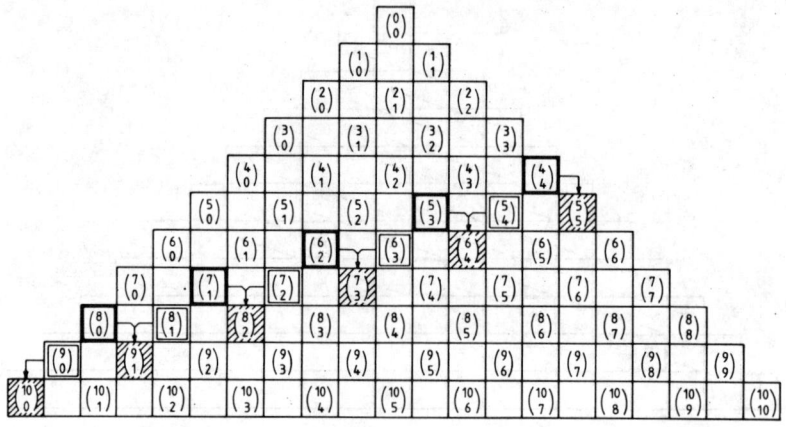

Abb. 178

$$\binom{8}{0}+\binom{7}{1}+\binom{6}{2}+\binom{5}{3}+\binom{4}{4}$$
$$+\binom{9}{0}+\binom{8}{1}+\binom{7}{2}+\binom{6}{3}+\binom{5}{4}$$
$$=\binom{10}{0}+\binom{9}{1}+\binom{8}{2}+\binom{7}{3}+\binom{6}{4}+\binom{5}{5}$$

So interessant es wäre, weitere Eigenschaften der Zahlen des Fibonacci genannten Leonardo von Pisa zu besprechen,

Kaiser Friedrich II, der Staufe, schätzte ihn und war sein Gönner (damals konnte ja noch jeder, der guten Willens war, die Mathematik verstehen),

so müssen wir uns hier auf die Angabe der Formel von Binet beschränken, welche gestattet, die n-te Fibonaccizahl f_n zu berechnen, ohne die vorhergehenden zu kennen:

$$f_n = \frac{1}{\sqrt{5}}\left[\left(\frac{1+\sqrt{5}}{2}\right)^n - \left(\frac{1-\sqrt{5}}{2}\right)^n\right] = \frac{(1+\varphi)^n - (-\varphi)^n}{1+2\varphi}$$

$$= \frac{1}{2^{n-1}} \sum_{0\,\nu}^{\left[\frac{n-1}{2}\right]} 5^\nu \cdot \binom{n}{2\nu+1},$$

sowie auf $f_{n+1} \cdot f_{n-1} - f_n^2 = (-1)^n$ und auf die merkwürdige Beziehung hinzuweisen:

$$f_1^2 + f_2^2 + f_3^2 + \ldots + f_n^2 = \sum_1^n f_i^2 = f_n \cdot f_{n+1},$$

beispielsweise ist

$$1^2 + 1^2 + 2^2 + 3^2 + 5^2 + 8^2 + 13^2 + 21^2 + 34^2 + 55^2 = 4895 = 55 \cdot 89.$$

Übrigens kommen in der Fibonaccifolge selbst nur zwei Quadratzahlen vor, 1 und 144. Das wurde 1964 bewiesen, vgl. Abb. 81, S. 169.

Die Frage, welche den Pisaner zu der nach ihm benannten Folge geführt hat, lautet bekanntlich: Wenn jemand ein neugeborenes Kaninchenpaar besitzt – wieviel Paare hat er in n Monaten, sofern ein Paar erstmals nach t = zwei Monaten und von da an nach jedem weiteren Monat ein weiteres Paar wirft? Abb. 179b zeigt den *Stammbaum*, rechts von ihm sind die Monate, links die bis zu dem jeweiligen Monat vorhandenen Conigliparchen angegeben.

Wenn man voraussetzt, das erste Nachfolgepaar jedes Paares werde nicht nach zwei, sondern nach drei bzw. vier Monaten geworfen, so spiegeln das Ergebnis die Stammbäume der Abbn. 179c bzw. 179d.

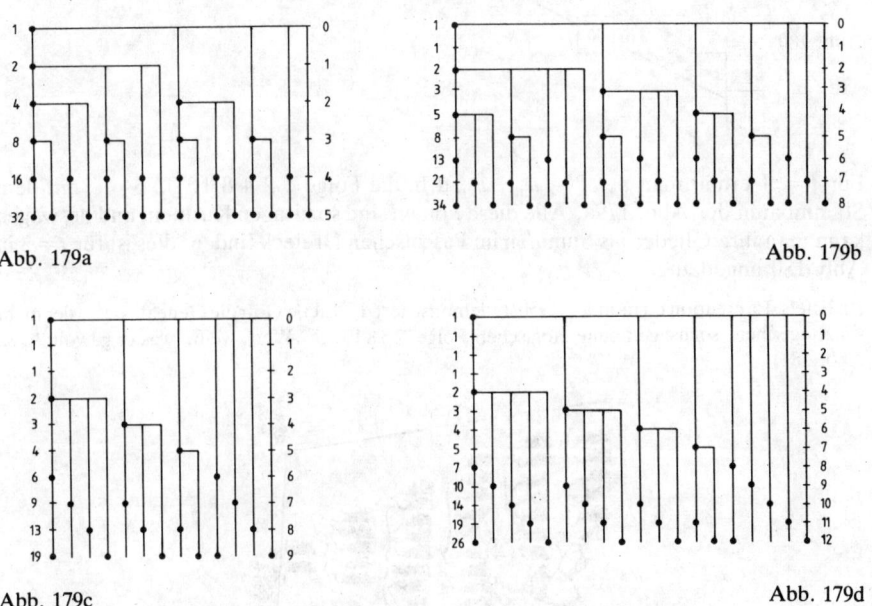

Abb. 179a

Abb. 179b

Abb. 179c

Abb. 179d

Die zugehörigen Folgen lauten (im Vergleich zur Fibonaccifolge):

t
2   1 1 2 3 5 8 13 21 34 55 89 ...
3   1 1 1 2 3 4 6 9 13 19 28 ...
4   1 1 1 1 2 3 4 5 7 10 14 ...

Die Glieder der Folgen entstehen aus vorhergehenden Gliedern gemäß den Formeln

t
2   $a_{m+1} = a_m + a_{m-1}$
3   $a_{m+1} = a_m + a_{m-2}$
4   $a_{m+1} = a_m + a_{m-3}$

281

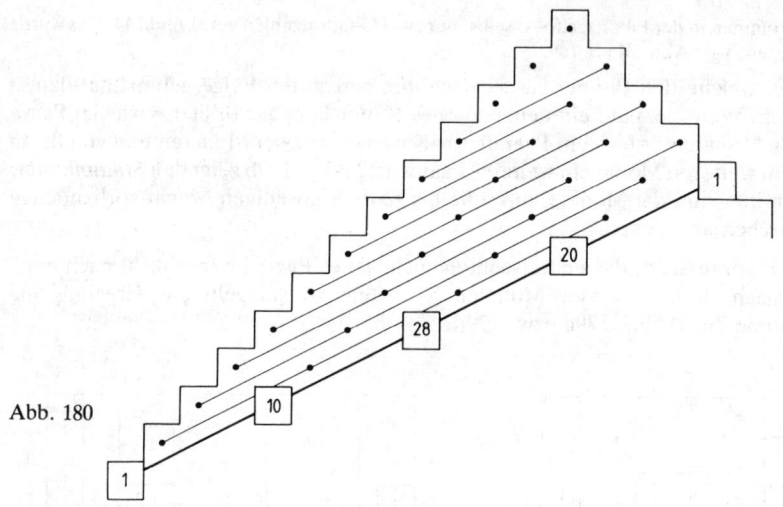

Abb. 180

Für $t = 1$ erhält man $a_{m+1} = a_m + a_m$, d.h. die Folge 1 2 4 8 16 32 64 ... mit dem Stammbaum der Abb. 179a. Alle diese Folgen sind sozusagen Kusinen, und deswegen kann man ihre Glieder als Summen im Pascalschen Dreieck finden; dies ist für $t = 3$ in Abb. 180 angedeutet.

(In Effels ›La création du monde‹, 1950/1, demonstriert der Liebe Gott die Genealogie an der nicht ganz logischen, sozusagen gene-alogischen Folge 2 5 8 10 ... ›Wer weiß, was er gewollt?‹, s. Abb. 181).

Abb. 181: 2 5 8 10 ... offensichtlich hat sich anno dazumal Fibonaccis Folge erst tastend-testend entwickelt.
Abb. aus Jean Effel, Heitere Schöpfungsgeschichte für fröhliche Erdenbürger, Rowohlt Verlag, Reinbek, 1965.

Wir hatten vorübergehend die Kletterei auf Zahlengipfel unterbrochen und uns den Liebhabern mathematischer Kleinigkeiten zuliebe auf einen Seitenpfad begeben, um mit ihnen und mit Lust lustzuwandeln – jetzt knüpfen wir unser Seil wieder an die Fermat- und die Paquetzahlen an und zeigen eine Funktion, die sehr schnell auf Zahlentürme mit der Basis 2 führt, die sogenannte Ackermann-Funktion.

Sie ist keine *primitiv rekursive* Funktion, wie z. B. Addition, Multiplikation, Potenzierung, Fakultät; sie ist dreistellig und wird hier (des Herausschälens *verschränkter Einschachtelung* wegen) in einer von Rózsa Péter (1905 bis 1977) herrührenden Verkürzung (um eine »*Dimension*«) gebracht; ihre Rechenvorschriften lauten:

$$\psi(0, n) = n + 1$$
$$\psi(m + 1, 0) = \psi(m, 1)$$
$$\psi(m + 1, n + 1) = \psi(m, \psi(m + 1, n)).$$

Man findet

$$\psi(1, n) = 2 + (n + 3) - 3 = n + 2$$
$$\psi(2, n) = 2 \cdot (n + 3) - 3 = 2n + 3$$
$$\psi(3, n) = 2^{n+3} - 3$$
$$\psi(4, n) = {}^{n+3}[2] - 3,$$

wobei ${}^{n+3}[2] = 2^{2^{\cdot^{\cdot^2}}}$ (: die 2 sei $n + 3$-mal angeschrieben).

Beispielsweise ist

$$\psi(0, 2) = 3$$
$$\psi(1, 2) = 2 + 5 - 3 = 4$$
$$\psi(2, 2) = 2 \cdot 5 - 3 = 7$$
$$\psi(3, 2) = 2^5 - 3 = 29$$
$$\psi(4, 2) = {}^5[2] - 3 = 2^{2^{2^{2^2}}} - 3 = 2^{65536} - 3,$$

das ist bereits eine 19729-stellige Zahl.

In dem sonst sehr empfehlungswerten Fischerlexikon Mathematik (II, 41) ist angegeben, $\psi(4, 2)$ habe *bereits 9754 Dezimalstellen*. Bei dieser gewaltigen Untertreibung kann man entschuldigend Horaz zitieren, was wir (keineswegs frei von Schuld und Fehlern) bereits S. 108 getan haben.

Zu den vorstehenden Zeilen meinte mit Recht der Mathematiker Wolfgang Sachs (1899 bis 1974): »Es fragt sich …, wer mehr zu verdammen ist, ein Mathematiker, der so unanständig ist, die Resultate seiner Kollegen nachzurechnen, oder einer, der so naiv ist, sie ohne Prüfung zu glauben.«

Weitere Beispiele:

$$\psi(0, 3) = 4 \qquad\qquad \psi(0, 4) = 5$$
$$\psi(1, 3) = 5 \qquad\qquad \psi(1, 4) = 6$$
$$\psi(2, 3) = 9 \qquad\qquad \psi(2, 4) = 11$$
$$\psi(3, 3) = 2^6 - 3 = 61 \qquad\qquad \psi(3, 4) = 125$$

$$\psi(4, 3) = 2^{2^{65536}} - 3 \approx 10^{10^{10^{19727,78}}} \qquad \psi(4, 4) = 2^{2^{2^{65536}}} - 3 \approx 10^{10^{10^{19727,78}}}$$

Donald E. Knuth hat, darin Hugo Steinhaus (S. 323) ähnlich, eine Schreibweise ausgeknobelt, welche ebenso schnell wie die Ackermann-Péter-Funktion *in der Gebilde losgebundne Reiche* (»Faust II«, V. 6277) führt:

$3 \uparrow 3 = 3^3 = 27$

$3 \uparrow\uparrow 3 = 3 \uparrow (3 \uparrow 3) = 3 \uparrow 27 = 3^{27} = 3^{3^3} = 7\,625\,597\,484\,987$

$3 \uparrow\uparrow\uparrow 3 = 3 \uparrow\uparrow (3 \uparrow\uparrow 3) = 3 \uparrow (3 \uparrow .. (3 \uparrow 3) ..)$, in diesem angedeuteten Ausdruck sind

$$7\,625\,597\,484\,987 \text{ Dreien,}$$
$$7\,625\,597\,484\,986 \text{ Pfeile und}$$
$$7\,625\,597\,484\,985 \text{ Klammerpaare}$$

versteckt.

Anmerkung für ganz Hartnäckige:

Das Bildungsgesetz, bezogen auf die Basis 3, unterscheidet sich von der Ackermann-Péter-Funktion ψ lediglich in den Startbedingungen:

$$\Psi(0, n) = 3^n$$
$$\Psi(m+1, 0) = 1$$
$$\Psi(m+1, n+1) = \Psi(m, \Psi(m+1, n)).$$

m ist dabei die $\uparrow$-Anzahl, n die Anzahl der beim Iterieren auftretenden Dreier. Man verifiziert sofort

$\Psi(m+1,1) = \Psi(m, \Psi(m+1,0)) = \Psi(m,1) = .. = \Psi(0,1) = 3^1 = 3$ und $3 \uparrow^{m} \uparrow 3 = \Psi(m,2) = \Psi(m-1, \Psi(m,1)) = \Psi(m-1, 3) = \Psi(m-2, \Psi(m-1, 2))$. Das Wachstum bei einer solchen *doppelten* Rekursion übersteigt das Wachstum bei jeder einfachen (*primitiven*) Rekursion. Da unverschränkte Einschachtelung den Kreis dieser einfachen Rekursionen nicht sprengt, haben sich jedoch in diesem scheinbar *engen* Rekursions-Bezirk ebenso be- wie umstürzende Werteberechnungen mit vergleichsweise *kleinen* Argumenten (weit unterhalb einer Million-illion, d.i. '10 hoch 6 Millionen') ergeben.

Die 2 als Basis ist die Quelle des Verdoppelns (wie beim lebenden Sissa) und die des Halbierens (wie beim getöteten). Durch zehn Halbierungen kann man eine Strecke in rund $1\,000$ (genau $2^{10} = 1024$) Teile teilen:

1 m	=	1000 mm	$1 : 2^0$
		500 mm	$1 : 2^1$
		250 mm	$1 : 2^2$
		125 mm	$1 : 2^3$
		62 mm	$1 : 2^4$
		31 mm	$1 : 2^5$
		16 mm	$1 : 2^6$
		8 mm	$1 : 2^7$
		4 mm	$1 : 2^8$
		2 mm	$1 : 2^9$
		1 mm	$1 : 2^{10}$

Durch zehn Halbierungen kommt man demnach

von 1 m auf 1 mm (Millimeter),

durch je weitere zehn

von 1 mm auf 1 μm (Mikrometer),
von 1 μm auf 1 nm (Nanometer),
von 1 nm auf 1 pm (Picometer)

und schließlich

von 1 pm auf 1 fm (Femtometer);

1 fm = 10^{-15} m oder 10^{-13} cm, d. h. man gelangt nach nur fünfzig Halbierungen vom Meter bis an die Grenze des für uns Erfaßbaren, an die für uns *unteilbaren* Stückchen, die Elektronen der Umwelt, das innere Ende unseres meßbaren Universums.

Wir können das *teilende Messer* sinken lassen. Nur unser Verstand (unser Gefühl?) teilt theoretisch weiter und weiter und kommt an kein Ende; denn uns ist der Spruch aus den Anfängen der abendländischen Kultur eingebrannt: *Von dem Kleinen gibt es kein Allerkleinstes, sondern immer noch ein Kleineres. Denn es ist unmöglich, daß das Seiende (durch Teilung bis ins Unendliche) aufhört zu sein.*

(Anaxagoras von Klazomenai, um −450, fr. 3.)

―― 12 ――

In demselben Fragment fährt Anaxogoras fort: *Aber auch von dem Großen gibt es immer noch ein Größeres.*

Er spricht hier wohl von *Dingen* oder *Stoffen*, seien sie tatsächlich vorhanden oder *nur* vorgestellt, und stimmt so überein mit der am Anfang dieses Kapitels geschilderten Ansicht über die niemals endende Folge der Zahlen.

Nach dieser Seite, nach *oben, außen,* gelangen wir in der Welt weiter: wir müssen das Sissa-Steinhaus-Spiel des Verdoppelns über sechseinviertel Schachbretter fortführen, dann haben wir

$$2^{400} \approx 10^{120}$$

Weizenkörner erreicht, und diese, schön abgepackt in Weizensäcke, sind gleich der Anzahl der Weizsäckerschen Urobjekte, der *»Urs«,* der größten Zahl von *»Dingen«,* die (nach ihm) im All vorhanden sind.

Hier ist nur der *Raum* gequantelt; fügt man die 10^{40} Elementar *zeiten* multiplikativ hinzu, kommt man auf $10^{160} \approx 2^{531,5}$ *Raum-Zeit-Urobjekte.*

Die höchste (geschätzte) *Zeit* spanne sind die 80 Milliarden Jahre, die eine *Oszillation des Alls* dauern soll, vom Ur-Knall über Ausdehnung und Schrumpfung bis zum (Ur + 1)-Knall sozusagen.

Drei französische Forscher (*»Nature«* vom 17. Jan. 1980) haben (auf Grund des Verhältnisses Rhenium 187/Osmium 187 in einem halben Dutzend Meteoriten) das Alter der Welt abgeschätzt, also die seit dem Urknall verstrichene Zeit. Sie sind auf 13,3 bis 22,4 Milliarden Jahre gekommen und bestätigen damit die Ergebnisse des Kölner Kernchemikers W. Herr in the early sixties.

Aus der jüngsten Erdgeschichte seien einige Zahlen (ohne Gewähr!) gebracht, zum Vergleich mit den anschließenden Kalenderzahlen, Tafel XL.

Ende der Kreidezeit, Beginn des Tertiärs	vor 60 Millionen Jahren
Oberes Pliozän (Prähominiden)	vor 5 Millionen Jahren
Beginn des Quartärs	vor 600 000 Jahren
Zeit des klassischen Neandertalers	vor 100 000 Jahren
und der älteste Menschenfund	
in Amerika (Tepexpan) ist	11 300 ± 500 Jahre alt.

Der Mayakalender baut auf dem Tag, kin genannt, auf, s. Tafel XLI.

Tafel XLI.   Zahlen zum Mayakalender

1 uinal	= 20 kin		1 pictun	= 20 baktun
1 tun	= 18 uinal		1 calabtun	= 20 pictun
1 katun	= 20 tun		1 kinchiltun	= 20 calabtun
1 baktun	= 20 katun		1 alautun	= 20 kinchiltun

Die Stufung nach Zwanzigern wird nur einmal durchbrochen, weil die Jahre dem Schema nicht den Gefallen tun, aus $20 \cdot 20 = 400$ Tagen zu bestehen. So entspricht 1 tun von $18 \cdot 20$ kin einem runden (oder sakralen) Jahr; die weiteren Stufen folgen wieder dem Zwanziger-, dem Finger-Zehen-System, der Doppelzehenerrechnung. 1 alautun hat $20 \cdot 20 \cdot 20 \cdot 20 \cdot 20 \cdot 20 = 20^6$ tun oder 64 Millionen Jahre. Für phantasierende Träumer kann demnach der Anfang des Mayakalenders bis in die Kreidezeit reichen.

Da erst im Myozän, vor rund 20 Millionen Jahren, zur Zeit des *Proconsuls*, sich der Affen- und der Menschenzweig gabelte, müssen zur Erklärung dieses Beginns wohl doch wieder die Wesen aus der Siriuswelt herhalten, oder sogar *jenseits des Sirius* (Titel einer utopischen Erzählung von H. G. Wells, dem Erfinder des Erfinders der Zeitmaschine).

Genauer als die Kosmologen aus dem naturwissenschaftlichen Lager weiß Helena Petrowna Blavatsky, geborene Hahn von Rottenstern (1831 bis 1891) Bescheid.

Diese an Männern grundsätzlich nicht interessierte Frau (wohl aber an Männerkleidung) wurde als Siebzehnjährige mit dem Gouverneur von (ausgerechnet) Eriwan verheiratet und entlief ihm, als der alte General (im Prinzip) Ernst machen wollte.

Aus dem, Tirukkanda Panchānga genannten, Tamilkalender gehe hervor, daß zwischen dem Beginn der kosmischen Entwicklung und dem Jahre 1887

1 955 884 687 Jahre

liegen, und vom ersten Erscheinen der *Menschheit* auf unserer *Planetenkette*

1 664 500 987 Jahre.

Nicht etwa die *Kette* Merkur, Venus, Erde, Mars undsofort; vielmehr gehört unsere Erde in eine Kette von (natürlich) sieben Erdkugeln; die anderen sechs können wir nicht sehen, *weil jene außerhalb unseres physischen Wahrnehmungsvermögens, außerhalb unseres Zustands des Seins liegen.* (Franz Hartmann, »Die weiße und die schwarze Magie«, o.J.).

Das sind kleine Zahlen gegen die Abschnitte der Brahmanen. Sie zerlegen einen Schöpfungstag (Manvantara) in vier abfallende Perioden, s. Tafel XLII.

Tafel XLII.   Zeitalter der Brahmanen

Kritayuga,	das Zeitalter der Freude	$= 4 \cdot 432\,000$ Menschenjahre
Tetrayuga,	das Zeitalter des Feuers	$= 3 \cdot 432\,000$ Menschenjahre
Traparayuga,	das Zeitalter des Zweifels	$= 2 \cdot 432\,000$ Menschenjahre
Kaliyuga,	das Zeitalter des Elends	$= 1 \cdot 432\,000$ Menschenjahre,

also dauert ein Manvantara $10 \cdot 432\,000$ MJ.

Wir leben im Zeitalter des Elends, und zwar seit dem 17. Februar 3102 vor Christus, gekennzeichnet durch eine Konjunktion von Jupiter und Venus.

1 Kalpa	$=$	1 000 Manvantaras
1 Jahr Brahmas	$=$	72 Kalpas
1 Maha-Kalpa	$=$	1 000 Jahre Brahmas,

gleich der Lebenszeit der Manifestation einer Gottheit, sie dauert

$$1000 \cdot 72 \cdot 1000 \cdot 10 \cdot 432000 = 311\,040\,000\,000\,000 \text{ Menschenjahre,}$$

das sind immerhin 3888 *Oszillationen* des Alls (s. S. 285).

Ebenso wie der Beginn unseres Zeitalters durch eine astronomische (von uns nicht nachgeprüfte) Tatsache gegeben ist, so ist dies auch mit der Zahl 432 der Fall. Die Periodenordnung eines Manvantara baut auf 432 auf, weil der Durchmesser der Mondbahn das 432fache des Mondhalbmessers sei und weil dasselbe Verhältnis zwischen Erdbahndiameter und Sonnenradius bestehe. Wenn man dies liest, dann kann man entweder in die Knie sinken vor soviel kosmischem Wissen und jenseitiger Weisheit der alten Brahmanen – oder man rechnet nach, findet für den Mond

$$769\,000 \text{ km} : 1738 \text{ km} \approx 442$$

und für Erde/Sonne

$$299\,000\,000 \text{ km} : 696\,000 \text{ km} \approx 430$$

und weiß, daß hier wieder einmal der Zufall gekoboldet hat.

Indes gibt es noch viel absurdere Erklärungen für die dämonische Zahl 432. *432 Menschenjahre sind genau eine Minute [?] eines kosmischen Jahres, denn 60 · 432 Jahre ergeben 25 920 Jahre, also gerade die Zahl eines platonischen Jahres im Sonnenumlauf durch den ganzen Tierkreis* (vgl. S. 145). Und ferner: 400 ist der Zahlenwert des hebräischen Buchstabens Taw, 30 von Lamed und 2 von Bet – das Wort Tebel entspricht also 432, und es bedeutet Erdkreis, Welt, Kosmos. Jaja, die gute alte Gematrijaja (s. S. 62). (›Der Tebel hol mer‹, ruft Schelmuffsky.)

Woher zwischen den Tausend- und Tausendfachen die winzige 72 (im Jahr Brahmas) kommt, wird nicht erläutert (432 : 6, 360 : 5?).

Uns erscheinen alle diese *Erklärungen* sehr fragwürdig, viel fragwürdiger als unsere: Wir schreiben ein Maha-Kalpa nicht

$$720 \cdot 43200 \cdot 10\,000\,000 \text{ MJ,}$$

sondern halbieren den ersten und verdoppeln den zweiten Faktor:

$$360 \cdot 86400 \cdot 10\,000\,000 \text{ MJ.}$$

Nun gibt der erste Faktor die Anzahl der Grade eines Vollkreises an oder der Tage eines sakralen Jahres und der zweite Faktor die Anzahl der Sekunden von 24 Stunden, also eines Tages.

Mit anderen Worten: auch die Brahmanen haben es sich (wie die Verfertiger der Planetensigille – s. S. 70 – und der alchimystischen Rätsel – s. S. 62 –) leicht gemacht und einfach die Gleichung aufgestellt

$$1 \text{ Menschenjahr} = 1 \text{ Göttersekunde,}$$

also

$$360 \cdot 86400 = 31\,104\,000 \text{ Menschenjahre} = 1 \text{ Götterjahr}$$

und durch diese Reduktion schmilzt ein Maha-Kalpa auf 10 Millionen Götterjahre.

Das Unverständliche ist dem Unverständigen verwandt, und allemal ist es unendlich wahrscheinlicher, daß eine Mystifikation, als daß ein großer Tiefsinn darunter verborgen liegt. (Arthur Schopenhauer, »Parerga und Paralipomena« II, Kap. XXIII, Anhang.)

So werden schlichte 10 Millionen durch Multiplikation mit 31 104 000 zu Billionen von Jahren aufgeplustert; wir glauben nicht, daß diese grotesken Rechnereien auf Brahma basieren, halten sie vielmehr für reines Bra(h)marbasieren.

Damit sei genug berichtet von den Indern, die das, was die Abendländer heute eine *Oszillation* nennen, als Atmen Brahmas bezeichnen. Pralaya, das Ausatmen, ruft das Weltall ins Dasein. Manvantara, das Einatmen, vergeistigt es wieder. Setzt man die Länge des Ausatmens gleich der des Einatmens, dauert eine Welt

$$8\,640\,000 \text{ Menschenjahre}$$

oder 100 Göttertage, beträgt also nur Bruchteile einer *Oszillation.*

Die Zahlbezeichnungen der Inder reichten bis 10^{53}, die der Chinesen ebensoweit – alles zur höheren Ehre der Götter; uns erscheint dies als Spiel, und nicht einmal ein schönes, es erinnert uns an Wölflis Namengebungen, und scheint zu den vielköpfigen, *tausend*armigen Göttern zu passen.

Goethe, dem alles Monströse, nicht nur östlichen Ursprungs, zuwider war, reimte

> *Nehme sie niemand zum Exempel,*
> *Die Elefanten- und Fratzen-Tempel ...*
> *Die tollen Höhl-Exkavationen.*
> *Das düstre Troglodyten-Gewühl,*
> *Mit Schnauz und Rüssel ein albernes Spiel ...*

Mitten in solchem nebulosen Zahlenweihrauch taucht – für uns erfrischend – eine mathematische Aufgabe auf: Brahmagupta (um 650) sagte, derjenige sei ein Mathematiker, der innerhalb eines Jahres herausbekäme, welches die kleinste ganzzahlige Lösung der Gleichung

$$x^2 - 92\,y^2 = 1$$

ist. Wir kennen die Lösung und verschweigen sie, hoffentlich zur Freude der Tüftler.

Gleichungen dieser Form nennen wir Pellsche Gleichungen (fälschlich, wie meist, vgl. S. 117: Pell hatte mit ihnen nur insoweit etwas zu tun, als er die Lösungen solcher

288

Gleichungen veröffentlichte, die von Wallis und Brounker stammten – die Aufgaben hatte Fermat gestellt). Ihre allgemeine Form lautet

$$x^2 - D \cdot y^2 = 1.$$

D ist eine ganze Zahl, die aber, aus leicht ersichtlichen Gründen, keinen quadratischen Faktor enthalten soll.

Diese Gleichungen haben unzählig viele Lösungen; die jeweils kleinsten sind für einige D nachstehend in Tafel XLIII angegeben:

Tafel XLIII. Lösungen einiger Pellscher Gleichungen

D	x	y
2	3	2
3	2	1
5	9	4
6	5	2
10	19	6
11	10	3
13	649	180
15	4	1
29	9801	1820
46	24335	3588
61	1766 319049	226 153980
101	201	20

Man erahnt, daß die x und y mit wachsendem D auf schwindelnde Höhen klettern werden. Aber nicht stetig, es gibt Sprünge und Rückschläge, so ist das y für $D = 92$, also für die Aufgabe des Brahmagupta, kleiner als das y für $D = 13$ (erste und letzte Hilfe für die Knobler).

Noch ein Beispiel:

Für $x^2 - 1620 \, y^2 = 1$ ist die kleinste Lösung $x = 161$, $y = 4$, für $x^2 - 1621 \, y^2 = 1$ hingegen $x \approx 62981 \cdot 10^{71}$, $y \approx 1564 \cdot 10^{71}$.

Wir bleiben noch etwas im fernöstlichen Milieu: Da gibt es einen Turm in Hanoi, vielmehr ist dieses Türmlein von Lucas (1883 unter dem Anagramm CLAUS) erfunden und dorthin projiziert worden. In einem Tempel gebe es eine Messingplatte, aus der drei diamantene Nadeln hervorragen. Auf einer von ihnen waren ursprünglich 64 goldene, in der Mitte durchlöcherte Scheiben aufgereiht, alle von verschiedenem Durchmesser, geordnet nach dessen Größe, die größte lag unten (und liegt noch unten), die kleinste oben. Tag und Nacht legen Priester die Scheiben auf die anderen Spitzen um, wobei niemals eine größere Scheibe auf einer kleineren liegen darf. Wenn alle 64 Scheiben auf einer der beiden anderen Nadeln so aufgereiht sind wie sie es auf der ursprünglichen waren (und zum größten Teil heute noch sind), die größte ganz unten, die kleinste ganz oben, und dazwischen streng nach Durchmesserlänge geordnet – dann ist das Ende der Welt gekommen.

Die Gesamtzahl der erforderlichen Umsetzungen ist

18 446 744 073 709 551 615.

Ein aufmerksamer Leser und Nachrechner wird finden, daß diese Zahl gleich $2^{64} - 1$ ist, also gleich der Summe der Sissaschen Weizenkörner (s. auch Tafel VII, S. 92).

Wenn die Priester in jeder Sekunde eine Umsetzung vollbringen, brauchen sie rund 580 Milliarden (Menschen-)Jahre; sie können aber auch langsamer oder schneller arbeiten, und dadurch den Eintritt des Weltuntergangs manipulieren.

Diesen Gedanken verwendet Arthur C. Clarke (»Die neun Milliarden Namen Gottes«):

Ein lamaistisches Kloster hat sich aus den Vereinigten Staaten einen Elektronenrechner nebst zwei Wartern kommen lassen, um die Arbeit abzukürzen, der sich durch Jahrhunderte die Mönche unterzogen hatten: die Buchstaben des Gottesnamens zu permutieren und aufzuschreiben. Das Ende dieser Arbeit, so war ihnen gelehrt worden, sei auch das Ende der Welt. Die beiden Amis fürchteten den Zorn der Lamas, wenn sie sich enttäuscht sahen, weil die fluchwürdige Welt bestehen blieb, und flüchteten aus dem Bergkloster ins Tal zu dem Transportflugzeug, kurz bevor die Maschine die letzten Permutationen ausdruckte. Die Schlußzeilen der Erzählung lauten:

»Glaubst du, daß sie jetzt fertig sind?«

Chuck antwortete nicht, und George wandte den Kopf zu ihm um. Er sah, daß Chuck sehr blaß war und sein Gesicht zum Himmel emporreckte. »Sieh doch«, murmelte er. Jetzt hob auch George die Augen.

Über Ihnen, im Frieden der Höhe, erloschen einer nach dem anderen die Sterne.

Wer meint, am Schluß verstoße der Verfasser gegen die (doch wohl auch beim Untergang noch bestehenden) physikalischen Gesetze, denn gerade das Licht von den fernen Sternen werde der letzte Mensch als letztes sehen, wer also meint, Clarkes Trick am Weltende sei am Ende falsch, sei ein Falschtrick, der verheddert sich in einen Fallstrick – denn wenn uns schon der Teufel, der Schwarze, holen soll, warum soll er uns dann nicht in ein black hole eintauchen lassen?

13

Phantasieren wir etwas in dieser Richtung: Zwei verschiedene Buchstaben kann man zweimal permutieren   AB, BA,
drei sechsmal   ABC, ACB, BAC, BCA, CAB, CBA – –,
so steht's bereits in der hebräischen Geheimlehre, im Buch Jezirah:

Zwei Buchstaben bauen zwei Häuser,
drei bauen sechs Häuser,
vier bauen 24 Häuser,
fünf bauen 120 Häuser,
sechs bauen 720 Häuser;
und von denen und weiter geh' aus,
und denke, was der Mund nicht reden
und das Ohr nicht hören kann.

Aber was das Auge hier sehen kann:

$$1! = 1 = 1$$
$$2! = 1 \cdot 2 = 2$$
$$3! = 1 \cdot 2 \cdot 3 = 6$$
$$4! = 1 \cdot 2 \cdot 3 \cdot 4 = 24$$
$$5! = 1 \cdot 2 \cdot 3 \cdot 4 \cdot 5 = 120$$
$$6! = 1 \cdot 2 \cdot 3 \cdot 4 \cdot 5 \cdot 6 = 720$$
$$7! = 1 \cdot 2 \cdot 3 \cdot 4 \cdot 5 \cdot 6 \cdot 7 = 5040$$

$$13! = 1 \cdot 2 \cdot 3 \cdot 4 \cdot 5 \cdot 6 \cdot 7 \cdot 8 \cdot 9 \cdot 10 \cdot 11 \cdot 12 \cdot 13 = 6227020800$$

An diesem Beispiel sieht das Auge, daß die Fakultäten sehr rasch auf enorme Zahlen führen; dies liegt daran, daß sie einer Art von *Potenzwachstumsgesetz* gehorchen. (Bei Clarke ist die zu bewältigende Zeichenmenge relativ klein, der Rechner wurde in 100 Tagen mit der Leistung fertig.)

Noch einige Beispiele für die Zeugungskraft der Potenzen.

Luis Borges träumt in der »Universalgeschichte der Niedertracht« von

999 Feuerreichen, darin
999 Feuerberge, auf jedem
999 Feuertürme, in jedem
999 Feuergelasse, in jedem
999 Feuerbetten, und darin je
999 Feuergeister – das sind wieviel?

$999^6 = 994014980014994001$, knapp eine Trillion.

Solche Multiplikationsaufgaben (aber mit 7 statt mit 999) gibt es bereits im altägyptischen Rechenbuch des Ahmosis (s. S. 174): 7 Männer besitzen (je) 7 Katzen, jede frißt 7 Mäuse, jede Maus frißt 7 Ähren Gerste, aus jeder Ähre können 7 Maß Getreide entstehen. Wieviel Maß sind dies zusammen? ($7^5 = 16807$).

Der Größenordnung nach wird die Borges-Zahl von der größten Inflationsrate übertroffen, die wir bisher auf Erden hatten, nicht im Deutschen Reich von 1923, sondern im Ungarn von 1946, als dort Noten von 100 Trillionen Pengö im Umlauf waren – damals verhielt sich der Goldpengö von 1931 zum Papierpengö wie 130000000000000000000 zu 1. (Die Infla-ti-ona-ha-le bekommt den Menschen schlecht!)

In der Trillionen-Größenordnung bewegt sich auch die Anzahl der Sterne. Nicht die 10^{11}, welche nach der Meinung der Astronomen in unserer Milchstraße versammelt sind, auch nicht die von Erich Bischoff (»Die Mystik und Magie der Zahlen«, 1920) berechneten *106434 Billionen Sterne, welche sich aus der Talmudstelle Berachoth 32b ergeben*. Diese Stelle heißt (etwas gerafft):

Der Heilige, gelobt sei er, sprach zu Zion:
12 Sternbilder habe ich am Firmament erschaffen,
für jedes Sternbild
30 Heere, für jedes Heer
30 Legionen zu
30 Abteilungen zu

30	Kohorten zu
30	Lagern, an jedes Lager habe ich
365000	Myriaden Sterne angehängt,
	entsprechend den Tagen des Sonnenjahrs.

Es hängen also danach am Firmament

$$12 \cdot 30 \cdot 30 \cdot 30 \cdot 30 \cdot 30 \cdot 365000 \cdot 10000 \text{ Sterne,}$$

das sind nach der Rechnung des Heiligen, gelobt sei er,

$$1\,064\,340\,000\,000\,000\,000,$$

d. h. 1,06434 Trillionen, demnach zehnmal mehr als der Bischoff, getadelt sei er, herausbekommen hat. (Nach L. Tucher, Mekka.)

—— 14 ——

Auf Zahlen von noch größerer Länge führt die Berechnung, wieviele Bakterien in den sieben Meeren leben könnten oder die ekelerregende Wilbertsche Mitteilung, daß die Stubenfliegen, wenn ihre Weibchen in allen Generationen zur normalen Fortpflanzung kämen, nach zwei Jahren die Vereinigten Staaten von Amerika mit ihrem Nachwuchs 20 km hoch bedeckt hätten.

Jedes Weibchen legt 120 Eier, pro Jahr schlüpfen 7 (natürlich 7) Generationen aus, die Anzahl der Männchen ist gleich der der Weibchen. Dann gibt es nach zwei Jahren mehrere Quadrillionen der Spezies musca domestica.

Und diese Zahl wieder ist ein Nichts gegen die Mindestzahl Ω_0 der möglichen Mutanten der Taufliege Drosophila melanogaster, die nach Pascual Jordan (»Schöpfung und Geheimnis«) etwa (*pascualiter*) gleich

$$\Omega_0 = 2^{10000} \text{ ist.}$$

Viel kleiner, aber drollig durch ihre (in Gedanken) leichte Entstehung, ist eine von Raymond Queneau (1903 bis 1976) aufgestellte Zahl. Queneau, ein Journalist mit mathematischen Kenntnissen, fast ein Mathematiker mit schriftstellerischen Fähigkeiten, veröffentlichte 1961 »Cent mille milliards de poèmes«, d. h. 100 Billionen Gedichte auf – nur zehn Blättern. Es handelte sich um 10 Sonette (also 14zeilige Gedichte), deren einzelne Verse, auf Streifen gedruckt, miteinander vertauscht werden können. Das ergibt tatsächlich 10^{14} oder 100 Billionen Möglichkeiten, 100 Billionen verschiedene Gedichte.

Wollte man auf jeder Seite eines Buches fünf Sonette unterbringen und für jeden Band 500 Blatt, also 1000 Seiten zur Verfügung stellen, so daß jeder Band 5000 Sonette enthält, dann brauchte man 20 Milliarden Bände. (Auf diese Methode kommen wir auf S. 305 zurück.) Das wäre Lesestoff für einige hundert Millionen Jahre.

Ein musikalisches Gegenstück zu Queneaus Sonetten findet sich in den Werken Joseph Haydns: Er hat ein Menuett mit 16 Takten komponiert und zu jedem Takt zehn weitere, mit ihm harmonierende Ersatztakte, also 16 Gruppen von je 11 Takten. Den Takten gab er die Nummern 2 bis 12, – damit sie mittels zweier Würfel erwürfelt werden können. Die Anzahl der möglichen vollständigen Menuette beträgt $11^{16} = 45949\,729863\,572161$, also etwa 46 Billiarden.

Riesige Zahlen, *auf dem Potenzwege erzeugt,* liefert eine Methode, die Gödel verwendet hat, als er den Beweis führte, daß man die Widerspruchslosigkeit eines Systems nicht mit Mitteln beweisen könne, die aus dem System stammen. Die Methode erlaubt es, Aussagen eindeutig festzuhalten und eindeutig wieder zu reproduzieren. Ein vereinfachtes Beispiel: Die 26 Buchstaben werden den ungeraden Zahlen 3 bis 53, die zehn Ziffern Null bis Neun den ungeraden Zahlen 55 bis 73, die Rechen- und Interpunktionszeichen den anschließenden ungeraden Zahlen zugeordnet, sagen wir *minus* der Zahl 77, *gleich* der Zahl 79. Dann gehören zu der simplen Aussage

$$a = a$$

die Zahlen 3, 79, 3. Sie werden als Exponenten den Primzahlen in ihrer natürlichen Reihenfolge zugeordnet und die so gewonnenen Potenzen miteinander multipliziert:

$$2^3 \cdot 3^{79} \cdot 5^3$$

$$= 49269\,609804\,781974\,43869\,4\,403402\,127765\,867000.$$

Man denke bei "a gleich a" an Frau Dr. Marlocks $X = X$ (s. S. 4) und an die (angeblich) letzten Worte des wahnsinnigen Swift (die übrigens Jean Paul im »Titan« den sterbenden Schoppe sprechen läßt):

ICH GLEICH ICH.

Obige Sextillionenzahl ist ein *Abbild* der Gleichung a = a, welche aus ihr wieder erschlossen werden kann. Die Zahlen übersteigen rasch unser Vorstellungsvermögen; wir wollen daher das *Abbild* der mit a = a *identischen* Formel

$$a - a = 0, \text{ nämlich } 2^3 \cdot 3^{77} \cdot 5^3 \cdot 7^{79} \cdot 11^{55}$$

gar nicht erst ausrechnen, siehe aber S. 329. (Im übrigen gibt es ökonomischere Numerierungen von Zeichenreihen als solche im Gödel-Stil.)

In Hellmuth Ungers Geschichte »Der Sprung nach Drüben« (1922) ist der *Tittle*held ein Mr. Tittle, er schlüpft durch Gedankenkraft in den dafür bereitgestellten, vorübergehend *seelenlosen* Körper eines Menschen auf dem »Polarstern« und erhält dort dessen *Namen* 57 812 222. (Unger, bei dem die Phantasie die Kenntnisse um das zig-, wenn nicht gar dertfache übertrifft, läßt den Stern 40 Millionen Lichtjahre von uns entfernt sein, also ungefähr um das Millionenfache weiter als unseren Polarstern im Ursus minor.) Tittle wohnt bei Herrn 11 111 111.

Vorstehende Zahl ist offensichtlich durch 11 teilbar, demnach keine Primzahl. Man kennt überhaupt nur drei Primzahlen, die lediglich aus Einsen bestehen:

11
1111111 111111 111111
11111 111111 111111 111111,

muß also in beträchtlichen Höhen suchen, um Kameraden für die drei Einsamen zu finden. (Bis zu mehr als 1000 Einsen hintereinander ist man – vergeblich – vorgestoßen.) Die Zahl

$$9^{9^9} = 9^{(9^9)}$$

hatten wir bereits einmal behandelt, ebenso

$$9^{[9^{(9^9)}]},$$

angeblich von Gauß scherzhaft als *meßbare Unendlichkeit* bezeichnet, – daher der Titel unseres Kapitels 13.

Wir schieben eine nette Verdeutlichung von $9^{(9^9)}$, der größten Zahl, die man mit drei Ziffern schreiben kann, ein; sie entstammt einem Manuskript aus dem Jahre 1932 von Elmar Kutchke, damals in Magdeburg:

»Nach der Edda trug Vater Odin einen Ring, der die lobenswerte Eigenschaft hatte, sich in regelmäßigen Zeitabständen zu verneunfachen. Draupnir, der Tropfer, hieß das Kleinod – jede neunte Nacht tröpfelten von ihm acht Ringe. Wenn wir annehmen (was nicht der Fall war), die Nachkommen hätten die Vermehrungskraft geerbt, dann — Stellen Sie sich bitte vor: der Ring liegt vor Ihnen auf dem Tisch, 1 mm dick soll er nur sein. In der neunten Nacht gibt es einen Ruck: Ihr erstauntes Auge erblickt 9 Ringe. In der achtzehnten Nacht wieder ein Ruck: 81 Ringe, ein Röllchen von 8 cm Höhe. In der 27. Nacht wächst die Rolle auf 3/4 m, in der sechsunddreißigsten durchstößt sie mit Schwung die Zimmerdecke. Und dann wächst sie in schauerlichem Ausmaß. In der 54. Nacht ist die Ringröhre das höchste Gebäude der Erde, in der einundachtzigsten nähert sich ihr Ende der oberen Grenze der Stratosphäre, $2^1/_2$ Wochen später ist sie beinahe so lang wie die Midgardschlange in ihrer besten Zeit, also fast gleich dem Erdumfang!

Noch einige Zahlen:

Nacht 135:	die Sonne ist erreicht,
Nacht 189:	der Sirius,
Nacht 198:	der rote Riese Aldebarān im Stier,
Nacht 207:	Deneb im Schwan,
Nacht 216:	die beiden Magellanschen Wolken,
	die uns nächsten Sternsysteme außerhalb der Milchstraße,
Nacht 225:	das Objekt M31 nach dem Katalog von Charles Messier – der berühmte Andromedanebel,
Nacht 243:	der Nebel, den the New General Catalogue of Nebulae and Clusters of Stars unter NGC 4594 verzeichnet und der im poetischen Slang der Astronomen der Sombrero heißt,
Nacht 261:	der Sternsystemhaufen in der Hydra,
und Nacht 270:	die heutige Grenze der Entdeckungsmöglichkeit im Raum,

woher das Licht zu uns erst nach 5 Milliarden Jahren gelangt, das Licht, das doch in jeder Sekunde dreihunderttausend Kilometer durchschnellt! Wissen Sie, wie groß diese Entfernung in Millimeter ist? Rund 9^{30}. Aber noch lange nicht

$$9^{(9^9)}, \text{ denn dieser Riese ist gleich } 9^{387420489}.$$

Eine gigantische Länge (369 693 100 Stellen) muß der haben, das erkennen wir nun, aber fassen können wir sie nicht. Doch e i n e Hoffnung bleibt uns noch: vielleicht erleben wir wenigstens den Z e i t punkt, an dem Draupnir & Co. so weit gewachsen ist. Bei dem gemütlichen Bummelschritt der Zeit von anno Odin allerdings nicht. Passen wir das Tempo also der Raserei unseres Jahrhunderts an: die Ringe sollen sich jetzt in j e d e r Sekunde verneunfachen! Bewahren Sie trotz dieser ungeheuerlichen Aussicht kaltes Blut und fühlen Sie nach Ihrem dadurch auf sechzig Schläge in der Minute verlangsamten Puls: bei jedem Herzschlag streckt sich die Röhre auf das Neunfache ihrer vorigen Länge. Eh' eine halbe Minute vertickt ist, hat ihre Spitze alles im Raume hinter sich, was je ein Menschenauge als schwächsten Schimmer durch das Two-hundred-inch-Hale-Telescope auf dem Mount Palomar in Kalifornien erspäht oder eine Kamera festgehalten hat. Und dann können Sie lange warten, bis die Anzahl der Ringe auf $9^{(9^9)}$ gestiegen ist. Mehr als 12 Jahre dauert das – zuck, zuck, zuck, zuck, jede Sekunde, Tag und Nacht, zwölf Jahre und hundert Tage lang ...«

Wir gehen nicht auf die durch neuere Erkenntnisse z. T. überholten Zahlenangaben ein, statt dessen machen wir zum Schluß einen Ausflug nach Großgriechenland und beschäftigen uns mit dem *Rinderproblem*. Diese Rechenaufgabe wird Archimedes (erschlagen − 212) zugeschrieben; sie kann aber auch älter sein:

Man soll die sagenhafte Anzahl der sagenhaften Rinder bestimmen, welche dem Sonnengott Helios gehörten und auf Sizilien, der *dreieckigen* Insel *Trinakria* weideten.

Es gab vier Herden, je eine mit braunen, schwarzen, milchweißen und gescheckten Rindern, mit mehr Bullen als Kühen. Diese acht Mengen waren nicht nur durch ihre Herkunft miteinander verbunden, sondern auch durch einige arithmetische Beziehungen.

Z.B.: Die gescheckten Kühe betragen $(\frac{1}{5}+\frac{1}{6})$ aller braunen Rinder (= Stiere + Kühe).

Wenn man sich die Mühe gibt, mit Hilfe der gegebenen Gleichungen die Gesamtzahl der Herde zu berechnen, kommt man auf mindestens 50 389 082 Rinder, und findet es höchst kleinlich von Helios, dem Odysseus so sehr zu zürnen, weil seine Gefährten aus Not eine der heiligen Kühe geschlachtet hatten.

Die Aufgabe ist aber noch nicht zu Ende: Die Herde hatte noch zwei Bedingungen zu erfüllen, nämlich:

Die Anzahl der schwarzen und der weißen Stiere zusammen ist eine Quadratzahl (M^2), und die Anzahl der braunen und der gescheckten Stiere zusammen ist eine Dreieckszahl (also von der Form $N(N+1)/2$). Dadurch wird man auf eine Pellsche Gleichung geführt, und zwar auf

$$u^2 - 4729494 \, v^2 = 1.$$

Die Lösung der Aufgabe mit den Zusatzbedingungen ließ rund 2 000 Jahre auf sich warten. Sie erschien erst 1893, gefunden in vierjähriger Arbeit von dem Zivilingenieur A.H. Bell und zweien seiner *Hills*willigen aus dem Mathematischen Club in Hillsboro, Illinois.

Die oben errechneten Rinder könnten auf Trinakria untergebracht werden, die endgültige Rinderzahl aber nicht im Raum bis an die Sterne weit; die Zahl

beginnt mit   7 760 271 406..
und endet mit   ..9455 081 800.

Die vier Punkte symbolisieren 206 525 Ziffern, so daß die gesamte Zahl 206 545 Ziffern umfaßt! Nur Altmeister Archimedes selbst hatte ein Zahlensystem entworfen, in dem auch die Heliosrinder Platz gefunden hätten. In einem berühmt gewordenen Brief an seinen König Gelon von Syrakus setzte er auseinander, daß man selbst die Anzahl der Sandkörner angeben könne, die ausreichten, das (damals angenommene) *Weltall* zu füllen.

Seine Endzahl liegt jenseits der Zahlenmenge, welche die Hellenen übersahen, immerhin kannte Apollonios von Perge (−262? bis −190?, nach ihm sind die Apollonischen Kreise benannt, s. S. 241) die Zahl myriádes triskaidekaplai, das ist 10000^{13} oder 10^{52}, *fast* die Höchstzahl der Inder und der Chinesen.

Da Archimedes die Sandkörner so klein annimmt, daß ihrer zehntausend auf die Breite eines Mohnkorns gehen, hat Lietzmann mit Recht vorgeschlagen, den eingebürgerten Namen *Sandrechnung* durch *Staubrechnung* zu ersetzen.

Die Berechnung dieser »Staubzahl« ($64 \cdot 10^{57}$) war nur ein Vorwand für Archimedes,

(Ich aber werde versuchen, zu zeigen, daß es Zahlen gibt ..., welche ... die Zahl der Sandkörner übertreffen, die in einem Raume von der Größe des ganzen Kosmos Platz haben)

sein Zahlengebäude aufzustellen, das auf der Myriade (10 000) aufbaut und endet mit ai myriakismyriostás periódou myriakismyriostōn arithmōn myriai myriádes, auf *deutsch* mit einer myriaden-myriade Einheiten der myriad-myriadsten Ordnung der myriad-myriadsten Periode, einer Zahl, die hinter der 1 ganze 80 000 Billionen Nullen nachschleppt, also gleich $10^{8 \cdot 10^{16}} \approx 10^{10^{16,903}}$ ist.

Schreibt man auf jedes Zentimeter eines Streifens zwei ihrer Ziffern, dann kann man ihn zehnmillionenmal um die Erde wickeln oder dreitausendmal zwischen Erde und Sonne hin und her spannen. Ein *Transparent* mit Ziffern in Plakatgröße, zwei auf einen Meter, reicht von hier bis zum nächsten Fixstern, der Proxima Centauri, von wo uns anzublitzen das Licht vier Jahre braucht.

Den Abstieg der hellenistischen Zivilisation ins tumbe Christentum zeigt Pseudo-Dionysius Areopagita (»Himmlische Hierarchie«, 14), der es der geistigen Betrachtung für wert hält, daß die Schrift die Zahl der Engel mit tausendmal Tausenden und Myriaden von Myriaden (Dan. 7, 10) angibt, *indem sie die höchsten unserer Zahlen wiederholt und vervielfacht und dadurch deutlich zu verstehen gibt, daß die Ordnungen der himmlischen Wesen für uns nicht zählbar sind ... sie übersteigen den mäßigen und beschränkten Umfang unserer materiellen Zahlen...*

Auch die Archimedeszahl wird weit weit überholt von der Skewesschen, dem fast schon sagenhaft gewordenen Ausdruck

$$e^{e^{e^{79,122}}} \approx 10^{10^{10^{34}}} , \text{ s. S. 127.}$$

—— **17** ——

Skewes hatte mit *seiner* Zahl eine obere Schranke gesetzt (die sich später als viel zu hoch herausgestellt hat). Eine noch viel viel weiter entfernte Schranke (für die Existenz einer Lösung des Hyperwürfelproblems bei der *euklidischen* Ramsey-Aufgabe) wurde durch graphentheoretische Untersuchungen mit Hilfe von Zahlen aufgestellt, die in der Knuthschen Pfeilschreibweise (s. S. 284) weit über $3\uparrow\uparrow\uparrow\uparrow3$ hinausgehen.

Anmerkung für solche (*nur* für solche), die es genau wissen wollen und genau wissen, was sie wollen:

Solche Zahlen entziehen sich jeder Vorstellungskraft (s. S. 333), sie könnte (um einen Ausdruck Schehrezâds in der 952. Nacht zu verwenden) nur Allah der Erhabene berechnen. Formal-kombinatorisch sind sie indessen völlig kontrollierbar. Man setzt

$$\Phi(0) \quad = \Psi(4, 2) = 3\uparrow\uparrow\uparrow\uparrow3 \text{ und}$$
$$\Phi(l+1) = \Psi(\Phi(l), 2);$$

dies steht, falls $l = 0$, für $3\uparrow\uparrow\uparrow\uparrow3$ Pfeile zwischen 2 Dreien. Benutzt wurde in der graphentheoretischen Untersuchung

$$\Phi(2^6-1) = \Phi(63) = \Psi(..\ \Psi(\Psi(4, 2), 2)\ ..,2),$$

worin je 64 Ψ-Exemplare, Zweier und Klammerpaare vorkommen.

Dieser *Super-Himalaja* ist die oben erwähnte obere Schranke, gegen welche die Skeweszahl einen Maulwurfshaufen zu nennen eine dreiste Übertreibung wäre. Wahrscheinlich ist aber diese obere Schranke (wie bei der Skeweszahl) viel zu hoch angesetzt. Experten vermuten, daß dieses Glanzstück, diese allerhöchste Abschätzung der schlichten, jedermann greifbaren 6 als wahrscheinlich kleinster Lösung ein sehr weitherziges und großzügiges Intervall zu überaus geräumigem Aufenthalt anweist. (Wie man sich bettet, so liegt man; vielleicht hat die hexische 6 das verdient.)

Wir wollen es damit genug sein lassen, obwohl wir noch manches Zahlenmonster nennen könnten, nur *um den Perioden zu runden* (Jean Paul, »Leben Fibels«).

Eine große Zahl aber haben wir mit voller Absicht nicht genannt,

> nicht die größte,
> nicht die älteste,
> nicht die bekannteste,
> nicht die berühmteste,

aber die für uns interessanteste – ihr sei das nächste Kapitel eingeräumt –, die Anzahl der Bände der Laßwitzschen

UNIVERSALBIBLIOTHEK.

Kapitel 12

Seid sparsam im Denken!

Was der Mensch denkt, ist beschränkt

Laß Witz und alle Hoffnung fahren,
Du zählst nicht ab der Zeichen Scharen.
Faust IV, Bibliothek zu Babel (Vergil)

—— 1 ——

Daß man aus verhältnismäßig wenigen verschiedenen Zeichen, sozusagen mit einem Sack Buchstaben, Meisterwerke der Dichtkunst (weniger schaffen als) *erstellen* kann, wenn man nur die richtige Reihenfolge wählt – und daß man sämtliche Werke erhalten *muß*, sofern man die Zeichen oft genug und immer wieder durcheinanderschüttelt – diese Tatsache hat schon in der Antike die Gemüter bewegt, ebenso im Mittelalter und in der Neuzeit.

Cicero, Raimundus Lullus, Giordano Bruno, Athanasius Kircher, Leibniz, Fechner (um nur einige zu nennen) haben sich damit beschäftigt, und Leibniz hat auf Grund seiner Überlegungen eine Rechenmaschine konstruiert (vgl. aber auch S. 420).

Helmholtz (Festrede in der Berliner militär-ärztlichen Bildungsanstalt, 1877) meinte:

In den Letternkästen eines Buchdruckers liegt alle Weisheit der Welt zusammen, die schon gefunden ist und noch gefunden werden kann; man müßte nur wissen, wie man die Lettern zusammenzuordnen hat.

Und ein mittelalterliches Rätsel über das Alphabet lautet:

Es sind vierundzwanzig Regenten auf Erden,
Dadurch wird die ganze Welt regiert werden,
Sie essen kein Brot, sie trinken keinen Wein,
Rat', was das für Herren sein!

Diese seltsam-geheimnisvolle Kraft der Buchstaben war es wohl, die Jean Paul (»Leben Fibels«, 1811) veranlaßt hat, Gott den Herrn die Buchstaben erschaffen zu lassen, als eine seiner letzten Schöpfungen, im Zwielicht vor dem ersten Schabbat. Wie schön, daß Gott sie geschaffen und nicht ein Titan, ein Heros, ein Mensch sie erfunden hat, weder Prometheus noch Kadmos noch Palamedes!

Leider ist Jean Paul zu waghalsig gewesen, als er die Stelle im Talmud, auf die er sich stützt (Pesachim 54a, vgl. S. 147), ausdeutete. Dort steht lediglich, Gott habe in der Dämmerung die Schriftform, den Griffel und die Tafeln *für die Zehngebote* geschaffen (um sie später Mose zu geben), nicht das Alphabet. Schade.

299

Die Variationsmöglichkeiten des Alphabets machte sich im Dreißigjährigen Krieg ein Kroat (treuherzig und listig zugleich) zunutze:

> *Wenn ich Morgens aufstehe / so spreche ich ein gantz A.B.C. /*
> *darin sind alle Gebett begriffen / unser HErr Gott mag sich*
> *darnach die Buchstaben selbst zusammen lesen und Gebette*
> *daraus machen / wie er will / ich könts so wol nicht / er kann*
> *es noch besser.*

Joh. Mich. Moscherosch (genannt *der Träumende*), »Wunderbarliche und Wahrhaftige Gesichte Philanders von Sittewald«, II, 672 (1643).

(Aus *einem* A.B.C. kann auch unser HErr Gott nit ein Gebett bilden / der Kroat wird's mehrmals murmeln müssen.)

Oder, wie Casanova sagte, nachdem er sich den Namen Chevalier de Seingalt zugelegt hatte:

Das Alphabet ist jedermanns Eigentum; das ist unbestreitbar. Ich habe acht Buchstaben genommen und so zusammengesetzt, daß aus ihnen das Wort »Seingalt« entstand. Dieses neugeformte Wort gefiel mir, und ich habe es mir als Namen zu eigen gemacht.

In demselben 23. oder Laternenkapitel, in dem Jean Paul von der Schöpfung der Buchstaben erzählt, meint er, kein Gelehrter und keine Sprache vermöge über die vierundzwanzig Buchstaben hinauszugehen (vermutlich setzt er i = j und u = v), sie seien *die allgemeine Sprache, aus welcher nicht nur alle wirklichen Sprachen zu verstehen sind, sondern auch noch tausend ganz unbekannte, indem 24 Buchstaben (nach d'Alembert) können*

$$1391\,724\,288\,887\,252\,999\,425\,128\,493\,402\,200 \; mal$$

versetzt werden.

Wie hat d'Alembert diese Zahl gefunden?

Wir zeigen die Methode an nur drei (statt 24) Buchstaben: wir bilden aus *a, b* und *c* sämtliche Variationen mit Wiederholung und damit alle möglichen *Wörter* aus diesen Buchstaben. Es ergeben sich 3 einbuchstabige, $9 = 3^2$ zweibuchstabige und $27 = 3^3$ dreibuchstabige *Wörter*, vgl. die folgende Tafel XLIV.

Die Summe $3^1 + 3^2 + 3^3$ ist gleich $3 \cdot (3^3 - 1)/(3 - 1) = 78/2 = 39$. Analog findet man als Summe aller ein- bis vierundzwanzigbuchstabigen »Wörter« $24 \cdot (24^{24} - 1)/(24 - 1)$ oder die vorstehende Zahl mit 34 Stellen.

d'Alembert hat richtig gerechnet, Jean Paul hat richtig abgeschrieben, alle Setzer haben richtig gesetzt: es gibt über eine Quinquilliarde möglicher *Wörter* (ohne die längeren wie z. B. Schlachtschiffverschrottung). viel viel mehr als alle Sprachen der Erde enthalten (einschließlich der tausend nicht nur Jean Paul ganz unbekannten), geschweige denn die deutsche mit sämtlichen Biegungen und Abwandlungen.

Doch damit ist das Ziel, alle Sätze, alle Fügungen, alle Lügungen, alle Leitartikel, Gedichte, Dramen, Epen, Briefe, Aufrufe, Anzeigen zu bilden, längst noch nicht erreicht.

Und aller Sprachen alle Silben
Sind noch kein einzig zeugend Wort.
Vorspiel zu Karl Immermanns »Merlin«, 1831.

Tafel XLIV. Variationen mit Wiederholung

a	b	c	(3)
aa	ba	ca	
ab	bb	cb	
ac	bc	cc	(9)
aaa	baa	caa	
aab	bab	cab	
aac	bac	cac	
aba	bba	cba	
abb	bbb	cbb	
abc	bbc	cbc	
aca	bca	cca	
acb	bcb	ccb	
acc	bcc	ccc	(27)

Man wird auch zögern, sich auf den jetzigen Sprachschatz zu beschränken – wie ist mit den heutigen Wörtern eine Maschine aus dem Jahre 10 000 nach Christi Geburt zu beschreiben?

Sofern dann noch nach dieser Ära gezählt wird und es überhaupt noch Maschinen und bewohnte Erdteile gibt!

Selbst wenn wir sämtliche ›deutschen‹ Ausdrücke von der Steinzeit an bis zum (vor)-letzten Modeschwachsinn zuließen, also von den gerissenen Sachsen an (die so heißen nach der an ihrer Schwertseite baumelnden steinernen Waffe, althochdeutsch saht genannt, urverwandt mit lat. sax, der *Fels*) bis zu den ›echt aufgerissenen steilen Schneidezähnen‹, – dann gingen uns doch so tiefsinnige Sätze verloren wie VIRTUS ELIGE REFERENDA RE FAS TENDI LINA AMORE, verfaßt wahrscheinlich von sächsischen Gymnasiasten vor mehr denn hundert Jahren.

Vielleicht ist es doch besser, auf das Alphabet zurückzugreifen, die Ziffern hinzuzunehmen und weitere Zeichen, Klammern, Punkte, Spatien, Indizes. Wenn man alle diese Zeichen permutiert, kombiniert, variiert, entsteht ganz mechanisch eine Bibliothek, die allen Geist enthält – ohne daß bei ihrer Herstellung ein Fünkchen Geist mitgewirkt hat. (Ein ganz besonders niederdrückender Gedanke!) Denn ob man den Sack voll Buchstaben immer wieder ausschüttet (Cicero) oder ob man Affen auf Schreibmaschinen wahllos herumtippen läßt, bis Shakespeares Hamlet herauskommt, wie Huxley es ausgemalt hat – es entscheidet stets der Zufall, nie die Logik.

Übrigens dürfte man keine Affen ansetzen, vor die Schreibmaschinen setzen; denn sie könnten als halbwegs intelligente Lebewesen *letter habits* haben – so wie die Menschen *number habits*, wenn sie beim Nennen beliebiger Zahlen unwillkürlich einige bevorzugen. Man sollte auch hier die völlig geistlose Maschine walten lassen.

Kurd Laßwitz (unter anderem der Biograph des oben genannten Fechner und Herausgeber seiner Werke) hat mit einer kleinen Rechnung Klarheit in das Problem gebracht.

Dr. Kurd Laßwitz, geb. am 20. April 1848 in Breslau, Sohn eines Eisengroßhändlers, Stadtverordneten und Mitglieds des preußischen Abgeordnetenhauses, gest. am 17. Okt. 1910 in Gotha an den Folgen einer Blinddarmentzündung. Er lehrte von 1876 bis 1908 am herzoglichen Gymnasium Ernestinum in Gotha Mathematik und Physik, verfaßte nebenbei das Standardwerk »Geschichte der Atomistik« (1890) und den *Marsroman* »Auf zwei Planeten« (1897). Dort zeichnete er sich, den Halbjuden, als Dr. Ell (= L.), Sohn eines Martiers und einer Erdfrau.

Laßwitz schrieb für die Einführungsnummer (vom 18. Dez. 1904) der in Breslau erscheinenden Ostdeutschen Allgemeinen Zeitung einen Artikel »Die Universalbibliothek«, in dem er unter dem Namen Professor Wallhausen seiner Frau und seinen Gästen den Gedanken beibringt, daß die Gedanken der Menschheit in ihrer Summe endlich sind, wenigstens soweit sie sich durch Sprache darstellen lassen.

In unserer Muttersprache denken wir alle – wenn ihr denkt, meint Laßwitz in seinem harmlosen Festspiel zum fünfzigjährigen Jubiläum des Marien-Instituts zu Gotha, 1886. Er brachte dort den Mädchen Physik und Geographie bei, verschonte sie aber mit Mathematik.

Der Artikel ist ganz zeitbedingt, es kommen Handarbeiten, Damenpensionate und Temperenzler vor, und die Gattin des (Gymnasial-)Professors wird *Frau Professor* angeredet.

Die Anzahl der erforderlichen verschiedenen Zeichen setzen Wallhausen und Duzfreund Burkel, seines Zeichens Redakteur, bei einem prächtigen Kulmbacher auf 100 fest: *die großen und kleinen Buchstaben des lateinischen Alphabets, die gebräuchlichen Interpunktionszeichen, die Ziffern und – nicht zu vergessen – das Spatium,* ferner *noch eine zweite und dritte Reihe der Ziffern von 0 bis 9, kleine Zahlen, die wir oben oder unten an die Buchstaben des Alphabets setzen,* wie a_0, a_1, a_2 usw.

Jeder Band soll 500 Seiten umfassen, jede Seite 40 Zeilen mit 50 Zeichen, je Band also eine Million Buchstaben. Wie groß ist die Anzahl der Bände? *Da rechne es nur mal aus,* sagte die Frau Professor, *denn dieses weiße Papier läßt dir doch eher keine Ruhe.*

Das ist ganz einfach, das kann ich im Kopfe machen. Wir überlegen uns nur, wie wir unsere Bibliothek herstellen. Wir setzen zunächst jedes unserer hundert Zeichen einmal hin. Dann fügen wir zu jedem wieder jedes der hundert Zeichen, so daß hundertmal hundert Gruppen zu je zwei Zeichen entstehen. Indem wir zum drittenmal jedes Zeichen hinzusetzen, bekommen wir 100 · 100 · 100 Gruppen von je drei Zeichen und so fort. Und da wir eine Million Stellen im Bande zur Verfügung haben, so entstehen so viel Bände, als eine Zahl angibt, die man erhält, wenn man 100 ein Millionenmal als Faktor setzt. Da 100 gleich zehnmal zehn ist, so bekommt man dasselbe, wenn man die Zehn zweimillionenmal als Faktor schreibt. Das ist also einfach eine Eins mit zwei Millionen Nullen. Hier steht sie: Zehn hoch zwei Millionen:

$$10^{2000000}.$$

Hierhin paßt (sozusagen cum *granissimo* salis!) der Schüttelreim »Die Bücher öffne in der Zeiten Saal – Was bist du drin? Nur eine Seitenzahl.«

Und dann weist Wallhausen nach, daß man sich auf keinerlei Weise eine Vorstellung von der Größe dieser Bibliothek machen kann, in der alles Gedachte und zu Denkende festgehalten ist (wäre). Die Bücherstapel sind so riesig, daß das Einsteinsche Weltall nur einen *unerheblichen* Bruchteil aufnehmen könnte.

Tatsächlich kommt es auf einige Zehnerpotenzen nicht an – ob man ins Weltall 10 hoch *einige Sechzig* Bücher packen kann, wie Laßwitz schätzte, oder 10^{70} oder 10^{80} oder, wie wir aus Bequemlichkeit annehmen, 10^{100}. Denn wenn man einen solchen Bücherblock in ›die Welt‹ hineinstopfen könnte, dann blieben immer noch

$$10^{1999900} - 1$$

Blöcke gleicher Größe (je 10^{100} Bände!) übrig, für die man nicht die Möglichkeit hätte, sie unterzubringen, *da* (um mit Fermats Worten, s. S. 95, fortzufahren) *der Raum dafür zu gering ist.*

Dabei sind wir von Bänden ausgegangen, die 20 cm hoch, 12,5 cm breit und 4 cm dick sind, also einen Inhalt von $1\,000$ cm³ haben. $1\,000$ dieser Bände füllen ein Kubikmeter.

———— **3** ————

Uns genügte, ein paar Dutzend dieser Bücher in den Händen zu haben – allerdings die *richtigen*. Etwa die, in denen steht, ob Ludwig XVII. von Frankreich wirklich am 8. Juni 1795 gestorben ist oder am 8. Mai 1812 als Jean-Marie Hervagault im Gefängnis von Bicêtre oder ob er als Uhrmacher Naundorff *de Bourbon* bis 1845 gelebt hat. Oder ob Kaspar Hauser tatsächlich, wie Julius Trumpp (s. S. 32) behauptet hat, ein Sohn Napoleons I. und der Stephanie Beauharnais gewesen ist. Ob Hitlers Leiche, wie die Russen vorgeben, von einem Dr. Faust untersucht worden ist. Ob Martin Bormann immer noch lebt. (In Berlin hatte er die Telefonnummer 117411, pardong.) Wann die ersten Menschen auf dem Mars landen, ob es Deutsche sind, ob das Raumschiff *Kurd Laßwitz* heißt...

Korf-Morgensterns Rat fällt einem ein: »*Lesen Sie doch die Zeitung von übermorgen*«, und der vorzügliche Film René Clairs (i.e.R. Chomette) »It happened to-morrow«, aber auch Jean Pauls »Gedanken (663)« *Gestern werd' ich dich sehen. Übermorgen sah ich dich.*

Wir könnten in der Laßwitzschen Bücherei die endgültigen Antworten auf alle in diesem Büchlein angetippten Fragen finden:

Hat Goethe etwas in sein Hexeneinmaleins hineingeheimnißt, und wenn ja, was?

Was bedeutet die SATAN-ADAMA-Formel der Templer wirklich?

Ist die Liste der Vielecke in Tafel VIII (S. 94) vollständig?

Wer erfand das SATOR-AREPO-Quadrat?

Wie beweist oder wie widerlegt man Fermat's Last Theorem?

Auf welches Wort zielt das Rätsel des Agathodaimon?

Gibt es ungerade vollkommene Zahlen?

Brechen wir ab – niemals werden wir solche Bände in der Hand halten; höchstens – wenn wir ein Riesenglück haben – ein Buch mit einer Million Gedankenstrichen (das immerhin den Vorzug der Übersichtlichkeit hätte).

Hier können wir einen kleinen Dialog aus Georg Büchners »Leonce und Lena« (I, 3) einschieben:

Leonce: ... du bist nichts als ein schlechtes Wortspiel. Du hast weder Vater noch Mutter, sondern die fünf Vokale haben dich miteinander erzeugt. [v = u, a, e, i, o.]

Valerio: Und Sie, Prinz, sind ein Buch ohne Buchstaben, mit nichts als Gedankenstrichen.

Aber sicher nicht eins, das beginnt:

BCFS : TJDIFS : OJDIU : FJOT) EBT : CFHJOOU!

Ob wir auf den Gedanken kämen, C. I. Caesar zu bemühen und für jeden Buchstaben seinen Vorgänger einzusetzen? Dann läsen wir (vermutlich mit einer gewissen Beklemmung):

ABER SICHER NICHT EINS, DAS BEGINNT:

Dieses Buch gäbe immerhin – wenigstens am Beginn – einen Sinn. Um die weit überwiegenden Bücher voller Unsinn zu vermindern, könnten wir uns auf diejenigen beschränken, die nur auf der ersten Seite Text aufweisen, während die restlichen 499 voll Spatien, also leer sind. Mit anderen Worten: wir können uns damit begnügen, die hundert Zeichen auf einzelne Seiten (mit 2 000 Zeichen nach Laßwitz) variierend zu verteilen. Dann müssen

$$100^{2000} = 10^{4000}$$

Seiten bedruckt werden, also zwar weit weniger als $10^{2000000}$, aber doch noch unvorstellbar viel mehr als es Weizsäckersche Urobjekte gibt, wenn es sie gibt.

Sofern wir, bescheiden geworden, auf die großen Buchstaben, die Ziffern, die Indizes verzichten, auch auf einige kleine Buchstaben (j = i, qu = kw, v = f oder w, x = ks, y = i oder ue, z = ts) und auf alle sonstigen Chiffren mit Ausnahme von Spatium, Punkt und Komma – dann kommen wir mit 23 Zeichen aus, und damit reduziert sich die Anzahl der zu druckenden Seiten auf

$$23^{2000} \approx 10^{2723,45567},$$

wodurch die Menge Papier leider unserem Verständnis keinen Deut näher gerückt wird.

Auf die Bände fast voller Spatien hat bereits Laßwitz hingewiesen: Jedes kleinste Versehen kann einen Band für sich bekommen, das übrige ist dann leer.

Vielleicht fällt einem belesenen Leser der Aufschrei Othellos bei Shakespeare (IV, 2) ein: Dies reine Blatt, dies schöne Buch nur dazu, um »Metze« aufzuschreiben? Oder A.W. Schlegels boshafte Bemerkung im Athenäum 1799: Wieland wird Supplemente zu den Supplementen seiner sämtlichen Werke herausgeben ... Diese Bände ... werden unbedruckte Blätter enthalten, welches sich besonders bei dem geglätteten Velin schön ausnehmen wird. (»Literarischer Reichsanzeiger oder Archiv der Zeit und ihres Geschmacks«).

Auch Borges in seiner »Bibliothek von Babel« verwendet weniger Zeichen als Laßwitz, nämlich 25, seine Bücher umfassen 110 Seiten zu 40 Zeilen mit 80 Buchstaben, also 352 000 Buchstaben, und die Anzahl der Borgesbände beträgt etwa

$$10^{492074,88}.$$

Borges weiß mit einem gekrümmten Raum nichts anzufangen, nimmt den Raum daher als euklidisch und unendlich an, und füllt ihn bekanntlich mit der endlichen, aber periodisch wiederkehrenden Borges-Babel-Bücherei.

Er meinte dazu (1941): *Wenn ein ewiger Wanderer sie in irgendeiner beliebigen Richtung durchmessen würde, so stellte er nach Ablauf e i n i g e r J a h r h u n d e r t e* [von uns gesperrt] *fest, daß dieselben Bände in derselben Unordnung wiederkehren.*

Aus diesen Worten geht hervor, daß Borges keinen blassen Schimmer von der Ausdehnung der Bücherei hat(te).

Gehen wir mit unseren Ansprüchen noch weiter herunter, begnügen wir uns mit der Herstellung von Zeilen (50 Zeichen wie bei Laßwitz), dann kommen wir mit

$$23^{50} \approx 10^{68}$$

Zeilen aus. Und aus dieser Menge (immerhin viel kleiner als die Anzahl der Nukleonen im Weltall) brauchen wir *nur* noch die sinnvollen herauszuklauben – dann besitzen wir wirklich alles, was die Menschheit gedacht hat, denken wird und denken könnte. Einschließlich aller mathematischen Sätze, einschließlich auch aller Musikstücke (allerdings recht fremd in ihren sprachlichen Gewändern wirkend).

In solchen Zeilen ist auch jedes einzelne der

$$11^{16} \approx 10^{16,662}$$

Menuette dargestellt, welche Haydn geschaffen hat (s. S. 292). Zum Abspielen sämtlicher Menuette braucht man (bei pausenlosem Spiel und einer Spieldauer von zwei Minuten je Stück) nach H. Störmer (1977) etwa 1,7 Milliarden Jahre, nach Ruth Male Keck (1979) sogar 174,7 Milliarden (man beachte die Ziffern) – mehr als doppelt so lang wie die 80 Milliarden Jahre zwischen zwei big bangs (wie von den Konstrukteuren eines, – wie üblich mit Hypothesen bis über den Giebel belasteten – modernen Weltgebäudes geschätzt wird). So daß der ewige Meistermann (s. S. 434) getrost den Einsatz geben kann – nämlich seinen haydnischen Heerscharen, die dann Billionen und Aberbillionen Sphärenmenuette promusizieren, immer und immer wieder andere, von Knall zu Knall zu Knall ...

Dazu heißt es bei Laßwitz: Das ist *die Ausschaltung des Autors aus dem Geschäftsbetriebe, der Ersatz des Schriftstellers durch die Kombinationsmaschine.* Wir fügen hinzu: und des Komponisten durch die Kombinistik, aber (glücklicherweise) nicht die Ausschaltung der Marketinger.

——— 4 ———

Wir finden, wenn wir die *richtigen* Zeilen aneinanderlegen, auch die nicht auf uns gekommenen Schriften, etwa Goethes Aufsatz (aus dem Frühjahr 1788) gegen Friedrichs des Großen »De la littérature allemande« (1780), Schillers Jugenddrama »Der Student von Nassau«, Lichtenbergs Sudelhefte G, H, K, den zweiten Teil der »Toten Seelen«, den Nicolai Gogol selbst verbrannt hat, Lessings vollständigen Faust, die verschwundenen Studien Pascals über magische Quadrate, das Buch von der

Einsetzung des Todesengels Abbaton, Piranesis (s. S. 137) verschollene Autobiographie, Wielands »wahrhaftige Geschichte Lukians des Jüngeren« von 1759, sowie so konträre Werke wie den unauffindbaren zweiten Band der Kulikschen Faktorentafeln (s. S. 130) und die verlorenen Lustspiele des Plautus und des Terenz – – –

Dr. Johann Faust, der Ende September 1513 in der Universitätsstadt Erfurt war (acht Jahre, nachdem Luther dort sein Studium abgeschlossen hatte), erbot sich bei einer Disputation (so zu lesen in den Erfurter Faustgeschichten um 1560), die verlorenen Lustspiele des Plautus und des Terenz auf kurze Zeit zur Abschrift herbeizuschaffen, falls dies die anwesenden Herren Theologen und Herren vom Rat erlaubten. (Sie taten's nicht.)

Wichtiger wären allerdings des Livius Ab urbe condita libri perditi, die Bücher 11 bis 20 und 46 bis 142, und die verschollenen Werke der drei großen griechischen Tragiker, zum Beispiel das Drama »Polyidos« von Euripides (vgl. S. 202).

Ob Euripides oder Terenz, ob Drama oder Posse, alles steht in der Universalbibliothek – schon Aristoteles schrieb (»Physik« IV, 6): *Demokritos lehrt, daß alle Gegensätze der Natur in verschiedenen Verbindungen der Atome bestehen, wird ja doch auch die Tragödie und die Komödie mit denselben Buchstaben geschrieben.*

In all dem Wust von Bänden oder Blättern oder Zeilenstreifen könnten wir vielleicht auch die *Sprache der Engel* finden, von der Lichtenberg fabelte (Sudelheft B, 242), *in der manche Sätze so klingen müßten als wie 2 mal 2 ist 13.* Dort befindet sich auch *das Buch, das in der Welt am ersten verboten zu werden verdiente* (Lichtenberg), ein Katalogus von verbotenen Büchern, auch (s. S. 357) der berüchtigte Katalog aller Kataloge, die sich nicht selbst enthalten. In der Bücherei stehen ferner der Titel des letzten gedruckt werdenden Buches sowie Angaben über den mittleren Barometerstand im Paradiese (beides wollte Lichtenberg gern wissen) sowie der Name des letzten Lesers der Werke Jean Pauls, an den dieser (in der »Wunderbaren Gesellschaft in der Neujahrsnacht«) wehmütig denkt, ebenso jenes seltsame Werk aus einem Traum Jean Pauls, *worin unter der ersten Seite eine Note ist, die das ganze Buch ausfüllt und ausmacht,* und den längsten uns bekannten deutschen Satz übertrifft, der sich in Arno Holz' ›Ele‹ – Phantasus III (›Das 1002. Märchen‹, vgl. S. 250) über 70 Seiten hinzieht.

Vielleicht gibt es dort sogar eine sinnvolle Antwort auf die sinnlose Frage, die Robert Charroux völlig ernsthaft gestellt hat: *Warum ist 10 nicht durch 3 teilbar?* (»Phantastische Vergangenheit«, Abschnitt: Das geheimnisvolle Unbekannte.)

Und all dieses Wissen ist rein mechanisch erzeugbar nach den einfachen Regeln der Kombinatorik –

welche der Schriftsteller und *experimentelle Dichter* Helmut Heissenbüttel (»Neue Arbeiten«, 1957) nicht ganz so einfach schildert:

> *Die absolute Kombinatorik verkennt das Phantastische / die absolute Kombinatorik wird phantastisch / das Phantastische lanciert die absolute Kombinatorik / Möglichkeit der Unmöglichkeit möglicher Unmöglichkeiten.*

(Gewöhnlich glaubt der Mensch, wenn er nur Worte hört ... oder der Unterschied zwischen Mathematik und experimenteller Dichtung.) –

mit deren Hilfe man auf eine zwar unvorstellbar große, aber doch genau feststehende *endliche* Zahl von Büchern, Seiten, Zeilen kommt.

Übrigens dachte auch Goethe daran, Möglichkeiten mit Hilfe der Kombinatorik zu ermitteln, vielleicht angeregt durch Professor Hindenburg (s. S. 385). Er sagte am 25. Aug. 1811 zu Riemer: *In Verbindung mit einem rechten und eigentlichen Mathematiker* [!], *der die Kombinationslehre anwendete, müßte man en gros die möglichen Geschöpfe ausfindig machen.*

Goethe wäre zweifellos betroffen, hätte er den Chemienobelpreisträger Manfred Eigen 1977 über derartige Kombinationen sprechen hören: *Eins der kleinsten Proteinmoleküle, das Zythochrom C, enthält 100 Aminosäuren, von denen es 20 verschiedene Typen gibt. Aus einem solchen Molekül lassen sich bereits*

$$20^{100} \approx 10^{130}$$

alternative Aminosäurensequenzen aufbauen, die ebenfalls ein Proteinmolekül darstellen. Wenn wir das gesamte Weltall – eine Kugel vom Durchmesser 10 Milliarden Lichtjahre [hundertmal größer als 1920 bei Einstein] – dicht, kompakt und homogen mit Proteinmolekülen ausfüllen könnten, dann bekämen wir etwas mehr als 10^{100} Moleküle hinein, also weit weniger als die Zahl der Alternativen eines einzigen kleinen Proteinmoleküls.

Eine *endliche* Zahl – sofern man Möglichkeiten ausschließt wie die erschreckende Wendung, welche Schehrezâds Erzählung in der 602. Nacht zu nehmen droht: Die in dieser Nacht berichtete »Geschichte von dem Prinzen und der Geliebten des Dämons« gleicht fast genau der Einleitung zum Gesamtwerk von Tausendundeiner Nacht, so daß König Schehrijâr beinahe seine eigene Geschichte vernommen hätte und später nochmals und endlos immer wieder. Borges hat auf diese Fast-Panne aufmerksam gemacht und daraus vermutlich seine Idee von der periodischen Bibliothek zu Babel geschöpft.

5

Aber auch in dem *endlichen* Papierwust das zu finden, was man braucht, ist ungewiß, so daß man sich vorkommen mag wie Faust:

Sandkorn zum Sandkorn sammeln, grenzenlose und immer grenzenlosre Wüsten um sich her zu bauen, und sodann darin sich lagern, schmachtend und verzweifelnd!

C. D. Grabbe, »Don Juan und Faust«. I. 2.

Denn zunächst muß man – wir betrachten der Einfachheit halber nur diejenigen Bände, deren erste Seite bedruckt ist, die aber sonst leer sind – zunächst muß man prüfen, ob auf den Seiten Sinn oder Unsinn steht, aber auch, ob etwaiger *Unsinn* nicht vielleicht schon gedruckt, d. h. gedacht worden ist (oder gar gedruckt werden könnte!).

Dürfen wir die Sätze ausscheiden »Geschichte des dreißigjährigen Krieges. Als Fürst Blücher die Königin von Dahomey bei den Thermopylen geheiratet hatte...«? Aber diesen Zeitundraumbrei hat Laßwitz selbst als Beispiel für den Quatsch angeführt, der in *seiner* Bibliothek enthalten ist.

Merke: Längst nicht alles, was uns unschön, unbeholfen, blöd oder irrwitzig erscheint, wird die Kombinationsmaschine zum ersten Mal produzieren. Z. B. Wörter wie

Weidenfleischgansspringerbogendotter

(eine Schöpfung des leicht beklotzten August Klotz um 1920),

Sommermädchenküssetauschelächelbeichte

(gewidmet O. J. Bierbaum und anderen Wortkopplern von Hanns von Gumppenberg in seinem »Teutschen Dichterroß«, 1901),

wortschwallphrasendurchschlängeltmonostrophisch(en)

(A.W. v. Schlegel, ›Des vers un peu plus longs que les Alexandrins‹),

Weltauffasseraumwortkindundkunstanschauung

(Jeremias Müller, Lic. Dr., i.e. Chr. Morgenstern, ›Versuch einer Einleitung‹ zu den Galgenliedern),

Krankenversicherungskostendämpfungs(ergänzungs)gesetz

(1977 von der Ministerialbürokratie hingeschludert, vom Volk und seiner Presse stumpf hingenommen und verbreitet), ein Wort, das an Silbenzahl den belachten

Donaudampfschiffahrtsgesellschaftskapitän

übertrifft. Nicht aber das zusammengeklebte (vgl. S. 150)

Cheopspyramidenrasierklingenschärferpappmodell.

Wir können auch eigenartige *Sätze* finden: *Ewig währt am längsten,* vom Provinzdadaisten Kurt Schwitters als unanfechtbare Wahrheit einem Gedicht angefügt oder *Die Menschen sind die Gedanken der Erde.*

Zu diesem Satz Ludwig Börnes bemerkte Fitz Mauthner (»Kritik der Sprache« III, 6): *Im wirklichen Wortspiel ist der Geist wahnsinnig geworden. Er nimmt die Worte zwar richtig für das, was sie sind, für mathematische Funktionen, vergißt aber wie nur ein wahnsinnig gewordener Mathematiker ihre Bedeutung in der vorliegenden Aufgabe, setzt eine Formel aus Buchstaben von vorgestern und von heute zusammen und kommt so zu den vollkommen vertrottelten Sätzen geistreicher Schriftsteller.*

Die Sprache ist Delphi, steht bei brock (»kotflügel«, 1957), sehr schön, aber auch schon genau so bei Novalis.

> *Effugit autem faber clam*
> *In Afri- aut Americam.*

(Stelladiurna, »Carmina lunovilia« – das Ende des berühmten Morgensternschen Lattenzaungedichts auf lateinisch.)

Es gibt Studenten und Journalisten, deren *Gehirn mit der Zunge in Plumpheit wetteifert* (Jean Paul am 17. Juni 1783 an Oerthel über die Bewohner von Hof), die nicht wissen, daß *clam* das lateinische Wort für *heimlich* ist, *clamheimlich* also ein tautologisches Doppelmoppel-Scherzwort wie *Chaisewägelchen.* Solche Bildungsgeschädigten schreiben mit klammen Fingern *klammheimlich* und entlarven sich damit unheimlich. Genau so mit dem Wort *pflaumenweich,* wobei ihre Birne an ebenso weiches Pflaumenmus denkt statt an Federflaum oder Flaumfeder. Mörikes *O flaumenleichte Zeit der dunkeln Frühe* haben sie nie gelesen.

> *Nimm einen Kreis, streichle ihn, und er wird zum Zirkelschluß.*
> Eugène Ionesco, »Die kahle Sängerin«, 1959.

So guckte diese große 3 immer nach links und ein ganz wenig nach unten. Es war vielleicht auch anders.

Wassilij Kandinski, »Klänge«, 1912.

An dieser Stelle sei auf Martin Woodhouse (›Phil & Me‹, 1971) aufmerksam gemacht, der schrieb: *In meinem Wohnzimmer sieht es ähnlich aus wie in meinem Gehirn; alles liegt durcheinander und ist leicht verstaubt.*

Auf den Telegraphenstangen sitzen die Kühe und spielen Schach.

Richard Hülsenbeck, »Phantastische Gebete«, 1916.

Ich nenne Tabak alles, was Ohr ist.

Das schrieb Benjamin Péret, 1899–1959.

Hierhin gehört die Bemerkung Humpty Dumptys (in Lewis Carrolls › Through the looking glass‹, Kap. 6, 1872): Wenn *ich* ein Wort gebrauche, dann heißt es genau, was ich für richtig halte – nicht mehr und nicht weniger.

Und nun fünf Sätze, die der Leser auf sich wirken lassen möge, bevor er von deren Verfassern hört.

(1)   Da fallen plötzlich lautlos Pferde von den Wänden.

(2)   Im meer beginnt es plötzlich schwarz zu schnein.

(3)   In diesen wilden einöden des finstern wesens flogen paradiesvögel beim schiffslauf durch die analysis des unendlichen stumm auf den sonntag zu.

(4)   Die Tinte des Springbrunnens schürft sich die Knie an der zerronnenen Butter dieses Nachmittags.

(5)   morgen schließt sich die Zeit.

Der erste Satz hat zum Urheber Sebastian Scharnagl, i. e. Franz Seraphikus Bachmair, der zweite Hans Arp, der dritte ist eine Collage aus Texten von Lichtenberg und Jean Paul, geklebt von Alfred Andersch (»jugend eines weltumseglers«), der vierte stammt von Pablo Picasso, der auch auf dem Gebiet des Schreibens nicht genug überschätzt werden kann (»Vier kleine Mädchen«, 1948), – und der fünfte von einem Automaten, er gehört zu den verbalen Blockmontagen auf der IBM 7090 (1966/68) und hebt sich (deshalb?) vorteilhaft von den anderen Auslassungen ab.

Auch völlig fremdartige Sätze sollte man vorsichtig behandeln – sie könnten *Literatur* sein.

Moja mé soiagú o-í ésa-mejamyni stammt von Rudolf Blümner (»Ango Laina«, 1921).

> *Co besoso pasoje ptoras*
> *Co es an hama pasoje boañ.*

Diese Zeilen produzierte (im »Siebenten Ring«) Stefan George, der, auch darin anders als die anderen, sich eigene Sprachen schuf. Die volle Strophe lautet:

> *Süß und befreiend wie Attikas choros*
> *Über die hügel und inseln klang:*
> *Co besoso pasoje ptoras*
> *Co es an hama pasoje boañ.*

Nun klingt das eben noch so Sinnlose feierlich und hehr – obwohl es eine ganz simple Aufforderung an die Freunde sein könnte, endlich zum Mittagessen zu kommen.

Goethe hat in seinen Aphorismen zur Mathematik (!) gesagt:

Sie [die Sprache] *ist ein Werkzeug, zweckmäßig und willkürlich zu gebrauchen ... man mißbraucht sie bequem zu hohlen und nichtigen prosaischen und poetischen Phrasen, ja man versucht prosodisch untadelhafte und doch nonsensikalische Verse zu machen.*

Nicht nur George gelangen sie: *gragluda gligloda glodasch* hat Hugo Ball zum Vater, *Simarar kos malzipempu* Christian Morgenstern. Nonsensikalisch mutet auch der Satz an: *doeitsch chraibénne vie aine franntsozé chprichte,* es handelt sich indes nur um Jean Cocteaus phonetische Schrift.

Auch die beiden folgenden Sätze dürfen nicht verworfen werden:

»Girro danin chado. O pasqua non ti bjat handacadi?« –

sie entstammen der *inneren Sprache* der *Seherin von Prevorst* (= der in Vergessenheit geratenen Ursprache der Menschheit!) und bedeuten (nach dem gleichnamigen Buch des Dichterarztes Justinus Kerner, 1829): »Man soll dableiben. Willst du mir nicht die Hand geben, Arzt?«

Eine Parodie auf diese innere Sprache findet man in Immermanns »Münchhausen« (4. Buch: Poltergeister in und um Weinsberg, 1838): »dendrosto perialta bump, firdeisinu mimfeistragon«.

Die Sätze: *Dagon, Ssosch jom dickin, du-ah* und *snap aduk Tschase djedipanna* gehörten zur Privatsprache der siebenjährigen Zwillinge Grace (»Poto«) und Virginia (»Kabenga«) Kennedy aus San Diego; sie waren in einem Sprachvakuum aufgewachsen.

Und was soll mit dem unverständlichen Kauderwelsch geschehen:

SMAIS MR MIL ME POETA LEVMIBVNENVGTTA VIRAS?

Das ist keineswegs ein Schülerscherz, wie etwa der aus Kölle stammende DATIS NEPIS POTUS COLONIA, sondern ein von Galilei gestricktes Gewirr aus dem Satz »altissimum planetam tergeminum observavi« über seine Entdeckung des Saturnrings. (Er sah in seinem einfachen Fernrohr nicht den Ring, sondern je einen Fleck rechts und links am Saturn – daher die Bezeichnung ›Drillingsplanet‹ in dem Satz).

Oder mit den Zahlen

15, 700, 4000, 1, 1,
5681, 15, 7,
1, 2, 3?

Sie gehören in ein *Gedicht* Hans Arps aus dem Jahre 1960: »... Tag und Nacht hörten sie nur Zahlen, hörten sie nur um sich zählen. 15, 700, 4000, 1, 1, ...«

Zu unserer Freude hat ihm sein Unterbewußtsein für die erste Zeile die uns so lieben Zahlen 4000, 700 und 1, 1 zugespielt.

Ganz leicht ist es also nicht, die Spreu vom Weizen (oder was wir euphemistisch so nennen wollen) zu sondern, ganz abgesehen von der dazu nötigen Zeit.

Wir brauchen nur an Queneaus Sonette zu denken (s. S. 292), diese umfassen lediglich ein paar Seiten. Aber ihre einzelnen Zeilen könnten, immer wieder miteinander permutiert, eine Bücherei füllen, größer als die größte auf Erden. (Ähnlich Joseph Haydns Menuettenscherz.)

6

Drum wollen wir von allem die Finger lassen und uns ins Traumreich Schehrezâds begeben, allwo uns ein freundlicher Dschinn jeden Band aus Laßwitzens Bücherei im Handumdrehen herbeizaubern kann, jeden Band, den wir uns wünschen.

Etwa das Buch, welches Auskunft darüber gibt, ob Chesterton recht hat, wenn er einen Toten berichten läßt, im Paradies hätten alle Engel die gleichen Gesichter (übrigens nach Unger – s. S. 293 – auch die Bewohner »seines« Polarsterns). Oder Goethes Briefwechsel mit Friederike und mit Lili oder die Antworten der Frau von Stein oder die pikanten Schreiben der schönen Marquise von Branconi (1751 bis 1793), der Goethefreundin und Geliebten des Herzog Karl W.F. von Braunschweig, an Lavater. (*Dein Taschentuch, Deine Haare sind mir das, was meine Strumpfbänder Dir sind* – leider haben die Hüter des Lavater-Nachlasses die Briefe verbrannt, als man sie durchforschen wollte – nichts über das Weltkind im Propheten!)

Oder den Band mit sämtlichen einigermaßen sinnvollen Palindromen (s. S. 49), in dem wir fänden: das nicht astreine ODO TENET MULUM MADIDAM MAPPAM TENET ANNA und das dirigente NA JA RAKETE KARAJAN. Oder den SATOR-AREPO-Band (s. S. 57) mit allen Deutungen einschließlich der des inzwischen stark gealterten Mutchek, Karel (s. S. 30): »O errate Opas, erratet Opas Not!« Oder eine Sammlung deutscher Limericks mit dem köstlichen

Diesseits des Ganges.

Es saßen am Ufer des Indus
Drei philosophierende Hindus.
Ihr Problem war fatal,
Denn sie fragten voll Qual:
»Bist ich es, sind er's oder bin du's?«

Oder Bücher, in denen systematisch r mit l und umgekehrt vertauscht ist.

Die Chinesen können kein r sprechen und ersetzen es durch l; notabene war das auch bei dem Dompteur der Zahlen, Peano (s. S. 265 und S. 321) der Fall, von Jugend an lallte er statt des r verschämt ein l – trotzdem hat er die Kunstsprache Interlingua geschaffen.

Die Japaner haben das r in ihrer Sprache (*vielen Dank* heißt *domo arigato*), aber beim Sprechen fremder Sprachen verwechseln sie häufig l und r: Die lotrackielte Blücke.

Aplopos: Algerien heißt auf italienisch Algeria, auf spanisch Argelia.

Es wäre schön, wenn diese Bücher das Motto trügen:

lichtung

manche meinen
lechts und rinks
kann man nicht
velwechsern.
werch ein illtum!

(Ernst Jandl, Laut und Luise, 1966)

Das erinnert an die Zeiten vor der Trennung des m vom n (durch Mr. Antrobus in Thornton Wilders »The skin of our teeth«, 1942), als man noch nicht unterscheiden konnte zwischen lahm und Lahn, Umfall und Unfall, machbar und Nachbar, Maja und na ja, Monogramm und Nomogramm, Amseln und Anselm, Memme, nenne, meene, nehme und Mneme – und die Patentante mit dem Patentamte velwechserte.

Wie aber, wenn der Dämon einmal danebengreift und statt eines *wahren*, eines *richtigen* Buchs eins bringt, in dem Goethes Schriftwechsel mit Gauß enthalten ist über die Entdeckung des Neptun oder sein Festgedicht zur Eröffnung der ersten deutschen Eisenbahn Nürnberg–Fürth, in Anwesenheit des Herrn v. Bismarck-Schönhausen als Vertreter des Bundesrats in Frankfurt am Main? Oder ein Gelbbuch über Arierverfolgungen in Mitteleuropa durch Rabbi Aaron Hitler? Oder einen Brief Maria Theresias (1717 bis 1780) an Papst Johannes Paul I. (1912 bis 1978)?

Solche Berichte könnten wir sofort als Mumpitz entlarven. (Indessen gibt es einen Brief an Maria Theresia von Johannes Paul I., als er noch Patriarch von Venedig war!) Aber wenn uns der vollständige Bericht des Pytheas über seine Fahrt nach Thule angeboten wird oder der jener Kohorte, welche Kaiser Nero ausgeschickt hatte, die Nilquellen zu finden? Wahrheit oder Dichtung?

Wir müssen jedes Wort prüfen, dürfen nichts unkontrolliert akzeptieren – in der Riesenschar siebenstelliger dekadischer Logarithmentafeln ist nur eine einzige völlig richtig; diese müßten wir herausfinden. (Indem wir sie mit einer schon vorhandenen Zahl für Zahl vergleichen – *ob es nicht kürzer auch gegangen wäre?*).

Wer noch nicht davon überzeugt ist, daß die Maschinenprodukte uns rein gar nicht helfen können, dem sei folgendes Beispiel gewidmet:

Nehmen wir einmal an, ein unglücklicher Zufall habe uns vom Anfang des Johannesevangeliums in der Lutherschen Übersetzung nur überliefert

IM ANFANG WAR DAS – UND DAS – WAR BEI GOTT, UND GOTT WAR DAS –.

Wir mögen wissen, daß an Stelle der Gedankenstriche immer das gleiche Wort bei Luther gestanden hatte, aber wir wissen nicht welches. Drum lassen wir den Dschinn alle Bibeln apportieren, in dem obiger Satz druckfehlerfrei mit drei gleichen Hauptworten in obigen Lücken vorkommt. Auf alle Wörter aus fremden Sprachen verzichten wir, wenn sie im Deutschen nicht verwendet werden, ebenso auf alle deutschen Wörter männlichen und weiblichen Geschlechts. Aus den sächlichen Wörtern scheiden wir diejenigen aus, die offensichtlich nicht passen (STUHLBEIN, TEUFELSWERK) oder vermutlich nicht verwendet wurden (KONZIL, LEID, ARMEEOBERKOMMANDO) oder zu Luthers (und Johannis) Zeiten noch nicht existierten (GAS, STURMTIEF, FÜHRERPRINZIP, NIETZSCHEARCHIV). Schließlich verbleiben uns dann vielleicht einige Dutzend Wörter, die Luther verwendet haben könnte (LICHT, GUTE, LEBEN, WUNDER, STERNENZELT, SITTENGESETZ) – aber welches Wort Luther benutzt hat, das können wir auf diesem Wege, können wir aus der Bücherei nicht erfahren; diese bietet uns kritiklos alle möglichen (und unmöglichen) Lösungen an.

Denn die Maschine kann nicht *denken,* kann uns die Entscheidung nicht abnehmen. Daran scheiterten bereits die Bemühungen des Raimundus Lullus, der gehofft hatte, durch bloßes Kombinieren von Begriffen neue Erkenntnisse oder Bestätigungen von Erkenntnissen gewinnen zu können.

Wir haben nichts gewonnen, wenn uns die Maschine als das gesuchte Wort ATOM anbietet oder ALL. Genau so wenig, wie wenn wir in anderen Büchern lesen, Luther habe nie existiert, sei ein Erzeugnis der Gegenreformation, ein Berater des Papstes, der Papst Innozenz XII., identisch mit Dr. Faust, Hamlets Zechgenosse in Wittenberg, Übersetzer von Goethes Werken ins Assyrische (übrigens auf der Akropolis), lebe noch heute und werde demnächst die Universität Erfurt als pädagogische islamische Hochschule wiedereröffnen. Es empfiehlt sich daher, zurückzugehen auf die Unterlagen der Philosophen und Theologen, auf den griechischen Urtext (en archē ēn ho logos … Theos ēn ho logos) und die Bedeutungen des Logos – dann finden wir schneller die richtige Lösung: IM ANFANG WAR DAS WORT …

——— 7 ———

Nunmehr ist wohl allen klar, daß wir auch dann nicht zu besseren, zu richtigen Ergebnissen kämen, wenn wir die Bücherei nicht aus 100 oder 25 oder 23 *einzelnen Zeichen* zusammensetzen ließen, sondern gleich aus fertigen *Wörtern* – so wie dies in der folgenden amüsant-erschreckenden Erzählung vorausgesetzt wird. (Ihr Verfasser ist R.C. Phelan, Professor an der Universität von Arkansas in Fayetteville.) Sie beginnt:

Tom Trimble und ich sind unser ganzes Leben lang Nachbarn gewesen, obwohl zwischen unseren Häusern eine Entfernung von sechs Meilen liegt. Unsere Farmen grenzen aneinander, in jenem Teil von Texas, wo Zedern, Stechpalmen und Präriehunde die Hauptübel sind und in einem trockenen Jahr fünfundzwanzig Morgen Land benötigt werden, um eine einzige Kuh durchzubringen.

Auf Trimbles Farm ward Öl gefunden, Tom erbte von seinen Eltern viele Millionen Dollar. Nach unzähligen Parties und seiner dritten Frau beschloß Tom, Schriftsteller zu werden, erwarb eine Schreibmaschine und setzte sich davor. Da dieses einfache Mittel nichts nutzte, griff Tom tief in die Tasche, kaufte einen Elektronikexperten und ließ ihn in einer Nebenhalle der Farm einen Maschinenkomplex aufstellen, dem der Inhalt eines Handwörterbuchs der englischen Sprache und ein paar Brocken Latein, Französisch und Deutsch eingegeben wurden. Die Wörter wurden von der Maschine gemischt, und ein »Zerleger« – wie er auch immer arbeiten mochte – trennte Kauderwelsch von Sinnvollem und leitete dieses in einen Speicher, aus dem es schließlich als Text auf einen Mikrofilm gebannt wurde.

Die Maschine lieferte dreißig Sonette Shakespeares, mehrere Bewerbungen um den Posten eines Schulautobusfahrers in Wyandotte, Ohio – aber den Ort gibt es dort nicht –, das Tagebuch eines sechzehnjährigen Schwachsinnigen aus einem noch kommenden Jahr, Feldpostbriefe, Stellengesuche, Verträge, fünf Kapitel eines Romans, dann ging »er« (*der verdammte Apparat*) plötzlich zu einem Rezept für Löffelbiskuits über.

Vor drei Monaten lieferte er eine verschollene Komödie des Aristophanes in der englischen Übersetzung von Gilbert Murray. Murray ist schon 1957 gestorben. Ist das nun tatsächlich eine Komödie von Aristophanes, oder ist das Stück genau so erfunden wie die Übersetzung von Murray? Ich habe keine Ahnung … Aber ob echt oder unecht, der Aristophanes ist großartig und gehört in die Weltliteratur …

Ein schönes Apparatfabrikat über eine schottische Familie auf einer Plantage in Peru, während der achtziger Jahre des vorigen Jahrhunderts, mit dem Titel »Früher Mittag«, veröffentlichte Tom unter seinem Namen. Der Roman war erstklassig. Einen zweiten Roman gab Tom dem Erzähler, der eingeweiht war, zur Durchsicht. Dieser merkte, daß die letzten Kapitel nicht von der Maschine geliefert, sondern von Tom ungeschickt verfertigt und dem Torso angeklebt worden waren. Er flog zu Tom, um ihm dies zu sagen. Der kam ihm entgegen, ein Manuskript in der Hand. *»Ich weiß schon«, sagte er, »Gestern hat sie dies geschrieben.« Er reichte mir sein Manuskript. Ich las die ersten Zeilen ... Angst durchdrang mich mit spitzer Nadel, wie den aufgespießten Käfer in der Insektensammlung. Ich wußte nicht, ob ich soeben erst erschaffen worden war oder in diesem Augenblick vernichtet werden sollte. Sicher war nur, daß irgendeine schreckliche Macht nach uns gegriffen hatte. Die Anfangszeilen des neuesten Werkes der Maschine lauteten:*

Tom Trimble und ich sind unser ganzes Leben lang Nachbarn gewesen, obwohl zwischen unseren Häusern eine Entfernung von sechs Meilen liegt. Unsere Farmen grenzen aneinander, in jenem Teil von Texas, wo Zedern, Stechpalmen und Präriehunde die Hauptübel sind und in einem trockenen Jahr fünfundzwanzig Morgen Land benötigt werden, um eine einzige Kuh durchzubringen...

Die Redaktion schrieb dazu spaßigernst, die Frage bliebe ungeklärt, auf welche Weise der hier vorliegende Text entstanden sei und welchen Grad von Realität man dem Erzähler beimessen dürfe. Die Erzählung, erschienen in »Der Monat« Nr. 147, Dez. 1960, trägt den Titel:

GIBT ES MICH ÜBERHAUPT?

Hier scheinen wir *Bis an des Gedankens Grenze* gekommen zu sein. (Titel des V. Teils von Shaws Stück »Zurück zu Methusalem«, der im Jahre 31920 n. Chr. spielt.)

Aber leider (?) ist Phelans Traum von diesem zauberhaften Apparat ein Wunschtraum und wird es bleiben: Ein mechanischer *Zerleger,* der zwischen Quatsch, Firlefanz, Narretei und Sinn unterscheiden kann, ist unmöglich. Auch ein Mensch vermag dies nur nach Maßgabe seines Wissens. Er wird die Mitteilung

»Übersetzung eines Signals aus dem Weltraum, aufgefangen am 4.7.11: Um schwarz vereistes Andromedagestirn hält Gegengott sich geringelt.«

solange nicht einordnen können, als er nicht weiß, daß der erste Satz eine überflüssige Schleichwerbung für eine gesetzlich geschützte Zahl ist, und der zweite aus dem »Versöhnungsfest« von Josef Weiß stammt (1884 bis 1940, Selbstmord im Exil).

Und den ›Satz‹: »aus den dachluken zwitschern päpste« hat nicht Hans Arp verfertigt (der schrieb: »aus den schornsteinen wachsen rosen«), sondern der gelehrige Hans Magnus Enzensberger.

Der Mensch wird wohl auch (darin einem gut programmierten Zerleger gleich) als Kauderwelsch abtun

kein fehler im system
kein efhler
kein ehfler
kein ehlfer,

wenn er Eugen Gomringers »worte sind schatten« (1969) nicht kennt.

Er wird auch als *transtibetanisches* Gestotter verwerfen

>>und tu ich
tu ich tu
ich tu ich
oci oci o
ci oci oci
oci, fi …«,

was aber in einem Gedicht steht, nicht etwa aus unserem Jahrhundert, sondern von Oswald von Wolkenstein (um 1400).

Und was soll der Mensch mit

MORDEREGRIPPIPIAEIROFRELUCHAM
BURELURECOQUELURINPIMPANENENS

oder

QÖETDHVNGKPSZETDHRGLCNVMGLÄLS
WTSRAHDNCGDHCBXGSFYCRETWIL!!!

oder

LUKKEDOERENDUNANDURRASKEWDY
LOOSHOOFERMOYPORTERTOORYZOO
YSPHALNABORTANSPORTHAOKANSAK
ROIPVERJKAPAKKAPUK

oder

LLANFAIRPWLLGWYNGYLLGO
GERYCHWYRNDROBWILLLANT
YSILIOGOGOGOCH

anfangen?

(Am besten in Rabelais' Gargantua, Vernes L'île à Hélice und Joyces Finnegans Wake nachsehen und in einem Fahrplan der Waliser Eisenbahnen.)

Auf eine andere Möglichkeit sei wenigstens hingewiesen, daß nämlich diese Letternansammlung in einer fremdartigen, heute noch nicht existierenden Sprache etwas Wichtiges bedeuten könnte (ebenso wie etwa Goethes Faust in der Lingua Siriaca ein Bericht über die Lebensmöglichkeiten der Arachniden auf der Medusa – s. S.142 – wäre oder statistische Fakten in einem Vierzigersystem enthielte).

Einen ähnlichen Gedanken gestaltete(n) Lewis Padgett (= Henry Kuttner & Catherine More) in ›Mimsy were the Borogoves‹: Die Wörter des Jabberwocky (s. S.415) entstammten einer künftigen Sprache, durch die man lernen könne, in ein vierdimensionales Kontinuum zu schlüpfen. Der Titel der Geschichte ist übrigens der dritten Zeile des Jabberwocky entnommen.

Wenden wir uns ab, winden wir uns aus der wuchernden Literatur zur schlichten einfachen Zahl, betrachten wir einen Teilbestand der Universalbibliothek, nämlich den, der nur aus den zehn Ziffern 9 bis 0 aufgebaut ist, ohne andere Zeichen, auch ohne Spatium. Die Lektüre dieser $10^{1000000}$ Bände ist sicher kein Genuß.

Der Leser verfalle nicht in den Irrtum, er habe mit diesen Zahlenbänden die Hälfte der aus $10^{2000000}$ Bänden bestehenden Bücherei vor sich!

Der erste Band enthält eine Million Neunen, der letzte eine Million Nullen, wir denken uns alle Bände dazwischen nach der Größe der in ihnen enthaltenen Zahlen geordnet; dann hat die durch sämtliche Bände dargestellte Zahl $10^{1000006}$ Stellen, die ersten $1\,999\,999$ bestehen aus Neunen, die letzte Million aus Nullen, die Zahl ist kleiner als $10^{10^{1000006}}$.

Diese Zahl (die sich allenfalls noch durch einen Band *999 999 Neunen und ein Punkt am Ende* verlängern ließe) ist sozusagen die größte, die man aus der Bibliothek zusammenstellen kann, wenn man jeden Band nur einmal benutzt. Aber der Mensch kann sich doch noch viel größere Zahlen denken – denkt er wenigstens.

Und noch eins: alle irrationalen Zahlen von $\sqrt{2}$ bis e und π haben unendlich lange aperiodische Zahlen nach dem Komma – sie alle sind also bei Laßwitz nur sehr unvollständig verzeichnet.

Enthält folglich die Bibliothek doch nicht alles Denkbare? Eine sozusagen tröstliche Antwort findet man im Kap. 14, S. 362.

Es bleibt dem Autor nur übrig, auf ein Wunder zu hoffen, daß nämlich beim ersten Versuch mit einer Kombinationsmaschine – –

> *Umgaukelt ihn mit süßen Traumgestalten,*
> *Versenkt ihn in ein Meer des Wahns!*
>
> Goethe, »Faust I«, Studierzimmer (Mephisto)

daß gleich beim ersten Versuch alle Paralipomena Goethes zu seinem Faust abgedruckt werden, kommentiert nach dem *neuesten* Stand der Wissenschaft, damit ihm endlich drei quälende Fragen beantwortet werden:

> (1) *Geschwätz von Kielkröpfen.*
> *Dadurch Faust erfährt*

Was erfährt Faust von ihnen (in der Walpurgisnacht auf dem Brocken)?

> (2) *In den allerreinsten Quellen*
> *Badet der Bestaubte ja.*
> *Badet in der reinsten Quelle*
> *Der bestaubte Wandrer sich.*
> *In der allerreinsten Quelle*
> *Der bestaubte Wandrer sich.*

Wie heißt die endgültige Fassung?

(Die vorstehenden Versuche Goethes erinnern an Morgensterns Verse im ›Palmström‹:

> *Der Rock, am Tage angehabt,*
> *er ruht zur Nacht sich aus.*
> *Er ruht, am Tage angehabt,*
> *im Schoß der Nacht sich schweigend aus ...*).

> (3) *Sieben oder hundert Tore,*
> *Jedes Theben birgt die Sphinx.*
> *Das Geheimnis (?)*
> *Sei es griechisch, sei's ägyptisch,*
> *Sei es noch so fein versteckt,*
> *Geometrisch mystisch kryptisch,*
> *Kömmt ein Brite, wird's entdeckt.*

Wann wird dieses Paralipomenon zur klassischen Walpurgisnacht entdeckt, damit wir es unserem Buch (Kap. 7) einverleiben können?

Doch wir fürchten, statt dieses ersehnten Bandes eine Seite zu erhalten, auf der ständig wiederkehrt:

, ach! Philosophie, Juristerei und Medizin Und leider auc
, ach! Philosophie, Juristerei und Medizin Und leider auc
, ach! Philosophie, Juristerei und Medizin Und leider auc

Tatsächlich existiert diese Seite, 1974 von Franz Joseph Bogner veröffentlicht in seinem Buch »Goethes Faust«.

Er hatte den netten Einphall, Phaust phonetisch zu schreiben: großes Vau, kleines st, Vst oder V-st. Leider schreibt er »goethes V'st« mit einem Auslassungszeichen, obwohl doch (außer ihm selbst) nichts und niemand ausgelassen ist.

Oder man schickt uns ins Haus einen Band, in dem vielzigtausendmal hintereinander steht: *Mathe-musische Knobelisken Mathe-musische ...* – Also wollen wir diese Spinnerei schließen und uns wieder der Zählerei zuwenden, der Zählerei mit dem Einfachsten, das die Mathematik kennt, die Logik kennt, der Zählerei mit den ganzen Zahlen,

von 1 bis un-
von 1 bis unen-
von 1 bis unendl-

VON 1 BIS WOHIN?

Kapitel 13

Meßbare Unendlichkeiten

Megalomonstra im Käfig

Ein Luginsland ist bald errichtet,
Um ins Unendliche zu schaun.
Faust II, 5, Tiefe Nacht (Faust)

———— **1** ————

Im vorigen Kapitel haben wir uns mit einer großen, aber keineswegs der größten in der Wissenschaft behandelten, Zahl beschäftigt – und keine Möglichkeit gesehen, sie unserem Verständnis nahezubringen. Sie ist so groß, daß sie sich für unseren begrenzten Verstand völlig mit dem *Unendlichen* zu mischen scheint.

Eine – allerdings nur scheinbare – Krücke bietet folgendes Gedankenspiel: Wir denken uns rund 6,6 Millionen Plättchen (genau: 6 643 856) angefertigt und durchnumeriert. (Dazu reichen die Variationen mit Wiederholung zur fünften Klasse von 24 Buchstaben, also die fünfbuchstabigen *Wörter* (s. S. 300) aus; man kann I und O wegen der Verwechslungsgefahr mit 1 und 0 weglassen, denn 24^5 ist gleich 7 962 624; es werden demnach nicht einmal alle *Wörter* oder *Namen* gebraucht.) Die Plättchen mögen aus Elfenbein oder aus Aluminium bestehen, von quadratischer Form (1 cm^2) und 1 mm dick sein. Alle zusammen gehen bequem in eine würfelförmige Kiste von 1 m Kantenlänge – die Menge ist also durchaus überschaubar. Und wenn man nun von dieser Menge sämtliche *Teilmengen* bildet (vgl. S. 276), dann kann man jeder Teilmenge einen Band der Laßwitzschen Universalbibliothek zuordnen. Ist man nun dieser Zahl nähergekommen? Oder hat man nur festgestellt, daß die Summe der Teilmengen von einigen Millionen Plättchen oder sonstigen Gegenständen ebenfalls über alles Begreifen geht?

Eine andere *Numerierung*smöglichkeit bieten die Paare lateinischer Quadrate (s. S. 86) der Ordnung 600 (mit den Zahlen 0 bis 35999); denn deren Anzahl ist nur ›wenig‹ größer als die der Bibliotheksbände.

Vielleicht erscheinen einem die großen Zahlen faßlicher, wenn man nicht die 10, sondern eine höhere Zahl zur Grundlage des Zählens wählt?

Isaak Asimov, Naturwissenschaftler, Populärwissenschaftler, Spintisierer und science-fiction-Autor, einer jener seltenen bewundernswerten Menschen, die feixen, wenn sie sich nach sich umdrehen, Asimov empfahl um 1960 sein B-System: $B\text{-}1 = 10^{12}$, $B\text{-}2 = 10^{24}$, $B\text{-}B = 10^{12 \cdot 10^{12}}$. Er benutzt also als Grundzahl nicht 10, sondern eine Billion, er nennt sie, wie eben gezeigt $B\text{-}1$; zwischen B und 1 steht ein kurzer Strich, weder Punkt oder Malzeichen noch Minuszeichen. Wir wollen, weniger mißverständlich und weniger verfremdend, nicht $B\text{-}1$, $B\text{-}2$, $B\text{-}n$ schreiben, sondern B^1, B^2, B^n.

Eine Zahl $Z = 10^X$ ist demnach gleich $(10^{12})^{X/12} = B^{X/12}$. Setzen wir $X = 2\,000\,000$, dann lautet die Laßwitzzahl im B-System $B^{166666,\bar{6}}$, also auch nicht viel vertrauter.

319

Bei Edward Kasner und James Newman (»Mathematics and the Imagination«, 1940) ist die Grundzahl $G = 10^{100}$ und heißt *Googol* (das Wort stammt von Kasners damals 9 Jahre altem Neffen.)

Es hat nichts mit Nikolaj Gogol (1809 bis 1852) zu tun, dem Verfasser des Revisors, der Aufzeichnungen eines Wahnsinnigen und der Toten Seelen (deren zweiten Teil er kurz vor seinem Tod – er verhungerte freiwillig! – vernichtet hat, vgl. S. 305). Auch nichts mit den Skandälchen (etwa 1970) um einen Nackedei von Kölner Tanzmariechen namens Finchen Gogoll. Der Name Googol steht bisher in keinem Meyer und auch im Sanders nicht, wohl aber im Wörterbuch der Encyclopaedia Britannica (googol. adopted by E. Kasner, 1878–1955, U. S. mathematician, from a child's word). Zu der Aussprache »Gugel« dieses neuen Wortes kann man Fabius von Gugel (geb. 1916) assoziieren, den visionären surrealistisch-neomanieristischen Illustrator und Kommentator des (Grimmschen) Märchens Aschen-Brödel (1965), in dem auch (Blatt 12) Carrols Alice in Wonderland (II,5) vorkommt, und Sätze zu lesen sind wie *verdunstest du flatternd in die unersättlichen Lungen der Nacht* (der Laßwitzbibliothek würdig).

Aber auch Googol als Einheit versagt, die Laßwitzzahl wird zu G^{20000}. Wenn man mehr Zahlen zu einer Grundzahl bündelt, vermindert man demnach den Exponenten – doch wir wissen, daß bereits G das geometrische Mittel zwischen der Anzahl aller Protonen (10^{80}) und der Anzahl aller räumlichen Urs (10^{120}) ist. Vorstellen können wir uns durch derartige Kunstgriffe die Laßwitzzahl (und ihre vielen Kameraden) nicht, allenfalls haben wir weniger Zeichen zu schreiben als im Dezimalsystem; die Zahlen selbst thronen

> *in ewiger Unbehäglichkeit,*
> *in undenkbarer Einsamkeit,*
> wie Dr. Faust ausruft,
> *an des Erebus Wogen in der Hölle verschnaufend.*
> J.M.R. Lenz, »Die Höllenrichter«, Fragment um 1776.

Also können wir bei dem Dezimalsystem bleiben, mit dem wir im täglichen Leben rechnen (zehn Finger hab ich an jeder Hand fünf und zwanzig an Händen und Füßen, wer dies liest, muß zu lesen wissen).

Die Mayas (1 pictun = 20 baktun = 20 · 20 katun = 20 · 20 · 20 tun, s. S. 286) und die Kelten (quatrevingt) verwendeten 20 als Grundzahl (und zwanzig an Händen und Füßen). Übrigens heißt die bekannte Stelle im 90. Psalm (*Unser Leben währet siebzig Jahre*) in der angelsächsischen Bibel: »The days of our years are *three scores and ten*«. Ebenso in dem Ammengereim der Mother Goose: How many miles to Babylon? *Threescore miles and ten*. 1 score = 20 Stück entspricht unserer Stiege.

Vom Dualsystem hatten wir früher schon gesprochen.

—— 2 ——

Noch einfacher als das Dualsystem mit den beiden Ziffern 0 und 1 ist die Strichelei, eine Erfindung der wahren Helden von Schrot und Korn, von Thor bis Bond seit den Zeiten des Neandertalers. Potz Korn und Schrot, es gilt den Durst zu stillen und den Feind zu killen. Ihre Erfolge wurden durch Striche gezählt, die Biere, wenn der Durst gelöscht, die Gegner, wenn sie ausgelöscht. (Man denke an die Trapperbüchsen – jede Kerbe one damned Indsman, und die Streifen an den Geschützen und den Flugzeugen.)

| || ||| |||| ...

Bei dem Mathematiker und »konstruktiven Wissenschaftstheoretiker« Paul Lorenzen (geb. 1915), der auf die Striche der Neandertaler aller Zeiten zurückgreift, lautet der Beginn der Folge der natürlichen Zahlen

$$\Rightarrow | \quad \text{„} \quad | \Rightarrow || \quad \text{„} \ldots$$

»mach' 1, aus 1 mach' 2« (umgekehrt wie bei John Dee, s. S. 24, der »fac duo, unum« schrieb) –

Als Ergänzung zu Dee und seinem Codex sei hier eingefügt, daß er nicht nur Alchimist und Astrolog, sondern auch ein bedeutender Mathematiker war, er führte Euklids Werke in England ein, seine Vorlesungen an der Pariser Sorbonne hatten einen solchen Zulauf, daß manche Schüler (darunter angeblich Petrus Nonius, der angebliche Erfinder des Nonius) außen zu den Fenstern emporkletterten, um ihn zu hören. Das Manuskript, das Dee dem Landgrafen Moritz von Hessen geschenkt hatte (haben soll), fälschlich Codex Casselanus genannt, ist eine Abschrift des in Venedig aufbewahrten Codex Marcianus 299, enthaltend die spuriose Schrift ›Kleopatrēs Chrysopoia‹ (= die Goldmacherkunst der Kleopatra). Diese Kleopatra ist nicht die siebente ihres Namens (die war u. a. Caesars und des Antonius Geliebte), sondern Kleopatra III. (um − 125), angeblich eine Hüterin der Isismysterien.

– darauf wird uns das Gesetz vorkonstruiert, nach dem die Folge der natürlichen Zahlen angetreten ist, Gesetze auch für Gleichheit und Ungleichheit zwischen ihnen – eine Fabrikation von Zeichenreihen mit Eigenschaften, die bereits Peano formuliert und auch in Symbolen ausgedrückt hatte. In moderner Fassung lauten die fünf Peanoschen Axiome, die wir in Worten am Anfang des Kapitels 11 (S. 265) gebracht haben:

1. $1 \in N$
2. $\wedge n (n \in N \to n' \in N)$
3. $\wedge n (n \in N \to n' \neq 1)$
4. $\wedge n \wedge m (m \in N \wedge n \in N \wedge m' = n' \to m = n)$
5. $\wedge P (P(1) \wedge \wedge n (n \in N \wedge P(n) \to P(n')) \to \wedge n (n \in N \to P(n))$

Sie erschienen übrigens im 3. Band seiner »Formulaire de mathématiques«, den er absichtlich auf den Beginn des neuen Jahrhunderts, auf den 1. Jan. 1901, datiert hatte.

Nun gibt es für niemanden mehr einen Zweifel (wenigstens in diesem Kapitel), denn nun kann man nicht nur nach innerster Überzeugung allein, sondern auch gestärkt durch Peanos Große und Starke Medizin *(Peanoforte)*, zählen, so weit es einem beliebt und wie es einem beliebt, z. B.

»... 30.11, 31.11, 32.11, 33.11, 34.11 *undsoweiter, wie man sich das jetzt schon denken kann*«

Rolf Brinkmann, »Die Piloten«, 1968.

Bei den Römern ging es wegen ihrer unbehilflichen Schreibweise holpriger von I über V, X, L, C und D bis M (*sieben* Grundzeichen!).

Für höhere Zahlen wurden obige *Buchstaben* eingekastelt:

$\boxed{X} = 10^6$ (decies centena milia)
$\boxed{C} = 10^7$
$\boxed{M} = 10^8$

321

Als Haupterbe seiner Mutter Livia sollte Kaiser Tiberius ihrem Verwandten Galba $\boxed{D}$ = sestertium quingenties centena milia = 50 Millionen Sesterzen auszahlen. Tiberius zahlte statt dessen nur D = 500 Sesterzen – warum, das steht in Suetons ›De vita Caesarum‹.

Eine der größten Zahlen, die uns aus der Zeit der römischen Kaiser bekannt ist, gibt die Summe der Staatsschulden beim Regierungsantritt Vespasians an: quadringenties milies centena milia = $400 \cdot 1000 \cdot 100000$ = 40 Milliarden Sesterzen. Interessanterweise schrieb man damals diese Zahl nur in Worten; auf den Gedanken, die Abkürzung $\boxed{IV}$ zu verwenden, kam man nicht.

Karl Menniger, dem wir diese Nachricht verdanken, meinte dazu: *über CCCC müßte man einen doppelten Rahmen setzen* [»Zahlwort und Ziffer«, Bd. 1, S. 56], *und das hat der Römer nicht getan.* Vielleicht auch deswegen nicht, weil für diesen Zweck

$$\boxed{IV}$$

ausreicht; Mennigers Ausdruck $\boxed{CCCC}$ entspricht dem Hundertfachen, 4 Billionen.

Viel eleganter konnten die Inder große Zahlen bewältigen.

Im Buch Lalitavistara wird berichtet, daß der große Mathematiker Arjuna von Buddha zwei Aufgaben gelöst haben wollte:

Zunächst: Wieviel Atome hat eine Meile (Yoyana)? Buddha rechnete vor:

7 Atome ergeben ein ganz feines Stäubchen,
7 ganz feine Stäubchen ein feines,
7 feine eins, das der Wind noch wegträgt,
7 solche Stäubchen eins von des Hasen Spur,
7 davon eins von des Widders Spur,
7 davon eins von des Stieres Spur,
7 davon ein Mohnkorn,
7 Mohnkörner ein Senfkorn,
7 Senfkörner ein Gerstenkorn,
7 Gerstenkörner ein Fingerglied.

Die Länge eines Fingerglieds beträgt also 7^{10} Atome.

12 Fingerglieder ergeben eine Spanne,
2 Spannen eine Elle,
4 Ellen einen Bogen,
4000 Bogen eine Meile.

Demnach umfaßt eine Meile $384000 \cdot 7^{10}$ = $384000 \cdot 282475249$ = 108470495616000 Atome.

Das sind immerhin schon über 100 Billionen.

Und dann sollte Buddha Zahlstufen aufbauen und benennen. Er fand viel klingendere Namen als Wölffli (vgl. S. 267), z. B.

nagabala	für 10^{25}
titilambha	für 10^{27} und
vyavasthanapradjnapti	für 10^{29}.

Die Spitze des Zahlenturms war 10^{53} und hieß tallakschana. Aber darüber liegen noch weitere Zählungen, beginnend mit der »Grundzahl« 10^{54}, die neunte und letzte hat zum Schlußstein 10^{421}.

Diese Abkürzungsart (statt eine 1 mit 421 Nullen dahinter schreiben zu müssen) nennt man bekanntlich Potenzierung, sie ist die Stufe über der Multiplikation, so wie diese über der Addition steht.

Im allgemeinen braucht man keine neuen Abkürzungen einzuführen, es sei denn, die Potenzen klettern so beängstigend übereinander, daß man befürchten muß, sie stürzen herunter, wie bei der Zahl (s. S. 283)

$$\psi(4,2) = 2^{2^{2^{2}}} - 3,\text{ wofür wir deswegen dort}$$
$$^{5}[2] - 3 \text{ geschrieben haben.}$$

Krönig (»Das Dasein Gottes«, 1874) arbeitete mit den Potenzen

$$2^{2},\, 3^{3^{3}},\, 4^{4^{4^{4}}} \text{ usw., in unserer Schreibweise}$$
$$^{2}[2],\, ^{3}[3],\, ^{4}[4] \text{ usw.}$$

Ob wir uns unter diesen Gebilden wirklich etwas vorstellen können? Oder ob es uns nur so geht wie in Guy de Maupassants »Divorce« (1888),

»daß diese phantastischen Ziffern sich in unserm Kopf festsetzen, daß sie bis zu einem gewissen Punkte für unsere nicht genau achtgebende Leichtgläubigkeit zu etwas Wahrscheinlichem werden, jene ungeheuren Summen, die uns vorgegaukelt werden und uns geneigt machen, ...illionen als etwas durchaus Mögliches und dem Gesetze der Wahrscheinlichkeit Entsprechendes zu halten.«? (Bei Maupassant handelt es sich allerdings nur um eine Mitgift von *lumpigen* $2^{1}/_{2}$ Millionen Francs.)

Hugo Steinhaus hat 1950 folgende Vereinbarungen vorgeschlagen, um sehr große Zahlen leicht aufschreiben zu können.

$\triangle{a}$ statt a^{a},

$\boxed{a}$ statt »a in a Dreiecken«,

und $\bigcirc{a}$ statt »a in a Quadraten«.

Die von ihm *Mega* genannte Zahl $\bigcirc{2}$ ist, wie nachstehende Ausrechnung zeigt, überhaupt nicht mehr erfaßbar (oder doch nur schwer vorstellbar):

$$\bigcirc{2} = \boxed{2} = \triangle{2} = \triangle{2^{2}} = \boxed{4^{4}} = \boxed{256} = \triangle{256}$$

wobei das letzte Symbol »256 in 256 Dreiecken« bedeuten soll.

Explizit würde sich eine abklingende Exponenten-Welle ergeben, die nirgends unter die zweite Exponenten-Etage über der Parterre-Basis ausschlägt und die wahlweise aus je 2^{254} Stück 256 und 257 in 256 Etagen, aus je 2^{255} Zweiern und Elfern in 257 Etagen, oder aus je 2^{256} Zweiern und Dreiern in 258 Etagen (durch iterierte Potenzierung sowie Addition, ohne Multiplikation) zusammengesetzt ist.

Steinhaus, vielleicht ein intellektueller Sadist, forderte seine Leser auf, die Zahl *Megiston,* nämlich $\bigcirc{10}$, zu erläutern.

Bereits $\boxed{10}$ hat eine *Potenzfahne* von $2^{10} = 1024$ Zehnern: 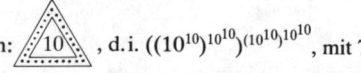, d.i. $((10^{10})^{10^{10}})^{(10^{10})^{10^{10}}}$, mit 7

Dreiecken drum 'rum! Aus $10^{10\,\cdot\,10^{10}\,\cdot\,10^{10}\,\cdot\,10^{10}} = 10^{10^{10^{11}+11}}$ geht hervor, daß die aus 1023 Zehnern bestehende Exponentenwelle, die in (und, multiplikativ ohne Addition zusammengesetzt, durch) alle 10 Etagen ausschwingt, sich additiv mit je 256 Zehnern und Elfern aufbauen läßt.

Schon die »Quadrate« kleiner Zahlen sind riesig, z. B. ist

$$\boxed{3} = \triangle 3 = \triangle 3^3 = \triangle 27 = \triangle 27^{27} = \triangle 3^{34} = 3^{34} \cdot 3^{34} = 3^{34+4}$$

eine Zahl mit $1{,}71370 \cdot 10^{40}$ Dezimalstellen, während 27^{27} noch mit deren 39 auskommt: $443\,426488243037\,769\,948\,249630\,619149\,892803.$ Und

$$\boxed{4} = 4^{4^{4^{4^5 + 5} + 4^5 + 5}} = 2^{2^{2^{2^{11}+11}+2^{11}+11}}$$

ist bereits weit weit gewaltiger als die Zahl des südafrikanischen Mathematikers Skewes (s. S. 127).

Die Skeweszahl $e^{e^{e^{79{,}122}}}$ hat einen, sagen wir einmal *Nachbarn,* die Winogradow-Zahl

$$e^{e^{e^{e^{41{,}96}}}}$$

(Nach Winogradow – s. S. 109 – ist jede ungerade Zahl von obiger Zahl an aufwärts die Summe dreier – ungerader – Primzahlen. Dieser Satz beweist eine mit der Goldbach-Vermutung – s. S. 128 – unmittelbar verwandte Aussage für *fast alle* Zahlen.)

Außerdem ist die Skeweszahl, wie Lehmann gezeigt hat, als Grenze für den Zeichenwechsel bei der Differenz zwischen dem Integrallogarithmus und der tatsächlichen Primzahlanzahl viel zu hoch. Die Grenze liegt unter $e^{e^{e^{7{,}8945}}}$, vgl. S. 127.

—— **4** ——

Wir wollen uns i. a. mit den Zahlen begnügen, die höchstens etwa so groß sind wie die Skeweszahl oder Gaußens *meßbare Unendlichkeit* $9^{[9^{(9^9)}]}$ oder die Zahl $9^{(9^9)}!$, alles Zahlen, die größer sind als die Anzahl der möglichen Bridge-Spiele ($6{,}35 \cdot 10^{11}$) oder die der Möglichkeiten, 52 Karten in einem Spiel zu verteilen ($8{,}0658 \cdot 10^{67}$) oder die Zahl von Versuchen, die ein Affe machen muß, um Shakespeares »Hamlet« durch zufällige Auswahl der Buchstaben zu erhalten ($35^{27\,000}$), oder die Anzahl aller möglichen Schachspiele, welche kleiner ist als $10^{10^{70{,}5}}$,

oder das von Kasner und Newman eingeführte *Googolplex* $10^{(10^{100})}$.

Diese Riesenzahlen wollen wir zusammen mit den im Kapitel 11 genannten Giganten in eine Ordnung bringen und miteinander vergleichen.

Zu diesem Zwecke verwenden wir nicht das Asimovsche B-System, auch nicht das Googol, sondern bringen alle Zahlen Z in die Form

$$Z = 10^{10^z}$$

Mancher wird sich vielleicht noch daran erinnern, daß diese Gleichung, wenn man sie logarithmiert, übergeht in

$$\lg Z = 10^z,$$

und, nach nochmaligem Logarithmieren, in

$$\lg\lg Z = z.$$

z ist also der Logarithmus des Logarithmus von Z, und nach z wollen wir die Z ordnen. Damit haben wir scheinbar die Z stark aneinandergerückt, wie folgendes Beispiel erläutern soll:

1 Billion verhält sich zu einer Million wie 30 000 Jahre zu 11 Tagen oder wie die Breite des Atlantischen Ozeans zu einem halben Dekameter.

Ist $X = 1000000000000$ und $Y = 1000000$, so ist X eine Million mal größer als Y, $\lg X = 12$ nur doppelt so groß wie $\lg Y = 6$, und $x = \lg\lg X = 1{,}079$ unterscheidet sich von $y = \lg\lg Y = 0{,}778$ nur um $0{,}301$ (den Logarithmus von 2).

Noch ein etwas *abstrakteres* Beispiel. Wir untersuchen $Z_n = 10^{10^n}$ und $Z_{n+1} = 10^{10^{n+1}}$; Z_{n+1} ist die 10. Potenz von Z_n, denn es ist

$$(10^{10^n})^{10} = 10^{10^n \cdot 10} = 10^{10^{n+1}}.$$

Während $\lg Z_{n+1} = 10^{n+1}$ noch das Zehnfache von $\lg Z_n = 10^n$ beträgt, ist $z_{n+1} = \lg\lg Z_{n+1} = n+1$ nur um Eins größer als $z_n = \lg\lg Z_n = n$.

Es werden zwar die Zahlen selbst verglichen, aber nach den Logarithmen ihrer Logarithmen geordnet, und dadurch unserem Verständnis scheinbar näher gebracht.

Wir vernachlässigen sämtliche Zahlen bis $10^{10} - 1 = 9999\,999999$ als für uns zu *klein*, bilden eine Skala mit den Marken Z_1, Z_2, .., Z_n, z_{n+1}, ...:

$$10^{10^1}, 10^{10^2}, .., 10^{10^n}, 10^{10^{n+1}}, \ldots$$

und bezeichnen alle Zahlen zwischen 10^{10^n} und $10^{10^{n+1}} - 1$ als zum Abschnitt Nr. n gehörig. (S. Tafel XLV):

Tafel XLV. Unsere Zahlenabschnitte mit der Basis 10

Abschnitt Nr.	von	bis
1	10^{10}	$10^{100} - 1$
2	10^{100}	$10^{1000} - 1$
3	10^{1000}	$10^{10000} - 1$

Wie man sieht, sind die Abschnitte keineswegs gleich lang, sie wachsen vielmehr progressiv, derart, daß die Abschnitte bis zum n-ten

$$10^{10^{n+1}} / 10^{10^n} = 10^{10^{n+1} - 10^n} = 10^{10^n(10^1 - 1)} = 10^{9 \cdot 10^n}$$

mal länger sind als die bis zum $(n-1)$-ten. In diese Abschnitte ordnen wir die im elften und im zwölften Kapitel erwähnten Riesenzahlen ein, *sperren sie in Käfige,* in denen sie die ihrer Größe entsprechende Bewegungsfreiheit haben.

Vorher aber wollen wir noch das Wachsen der Abschnitte verdeutlichen, indem wir eine andere Skala betrachten, bei der dieses Wachsen – wenigstens anfangs – überschaubar bleibt, nämlich

$$2^{2^1}, 2^{2^2}, .., 2^{2^n}, 2^{2^{n+1}}, ... \text{ (Tafel XLVI)}.$$

Hier sind die Abschnitte bis zum n-ten 2^{2^n}-mal länger als die bis zum $(n-1)$-ten.

Tafel XLVI. Zahlenabschnitte mit der Basis 2

Abschnitt Nr.	von	bis
1	$2^2 = 4$	15
2	$2^4 = 16$	255
3	$2^8 = 256$	65535
4	$2^{16} = 65536$	4294967295
5	$2^{32} = 429496 7296$	18446744073709551615
6	$2^{64} = 18446 74407 37095 51616$	$2^{128}-1$

Die Anzahl der Stellen verdoppelt sich in etwa bei jedem Schritt.

Wir wollen unterstellen, jede Ziffer benötige einen Platz von 1 mm Höhe. Abschnitt 1 ist dann $16 - 4 = 12$ mm hoch:

15	255	65535
14	254	65534
13	253	
12		.
11	.	.
10	.	.
9	.	.
8		.
7		
6	18	
5	17	257
4	16	256

Abschnitt 2 bereits $256 - 16 = 240$ mm, Abschnitt 3 mehr als 65 m, nämlich $65536 - 256 = 65280$ mm, usw., s. Tafel XLVII.

Tafel XLVII. Länge der Zahlenabschnitte mit der Basis 2

Abschnitt	Länge in mm		
	10^{12}Pm	Pm	km m mm
1			12
2			240
3			65280
4			4294 901760
5		18 446744	069414 584320
6	340 282366 920938	463444 927863	358058 659840

326

Schon Abschnitt 5 hat eine Länge von mehr als 18 Billionen km oder rund 1,95 Lichtjahren, Abschnitt 6 ist rund

$$35,96875 \text{ Trillionen Lichtjahre}$$

lang. Seine Länge verhält sich zum Durchmesser unseres Weltalls (den wir mit 10 Milliarden Lichtjahren ansetzen) wie 3600 km zu 1 mm.

3600 km ist zufällig sowohl die Breite Südamerikas als auch die ungefähre Afrikas am Äquator. Im ersten Falle reise man von Esmeralda am Pacific über Quito (Ecuador), Mitu (Columbia) bis zu den brasilianischen Inseln im Amazonasdelta bei Macapi, im zweiten von Libreville (Gabun) am Atlantic über Makoua (V. Rep. Kongo), Kisangani (Dem. Rep. Kongo), Entebbe (Uganda), Kisumu (Kenya) bis Kismayu (Somalia) am Indischen Ozean. Und dann vergleiche man die Länge der jeweils zurückgelegten Reiseroute mit einem Millimeter!

Bei der Zählung nach 10^{10^z} ist der *Vorhof*, der sämtliche Zahlen bis 9999 999999 umfaßt, bereits rund 10 000 km $= 10^{10}$ mm lang, der erste Abschnitt, der erste *Käfig* 10 Sedezillionen Meter (minus 10 Millionen Meter, die demgegenüber praktisch nicht ins Gewicht fallen); also rund 10^{100} mm.

Die Amerikaner, mehr der Rationalisierung ergeben als der Tradition, schreiben gern Sexdezillionen, Octodezillionen, Novemdezillionen (für 10^{51}, 10^{57}, 10^{60}, nicht wie wir für 10^{96}, 10^{108}, 10^{114}).

10^{100} mm sind rund 10^{81} Lichtjahre – unvorstellbar, der Durchmesser unseres Weltalls beträgt, wie vermutet und schon gesagt, etwa 10^{10} Lichtjahre.

— 5 —

Nunmehr sperren wir, wie angekündigt, die interessanten, mehr oder minder bekannten, meist von uns bereits genannten Giganten in ihre Käfige ein: im Vorhof streunen die Zahlen, die weniger als elf Stellen haben, herum, die Milliarden, die Millionen, die Myriaden, unter ihnen so interessante wie die Zeit seit dem Beginn des Lebens auf Erden in Jahren ($10^{9,54}$a), die Halbwertszeit des Urans 238 ($10^{9,65}$a), die Temperatur im Inneren einer Atombombe ($2 \cdot 10^8$ K).

Wir bringen also alle Zahlen, sofern nicht schon geschehen, in die Form

$$Z = 10^{10^z}$$

und ordnen sie nach der Größe von $z = \lg\lg Z$.

Z.B. wird die Laßwitzzahl $10^{2000000}$ zu $10^{10^{6,301}}$, und die Anzahl der Atome in einer Meile (»Yoyanazahl«), welche Buddha bestimmt hatte $(384000 \cdot 7^{10})$, zu $10^{10^{1,147}}$. Der uns offenbar wohlgesinnte Zufall (*Zufall ist vielleicht das Pseudonym Gottes, wenn er nicht selbst unterschreiben will*, Anatole France) hat ausgerechnet die Ziffern 1, 1, 4, 7 im Exponenten erscheinen lassen – vielleicht hatte aber auch Buddha eine seiner duftenden Hände im Spiele.

KÄFIG 1

1,025 die römischen Staatsschulden nach der Tötung von Nero, Galba, Otho und Vitellius,  $= 4 \cdot 10^{10}$ Sesterzen.

1,041 Gesamtheit der Sterne in der Milchstraße (10^{11}).

1,071 Buddhas Söhne ($6 \cdot 10^{11}$), sechs je Stern (immer wieder die 6, vgl. das Register).

1,072 alle möglichen Bridgespiele ($6,35 \cdot 10^{11}$).

1,082 die Staatsschulden der U.S.A. Ende 1979 ($1,2 \cdot 10^{12}$ $).

1,090 maximale Temperatur (in K), bei der die Energiedichte *unendlich* wird (vgl. S. 265).

1,146 les cent mille milliards de poèmes par Queneau (s. S. 292).

1,147 die Yoyanazahl $384\,000 \cdot 7^{10}$.

1,189 alle möglichen Skatspiele.

1,222 Haydns Menuettvariationen (s. S. 292).

1,255 Borges' Feuergeister (s. S. 291).

1,256 Gesamtheit der Sterne nach dem Talmud (s. S. 292).

1,258 ›Elementaratome‹ in einem Weihrauchkorn (Joh. Chrysostomus Magnien, ›Democritus reviviscens‹, 1646).

1,285 die Sissazahl.

1,293 Anzahl der möglichen Farbmuster beim Rubik-Würfel ($= 8! \; 12! \; 2^{11} \, 3^7 / 2$).

1,342 Gesamtheit der Sterne im Weltall nach heutigem Glauben (10^{22}).

1,343 die z. Zeit größte Primzahl aus lauter Einsen: 11 Trilliarden 111 Trillionen 111 Billiarden 111 Billionen 111 Milliarden 111 Millionen 111 Tausend und 111.

1,408 Anzahl der H_2O-Moleküle in einem Liter Wasser.

1.520 alle ›Wörter‹ mit höchstens 24 Buchstaben.

1,538 die möglichen Bakterien in den Erdmeeren ($3,53 \cdot 10^{34}$).

1,582 die größte *von Menschenhand* ermittelte Primzahl $2^{127} - 1$.

1,602 Anzahl der Affen, mit denen ihr Gott und Führer Hanuman in die Schlacht zog (10^{40}): Heil Hanuman!

1,645 Anzahl der Bücher (gleichen Formats), die erforderlich sind, um schräg aufgestapelt einen Überhang von *zehn* Buchlängen zu erzielen.

1,699 wenn es ungerade vollkommene Zahlen geben sollte, müßten sie größer sein.

1,732 Buddhas *Grundzahl* (10^{54}).

1,769 Anzahl der Staubkörner im Archimedischen Weltall.

1,832 die möglichen Anordnungen von 52 Kartenblättern ($52! \approx 8.066 \cdot 10^{67}$).

1,898 die Protonen im All (entweder 10^{79}

1,903 oder 10^{80}).

1,982 *Oberon* (10^{96}), die Zahl, die Wölfli nicht überstiegen haben wollte (s. S. 268).

KÄFIG 2

2,079   die 10^{120} Weizsäckerschen Urs im Raum.

2,104   p (14031), s. S. 275.

2,114   Anzahl der Alternativen zum Proteinmolekül Zythochrom C (s. S. 307).

2,204   die 10^{160} Raum-Zeit-Urobjekte (s. S. 285).

Größere Zahlen kann uns *die Wirklichkeit,* sofern sie auf experimentell wiederholbare Meßdaten eingeengt wird, nicht bieten.

2,214 $a - a = 0$ in einer Art Gödelverschlüsselung (s. S. 293).

2,624   die Spitze des indischen Zahlenturmes.

2,637   die Gegend um 10^{434}, wo es auf tausend Zahlen im Durchschnitt nur eine Primzahl gibt.

2,778   die Zentillion oder Zentesillion (s. S. 272).

2,847   die größten 1979 bekannten Primzahlzwillinge (mit je 703 Ziffern).

KÄFIG 3

3,048   das kleinste Lösungs-x für die Pellsche Gleichung $x^2 - 1000099\,y^2 = 1$ (vgl. S. 289).

3,066   Weiter hätte, wie Lehmann nachgewiesen hat, Skewes (s. den vorvorletzten Käfig) die Grenze nicht anzusetzen brauchen, s. S. 127.

3,410   1000!, diese Zahl ist demnach größer als $10^{1000} = 10^{10^3}$.

3,479 Ω_0 (Jordanzahl, s. S. 292).

3,481   die kleinste Zahl mit genau einer Million Teilern, nämlich $2^{9900} \cdot 3^{100}$ (s. S. 274).

3,637   hier, bei 10^{4340}, kommt auf hunderttausend Zahlen durchschnittlich nur noch eine Primzahl.

3,693   Die Größenordnung der auf Grund des Satzes von E. M. Wright (s. S. 126) ermittelten vierten Primzahl der Folge 3, 13, 16381, ...; sie hat rund 4930 Ziffern.

3,699   Unterhalb dieser Grenze gibt es lediglich die auf S. 268 aufgezählten Zahlen der Form 10^n mit keiner Null in den Faktoren 2^n und 5^n.

KÄFIG 4

4,127   die größte uns bekannte Primzahl $2^{44497} - 1$ (anno 1980).

4,240   Hier ist eine Art Midgardschlange zu sehen mit 17388 Gliederziffern oder Ziffergliedern, die sich in den Schwanz beißt, damit keine verloren gehen. Aus so viel Ziffern besteht die Periode der Zahl 1/17389. Der unglaublich tatkräftige William Shanks hat diese 17388 Ziffern zu berechnen die Mühe nicht gescheut. Es handelt sich um jenen Shanks, der 1873 die Zahl π auf 707 Dezimalstellen (davon 527 richtige) ermittelt hat.

1/17389 gehört zu den oft so genannten *Kreiszahlen*. Da dieses Reizwort aber stets an π zu denken reizt, nennen wir sie *Uhrzahlen*, weil man sie ja nicht nur in einem Kreis, sondern auch auf einem Zifferblatt anordnen kann. Unter Kreiszahlen versteht man (und unter Uhrzahlen verstehen wir) solche Brüche m/n, die bei einer Umwandlung in Dezimalbrüche die höchstmögliche Periode von $n-1$ Ziffern liefern. Die ersten Uhrzahlen (auch Phönixzahlen genannt) sind

$1/7 \ = 0{,}142857\,142857\ldots$
$1/17 = 0{,}0588235294117647\,0588235294117647\ldots$
$1/19 = 0{,}052631578947368421\,052631578947368421\ldots$

Eine *uhrologische* Methode, um sie zu ermitteln, gibt es bisher noch nicht, man muß sie durch Rechnen zu finden suchen, daher Shanks' Bemühungen um 1/17389.

Multipliziert man die Periode einer Uhrzahl $1/n$ nacheinander mit 2, 3, .., $n-1$, so erhält man stets dieselben Ziffern, in derselben Reihenfolge, nur mit jeweils einem anderen Anfangsglied, wie das nachstehende einfachste Beispiel (1/7) zeigt:

$$
\begin{array}{cccccc}
1 & 4 & 2 & 8 & 5 & 7 \\
2 & 8 & 5 & 7 & 1 & 4 \\
4 & 2 & 8 & 5 & 7 & 1 \\
5 & 7 & 1 & 4 & 2 & 8 \\
7 & 1 & 4 & 2 & 8 & 5 \\
8 & 5 & 7 & 1 & 4 & 2 \\
\end{array}
$$

Ordnet man (Abb. 182) die Ziffern der ersten Zeile in einem Kreis (daher der Name Kreiszahl), dann kann man sofort sehen, daß die folgenden Zeilen obiger Liste dieselbe Ziffernanordnung aufweisen, nur mit jeweils anderem Beginn. Verbindet man die Ziffern auf dem Kreis in der durch die erste Spalte obigen *Quadrats* gegebenen Reihenfolge, so entsteht eine eigentümlich symmetrische Figur. Abb. 183 zeigt die entsprechende Figur für 1/17. Zu den Uhrzahlen gehört auch 1/47, demzufolge auch, *immer dabei,*

$11/47 = 0{,}23404255319148936170212765957446808510638297872340\ldots,$

desgleichen 1/113 und damit $355/113 = 3{,}14159292035\ldots$, der Näherungsbruch für π.

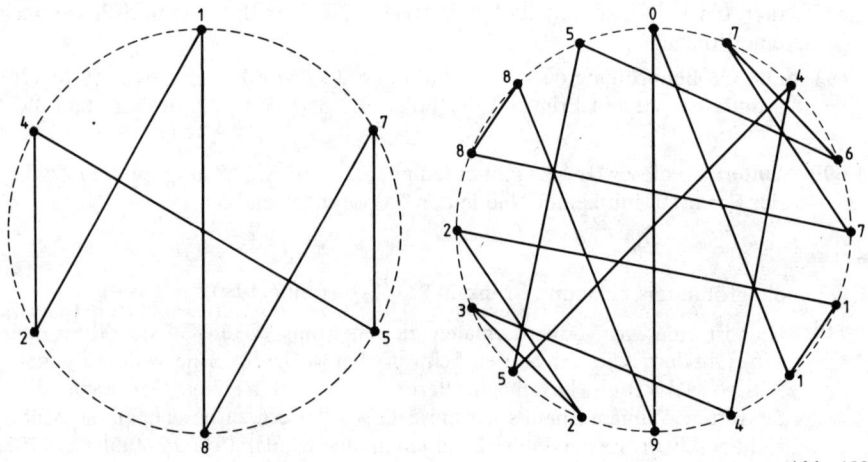

Abb. 182

Abb. 183

Hier sind wir offensichtlich »in einen Nebentraum gefallen« und entschuldigen uns mit dieser Phrase Jean Pauls.

4,428   Die 27. gerade vollkommene Zahl (s. S. 108).

4,477   bis zu dieser Grenze ($10^{10^{4,4771}}$), so unwahrscheinlich dieser Exponent auch klingen mag, hat man bisher gesucht, um die vierte Primzahl von der Form $n^n + 1$ zu finden – vergeblich. Man kennt nur

$$1^1 + 1 = \quad 2$$
$$2^2 + 1 = \quad 5$$
$$4^4 + 1 = 257.$$

(Es ist sofort einzusehen, daß n entweder gleich 1 oder gerade sein muß.)

KÄFIG 5

5,315   In ihm weiden die milchweißen, gelben, schwarzen und gefleckten Rinder des Helios, auf einer Phantominsel Trinakria jenseits unseres Raums (s. S. 295).

5,778   Tipps (zufällige Entstehung von Goethes Faust, s. S. 420).

KÄFIG 6

6,   bis zu dieser Marke hat man nach ganzen Zahlen k gesucht, welche die Gleichung

$$1^n + 2^n + \dots + k^n = (k + 1)^n \ (n \text{ ganzzahlig})$$

befriedigen. Ergebnis: kein Erfolg, außer für $1^1 + 2^1 = 3^1$.

6,301   der Lagerraum der Laßwitzschen Universalbibliothek (ohne die Borgessche Periodizität: s. S. 302, 305).

6,778   Die Million-illion = $1000000^{1000000}$.

KÄFIG 7

7,606   Die Zahl $2^{134217826} - 1$ (s. S. 102).

KÄFIG 8

8,568 $9^{(9^9)}$ oder $^3[9]$ (s. S. 294), die größte Zahl, die man mit drei Ziffern schreiben kann.

KÄFIG 9

9,479 $2^{(10^{10})}$.

KÄFIG 10

10,981 $(10^{10})!$, während 10^{10} selbst am Eingang des *ersten* Käfigs hockt; ein Beleg für das wachstumsfördernde Hormon im Fakultätszeichen!

KÄFIG 11

11      $(10^{10})^{(10^{10})}$, dieser scheinbare Viererturm ist ein Angeber, er ist *nur* dreistöckig – die Verteilung der Klammern hat schuld, vgl. Käfig 369 693 099 – und zwar gleich $10^{10^{11}}$.

KÄFIG 12

12,320   die zehnbillionste Fibonaccizahl $f_{10000000000000}$.

KÄFIG 16

16,903   die Schlußzahl des Archimedischen Zahlengebäudes.

KÄFIG 18

18,444   das Paquetpaket.

KÄFIG 19

19,000 Beitrag zur ewigen Wiederkehr, s. S. 420.

KÄFIG 22

22,301   Die kleinste Zahl mit der additiven Persistenz 5. (Zur Erläuterung: man bilde von einer Zahl die Quersumme, dann erforderlichenfalls deren Quersumme, und fahre so fort, bis man auf eine einstellige Zahl kommt und der Spaß ein Ende hat. Beispiel: 4789; 28; 10; 1. Hier braucht man drei Schritte, fachmännisch ausgedrückt: 4789 hat die additive Persistenz 3. Die kleinste Zahl dieser Art ist 199: 19, 10, 1; die kleinste mit der additiven Persistenz 4 ist gleich 20 Trilliarden minus 1, das ist eine Eins mit 22 Neunen dahinter.)

KÄFIG 40

40,234   Steinhausens $\boxed{3}$ = »3 im Quadrat« = »3 in 3 Dreiecken«.

KÄFIG 70

70,5   mehr mögliche Schachspiele gibt es wahrscheinlich nicht, eher weniger.

KÄFIG 100

100   Hier, mit dem 100-Index steht ganz vorn das Googolplex. Erster Reflex: man steht selbst perplex und setzt sich mit mindestens einem Komplex auf den Podex beim Anblick dieses Großen Bruders vom Simplex.

KÄFIG 153

153,907 Die Zahl $^4[4]$. Krönig behandelte (s. S. 323) die Folge der Zahlen

$$2^2 = 4,\ 3^{3^3} = 3^{27} = 7\,625\,597\,484\,987,\ ^4[4] = 4^{[4^{(4^4)}]} \approx 10^{10^{153,907}}$$

Dazu bemerkte er: *Um jene Zahl mit den kleinsten existierenden Lettern leserlich zu drucken,* reicht die Druckerschwärze nicht aus, die in einer Kugel enthalten wäre, welche einen Radius von einer Quintillion Lichtjahre hat (Inhalt $3,547 \cdot 10^{138}$ m^3).

KÄFIG 584

584,982 $F_{1945} = 2^{2^{1945}} + 1$; man weiß, daß sie durch $5 \cdot 2^{1947} + 1$ teilbar ist (s. S. 93).

KÄFIG 19727

19727,78 so groß ist der Wert der Ackermann-Péterschen ψ-Funktion (siehe S. 283) für das Argumentpaar 4, 3: d.i. $\psi(4, 3)$.

KÄFIG 1000006

Davor die größte in der Universalbibliothek aufgezeichnete Zahl (s. S. 316).

332

KÄFIG 6000000

6000000,778   Die Million-illion-illion $= 1000000^{1000000^{1000000}}$.

KÄFIG 369 693 099

369693099,6   Gaußens *meßbare Unendlichkeit* (s. S. 293). Sie ist nicht die größte Zahl in unserer Schau; sie wird z.b. übertroffen von der Zahl, die man erhält, wenn man hinter die größte mit drei Ziffern anschreibbare Zahl (Käfig 8) ein Ausrufungs-, d.h. das Fakultätszeichen (s. S. 47) setzt:

$$(9^{(9^9)})! > 9^{[9^{(9^9)}]},$$

wenn auch der Unterschied nicht besonders groß *erscheint*. Die logarithmierten Logarithmen sind:

$$369693108,2 > 369693099,6,$$

zwischen den Käfigen beider Zahlen liegen demnach noch acht.

KÄFIG 725739 517900 000000   die Winogradowzahl.

KÄFIG 10000 000000 000000 000000 000000 000000   die Skeweszahl.

KÄFIG 6,03 · $10^{19727} = 10^{19727,78}$ die Péterzahl $\psi(4,4)$.

Und ganz fern ist

KÄFIG $^{(3^{3^3}-2)}[3]$ · lg 3 + lg lg 3

(mit unaussprechbarer Nummer »daldaldal«), wo die Zahl 3↑↑↑↑3 kauert (s. S. 296). Bemerkenswert ist noch, daß diese unaussprechbare Käfig-Nummer dieselbe Größenordnung besitzt wie die Péterzahl $\psi(4, 7625597484982)$

$$= \psi(4, 3^{3^3} - 5).$$

Letzte Anmerkung für Supersture (off limits to laymen):

Wie geht das zu? Der Hauptfaktor der Käfignummer ist eine Potenz*treppe* aus 7625597484985 Dreiern, und der Hauptsummand des ψ-Wertes ist eine solche aus ebensoviel Zweiern. Logarithmieren von

$$a^x = b^y \text{ liefert } x \cdot \lg a = y \cdot \lg b, \text{ also}$$

$$y = x \cdot \lg a/\lg b = x \cdot b^{\lg(\lg a/\lg b)/\lg b} = x \cdot b^\gamma, \text{ wo}$$

$$\gamma = (\lg\lg a - \lg\lg b)/\lg b.$$

Ist nun x selbst von der Form

$x = a^\xi = b^\eta$, so wird $y = b^\eta \cdot b^\gamma = b^{\eta+\gamma}$, worin wiederum $\eta = \xi \cdot b^\gamma$. Nun kann und wird ξ erneut von der Form $\xi = a^{\xi_1} = b^{\eta_1}$ sein, so daß $y = b^{b^{\eta_1} + \gamma + \gamma}$ mit $\eta_1 = \xi_1 \cdot b^\gamma$.

Die Potenztreppe zur Basis 3 mit 7625597484984-stufigem Exponenten verwandelt sich daher in einen Potenz*bogen* zur Basis 2, dessen Exponent die Form eines einzigen Wellenbergs hat; die Korrektur-Summanden γ enden auf der Stufe des (ersten) Exponenten im Exponent. γ ist für $a = 3$ und $b = 2$ numerisch gleich

$$0.66444871;$$

die Korrektur-Summanden 0.66444871 spielen offenbar bloß in den Gipfellagen des

333

7 625 597 484 984-stöckigen Exponenten zur Basis 2 eine nennenswerte, d. h. numerisch gewichtige Rolle. Insbesondere hat der Subtrahend 3 im ψ-Wert auf die Größenordnung der Potenztreppe zur Basis 2 keinen Einfluß; ebenso kann man in der Käfig-Nummer nicht nur den Summanden lg lg 3, sondern auch den Faktor lg 3 »praktisch« weglassen.

——— 6 ———

Man kann auch andere Möglichkeiten wählen, um die Rangordnung der Giganten Z_n sinnfällig zu machen, zum Beispiel

$$Z = u^{u^u} = u^{(u^u)}$$

setzen und nach u ordnen. In der folgenden Tafel IIL sind dreizehn Zahlen aus den Käfigen der vorigen Seiten ausgewählt und umgerechnet worden:

Tafel IIL.   Vergleich einiger Zahlen nach $Z = u^{(u^u)}$

u ungefähr gleich	Entsprechung
3,17	Sissazahl
3,90	Weizsäckerzahl
5,12	kleinste Zahl mit genau 10^6 Teilern
5,65	größte uns bekannte Primzahl
5,74	größte untersuchte Uhrzahl
6,59	Heliosrinder
7,35	Universalbibliotheksbücher
9,00	größte Zahl aus drei Ziffern
14,50	Archimedeszahl
15,45	Paquetzahl
27,76	Steinhaus' »3 im Quadrat« = ③
56,85	Googolplex
48115000	Gaußens »meßbare Unendlichkeit« = [4][9]

wobei wir es dem Leser überlassen, ob er z.B. das Googolplex unter der Hülle

$$10^{10^{100}} \quad \text{oder als} \quad 56{,}85^{56{,}85^{56{,}85}}$$

sympathischer findet.

Es ist tatsächlich Geschmackssache; denn eine Vorstellung der Größe dieser Zahl und ihrer Genossen können beide Darstellungen nicht vermitteln. Aber wenn man bedenkt, daß zwar $1^{(1^1)} = 1$ und $2^{(2^2)} = 16$ ist, indes $3^{(3^3)}$ schon gleich 7 625 597 484 987 ($= 3\uparrow\uparrow 3$, s. S. 284), dann ahnt man, welche Kolosse $9^{(9^9)}$ oder $10^{(10^{100})}$ sein müssen. (vgl. auch S. 331 und 332).

Die uns vertrauten Zahlen, die Hunderter, die Tausender, die Millionen, Milliarden, Billionen, Trillionen sind geringe Nichtse, *Tropfen am Eimer* in Klopstockscher Sprache (s. S. 142).

Ein Gleichnis, das der Messiasdichter dem Alten Testament entnommen hat:

Jes. 40, 15: wie ein Tropfen, so im Eimer bleibt.

Sirach 18, 8: Gleichwie ein Tröpflein Wasser gegen das Meer,
und wie ein Körnlein gegen den Sand am Meer,
so geringe sind seine Jahre gegen die Ewigkeit.

Und so geringe ist die Skeweszahl gegen die Unendlichkeit – ist jede Zahl und sei sie noch so groß.

Eine andere Veranschaulichung kann die harmonische Reihe $\frac{1}{1} + \frac{1}{2} + \frac{1}{3} + \dots$ (aus Stammbrüchen) mit ihrem berühmten langsamen Wachstum bewirken; die Summe der ersten Million Glieder beträgt erst rund 14,4. Wenn die Gliederzahl »um eine Käfiglänge« wächst, so verzehnfacht sich die Teilsumme. Beispiele: Die kleinste Zahl mit einer Million Teilern steht im 3. Käfig unter 3,481, die Rinderzahl im 5. Käfig unter 5,315, die Laßwitzzahl im 6. Käfig unter 6,301. Wenn die Anzahl der Glieder der harmonischen Reihe auf die Größe dieser Zahlen angewachsen ist, beträgt ihre Teilsumme nacheinander rund 6970, 475570, 4604850.

—— 7 ——

Steinhaus hat, wie wir sahen (s. 323), auf das Quadrat gleich den Kreis folgen lassen, vermutlich weil man nach seiner Ansicht niemals höhere Vielecke als das Quadrat nötig haben wird. Leo Moser indes ersetzte den Kreis durch ein Fünfeck (er notiert also die Zahl Mega nicht als , sondern als ⑤) und läßt diesem ungezählte Polygone folgen, beginnend mit Hexagonen, Heptagonen, Oktogonen und (vorläufig) endend mit einer *2 in einem Megagon* – diese Zahl benannte Moser stolz ein *Moser* und freute sich, daß sie die größte Zahl ist (war?), die bisher einen besonderen Namen trägt, s. auch S. 398.

Dem Leser bleibt es unbenommen, die noch viel größere Zahl *10 in einem Megistogon* mit 1 *Steinhaus* zu bezeichnen, die Zahl *2 in einem Mosergon* mit 1 *Leser* und *2 in einem Lesergon* mit seinem eigenen werten Namen.

Aber auch mit 1 *»Lehmann«* oder 1 *»Meyer«* oder 1 *»Brockhaus«*, mit allen übereinander, tschulljung, purzelnden Namen aus dem munter sprudelnden Quell der Menschenbenennungen wie *Hoch, Holler, Bertig, Berndorff, Baumgartner, van Gelder, Cat Kuhmelker, T. Kuechelkram, K.K. Armleuchte ...* sind wir dem Unendlichen nicht näher gekommen und können uns nur mit den Schüttelreimen zu trösten versuchen:

Wir wollen schwindend nicht mit Schauer denken,
Ob Gott uns das Unendliche verwehrt.
Kann er Geschaffnem nicht die Dauer schenken,
So sei das Unabwendliche verehrt.

Wobei man sich (immer wieder) darüber klar sein sollte, daß es dem Menschen nicht gegeben ist, zwischen *sehr groß* und *unendlich* zu unterscheiden.

Friedrich Torberg (i.e. Kantor-Berg) hat einmal zu H.F. Kühnelts »Straße ohne Ende« geschrieben:

Worte wie ›Ewigkeit‹, ›unendlich‹, ›grenzenlos‹ und dergleichen sind in der Literatur … niemals ganz ernst zu nehmen. Auch die Straße ohne Ende ist keine solche, sondern dauert nur zwei Stunden…

Mit dem Unendlichen konfrontiert wurde Faust (sofern er nicht Opfer eines Blendwerks der Hölle war), als er zu Mephisto sagte: *Du nennst dich einen Teil, und stehst doch ganz vor mir?* Denn das kann nur das Unendliche:

Alle geraden Zahlen zusammen sind ein Teil aller ganzen Zahlen, und doch gibt es nicht mehr ganze Zahlen als gerade Zahlen.

Allerdings wird nicht jeder dem Schöpfer der Mengenlehre, Georg Cantor, beipflichten, der sich die Menge der Zahlen irgendwie abgeschlossen vorstellte (oder sich vorzustellen wähnte), sondern mit Henri Poincaré die Zahlen als etwas Werdendes ansehen.

Aber auch das werdende Unendlich kann abgeschlossen erscheinen, wie die folgende Geschichte zeigt.

Mat Quarré (vgl. S. 163) kam kürzlich in den Besitz einer quadratischen Leinwand von 16 m Seitenlänge und darauf, darauf sein restliches Lebenswerk abzulagern:

Zuerst zeichnete er auf das noch jungfräuliche Linnen ein zum Rand paralleles und konzentrisches Quadrat mit der Seitenlänge 8 m (Abb. 184a), das *Urquadrat.* (Dieses ist in den Abbildungen, ebenso wie der Rand, stärker ausgezogen.) Dann halbierte er die Abstände des Urquadrats vom Rand und vom Mittelpunkt und schuf zwei weitere konzentrische und parallele Quadrate durch die Halbierungspunkte (Abb. 184b).

Der Abstand des größeren Quadrats vom Rand, sowie der des kleineren vom Mittelpunkt wurden nun wieder halbiert, je zwei weitere Quadrate – auf den Rand zu und nach dem Mittelpunkt hin – hingehaucht (Abb. 184c), und so ging's weiter (Abb. 184d). Es war Quarré klar, daß er viel Zeit brauche, um sein Werk einigermaßen zu fördern, daß er theoretisch unendlich viel Zeit benötige, bis zur letzten Linie, sowohl nach außen (zum Rand hin) wie nach innen (zum Mittelpunkt hin). Aber was ihm nicht einleuchten will: warum steigt der Verbrauch an Zeichenmaterial nach außen über alle Grenzen, aber nicht nach innen?

Quarré ist Künstler, et non modo iudex (vgl. S. 202), sed etiam artifex non calculat. Wir aber rechnen schnell aus, daß die Summe der Umfänge aller Quadrate außerhalb des Urquadrats gleich

$$4 \cdot (12 + 14 + 15 + 15\tfrac{1}{2} + 15\tfrac{3}{4} + \dots)\, m =$$
$$4 \cdot [(16 - 4) + (16 - 2) + (16 - 1) + (16 - \tfrac{1}{2}) + (16 - \tfrac{1}{4}) + \dots]\, m$$

ist, also keine Grenze hat, denn stets kommen innerhalb der eckigen Klammer Zahlen hinzu, die sich immer weniger von 16 unterscheiden.

Die Summe aller Quadratumfänge innerhalb des Urquadrats ist hingegen gleich

$$4 \cdot [4 + 2 + 1 + \tfrac{1}{2} + \tfrac{1}{4} + \dots]\, m = 4 \cdot 8 = 32\, m.$$

Für die Herstellung dieser *unendlich vielen* Quadrate (Abb. 185) wird daher soviel Material verbraucht wie für den Umfang des Urquadrats oder für den eines Rechtecks vom dreifachen Inhalt des ersten inneren Quadrats (Abb. 186) (Inhalt $3 \cdot 4^2 = 4 \cdot 12 = 48\, m^2$, Umfang $2 \cdot (4 + 12) = 32\, m$): ein schönes längliches Quadrat im Sinne Goethes (s. S. 25).

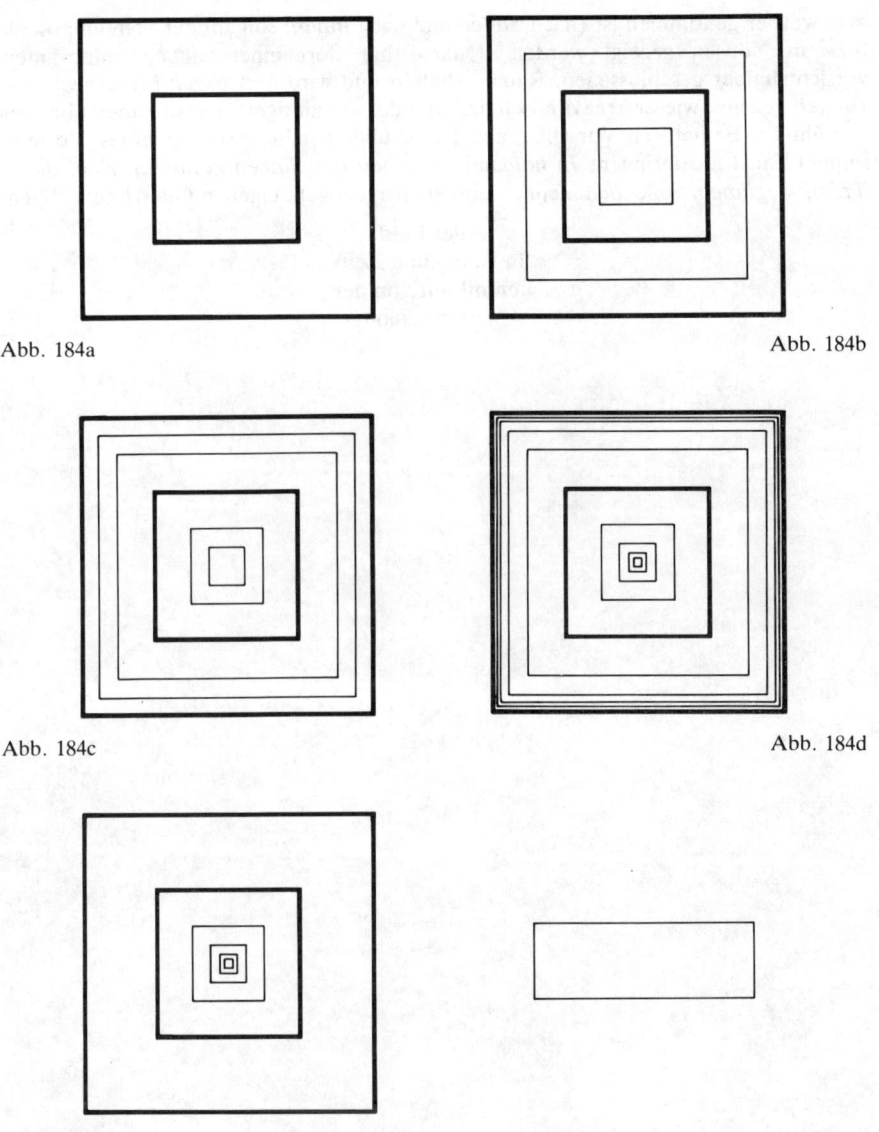

Abb. 184a

Abb. 184b

Abb. 184c

Abb. 184d

Abb. 185

Abb. 186

Aber das Urquadrat konnte Quarré in wenigen Minuten *erstellen;* weil er jedoch für jedes der ineinandergeschachtelten Quadrate einige Zeiteinheiten braucht, deren Zahl vielleicht sinkt, aber nicht unter eine gewisse Schwelle – deshalb kann er nimmermehr fertig werden.

Wie weit er gekommen ist (nach *außen* und nach *innen*) soll auf der »omnimpotenta 0,7« in Nonsen gezeigt werden. Quarré hat dort einen eigenen imposanten, vorsichtshalber geschlossenen, Raum erhalten und wird dort *gegen Mitternacht und Entgelt* gezeigt, wie er kreavitätisch das Bild der endgültigen Gestalt näherzubringen bemüht ist. Er hat den Vorschlag abgelehnt, über der Leinwand Goethes Worte zu seinem Faust anzubringen: *In holder Dunkelheit der Sinnen konnt ich wohl diesen Traum beginnen, vollenden nicht!*, vielmehr vorgezogen, eigenen *Quarrk* zu fertigen:

Alles Leid
in Raum und Zeit
kommt nur von der
UN-ENDLICHKEIT.

Kapitel 14

Du kannst nicht bis gig zählen

Das Unwahrscheinliche, hier wird's Ereignis

Nach drüben ist die Aussicht uns verrannt . . .
Faust II, 5, Mitternacht (Faust)

Soll zwischen uns kein fernster Zwist sich regen!
Ich liebe mir den Zaubrer zum Kollegen.
Faust II, 1, Lustgarten (Schatzmeister)

—— 1 ——

Daß wir beliebig weit die Folge der Kardinalzahlen 1, 2, 3, ... durchlaufen können, davon sind wir ebenso überzeugt wie von der Tatsache, daß wir bei diesem Spiel niemals ein Ende erreichen werden.

In der Praxis kämen wir allerdings nicht sehr weit – das ist im Kap. 11 gezeigt worden –, aber in Gedanken können wir jeder noch so großen Schar von Strichen beliebig viele weitere hinzufügen.

Bis Unendlich könnten wir aber dabei nicht kommen; denn andernfalls hätten wir das Ende unserer Zahlenfolge erreicht, die gefühlsmäßig und definitionsgemäß (*un*-endlich) kein Ende haben kann, darf, soll.

Nehmen wir einmal für einen Augenblick an (positum quia absurdum), es gäbe die Zahl *Unendlich,* und nennen diese letzte Zahl der Folge der natürlichen Zahlen, diese letzte und größte Kardinalzahl, abgekürzt u; u wäre das nebulose Gegenstück zur konkreten Null – auch ein suspekter Einzelgänger, der sich nicht allen Regeln unterwirft, welchen seine Kameraden klaglos gehorchen.

Wenn nun diese letzte Kardinalzahl u existiert, was bedeutet dann $u + 1$, was $u + 2$? Die allerletzte, die allerletzteste? Nein, $u + 1$ (allgemein $u + a$) kann, wegen der Annahme, u sei die unwiderruflich letzte Zahl, nur *höchstens gleich u* sein: $u + 1 \leqq u$,

woraus, wenn man auf beiden Seiten das Super-Monstrum u abzieht, die absurde Beziehung

$$1 \leqq 0$$

folgt. Woraus wieder folgt, daß es keine größte Zahl u gibt, daß man beim Zählen an kein Ende kommt, so wenig wie das Ende eines Regenbogens erreichbar ist.

Solch sunderbares experimentum ist lediglich dem Doktor Faust im Schloß des Odenwaldstädtchens Boxberg gelungen: *D. Faustus streckt die Hand heraus, alsbald ging der Regenbogen über das Städtlein her, gegen dem Schloß zu, bis an das Fenster, daß also D. Faustus den Regenbogen mit der Hand faßt und aufhielt* (G. R. Widmanns Faustbuch von 1599).

Für unseren gesunden Menschenverstand ist mit dem Traum von der *letzten* Zahl der Traum von einer irgendwie abgeschlossenen Menge der Kardinalzahlen verflogen. So wie jede natürliche Zahl (ausgenommen die am Anfang stehende) einen Vorgänger hat, so hat sie auch einen Nachfolger, ob sie nun 10 oder 10^{10} oder $10^{10^{10}}$ heiße:

$$10 \quad - 1 < 10 \quad < 10 \quad + 1$$
$$10^{10} \quad - 1 < 10^{10} \quad < 10^{10} \quad + 1$$
$$10^{10^{10}} - 1 < 10^{10^{10}} < 10^{10^{10}} + 1,$$

ein Meilenstein folgt dem anderen in unverrückbar gleichem Abstand, so weit der Gedanke reicht.

Wir verhalten uns wie Heinrich Powenz (s. S. 405), der meint, Parallele könnten sich nie schneiden, auch im Unendlichen nicht; denn dort seien sie genau so weit voneinander entfernt wie hier. Aber man kann sich selbst in Gedanken nicht an den *Ort* des Unendlichen versetzen, um sich *dort* die Parallelen zu begucken. Auch Schiller scheint uns dies nicht bedacht zu haben, als er die beiden Weltenwanderer sich begegnen ließ: *Vor dir Unendlichkeit …, Wandrer, auch hinter mir … –* wie wollten das diese Kosmoviatoren wissen, wenn sie nicht selbst dort gewesen wären, und wie wohl hätten sie dort gewesen sein können?

Die Überzeugung, daß *das Unendliche* nichts Faßbares ist, teilen wir mit vielen berühmten Mathematikern. Henri Poincaré verstand darunter die Möglichkeit, unaufhörlich neue Objekte zu schaffen, unabhängig von der Zahl der bereits geschaffenen, und Gauß hielt es für eine *facon de parler* (1831),

so wie er die von uns mehrmals angeführte Zahl
$$9^{[9^{(9^9)}]}$$
eine »*meßbare Unendlichkeit*« genannt haben mag.

Mit ihnen stimmt der *magische Idealist* Novalis-Hardenberg überein: *Unendliche Größen sind werdende Größen.*

Wir wollen aber auch ein anderes Fragment dieses Romantikers nicht unterdrücken: *Eine Wissenschaft gewinnt durch Fressen, durch Assimilieren andrer Wissenschaften usw. So die Mathematik durch den gefressenen Begriff der Unendlichkeit.*

Schon Blaise Pascal neigte unserer Ansicht zu:

Wir erkennen, daß es ein Unendliches gibt, und wissen nichts von seiner Natur. Da wir wissen: es ist falsch, daß die Anzahl der Zahlen endlich ist, muß es wahr sein, daß es eine Unendlichkeit von Zahlen gibt, aber wir wissen nicht, w a s sie ist. Es ist falsch, daß sie gerade ist, es ist falsch, daß sie ungerade ist; denn durch das Hinzufügen der Einheit verändert sie ihre Natur nicht.

Und Adelbert von Chamisso meinte in seinem »Faust, Ein Versuch« (1808): *Es gab, zu a h n e n das Unendliche, der Vater dir den Geist.* Zu ahnen, nicht zu begreifen. Denn es ist doch kaum anzunehmen, daß unser durch den begrenzten Wortschatz der Sprache begrenztes Denken fähig ist, mit *dem* Unendlichen, diesem ungreifbaren Un-Begriff vernünftig umzugehen.

——— 2 ———

Auf jeden Fall erscheint er dem Unbedarften als unheimlich, besonders bei dem Ineinanderfließen von endlich und unendlich. Betrachten wir ein Quadrat der Seitenlänge 1 (Abb. 187), das durch unendlich viele Querstriche zuerst halbiert, dann geviertelt, geachtelt undsofort ist. (Vgl. auch S. 336.)

Wir teilen dies Gebilde durch eine Diagonale, rücken die beiden dadurch entstandenen ›Dreiecke‹ etwas auseinander und gelangen mit Hilfe einiger Stricheleien und Radiereien zu den Abbn. 188a und b, zwischen denen auch die Diagonale und die Seitenlinien des Quadrats säuberlich aufgeteilt sind. Die linke Figur erschüttert uns nicht, die dargestellte gebrochene Linie *ist unendlich lang* (d. h. sie *wäre* es, wenn man sämtliche Querlinien hinzeichnen könnte); denn sie besteht aus unendlich vielen Teilstrecken, von denen die waagerechten unter ihnen nacheinander gleich $\frac{1}{2}, \frac{3}{4}, \frac{7}{8}, \frac{15}{16}, \frac{31}{32}, \ldots$ sind und sich immer mehr der 1 nähern – und viele fast 1 ergeben *schließlich* unendlich. Aber auch die rechte Figur besteht aus unendlich vielen Teilstücken – und trotzdem hat sie eine endliche Länge (nämlich $(6 + \sqrt{2})/3 = 2{,}4714045 \ldots$, wieder tauchen 4, 7, 1 nebeneinander auf). Wir haben dieses Problem des *Grenzwertes* in früheren Kapiteln und auch sonst schon angedeutet, es ist das Problem des Zenon und hat bereits Griechenlands Mathematiker und Philosophen heftig bewegt. In dem *apeiron*, dem Unendlichen, sahen auch sie etwas Unheimliches, unfaßbar dem menschlichen Denken, daher leicht zu Trugschlüssen und Widersprüchen führend.

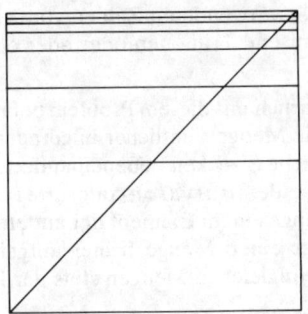

Abb. 187

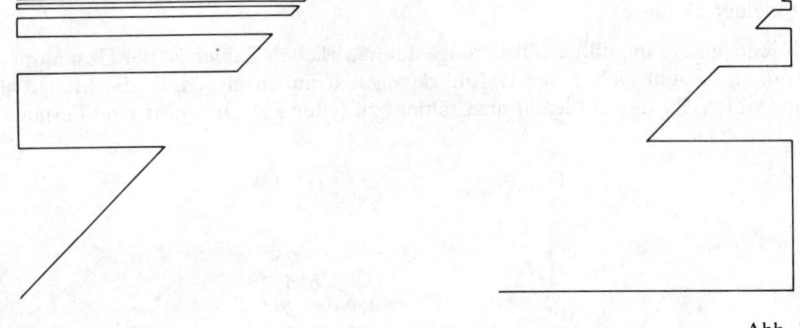

Abb. 188a   Abb. 188b

3

Tatsächlich darf man an das Unendliche nicht allzu sorglos herangehen, darf die Regeln, die wir für endliche Mengen als richtig erkannt haben, nicht kritiklos auf eine unendliche Menge anwenden. Schon der Pythagoreer Philolaos (um −450), Lehrer des Archytas (s. S. 203), betont: *Die Natur der Zahl läßt keine Täuschung zu, ... denn diese ist ihnen fremd. Täuschung und Neid liegen in der Natur des Unbegrenzten und Unerkennbaren und Vernunftlosen.*

Die Griechen machten daher möglichst keine Aussagen über das Unendliche; bekannt ist Euklids Satz über die Menge der Primzahlen. Er sagte nicht: *Die Menge der Primzahlen ist unendlich.*; er zeigte und bewies und schrieb vielmehr:

Die Primzahlen sind mehr als jede vorgelegte Menge von Primzahlen, auf gut griechisch: *Oi prōtoi arithmoi pleious eisi pantos tou protethentos plēthous prōntōn arithmōn* (Buch IX, 20).

Ein uns *im Blute liegender* Satz, der für uns eines Beweises nicht bedarf, lautet

EIN TEIL IST KLEINER ALS DAS GANZE.

In der Menge der ersten hundert Zahlen gibt es fünfzig ungerade, genau die Hälfte, die Menge der ungeraden Zahlen ist ein Teil der Menge aller Zahlen, demnach kleiner als diese. Sofern die Menge aller verwendeten Zahlen von 1 bis 100 reicht oder bis 1000 oder 100000 oder hunderttausend Trillionen oder oder oder. Doch gilt dies nicht für unendliche Mengen.

Wir haben uns früher ausführlich mit diesem Problem befaßt und gezeigt, daß man zwei unendliche Mengen, z. B. die Menge sämtlicher ungeraden Zahlen und die sämtlicher Zahlen, nicht wie zwei endliche Strecken nebeneinanderlegen kann, um festzustellen, welche kleiner ist. Sie sind beide *äquivalent* oder *gleichmächtig;* denn man kann jedes Element der einen Menge einem Element der anderen zuordnen ad infinitum (!), ohne daß die Elemente der einen Menge früher aufgebraucht werden als die der anderen (was bei endlichen ungleichen Mengen stets der Fall ist).

Man sagt, die Menge der ungeraden Zahlen sei *abzählbar*:

$$1 \quad 3 \quad 5 \quad 7 \quad 9 \quad 11 \quad 13 \quad 15 \quad 17 \quad 19 \quad 21 \ldots$$
$$1 \quad 2 \quad 3 \quad 4 \quad 5 \quad 6 \quad 7 \quad 8 \quad 9 \quad 10 \quad 11 \ldots$$

und damit genau so *mächtig* wie die Menge der natürlichen Zahlen (also, obwohl Teil, nicht kleiner als diese).

Auch jede andere unendliche Teilmenge der natürlichen Zahlen ist der Gesamtmenge *äquivalent,* so sehr sich unser Gefühl dagegen sträuben mag, z. B. die Menge aller Fermatzahlen F_n; sie sind leicht abzuzählen: zu jeder Zahl n gehört eine Fermatzahl $2^{2^n} + 1$, also zu

(0)	(3)
1	5
2	17
3	257
4	65537
5	4294967297
6	18446744073709551617,

alles gute Bekannte aus Tafel VII, S. 92. Sogar eine so *löcherige* Menge wie die aller Zahlen von der Form $10^{10^{n!}}$ ist der Menge aller natürlichen Zahlen äquivalent: man zählt ab

Nr. 1 ist 10^{10}
Nr. 2 ist 10^{100}
Nr. 3 ist $10^{1000000}$
Nr. 4 ist $10^{1000000000000000000000000}$
Nr. 5 ist 10 hoch – die 120 Nullen des Exponenten aufzureihen, ersparen wir der Setzerin.

Bei dieser Gelegenheit wollen wir mit möglichst vielen unserer Leser das Hotel Dawuhd in Bab'el betreten, jenen Turmbau mit unendlich vielen Stockwerken zu je 1000 Zimmern, den David Hilbert ersonnen haben soll. Auch wenn dies Gebäude voll belegt wäre, in jedem Zimmer einen Gast beherbergte, brauchten wir nicht zu befürchten, abgewiesen zu werden, und wären wir noch so viele: Die Leitung der Karawanserei quartiert einfach zügig um: z. B. bekommt jeder schon vorhandene Gast das Zimmer, welches die Nummer seines bisherigen Raumes mit drei Nullen dahinter trägt (von Nr. 1 gehts nach Nr. 1000, von Nr. 4711 zu 4711000). Dadurch werden in jeder Etage 999 Zimmer frei: das eben noch voll besetzte Hotel steht zu 99,9 % leer, ohne daß ein Mensch es verlassen hat.

Auch Versuche, zu zeigen, daß *kompaktere* Mengen mächtiger sind als die der natürlichen Zahlen, weil nicht abzählbar, scheitern:

Wenn wir etwa nicht nur die *Meilensteine* 1, 2, 3, … betrachten, sondern die doch *offensichtlich* viermal so große Menge

$$\frac{1}{4}, \frac{1}{2}, \frac{3}{4}, 1, \frac{5}{4}, \frac{3}{2}, \frac{7}{4}, 2, \frac{9}{4}, \frac{5}{2}, \frac{11}{4}, 3, \frac{13}{4}, \frac{7}{2}, \frac{15}{4}, 4, \ldots$$

(zu jeder natürlichen Zahl gehören die vor ihr stehenden drei Brüche), so zeigt eine leichte Umformung in

$$\frac{1}{4}, \frac{2}{4}, \frac{3}{4}, \frac{4}{4}, \frac{5}{4}, \frac{6}{4}, \frac{7}{4}, \frac{8}{4}, \frac{9}{4}, \frac{10}{4}, \frac{11}{4}, \frac{12}{4}, \frac{13}{4}, \frac{14}{4}, \frac{15}{4}, \frac{16}{4}, \ldots,$$

daß zu jeder Zahl n der Bruch $n/4$ gehört, beide Mengen demnach *gleichmächtig* sind.

Die Menge der natürlichen Zahlen scheint die *Standardmenge* zu sein, der alle anderen Mengen äquivalent sind, ganz gleich, ob man sich über sie erhebt und *verdünntere* Mengen betrachtet oder die unter ihr befindlichen mit (anscheinbar) mehr Elementen. Wir können mit Mephisto sagen:

Versinke denn! Ich könnt auch sagen: steige! 's ist einerlei. Entfliehe dem Entstandnen in der Gebilde losgebundne Reiche! (vgl. S. 284.)

(»Faust II«, 1, Finstere Galerie – für den Frankfurter Goethe raimte sich schtaiche auf Raiche.)

Wir haben nun (ein-)gesehen, für unendliche Mengen U gilt

$$U = aU,$$

's ist einerlei, ob a kleiner oder größer als 1 ist.

Wir betreiben hier, naiv wie wir sind, Mathematik und Logik wie empirische Wissenschaften und stellen auf Grund unserer *Experimente* fest: Alle unendlichen Mengen sind einander gleich, und das muß ja wohl so sein, denn Unendlich ist eben Unendlich, da gibt's keine Einteilungen.

4

Zu diesem Ergebnis sind wir gekommen, nachdem uns auch der Nachweis mißlungen ist, die Menge aller rationalen Zahlen, also aller Brüche von der Form *m/n*, sei nicht abzählbar, demnach mächtiger als unsere Standardmenge. Um dies zu zeigen, haben wir jeder Zahl alle Brüche zugeordnet, welche diese Zahl als *Zähler* aufweisen – und das sind unendlich viele. Folglich, schlossen wir, gehören zu jeder Zahl der Standardmenge unendlich viele Brüche, deren Menge also *unendlicher,* mächtiger, sein *muß.* (Tafel IL)

Tafel IL. Eine Anordnung der rationalen Zahlen

1	←	$\frac{1}{1}$	$\frac{1}{2}$	$\frac{1}{3}$	$\frac{1}{4}$	$\frac{1}{5}$	$\frac{1}{6}$	$\frac{1}{7}$ …
2	←	$\frac{2}{1}$	$\left(\frac{2}{2}\right)$	$\frac{2}{3}$	$\left(\frac{2}{4}\right)$	$\frac{2}{5}$	$\left(\frac{2}{6}\right)$ …	
3	←	$\frac{3}{1}$	$\frac{3}{2}$	$\left(\frac{3}{3}\right)$	$\frac{3}{4}$	$\frac{3}{5}$ …		
4	←	$\frac{4}{1}$	$\left(\frac{4}{2}\right)$	$\frac{4}{3}$	$\left(\frac{4}{4}\right)$ …			
5	←	$\frac{5}{1}$	$\frac{5}{2}$	$\frac{5}{3}$ …				
6	←	$\frac{6}{1}$	$\left(\frac{6}{2}\right)$ …					
7	←	$\frac{7}{1}$ …						

An diesem Bild ändert sich auch nichts Wesentliches, wenn wir alle diejenigen rationalen Zahlen, die bereits vorgekommen sind, bei erneutem Auftreten streichen (in unserer Aufstellung durch Einklammern angedeutet).

Indessen beweist unsere Argumentation nur, daß wir *so* keine abzählbare Ordnung der Brüche erhalten (ebensowenig übrigens, wenn man die Brüche mit gleichen *Nennern* zusammenfaßt, also der 7 die Folge $\frac{1}{7},\frac{2}{7},\frac{3}{7},\frac{4}{7},\frac{5}{7},$ … gegenüberstellt usw.). In beiden Fällen haben wir die Brüche in lauter Kolonnen unendlicher Länge angeordnet.

Georg Cantor (1845 bis 1918), der Vater der Mengenlehre, verstand besser einzuteilen. Er faßte die Brüche weder nach gleichen Zählern noch nach gleichen Nennern zusammen, sondern nach gleichen *Summen von Zähler und Nenner.* Alle so gewonnenen Kolonnen sind endlich (man überzeugt sich sofort, daß zur Summe $S = Z + N$ genau $S - 1$ Brüche gehören, von denen gegebenenfalls einige, weil bereits vertreten, zu streichen sind). Zu

$S = 7$ gehören die sechs Brüche $\dfrac{1}{6}, \dfrac{2}{5}, \dfrac{3}{4}, \dfrac{4}{3}, \dfrac{5}{2}, \dfrac{6}{1},$ zu

$S = 6$ gehören die fünf Brüche $\dfrac{1}{5}, \left(\dfrac{2}{4}\right), \left(\dfrac{3}{3}\right), \left(\dfrac{4}{2}\right), \dfrac{5}{1}.$

Wir vermögen die Cantorsche Einteilung aus der unseren dadurch zu gewinnen, daß wir die Zeilen gegeneinander um je ein Element nach rechts verschieben (Tafel L).

Tafel L.   Die Cantorsche Anordnung der rationalen Zahlen

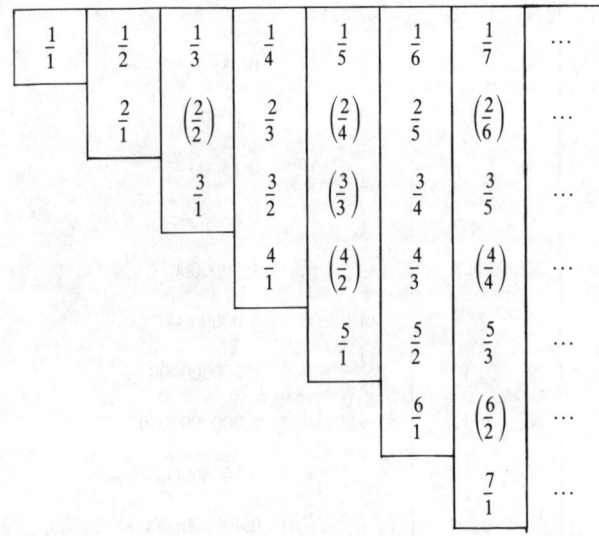

Dann stehen in den Spalten die Cantorschen *endlichen* Kolonnen.

Man kann sie auch durch Schrägstriche in unserer Tafel IL erhalten – daher die üblich gewordene Bezeichnung *Diagonalverfahren* (jedoch keineswegs *Cantorsches* Diagonalverfahren, vielmehr Cauchysches, wie es die Koeffizienten-Indizes beim Ausmultiplizieren zweier Potenzreihen schon früher nahelegten).

Und so können wir offensichtlich sämtliche rationalen Zahlen, die ganzen und die Brüche, ordnen und abzählen (dabei sind die eingeklammerten weggelassen):

1 2 3 4 5 6 7 8 9 10 11 12 13 14 15 16 17 18 19 20 21 ...

$\dfrac{1}{1}\,\dfrac{1}{2}\,\dfrac{2}{1}\,\dfrac{1}{3}\,\dfrac{3}{1}\,\dfrac{1}{4}\,\dfrac{2}{3}\,\dfrac{3}{2}\,\dfrac{4}{1}\,\dfrac{1}{5}\,\dfrac{5}{1}\,\dfrac{1}{6}\,\dfrac{2}{5}\,\dfrac{3}{4}\,\dfrac{4}{3}\,\dfrac{5}{2}\,\dfrac{6}{1}\,\dfrac{1}{7}\,\dfrac{3}{5}\,\dfrac{5}{3}\,\dfrac{7}{1}$ ...

Die rationalen Zahlen sind demnach, allerdings in einer *unnatürlichen* Reihenfolge geordnet, abzählbar und daher genau so mächtig wie die natürlichen Zahlen allein. Die Reihenfolge möge der Leser graphisch darstellen (wobei für die weggelassenen Zahlen keine Lücken gelassen werden sollen). Dann sieht er deutlich: es sind die Brüche (vermutlich zur Verzweiflung jedes Hauptfeldwebels – aber auch jedes kommandierenden Generals) mitnichten der Größe nach angetreten; aber dieses Kunststück brächten auch die Eulerschen 36 Offiziere (S. 80) den Brüchen nicht bei.

In Dezimalbruchform sieht der Anfang der Folge so aus (Tafel LI):

Tafel LI.   Anfang der Cantorschen Zahlenordnung in Dezimalbruchform

Nr.	1	1 =	$1, \ldots$
Nr.	2	$\frac{1}{2}$ =	$0,5 \ldots$
Nr.	3	2 =	$2,00 \ldots$
Nr.	4	$\frac{1}{3}$ =	$0,333 \ldots$
Nr.	5	3 =	$3,0000 \ldots$
Nr.	6	$\frac{1}{4}$ =	$0,25000 \ldots$
Nr.	7	$\frac{2}{3}$ =	$0,666666 \ldots$
Nr.	8	$\frac{3}{2}$ =	$1,5000000 \ldots$
Nr.	9	4 =	$4,00000000 \ldots$
Nr.	10	$\frac{1}{5}$ =	$0,200000000 \ldots$
Nr.	11	5 =	$5,0000000000 \ldots$
Nr.	12	$\frac{1}{6}$ =	$0,16666666666 \ldots$
Nr.	13	$\frac{2}{5}$ =	$0,400000000000 \ldots$
Nr.	14	$\frac{3}{4}$ =	$0,7500000000000 \ldots$
Nr.	15	$\frac{4}{3}$ =	$1,33333333333333 \ldots$
Nr.	16	$\frac{5}{2}$ =	$2,500000000000000 \ldots$
Nr.	17	6 =	$6,0000000000000000 \ldots$
Nr.	18	$\frac{1}{7}$ =	$0,14285714285714285 \ldots$
Nr.	19	$\frac{3}{5}$ =	$0,600000000000000000 \ldots$
Nr.	20	$\frac{5}{3}$ =	$1,6666666666666666666 \ldots$
Nr.	21	7 =	$7,00000000000000000000 \ldots$

Bekanntlich brechen die Dezimalbrüche rationaler Zahlen entweder ab $\left(\frac{1}{4} = 0,25 = 0,250000\ldots\right)$ oder sie sind periodisch ohne oder mit Vorzahlen $\left(\frac{1}{3} = 0,\bar{3} = 0,333\ldots, \frac{1}{6} = 0,1\bar{6} = 0,1666\ldots\right)$.

Dezimalbrüche, welche weder abbrechen noch periodisch werden, können also keine rationalen Zahlen darstellen.

Wir wollen vergessen, daß wir irrationale Zahlen wie

$$\sqrt{2} = 1{,}414213562\ldots$$
$$\varphi = 0{,}618033988\ldots$$
$$\pi = 3{,}141592653\ldots$$

und viele andere kennen, vielmehr so tun, als lebten wir noch in der beruhigt-beruhigenden Welt des Pythagoras, in der nur ganze Zahlen und deren Verhältnisse, also nur rationale Zahlen, vorkamen.

Offenbar sind in Tafel LI sämtliche rationalen Zahlen einfangbar, wenn man sie nur *weit genug* fortsetzen wollte (könnte). Trotzdem gibt es noch unzählig viele Dezimalbrüche, welche in der Aufstellung nicht enthalten sind. Um dies zu zeigen, nehmen wir von der Zahl Nr. 1 (1,000...) die erste Stelle (1,), von Nr. 2 (0,5) die zweite (,5), von Nr. 3 die dritte usw. und setzen sie zu

$$1{,}503006000060030050060\ldots$$

zusammen. Diese Zahl hat gemäß ihrer Entstehung mit *jeder* rationalen Zahl mindestens eine Stelle gemeinsam. Nun erhöhen wir jede Stelle dieser Zahl um 1 und erhalten

$$Z_0 = 2{,}6141171111711411161 71\ldots$$

– wo Ziffern 9 vorkommen, sind sie auf 0 zu *erhöhen* –,

eine Zahl, die gemäß ihrer Entstehung von *jeder* rationalen Zahl an mindestens einer Stelle abweicht. Daher kann sie keine rationale Zahl sein – wir haben eine irrationale Zahl geschaffen.

(Allerdings hätten wir, um die Wertgleichheit von Neunerperioden mit 0-Perioden resp. Dezimalbruch-Abbruch zu berücksichtigen und für Z_0 auszuschließen, auf 9 und auf 0 beim Erhöhen verzichten, also etwa für 8 und 9 abweichend 1 bzw. 2 oder 7 bzw. 8 vorschreiben sollen. *Merke:* $0{,}5\bar{0} = 0{,}4\bar{9}$ etc.!)

Ganz nebenbei: zufällig drängen sich am Anfang von Z_0 die »Elemente« der von uns so geliebten, staatlich geschützten und weltweit geschätzten Zahl 4711.

Wir können das Spiel weitertreiben, indem wir Z_0 als Nr. 0 an die Spitze der Tafel LI setzen und nach obigem Rezept Z_{-1} herstellen und so fort, *unendlichoft.* Womit doch wohl feststeht, daß auch die irrationalen Zahlen abzählbar sind, wenn auch sozusagen *nach der anderen Seite,* von 0 über −1 und −2 undsoweiter, und wenn auch mit einer reichlich bizarren Konstruktionsmethode.

Und eben diese Methode macht uns bedenklich. Die *rationalen* Zahlen hatten wir dank dem Cantorschen Kunstgriff der Koppelung von Zähler und Nenner fest im Griff, wir sind völlig sicher, daß uns beim Abzählen keine rationale Zahl entgehen kann. (Und wir haben im übrigen dazu gelernt, daß auch $U^2 = U$ ist.) Hier, bei den irrationalen Zahlen, haben wir diese Gewißheit jedoch nicht. Wir wissen lediglich, daß jede von uns konstruierte Irrationalzahl sich von allen rationalen und den bereits vor ihr konstruierten irrationalen unterscheidet, doch ob die Konstruktion wirklich *sämtliche* Irrationalzahlen liefert, das entzieht sich unserer Kenntnis – ja, bei dem 9 und 0 aussparenden *Sicherheits*-Verfahren wissen wir sogar, daß alle konstruierten Irrationalzahlen durchweg weder Neunen noch Nullen aufweisen, was nicht bei sämtlichen Irrationalzahlen der Fall sein kann.

Mit dieser Darstellung wollen wir lediglich einen Hochschein über ein Gebiet geben, in dem es, wie man sieht, weniger auf mathematische Kenntnisse als auf richtige logische Schlüsse ankommt.

Mit anderen Worten: wir haben mit unserer Methode zweifellos eine abzählbare Menge irrationaler Zahlen konstruiert, aber wir können nicht garantieren, malheureusement, daß wir auf solche Weise *alle* zu erfassen vermögen.

6

Georg Cantor war davon überzeugt, daß die Irrationalzahlen in ihrer Gesamtheit nicht abzählbar, daß ihre Menge also mächtiger als die Menge der natürlichen Zahlen sei (ist). Zum Beweis ging er nicht, wie wir vorhin, von der abgezählten Menge der *rationalen* Zahlen aus, sondern von der Menge aller *reellen* (rationalen *und* irrationalen) Zahlen, deren Elemente er sich *irgendwie* vollständig untereinandergeschrieben dachte. Wenn er auf diese vollständige Menge die eben geschilderte Methode anwendete, erhielt er eine Zahl, die sicher nicht in der Menge vorhanden war, obwohl diese doch nach Voraussetzung *alle* umfassen sollte. Folglich, so schloß Cantor, kann es sich nicht um eine abzählbare Menge handeln, die Menge der reellen (und damit die Menge der irrationalen) Zahlen ist nicht abzählbar, ist mächtiger als die Menge der natürlichen Zahlen.

Diese Schlußfolgerung, die von den sogenannten *Intuitionisten* nicht anerkannt, von den *Formalisten,* an der Spitze David Hilbert, gebilligt wurde, mutet dem armen gesunden Menschenverstand einiges zu. Das tun n. b. bereits die rationalen Zahlen: zwischen je zwei von ihnen kann man leicht beliebig viele neue setzen, keine rationale Zahl hat folglich einen ›Nächsten‹; ordnet man jeder einen Punkt auf einer Linie maßgerecht zu, so bedecken diese Punkte die Linie *überall dicht,* so lautet der betreffende und treffende Fachausdruck. Wie es die Irrationalzahlen fertigbringen, auf dieser Linie noch ihre Plätzchen zu finden, entzieht sich unserem Vorstellungsvermögen – besonders schockierend trifft uns dabei Cantors Meinung, die rationalen Zahlen seien ein Klacks gegenüber den irrationalen. Hierher paßt eine Notiz Lichtenbergs:

Es gibt für jeden Grad des Wissens gangbare Sätze, von denen man nicht merkt, daß sie über dem Unbegreiflichen, ohne weitere Unterstützung, auf bloßem Glauben schweben. Man hat sie, ohne zu wissen, woher die Sicherheit kommt, mit der man ihnen traut. (Sudelheft K, 71.)

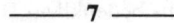

7

Cantor gelang es sogar, herauszufinden, *um wieviel* mächtiger die Menge der reellen Zahlen ist als die der natürlichen Zahlen, gelang dies auf eine elegante, leicht faßbare, uns geradezu frappierende Weise. Weshalb wir es nicht übers Hirn bringen, den Cantorschen Gedankengang zu unterschlagen.

Zuvor eine Erinnerung:

Es gibt bekanntlich nicht nur das von uns beim Rechnen benutzte Dezimalsystem mit den zehn Ziffern 0 bis 9, sondern unzählige andere, z. B. das Zwanziger-, das Zwölfer-, das Zweiersystem. Dieses *Dualsystem* kommt mit den Ziffern 0 und 1 aus. Jede Dezimalzahl kann man in die entsprechende Zahl eines anderen Systems umrechnen und umgekehrt. So entspricht der Dezimalbruch 0,2 dem periodischen Dualbruch $0,\overline{0011}$.

Wir wollen nun einige Teilmengen der natürlichen Zahlen darstellen, und zwar besonders einfache, nämlich

die Menge aller (positiven) einstelligen Zahlen,
die Menge aller Zahlen von der Form $4\,n-1$ und $4\,n$,
die Menge aller geraden Zahlen, also
1, 2, 3, 4, 5, 6, 7, 8, 9,
3, 4, 7, 8, 11, 12, 15, 16, 19, 20, ... ,
2, 4, 6, 8, 10, 12, 14, 16, 18, 20, ...

Zur schematischen Darstellung schreiben wir zunächst als oberste Zeile die natürlichen Zahlen an:

1 2 3 4 5 6 7 8 9 10 11 12 13 14 15 16 17 18 19 20 ...

1 1 1 1 1 1 1 1 1 0 0 0 0 0 0 0 0 0 0 0 ...
0 0 1 1 0 0 1 1 0 0 1 1 0 0 1 1 0 0 1 1 ...
0 1 0 1 0 1 0 1 0 1 0 1 0 1 0 1 0 1 0 1 ...

in den nächsten Zeilen setzen wir unter jede Zahl der obersten Zeile dann eine 1, wenn sie in der Teilmenge vorkommt, andernfalls eine 0.

Wenn wir schließlich vor jede dieser Einsundnullfolgen ein Null-Komma (0,) setzen, entstehen Dualbrüche. Jeder Teilmenge der natürlichen Zahlen ist auf diese Weise ein Dualbruch (und damit auch ein Dezimalbruch) zugeordnet. Z. B.:

Dual	Dezimal
0,111111111	0,998046875
$0,\overline{0011}$	0,2 (s. o.)
$0,\overline{01}$	$0,\overline{3}$

Folglich ist die Gesamtheit der Teilmengen mindestens gleich der Gesamtheit der Dezimalbrüche; leider kann unterschiedlichen Teilmengen derselbe Dualbruchwert zugeordnet sein, etwa $0,1 = 0,0\overline{1}$. Aber weil diese Gesamtheit bereits nicht abzählbar ist, ist dies auch die Menge der Teilmengen der natürlichen Zahlen nicht – sie ist also mächtiger als ihre Mutter, die Menge der natürlichen Zahlen.

In Cantors Bezeichnungsweise: Die Mächtigkeit der Menge der reellen Zahlen, genannt *Aleph* (dieser hebräische Buchstabe entspricht dem griechischen Alpha und unserem A), verhält sich zur Mächtigkeit *Aleph 0,* der Mächtigkeit der Menge der natürlichen Zahlen, so wie die Anzahl aller Teilmengen einer endlichen Menge zu der Anzahl der Elemente dieser Menge.

Wir erinnern uns (S. 276), daß es zu jeder aus n Elementen bestehenden Menge insgesamt 2^n Teilmengen gibt. Mit wachsendem n steigt die Anzahl der Teilmengen explosionsartig, man denke an den Kasten mit den 6643856 Plättchen (S. 319), deren Teilmengen-Anzahl so groß ist wie die **Anzahl der Bände der Universalbibliothek.**

Notabene hat der Satz, daß die Menge der Teilmengen jeder Menge mächtiger als die Menge selbst ist, der Nullmenge ernste Sorgen gemacht. Darüber schrieb Dr. h.c. N^2 (i. e. Hubert Cremer):

Die Nullmenge packt jäher Schreck,
denn ihre Teilmenge ist weg,
sie fühlt mit Recht sich sehr geniert;
sie weiß nicht, ob sie existiert.
Sie weiß es nämlich wirklich nicht;
ihr Sein dem Satze widerspricht,
daß die Teilmengenmengerei
stets mächtiger als die Menge sei.
Die Nullmenge tut einen Schrei;
da wacht zum Glück sie auf dabei.
Sie merkt: Es war ja nur ein Traum.
Sie ist komplett und faßt es kaum.

(»Carmina mathematica«, 1962.)

Der Satz gilt auch für die Nullmenge, die selbst kein Element hat, während die Menge ihrer Teilmengen immerhin ein Element (nämlich die Nullmenge) besitzt., fügt Cremer hinzu und umschreibt damit die Tatsache:

Elementanzahl der Menge = 0, Elementanzahl der Menge der Teilmengen = $2^0 = 1$.

—— 8 ——

Es ist also laut Cantor

$$Aleph = 2^{\,Aleph\ 0}.$$

Cantor vermutete, daß *Aleph* die nächstgrößere Mächtigkeit (Kardinalzahl) nach *Aleph* 0 sei (s. S. 109), d. h.

$$Aleph\ 1 = 2^{\,Aleph\ 0}.$$

Nach ihm existiert auch die Menge der Teilmengen von einer Menge mit der Mächtigkeit *Aleph;* ihre Mächtigkeit ist wiederum größer als *Aleph 1,* nach der verallgemeinerten Vermutung (*Kontinuum-Hypothese*) die nächstgrößere Kardinalzahl

$$Aleph\ 2 = 2^{\,Aleph\ 1} = 2^{2^{\,Aleph\ 0}},$$

und dieses Spiel soll kein Ende nehmen. (Gödel bewies 1938 und 1939, ausführlich 1940, die relative Widerspruchsfreiheit der verallgemeinerten Kontinuumhypothese, d. h. unter der Voraussetzung, daß die anderen Axiome der Mengenlehre keinen Widerspruch ergeben.) Damit müssen wir es genug sein und den Leser allein lassen mit der Frage, wo die *Überzahlen* von *Aleph 2* angesiedelt werden sollen. Auf der Zahlenlinie ist kein Platz mehr, denn *alle* ihre Punkte entsprechen den reellen Zahlen (der Mächtigkeit *Aleph* $\geq$ *Aleph* 1) – vielleicht sollte man sich eine solche Menge als eingebettet in eine Menge der Mächtigkeit *Aleph 2* vorstellen, so wie etwa eine Kiste mit $3 \cdot 133 = 399$ Plättchen umgeben ist von einer Vigintillion Urs .., und *Aleph 2* in *Aleph 3* enthalten ist, undsoweiter, denn der Spuk soll ja nimmer aufhören. Aber solche höheren Kardinalzahlen sind, obschon nicht sofort *exorbitant*, bei der mathematischen Alltagspraxis nicht im Gebrauch: die Menge der reellwertigen

Funktionen von (bis zu abzählbar vielen) reellen Variablen hat die Mächtigkeit

$$Aleph^{Aleph} = 2^{Aleph} = 2^{2^{Aleph 0}},$$

d. i. $=$ *Aleph 2* unter der relativ widerspruchsfreien Kontinuumhypothese.

Ob Cantor die *Wahrheit* gefunden hat, oder ob Kronecker und Poincaré, seine Gegner, recht behalten, braucht uns fürs Weitere nicht zu kümmern.

Wir sind nämlich nicht solche Leute, die gar nichts für wahr halten, wohl aber behaupten wir, daß allem als wahr Erkannten ein Stück Unrichtigkeit anhafte von derartiger Ähnlichkeit mit der Wahrheit, daß es dabei keinerlei Merkmal gibt, auf Grund dessen man eine Aussage darüber endgültig verurteilen oder bejahen könnte. M. T. Cicero, »De Natura Deorum« I, 12.

Das wurde zwar über die Götter gesagt, kann aber auch auf die Mathematik angewendet werden; denn es liegt in ihr *von Anfang an ein theologisches oder metaphysisches Element, das sie nie verleugnet hat* (H. E. Timerding in der »Kultur der Gegenwart« 1914).

Und wem drängte sich nicht der Gedanke auf, sich in metaphysischen Bereichen zu befinden, wenn er zum ersten Mal von den Alephs hört, diesen aus Mengen (durch Abstraktion von der Anordnung ihrer Elemente) erzielten Kardinalzahlen, die nicht *werden,* sondern *sind,* nicht potentiell, sondern aktual, vielleicht überschaubar dem *uralten Heiligen Vater* und seinem Kantor, vielleicht auch dem heiligen Augustinus oder den Scholastikern mit ihren zählbaren, abzählbaren, auszählbaren, aufzählbaren, unzählbaren Mengen, aber nicht uns. Sind jene Mengen, die sich selbst enthalten, nicht paralogisch? Was ist mit der Menge aller Mengen, die sich nicht selbst enthalten?

Man könnte auf den Gedanken kommen, die moderne Mengenlehre sei das aus der richtigen Erkenntnis einer fehlenden Notwendigkeit erschaffene Überflüssige. (Dieser Satz könnte von Karl Kraus stammen, und er ist von ihm, wenn man 'Mengenlehre' durch 'Architektur' ersetzt.)

Es sei ferne von uns, in jene Ferne, in jene fernen Wüsten vorzudringen,
wo Ohim und Zihim sich begegnen.
(s. Par. zu Faust II, 4 (Mephisto), nach Jes. 13,21.)

Übrigens hat Cantor sein berühmtes Wort *Je le vois, mais je ne le crois pas* n i c h t 1873 anläßlich seines Beweises der Nichtabzählbarkeit der reellen Zahlen gesprochen, vielmehr 1877, als er die Gleichmächtigkeit der Menge der Punkte eines Quadrats mit derjenigen der Punkte einer Strecke zeigte (was man glauben muß, ohne es begreifen zu können). Hierauf hat uns dankenswerterweise Herr Studiendirektor Wilhelm Stahl, Bonn-Bad Godesberg, ein Enkel Cantors, aufmerksam gemacht.

––––– 9 –––––

So sprengt die engen Fesseln! Flieht ins Freie,
wo Phantasie zu neuem Flug erwacht,
durchstürmt der Alephs unbegrenzte Reihe,
erschaut der Mengen transfinite Pracht...

Dieser Einladung Mephistos in einer Schülerszene von Dr.h.c. N.[2] werden wir nicht folgen, werden uns nicht weiter um die Alephs 1, 2, 3 undsofort kümmern, sondern um die 1, 2, 3 undsofort, um die Menge der natürlichen Zahlen, uns eigentlich nur mit dem Anfang dieser Folge befassen, denn die Zahlen verblassen für uns mehr und mehr, je gewaltiger sie werden. 1 2 3 4 5 6 7 8 9 10 11 12 13 14 15 16 17 18 19 20 21 22 23 24 25 und 1 2 3 4 5 6 7 8 9 10 11 12 13 14 15 16 17 18 19 20 21 22 22 24 25 zum Beispiel scheinen nicht nur auf den ersten Blick gleich zu sein. Mit zunehmender Länge verlieren die Zahlen rasch ihre Individualität, sie verschwimmen mit ihren Nachbarn *wie Wasser im Wasser.*

Diesen schönen Vergleich findet man in einem Brief, den der skurrile Jorge Luis Borges im Jahre 1960 an Leopoldo Lugones geschrieben hat, von dem er wußte, daß er bereits 1938 verstorben war.

Wir befassen uns auch deswegen nicht gern mit aufgetürmten Potenzen, weil wir zwar noch Gleichungen von der Form

$$a^{(a^x)} = b^{(b^y)}$$

so umformen können, daß y auf der einen Seite allein steht (vgl. auch S. 333):

$$y = \frac{x \lg a + \lg \lg a - \lg \lg b}{\lg b};$$

aber bei den *vierstöckigen* Ausdrücken

$$a^{[a^{(a^x)}]} = b^{[b^{(b^y)}]}$$

geht das schon nicht mehr.

Doch wir zweifeln nicht, daß wir, wenn wir wollten, bis dahin und noch viel weiter, unermeßlich weiter, vorstoßen, jeden *Käfig* jeder Nummer (vgl. S. 327) erreichen könnten.

Wir werden natürlich korrekt zählen, nicht so wie der krauskauzige Kurt Schwitters, der folgendes »Gedicht 25 (elementar)« fabriziert hat:

$$. . .$$

27, 27, 28

28, 28, 29

31, 33, 35, 37, 39

42, 44, 46, 48, 52

53

9, 9, 9

54

$$. . .$$

Im Gegensatz zu Schwitters zählt Hannah Darboven exakt und folgerichtig tagelang, monatelang, ein ganzes Jahr lang vom 1. Januar 1974 an – ein Spiel wohl weniger des Geistes als der Seele, weniger des Verstandes als des Gefühls, s. Klages, S. 430.

Die Zahlen-Zeichnung einer Seite beginnt beispielsweise so:

```
1 1 7 4   3 1 1 7 4      1 1 2 7 4   3 1 1 2 7 4
1 1 7 4   3 1 1 7 4      1 1 2 7 4   3 1 1 2 7 4
1 1 7 4   3 1 1 7 4      1 1 2 7 4   3 1 1 2 7 4
```

(insgesamt sechzehnmal)

Jeder Duftikus wird verstehen, daß wir das Blatt ausgewählt haben, auf dem links vielmals untereinander 1174 erscheint, also die Zahl 4711 in Spiegelung.

Doch dürfen wir uns bekanntlich in der wahren Wissenschaft nicht nur auf das Gefühl verlassen, daß auf dem Wege von 1 (oder von Null) bis in die Unendlichkeit nichts passieren könne. Drum hat ja Peano ein Axiomensystem aufgestellt, das wir S. 265/6 und S. 321 gebracht haben, ein einfaches Axiomensystem für die Lehre von den natürlichen Zahlen,

an dessen Widerspruchslosigkeit kein Mensch ernstlich zweifelt, so wenig wie an der Gültigkeit der aus ihm sich ergebenden Folgerungen (also etwa daran, daß sich durch fortgesetztes Addieren und Subtrahieren natürlicher Zahlen niemals die Gleichung 4 = 5 ergibt). Wenn aber diese Überzeugung bewiesen werden soll, so ist dazu offenbar ein Nachweis der Widerspruchslosigkeit jenes Axiomensystems (oder eine gleichwertige Überlegung) erforderlich. Stellen wir uns etwa vor, es bestehe ein uns bisher unbekanntes logisches Gesetz des Inhalts:

Wie immer mehr als eine Billion verschiedener Begriffe miteinander logisch verknüpft werden, immer wird sich dabei notwendig schließlich ein Widerspruch ergeben.

Dann ist der uns vertraute Begriff der natürlichen Zahl unzulässig; es kann höchstens eine Billion verschiedener Zahlen geben, über eine Billion hinaus darf man nicht zählen; tut man es dennoch, so muß sich im Verlauf des Rechnens früher oder später ein Widerspruch ergeben, z. B. eine Gleichung der Art 4 = 5. Das würde zur Voraussetzung haben, daß die Axiome Peanos, die eine Gesamtheit von unendlich vielen verschiedenen Zahlen sichern, entweder einzeln oder in ihrer Gesamtheit einen Widerspruch enthalten.

Das schrieb Fraenkel im § 13 seiner »Einleitung in die Mengenlehre« [2]1923. Fraenkel (1891 bis 1965) lehrte in Marburg und in Kiel, ging 1929 an die Hebrew University in Jerusalem und legte später den Vornamen, mit dem er geschlagen war (Adolf), verständlicherweise ab. Er nannte sich Frenqel, Avraham Hallewî.

Damals stand man noch vor der Aufgabe, Peanos Axiomensystem als unabhängig, vollständig und widerspruchslos nachzuweisen.

Nun, das kann doch wohl kaum schwerfallen, handelt es sich doch um Festlegungen, welche von jedermann verstanden und gebilligt werden. (Was kann man schon gegen Sätze einwenden wie: *Der unmittelbare Nachfolger einer Zahl ist eine Zahl; Es gibt keine zwei Zahlen, die denselben unmittelbaren Nachfolger haben?* Man ist versucht, die Suche nach Beweisen für ihre *Vollständigkeit* und ihre *Widerspruchslosigkeit* als übertriebene Pedanterie, als verlorene Denkensmüh zu empfinden — —

und wird jählings aus seiner Gemütsruhe gerissen, wenn man erfährt,

daß Peanos Axiome nicht nur für natürliche Zahlen zutreffen (und gleichwertige Systeme wie etwa die geraden Zahlen), sondern auch für nichtisomorphe Strukturen, die sogenannten Non-Standard-Modelle,

daß alle Versuche, die Folge der natürlichen Zahlen durch Hinzunahme weiterer Axiome vollständig zu charakterisieren, zum Scheitern verurteilt sind, denn Thoralf Skolem hat 1933 gezeigt, daß abzählbar viele Axiome nicht ausreichen,

daß die Widerspruchsfreiheit eines Systems, welches ein Mindestmaß an elementaren Funktionen bereitstellt, mit den logischen Mitteln, die das System selbst darbietet, nicht zu beweisen ist, wie Kurt Gödel (1906 bis 1978, er emigrierte 1938) 1931 bewiesen hat.

Immerhin wird die Meldung trösten, daß die Widerspruchsfreiheit der reinen Zahlentheorie (und damit die der formalisierten Peanoaxiome) von Gerhard Gentzen (1909 bis 1945, in Prag umgekommen) 1936 bewiesen worden ist, allerdings – wie nach Gödels Ergebnissen zu erwarten – nur mit Mitteln außerhalb des Systems, unter Verwendung eines Spezialfalls vom Prinzip der transfiniten Induktion, wobei Gentzen transfinite Cantorsche Ordnungszahlen bis zur sogenannten ersten Epsilonzahl, dargestellt durch eine ab- und aufzählbare Wohlordnung, heranziehen mußte.

Aber wenn auch nur mit Hilfe des blauen Dunstes jenseits unseres Vorstellungsvermögens: die Widerspruchsfreiheit der Peanoaxiome (für eine aufgezählte Schar von Aussageformen 1. Stufe im Induktionsschluß von n auf $n + 1$) ist bewiesen – und damit sind die Fraenkelschen sowieso kaum ernst gemeinten Bedenken von 1923 gegenstandslos geworden.

Und niemand, vom Algebranausen bis zum Dogmathematiker, zweifelt daran, daß die Zählerei, die Spielerei mit Riesenzahlen, der Potenzturmbau so weit gehen kann, wie man gehen will. Niemand.

Dieser Niemand heißt Dr. rer. nat. E. W. Wette (geb. 1925), Blumenstr. 14, D-5608 Radevormwald.

Wir geben gern zu, daß wir das Spiel mit dem Wort *Niemand* Lessings Werken dankend entnommen haben.

—— 11 ——

Den folgenden Ausführungen stellen wir als Motto zwei Zeilen aus den »Flugzeuggedanken« von Ringelnatz (i. e. Hans Bötticher) voran:

> *Geh doch einmal ins Gegenteil ..*
> *Ach reise doch mal nach Andrerseits...*

(»Wohlgemeint an Biedermann«, 1929.)

Denn Wette ist Goethes Rat *Willst du ins Unendliche schreiten, geh nur im Endlichen nach allen Seiten* (»Gott, Gemüt und Welt«) nicht ganz gefolgt, er marschierte im Endlichen zunächst einmal nur nach einer Richtung, sozusagen auf unserer vertrauten Zahlenlinie entlang, und entdeckte dort Erstaunliches, Unerwartetes, Unwahrscheinliches, nämlich daß bloß bis zu einer *endlichen* Grenze (wenn sie auch unvorstellbar weit entfernt liegt) beim Operieren mit Zahlen keine Widersprüche auftauchen.

Wenn dem so ist, dann ist bereits die uns halb vertraute *werdende Unendlichkeit* ein bleicher Traum, erst recht sind es die sich über ihr wölbenden Himmel der Cantorschen Unendlichkeiten und Hyperunendlichkeiten. Alle Beweise, welche diese *Zahlen*, die nun zu Chimären geworden sind, benutzen (s.o. Gentzen), haben ihre Grundlage verloren und sind sinn- und wertlos geworden. Jede schriftliche Mitteilung steht und fällt mit *geordneten* Zeichenreihen (während der Mengenbegriff ungeordnete Anhäufung an die Spitze stellt, insbesondere die naturgegebene Anordnung von Elementen untergräbt, ein Verfahren, das bei Anwendung auf Informationen zum Chaos führt). Daß die Mathematik Unendliches mit Endlichem und Allgemeines mit Speziellem bezeichnet, läßt die Ursache für eine Labilität erahnen.

Wir können in diesem Buch für interessierte Nichtfachleute nur einige Resultate der Wetteschen Forschungen plakatieren, ohne Beweise oder auch nur eine Andeutung ihrer Herleitung, wodurch die Schockwirkung (und das Aufbegehren aus Erziehung, Tradition und common sense) noch gesteigert wird.

Wette ging von der Frage aus, ob die Gödelschen Unableitbarkeitssätze *wirklich* wahr sind, oder ob vielleicht solche *indirekt* erschlossene Unmöglichkeiten *direkt* aufweisbaren Ableitungsmöglichkeiten (im Bezirk mechanisch-maschineller Ableitung) widerstreiten.

Das tiefe Mißtrauen gegen manche indirekten Beweise (welches auch bei den Intuitionisten da anzutreffen ist, wo es um die Existenz von Gegenbeispielen geht) wurde von uns bisher (noch?) nicht geteilt. Wir haben zum Beispiel S. 209 »konstruktiv« gezeigt (oder sollen wir schreiben: zu zeigen geglaubt?), daß sich der Winkel von 120° nicht exakt und elementar dritteln läßt, und zwar auf indirektem Wege, wobei wir keinen Anstoß daran nahmen, daß wir unser Gedankenspiel in einem nicht endlichen Bezirk durchführten; gegen derartige konstruktive Formen der reductio ad absurdum hätte auch kein Intuitionist protestiert. Sobald indes das Prinzip der *vollständigen* Induktion von n auf $n+1$ hinfällig wird (und das ist der Fall, wenn Wette recht hat), bleibt zu prüfen, wie weit die konstatierte Unmöglichkeit praktisch greift; die geometrische Genauigkeit hinkt jedoch bekanntlich hinter der rechnerischen her.

(*Ein Mathematiker ist ein Mensch, der einen ihm vorgetragenen Gedanken nicht nur sofort begreift,* meinte 1970 der optimistische Mathematiker Anselm Nahr, geb. 1931, *sondern auch erkennt, auf welchem Denkfehler er beruht.*)

Leibniz hatte jeden Beweis als eine Kette von passenden Definitionen aufgefaßt; demnach wären Beweise (mit ihren Ergebnissen) überflüssig, wenn man über passende Definitionen verfügt (von Leibniz zuerst ausgesprochen in einem Brief vom 3. Jan. 1678 an Conring). Wette ist es gelungen, dieses *Theorem über Theoreme* zu arithmetisieren und auch formalarithmetisch zu deduzieren, so daß Gödels Spieß gegen Hilbert perfekt umgedreht wird, mit Konsequenzen allerdings, die Hilbert nicht gewollt hat. Damit zerbricht der Wahrheitsanspruch logischen Schließens mit den bekannten, auch von uns (gern) gebrauchten Argumentationen wie *wäre* oder *hätte man*. Nach Wette ist die so stark respektierte reductio ad absurdum ein Tagtraum, ein Luftschloß: die zu widerlegende Annahme sowie alle Schlüsse aus ihr beruhen auf Vorspiegelung falscher Tatsachen; statt vom Widerspruch aufzuwachen (so Wette), setzt man die Träumerei fort – nun mit der gegenteiligen Annahme als *wahrer* Tatsache, genauer als als wahr *bewiesener* Tatsache.

———— 12 ————

Für die Fachwelt plant Eduard Wette ein etwa 300 Seiten starkes Buch mit dem Titel

»Der Widerspruch in Arithmetik und Aussagenlogik,
und die universale Selbst-Auflösung exakten Wissens.«

Es soll in siebzehn Abschnitte gegliedert sein, welche die folgenden Überschriften tragen (*der Unkundige mag nur auf den Titel 13 starren*):

1. Zur Geschichte der indirekten Schlußweise und sog. allgemeingültiger Denkansätze.
2. Die Konstitution des Kalküls $\aleph_0$ arithmetischer Implikationen und von Lösungen diesbezüglicher Aufgaben.
3. Ökonomische Arithmetisierung der Aufgabenrechnung.
4. Absolute und relative Staffelungsstufen von Deduktionen sowie Derivationen. Weitere vorbereitende Definitionen.
5. Die Berechnung einer resultatgleichen, relativ unabhängigen Lösung zu jeder derivativen Lösung arithmetischer Aufgaben.
6. Die Reduzibilität unverschränkter Einschachtelungen in der primitiv rekursiven Lösungs-Umformung $\Omega_{4+}(l, e, m, c, a)$.
7. Iterativ normierter Aufbau der idempotenten 1-stelligen Lösungs-Umformung $\Omega(a)$ zwecks Total-»Elimination«.
8. Die systeminterne 'Widerspruchsfreiheit'-Deduktion.
9. Die Widerspruchs-Deduktion innerhalb der Arithmetik.
10. Abschätzung der Nummer e_Λ der Widerspruchs-Deduktion.
11. Die primitiv rekursive Widerspruchsrechnung mit der 'Lösung' a_Λ zur 'Deduktion' e_Λ.
12. Elementarisierung der Widerspruchsrechnung.
13. Abschätzung einer rein rechnerisch (ohne Metasprache) widersprüchlichen »natürlichen« Zahl.
14. Die Widersprüchlichkeit der zweiwertigen Aussagenlogik trotz Entscheidungsverfahren.
15. Ein anderer (schwächerer, transfinit rekursiver) Widerspruchs-Beweis für die klassische Analysis.
16. »Positive« Anwendungen der intra-finiten Kritik der exakten Methode.
    A) Numerische Auswertung der klassischen Hypertorus-Rückkehrgeodätischen-Rekursion: Topometrie im Großen, astronomisches Positions-Spektrum ohne Beobachtung.
    B) Maximal-Linien/Flächen/.., die auf ihre eigene Ein»ebnung« eingespannt sind: Morphometrie im Kleinen, 'Physik' ohne "Physik" (Elimination physikalischen Messens).
    C) Singularitätenfreie Interpolation und Extrapolation der unverrückbaren Verteilung von 'Krümmung' wie 'Dehnung' im geometro-statischen Liniengewebe: Selbstdurchdringungs-Verbot, nahtlose Kreuzungspunkte.
    D) Sphärische Projektion und Tunnel-Perspektiven des Total-Diagramms aller Bewegungen: Scheinwirbel, Scheinquellen; globales Geschehen contra spieltheoretisch optimierte Mischung lokaler Wirtschafts-Strategien.
17. Zur intrafiniten Vollständigkeit des universalen Bewegungs-Urbilds: Integration biologischer wie psychologischer Phänomene durch die von der Kreuzungspunkt-Hierarchie ausgezeichneten 'Monaden'-Linien; Ortung von Diesseits und Jenseits in der geschlossenen Totalkinematik.

Jedem Mathematiker müssen vorstehende Zeilen noch schrecklicher, absurder und bekämpfenswerter vorkommen als dem Papst die Thesen der Reformatoren, denn die mathematische und die logische Tradition sind älter als die kirchliche.

Sie müssen ihm durch Herz, Hirn und Hose gehen, so wie in der putzigen Zeichnung (Abb. 189) von Octopus (Inhaber der Firma Toposcu, Post u. Co).

Wir schlagen vor, dem Buch als Motto vorzusetzen:

> Bist du beschränkt, daß neues Wort dich stört?
> Willst du nur hören, was du schon gehört?
>
> Goethe, Faust II, Finstere Galerie, (Mephisto)

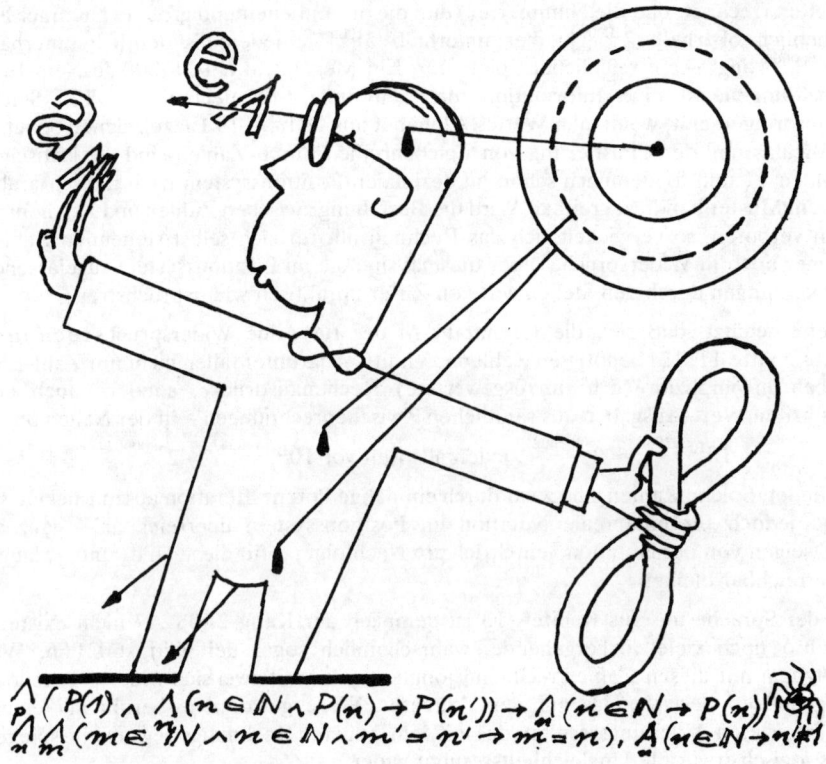

$$\bigwedge_P \left(P(1) \wedge \bigwedge (n \in N \wedge P(n) \to P(n')) \to \bigwedge (n \in N \to P(n)) \right)$$
$$\bigwedge_n \bigwedge_m (m \in N \wedge n \in N \wedge m' = n' \to m = n), \; \bigwedge (n \in N \to n')$$

Abb. 189

──── **13** ────

Wir aber kümmern uns jetzt nur um die in Abschnitt 13 des künftigen Wetteschen Buches abgeschätzte widersprüchliche natürliche Zahl, die freilich von den Nummern e_Λ und a_Λ (Abschnitte 10, 11) abhängt. Sie wird wohl keine feststehende Zahl sein, von der an die Widersprüche auftreten, während bei allen kleineren eitel Friede, Freude und Ordnung herrscht.

Wo liegt, fragen wir mit einem Gemisch von Unruhe und Zweifel, diese Grenze, und was geschieht, wenn wir sie mit unseren Rechnereien überschreiten?

> *O, daß ich nur wüßte,*
> *Wo sich die Gränze neigt,*
> *Wo dämmernd die Küste*
> *Aus ihrem Nebel steigt!*
> Samuel Christian Pape »Ulysses«, [1], 1800
> *Wo ist dieses Ende der Welt?*
> Paul Valéry, »Mon Faust«, II, 1; 1946

357

Wette errechnet, daß die Nummer e_Λ (und die nur unbedeutend größere Nummer a_Λ) erheblich oberhalb 2^{100000}, aber unterhalb $2^{1000000}$, jedenfalls deutlich unterhalb $16^{1000000}$ liegt – ein reichlicher Spielraum. Ein Megabit, d.i. 1000000 Ja-Nein-Entscheidungen, ist eine Information, die sich ohne Mikrotechnik auf 125 Seiten unterbringen läßt, wenn man Wettes Alphabet aus 16 bzw. 19 Einzelzeichen benutzt; bei Zulassung der Chiffrierung von Zeichenreihen durch Zahlen sind die kritischen Zahlen e_Λ und a_Λ demnach schon im dezimalen Positionssystem nach indisch-arabischem Muster handfest greifbar. Wird die Beziehung zwischen Zahlen und Zeichenreihen verboten, so verwickelt sich das Rechnen mit für sich selbst stehenden Zahlen immer noch in Widersprüche; aber diesmal sind die im Positionssystem zugelassenen Abkürzungen durch den Stellenwert von Ziffern praktisch widerspruchsfrei.

Wette schätzt, daß sich die Grenzzahl M des für seine Widerspruchs*rechnung* (Abschnitte 11, 12) benötigten Zahlabschnitts – darunter fallen nicht nur Zahl-Eingaben in implizite (d.h. unausgewertete) Rechenausdrücke, sondern auch alle expliziten Wert-Ausgaben aus sämtlichen Zwischenrechnungen – in der Nähe von

$$10^{10^{602066}} \approx 2^{2^{2000021}}, \text{ jedenfalls weit vor } 10^{10^{2408247}} \approx 2^{2^{8000024}}$$

befindet. Solche Zahlen sind zwar durch einmalige Potenz-Iteration auszudrücken, sie sind jedoch für eine reale Notation im Positionssystem unerreichbar – ganz zu schweigen von der Notation »ein Strich pro Nachfolger«, für die auch e_Λ und a_Λ längst unerreichbar bleiben.

In der Sprache unseres Kapitels 13 ist demnach der Käfig 2408247 nicht existent, ebenso noch viele vorhergehende, wahrscheinlich sogar der Käfig 602066. Wer trotzdem mit diesen *Zahlen* rechnend jongliert, wird mit zwei sich widersprechenden Ergebnissen bestraft: das auf dem kürzeren Wege gewonnene beruht auf einem unerwarteten Ableitungsresultat, das mit dem längeren Rechnungsweg erzielte spiegelt das *logisch* erwartete Ungleichheitsresultat wider.

Zur Verdeutlichung: Man kann die Aufgabe $(4 + 7) \cdot 11$ so lösen, daß man zunächst $4 \cdot 11 = 44$ errechnet, dann $7 \cdot 11 = 77$, und schließlich $44 + 77$ zusammenzählt; man erhält, wie erwartet, 121. Kürzer kommt man zum Ziel, wenn man erst $4 + 7 = 11$ ermittelt und dann $11 \cdot 11 = 121$. Bei entsprechenden Aufgaben *jenseits der Schwelle* käme man nicht *immer* zum selben Ziel (121).

Die größtmögliche Fermatzahl $(F_n = 2^{2^n} + 1)$ wäre demnach ungefähr $F_{2000020}$ und höchstens $F_{8000023}$. Die Gaußsche *meßbare Unendlichkeit* hingegen ist sozusagen zu einer *unmeßbaren Endlichkeit* geworden, sie gibt es auf keinen Fall, sie ist zu groß, denn es gilt:

$$9^{[9^{(9^9)}]} = 9^{9^{387420489}} > 10^{10^{369693099}} > 10^{10^{2408247}}.$$

Sie gibt es nicht, gibt es nicht mehr, wie es der vorahnungslose Christian Morgenstern (1871 bis 1914) in der ersten Strophe der ANTO-LOGIE so formuliert hat:

> *Im Anfang lebte, wie bekannt,*
> *als größter Säuger der Gig-ant.*
> *Wobei gig eine Zahl ist, die*
> *es nicht mehr gibt, – so groß war sie!*

Der Gig-ant ist nebst seinen Sprößlingen Zwölef-ant, Elef-ant und Nulel-ant in Morgensterns »Galgenliedern« zwischen Nasobēm und Hystrix grotei Gray angesiedelt. Aus dem Nachlaß von

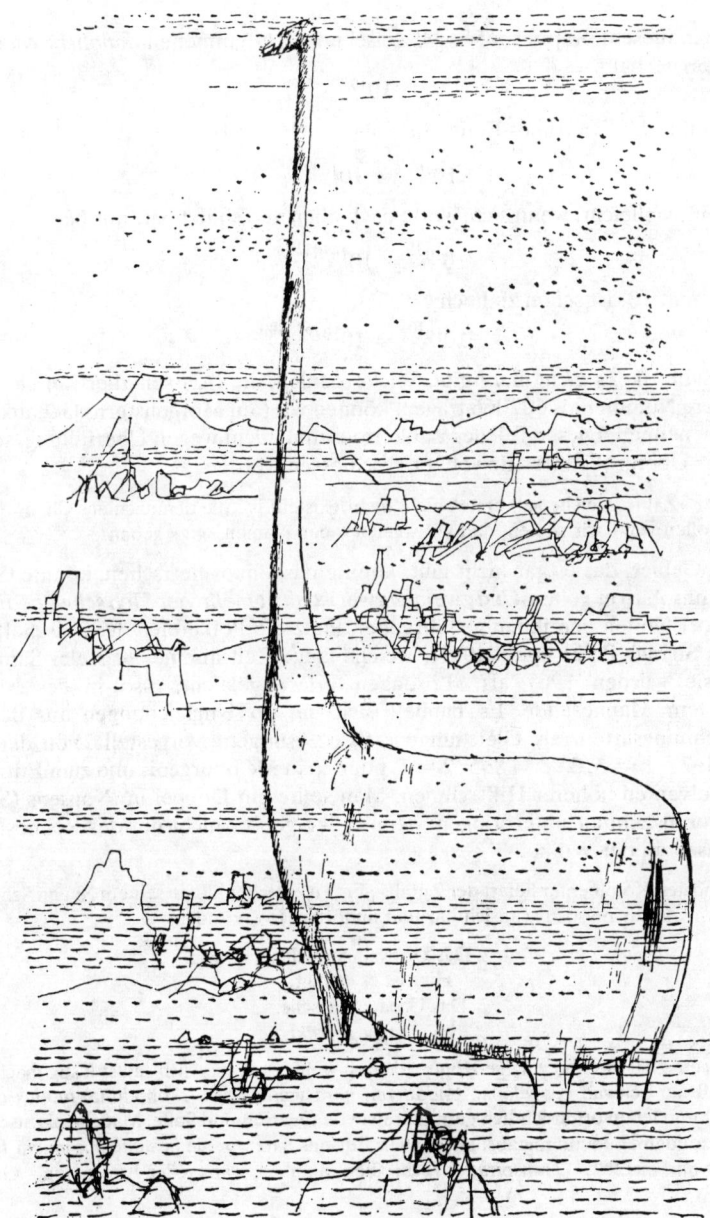

Abb. 190: Der Gig-ant

Fritz Fischer erschien 1969 im Maximilian Dietrich Verlag, Memmingen, in dem Werk: Christian Morgenstern, Galgenlieder, eine Zeichnung des Gig-anten, s. Abb. 190.

Auch die in diesem Kapitel auf S. 343 so schneidig begonnene *unendliche Menge* aus den Zahlen

$$10^{10^{n!}}$$

findet ein unrühmlich frühes Ende, die Folge reicht nur bis

$$10^{10^{9!}} = 10^{10^{362\,880}}$$

– wer weiß, vielleicht, wenn sich Wette nach oben verschätzt hat, nur bis

$$10^{10^{8!}} = 10^{10^{40\,320}} -,$$

der Exponent 10! ist schon zu hoch:

$$10^{10^{10!}} = 10^{10^{3\,628\,800}}$$

ist eine Zahl, *die es nicht mehr gibt.* Solche Zahlen, die Insassen aller Käfige, welche eine höhere Nummer als 602066 tragen, können wir (auf Morgensterns Gedankenspuren) »gig« nennen. Dieser Teil des Zahlenzoos muß nicht wegen Überfüllung, sondern wegen der Übergröße ihrer Bewohner geschlossen werden.

Speziell der »Zahl«, welche »als erste« nicht mehr existent ist, die demnach das Chaos eröffnen könnte, wollen wir – wir wissen, daß wir spielen – den Namen »gig« geben.

In jenem Gebiet, das es gar nicht gibt, könnte das Chaos herrschen, könnte Gerhart Hauptmanns Ausruf gelten *Und zweimal zwei ist nicht mehr vier / Ich schwöre dir, es ist Papier,* dort fänden den ihnen gebührenden Platz die Polkereien des freischaffenden Künstlers Sigmar Polke (geb. 1941), welche lange Zeit in einer Kasseler Sammlung hingen, sie wurden 1967 als »Lösungen I–IV« gelaicht, also in des Meisters polkentestem Mannesalter. Es handelt sich um 36 Ungleichungen aus den vier Grundrechnungsarten, als Gleichungen, als »Lösungen« vorgestellt, von der Form $1 + 1 = 3; 7 - 6 = 5; 3 \cdot 3 = 8; 5 : 2 = 1$, pour épater le bourgeois und zum Entzücken aller Absolventen höherer Hilfsschulen. Man sollte ein Doppel in Nonsens (S. 222) Interkonferenzzimmer unterbringen; denn Polke gehört nicht nur des Reimes wegen nach Nonsen an der Wolke.

Den passendsten Kommentar liefert der Zufall – Fr. Th. Vischer läßt in seinem Neuen Schluß von Faust II den Chorus mysticus (unsichtbar und unhörbar!) verkünden:

> Das Urmystagogische,
> Hier ist es erfolgt,
> Das Urpädagogische,
> Hier ist es *gepolkt.*

Polke und seine Clique sind witzige Köpfe, die sich wohl auch über sich selbst lustig machen, sie haben Spaß am Schwall (*envelopal, endothym, parasympathisch, Ikonodulie, modus crinibus attrahendi*) und leben offensichtlich gern jenseits von Quatsch und Soße. Manchmal rutschen sie trotz ihrer soliden Halbbildung aus: sie kennen Edisons Satz: *Genie bestehe aus einem Prozent Inspiration und aus 99 % Transpiration*, schreiben ihn aber, trans jeder Inspiration – Goethen zu.

Polkes ›Lösungen‹ lesen sich fast so wie die Rechnereien Alices im 2. Kapitel des Wonderland:

> four times five is twelve,
> and four times six is thirteen,
> and four times seven is – o dear! I shall never get to twenty at that rate!

Doch hier handelt es sich nur scheinbar um Nonsens (wenn A.L. Taylor recht hat), vielmehr um eine Absonderung der verwinkelten Hirnlabyrinde des Mathemanten Carroll-Dodgson: Die Gleichung

$4 \cdot 5 = 12$ (gelesen eins zwei) stimmt im 18er-System,
$4 \cdot 6 = 13$ (eins drei) im 21er-System,
$4 \cdot 7 = 14$ (eins vier) im 24er-System,
and so on till
$4 \cdot 12 = 19$ (eins neun) im 39er-System.

Tatsächlich kommt man auf diese Weise nie bis 20 (zwei null), denn im 42er-System ist $4 \cdot 13 \neq 20$.

Hier oben aber, wo's fürchterlich, wo Vischers ›Urmolke polket‹, könnte Goethes Hexe geistern, hier, wo $4 = 5$ und Eins gleich Null wird, kann sie ungeschoren und ungedeutet ihren alten Spruch herunterleiern und hinausschreien ».. aus 1 mach 10 .. und 9 ist 1 .. und 10 ist keins«; denn ein vollkommner Widerspruch bleibt gleich geheimnisvoll für Kluge wie für Toren (vgl. S. 12).

Dort könnten sogar Landkarten auf einer Kugel zu konstruieren sein, für die trotz Vierfarbensatz beim gig-ten Land eine fünfte Farbe benötigt wird!

—— 14 ——

Wenn Wettes Erleuchtungen kein Wetterleuchten sind, sondern ein Welterleuchten, das die Grundlagen der Mathematik schmilzt – dann können wir stolz-bescheiden auf Goethes Wort über die Kanonade von Valmy (Dichtung und Wahrheit, 1792 bis 1821) weisen:

Von hier und heute geht eine neue Epoche der Weltgeschichte aus, und ihr könnt sagen, ihr seid dabeigewesen.

Übrigens: Dieser *prophetische* Satz ist *eine Synthese aus Erinnerung und Quellenstudium,* dreißig Jahre nach dem Ereignis geformt. Am 27. Sept. 1792 schrieb Goethe an Knebel: *Es ist mir sehr lieb, .. daß ich, wenn von dieser wichtigen Epoche die Rede ist, sagen kann: et quorum pars minima fui ..* Das wurde 1822 ins Seherische umstilisiert.

Dann darf sich Wette zu einem der seltenen wegweisenden Mathematiker zählen, die das Vorgefundene im geeigneten Zeitpunkt anders sehen als es zuvor beurteilt wurde.

Dann könnte man denen, die am Unendlichen festhalten, mit Mephisto (»Faust II«, Finstere Galerie) zurufen: *Ergetze dich am längst nicht mehr Vorhandnen –* und über die *zu großen Zahlen,* die gigs, spotten, sie seien längst dahin:

»gig« is a numeral so vast,
it's been extinct for ages past,

weil Wettes Ansichten Allgemeingut geworden sind.

Wann wird das sein? Entweder hat er keinen Rechenfehler gemacht, oder man muß ihm einen nachweisen, der irreparabel wäre. Wir unterstellen also, daß die Fachleute nicht starr auf ihrer Meinung beharren, sondern Wettes Arbeiten lesen und prüfen, Helmut Lamprecht zustimmend, der gesagt hat

Ist's nicht schon viel, wenn einer eine bestechende Theorie entwirft? Entspräche ihr auch noch eine Realität, unausdenkbar!

(»Die Hörner beim Stier gepackt«, 1975)

Also hat Wette, überspitzt ausgedrückt, entweder einen Ruf zu verlieren oder zu erhalten. Im letzteren Fall mögen auf ihn nicht die Verse zutreffen, ihn nicht treffen:

> *Hast du es dann so trefflich weit gebracht,*
> *daß du was wirklich Neues dir erdacht –*
> *sieh dich nur um, wo du die Menschen findest,*
> *die das versteh'n, was du ergründest.*
> *Du magst gewiß ein großes Lumen sein,*
> *doch stehst du in der weiten Welt allein.*
> *Und die Studenten zu examinieren,*
> *heißt das vielleicht ein besser Leben führen?*
> *Du hast die alte Wissenslast*
> *doch stets auf's neue vorzutragen.*
> *Zu lehren, was du selbst gefunden hast,*
> *wie selten blüht dir dies Behagen.*
> *Eh' deine Hörer dich begriffen,*
> *sind sie gewöhnlich ausgekniffen.*

(Mephisto in der »Faust-Tragödie (–n)ter Teil« von Laßwitz, 1882)

Nun, wen kümmern schon Käfige mit Nummern über 2 oder 3 Millionen; selbst wenn sie existierten, wären sie doch für uns unerreichbar, alle die Zahlen von Gauß und Skewes und Moser und und und – sie sind für uns stets Gedankenspielereien gewesen.

Aber *in Wirklichkeit* können wir nach Wette höchstens mit den Käfigen 1 bis 6 etwas anfangen, denn die Widerspruchsrechnung mit den Eigenschaften des impliziten Rechenausdrucks $\Omega(a_\Lambda)$ (Abschnitte 7, 11, s. S. 356) wird zunächst o h n e explizite Auswertung oder auch nur Abschätzung durchgeführt, ja, sie ist sogar einzig und allein über Umformungen an unausgerechneten Rechenaufgaben einer Nachprüfung zugänglich (während die ausgerechneten Zahlwerte zwar abschätzbar, aber explizit unzugänglich sind, zumindest bei vielen Zwischenrechnungen). Und die in den 1-stelligen »Term« Ω eingesetzte Höchstnummer a_Λ liegt, wie vorhin gesagt, sicher unter

$$16^{1000000} \approx 10^{10^{6,0807}} \text{ und auch unter } 2^{1000000} \approx 10^{10^{5,4786}}.$$

Das bedeutet (Tafel LII.), daß schon $^3[9]$ nicht mehr existiert, von den Paquet-, Archimedes-, Steinhaus-, Krönig-, Winogradow- und Skeweszahlen oder dem Googolplex ganz zu schweigen. Die Zahlenwelt, soweit existent, endet sozusagen beim (beziehungsweise kurz vorm) Lagerraum der Laßwitzschen Universalbibliothek, womit wir zufrieden sind, weil uns damit ein liebes Spielzeug gerade noch erhalten bleibt – ohne daß wir uns weiter den Schädel darüber zerbrechen müssen, ob in der Bücherei wirklich *alles* steht, alle denkbaren Zahlen verzeichnet sind, verzeichnet sein könnten; denn jeder Dezimalbruch hat einmal ein Ende: vale Irrationalitas, evoë Pythagoras!

Im Kapitel 13 (vgl. S. 325) haben wir statt der Zahlen selbst die Logarithmen ihrer Logarithmen miteinander verglichen. Man kann noch einen Schritt weitergehen und statt $Z_n = 10^{10^n}$ nicht $\lg\lg Z_n = n$, sondern $\lg\lg\lg Z_n = \lg n$ verwenden. Bei den Riesenzahlen größer 10^{10} wirkt $\lg\lg\lg$ wie ein Superteleobjektiv, das die Entfernungen zwischen den Objekten ganz unobjektiv zusammenrückt, wie Tafel LII zeigt (vgl. dazu Tafel IIL, S. 334).

TAFEL LII.   Zu den Wetteschen Grenzzahlen

Z_n	$\lg\lg\lg Z_n$
Sissazahl	0,109
Weizsäckerzahl	0,318
kleinste Zahl mit genau 10^6 Teilern	0,542
größte uns bekannte Primzahl	0,616
größte untersuchte Phönix- oder Uhrzahl	0,627
Heliosrinder	0,726
a_Λ	etwa 0,74
Universalbibliotheksbücher	0,799
größte Zahl aus drei Ziffern	0,933
Archimedeszahl	1,228
Paquetzahl	1,266
Steinhausens »3 im Quadrat« = ③	1,605
Googolplex	2,000
$\psi(4,3)$ nach [Ackermann-] Péter	4,295
M	5,8 bis 6,4
Gaußens meßbare Unendlichkeit	8,568
Skeweszahl	34

Die Wetteschen Grenzzahlen a_Λ und M sind eingetragen; man sieht, was nach ihm von dem Traum »Unendlichkeit« übrig bleibt.

Wenn das alles stimmt, werden die Mathematiker wohl mit einschneidenderen Verboten als mit einer Art von Potenzierungswiederholverbot rechnen müssen: wer zu kühn potenziert, wer zu kühn Rechenausdrücke zusammenbaut – Wette hat 1978 in Köln und in Madison, Wisconsin, dort in Gegenwart von Professor S.C. Kleene, vorgetragen, daß Ω mit »nur« $40+1$ Summanden rekurrierend definierbar ist, eine Definition, die allerdings 10 Seiten Formeln oder weniger als 0,1 Megabit Information benötigt, wenn sie »vollständig« ist –, muß mit unerwarteten, faktisch falschen Resultaten rechnen, genau so, wie wenn er die Glieder in konvergenten alternierenden Reihen, deren *majorante Reihe* divergiert, umstellt, oder wenn er durch Null dividiert.

Wer davon überzeugt ist, daß in Wettes Widerspruchsrechnung *mindestens* ein Fehler steckt, wird sich nicht die Mühe machen, danach zu suchen, es sei denn, man könne ihn in kurzer Zeit finden. Deswegen vergleicht Wette die vom Experten zu leistende Kontrollarbeit, die (wie seine Widerspruchsrechnung) aus lauter automatenhaft zu vollziehender »Buchstabier«-Tätigkeit besteht –

Paul Bernays (1888 bis 1977), Hilberts engster Mitarbeiter in Grundlagenfragen, sagte im Mathematischen Forschungsinstitut Oberwolfach zu Wette: *wenn ich bloß noch buchstabieren soll, dann gebe ich die Mathematik auf* (April 1967), *Steine klopfen* (April 1968) –,

mit einem Kontrollprogramm bei der Datenverarbeitung: ein Megabit Widerspruchs-Information für sich ist eine Sache von Sekundenbruchteilen; um diese Information daraufhin zu prüfen, ob sie regelrecht aufgebaut ist und ob die mit Ω (a_Λ) angestellten einander widersprechenden Rechnungen aus Umformungsschritten bestehen, deren Korrektheit traditionell anerkannt ist, reichen vorhandene Computer mittlerer Speicherkapazität völlig hin. Mit einem Rechenautomaten als Dialogpartner, so taxiert Wette, beansprucht die Prüfung der Widerspruchs-Information anhand des besagten schematischen Kontrollprogramms weniger als 3 Minuten, und die Kosten betragen sogar unter kommerziellen Bedingungen lediglich 100 Dollar (von floatable-fluktuierendem Realwert), – na bitte!

Anno dominae 1980, als dies Buch mit Ausnahme der meisten Abbildungen im wesentlichen fertig war, glaubten wir, daß die Prüfung sehr bald erfolgen werde, und wir hofften, ihr Ergebnis noch in einer Anmerkung mitteilen zu können. Wir haben uns geirrt; die 100 Dollar scheinen nicht aufgebracht worden zu sein.

—— **15** ——

Man wird zugeben müssen, daß der Wegfall des Unendlichen viele (auch von uns in den vorhergehenden Kapiteln aufgeworfene) Fragen löst, indem diese als gegenstandslos erklärt dastehen – eine solche Verarmung muß man *dann* in Kauf nehmen. Die praktischen Anwendungen haben ihr Augenmerk ohnehin stets auf greifbar endlich viele Dezimalstellen ausgerichtet – nicht aufs Irrationale.

Wir halten es nicht für unnütz, nochmals an den bekannten Kreis zu erinnern, auf dessen Peripherie durch Projektion alle ganzen Zahlen der Zahlenlinie abgebildet sein mögen (Abb. 191).

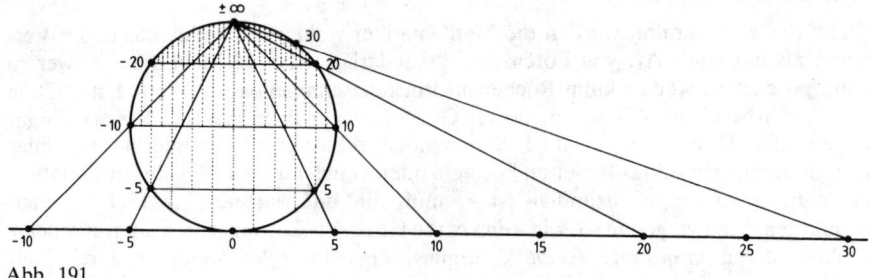

Abb. 191

Wir haben den Kreis in vier Zonen geteilt, um zu zeigen, wie sich die Zahlen verteilen. Im unteren Segment befinden sich nur die Zahlen bis $|5|$, im nächsten Abschnitt die über $|5|$ bis $|10|$ usw., *alle* Zahlen über $|20|$ drängen sich im obersten Segment (und dazwischen noch sämtliche rationalen Brüche, die doch nur Inselchen im kontinuierlichen Sumpf der irrationalen Zahlen – gewesen? – sind. Und kein Inselchen hat(te?) ein benachbartes Inselchen…).

Aber, wenn Wettes Rechnungen stimmen, dann gibt es nicht den Brei des Kontinuums, sondern getrennte Zahlen, Brüche, die *nicht* (*insichdicht,* und sowieso in sich dicht) aneinander kleben, sondern welche *Nächste* haben. Rechts und links von jedem $1/n$ finden sich die gesuchten Nächsten ein:

$$\frac{1}{n} - \frac{1}{M-1}, \quad \frac{1}{n} + \frac{1}{M-1} \ .$$

Wir haben beim Lesen dieser Zeilen ein körniges, kein klebriges Gefühl. Wie schön. Andererseits:

Für die *wirklich Interessierten* sei eine Bemerkung zur Abschreckung oder zum Troste eingefügt. Wer Singularitätenfreiheit fordert, behält von der ganzen Cauchy-Riemannschen Funktionentheorie nur noch die Identität $w = z$ in in der Hand; für $b \neq 0$ und $a \neq 1$ haben schon $w = z + b$ und $w = az$ singuläre Fixpunkte in $z = \infty$ bzw. in $z = 0$, $z = \infty$. Ähnliche Verdikte unterminieren die nur bei *Mini*malprinzipien taugliche analytische Variationskunst (Hamilton) aus Mechanik und Kontinuumsmechanik. Das ganze Arsenal versagt bei den *Maxi*mal-Linien/Flächen/.., die auf ihre eigene Einebnung und Ausgleichung eingespannt sind (und die nach Wettes Weltansicht das definitive Bewegungs-Urbild bilden).

Noch ist, wie gesagt, die Frage »gig oder nicht gig?« ungeklärt. Während 1971 Prof. Anton Dimitriu, Verfasser der wohl umfassendsten »History of Logic«, den Wette damals in Bukarest traf, wohlwollend meinte, contra omnes zu arbeiten werde zwar äußerst selten versucht, gelinge noch seltener, sei aber jedenfalls erlaubt, erreichten uns aus späterer Zeit Bemerkungen von Wette wie diese: *Die Opposition der inländischen Fachwelt ist vergeblich, da jede Abweisung in immer kürzeren Zeitabständen mit Publikationen vom Ausland her beantwortet wird – meist in U.S.A. und Italien, aber auch in Ostblockländern, wenn der ganze Westen das relativistische Gedankengut zu verteidigen sucht.* Es ist also alles noch im Fluß, im Fluß der Parteistreitigkeiten (*Hie gig, hie Cantor!*), aber für dieses Buch können wir nicht ertragen, daß hinten weit durch Druckerei'n Gelehrte aufeinanderschlagen.

Unser Buch ist der tranquillitas animi und der serenitas gewidmet, man soll sich mit ihm von der Welt zurückziehen können, um sich dem heiteren Anschauen von Zahlen und Figuren zu widmen, vielleicht nutzloser, aber reizvoller Dinge, abseits von Emotionen und Aggressionen.

Wir werden daher nur noch im letzten (17.) Abschnitt dieses Kapitels einen Blick auf die Folgerungen werfen (zu werfen versuchen), welche die Wettesche Nur-Endlich-keits-Theorie für unser Weltbild hätte, im übrigen aber uns von der »fassungslosen Un-Zahl« gig abwenden und sie (vorläufig, bis zur wissenschaftlichen Entscheidung) mit Klabund (i. e. A. Henschke) dort ansiedeln,

> wo der Bober in die Oder,
> wo die Zeit
> mündet in die Ewigkeit

(Ode an Crossen).

Und nun brechen wir arg-, sorg- und hoffentlich folgenlos unser auf Seite 264 leichtsinnig gegebenes Versprechen, indem wir (auf Anregung einiger ehemaliger Fernsehhörer), die Mär nicht von einer Zahl, sondern von einer Figur bringen, die M−, nein die wahre Geschichte vom seltensten Ding in der Welt.

Als Allah, der Herr über Zeit und Raum, unsere Welt erschuf, gab er ihr Länge, Breite und Tiefe, also drei Dimensionen, damit in ihnen und durch sie alle Dinge bestehen können, welche wir Menschen als Körper bezeichnen, vom Berg bis zum Propheten, von der Omajadenmoschee und der Alhambra bis zu den strengen Gebilden der Geometer. Bei diesen hatten schon zu Platons Zeiten, mehr denn tausend Jahre vor Mohammed, die nach dem antiken Weisen benannten bekannten 5 Platonischen Körper besondere Aufmerksamkeit erregt, jene »regulären« Vielflächner oder Polyeder, die alle ausschließlich von regelmäßigen Vielecken (Polygonen) begrenzt sind (wir wissen, daß dies nur Drei-, Vier- oder Fünfecke sein können), mit unter sich gleichberechtigten Ecken, Kanten und Flächen.

Die Namen dieser fünf »Polyeder« lauten in der Reihenfolge, wie wir sie gleich benutzen: Hexaeder (Würfel), Oktaeder, Tetraeder – sowie Dodekaeder und Ikosaeder. Die beiden letzten brauchen wir (vorerst) nicht, man kann sie als Zierstücke betrachten, welche »unserer« dritten Dimension zusätzlich zu den drei vorhergenannten Gebilden zugesprochen worden sind.

Nur der vierten Dimension ward ebenfalls diese Ehre zuteil, sie weist sogar *drei* extraordinäre Zusatz»polytope« (= Überkörper) auf, die Polytope werden begrenzt von regulären Polyedern (z. B. Oktaedern) und ganz allgemein »Zelle« benannt.

Denn die Gesetze der Euklidischen Geometrie, die Allah anscheinend unserer greifbaren Umgebung verliehen hat, lassen für höhere Dimensionen, von der fünften, der Poetendimension an,

> ... die Poetendimension.
> Die fünfte, da die vierte jetzt
> Von Geistern ohnehin besetzt.

Wilhelm Busch, Balduin Bählamm, 1883, mit einem spöttischen Mathematikerblick auf den (die damaligen sehnsuchtsvollen Hungerleider nach dem Unerreichlichen – vgl. S. 405 – erregenden und beherrschenden) Spiritismus insbesondere Zöllnerscher Provenienz,

lassen von der fünften Dimension an nur drei Grundgebilde zu – unserem Würfel, Oktaeder und Tetraeder entsprechend. Und was für diese Grundmuster gilt, gilt auch für die Grundgebilde, z. B. gibt es in jeder Dimension ein Gebilde, welches dem Würfel unseres Raumes zugeordnet werden kann als »Maßpolytop« des höheren Raums.

Unsere drei Grundmuster kann man, wie jeder weiß, in verschiedener Weise auf eine Fläche projizieren, man erhält je nach der gewählten Bildebene und dem Projektionszentrum verschiedene Darstellungen. Wir bevorzugen die Parallelprojektion (bei dieser liegt das Projektionszentrum im Unendlichen – wir werden uns hüten, an gig zu denken!), weil bei ihr Parallelen parallel bleiben; allerdings überschneiden sich die Flächen zum Teil (Abb. 192a: Würfel, 192b: Oktaeder, 192c: Tetraeder).

Diese Flächenüberschneidungen stören, wenn man die Anzahl der Flächen auf der (zweidimensionalen) Projektion feststellen will – insbesondere den Plattländern wäre eine Darstellung lieber, bei der die Flächen des Körpers fein säuberlich neben- und ineinander zu sehen wären.

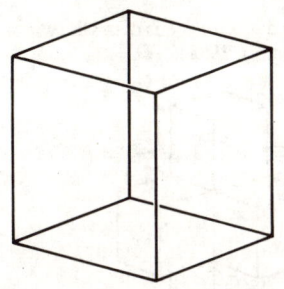 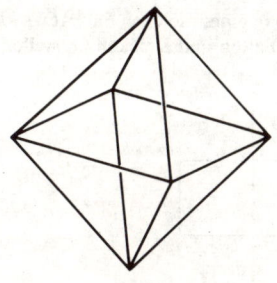 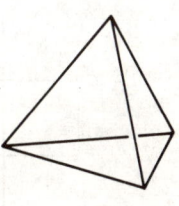

Abb. 192a   Abb. 192b   Abb. 192c

Die Plattländer sind jene über (in) Flächen dahinhuschenden Schatten, die allen Dimensions-
liebhabern bekannt sind: A Square (i. e. Edwin A. Abbott): ›Flatland‹, A Romance of Many
Dimensions, 1884; C.H. Hinton: ›An Episode of Flatland‹, 1907, Dionys Burger: ›Bolland‹
(dtsch. ›Silvestergespräche eines Sechsecks‹), 1957.

Um dies zu erreichen, verwenden die Gelehrten unter ihnen, etwa Prof. Dr. Div.
Halbert, folgende Projektionsmethode: Als Bildebene wählen sie eine Seitenfläche
des Körpers und das Projektionszentrum dicht über der Mitte dieser Fläche, sie
gucken also sozusagen in den Körper hinein und können seine Flächen abzählen
(dürfen dabei aber nicht vergessen, diejenige mitzuzählen, durch die sie sehen!). Dies
kann man sich an der Würfelabbildung 193a leicht klar machen. (Die Projektionen von
Würfel, Oktaeder und Tetraeder s. Abb. 193a, b, c.)

 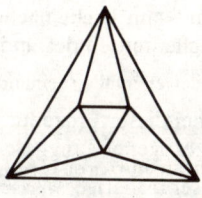 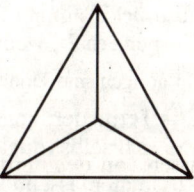

Abb. 193a   Abb. 193b   Abb. 193c

Für Div. Halbert ist es beispielsweise beim Würfel sofort zu sehen, daß er (Hexaeder!)
von sechs Quadraten begrenzt ist, zwei treten (als Umfassung und in der Mitte) in ihrer
»wahren« Gestalt auf, die vier anderen sind zu Trapezen verzerrt (Abb. 194).

Abb. 194

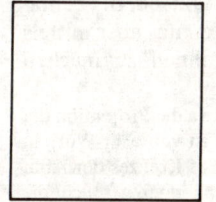  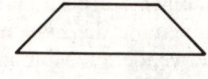 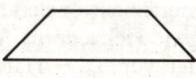 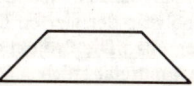 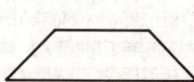

367

Wir *Normale* bevorzugen in einem solchen Fall *Abwicklungen* wie das *Kreuz,* aus dem wir (wir!) leicht den Würfel durch Falten und Knicken herstellen können (Abb. 195a).

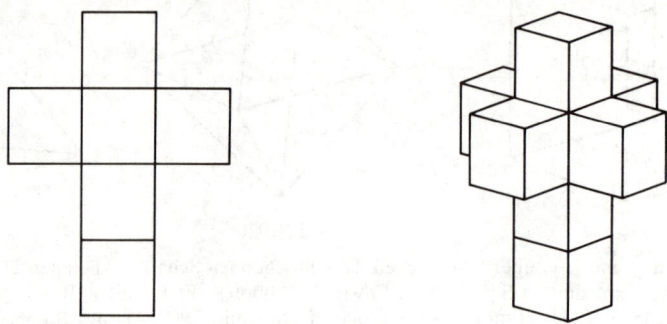

Abb. 195a   Abb. 195b

Die drei *Grundmuster* (vgl. Abb. 192) haben nicht alle die gleiche *Struktur:* Würfel und Oktaeder sind offensichtlich »zentrisch symmetrisch«: Ecken, Kanten und Flächen liegen symmetrisch zum Mittelpunkt, sicher zum Entzücken des Symmetrikers Maack (vgl. S. 66). Vermutlich zu dessen großem Ärger besitzt aber das Tetraeder solch sympathische Eigenschaft nicht: verbindet man bei diesem einfachsten Gebilde eine Ecke mit dem Mittelpunkt, so trifft diese Linie zum zweitenmal nicht wieder eine Ecke, sondern die Mitte einer Seitenfläche (Abb. 192c).

So liegt das Tetraeder einsam neben Würfel und Oktaeder, die zudem sozusagen ein inniges Verhältnis miteinander haben, indem sie, wie der Mathematiker sich ausdrückt, »dual« sind: der Leser kann leicht nachvollziehen, daß man den einen Körper erhält, wenn man die Flächenmitten des anderen durch Strecken verbindet.

Im übrigen sind Dodeka- und Ikosaeder ebenfalls zueinander dual.

Das Tetraeder hingegen erzeugt bei dieser Prozedur nur wieder ein Tetraeder, es ist »zu sich selbst dual«, ein zurückgezogener Junggeselle.

Zusammenfassend können wir unser bisheriges Wissen über die drei Grundgebilde in allen Dimensionen von der dritten an in dem Satz ausdrücken:
Entweder sind sie zentrisch symmetrisch und zu je zweit einander dual, oder sie sind unsymmetrisch und sich selbst dual.

Zur Vorsicht (auch ein Mathematiker kann nie wissen ob, geschweige denn wir Experimentateure) wollen wir obige These an den sechs regelmäßigen Zellen, den Überkörpern des vierdimensionalen Raumes, prüfen. Diese sind begrenzt von dreidimensionalen regelmäßigen Körpern (Würfeln, Tetraedern, Oktaedern, Pentagondodekaedern). Wir können uns die Zelle nicht vorstellen, wollen uns aber mittels der von Div. Halbert verwendeten Methode ein »Bild« von ihnen zu machen versuchen.

Andere Projektionen, so »faßlich« sie aussehen, helfen uns nicht weiter, etwa die Projektion der Abb. 195b, welche das Maßpolytop der vierten Dimension zeigt. Dieses ist von acht Würfeln (einer hier nicht zu sehen) begrenzt. Die Projektion, eine Entsprechung des Kreuzes der Abb. 195a, erscheint uns als eine Art mittelalterlichen Morgensterns, aber leider kennen wir nicht die

Zauberformel, welche aus dieser »Verpackung« durch richtiges Setzen der Würfel das Maßpolytop entstehen läßt.

Unsere fünf Platonischen Körper entsprechen in der vierten Dimension fünf Zellen nach folgender Aufstellung:

3. Dimension		4. Dimension		
Würfel	8-Zell	begrenzt von	8 Würfeln	} einander dual
Oktaeder	16-Zell		16 Tetraedern	
Tetraeder	5-Zell		5 Tetraedern	sich selbst dual
Dodekaeder	120-Zell		120 Dodekaedern	} einander dual
Ikosaeder	600-Zell		600 Tetraedern	

Mit der von Div. Halbert benutzten Projektion erhalten wir für das 8-Zell, den vierdimensionalen Würfel, also das Maßpolytop, die Figur der Abb. 196a, für das 5-Zell, den Tetraederverwandten, die der Abb. 196b. (Die Projektion des 16-Zells ersparen wir uns und unserem Publikum, erst recht die sinnverwirrenden und unübersichtlichen Projektionen des 120- und des 600-Zells.)

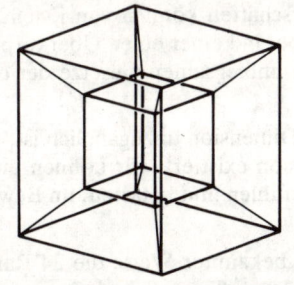

Abb. 196a

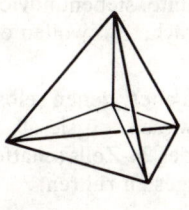

Abb. 196b

Wir sehen und erkennen deutlich, daß das 8-Zell begrenzt wird von acht Würfeln, der eine umschließt die Projektion, der zweite füllt deren Mitte aus, und die sechs anderen bilden hier kongruente abgestumpfte Pyramiden, welche Gegenstücke der Trapeze der Abb. 194 sind, s. Abb. 197.

Ende der sechziger Jahre hatten wir in einer Fernsehvorlesung ein kunstvoll zusammengepapptes Projektionsexemplar des 8-Zells gezeigt, fußlang, mit durchsichtigen Flächen und schwarzen Kanten. Ein näheres Eingehen darauf war damals nicht möglich – ein Vortrag wäre auf den Weihnachtsabend und ist deswegen mit Recht weg-gefallen.

Soweit haben unsere Betrachtungen unsere These bestätigt (vgl. die Aufstellung): 8- und 16-, 120- und 600-Zell sind zentrisch symmetrisch und paarweise einander dual, das symmetrische 5-Zell ist dual zu sich selbst.

Bleibt nur noch das letzte, das sechste reguläre Zell, das 24-Zell, welches von 24 Oktaedern umgrenzt wird und in der dritten Dimension ebensowenig eine Entsprechung hat wie in allen höheren Dimensionen von der Poetendimension an aufwärts.

369

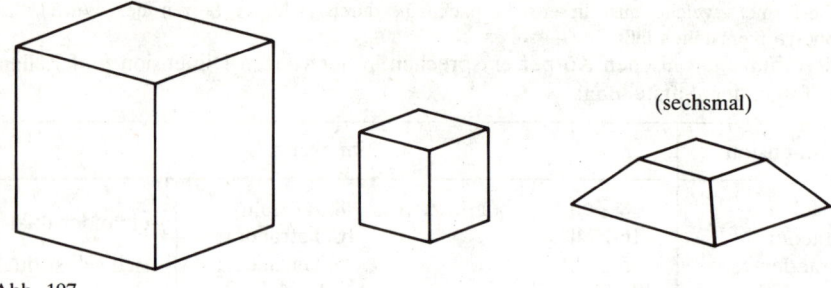

(sechsmal)

Abb. 197

Aber es hat auch zu seinen fünf Geschwistern keine nähere Beziehung – die haben sich zu zweit oder allein mit sich verbunden, es bleibt dem 24-Zell also nichts übrig, als dual zu sich selbst zu sein, wie das 5-Zell, aaber – und das ist das Aufregende – es ist nicht wie dieses unsymmetrisch! (Was schon die Oktaederberandung vermuten ließ.)

Das vierdimensionale 24-Zell ist also die einzige Ausnahme in unserer oben aufgestellten These, wonach es zentrisch symmetrische und gleichzeitig mit sich duale Gebilde nicht gebe. Damit ist das 24-Zell ein Solitär in allen Dimensionen. Ein Demiurg, ein Paraklet mag Dimensionen erschaffen können von jedem Grade, die siebte, siebzehnte, siebenundvierzigste – – aber in keiner einen Überkörper, der dem 24-Zell entspräche. So wollen es die harten, unbiegsamen Gesetze der euklidischen Geometrie.

Wir Menschen aber, denen selbst die vierte Dimension unzugänglich ist, von der wir nicht einmal wissen, ob sie als Raumdimension existiert, wir können uns trotzdem Projektionen des 24-Zells schaffen und sie befühlen und betasten, im Bewußtsein, an etwas Einmaliges zu rühren.

Die hier abgebildete Projektion zeigt in uns bekannter Weise die 24 Randoktaeder ineinandergeschachtelt (Abb. 198). Sie ist mit freundlicher Erlaubnis entnommen dem Buch: D. Hilbert und S. Cohn-Vossen, Anschauliche Geometrie, Julius Springer Vlg., Berlin 1932. Dieses Buch, dem unsere Darlegung viel, nicht nur Didaktisches, verdankt, sollte jeder »kultivierte Mathemateur« durchzuarbeiten versuchen, auch wenn er zunächst nur 47 % oder gar nur 11 % versteht, und obwohl das Werk verständlicherweise nicht mehr auf der Höhe der Zeit steht. In diesem Buche zu studieren, *ist ehrenvoll und ist Gewinn* (›bringt Gewinn‹ wäre falsch zitiert!).

Einem snobistischen Freund der Dimensionen empfehlen wir, sich ein Modell des Unikats gemäß Abb. 198 herzustellen, vielleicht mit 50 cm Kantenlänge, die Kanten farbig, etwa bergblau und gold, und es auf die Wiese seines Gartens zu stellen anstelle des obligaten Barockengels aus Zement, der dort so viel zu suchen hat wie ein nervöser Mensch.

> Ein nervöser Mensch auf einer Wiese
> tut drum besser, wieder aufzustehn
> und dafür in andre Paradiese
> (beispielshalber: weg) zu gehn.
> Chr. Morgenstern, Galgenlieder, Philanthropisch.

370

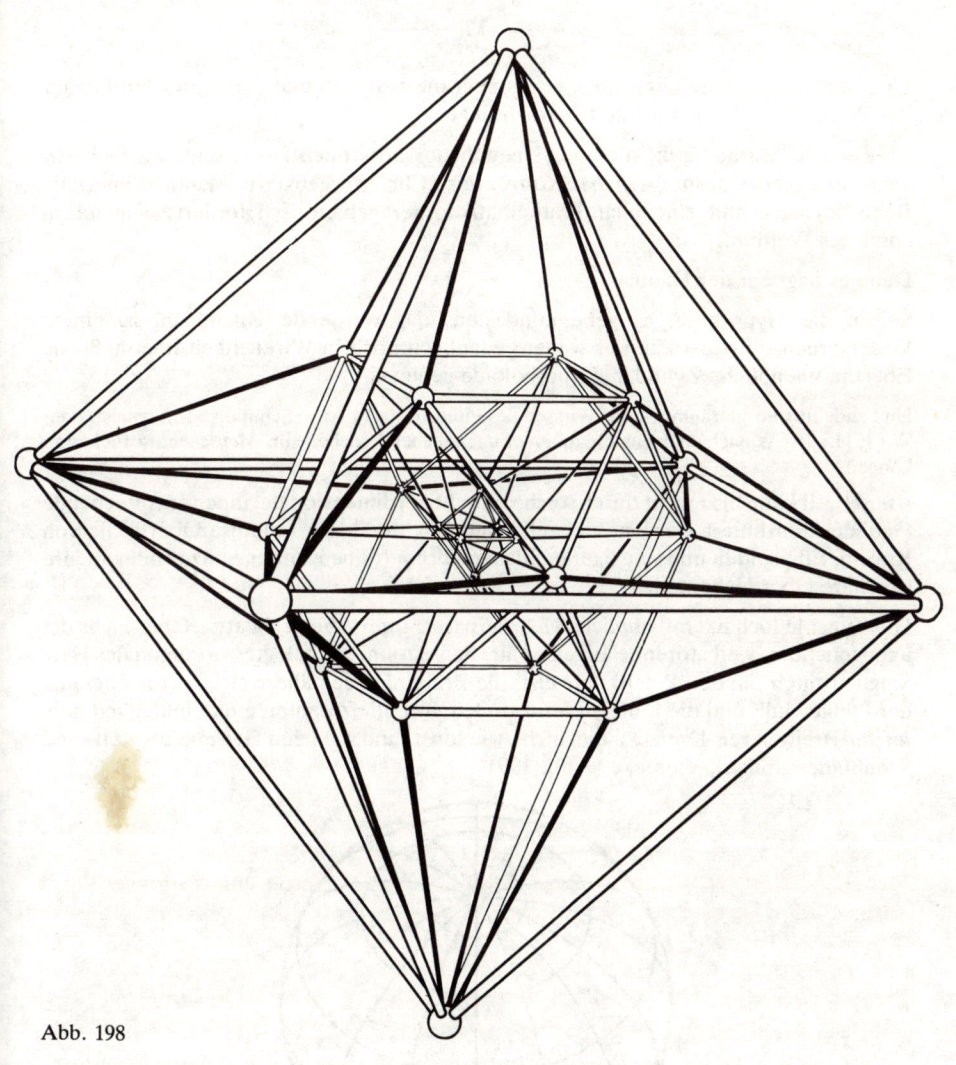

Abb. 198

Dann kann dieser Freund vor seinen Bekannten prahlen (mit der im Reklamegeschäft geduldeten Übertreibung): ›Hier sehen Sie die Projektion des einzig möglichen zentrisch symmetrischen, sich selbst dualen regelmäßigen Überkörpers aus der vierten Dimension, eines Überkörpers, den keine andere Dimension aufweist, und damit *das seltenste Ding in der Welt*‹ Täteräretät!

Und nun, wie angekündigt, noch etwas über die globalen und hyperglobalen Folgen der Wetteschen Nurendlichkeitsbetrachtungen.

Eine solche Mathematik, die »das Unendliche« ausschließt, verbannt, als *nichtexistent im Eigen-Sinn bürgerlicher Konvention* (Chr. Morgenstern, »Palmström«, Die Behörde) betrachtet, eine solche Mathematik fordert gebieterisch, fordert zwingend ein endliches Weltbild.

Denn es liegt auf der Hand:

Sofern die Hypothese, es gebe mindestens das werdende Unendlich, zu einem Widerspruch führt, so kann es weder gedanklich noch in Wirklichkeit unermeßliche Ebenen, unendliche Zylinder, Hyperboloide geben –

Und endgültig ausgeträumt ist der Wunsch des Philostratos in Arno Schmidts »Enthymesis oder W.I.E.H.« (= Wie ich euch hasse), auf einer unendlichen Erdebene ins *Menschenlose* fliehen zu können.

– unser All kann also nicht durch solche oder höherdimensionale, ihnen entsprechende Gebilde koordiniert werden, vielmehr allenfalls durch die randlose Oberfläche von Kugeln, Ellipsoiden und sonstiger endlicher Körper (ohne Kanten, Spitzen oder andere singuläre Oberflächenteile).

Die Kugel jedoch hat mit ähnlichen Körpern trotz ihrer *überall* glatten Oberfläche die unangenehme, weil störende Eigenschaft, daß ein um sie gelegtes orthogonales Netz Singularitäten (an den Polen) aufweist: die Breitenkreise nähern sich dort *unbegrenzt* der Länge Null, und die Längenkreise stoßen dort alle zusammen und bilden mit dem *letzten* Breitenkreis Dreiecke und nicht, wie sonst (und wie beim Gewebe aus Kett- und Schußfäden üblich), Vierecke (Abb. 199).

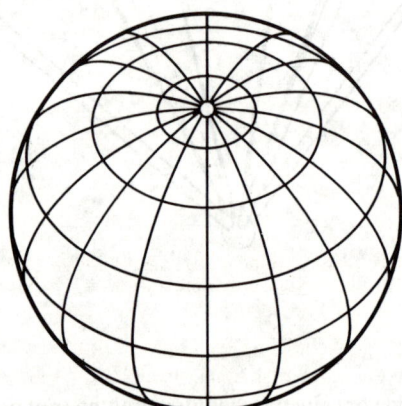

Abb. 199

Auf einem geraden Kreiszylinder sind die (seiner Gestalt und seiner Erzeugung angemessenen) Koordinatenlinien bekanntlich Kreise und zu Geraden *entartete* Kreise – die Singularitäten liegen im Unendlichen (er ist also als koordinierende *Modell*-Vorstellung, besser Durchschnitts-Gesamtdarstellung, nicht zu gebrauchen). Wenn man aber ein Stück von ihm zu einem Reifen zusammenbiegt (Abb. 200), dann erhält man einen »Torus« – die Oberfläche eines Ringes –, der ganz im Endlichen liegt und dessen Koordinatennetz völlig singularitätenfrei aus Kreisen zusammengesetzt ist; die Breitenkreise (Parallelkreise) werden von zwei endlich langen Extremkreisen begrenzt, dem Äquator $Ä$ nach außen und dem Kehlkreis K nach innen, die Meridiane M sind alle gleich lang.

(Man beachte, daß der Torus von einem karussellfahrenden Meridiankreis erzeugt wird, während diese Meridiankreise auf dem geraden Zylinderstück die Parallelkreise bei dessen D r e h erzeugung gewesen wären; hierbei sind die auch parallelen Geraden auf dem Zylindermantel, die den Torus-Breitenkreisen entsprechen, die Zylinder-Meridiane.)

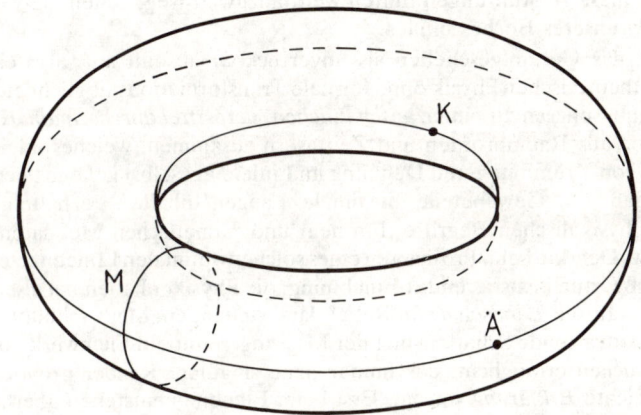

Abb. 200: Hier bedeutet $Ä$: Punkt auf dem Äquator, K: Punkt auf dem Kehlkreis, M: Meridian.

Die singulären Mittelpunkte aller Kreise, die das Koordinatennetz auf dem Torus bilden, liegen stets im *Nichts* oberhalb oder unterhalb vom *Etwas* der Ringhaut, nämlich entweder auf der Drehachse (des Ringes) oder auf der *Seele*, dem geometrischen Ort der Mittelpunkte der erzeugenden Meridiankreise; letztere liegt innerhalb des Hohlrings, der von der konkaven Unterseite des Torus umschlossen wird.

Bei der Erzeugung der Kugel hingegen durchstößt die Drehachse die Kugelhaut und hinterläßt dort singuläre Pole der Kugelkoordinierung, die sich zwar lokal verlagern, aber nicht global wegtransformieren lassen.

»So sympathisch diese Eigenschaften des Torus anmuten, sie bergen urgewaltig-unheimlichen Sprengstoff gegen alle anerkannten Voraussetzungen für Beobachtung und Messung in den exakten Wissenschaften« (Wette).

Man wird es kaum glauben wollen, aber auch hier läßt sich ein Goethezitat anbringen:

Der Torus ist angelegt; nun nur noch Flamme und Windstoß, aber das hängt von den Göttern ab!

(An Heinrich Christian Boie, Nov. 1773)

Von den Göttern – hier besser von Wette, der zu diesem Thema schreibt:

»Um Singularitätenfreiheit zu garantieren, dürfen höherdimensionale Torus-Ausdehnungen nicht aus Sphären erzeugt sein, müssen vielmehr selbst toroidal entspringen; und das bedeutet, daß der Weltraum *anisotrop* ist, daß es für seine Koordinierung 3 ausgezeichnete Hauptrichtungen geben muß, nach denen das Universum überdies eine unterschiedliche *Tiefe* hat, und diese unterschiedlichen Weltradien müssen zudem jegliche Selbstdurchdringung des erzeugten Hypertorus ausschließen. Die Proportionierung des Zeitradius mit den Weltradien, die nach 100 Jahren Meterkonvention in Ungarn erstmals determiniert wurde (durch Maximierung der Umlaufsdauer von 'Zeit' selbst (!) bei *l o k a l* überall isotroper, aber zwangsläufig ortsabhängiger Lichtgeschwindigkeit, ergibt als Ursache für die Dreidimensionalität des Raumes, daß universale Antipoden und Antiantipoden nach den beiden kürzeren Hauptrichtungen ziemlich nahe liegen, was die Krümmungsverteilung des elastischen Urmediums – des von Einstein versehentlich abgeschafften, aber wiederauferstandenen *Weltäthers* – dort aufs äußerste anspannt: . . .

Doch auch diese Ausführungen führen weit, allzuweit weg, gehen gig-weit über den *Fluchtpunkt* unseres Buches hinaus.

Wette faßt das Gesamtgeschehen als unverrückbar absolut auf, also entgegen der derzeitigen theoretischen Physik ohne formale Transformationsmöglichkeit, und er fügt alle Bewegungsphasen zu einem *anschaulichen, ja restfrei durchschaubaren n a h t l o - se n* Gewebe aus Raumprofilen und Zeitfasern zusammen, welches allein durch die Verteilung von Krümmung und Dehnung im Liniennetz selbst gekennzeichnet ist, und zwar so, daß alle Gewebeteile *ma*ximale Längen/Inhalte/.. erhalten. Er deutet sämtliche physikalischen Begriffe, Formeln und numerischen Meßdaten hinweg als Effekte bzw. Defekte beim Projizieren eines solchen optimalen Liniennetzes auf dessen eigene (bloß virtuell existierende) Einebnung; die Physiker haben *nach seiner Ansicht* sozusagen, statt die *Landschaft* im Relief darzustellen, ein Meßtischblatt benutzt, auf dem das plattwalzende Schattenspiel der Messungen nur ein Flickwerk von *Beschreibungs*-Versuchen ermöglicht, das immer neue singuläre Ränder provoziert, wo die jeweils erreichte *Erklärung* versagt. Erst beim Einebnen entstehen überhaupt Kreise wie die des Torusnetzes, nämlich als sekundäre Ausgleichung primärer endlicher Punktverteilung. (Man wird hier an Platons Höhlengleichnis erinnert.)

Uff, uff, laßt Goethe sprechen:

Daß aber ein Mathematiker, aus dem Hexengewirre seiner Formeln heraus, zur Anschauung der Natur käme und Sinn und Verstand, unabhängig wie ein gesunder Mensch, brauchte, werd ich wohl nicht erleben.

(An Zelter, 17. Mai 1829.)

Aber vielleicht wir; denn einige Konsequenzen der Wetteschen Theorie weichen auch im terrestrisch zugänglichen Bereich von denen der heutzutage vorherrschenden ab – und Experimente können hier entscheiden.

Energiequanten sind nach Wette »in erster Näherung Krümmungs-Stöße im Sinusdiagramm harmonischer Oszillationen«. Mit 35 Zeilen *auf Abiturienten-Niveau* habe er 1973 in Diracs Geburtsstadt Bristol gezeigt, daß das Plancksche Wirkungsquantum h nicht konstant sein kann; er hat eine Formel für die Frequenzabhängigkeit von h prognostiziert, die mit dem existierenden 21,5 GeV Elektronen-Linearbeschleuniger testbar wäre – allerdings erst durch Energiebilanz-Statistiken. (Was unseres Wissens bisher nicht geschehen ist.)

Was Einsteins Konstanzpostulat für die Lichtgeschwindigkeit c angehe, so sei es *lokal* durch die Taschenwellendarstellung eines Photons, durch eine Maximalfläche, die das Diagramm einer Faltenschwingung aufbewahrt, gerechtfertigt. *Universal* hätte c nur bei konstantem Diagrammwinkel geodätischer (d.i. kürzester) Linien gegen das Durchschnittsnetz konstant sein können, was nur bei ebenem oder zylindrischem – also unendlichem – Netz funktioniert. Im Endlichen jedoch muß c aus topometrischen Gründen von der Lage im Kosmos abhängen, genauer von der Entfernung im absoluten Totaldiagramm zu dessen letzterzeugender Drehachse.

Wette wirft Einsteins Gravitationstheorie vor, daß Tensorverjüngungen, die lediglich nach der formalen Bequemlichkeit ausgewählt sind, jede echte Information über die wahre Krümmungsverteilung im Ansatz zerstören. Bei Einebnung tritt zwar auch Informationsverlust auf, aber dieser wird *wett*gemacht durch Erhaltungseigenschaften aufgrund der erst beim Einebnen gewonnenen Transformationsgruppen. Zudem hat Wette die kovariante Krümmung des unverjüngten Krümmungstensors durchkalkuliert und festgestellt, daß jene allein durch den Krümmungstensor ausdrückbar ist – ganz ohne Differentiationen, im Unterschied etwa zum Differentiations-Anteil bei der kovarianten Differentiation.

Kepler, dem Meister geometrischer Anschauung, hält Wette entgegen, daß jener seine elliptischen Planetenbahnen nicht substantiell und buchstäblich als Kegel*schnitte* gedeutet hat. Die Sonne liege weder in den Bahnebenen noch in einem Brennpunkt der Bahnellipsen, sie forme vielmehr tatsächlich die Spitze eines sehr flachen Kegels (eines schirmartigen Stücks vom Durchschnitts-Hohlring), und während Photonen auf dessen fastgeraden geodätischen Linien sausen, folgt jeder Planet durch seine schwere Masse (d.i. Krümmungsdifferenz *konkave minus konvexe* Seite der Einebnung) einem eigenen *ebenen* Schnitt dieses Sonnen-Kegels.

Womöglich ist die Wettesche Ansicht von Physik und Astronomie noch *tiefgründiger* als die über Mathematik und Logik, zugleich deutet sich der endgültige Charakter seiner *umwälzenden* Vorstellung an: nach ihm wird es vom grundsätzlichen Standpunkt aus in der Theorie nichts mehr zu erforschen geben, allein die Fragen der Anwendungspraxis bleiben übrig. Gödel selbst bestätigte ihm diese Richtung: »Ende der Wissenschaft« kommentierte Gödel telephonisch Anfang 1975 nach Washington D.C., nachdem die Widerlegung des Aussagenkalküls dort von Wette vorgetragen war.

Die Mathematiker, Physiker und Philosophen müßten in den Ruf ausbrechen: »never glad confident morning again«, es werde von nun an nicht mehr möglich sein, dem nächsten Morgen mit froher Zuversicht entgegenzusehen. (Mit diesen Worten reagierte A.N. Whitehead 1901 auf das Paradoxon seines Mitarbeiters Russell *von der Klasse sämtlicher Klassen, die sich nicht selbst als Element enthalten;* aber diese *Russellbllessur* war nicht tödlich (vgl. S. 306 u. S. 351)).

Selbstverständlich muß man auch eine Antwort suchen auf die Fragen jenseits der Geometrie und der Physik, aus dem Reich, *wo sich an das Ende der Anfang knüpft,*

> *wie nämlich der Eros mit dem Tode in einem geheimen Zusammenhange steht, vermöge dessen der Orkus ... nicht nur der Nehmende, sondern auch der Gebende und der Tod das große réservoir des Lebens ist. Daher also, daher, aus dem Orkus, kommt Alles, und dort ist schon Jedes gewesen, das jetzt Leben hat: – wären wir nur fähig, den Taschenspielerstreich zu begreifen, vermöge dessen Das geschieht; dann wäre Alles klar.*

> A. Schopenhauer, »Vom Unterschiede der Lebensalter«, Schluß.

Ein sehr bekannter (und daher von uns nicht gebrachter) Holzschnitt aus dem 16. Jh. zeigt einen Mann, dem es gelungen ist, die Kristallsphäre zu durchdringen, an dem der Herr die Gestirne angeheftet hat, das Himmelszelt zu lüften und einen Blick hinter diese Kulisse zu werfen, auf das Räderwerk Dessen, Der alles so klüglich gefüget.

Unser Jahrhundert ist unruhiger, die Holzschnitte von Johannes Molzahn nach dem ersten Weltkrieg zeugen davon (Abb. 201). Molzahn (1892 bis 1965) emigrierte 1938 in die USA, zwanzig Jahre vorher stammelte Kurt Schwitters im Gedicht 37 »An Johannes Molzahn«:

Welten schleudern Raum
Du schleuderst Welten Raum
...
Und Achsen brechen Ewigkeit.

Abb. 201

Bei Wette beruhen Zeugung und Tod *jeweils auf Stau und Entstau von Raum wie Zeit.* Das Diesseits entspricht dem konkaven Aspekt auf der Innenhaut des Haupthohlrings entlang von dessen Kehlkreis: der soll ja die Zeitfaser unserer Milchstraße darstellen. Die konvexe Außenhaut entlang dem Kehlkreis *k ö n n t e* das Jenseits formen. (Ein Gegenstück zu dem mittelalterlichen *Durchstoßbild* wäre fällig!)

Schade, daß G. B. Piranesi (vgl. S. 137) bereits seit zwei Jahrhunderten in Trans-Sphaeranien weilt: er hat einmal zu einem seiner Schüler gesagt: *Ich brauche große Ideen, und ich glaube, wenn man mich mit dem Plan für ein neues Universum beauftragte, ich wäre verrückt genug, mich daran zu machen.*

Vorgeschlagenes Motto dazu (aus Lichtenbergs »Traum« von 1793):

Vor deiner Umwandlung, kömmst du nicht auf die andere Seite des Vorhangs, die du suchst, weder auf diesem noch einem andern Körnchen der Schöpfung.

Wettes Weltbild, von dem uns nur ein fragmentarisches und daher sehr schwer erfaßbares Abbild zu geben vergönnt ist, bietet nach ihm die tröstliche Geborgenheit im Endlichen, eine *überschaubare* und »durchgängig/lückenlos« *durchdringende* Ordnung, den wahren *Kosmos* im Sinne der alten Griechen, *klar wie ein Gebilde aus farbiger Luft* (G. Meyrink, »Meister Leonhard«, 1917), eine jedenfalls vom innersten Nexus her *heile Welt.* Ein geometro-statisches Weltbild der Ruhe oder auch des unbewegten Bewegers. Es ist, wie der höchste Gott des Xenophanes von Kolophon (etwa −570 bis −470), unbeweglich, unwandelbar, über allem wandelbaren Schein des Weltgeschehens erhaben. Darüber muß und wird (um die abgewetzte Wendung trotzdem zu gebrauchen) der Fachmann sich wundern und der Laie staunen. Das Erstaunen – so hat uns Aristoteles in seiner Metaphysik gelehrt – ist der erste Schritt in die Philosophie. Auch hier wollen wir Goethe das letzte Wort lassen (das er am 18. Februar 1829 zu Eckermann gesprochen hat):

Das Höchste, wozu der Mensch gelangen kann, ist das Erstaunen; und wenn ihn das Urphänomen in Erstaunen setzt, so sei er zufrieden; ein Höheres kann es ihm nicht gewähren, und ein Weiteres soll er nicht dahinter suchen; hier ist

DIE GRENZE.

Abb. 202, Seite 378: Eine Seite aus dem Wetteschen *Konstitutions*-Aufsatz »The refutation of number theory I« (Würzburg 1975, Triltsch). Original rot und schwarz.

Hierzu Dr. Wette: "Bedeutung" gegen 'Bedeutung' – im Endspiel; "Bedeutung" diktiert hier durch automatisch kontrollfähiges ›Buchstabieren‹, welcher [schwarze] Output in formal genormter und total geregelter Reinkultur »auf mathematisch« notiert werden darf, ohne dabei irgendein Wissen um den »sprachlichen« Sinn [schwarzer] Symbole zu benützen, auch nicht etwa die Kenntnis von der mit ihnen ›beabsichtigten‹ 'Deutung'.

Der Autor: Mir *fehlen* die Worte.

Mephastso: Dann eben, wenn die Worte fehlen, stellt ein Sinnbol zur rechten Zahl sich ein.

6.1, 11, 12 $\quad {}_A u \longrightarrow {}_D{<}\infty{\to}uu, \ {}_D{<}\infty{\to}u\vee, \ {}_D{<}\infty{\to}\wedge u \ ;$

6.2 $\quad {}_D{<}u_1u_2{\to}uw, \ {}_D{<}v_1v_2{\to}wv \longrightarrow {}_D{<}{<}u_1u_2{\to}uw{<}v_1v_2{\to}wv{\to}uv \ ;$

6.3, 4, 6, 7 $\quad {}_A u, \ {}_A v \longrightarrow {}_D{<}\infty{\to}\wedge uvu, \ {}_D{<}\infty{\to}\wedge uvv,$

$\qquad\qquad , \ {}_D{<}\infty{\to}u\vee uv, \ {}_D{<}\infty{\to}v\vee uv \ ;$

6.5 $\quad {}_D{<}u_1u_2{\to}wu, \ {}_D{<}v_1v_2{\to}wv \longrightarrow {}_D{<}{<}u_1u_2{\to}wu{<}v_1v_2{\to}wv{\to}w{\wedge}uv \ ;$

6.8 $\quad {}_D{<}u_1u_2{\to}uw, \ {}_D{<}v_1v_2{\to}vw \longrightarrow {}_D{<}{<}u_1u_2{\to}uw{<}v_1v_2{\to}vw{\to}\vee uvw \ ;$

6.9 $\quad {}_D{<}w_1w_2{\to}\wedge wuv \longrightarrow {}_D{<}\circ{<}w_1w_2{\to}\wedge wuv{\to}w{\to}uv \ ;$

6.10 $\quad {}_D{<}w_1w_2{\to}w{\to}uv \longrightarrow {}_D{<}\circ{<}w_1w_2{\to}w{\to}uv{\to}\wedge wuv \ ;$

6.13, 15 $\quad {}_x v, \ {}_{*k}v_1, \ {}_A u, \ {}_{\|}vuv_1u_1 \longrightarrow {}_D{<}\infty{\to}u_1\vee vu, \ {}_D{<}\infty{\to}\wedge vuu_1 \ ;$

6.14 $\quad {}_x v, \ {}_{\downarrow}vw, \ {}_D{<}w_1w_2{\to}uw \longrightarrow {}_D{<}\circ{<}w_1w_2{\to}uw{\to}\vee vuw \ ;$

6.16 $\quad {}_x v, \ {}_{\downarrow}vw, \ {}_D{<}w_1w_2{\to}wu \longrightarrow {}_D{<}\circ{<}w_1w_2{\to}wu{\to}w{\wedge}vu \ ;$

6.17 $\quad {}_x v, \ {}_A u, \ {}_{\|}vu'vu_1, \ {}_{\|}vu0u_2, \ {}_D{<}w_1w_2{\to}uu_1 \longrightarrow {}_D{<}\circ{<}w_1w_2{\to}uu_1{\to}u_2u \ ;$

6.18, 19, 20, 21 $\quad \longrightarrow {}_D{<}\infty{\to}\vee{=}00, \ {}_D{<}\infty{\to}{=}\xi'\xi{=}'\xi''\xi,$

$\qquad\qquad , \ {}_D{<}\infty{\to}{=}'\xi''\xi{=}\xi'\xi, \ {}_D{<}\infty{\to}\vee{=}'\xi 0{=}0'\xi\wedge \ ;$

6.22, 23 $\quad \longrightarrow {}_D{<}\infty{\to}\vee\wedge{=}'\xi 0{=}''\xi\xi -$

$\qquad - \vee'''\xi\vee''''\xi\vee'''''\xi\wedge\wedge\wedge{=}\xi'\xi{=}'\xi''''\xi{=}''\xi'''''\xi{+}''\xi''''\xi'''''\xi{+}\xi\xi'\xi,$

$\qquad , \ {}_D{<}\infty{\to}{+}\xi'\xi''\xi\vee\wedge{=}'\xi 0{=}''\xi\xi -$

$\qquad - \vee'''\xi\vee''''\xi\vee'''''\xi\wedge\wedge\wedge{=}\xi'\xi{=}'\xi''''\xi{=}''\xi'''''\xi{+}''\xi''''\xi'''''\xi \ ;$

6.24, 25 $\quad \longrightarrow {}_D{<}\infty{\to}\vee\wedge{=}'\xi 0{=}''\xi 0 -$

$\qquad - \vee'''\xi\vee''''\xi\vee'''''\xi\wedge{=}\xi'\xi\wedge{=}'\xi''''\xi\wedge{+}''''\xi\xi''\xi\times''\xi'''\xi''''\xi\times\xi'\xi'\xi,$

$\qquad , \ {}_D{<}\infty{\to}\times\xi'\xi''\xi\vee\wedge{=}'\xi 0{=}''\xi 0 -$

$\qquad - \vee'''\xi\vee''''\xi\vee'''''\xi\wedge{=}\xi'\xi\wedge{=}'\xi''''\xi\wedge{+}''''\xi\xi''\xi\times''\xi'''\xi''''\xi .$

Kapitel 15

Die Mathematik, dein Feind?

Ächter und Achter

Umsonst, daß trocknes Sinnen hier
Die heilgen Zeichen dir erklärt!
Faust I, Nacht, In einem hochgewölbten, engen gotischen Zimmer (Faust)

—— 1 ——

Wie anders wirkt dies Zeichen auf mich ein, hätte Doktor Faustus verstört ausrufen können, wäre ihm durch Mephisto das Blatt der Abb. 202 vor Augen gekommen.

Dieser Wald von Sinnbildern, den meisten unverständlich wie eine baskische Zeitung oder eine Wand voller Hieroglyphen, von wenigen gleich zu deuten, läßt den Wunsch aufflackern, die Laßwitzsche Universalbibliothek (s. Kap. 12) möge existieren, jene Bücherei, welche alle Noten, alle Formeln auch verbal im geliebten Deutsch enthält. Man wünscht sich, es möge sich anstelle der Symbole das rechte Wort einstellen, man wünscht sich aus dem Bücherhaufen den Band, worin die Botschaft in verständlichen Sätzen ausgedrückt ist, die Botschaft, zu deren Begreifen nicht nur der Glaube fehlt.

Doch schon meldet sich der Zweifel: ist unsere Sprache, ist überhaupt eine natürliche, eine gewachsene Sprache mit ihren unlogischen Ranken geeignet, solche hochabstrakten Ableitungen und Folgerungen eindeutig und verständlich widerzuspiegeln, wiederzugeben? (Sobald man spricht, beginnt man schon zu irren. Goethe, Spruch, Widerspruch.)

Lichtenberg meint mit Recht:

Die Erfindung der Sprache ist vor der Philosophie hergegangen, und das ist es, was die Philosophie erschwert, zumal wenn man sie andern verständlich machen will, die nicht viel selbst denken. Die Philosophie [und ebenso die Mathematik] *ist, wenn sie spricht, immer genötigt, die Sprache der Unphilosophie zu reden.*

Und L. Wittgenstein schreibt: *Die Philosophie ist ein Kampf gegen die Verhexung unseres Verstands durch die Mittel der Sprache.*

Hierhin gehören auch zwei Fragmente von Hardenberg-Novalis: *Echter wissenschaftlicher Geist hat vorzüglich bisher bei den Mathematikern geherrscht,* und (Nr. 987 der Studienhefte): *Die Sprache ist Delphi* (vgl. S. 308).

Die meisten Wörter, ja die Silben selbst, bedeuten doch mal dies mal das. So sind die Silben *bar* in

Barbar findet Bombardement von Barbados wunderbar,

und in

Barbier und Barbitur,
Adebar und Sansibar,
Barbusse, Barbuße und barbusig,
Barkasse und Bar-Kasse,
Minibar und Millibar,
Benachbarte und Bebartete,
gehbar und gebar,
wirkbar und wirkungsbar,
kündbar, kundbar, stundbar,
unbar, zahl'bar, zahlbar, zählbar

offenbar fast alle eines gemeinsamen Nenners bar. Es wird daher der kompakten Majorität nichts anderes übrigbleiben, als vor den Witteschen Symbolen hilf- und fassungslos zu salutieren und zu kapitulieren. Dazu äußert Dr. Wette ergänzend:

Wer Gesprächen mit (>4) Adepten lauschte, hörte beispielsweise: »*das Ungeheuer von rechts im 13.12-Schritt der Ω-Umformung benutzt bei 6.2 einen Tiefstart gemäß der Summe der Staffelungs-Sprünge von links und von rechts, die sich vorher durch 6.9 von rechts (oder bereits mit 6.2) schrittweise angesammelt haben*«, – *ein Jargon, der offenbar nicht nur das Verständnis aller Formeln voraussetzt, sondern überdies die Beherrschung aller Chiffren in der vorgeschriebenen Norm; allein die Schreibdisziplin wird Nichteingeweihte entmutigen.*

——— 2 ———

Allen Nichteingeweihten unter den Mathematikstudenten wird's wie ein Mühlrad im Kopf herumgehen – so ähnlich, wie es (einige Stufen tiefer) dem Untersekundaner a.D. Thomas Mann erging: er wollte das verehrte Fräulein Katja Pringsheim zu einem Radausflug abholen und warf, während sie sich fertig machte, neugierig und verwegen einen Blick in ihr Kollegheft.

Was er sah und was er dabei empfand, kann man in seinem Roman »Königliche Hoheit« (1909) nachlesen. In ihm hat er sich zu Seiner Hoheit dem Prinzen Klaus Heinrich hochstilisiert, die Radtour zu einem Ausritt und die sehr wohlhabende Katja zur Millionärstochter Miß Imma Spoelmann.

Prinz Klaus, so Mann, trat zum Tischchen und nahm das Kollegheft zur Hand.

Was er sah, war sinnverwirrend. In einer krausen, kindlich dick aufgetragenen Schrift, die Imma Spoelmanns besondere Federhaltung erkennen ließ, bedeckte ein phantastischer Hokuspokus, ein Hexensabbat verschränkter Runen die Seiten. Griechische Schriftzeichen waren mit lateinischen und mit Ziffern in verschiedener Höhe verkoppelt, mit Kreuzen und Strichen durchsetzt, ober- und unterhalb waagrechter Linien bruchartig aufgereiht, durch andere Linien zeltartig überdacht, durch Doppelstrichelchen gleichgewertet, durch runde Klammern zu großen Formelmassen vereinigt. Einzelne Buchstaben, wie Schildwachen vorgeschoben, waren rechts oberhalb der umklammerten Gruppen ausgesetzt. Kabbalistische Male, vollständig unverständlich dem Laiensinn, umfaßten mit ihren Armen Buchstaben und Zahlen, während Zahlenbrüche ihnen voranstanden und Zahlen und Buchstaben ihnen zu Häupten und [zu] Füßen schwebten. Sonderbare Silben, Abkürzungen geheimnisvoller Worte, waren überall eingestreut, und zwischen den nekromantischen Kolonnen standen geschriebene Sätze und Bemerkungen in täglicher Sprache, deren Sinn gleichwohl so hoch über allen menschlichen Dingen war, daß man sie lesen konnte, ohne mehr davon zu verstehen als von einem Zaubergemurmel.

Was ein Schüler der Mittelklassen beim Durchblättern einer (einfachen) mathematischen Abhandlung zu empfinden vermag – Bewunderung, Betretenheit, Grimm und Abscheu – das ist hier wortmeisterhaft niedergelegt.

Etwas Häme muß sein: ein Nekromant ist ein Totenbeschwörer, Mann meint aber einen Schwarzkünstler, einen Nigromanten.

Leicht kann man die Zeichen identifizieren, die Integrale, die Indizes, die Alphas und Lambdas, Wurzeln und Potenzen, logarithmische und trigonometrische Kürzel. Beschrieben von einem scharf beobachtenden und temperiert aufzeichnenden Künstler, der von *diesen gottlosen Künsten* nach eigenem Geständnis *niemals etwas begriffen hat.*

Darin ähnelt der registrierende Schriftsteller Mann dem voller Pläne steckenden phantasievollen Tusculum-Verleger Ernst Heimeran (1902 bis 1955). Dieser schrieb über sich voller Selbstbedauern: »*.. zwischen abgerissenen Buchstaben, geheimnisvollen Klammern, vieldeutigen Strichelchen aller Art, dieser ganzen mathematischen Graphik aber sinnvolle und folgerichtige Beziehungen herzustellen, überstieg mein Denkvermögen trotz aller Bemühungen. Wie saß ich oft nach stundenlanger Papierverschwendung verzweifelt vor einem*

$$x \quad sei\ gleich \quad 0,73372486552,$$

einem greulich bandwurmartigen Resultat, das doch unmöglich stimmen konnte.«

----- 3 -----

Wer von den gottlosen Künsten nichts begreifen will oder dazu beim besten Willen nicht fähig ist, der halte sich füglich und klüglich weit fern von ihnen und greife nicht leichtsinnig zu den Zauberwürzen aus ihrer Küche – sie könnten sich gegen ihn selbst wenden, so wie das Wörtlein *Wendepunkt* bei Thomas Mann, welches zu verwenden er die Gescheitheit beging.

Es gibt so viele verschiedene Arten von Dummheit, und die Gescheitheit ist nicht die beste davon, stellt Thomas weltklug im »Zauberberg« fest.

Wer einen Wagen auf einer Kreisbahn oder einem spiralig dahinkreiselnden Weg fährt, der muß das Steuerrad nur nach links oder nur nach rechts einschlagen. Auf sich windenden Serpentinen hingegen ist es nötig, das Rad und die Räder ab und zu in die andere Richtung einzuschlagen, ab und zu, nämlich an den *Wendepunkten* der Schlängelstraße. Das weiß jeder Fahrer (auch jeder Radfahrer). Daher kapieren sie alle sofort die mathematische Definition:

Wendepunkte sind diejenigen Punkte einer Kurve, in denen die Kurvenkrümmung von konkav in konvex (oder umgekehrt) übergeht.

Der Radfahrer Thomas (im Abgangszeugnis: Geometrie noch befriedigend) aber hat solche Mittelschulkenntnisse glatt vergessen, obwohl er in den Tertien drei und in Untersekunda zwei Jahre zugebracht hatte. Ihm schwebelt beim Hören des Wortes *Wendepunkt* lediglich so etwas wie *Richtungsänderung* vor, weshalb er ohne Furcht vor Tadel im »Zauberberg« seinen Helden (Dipl.-Ing.!) Hans Castorp schwafeln läßt

von den ausdehnungslosen Wendepunkten, aus denen der Kreis von seinem nicht vorhandenen Anfang bis zu seinem nicht vorhandenen Ende bestehe.

Ein solcher Satz wird gar manchem quicken Primaner, manchem Erstsemester an den hohen Schulen eine Art überheblichen Vergnügens bereiten, verbunden mit der stärkenden Gewißheit, zum inneren Kreis zu gehören, zu den Eingeweihten, die mit den anderen Auguren das gewisse Aug(ur)enzwinkern tauschen, mit dem Lächeln, das hier besagt: Wir wissen, daß ein Kreis keine Wendepunkte haben kann, weil er, etwa von seinem Mittelpunkt aus gesehen, stets konkav ist. In einem Wendepunkt aber ist die Krümmung, die bei jedem Kreis offensichtlich von Null verschieden ist, gleich Null; denn die Krümmung der Kurve schlägt dort von plus nach minus um oder umgekehrt.

4

Was nun kommt, mag den Hochmut dieser jugendlichen Tempeldiener ein wenig dämpfen – die nicht Betroffenen (welche vielleicht schon betroffen auf die nächsten Abbildungen starren) mögen diese nebst dem zugehörigen Text getrost überschlagen (es sei denn, sie gehören zur knoblerianischen Sekte). Die jungen Dächse aber werden gebeten, in einem gewöhnlichen Punkt einer beliebigen glatten Kurve den zugehörigen Krümmungskreis zu skizzieren, einfach nach Augenmaß (Abb. 203). (Bitte nicht im Großen Handbuch der Mathematik, Köln 1967, auf S. 446 oder im Bd. 14 von Meyers Enz. Lexikon (1975) auf S. 401 nachsehen – die dortigen Zeichnungen sind ebenso überzeugend wie verkehrt (oder, wie wir lieber sagen: ebenso klipp wie irr).

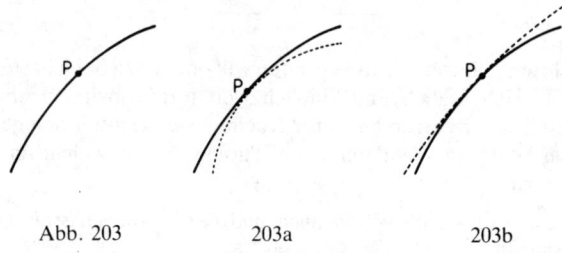

Abb. 203   203a   203b

Wir glauben, daß fast alle, und manche bemooste Häupter desgleichen, eine der beiden Skizzen der Abb. 203a,b liefern werden. Der (punktierte) Kreis schmiegt sich der Kurve in der Umgebung des vorgegebenen Punktes an, innig an, er berührt die Kurve von innen oder von außen. Diese irrige Meinung vieler Anfänger stützt sich auf zwei Ausnahmen, die schnellfertig als die Regel betrachtet werden, auf die Krümmungskreise der Ellipse in den Endpunkten ihrer Haupt- und ihrer Nebenachse (Abb. 204, vgl. auch Abb. 138, S. 243).

Diese Krümmungskreise (die Haupt- und Nebenscheitelkreise) berühren tatsächlich die Ellipse von innen bzw. von außen – ausnahmsweise.

Den Augürchen sei der Grund zugeraunt: sie haben dort nicht nur, wie gewöhnliche Krümmungskreise, die erste und die zweite Ableitung in den ›Treffpunkten‹ mit der Kurve gemeinsam, sondern auch y''', die dritte. Sie werden Oskulationskreise genannt (und es ist wahrscheinlich, daß der lateinkundige Herr G***, vgl. S. 225, seine Küßkugeln in einer solchen Fallgrube gefunden hat), sie berühren die Kurve in den Punkten ihrer extremalen Krümmung.

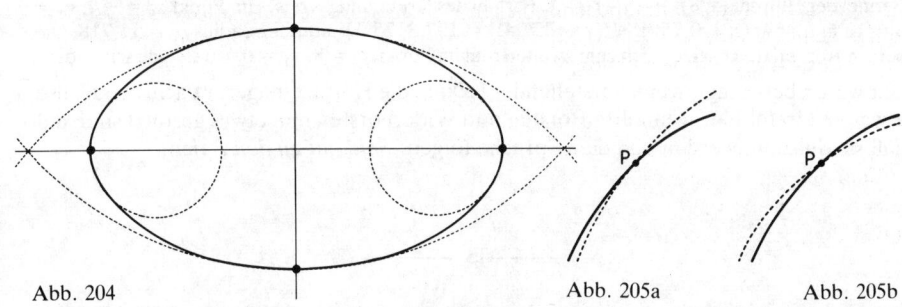

Abb. 204   Abb. 205a   Abb. 205b

Je zwei dieser ausgezeichneten Krümmungskreise der Ellipse liegen ganz innerhalb bzw. ganz außerhalb der Kurve – es ist plausibel, daß den Krümmungskreisen an den übrigen Punkten nichts anderes übrig bleibt, als die Kurve zu durchsetzen.

Und dies hätten sie auch in den Skizzen tun müssen, so wie es Abb. 205a,b darstellt, wegen der Didaktik übertrieben; tatsächlich haben beide Kurven eine gemeinsame Tangente, sie liegen daher in der Nähe von P recht eng beieinander, vgl. Abb. 206.

Ganz allgemein gilt nämlich: Haben zwei Kurven den Punkt x_0, y_0 sowie in diesem Punkt eine gerade Anzahl von Ableitungen (z.B. y'_0 und y''_0 oder keine) gemeinsam, so durchsetzen sie sich. Ist die Anzahl der gemeinsamen Ableitungen hingegen ungerade (z.B. y'_0, oder y'_0, y''_0 und y'''_0), so berühren sich beide Kurven im Punkt x_0, y_0.

Abb. 206 zeigt eine Ellipse und den Krümmungskreis in einem ihrer *gewöhnlichen* Punkte.

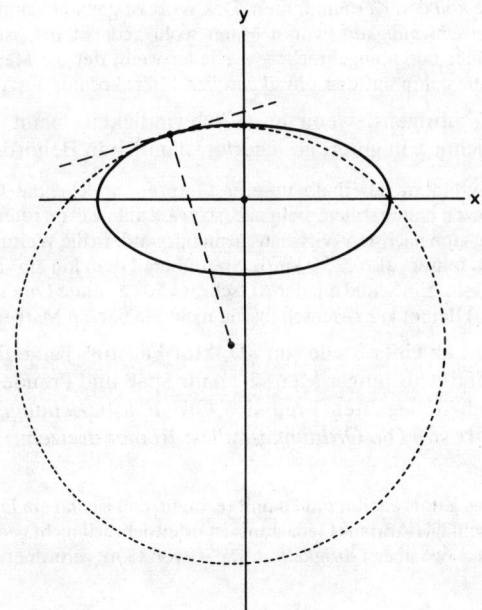

Abb. 206

383

Formel der Ellipse: $(x/8)^2 + (y/4)^2 = 1$. Formel des Krümmungskreises im Punkt $x_0 = -4$, $y_0 = +\sqrt{12} = 3{,}464$: $(x + 0{,}750)^2 + (y + 7{,}794)^2 = 137{,}3125$. Krümmungsradius $\varrho_0 = 11{,}718$. Die beiden Kurven durchsetzen sich zum zweiten Mal im Punkt $x_1 = 8$, $y_1 = 0$, wo sie sich schneiden.

Wir wären befriedigt, wenn vorstehender Exkurs die Hoffart jüngerer Fachistendächse etwas gedämpft hat, wenn ihre Borsten und Widerborsten nun etwas gestutzt sind, auf daß sie duldsam werden und dem Spruche folgen: *Seid gut zu den Laien!*

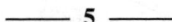

5

Nun kehren wir wieder zurück zu den Laien, zu dem Laien Thomas Mann. In der Geisteswissenschaft der Geisteswissenschaften, in der Psychologie, wo der Geist den Geist zu untersuchen sucht, kann eine Auseinandersetzung mit dem Unbewußten (s. S. 406) je nachdem ein Prozeß, ein Erleiden oder eine Arbeit sein. Von dieser amöbenhaft-schleimigen Art der Begriffsbildung wollen die mathematisch durchseuchten Naturwissenschaften Physik, Chemie, Astronomie nichts wissen (andernfalls würden sie nämlich nichts wissen) – hier ist jeder Begriff eindeutig definiert.

Aber auch manchmal schlecht bezeichnet: Das Wort *Lichtjahr* verführt dazu, an einen Zeitabschnitt zu denken. (Die Tele-Klimbim-Autoren, denen die Einfälle aus den vermottetesten Witzkisten nur so zuflattern, ließen bei der 25. Sendung im Oktober 1978 zwei Damen aus dem Jahre 4001 feststellen, sie hätten sich seit Lichtjahren nicht gesehen – und das war keineswegs als Scherz gemeint.) Tatsächlich bezeichnet dieser Ausdruck aber eine *Strecke,* nämlich den Weg, den das Licht in einem Jahr zurücklegt, das sind rund 10 Billionen km oder 10 Pm.

Thomas Mann hat dem Wort eine dritte Deutung gegeben. Im »Zauberberg« beschreibt er das damals nagelneue Bohr-Sommerfeldsche Atomphantommodell und läßt darin die Elektronen mit *Lichtjahresgeschwindigkeit* den Kern umfahren. Das Wort ist genau so sinnlos wie *Kilometergeschwindigkeit.* (*Lichtgeschwindigkeit,* woran Mann wohl gedacht hat, ist zwar ein sinnvoller Ausdruck, wäre aber hier falsch angebracht – wie jeder weiß, der die Meß-Konsequenzen der Einsteinschen Relativitätslehre auf den *physikalischen* Mikrokosmos auszuweiten sucht.)

Mann befindet sich übrigens, wenn er Geschwindigkeit meint und sie mit einer Längeneinheit bezeichnet, in guter, gesicherter, nämlich in Behördengesellschaft.

Auf den amtlichen Schildern innerhalb unserer Grenzen, welche die Geschwindigkeit der Kraftfahrzeuge in Grenzen halten sollen, steht z. B. schwarz auf weiß im roten Ring: 50 km. Damit ist nicht die Entfernung zum nächsten Wirtshaus gemeint, sondern die Weisung, nicht schneller als 50 km in der Stunde zu fahren, also $\leq$ 50 km/h. Statt überall dem km ein /h hinzuzufügen, ist es billiger, km zu überpinseln. Ein Schild mit der Aufschrift »50« an einer Landstraße (in der Schweiz oder den Niederlanden) deutet kein Mensch falsch, nicht einmal ein Mathematiker.

Der Mathematik wird an einer Stelle (im »Doktor Faustus«) eine Reverenz erwiesen: Adrian Leverkühn findet als junger Mensch an ihr Spaß und Freude und äußert sich zu seinem mathematisch unbegabten Freunde: *Ordnungsbeziehungen anzuschauen ist doch schließlich das beste. Die Ordnung ist alles. Römer dreizehn: »Was von Gott ist, das ist geordnet«.*

Wer die Fundstelle eines Zitats angibt, muß damit rechnen, daß irgend ein Düntzer (s. S. 12) oder ein Krackikaster nachschlägt. Adrians Gedächtnis ist offensichtlich nicht geordnet; denn in Röm. 13,1 steht geschrieben: »wo aber *Obrigkeit* ist, *die* ist von Gott ver*ordnet*«.

Dieses Zitat paßte nicht in Manns Konzept, Mann nimmt, was ihm paßt, und wenn's nicht genau paßt, dann paßt Mann es an. (Er hat, wie Frl. R. Puschmann gefunden hat, nicht die Bibel, sondern den – Hexenhammer zitiert.) Wir hätten auch allgemeiner formulieren können: Man nimmt, was einem paßt, und wenn's nicht – und so weiter. Wir kommen auf dieses dem Menschen anscheinend innewohnende Verhalten später (s. S. 434) noch zurück.

Den lähmenden Widerwillen gegen mathematische Formeln teilte Seine Hoheit Prinz Thomas mit Goethe, einem *Prinzen aus Genieland* (wie Heine schrieb) – dieser war allerdings klug genug, sich in seinen Schriften keine Blöße zu geben.

Daß er die Halbierung eines Winkels für so unmöglich hielt wie ein Mathematiker die allgemeine Trisektion mit Zirkel und Lineal, wissen wir nur aus einem Paralipomenon zu »Faust I«, welches Goethe (nachtwandlerisch-instinktiv?) nicht verwendet hat (vgl. S. 195 und 210).

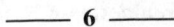

6

Auch in Goethes Brust wohnte jene tiefe Abneigung gegen das klappernde Gebein, die allem blühenden, saftigen Leben eigen ist, er scheute die »gränzenlosen Zauberformeln« (1829 an Zelter) –

Manch derartiges Zeichen enthielt ein Buch über kombinatorische Analysis, welches ihr Erfinder Karl Friedrich Hindenburg (1741 bis 1808) dem verehrten Geheimrat wohlmeinend gewidmet hatte (vgl. S. 307).

– scheute das *Hexengewirre,* womit die Grundsätze dünenartig zugedeckt werden, daß niemand mehr unterscheiden könne, ob ein Körper oder ein Wrack darunter begraben liegt (so 1826 in seinem Aufsatz »Über Mathematik und deren Mißbrauch«). Er fühlte sich beim Anblick mathematischer Runen und Siglen *wie in ägyptischen Gräbern. Die Phänomene sind ausgeweidet und mit Zahlen und Zeichen einbalsamiert, der wissenschaftliche Sarg mit bunten Gestalten bemalt, welche die Experimente vorstellen, wodurch man das Unermeßliche, Ewige im einzeln zu Grabe brachte. Jeder Freund der Naturlehre hat stündlich zu rufen und zu seufzen: was errettet mich aus dem Leibe dieses Todes.* (An Christoph Ludwig Friedrich Schultz am 24. Nov. 1817, nach dem Durchblättern von J.B. Biots »Traité de physique expérimentale et mathématique«, 1816.) Schultz (1781 bis 1834) war ein Jurist, der in manchen Künsten und Wissenschaften dilettierte und Anhänger der Goetheschen Farbenlehre war.

Wir haben schon Goethes Geständnis zitiert, daß er mit mathematischen Symbolen nichts anzufangen wußte, daß ihm dafür einfach die Möglichkeit des Verstehens fehle. Immerhin hat er einen (wenn auch schwächlichen) Anlauf gemacht, um wenigstens im Unterbau der Mathematik heimisch zu werden. Am 23. Mai 1786 teilte er Frau v. Stein mit, er bleibe noch *einige Tage* in Jena, weil es dort so still und ruhig sei, und weil er bei dem Mathematiker Johann Ernst Basilius Wiedeburg, der *eine treffliche Methode* habe, gern *die vier Species durchbringen* möchte:

Es wird alles darauf ankommen, daß ich mir selbst einen Weg suche über diese steile Mauer zu kommen. Vielleicht treff ich irgendwo eine Lücke durch die ich mich einschleiche.

Am 25. Mai war er, scheint's, schon durchgedrungen, jedenfalls war's mit dem Unterricht zu Ende.

Ein Vierteljahrhundert später traf Goethe auf einen eigenartigen Mathematiker ähnlichen Namens, auf den Dr. Johann Friedrich Christian Werneburg (1777 bis 1851); dieser hatte sich u.a. eine Notenschrift in Ziffern ausgedacht. Goethes Urteil über ihn findet sich in dem Brief an Zelter vom 12. Dez. 1812.

Das ist jener bekannte Brief, in dem der Dichter und Forscher bekennt, niemand sei zahlenscheuer als er, und er habe alle Zahlensymbolik *als etwas Gestaltloses und Untröstliches gemieden und geflohn.*

Er nennt darin die Arbeit *ein wunderliches Werk von einem merkwürdigen, aber freilich etwas seltsamen Manne. Der Verfasser ..*ι *ist gewiß ein geborner mathematischer Kopf, der aber die eigne Art hat, daß er die Dinge, indem er sie sich erleichtert, a n d e r n schwer macht; deshalb hat er mit nichts durchdringen können ...*

Vier Jahre vorher (am 25. Nov. 1808) schrieb Goethe weniger kritisch an Karl von Knebel: *Eine mir sehr angenehme und lehrreiche Unterhaltung gibt mir Doktor Werneburg. Er bringt das allerfremdeste, was in mein Haus kommen kann, die Mathematik an meinen Tisch; wobei wir jedoch schon eine Konvention geschlossen haben, daß nur im alleräußersten Falle von Zahlen die Rede sein darf.*

Ein mit einem Tropfen mathematischen Öls gesalbter Düntzer (vgl. S. 12) – korinthisch genug war er ja dafür – könnte hier Goethen berichtigen: besser wär's gewesen, von Buchstaben und Formeln zu schreiben als von Zahlen.

Wir fassen vorstehende Daten zusammen, um nochmals das *Problem* des Hexeneinmaleins (Kap. 1) anzufassen.

37 Jahre alt war Goethe, als er ein paar Tage lang die vier Grundrechnungsarten übte; mit
39 Jahren gestaltete er die Hexenküchenszene; der
59 jährige wehrte sich dagegen, Formeln zur Kenntnis zu nehmen; der
63 jährige versicherte, zahlenscheuer zu sein denn alle anderen; und der
77 jährige gab seine Unfähigkeit zu, mit Zahlen und Zeichen zu operieren.

Wir haben schon darauf hingewiesen, daß ihm dies nicht etwa hämisch anzukreiden ist – wie vielen Leuten ist die reiche Welt der Musik völlig verschlossen, wie wenige Menschen können einen geraden Strich zeichnen oder gar aus einem Tonkloß ein Menschlein formen – und haben es doch in ihrem Fach, Beruf, Metier *bis an die Sterne weit* gebracht (wenn auch längst nicht so weit wie Goethe in der Lyrik).

Solche Daten und Fakten bestärken uns in der Ansicht, daß der Dichter keine Zahlenspielereien und erst recht keine Zahlenernstereien in das Hexeneinmaleins gesteckt und dort versteckt hat. Diese Verse – ein winziges Glied in der Tragödie, selbst wenn man nur den ersten Teil betrachtet – sollen während des Verjüngungsaktes den Zauber, das Magische, verstärken, durch Unverständlichkeit, Unbegreiflichkeit, durch den klappernden Tonfall, die leiernde Deklamation – – Muß denn in diesem einsilbigen Hexengewirr von Worten und Zahlen noch eine geheime Idee verborgen sein?

Goethes Spruch *Das Allermindeste müßt ihr entdecken auf das geschwindeste in allen Ecken* zielt unserer Meinung nach nicht in einen staubbedeckten Hexenküchenwinkel, wo hinterm Rauchfang das alte Buch steckt, aus dem die Drude mit seltsamen Gebärden vorgelesen hat. Ihr Einmaleins könnte der Greis aber vielleicht gemeint haben, als er (am 6. Mai 1827) zu Eckermann sagte:

Die Deutschen sind übrigens wunderliche Leute – sie machen sich durch ihre tiefen Gedanken und Ideen, die sie überall suchen und überall hineinlegen, das Leben schwerer als billig. – Ei, so habt doch endlich einmal die Courage, Euch den Eindrücken hinzugeben, Euch ergötzen zu lassen, Euch rühren zu lassen, Euch erheben zu lassen, ja Euch belehren und zu etwas Großem entflammen und ermuthigen zu lassen; aber denkt nur nicht immer, es wäre alles eitel, wenn es nicht irgend abstrakter Gedanke und Idee wäre!

Immer mehr neigen wir der Ansicht Henry Woods (»Faust-Studien«, 1912) zu, für die Küchenhexe habe Lavater Modell gestanden. Ihre seltsamen Gebärden deuten auf seine bekannten Gestikulationen, das Hexeneinmaleins auf Lavaters »Einmaleins der Menschheit oder Organon zur Erkenntnis der Wahrheit«, eine Sammlung von Zetteln mit Aphorismen, die der Prophet seinen vornehmen Patientinnen in die Hände spielte um bei diesen frommen Beichtkindern – selbstverständlich zu heiligen Zwecken – das Sinnliche zu wecken (Goethes Einstellung zu Lavater darf man nicht dem kühl-objektiven Bild in »Dichtung und Wahrheit« entnehmen, vielmehr dem in Italien geschriebenen Zettel *Ich bin kein Nathanael .. pack dich Sophist. Oder es gibt Stöße ..* Darauf kann hier nicht weiter eingegangen werden).

Wie Goethe als fast Siebzigjähriger die Verjüngungsszene sah, geht aus seinen Worten im »Maskenzug« von 1818 hervor, die dort Mephisto spricht. Er, der Teufel, habe Faust, dem *guten Mann,* deutlich gemacht, *daß das Leben zum Leben eigentlich gegeben, nicht sollt in Grillen, Phantasien und Spintisiererei entfliehen.* Und zu diesem Zwecke *die gute Dame war zu Diensten. Die gute Dame* – spricht man so herablassend-gemütlich von einem Dämon, der in seinen Zauberspruch Geheimnisse verpackt hat?

1788 schmähte Mephisto die Hexe *Weib, Gerippe, Scheusal du,* auch *du Aas,* 1818 wurde die triefäugige Vettel im rußgeschwärzten Kittel umgestaltet zur *Zauberin mit glühendem Becher,* zur guten Dame, mehr Hebe und Amme als Hexe – man erlebt die Wandlung des Dichters aus der düsteren Welt des gotischen spitzgiebeligen Mittelalters in Helenas klassisches Hellas mit seinem schimmernden Glanz.

Man ahnt aber auch, daß der feurige Schwärmer der römischen Zeit von der etwas steifbeinigsteifleinenen Exzellenz verdrängt worden ist, welche die Quisquilien der Jugendzeit selbst verdrängt oder sich längst von ihnen distanziert hat.

Und damit schließen wir das im Kap. 1 begonnene siebenseltsame Gerangel um das Hexeneinmaleins, stilgerecht mit einem Knoten, der ein Siebeneck bildet (Abb. 207a,b).

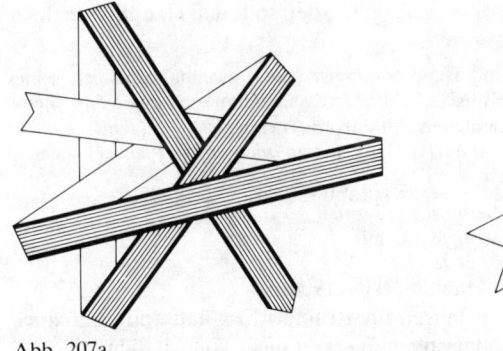

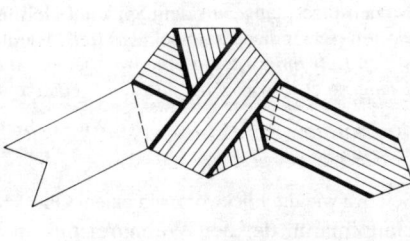

Abb. 207a   Abb. 207b

Goethe hat seinen Faust nicht in einer bestimmten Universitätsstadt angesiedelt, nicht in Erfurt (vgl. S. 306), auch nicht in Leipzig, denn sein Teufelsgesell war in Auerbachs Keller nur auf der Durchreise. Aber er hat sich als Achtzigjähriger mit dieser Frage beschäftigt, er schrieb am 20. Nov. 1829 an Zelter, daß die Geschichte von Faust nach Wittenberg verlegt wurde, *also in das Herz des Protestantismus, und gewiß von Protestanten selbst.* (In der Beilage zum Brief.)

Nach Wittenberg, an die Universität, welche nach Shakespeares Willen die Alma Mater Hamlets war, bis ihn die Nachricht vom Tod des Vaters nach Dänemark zurückrief; wie er meinte, nur für kurze Zeit.

Abraham Kästner hat sich (im »Deutschen Museum« 1777) darüber verwundert, daß Shakespeare den katholischen Hamlet nicht nach Paris oder Bodonien (i.e. Bologna) geschickt habe, sondern nach dem protestantischen Wittenberg.

Man weiß, daß Hamlet sich irrte; bei Shakespeare (I,2) heißt es ja:

König: *Was Eure Rückkehr*
Zur hohen Schul' in Wittenberg betrifft,
So widerspricht sie höchlich unserm Wunsch...
Königin: *Ich bitte, bleib bei uns, geh nicht nach Wittenberg!*
Hamlet: *Ich will Euch gern gehorchen, gnäd'ge Frau.*

Faust in Wittenberg, Hamlet in Wittenberg – man könnte diese beiden Größen der Weltliteratur (dort) zusammenbringen wie es Grabbe mit Don Juan und Faust getan: Hamlet im Kolleg zu Füßen Fausts. Der Magister und (im »Urfaust«) Professor gar, in seinem dunklen Drange des rechten Weges wohl bewußt, belehrt den Dänenprinzen über den Unterschied zwischen dem verschleierten Bild von Saïs und den glitzernden Phantomen der Nigromanten.

»Frei« nach Karl Gutzkow, der 1832 »Hamlet in Wittenberg« von Faust verzaubern ließ, »nur lebend in dem Schatten, den er warf«, hat Gerhart Hauptmann (»Urhamlet«, dekonstruiert 1927) sich 1935 dessen *dramatischer Phantasie*, vor allem aber des Titels, bemächtigt und ein gleichnamiges Theaterstück zusammengepappt, aber von Faust keine Notiz genommen. Dafür kommt von historischen Menschen Melanchthon im Personenverzeichnis vor (es heißt, wie bei Shakespeare, *Dramatis personae*, womit möglicherweise gezeigt werden soll, daß Hauptmann doch bis zur Quarta gekommen ist).

In dem bläßlichen Stück erscheint »Papa Hamlets« Geist gleich zweimal anläßlich seines Namenstages, lange vor dem Spuk auf Helsingörs Schloßterrasse, und mit denselben Abschiedsworten (schlag nach bei Shakespeare!). Hamlet erzählt davon: *Doch willst du glauben* [!]: *in der stillen Luft hing wie ein Spinnweb jedesmal ein* [!] *Wort sich an mich und mit leis gehauchtem Klang, so etwa wie: Ade, ade, ade, gedenke mein!*

Wie ein Spinnweb jedesmal..
sich an mich und mit..
so etwa wie..

So etwa wie die Flickwörter in einem Oberlehrerdrama um 1900.

Hauptmann, der den Weimarer nur an Jahren übertrumpft hat, hatte mit ihm eines gemeinsam – er sprach in seinen schöngeistigen Werken nicht von Mathematik.

Die Mathematik, für so manche ein Stein, ein Block des Anstoßes, ein ungefüger, ein unbesteigbarer Monolith in den freundlichen Wiesenlandschaften der Wissenschaften – an welcher Stelle soll man ihr einen Platz zuweisen? Bei den Naturwissenschaften, vielleicht zwischen Physik und Astronomie? Oder bei den Geisteswissenschaften, möglichst weit weg von der Politologie? F. Auerbach (s. S. 435) meint, es sei nicht erlaubt, *irgendeine* Betätigung des menschlichen Geistes aus dem Reich der Geisteswissenschaften auszuweisen (»Die Furcht vor der Mathematik und ihre Überwindung«, 1924). Zudem nennt schon Palladas von Alexandreia die von ihm im wahrsten Sinn des Wortes angehimmelte Mathematikerin und Philosophin Hypatia den Stern der Geisteswissenschaften:

> *Bei deinem Anblick, deinen Worten knie ich hin*
> *und hebe zu der Jungfrau Sternenhaus den Blick,*
> *Denn nach dem Himmel geht dein Tun, zum Himmel weist*
> *der Worte Schönheit, göttliche Hypatia,*
> *o du der Geisteswissenschaften reiner Stern.*

(Anth. Graec. IX,400; *der Jungfrau Sternenhaus* im Tierkreis ist das Haus der Astraia oder Dike, der Tochter des Zeus und der Themis.)

Streiten wir uns nicht um Worte, stellen wir nur fest, daß die Mathematik – darin in die Nähe der Philosophie (und auch der Theologie) rückend – sich ausschließlich mit Abstraktem befaßt. (Sobald das *a* oder das *x* etwas Bestimmtes, etwas Konkretes bedeutet, handelt die Mathesis als ancilla, als Magd anderer Disziplinen, die sich mit derlei Zeug abgeben.)

Wir meinen, die Natur ist stumm und zweckfrei, erst der Mensch versucht, ihr einen Sinn unterzulegen, in sie einen Sinn zu legen, und frönt dabei seinem angeborenen Hang zur Systematik. Er sammelt, ordnet, klassifiziert, erfindet *Gesetze;* dabei hilft ihm die Mathematik. Aber im tiefsten Grund, mutmaßen wir, ist diese ein Spiel des menschlichen Verstandes, ein heimlicher Monolog mit geschlossenen Augen in einem dunklen Zimmer, ein Spiel, nicht einmal mit Glasperlen, nur mit etlichen Strichelchen, die nichts zu bedeuten brauchen. Sie werden nach den Regeln der uns immanenten Logik hin und her gesetzt, nur einer einzigen Forderung untertan: es darf kein Widerspruch auftreten, es darf niemals *a* gleich non *a* werden. (Und wie schön, wenn damit nebenbei ein Stückchen Welt *erklärt*, wenn eine zutreffende Voraussage gemacht werden kann!)

Vielleicht hatte Oll Freese, Schleichs Lehrer in Stralsund, recht, als er die Mathematik *das Skelett der Dinge* nannte – vielleicht ist dies Skelett das einzige, was von den Dingen unserer Vernunft zugänglich ist. Ob wir damit weiter und weiter kommen werden, kommen können, kommen sollten, steht dahin – Hilberts optimistische Devise war: *Wir müssen wissen. Wir werden wissen.* Georg Cantor indes schränkte ein: *Ohne ein Quentchen Metaphysik geht es nicht.* Es mag sein, daß unsere Organe nicht ausreichen, *die Welt* ganz zu verstehen, daß

unsere Vernunft jenem blinden thebanischen Wahrsager ähnlich ist, dem seine Tochter den Flug der Vögel beschrieb; er prophezeite aus ihren Nachrichten.

J. G. Hamann, »Sokratische Denkwürdigkeiten«, 17.

Wir lassen uns bei der Welterklärung seit den Tagen des Thales und des Pythagoras von dem Gefühl leiten, der Aufbau der Welt sei *einfach*.

Goethe war derselben Ansicht. Da er aber Mathematik für kompliziert hielt (und für eine *mathematikfreie Physik* war), schrieb er (in dem schon zitierten Brief an C.L.F. Schultz): *Die Natur ist ganz praktisch, deswegen müssen ihre Maximen ganz einfach sein. Brauchte sie so viele Umstände als Newton zu seiner Optik, so wäre nie ein Weltchen zu Stande gekommen, ja kein Steinchen wäre vom Himmel gefallen.*

——— 9 ———

Was war das doch für eine schöne Zeit, als die Naturwissenschaftler nach emsigem Bohren niels anderes fanden als Nukleonen und Elektronen, die Urbausteine der Materie! Und wie verwirren seitdem die neuen Elementarteilchen, welche bei ihrer Vielzahl kaum noch auf diesen Namen ein Anrecht haben – und mit welch freudiger Erwartung wird eben jetzt im Inneren des Protons nach den vermuteten Partonen gejagt, in der Hoffnung, endlich die Welt einfach erklären zu können!

Im Olymp der Wissenschaft lächeln Leukipp und Demokrit – so ähnlich haben sie auch schon den Aufbau der Welt gedeutet. Ihre Kollegen, von Thales an, waren noch waghalsiger, sie postulierten einen einzigen Urstoff, überzeugt davon, daß die Natur nicht nur dem menschlichen Geist verständlich, sondern auch aus ganz simplen Elementen aufgebaut ist, aller Vielfalt der Dinge, allem äußeren Schein zum Trotz.

Die Lehre des Pythagoras, alles sei Zahl, besticht durch ihre Einfachheit, alles sei ganze Zahl, die Welt bestehe aus Verhältnissen ganzer Zahlen – leider hat dieses Weltbild nur bis zur Entdeckung der Irrationalzahlen durch Hippasos gedauert.

Wir möchten hier nochmals (vgl. S. 175) nachdrücklich darauf hinweisen: Wenn die Legende wahr ist, daß Pythagoras 22 Jahre lang in Ägypten Priester gewesen ist und all das Wissen, welches er später gelehrt, dort beigebracht bekam (sowie – nach seiner Verschleppung – in Babylon) – dann hatten ganz sicher weder die Völker am Nil noch im Zweistromland eine Ahnung vom Wesen der Irrationalzahlen $\sqrt{2}$, $\varphi = (\sqrt{5} - 1)/2$ oder π.

Trotzdem ist sein und seiner Schüler Spiel mit den ganzen Zahlen, mit den *pythagoreischen* Zahlentafeln und Figuren noch heute fesselnd; wir haben früher und in diesem Buch öfters Beispiele gebracht. Hier ein letztes, es demonstriert ad oculos den Zusammenhang der Quadratzahlen mit den Dreieckszahlen. Die Quadratzahlen entstehen nämlich nicht nur aus den ungeraden Zahlen als deren Summe

$$n^2 = 1 + 3 + 5 + 7 + .. + (2n - 1),$$

sondern auch als Summe zweier aufeinander folgender Dreieckszahlen; es ist (Abb. 208)

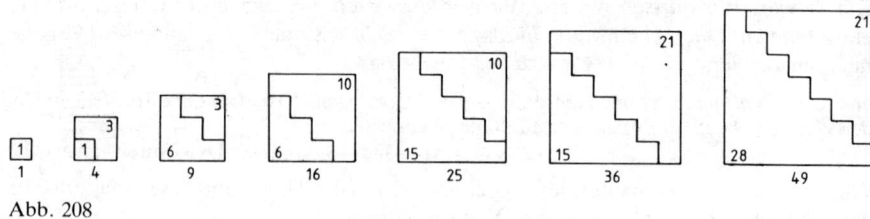

Abb. 208

390

$$\frac{n(n-1)}{2} + \frac{(n+1)n}{2} = \frac{n(n-1+n+1)}{2} = \frac{2n^2}{2} = n^2$$

Wer solche Spielereien nicht liebt – ein solcher Geselle geselle sich zu Timon von Phleius (-320 bis -230; nicht der Misanthrop). Er hat (in seinen ›Silloi‹) behauptet: *Menschenfang treibt Pythagoras mit geschwollenen Reden, läßt sich herab zum eitlen Ruhm eines Taschenspielers.*

Aller Welt aber ist Pythagoras bekannt geworden und geblieben als der Mann, der zum ersten Mal *seinen* Satz, *den Pythagoras* exakt bewiesen hat –

»In *jedem* rechtwinkligen Dreieck ist die Summe der Quadrate über den Katheten gleich dem Quadrat über der Hypotenuse:

$$a^2 + b^2 = c^2«$$

– wenn auch die meisten nicht (oder nicht mehr) wissen, wie man das beweist.

Tucholsky spielt darauf an (in »Der Andere«): *Ahnt er denn, daß ich ihm Hilfsstellung leiste, daß ich die punktierte Linie bin, mit der man in der Quarta geometrische Sätze bewies, nachher wurde sie wieder wegradiert, und siegreich stand der Pythagoras da?*

Einen von uns sehr geschätzten rein geometrischen Beweis schickte der Aachener Diplomphysiker Melkart Heuck aus Tyrus ein, einen Beweis, der wohl auch den anschauungswütigen Schopenhauer voll befriedigt hätte:

Aus der berühmtigten Figur des ›Pythagoras‹ (Abb. 209) entferne man das c-Quadrat und ergänze den Rest durch drei Dreiecke zu einem Quadrat (Abb. 209a). [Diese Figur ist eine geometrische Verdeutlichung der arithmetischen Identität $(a + b)^2 = a^2 + 2ab + b^2$.] Dann schiebe man drei der vier (kongruenten) Dreiecke (schraffiert) der Abb. 209a in die Stellungen der Abb. 209b, denke sich in beiden Abbildungen die Dreiecke weg – und hat den Satz bewiesen, dank des phönizischen Gottes Melkart gütiger Hilfe: das c-Quadrat ist wieder erschienen.

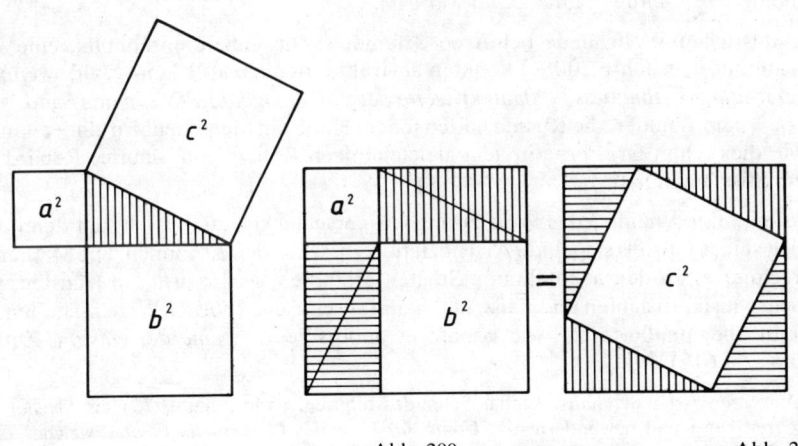

Abb. 209   Abb. 209a   Abb. 209b

Es wäre ein reizvolles Unterfangen, eine spuriose Kur, die kuriose Spur zu verfolgen, die Pythagoras in den Köpfen und den Werken der Nachwelt hinterlassen hat, insbesondere sein Lehrsatz, der nach Fritz Mauthner *an Allgemeingültigkeit die Zehngebote übertrifft* (»Die drei Bilder der Welt«, Aus dem Nachlaß, 1925).

Wir beschränken uns hier auf einen flüchtigen Streifzug durch die Literatur und deuten nur im Vorüberschlendern auf einige Werke des bildenden Künstlers Max Bill: die Skulptur ›Konstruktion aus Quadraten, Monument für Pythagoras‹, 1940, und die Bilder ›Konstruktion auf der Formel $a^2 + b^2 = c^2$‹, 1937, ›Sieben pythagoräische Dreiecke im Quadrat‹, 1973, ›Pythagoräisches Dreieck im Quadrat‹, 1974.

Von Goethe stammen die Verse

> *›Von wem auf Lebens- und Wissens-Bahnen*
> *Wardst du genährt und befestet?*
> *Zu fragen sind wir beauftragt…‹*
> …
> *›So beï Pythagoras, bei den Besten*
> *Saß ich unter zufriednen Gästen‹ –*

doch meint Goethe hier wohl weniger den Mathematiker als den Mystiker, zu dem die Neupythagoreer ihren Meister umfrisiert haben. Den Satz des Pythagoras wird er kaum im Sinn gehabt haben (wenn er ihn je im Sinn gehabt hat).

Aber dafür hat Jakob Michael Reinhold Lenz (1751 bis 1792), *der Affe Goethes,* dem pythagoreischen Urtripel 3, 4, 5, dem *Urdreieck* ($3^2 + 4^2 = 5^2$) ein Denkmal gesetzt. In seinem Stück »Der tugendhafte Taugenichts« heißt es in der 1. Szene:

Leybold: *…Der Erfinder hat tausend [so!] Ochsen geopfert, als er's zum erstenmal herausbrachte, das wollt' zu den damaligen Zeiten viel sagen. …*

David: *Ich weiß, daß der, der es erfunden hat, auf sein Grab hat die Zahlen 1 2 3 schreiben lassen –*

Leybold: *Einfältiger Hund, 3 4 5 war es!…*

Die sibirischen Wolfshunde bei Arno Schmidt (»Die Gelehrtenrepublik, eine Geschichte aus dem Jahre 2008«) konnten abstrakter denken als Klein-David: *wenn ich einen fragte: »Pythagoras?«, dann kritzelte der mit genagelter Pfote in den Sand: $a^2 + b^2 = c^2$* (kein Wunder, die Russen hatten jedem Hund ein Menschenhirn eingepflanzt – so wie dies schon Dr. Lerne in dem gleichnamigen Roman von Maurice Renard bei einem Stier getan hatte).

Arno Schmidt scheint jedes Wort zwanghaft verschlucken zu müssen, um dann eine südlich seines Gürtels siedelnde Arschoziation ausschei-den zu können. Die Mathematik rechnet er zu den in totalitären Staaten erlaubten, weil *wortlosen* Künsten, wie Schach, Musik, Eislaufen und Tanz, und nennt sie eine der *kühlsten* Wissenschaften. Er schreibt aber phallüstern – wie könnte es anders sein? – *eine der cülstn* (»Zettels Traum«, S. 612).

Ein Verehrer Arno Schmidts, Lothar Schmidt-Mühlisch, nannte ihn 1976 den *Meister der Verschreibkunst* und bewunderte *das Computer-Hirn des Mathematik-Genies,* welches *ohne Hilfsmittel eine achtstellige Logarithmentafel* geschaffen hat (vgl. aber S. 99).

Arno konnte von Lothars Lobeslied nicht sehr angenehm berührt sein, er wußte nämlich, daß Rechnen keine mathematische Leistung ist, und daß ein Schmidt den anderen in die Nähe des mathematischen Blödlings Dase gerückt hat, der glücklich war, wenn er sich so richtig vollrechnen konnte.

Treffender schreibt Rolf Becks (über Schmidts »Tina oder über die Unsterblichkeit«): *Soweit die Liebesgeschichte in bekannter Schmidt-Manier: ein Weib zwischen den Schenkeln und das Integrierproblem Sinus x durch x im Kopf.* (Becks meint den Integralsinus Si (x).)

Arno konnte rechnen und verstand viel von Mathematik, doch erkannte er in seiner wenig geschliffenen und stark kurzsichtigen Art seine Grenzen nicht, überschritt sie und fiel um so stärker hin, je – schreiben wir es ruhig nochmal – je arroganter er seine Thesen vorbrachte (vgl. S. 99).

Auf einer viel niedrigeren Etage scheiterte der expressionistische Schriftsteller Melchior Vischer (1895 bis 1975), der von seinen mathematischen Fähigkeiten überzeugter was als seinen Werken gut tat. Und warum? Darüber schreibt er:

Ich war auf der Universität [Prag] ein Phänomen, da ich, neben Philosophie und Germanistik, noch Mathematik als Fach hörte, während sonst die Herren der Philosophie von Mathematik weit entfernt sind.

Vischer scheint mit dieser kühlen Wissenschaft aber auch nicht hautnahe Berührung gehabt zu haben – in seinen Schriften jedenfalls finden sich über dies Gebiet nur Tiraden eines höheren Schülers mit der Note III minus, sie können von jedem etwas begabteren Klassenkameraden berichtigt werden. Vischer, der die pythagoreische Lehre von der Seelenwanderung übernimmt, macht einen Herrn, der im letzten Leben Mathematikprofessor war, zum Droschkenkutscher auf der großen Milchstraße – daraus spricht keine große Achtung vor seinen Dozenten. Und dann läßt er »Pythagoras auf dem Mond« sprechen und seiner Weisheit letzten Schluß einem lieben Erdenfreund mitteilen:

Mein Lehrsatz ist falsch. Hier habe ich erkannt, daß es heißen soll: der Kreis über der Hypotenuse, $r_c = c/2$, ist gleich der Summe der Kreise $r_a = a/2$, $r_b = b/2$, über den .. Katheten. Denn merke Dir, alles ist Kreis, nie Quadrat. Quadrat ist unendlicher Blödsinn zur Minuspotenz[!!]..., Komme ich ... einst nach irrationalen Jahren [?] auf diesen intertellurischen Fußball ›Erde‹ zurück ...

Wir wollen großzügig über die letzten blödsinnigen Sätze zur Pluspluspotenz hinweglesen – der Meister kann ruhig auf dem Mond bleiben; denn das, was er bei Melchior brabbelt, ist seit griechischen Vorzeiten auf unserem Fußball bekannt, ist eine ebenso logische wie triviale Konsequenz seines Satzes.

Denn wenn die Beziehung $a^2 + b^2 = c^2$ besteht, dann gilt auch $na^2 + nb^2 = nc^2$, wobei n jede beliebige Zahl sein kann. Obiger Satz von den Kreisen über den Seiten eines rechtwinkligen Dreiecks ist richtig, *weil der Pythagoras* richtig ist – um dies einzusehen, braucht man nur $n = \pi/4$ zu setzen:

$$\pi(a/2)^2 + \pi(b/2)^2 = \pi(c/2)^2.$$

Der Satz gilt selbstverständlich auch für die Halbkreise (Abb. 210): die Summe der Halbkreisflächen über den beiden Katheten ist gleich der Halbkreisfläche über der Hypotenuse.

Was die Anmaßung betrifft, so kann sich mit Melchior Vischer B. Traven (der seinerzeit geheimnisvolle Verfasser des »Totenschiffs«) getrost messen. Man weiß nun (?), daß er identisch ist mit (dem immer noch hinsichtlich seiner Abkunft rätselhaften) Ret Marut,

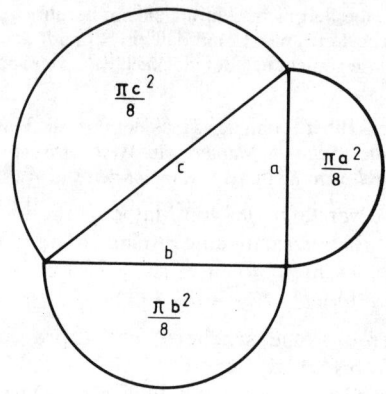

$\frac{\pi c^2}{8}$

c a $\frac{\pi a^2}{8}$

b

$\frac{\pi b^2}{8}$

Abb. 210

(= R. traeumt, er träumt, erträumt?) dem Schriftleiter und Alleinschreiber der ultralinken Zeitschrift »Der Ziegelbrenner«. Im Heft 20/21/22 vom 6. Juni 1920 griff Marut die Geometrie an, weil sie von Begriffen wie Punkt, Gerade, Kreis ausgehe, die es nicht gebe (*unendlich dünn*) und die auch nicht vorstellbar seien. Einige Proben:

Alle mathematischen Beweise sind überflüssig; sie sind nichts als Sophisterei ... Das Unheil, das die Mathematik anrichtet, haben wir noch nicht erkannt ... Die mathematische Gerade ist nur gedacht. Mit etwas Rein-Gedachtem kann man nicht operieren, man kann nichts damit beweisen, man kann nichts damit messen ... Für das gemeine Leben mag das belanglos sein. Für die Wissenschaft ... bedeutet diese Tatsache den völligen Zusammenbruch alles dessen, was wir wissen, angefangen beim ersten geometrischen Lehrsatz, aufgehört beim Welt-System...

Es gibt keine mathematische Gerade. Infolgedessen gibt es auch keinen Winkel. Infolgedessen gibt es auch kein Dreieck ... Infolgedessen können auch die Winkel in einem Dreieck zusammen nicht zwei Rechte betragen.

Infolgedessen gibt es auch keine ebene Trigonometrie. Auch keine sphärische Trigonometrie...

Solch anarchisches Wortgetöse und noch viel mehr wurde *niedergeschrieben in zwei Tagen im Herbst 1919. Geschrieben auf der Flucht als verfolgter Hochverräter.* (Marut war Mitglied des Propaganda-Ausschusses der bayrischen Räterepublik und der vorbereitenden Kommission zur Bildung des Revolutionstribunals.)

Vischer hat vermutlich eine Vorlesung über die Lehre und das Wirken des Pythagoras gehört, aber von dessen Zahlentheorie ist in seinen Schriften nichts hängengeblieben, auch nichts von der heiligen Tetraktys

$$10 = 1 + 2 + 3 + 4.$$

Diese war aber offensichtlich dem Angelus Silesius bekannt, jenem von Jakob Boehme zum Katholizismus bekehrten Mystiker Johannes Scheffler (1624 bis 1677). In seinem »Cherubinischen Wandersmann« voller etwas mühselig zusammengeschusterter Alexandriner pilgert der schlesische Engel auch ins Reich der ganzen Zahlen (die nach Kroneckers Ausspruch vom Lieben Gott geschaffen worden sind):

Zehn ist die Kronenzahl /
sie wird aus eins und nichts:
Wenn Gott und Kreatur
zusammen komm'n / geschicht's.

Hier fußt der Wandersmann auf der Tetraktys des Pythagoras, stellt die Zehn als Dezimalzahl dar, zugleich als entstanden aus der Eins und Null – und nimmt im folgenden Leibnizens Gedanken vorweg, der – allerdings mit Hilfe des dyadischen Systems – den Kaiser von China zum Christentum bewegen wollte.

Scheffler ragte nicht nur durch Gedankenreichtum, sondern auch durch Wissen über seine Zeitgenossen hinaus. Man vergleiche seine »geistreichen Sinn- und Schlußreime« mit den Äußerungen der Bildungsspießer, *des gebildeten Teils der Ignoranten,* wie sich Louis Stevenson ausgedrückt hat. Im 18. Jahrhundert spöttelte Matthias Claudius (»Sämtliche Werke, 3. Teil«) über diese überlegen-selbstzufriedenen Mitbürger:

»Den Pythagoras betreffend.«
Hinz: *Sie machen vom Pythagoras viel Wesen,*
Als wär' ein solcher Mann noch nie gewesen.
Er ist vielleicht ein Lumen bei den Alten;
Doch sollt' er uns die Stange halten?
Was meinst du, Kunz, auf deine Ehr'?
Kunz: *Das tät' er schwerlich, Herr Compeer!*

Die Wanderanekdote, welche auch Pythagoras eine Hekatombe Ochsen den Göttern opfern ließ, nachdem er seinen Satz bewiesen, hat, wie von uns schon anderweitig ausführlich belegt, Chamisso, Börne und Heine zu Geistesblitzen angeregt.

Der (euklidische) Beweis des *Pythagoras* wird von dem Geistlichen im Domkapitel von Kafkas »Prozeß« herangezogen, um seinen Ausspruch zu begründen: *Man muß nicht alles für wahr halten, man muß es nur für notwendig halten.*

Eine treffliche Regel für Mathematikwillige, scheint uns. Kafka versteht den Geistlichen anders, er läßt K. antworten: *Trübselige Meinung, die Lüge wird zur Weltordnung gemacht.*

── 11 ──

An Dreiecken, nicht nur pythagoreischen, sondern gewöhnlichen, brav oder bizarr geformten, wurde Hans Blüher (s. S. 403) der Begriff der Notwendigkeit klar, als er in der Mittelstufe des Gymnasiums mit dem Lehrsatz bekannt wurde, daß alle Dreiecke gleicher Grundlinie *g* und gleicher Höhe *h* denselben Inhalt *gh*/2 haben (Abb. 211).

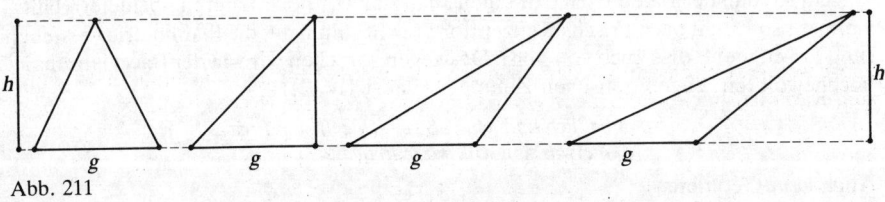

Abb. 211

Man erwartet von dem geometronotorisch unbegabten Blüher keine exakten Ausführungen über Dreiecke oder Sechsecke (s. S. 403) oder andere geometrische Figuren, wohl aber von Max Frisch, weil dieser Architektur studiert hat und daher mit darstellender Geometrie, Stereometrie und erst recht mit Planimetrie vertraut sein muß (müßte).

Frisch läßt in seiner Komödie »Don Juan oder die Liebe zur Geometrie«, III. Akt (1952/61) seinen Held frisch dahinreden:

Weißt du, was ein Dreieck ist? Unentrinnbar wie ein Schicksal: es gibt nur eine einzige Figur aus den drei Teilen, die du hast, und die Hoffnung, das Scheinbare unabsehbarer Möglichkeiten, was [!] unser Herz oft verwirrt, zerfällt wie ein Wahn vor diesen drei Strichen. So und nicht anders! sagt die Geometrie. So und nicht irgendwie! Da hilft kein Schwindel und keine Stimmung, es gibt nur eine einzige Figur, die sich mit ihrem Namen deckt.

Die Sätze sind schön, sind schön schludrig. Es gibt nur eine einzige Figur aus den drei Teilen? Der Krackmesser tritt herein und beweist euch, das kann nicht sein. Nicht *eine* einzige Figur, sondern entweder keine oder deren zwei oder vier. Man kann kein Dreieck aus drei Strichen zeichnen, wenn deren Längen gleich 2, 3, 5 (oder 2, 3, 6) sind. Und wenn sie 3, 4, 5 betragen, bekommt man nicht »ein einziges« pythagoreisches Urdreieck, sondern vier (davon lassen sich in der Ebene genau zwei zur Deckung bringen). Sind zwei Strecken einander gleich und zusammen größer als die dritte (z. B. 4, 4, 5), erhält man zwei gleichschenklige Dreiecke (Abb. 212 a,b,c).

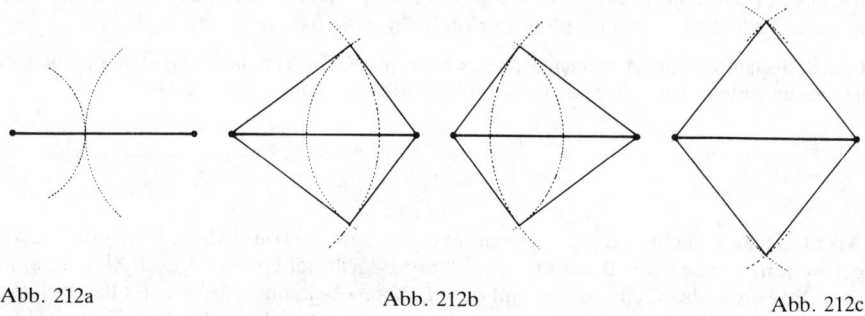

Abb. 212a   Abb. 212b   Abb. 212c

Wir hätten darüber hinweggelesen, wäre Frisch nicht ein Architekt gewesen. Denn es ist ja nicht so, daß der Laie Frisch den Laien Juan sich vor noch Laieren hochleiern läßt – vielmehr soll Juan nach Frischs Konzeption vom Studium her die Planimetrie verstehen (und Frisch meint dies auch von sich). Deswegen sprechen wir wie der Baccalaureus im hochgewölbten, engen gotischen Zimmer (»Faust II«, 2):

Anmaßlich find ich, daß zur schlechtsten Frist
Man etwas sein will, wo man nichts mehr ist.

Auch kein Geometer.

Nun leuchtet uns ein, daß fast niemand zwei Herrinnen dienen kann, der Mathematik und der Schriftstellerei – eine wird meist die Unterdogge sein.

Abraham Gotthelf Kästner (1719 bis 1800, il faisait – wie Fontenelle – de petit vers et de grands calculs) *scheint* die Waage gehalten zu haben zwischen mathematischen Arbeiten und beißend-witzigen Versen, Vorläufern der Goethe-Schillerschen Xenien. Er war der glänzendste Epigrammatiker seiner Zeit, der beste Mathematiker aber nicht. Immerhin – Gauß hat recht: *Kästner ist der erste Mathematiker unter den Dichtern und der erste Dichter unter den Mathematikern* (s. dazu auch S. 417).

Zwei kurze Beispiele:
(1) *Die Stutzer mögen sich stark auf Algebra legen,*
Denn weniger als nichts ist vielmals ihr Vermögen.
(2) *Vor vielen Jahren schrieb Einer eine Untersuchung:*
Ob man ohne Kopf denken könne? ... ich machte die Bemerkung, daß man wenigstens ohne Kopf schreiben könne.
(Goethe maulte übrigens über Kästner: *Er hat als Mathematiker den besonderen Tick, die Physiker anzufeinden.* Also Ihn!)

Sein Zeitgenosse Christian Gottlob Otto (1763 bis 1826), Mathematikprofessor an der Fürstenschule St. Afra in Meißen, hat sich in das Gedächtnis der Nachwelt nicht durch Leistungen auf dem Gebiet der Algebra geschmuggelt, sondern als Verfasser des Liedes *Wir Menschen sind alle ja Brüder.*

Auch von Leo Perutz (1884 bis 1957), der im Brotberuf Versicherungsmathematiker war, kennt man nicht mehr seine Berechnungen von Prämienüberträgen und Rentenbarwerten, sondern nur noch (leider nicht genügend) seine phantastischen Erzählungen (»Der Meister des Jüngsten Tages«, »Der Marques de Bolibar« – dort kommt der ewige Jude vor –, »Die dritte Kugel«, »St. Petri Schnee«, »Der schwedische Reiter«, »Turlupin«, »Zwischen Neun und Neun« u.a.m.).

Perutz kehrte, als das Großdeutsche Reich samt dem Gröfaz verkohlt war, aus Tel Aviv nach Wien zurück und wohnte dort, wie es einem so phantasievollen Kopf geziemt, in der Porzellangasse 37 (37 mal 18 ist 666). »Die Presse« (Wien) schrieb: *Zwischen dem hellen Tag der Mathematik und dem dunklen glühenden Traum seiner Visionen verlief sein Leben.*

Wir stellen uns gern vor, daß er sich zwischen Hell und Dunkel mit dem Bosseln besonders kunstvoller magischer Quadrate beschäftigt hat. Wir bringen einige *zur Erholung des Lesers.* Abb. 213 zeigt ein magisches $3 \cdot 3$-Quadrat, das nicht nach der Konvention aufgebaut ist, wie sie in unseren Eingangskapiteln beachtet worden ist, nämlich nur die Zahlen von 1 bis n^2 zu verwenden. Es hat im Mittelfeld Perutzens Hausnummer 37, *demnach* die Reihenkonstante 111 (= 666:6), und besteht nur aus Primzahlen.

Diese lassen sich folgendermaßen ordnen:

$$
\begin{array}{ccc}
1 & 7 & 13 \\
31 & 37 & 43 \\
61 & 67 & 73
\end{array}
$$

mit der waagerechten Differenz 6 und der senkrechten 30. (Vgl. das vermeintliche *Primzahlgesetz*, S. 136).

7	61	43
73	37	1
31	13	67

Abb. 213

Es stammt von Meister Henry E. Dudenay (1847 bis 1930). Ebenfalls nur Primzahlen enthalten die beiden nächsten magischen Quadrate mit den Reihenkonstanten 1496 und 1504.

29	1061	179	227
269	137	1019	71
1049	101	239	107
149	197	59	1091

Abb. 214a

31	1063	181	229
271	139	1021	73
1051	103	241	109
151	199	61	1093

Abb. 214b

Das Quadrat der Abb. 214b entsteht mühelos aus dem der Abb. 214a, man braucht dort nur jede Zahl um 2 zu vergrößern – beide Quadrate gehören zusammen wie die Primzahlzwillinge, die sie bilden. (Erdacht von Leo Moser von der Universität Alberta

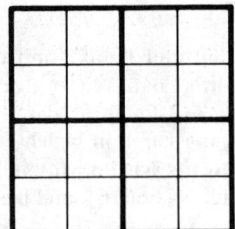

Abb. 215a,

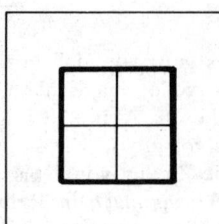

Abb. 215b

1153	8923	1093	9127	1327	9277	1063	9133	9661	1693	991	8887	8353
9967	8161	3253	2857	6823	2143	4447	8821	8713	8317	3001	3271	907
1831	8167	4093	7561	3631	3457	7573	3907	7411	3967	7333	2707	9043
9907	7687	7237	6367	4597	4723	6577	4513	4831	6451	3637	3187	967
1723	7753	2347	4603	5527	4993	5641	6073	4951	6271	8527	3121	9151
9421	2293	6763	4663	4657	9007	1861	5443	6217	6211	4111	8581	1453
2011	2683	6871	6547	5227	1873	5437	9001	5647	4327	4003	8191	8863
9403	8761	3877	4783	5851	5431	9013	1867	5023	6091	6997	2113	1471
1531	2137	7177	6673	5923	5881	5233	4801	5347	4201	3697	8737	9343
9643	2251	7027	4423	6277	6151	4297	6361	6043	4507	3847	8623	1231
1783	2311	3541	3313	7243	7417	3301	6967	3463	6907	6781	8563	9091
9787	7603	7621	8017	4051	8731	6427	2053	2161	2557	7873	2713	1087
2521	1951	9781	1747	9547	1597	9811	1741	1213	9181	9883	1987	9721

Abb. 216

in Edmonton, s. a. S. 335.) Die beiden Quadrate haben ähnliche Eigenschaften wie z. B. die zentralsymmetrischen (S. 68, Abb. 36h); die Summe der Unterquadrate gemäß Abb. 215a und b ist gleich der Reihenkonstante.

Das Nonplusultra solcher Künsteleien stellen wohl die sechs ineinandergeschachtelten magischen Quadrate von 3 · 3 bis 13 · 13 dar (Abb. 216), welche um 1960 von einem irgendwo in Illinois einsitzenden Gefangenen ertüftelt worden sind. Das 3 · 3 Quadrat hat die Reihenkonstante 16 311, die jedes folgenden Quadrats ist um jeweils 10 874 größer, bis schließlich zu dem Quadrat mit der Reihenkonstante 70 681. Dieses Superquadrat reiht sich würdig an die vorhergehenden an; denn auch in ihm kommen ausschließlich Primzahlen vor.

Wer hier vergeblich nach 4711 sucht, sei getröstet: Da 4711 keine Primzahl ist, kann sie in dem Quadrat nicht auftreten. Primzahlen sind hingegen von ihren Anagrammen folgende drei: 1471, 1741 und 7411 – und diese sind sämtlich vorhanden.

Im krassen Gegensatz zu Perutz hatte sein Leidensgenosse Franz Werfel (1890 bis 1945) kein inneres Ohr für mathematische Zusammenhänge. Nach Musil war er ein *Pseudodichter,* er hat ihn als *Feuermaul* im »Mann ohne Eigenschaften« karikiert, nach Rilke *ein genialer Judenbub* (Brief an Marie von Thurn und Taxis, Okt. 1913). Schon als Bub war er ein Versager in den Realien, und auch später dem Irrealen und Visionären viel stärker verbunden als der kühlen Analyse, geschweige denn der Analysis.

Im »Spiegelmensch« (Magische Trilogie, II. Teil: Eins ums Andere, 1. Aufzug, 1920) stöhnt Werfel:

> *Koordinate und Abszisse,*
> *Die Gleichung der Parabel prüft er dich.*
> *Du schluckst, du stammelst, und kein Schimmer*
> *Erhellt dir den verstockten Sinn.*
> *Er aber starrt verächtlich vor sich hin,*
> *Und schickt dich wortlos auf dein Zimmer.*

Werfel hat wirklich keinen Schimmer (*Parabel-Angst verfolgt mich noch im Traum*), er weiß nicht, daß man in der analytischen Geometrie unter Koordinaten die beiden Bestimmungsstücke eines Punktes in der Ebene versteht, und daß das senkrechte Gegenstück zur waagerechten Abszisse schlicht Ordinate (ohne Ko) genannt wird.

Das Klagewort von Werfel hat die sowohl at- als auch abstraktive Malerin Penthesilea (genannt Penta) Gohn zu einem Bild inspiriert (Abb. 217), betitelt »Parabelangst?« Man erkennt deutlich die Parabelbögen, welche die Spitzen dieses pentagramma mirificum verbinden – und fällt damit auf die beabsichtigte Täuschung herein: im ganzen Werk gibt es keine gekrümmte Linie. Penta war Leiblingsschülerin (verräterische Fehlleistung!) des vielseitigen Künstlers Philibert (genannt Phil) Egg, der in Leben und Kunst seine Ziele stets geradlinig verfolgt hatte, bis an sein frühes Ende.

Genau so unfähig wie Werfel, abstrakten Darlegungen zu folgen, war der Arzt, Geisterglaubige, Dichter und Feind der *Plattisten* Justinus Kerner (1786 bis 1862). Viele kennen seine Lieder (*Dort unten in der Mühle; Preisend mit viel schönen Reden; Wohlauf noch getrunken den funkelnden Wein*), Kenner schätzen »Die Reiseschatten«. Kerner berichtete:

Mein Bruder Carl mühte sich ab, mir Unterricht in der Mathematik zu geben, aber er konnte mich nicht weiter als zur sogenannten Eselsbrücke, dem pythagoräischen Lehrsatze, bringen. Man mußte den Unterricht aufgeben, denn ich war und blieb für die Mathematik durchaus vernagelt. (»Das Bilderbuch aus meiner Knabenzeit«).

Es ist bemerkenswert, daß, wie Werfel, so auch Kerner in seinem Bekenntnis die Unkenntnis durch seine Unkenntnis demonstriert: Selten wurde der pythagoreische Lehrsatz (bei Euklid I,47) pons asinorum, Eselsbrücke, genannt, so hieß allermeist der viel früher (I,5) vorgeführte, leicht einzusehende Satz, daß im gleichschenkligen Dreieck die Basiswinkel einander gleich sind. Dieser von Thales aufgestellte Satz wurde hier von Euklid bewiesen (Abb. 218a).

Wir deuten die im Dreieck gezogene Höhe als die Eselsbrücke (Abb. 218b): weil dadurch zwei kongruente Dreiecke entstehen, in denen natürlich alle Winkel korrespondierend einander gleich sind.

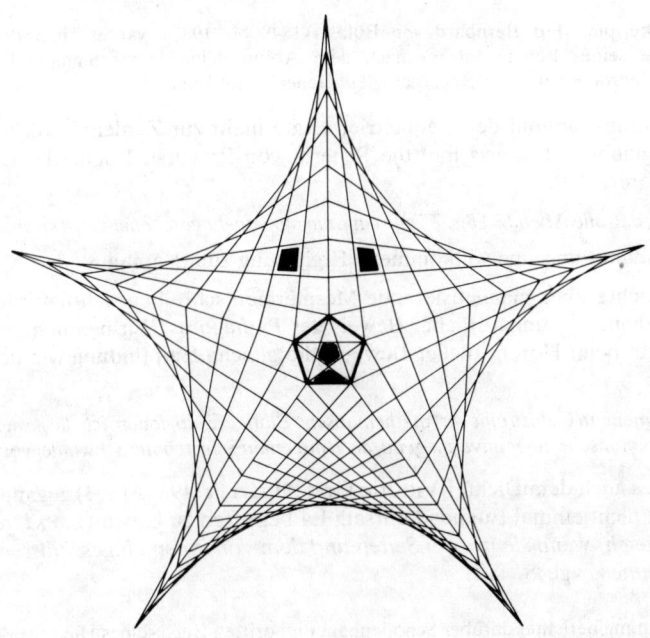

Abb. 217

Man beachte das Fünfeck in der Mitte, es ist Pentas Signum, unter dem sie ausgezogen war und wurde.

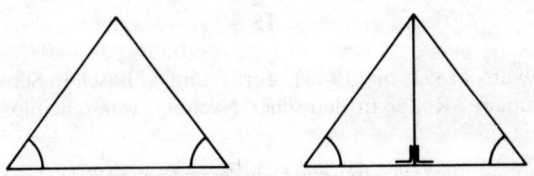

Abb. 218a   Abb. 218b

Ein Beleg dafür, daß man unter pons asinorum nicht den *Pythagoras* verstand: Tobias G. Smollett läßt im Kap. 16 seines Romans ›Die Abenteuer des Peregrine Pickle‹ (1751) seinen Helden u. a. den Euklid studieren: *Kaum aber war er über die pons asinorum hinaus, so erkaltete sein Eifer ... und ehe er zum 47. Satz kam, fing er an, jämmerlich zu gähnen ... und glaubte sich für seine Aufmerksamkeit nur mäßig belohnt, als er in das Geheimnis der gewaltigen Entdeckung des Pythagoras eingeweiht wurde ...* (Trotzdem hat Peregrine mit viel Fleiß ausgeharrt und Euklids erste vier Bücher – bis zu den regelmäßigen Vielecken – durchgearbeitet.)

Der mathematisch begabte Carl Kerner brachte es in Württemberg zum General, dann zum Staatsrat und Chef des Berg- und Hüttenwesens. Er starb als Geheimrat Carl Freiherr von Kerner.

401

Ein Gegenbeispiel: Für Bernhard von Bülow (1849 bis 1929) war es einer der schönsten Augenblicke seines Lebens, als er nach dem Abitur seine Logarithmentafel verbrannte. Trotzwegen desdem wurde er Reichskanzler, General und Fürst.

Bruder Justinus, abhold der Geometrie, neigte mehr zur Zahlenmystik und notierte gern und gläubig alles, was ihm die Seherin von Prevorst, Friederike Hauffe, geb. Wanner, vorerzählte:

... fühlte sie, daß alle Abend 7 Uhr, 7 Tage lang, ein nur von ihr gesehener Geist sie magnetisierte, und bringt damit uns eine willkommene Ergänzung zum Kapitel 8.

Solche Berichte über magnetisierende Mesmereien schreiben sich natürlich flüssiger dahin als irgend ein unnatürlicher Beweis des *Pythagoras.* Wir nehmen an, der junge Kerner hatte beim Hören solcher Beweise die gleiche Empfindung wie der Verleger Heimeran:

Es trat da in meinem Gehirn eine Art mathematische Blutleere ein, indem ich die gestellte Aufgabe zwar noch vor mir sehe, aber unvermögend, auch nur einen Schritt ohne Schwindel vorwärts zu tun.

So scheint es auch dem Dichter Vittorio Graf Alfieri (1749 bis 1803) gegangen zu sein: er gestand, nicht einmal Euklids Lehrsatz I,4 begriffen zu haben (*zwei Dreiecke sind deckungsgleich, wenn sie in zwei Seiten und dem von ihnen eingeschlossenen Winkel übereinstimmen,* vgl. S. 112).

Voll Genugtuung berichtet darüber Schopenhauer im dritten Buch seines Hauptwerks ›Die Welt als Wille und Vorstellung‹, er stützt damit seine These, *daß größte Genien in der Kunst zur Mathematik keine Fähigkeit haben: nie war ein Mensch zugleich in beiden sehr ausgezeichnet.*

────── 15 ──────

Hanns Heinz Ewers (1871 bis 1943), Jurist und völkischer Sensationalist (»Das Grauen«, »Alraune«, »Reiter in deutscher Nacht«), war schamlos stolz auf seinen Defekt:

Der Mathematikprofessor und ich waren einer von des anderen völliger Unfähigkeit und Blödheit aufs innigste überzeugt. Bloß: der Kerl durfte das laut in der Stunde sagen und ich nur hinterher und heimlich! (»Grotesken«, 1910/1925).
»Da gibt's Leut'«, sagte Schuster verächtlich und kratzte sich den harten grauen Bart, »die brüsten sich später damit, daß sie in der Schule in Mathematik so schlecht waren. Da denk ich mir eben: es ist'n Dummkopf!« E. Heimeran, »Lehrer, die wir hatten«, 1954.

Ebenso tat sich Anton Schnack (1892 bis 1973) etwas auf seine Aversion gegen die Mathematik zugute. In Schnacks »Buchstabenspiel« (1956) liest man:

»Ich habe das A in der Arithmetik, der Kunst des Rechnens, verflucht, die den Kopf des Abiturienten zum Brummen brachte.« [Er als Abiturient hätte besser *Algebra* geschrieben statt *Arithmetik.*]

»Y ... stand ... in der Mathematikstunde neben dem X als zweite unbekannte Größe und bereitete Qual und Verwirrung.«

Gern hätten wir ihm das ungleiche Gleichungspaar

$$2 Y + X = 5 \text{ und } Y = 2 - X/2 \text{ vorgelegt.}$$

Setzt man den Wert von Y aus der zweiten Gleichung in die erste ein, so erhält man zu seiner Qual und Verwirrung

$$4 = 5,$$

(den Alptraum Fraenkels, vgl. S. 353)

Mathematik, die auf Konviktion, Überführung ausgeht, weshalb gute Köpfe sich an ihr ärgern.

Goethe, »Max. u. Refl. a. d. Nachlaß.«

Hier ist der Endwiderspruch absichtlich bereits in die sich widersprechenden Ausgangsgleichungen verpackt worden – auf ähnliche Ungereimtheiten kommt man, wenn man kühn

$$(a + b)^2 = a^2 + b^2$$

setzt – wie es tatsächlich Strindberg getan hat (dessen Ansichten wir vor Jahren schon dargestellt hatten). Er war offenbar der Meinung, alle wesentlichen Probleme mit den *quatuor species* und der *Regula de tri* lösen zu können. Irgendwo gibt er den dekadischen Logarithmus von 27 mit 4314 an.

Wir unterstellen, wohl mit Recht, zu seinen Gunsten, daß im Manuskript richtig 1,4314 stand. Ein Setzer mag »1,« versehentlich weggelassen, der Übersetzer (Literat) zwangsläufig nichts gemerkt und der Lektor den Lapsus übersehen haben.

Strindberg hielt die Mathematiker für Scharlatane oder bestenfalls für eine besonders unnütze Art von Glasperlenspielern. Einer seiner von uns noch nicht zitierten Aussprüche lautet:

Alle Menschen besitzen Anlage für Mathematik, alle aber besitzen nicht Lust dafür und keine Neigung, sich zu trainieren, besonders wenn sie auf unnötige Verwicklungen einfacher Dinge stoßen oder die Probleme geradezu idiotisch sind oder höchstens mit einem (un)artigen Spiel zu vergleichen. (»Ein neues Blaubuch«, 1912)

Ebenfalls bereits behandelt ist von uns Hans Blüher (1888 bis 1955), Schriftsteller, Psychotherapeut und Philosoph (»Die deutsche Wandervogelbewegung als erotisches Phänomen«, »Die Rolle der Erotik in der männlichen Gesellschaft«, »Die Achse der Natur«). Er hielt nichts von moderner Mathematik, sofern sie nicht mit der Anschauung oder den platonischen Ideen im Einklang steht, wußte aber, daß er zwar von Mathematik nicht das geringste verstand, indessen trotzdem *in einem natürlichen Kontakt* mit ihr gelebt hatte: *ich stand zu ihr wie das Alaunsalz zur Pyramide oder die Biene zum gleichseitigen Sechseck … Freilich, in ein so genaues Verhältnis wie die Biene zum sechseckigen Zylinder zu geraten, gelang mir dabei nicht. So glücklich wie das Tier ist eben kein Mensch … Also [stand ich] in einem konkreten Verhältnis, Spinoza dagegen in einem abstrakten. Er ließ sich verzaubern.*

Blüher konnte sich wahrlich nicht von der Mathematik verzaubern lassen – dazu dachte er viel zu unscharf: Alaun kristallisiert nicht in Pyramiden, allenfalls in Doppelpyramiden, wenn man die Oktaeder so nennen will, und eckige Zylinder gibt es nicht, nur derartige Prismen – der Blühersche sechseckige Zylinder ist ein räumliches Gegenstück zu Goethes länglichem Quadrat (s. S. 25).

Wir haben schon am Beispiel Thomas Manns gelernt: wer nichts von Mathematik versteht, sollte die Finger von ihren Kunstausdrücken lassen. Blüher meint ein *regelmäßiges* Sechseck, schreibt indes *ein gleichseitiges*. Aber: weil ein Dreieck, wenn gleichseitig, gleichzeitig gleichwinklig und damit regelmäßig ist, muß noch lange nicht ein gleichseitiges Sechseck stets auch gleichwinklig sein. Auch umgekehrt nicht, wie figurae demonstrieren. Abb. 219a zeigt ein gleichseitiges ungleichwinkliges, Abb. 219b ein gleichwinkliges ungleichseitiges Sechseck.

Abb. 219a: Unregelmäßiges Sechseck mit 6 gleichlangen Seiten.

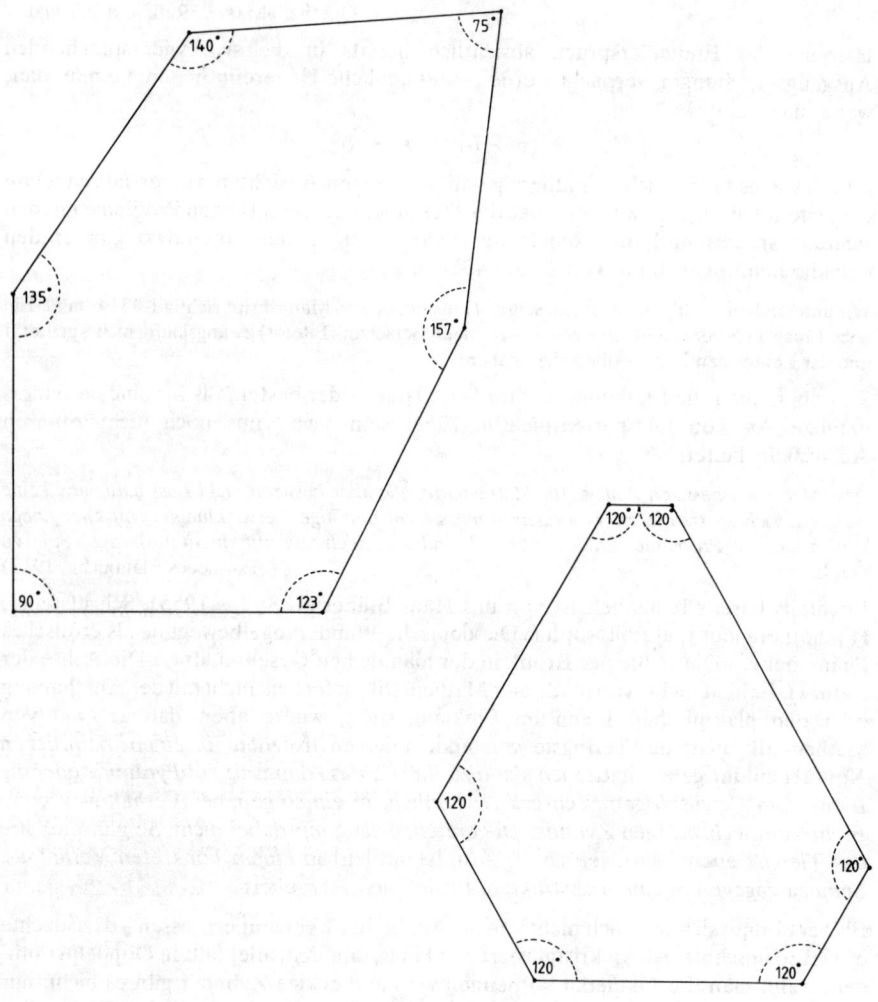

Abb. 219b: Unregelmäßiges Sechseck mit 6 gleichgroßen Winkeln.

404

Da ist es ebenso tröstlich wie belebend, daß die Mathematiker selbst in die Klemme geraten, wenn sie die in der Wendepunkts-Definition auf S. 381 benutzten Begriffe *konkav* und *konvex* hinwieder definieren wollen. Ein Bereich (d.i. »ein beschränktes ebenes Gebiet einschließlich seines Randes, der eine geschlossene, doppelpunktfreie, stückweise glatte Kurve ist«) heißt *konvex*, wenn er mit irgend zwei Punkten auch alle Punkte der Verbindungsstrecke enthält. Diese Definition operiert jedoch, wenn der Sprachgebrauch nicht täuscht, auf der konkaven (!) Seite des Randes, damit das berandete Flächenstück konvex ist.

—— **16** ——

Anders als Blüher stellten sich zu der ihnen kaum verständlichen Mathematik Literaten wie Christian Morgenstern (»Palma Kunkel«), Thassilo von Scheffer, Ernst Jünger.

Morgenstern, dem wir das bekannte Gedicht über die sich doch noch schneidenden Parallelen verdanken, hat sich in seiner reizvoll-verspielten Art auch einmal mit den Winkeln eines Dreiecks beschäftigt (»Der Gingganz«):

»Drei Winkel klappen ihr Dreieck zusammen wie ein Gestell«, wandern zur Zauberin Wondel und bitten um menschliche Gestalt. »Die Wondel – ihr Decorum zu wahren – spricht Latein: Vincula, vinculorum, in vinculis Fleisch und Bein! Drauf nimmt sie die lockern Braten und wirft sie in den Teich: – Drei Winkeladvokaten entsteigen ihm allsogleich. Drei Advokaten stammen aus dieses Weihers Schoß. Doch zählst du die drei zusammen, so sind es zwei rechte bloß.«

Auch v. Scheffer (1873 bis 1951), Mitglied der Halkyonischen Gesellschaft um Otto Erich Hartleben, unermüdlicher Übersetzer der Alten von Homer bis zu Nonnos und Vergil, Nachschöpfer der Kyprien – auch er hatte keinen Zugang zu recht einfachen Tatbeständen der Mathematik. Bis ans Ende seines arbeitsreichen Lebens vermochte er nicht einzusehen, daß die sogenannten Parallelkreise auf dem Globus keine parallelen Linien zum Äquator sind (weil keine größten Kugelkreise), sondern nur Kurven mit gleichem Abstand voneinander und vom Äquator. Doch beschäftigte v. Scheffer sich gern mit den Kegelschnitten – er bedichtete sie, und er rückt damit in die Nähe Morgensterns mit seinen Aphorismen über die Ellipse (*die Liebe zum anderen*) und ihre Genossen.

Als *sehnsuchtsvolle Hungerleider nach dem Unerreichlichen* (»Faust II«, Klass. Walpurgisnacht, Felsbuchten des Ägäischen Meeres. Mond im Zenit verharrend (Nereiden und Tritonen)) spähen diese Dichter hinüber in die fernen, fremden Gefilde, müssen sich aber damit begnügen, einige mehr oder minder gelungene Assoziationen über Zahlen und Figuren aufs Büttenpapier zu pinseln, pseudophilosophische Gespinste, wie Friedrich Rückert oder Ernst Jünger (»Ad hoc, Federbälle«, 1969):

Die Zwei ist bereits eine Verallgemeinerung, sie spaltet sich ab von der Eins wie der Zweig vom Stamm. Zahl des Zweifels, des Zwistes, des Zwars, der Zwischenräume.

Wie Morgenstern stieß sich Ernst Penzoldt (1892 bis 1955), der Schwager Heimerans, an der Behauptung wund, Parallelen schnitten sich im Unendlichen, einen Satz, den man aus dem Schulunterricht verbannen sollte. In seinem Roman »Die Powenzbande« ließ Penzoldt den Schüler Heinrich Powenz tapfer den Satz angreifen:

Wenn ich mich an den gedachten Ort im Unendlichen [!] *versetze, dann sind sie doch auch dort parallel, oder etwa nicht?* (Vgl. S. 340.)

Heinrichs Argument mit dem *gedachten Ort im Unendlichen* kann nicht überzeugen – dafür aber sollte man seinen Vorschlag aufgreifen, annehmen und verbreiten, an einem anderen (konkreten) Ort die dort an der Tür prangende Doppelnull nicht mehr Null Null, sondern *Nullzig* zu nennen, analog zu Fünfzig oder Neunzig.

Noch zwei Gelehrte, die für das The-ma Ma-the nichts übrig haben (wollen):

Der hochverehrte und -gelobte Psychoanalytiker C.G. Jung, der Schöpfer des hellsichtigen und erhellenden Satzes ›Im Unbewußten heißt es statt: entweder – oder oftmals entweder *und* oder‹, dem die abstrakte Nomenklatur der Mathematik verhaßt war, schrieb in dem Buch »Über die Psychologie des Unbewußten, VI – Die synthetische oder konstruktive Methode«:

Die Auseinandersetzung mit dem Unbewußten ist ein Prozeß oder je nachdem auch ein Erleiden oder eine Arbeit, die den Namen transzendente Funktion[1] *erhalten hat, da sie eine Funktion darstellt, die sich auf reale und imaginäre oder* [!] *rationale und irrationale Daten gründet und damit die klaffende Lücke zwischen dem Bewußten und Unbewußten überbrückt.*

Uns steht kein Kommentar zu, auch nicht zur Verfügung. Aber seine, nun folgende Anmerkung:

[1] *Ich habe erst nachträglich entdeckt* [entdeckt!], *daß der Begriff der transzendenten Funktion auch in der höheren Mathematik vorkommt, und zwar als Name der Funktion realer* [so!] *und imaginärer Zahlen.*

diese Anmerkung wollen wir als geisteswissenschaftlichen Beitrag der mathematischen Welt zugänglich machen, damit auch sie weiß, daß der Begriff der transzendenten Funktion als Name der Funktion realer und imaginärer Zahlen vorkommt.

Apropos Psychoanalyse:

Wir hatten schon früher Thomas Manns Worte von der kalmierenden Macht der Mathematik, der kläräugigen Göttin, zitiert und ihrer kühlenden, den Fleischesstachel stumpfenden Wirkung, sowie die gegenteilige Behauptung des Arztes Paul Möbius (des Enkels des Finders des Möbiusschen Bandes), daß die Mathematik dem Liebestrieb nicht abträglich sei. Wenn man, um zu ergründen, wer wohl recht hat, in Sigmunds Freuds Schriften stöbert, stößt man auf folgende Stelle:

Als Ablenkung vom Sexuellen genießt die Mathematik den größten Ruf; schon J.J. Rousseau hatte sich von einer Dame, die mit ihm unzufrieden war, raten lassen müssen: Lascia le donne e studia la matematica [= lasse die Frauen, studiere lieber Mathematik]. *So warf sich auch unser Flüchtling* [ein junger Patient von Freud] *mit besonderem Eifer auf die in der Schule gelehrte Mathematik und* [so!] *Geometrie, bis seine Fassungskraft eines Tages plötzlich vor einigen harmlosen Aufgaben erlahmte. Von zweien dieser Aufgaben ließ sich noch der Wortlaut feststellen: Zwei Körper stoßen aufeinander, der eine mit der Geschwindigkeit ... usw. – Und: Einem Zylinder vom Durchmesser der Fläche m* [?] *ist ein Kegel einzuschreiben usw. Bei diesen für einen anderen gewiß nicht auffälligen Anspielungen an das sexuelle Geschehen fand er sich auch von der Mathematik verraten und ergriff auch vor ihr die Flucht.*

Siegmund Freud, Der Wahn und die Träume in W. Jensens »Gradiva«, 1907.

Ebensowenig wie Psycho-Jung kann man dem Archäo-Lepsius (1810 bis 1884) ankreiden, daß ihm mathematisches Gespür mangelte. Er hat 1877 die sogenannte Tafel von Senkereh in einer längeren Arbeit behandelt. Dabei war ihm nicht (mehr?)

bewußt, daß eine Tabelle der Quadratzahlen zugleich eine Tabelle der Quadratwurzeln ist. Ferner vermeinte er in einer Tafel, deren linke Kolonne benannte und deren rechte unbenannte Zahlen enthält, einen Vergleich sumerischer und assyrischer Längenmaße zu sehen. Verzeihen wir dem Lepsius den Lapsius.

Weniger großzügig möchten wir mit den Übersetzern von science-fiction-Produkten verfahren, die immer noch nicht wissen, daß die Amerikaner unter *Billion* eine Zahl mit 9 Nullen verstehen, also diejenige, welche wir *Milliarde* nennen.

Ein Beispiel: In der deutschen Übersetzung der »Best Science Fiction Stories of C.M. Kornbluth« kann man staunend lesen: *5 Billionen menschlicher Leichen bedeuten fünfhundert Millionen Tonnen verwesendes Fleisch.* Eine kurze Rechnung zeigt, daß danach ein Mensch im Durchschnitt 100 g wiegt. Es muß im Deutschen natürlich Milliarden statt Billionen heißen; dann ist der Durchschnittsmensch mit 100 Kilogramm Lebendgewicht zwar schwer, aber leicht glaubhaft. (Wir bringen gerade dieses Beispiel, weil die deutsche Reihe unter wissenschaftlicher Beratung eines Doktors herausgegeben wird, den wir für den überragenden Autor mindestens des deutschsprachigen Raums auf diesem Gebiete halten. Wir nehmen an, er hat Kornbluths Geschichten nur im Original gelesen und sie zur Übersetzung empfohlen – wir empfehlen ihm, künftig den Übersetzern auf die Nullen zu sehen.)

——— **17** ———

Jetzt einige Exempla über die Unkenntnis von Zahl- und Raumbeziehungen im täglichen Leben.

Als die *Fernsprechverkehrsteilnehmer* die gewünschte Nummer noch einer Vermittlerin zukrächzen mußten, gab es in Großbritannien häufig dadurch Fehlverbindungen, daß five mit nine und nine mit five verwechselt wurden (aus five mach' nine und five aus nine) – man konnte noch so schön akzentuieren – das Fräulein hört' von allem nur das ai, besser hier: die Miß. Um den Mißstand dieser Mißverständnisse radikal zu beseitigen, wurde *angeregt* (man merkt, wir bewegen uns inmitten der Ministerialbürokratie), einfach *die paar Telefonnummern*, in denen Fünfen vorkommen, durch free-of-five-numbers zu ersetzen, letztere umfaßten ja 90 % aller Nummern. (Gedankengang: 5 ist eine von 10 Ziffern, also – Analogiekurzschluß kurz vor Büroschluß – also wird man nur 10 % aller Telefonnummern ersetzen müssen.)

Wir überlassen es den gutwilligen Lesern, nachzuweisen, wie leichtsinnig hier gefolgert wurde. Schon bei den siebenstelligen Telefonnummern von 0 000 000 bis 9 999 999 enthalten

$$5\,217\,031$$

mindestens eine 5 (wie man sieht!!) und nur

$$4\,782\,969$$

(wie man ebenfalls sieht!!) keine.

Bevor man *in eine Erörterung dieser beachtlichen und bemerkenswerten Anregung einzutreten* vermochte, beseitigte die Selbstwählerei die ganze Quälerei, sämtliche Mißtöne, alle Sprach-, Sprech- und Hörschwierigkeiten zusammen mit jeder Miß in den Vermittlungen.

Aber auch der Raum macht Schwierigkeiten: Wenn man ein Kind dazu bringt, einen Würfel zu zeichnen, so kommt dabei meist nur eine Figur zustande, die man mit einigem Wohlwollen als Quadrat bezeichnen kann – von den acht Ecken des Würfels werden nur vier zur Kenntnis genommen und gebracht.

Nicht allein von Kindern. Die Wahlurnen beispielsweise haben die Form von Würfeln, vielleicht auch von Quadern, auf jeden Fall haben sie acht Ecken, oben vier und unten vier. Wenn man's so hört, wird's eingesehen. Nicht von den Behörden, welche *viereckige* Wahlurnen vorschreiben (also Tetraeder!), aber achteckige meinen, denn sie haben die Einfalt des kindlichen Gemütes.

Diese beschränkte Sicht ist keineswegs auf Behörden beschränkt:

Im Frühjahr 1977 gelang es an einer kalifornischen Universität, Tomaten zu züchten, deren Form sich mehr einem Kubus als einem Globus nähert, die also viel besser den Verpackungsraum ausnützen (dafür allerdings viel schlechter schmecken) als die gewohnten roten *Kugeln*. Die Zeitungen berichteten über diese Sensation mit gewohnter Genauigkeit: Die neue, *viereckige und blaßrote* Tomate sei *nicht gerade scharfkantig viereckig, aber mehr rechteckig als rund*. Welch scharfkantige Beschreibung! – könnte ein Mathematiker spötteln – aber er sollte bedenken: Ein Journalist muß schnell sein, behende, quick, gewandt, flüssig, er soll aber nicht haargenau sein, vollständig, exakt, sonst wäre er ja langweilig – das kann er ruhig dem Mathematiker oder den anderen Wissenschaftlern überlassen. (Wer erschöpfend schreibt, erschöpft.)

Exaktemang hierhin gehört Günter Radtkes Verwechselung von Quadrat und Quader. Er schrieb 1970 ein *Gedicht* ›Verzögerung‹:

> *Das quadratische Ei*
> *längst entworfen*
> *aber*
> *sein mathematisches Maß*
> *in den Konferenzen*
> *noch immer nicht*
> *festgelegt*
>
> *Auch die Schwierigkeit*
> *daß Hühner*
> *so ungebildet*

(Nur Hühner?)

Darum sollten die Literalaien sich nicht grundlos und freiwillig vor den Fachleuten bloßstellen, indem sie an deren Rüstzeug herumfingern und recht blamabel damit herumhantieren,

wie O. v. Bressendorff esoterisch-ernst: *Der Kreis steht zum Punkt in genau* [!] *demselben Verhältnis wie die Zehnzahl zur Eins* (»Zahl und Kosmos«, 1930).

Unangenehmer berührt uns Alfred Richard Meyer, der sich Munkepunke nannte. Er quälte sich die »witzigen« *mathematischen* Verse ab:

> *Ein Pijazz tanzte schnicke Jazz,*
> *ward dabei mathematischer Satz:*

Pi, Klammer auf, Jazz plus eins, zu!
Nun hat die liebe Seele Ruh!
Das heißt: Pi würde desperat,
höb ihn ein Lehrer ins Quadrat.

(»Neue Lachlichkeit«, 1928)

(π^2 kommt in den Formeln für O u. V des Torus vor.) Ansonsten aber war Munkepunke ein belesener Wortsteller (»Ode gegen den Mond«) und feinhöriger Silbenstecher:

Einmastig teilt das Wattenmeer die Mutte,
Feintastig peilt das Gattenheer die Nutte.

(Nun wird man verstehen können, weshalb der Buchstabenspieler Dülberg, S. 47, sein Freund war.)

Kurt Schwitters und Hans Arp, in diesem Buch öfters zitierte Dadaisten, behaupten frechlings (im gemeinsam fabrizierten »Würfel«): *Da es aber mathematisch keine geraden Zahlen gibt, gibt es auch keine Ungraden* (sic!).

Werfel bastelte (am Ende des 6. Kapitels des Romans »Der Abituriententag«, 1928) die von ihm ›mathematisch‹ genannte *Formel*

$$\sqrt[2]{\left(\frac{\text{Lebenskraft} - \text{Lebensfälschung}}{\text{Arterienverkalkung}}\right)} \times = \text{Tod.}$$

Werfel scheint unterbewußt unter seiner Unterbegabung für Mathematik gelitten zu haben – in obigem Roman schuf er den Fischer, Robert, der *den binomischen Lehrsatz beim ersten Hören erfaßte*. Trotzdem ist er nur Beamter beim Prager Magistrat geworden, als einer – wie Werfel es formuliert – als einer der *Fixangestellten des Nichts*.

Das Wurzelzeichen wird anscheinend als ein mathematisches Statussymbol angesehen: der Kantianer und Satiriker Salomon Friedländer, 1871 bis 1946, (der sich hinter das retrograde Pseudonym Mynona verkroch), Mynona sandte in der Groteske »Das Abgebrochene« (aus »Schwarz-Weiß-Rot«, 1916)

$$\sqrt[\infty]{\infty}^{\infty\,\infty\,\infty\,\infty\,\infty\,\infty\,\infty\,\infty}$$

Küsse, ohne zu ahnen, daß z.B. $\sqrt[a]{a^{a\,\cdot\,aa}} = a^{aa}$ ist.

Solche Alfanzereien zwischen zwei Buchdeckeln sind harmlos, aber in Zeitungen könnten sie nicht etwa nur ein Lächeln bei den wenigen Fachleuten erregen, sondern auch ganz falsche Vorstellungen im Heer der Laien, beim *Vielkopf Publikum* (Chr. Hch. Wolke, 1741 bis 1825) entstehen lassen.

Als Albert Einstein mit seiner Relativitätstheorie unsere Kenntnis der *Welt* über Galilei und Newton hinaus verbessert hatte, bemühten sich Horden (Herden) von Inkompetenten, den noch Inkompetenteren diese Theorie und die Folgerungen zu erklären. Ein Mitarbeiter des Berliner Tageblatts, der sich Johannes Fischart nannte, belieferte im Jahre 1920 Dutzende von Zeitungen mit Neuigkeiten aus der Einsteinbranche, unter anderem mit dem Radius R der Welt. R wurde durch eine Wurzel aus einem Bruch dargestellt – und dieser Bruch hatte es in sich; er wandelte sich offenbar relativ zu der Richtung, in die er geschickt wurde. So lasen voll Zufriedenheit die Wißbegierigen im ganzen Deutschen Reich, in Breslau und Kiel, Königsberg und Mannheim, Hannover, Braunschweig, Nürnberg und Hamburg, der Weltradius R betrage

$$\sqrt{\frac{1,8 - 10,27}{\varrho}}$$

$$\sqrt{\frac{1,8 - 1027}{\varrho}}$$

$$\sqrt{\frac{1,8 - 10^{72}}{G}}$$

$$\sqrt{\frac{1,8 - 10^{27}}{9}}$$

$$\sqrt{\frac{1,8 - 10^{27}}{\varrho}} \, ,$$

je nachdem welche Zeitung sie aufschlugen.

Kein Korrektor, nicht einmal ein Setzer, hat gemerkt, daß der Ausdruck unter der Wurzel negativ, der Radius der Welt demnach *imaginär* ist! Und kein Leser hat geschlossen: Wenn der Weltradius imaginär ist, dann ist auch die Welt nicht real, alles Vergängliche ist nur ein Gleichnis, alles Geschehen bloßer Schein. Das uralte Weltbild des Parmenides aus Elea erweist sich als das richtige:

Wie kann man nur annehmen, daß das Seiende erst künftig sein werde oder daß es vordem nicht gewesen sei? Denn weder wenn es geworden ist, noch wenn es künftig sein wird, ist es in Wahrheit vorhanden. Somit ist das Entstehen ausgelöscht und ein Vergehen undenkbar.

Schade, so sind wir um die Schlagzeile gekommen:

EINSTEIN BESTÄTIGT PARMENIDES.

Kapitel 16

Die Mathematik, dein Freund?

Achter und Ächter

Mit welcher Freude, welchem Nutzen,
Wirst du den Cursum durchschmarutzen!
Faust I, Studierzimmer (Mephisto)

―――― 1 ――――

Einstein bestätigt Parmenides – kein Mathematiker hätte aus dem anscheinend imaginären Weltradius einen derart unvernünftigen Schluß gezogen; denn er weiß, daß in der Zahlenlehre der Gegensatz von *imaginär* nicht *real* (wie z.B. C.G. Jung annahm, s. S. 406), sondern *reell* ist. Sein Verstand kennt keine solche Ausrutschereien von einem Wort zum nächsten ähnlich klingenden, weil dieser Verstand durch die harte, aber klarsehend und zufrieden machende Schule der Mathematik gegangen ist. Über sie schrieb Christian Ernst Graf v. Benzel-Sternau (1767 bis 1846) im blumig-beruhigenden Stil seiner Zeit:

Mathematik ist die Schleifmühle des Kopfes. Ungeschliffen bleibt der Diamant ein roher Kiesel. Wenn das Genie sie nicht aus Büchern lernt, so entwickelt es ihre Hauptwahrheiten aus sich selbst. Beweis genug, daß ihre Form Bedingniß des Denkens, Bedürfniß des Denkers ist. Darum lernt sie, so früh ihr könnt!
Und dann, dieses Leben voll Erwartungen, Hoffnungen, Wünschen und Täuschungen! Das Geheimniß der Nüchternheit, des Trostes liegt mit in der Mathematik. Sie ist eine gutherzige Alte, die mit knöcherner Hand die Thräne der Sehnsucht oder des Kummers vom Menschenauge trocknet.

Die *gutherzige Alte* hat nicht nur Tränen getrocknet, nicht nur Zahnweh übertäubt (wie eine bekannte Wanderanekdote zu melden weiß, z.B. über Blaise Pascal und die Zykloide, 1658), sondern sogar Menschen auferstehen lassen, indem sie diese zum geistigen Leben wiedererweckte.

Franz v. Baader (1765 bis 1841) versank mit *sieben* Jahren in eine nachtwandlerische Dumpfheit, aus der er sich *vier* Jahre später beim zufälligen Anblick euklidischer Geometriefiguren erholte (4 + 7 = 11). Ob die pons asinorum dabei war oder gar der *Pythagoras*, ist leider nicht überliefert.

Baader war später im gleichen Fach wie der vielzufrühverstorbene Hardenberg-Novalis tätig, wurde Oberstbergrat und tat sich hervor als Mineraloge, Chemiker, Mediziner, Philosoph, Theologe – und Theosoph (*Cogitor, ergo cogitans sum*). Er war ein genau so typischer Vertreter der Romantik wie der Physiker Johann Wilhelm Ritter (1776 bis 1810); beide gingen auch als Wissenschaftler neben dem Exakten gern dem Irrationalen nach. So entdeckte Ritter einerseits die ultravioletten Strahlen, andererseits beschäftigte er sich mit dem siderischen Pendel und mit der Wünschelrute. Er

411

verfaßte »Fragmente«, von denen er meinte, sie hielten *ohngefähr die Mitte zwischen denen von Novalis und Lichtenberg.* Eins lautet:

Der Mensch ist unter den Tieren, was der fliegende Fisch unter den übrigen [Fischen] *ist. Er kann sich bisweilen über das Wasser erheben, immer aber fällt er bald wieder herunter.*

Die Menschen, auch die Naturwissenschaftler, der Romantik, machen auf uns den Eindruck, als wäre ihnen die clarté zuwider, als wünschten und brauchten sie die *fringes* um die Begriffe herum. Man denke an Immermanns Aussage über seinen »Merlin« (1832): *So ein trüber, brennender, gelbrötlicher Hauch muß über diesen transzendentalen Dingen schweben.*

Wer sich im Denken geübt hat, wer der Logik vertraut, wer mathematisch schließen kann, ist dagegen gefeit – vielleicht aber geht ihm dadurch auch etwas verloren. Der scharfhörige Novalis schrieb z.B.: *Lessings Prosa fehlt's oft an hieroglyphischem Zusatz,* und: *Lessing sah zu scharf und verlor darüber das Gefühl des undeutlichen Ganzen, die magische Anschauung der Gegenstände zusammen in mannigfacher Erleuchtung und Verdunklung.*

2

Lessing (1729 bis 1781) wurde in St. Afra von dem klarsichtigen Klimm in Mathematik unterrichtet, einem Vorgänger des auf S. 397 erwähnten Professors Otto. Mathematik war Lessings Lieblingsfach, er übersetzte freiwillig einige Bücher der Elemente Euklids und sammelte Material für eine *Geschichte der Mathematik der Alten.* Dies Material verwendete er in seiner Valedictionsrede *De mathematica barbarorum* am 30. Jan. 1746, genau 187 ($= 11 \times 17$) Jahre vor der *Machtergreifung* und damit dem Werden der *Deutschen Mathematik* (De mathematica germanobarbarorum).

Lessing verließ die Fürstenschule vorzeitig, weil er – so der Rektor Theophilus Gruber – *ein Pferd war, das doppeltes Futter haben muß. Die Lectiones, die anderen zu schwer werden, sind ihm kinderleicht. Wir können ihn fast nicht mehr brauchen.*

Im ersten »Brief an den Herrn D.« (1752) schreibt Lessing über eines seiner Jugendwerke:

Ich reimte also meine Gedanken nach einer ziemlich mathematischen Methode; hier und da ein Gleichnis; hier und da eine kleine Ausschweifung; das war alles poetische, was ich dabei anbrachte.

Lessings Neigung zur mathematischen Denk- und Darstellungsweise merkt man seinem zugleich scharfen und glänzenden Stil an – Novalis ist unser Zeuge –, im Gegensatz etwa zu dem Stil Herders. Der hatte ja auch seinem Freund, dem Astronomen Graf Hahn versichert, er bedaure es sehr, so gar keine Kenntnisse der höheren Mathematik zu besitzen.

Ein weiteres Beispiel für den Einfluß mathematischer Veranlagung auf die Ausdrucksform bietet uns Wilhelm Busch, 1832 bis 1908. In seiner 1886 erschienenen Autobiographie »Was mich betrifft« heißt es:

Sechzehn Jahre alt, ausgerüstet mit einem Sonett nebst zweifelhafter Kenntnis der vier Grundrechnungsarten [das hätte auch Goethe bei seiner Abfahrt zur Universität Klein-Paris schreiben können!], erhielt ich Einlaß zur polytechnischen Schule in Hannover, allwo ich mich in der reinen Mathematik bis zur »No. I mit Auszeichnung« emporschwang.

Durch seinen klaren Strich, durch seine plastischen Verse schimmert der Mathematiker (Ach! – Die Venus ist perdü – Klickradoms! – von Medici! in der »Frommen Helene«, 1872), und sein rationaler Pessimismus macht ihn in der Fülle des Nichts besonders sympathisch:

Gewißheit gibt allein die Mathematik. Aber leider streift sie nur den Oberrock der Dinge.

Die sogenannten Wahrheiten habe ich doch ein wenig im Verdacht der Unbeständigkeit.

Wir stellen Wilhelm Busch mit seiner grandiosen Mischung von Denken- und Schreiben-Können neben Lichtenberg, von dem der superintellektuelle eigenwillige Kurt Hiller (1885 bis 1972) in seinem Essayband »Köpfe und Tröpfe« (1950) meint:

Ein Experimentalphysiker, der daneben Litterat [so!] ist; ein Litterat, der daneben Mathematiker ist –: prachtvoll und förderlich und rar und undeutsch!

Hiller freut sich, daß Lichtenberg ein Exaktist war und kein romantischer Magus wie die sehr »deutschen« Hamann, Hegel, Heidegger & Co, die, von allen Bildungsphilistern gefördert, den deutschen Geist verdarben, statt ihn zu reinigen. (Darüber sollte man lange sinnieren!)

3

Lichtenberg (ebenso wie Lessing Schüler von Abraham Kästner) notierte in seinen Reiseanmerkungen von 1775:

Bei Adams dem Opticus sah ich einen Würfel von Messing, der so ausgeschnitten war, daß einer von gleicher Größe durchgesteckt werden konnte, ja es wäre sogar möglich, ein Loch hinein zu schneiden, wodurch man einen größeren stecken könnte.

Die Behauptung Lichtenbergs ist richtig, aber erst am Anfang des 19. Jahrhunderts hat Peter Nieuwland die Frage nach dem größtmöglichen Würfel exakt gelöst. Gestellt haben soll sie zum ersten Mal Prinz Ruprecht von der Pfalz.

Prince Rupert (1619 bis 1682) war Neffe König Karls I. von England, Admiral, Maler, Erfinder (einer nach ihm benannten Messinglegierung) und Mitglied der Hudson's Bay Company. Sein Vater war Kurfürst Friedrich V. von der Pfalz.

Ein anderer Kurfürst von der Pfalz, Karl Theodor (1722 bis 1799), konnte von sich sagen (und sagte es auch), er sei im Jahre x^2 genau x Jahre alt gewesen. Tatsächlich schrieb man, als er 42 war, gerade das Jahr $1764 = 42 \cdot 42$.

Drei weitere Beispiele aus dem Mittelalter: Der arabische Philosoph Farabi soll im Jahre 870 n. Chr. geboren worden sein. Er hätte demnach als Dreißigjähriger anno 900 von sich dasselbe sagen können wie der pfälzische Kurfürst. Aber er rechnete nicht nach Christi Geburt, sondern nach der Hidschra. Friedrich Barbarossa, der römisch-deutsche Kaiser, geboren wohl (wohlgeboren) 1122, war im Jahre 1156 (= 34 · 34) 34 Jahre alt, der Mystiker Meister Eckhart (1260 bis 1327) 36 Jahre im Jahre 36 · 36 = 1296.

Nachstehend eine Aufstellung mit weiteren »x in x^2-Alten«, von LMA (i.e. L. M. Aetherkuck).

Einige »x in x²-Alte«

x	x^2	geb.	gest.	Wer ist's?
37	1369	1332	1406	Der arabische Historiker Ibn Chaldun, geboren im Jahre der Einweihung des Kölner Domchors
38	1444	1406	1451	Stephan Lochner, Haupt der spätgotischen Kölner Malerschule
		1406	1457	Lorenzo Valla, italienischer Humanist und Gegner der Scholastik
39	1521	1482	1533	Hans Leinberger, der Schöpfer des Hochaltars in Moosburg
		1482	1563	der russische Metropolit Makarij
40	1600	1560	1609	Annibale Caracci, italienischer Maler
		1560	1627	Adrian de Vries, niederländischer Bildhauer
41	1681	1640	1689	Aphra Behn, der Verfasser des ersten englischen Sklavenromans »Oroonoko or the royal slave« (1688)
		1640	1705	Leopold I., römisch-deutscher Kaiser
		1640	1723	die portugiesische Nonne Mariana Alcoforado deren (?) Liebesbriefe Rilke übersetzt hat
42	1764	1722	1789	der deutsche Maler Johann Heinrich Tischbein der Ältere (Bildnis Lessings)
		1722	1799	Kurfürst Karl Theodor von der Pfalz
43	1849	1806	1873	der englische Philosoph und Volkswirtschaftler J. Stuart Mill
		1806	1884	der deutsche Dichter Heinrich Laube
44	1936	1892	1968	der russische Erzähler G. Paustowskij (»Erzählung vom Leben«, Autobiographie 1962)

1892 erblickten drei Nobelpreisträger das mehr oder weniger trübe Licht dieser Welt:

Arthur Holly Compton		1927
Prinz Louis de Broglie	erhielten den Preis	1929
Pearl Sydenstricker Buck		1938

44 Jahre später, als die Herren 44 Jahre alt waren (Pearl vermutlich noch nicht), schrieb man das Jahr 1936 = 44 · 44.

Das Geburtsjahr der nächsten »x in x^2-Alten« ist 1980 – wieviele Aspiranten werden erstens das Jahr 2025 = 45^2 erleben und zweitens sich inzwischen einen Namen als Mathematiker oder Dichter oder *Mathemuse* gemacht haben?

—— **4** ——

Dichter, Schriftsteller, Literaten mit Achtung vor und/oder Neigung zur Mathematik waren – *wir berichteten darüber* – Baudelaire, Kleist, Musil, Stendhal, Stifter, Valéry. Hierhin gehört wohl auch der skurrile Mathematiker Dodgson – er liebte es, kleinen Mädchen, während er sie in Phantasiekleidern photographierte, barocke alogische Geschichten zu erzählen. Sein Pseudonym war Lewis Carroll, er schrieb u.a. »Alice in Wonderland« und »Through the Looking Glass« mit den berühmtesten Nonsensversen der Welt. (Jabberwocky. 't was brillig, and the slithy toves …, s. S. 315.)

Den literarischen Bewunderern der Mathematik fügen wir hier noch Max Brod (1884 bis 1968) hinzu, den Herausgeber der Werke Kafkas und bedeutenden Schriftsteller (»Tycho Brahes Weg zu Gott«, 1916). Seine Erinnerungen an die Journalistenzeit (ursprünglich betitelt »Rebellische Herzen«, später eindeutiger »Prager Tagblatt, Roman einer Redaktion«) enthält im 7.(!) Kapitel einen feierlichen Lobgesang auf – die Lehre von den Determinanten, von den Mengen, den Funktionen einer komplexen Veränderlichen…:

Hier war Frieden, hier war Ewigkeit, der nichts einen Schaden anhaben konnte. Hier regierte die sauberste aller Sauberkeiten … selige Übereinstimmung des Geistes mit sich selbst, für immer ungetrübte Wahrheit.

Brod träumte von einem *Kloster der Mathematik,* das er sich als *ein heiliges, von reinster Wahrheit erstrahlendes … Studienkloster der ewigen Gesetze* vorstellte.

Ewige Gesetze? Wir halten es mit Samuel Butler (1835 bis 1902), dem Autor von »Erewhon« (einem Anagramm aus Nowhere), der meint: *Es gibt nur eine Gewißheit, nämlich daß wir keine Gewißheit haben können; und deshalb gibt es auch die Gewißheit nicht, daß wir keine Gewißheit haben können.*

Um auch einmal einen Abstecher in die alte römische Republik zu machen: es ist wenig bekannt, daß sich Marcus Tullius Cicero – wenn auch nur am Rand – mit mathematischen Dingen befaßt hat.

In dem ›platonischen‹ »Somnium Scipionis« (»De re publica« VI,12) nennt er die Zahl 7 *vollkommen* (numerus plenus), die 8 ebenfalls. Eine Begründung fehlt (und ist uns unbekannt). Vielleicht war Cicero beeinflußt von seinem Freund Nigidius Figulus, dem angeblichen Vater der SATOR-AREPO-Formel (s. S. 60). Dieser Neupythagoreer war möglicherweise Exaktist und Ekstatiker, Mathematiker und Schwärmer zugleich. Cicero (Tim. 1) berichtet, daß die Gäste des Figulus, wenn er ihnen einen Vortrag hielt, nichts verstanden. Lag's am Pädagogen, lag's am Publikum? (Hiller: *Die, denen es gut geht auf Erden, haben weniger Grund zum Geist;* Goethe: *Nur Hunger schärft den Geist der subalternen Wesen; ein sattes Tier ist gräßlich dumm.*)

Cicero (-106 bis -43) suchte und fand als Quaestor in Sizilien (-75) die Ruhestätte des Archimedes (-287 bis -212) und *berichtete darüber:*

415

Des Archimedes Grab, den Syrakusanern unbekannt, rings umgeben und überdeckt von Hecken und Dornengestrüpp, habe ich aufgespürt – eine Säule, die nicht viel aus den Dornen herausragte, auf der sich die Figur einer Kugel und eines Zylinders befand.

Von Archimedes stammt der Beweis, daß die Inhalte eines Zylinders, einer Kugel und eines Kreiskegels (gemäß Abb. 220) sich wie 3:2:1 verhalten.

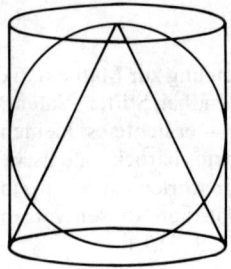

Abb. 220

Abb. 221

Abb. 220a

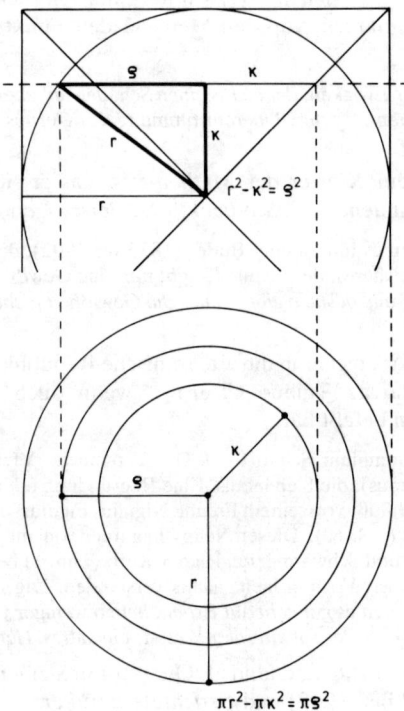

$$r^2 - \kappa^2 = \varsigma^2$$

$$\pi r^2 - \pi \kappa^2 = \pi \varsigma^2$$

Im Zweidimensionalen (Abb. 221) heißt der Satz: Die Inhalte eines Quadrats, seines einbeschriebenen Kreises und des gleichschenkligen Dreiecks mit der Quadratseite als Basis und als Höhe verhalten sich wie $4 : \pi : 2$.

Nimmt man statt des Kegels der Abb. 220 einen Doppelkegel gleichen Inhalts, so kann man *scheibchenweise*, ganz einfach mit dem *Pythagoras*, zeigen, daß die Differenz »Zylinder minus Doppelkegel« gleich der Kugel ist: Abb. 220a.

Beim Vergleich der nebenstehenden, der nebeneinanderstehenden Abbildungen fällt man, der menschlichen Natur gemäß, einer optischen Täuschung zum Opfer: der Zylinder links scheint höher zu sein als das Quadrat rechts.

Bevor wir diesen Weg weiter verfolgen, noch ein Blick zurück auf Cicero. Wie hatte er des Archimedes Grab gefunden? *Ich hatte nämlich einige kleine Verschen im Kopf, die auf dem Monument stehen sollten, sie besagten, auf der Spitze des Grabmals stünde eine Kugel und ein Zylinder ... auf der anderen Seite des Postaments fand sich das Epigramm, doch die letzten Teile der Verse waren fast bis zur Hälfte unleserlich geworden...*

Dazu bemerkte A. Kästner: *Die Verse, die Cicero erwähnt, haben sich nicht erhalten ... kleine Verschen, nicht vom Weine und Mädchen, sondern von Sphäre und Cylinder, welcher unserer Dichter würde das mit glücklichem Erfolge wagen, außer etwa Lessing?*

Lob und Gegenlob – Lessing schrieb über Kästners Vermischte Schriften (22. Juni 1755):

Selten werden sich der Gelehrte und der Philosoph ... und der Meßkünstler, am aller seltensten der Meßkünstler und der schöne Geist in Einer Person beisammen finden. Alle vier Titel aber zu vereinen, kommt nur dem wahrhaften Genie zu ...

(Kästner hatte ybrigens fyr Letternspäße einiges ybrig: im Sinngedicht 46 verspottet er einen Schwyzer Dichter: *seht, der glyckliche Kynstler fyllt ... mit pythagorischen yy zum Ermyden des Lesers, besser zu nytzende Bogen...* Im »Almanach der Belletristen 1782« schrieb ein Gegner, Kästner wolle lieber den besten, wackersten Freund verlieren, als einen einzigen Einfall unterdrücken.)

Als Meßkünstler (und als Mensch!) hat er sich dem jungen Gauß gegenüber bloßgestellt: erst zweifelte er an der Möglichkeit der elementaren Konstruktion des Siebzehnecks, dann tat er so, als folge diese aus den Sätzen seines Buches. (Vgl. Gaußens Brief an Zimmermann vom 25. Mai 1796.) Kästner war allerdings damals bereits ein 77(!)-jähriger Greis.

Aber auch schon früher hat Gauß seinen ›Lehrer‹ nicht sehr hoch geschätzt, hat er ihn doch karikiert, wie er sich im Kolleg beim Addieren zweier siebenstelliger Zahlen verrechnet. Tatsächlich war er vom Niveau der Vorlesungen sehr enttäuscht. Ein halbes Jahrhundert später schrieb er an Chr. Heinrich Schumacher:

Kästner hatte einen ganz eminenten Mutterwitz, aber sonderbar genug, er hatte ihn bei allen Gegenständen außerhalb der Mathematik, er hatte ihn sogar, wenn er über Mathematik (im allgemeinen) sprach, aber er wurde oft ganz verlassen innerhalb der Mathematik. Es ließen sich davon die lächerlichsten Beispiele anführen.

Leider kennen wir kein einziges.

Zurück zu den optischen Täuschungen. Wie leicht der Mensch sich täuschen läßt, sich selber täuscht, zeigt Abb. 222. Die Entfernung zwischen den Punkten 1,2; 2,3; 3,4; 4,5 sind gleich, das sieht jeder (Abb. 222a). Sobald man sie indessen mit zwei gleichschenkligen Dreiecken umrahmt, die sich mit den Spitzen (Abb. 222b) oder mit den Basen (Abb. 222c) berühren, scheinen sich die Punkte 2 und 4 dem Punkt 3 zu nähern oder von ihm wegzurücken.

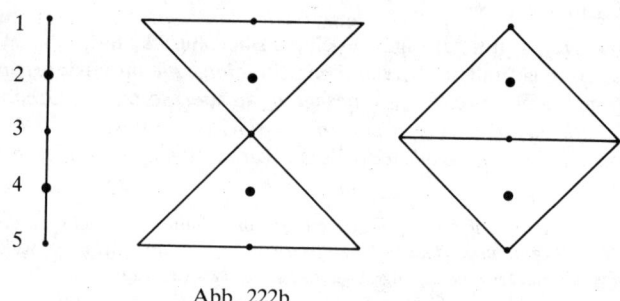

Abb. 222a   Abb. 222b   Abb. 222c

Das ist (wieder einmal) ein Beispiel dafür, daß die Anschauung trügt, und eine Warnung, Behauptungen nur deshalb abzulehnen, weil sie der Anschauung widersprechen.

Dadurch unterscheidet sich der Mathematiker von den übrigen Sterblichen: während sich diese gelangweilt vom Parallelenproblem ab- und dem Bildschirm zuwenden, delektiert er sich an den nichteuklidischen Geometrien, gilt für ihn das Wort Mephistos aus Christopher Marlowes Drama »Die tragische Geschichte des Doktor Faust« (s. S. 183), V,4: ... *und geschäftig erzeugt sein Hirn sich eine Schattenwelt.* Eine Schattenwelt, die aber wirklich sein könnte; denn sie ist widerspruchsfrei.

Dazu ein Satz von Voltaire aus seinem »Traité de Métaphysique«, den er nicht für die Öffentlichkeit bestimmt, sondern für den Privatgebrauch seiner Freundin, der Marquise du Châtelet, geschrieben und ihr *mit einem überaus galanten Quatrain* gewidmet hatte.

Die in jeder Beziehung freie Marquise war bekanntlich nicht nur mit einem begehrenswerten schönen Körper, sondern auch sonst (z. B. mathematisch) begabt.

Der Satz Voltaires lautet: »Des lois mathématiques sont immuables, il est vrai: mais il n'était pas nécessaire que telles lois fussent préférées à d'autres.« Dazu bemerkt Fritz Mauthner empört: »Dieser unglaublich törichte Satz besagt also: Der liebe Gott hätte auch andere mathematische Gesetze einsetzen können, wenn er anders gewollt hätte.«

Hier irrt Mauthner. Voltaires Gedanken, die zu seinem Satz geführt haben, mögen töricht gewesen sein – aber der Satz scheint uns in Ordnung: Wenn der liebe Gott ein anderes geometrisches System genommen hätte als das euklidische, dann funktioniert es eben, sofern es vollständig und widerspruchsfrei ist. (Vielleicht hat Er es sogar *damals* getan, und wir haben es nur noch nicht gemerkt, meinen wir – auch auf die Gefahr hin, that in the background is grumbling a voice: *No, God has no choice!*)

Voltaires bekanntestes Werk »Candide« richtete sich gegen Leibnizens Theorie von unserer Welt als der besten aller Welten. Leibniz, ein Könner auf vielen Gebieten, Philosoph, Diplomat, Mathematiker, einer der Begründer der Infinitesimalrechnung, ist in der hannoverschen Neustädter Kirche beigesetzt. Wir hatten schon einmal darüber berichtet, wie schwierig es ist, das Grab zu besichtigen. Früher war's nicht anders: Johann Heinrich Voß (1751 bis 1826) dichtete:

> *In jener weisen Stadt des feineren Cheruskers*
> *Ging einst ein Fremdling, um mit gläubigem Vertraun*
> *Leibnizens Denkmal wo zu schaun …*
> [Er fragte viele, vom Minister bis zum Küster, keiner wußte den Ort.]
> *Zuletzt erscheint der Mann, der seines Lehrers Sarg*
> *Einsam um Mitternacht begleitet*
> *(Ein alter Jude war's!) und leitet*
> *Ihn zu der öden Gruft, die dich, o Leibniz, barg.*

Leibniz deutete in einem Brief die Musik als Übung in der Arithmetik, als einen Akt der Seele, die gar nicht merkt, daß sie in Zahlen denkt. (*Musica est exercitium arithmeticae occultum nescientis se numerare animi.*)

Einer der vielen anderen Geistesgenossen, über die Voltaire mit Wonne herfiel, war Blaise Pascal (1623 bis 1662). Im ersten Kapitel seines »Micromégas« erzählt Voltaire (1752) von der Reise eines Siriusplanetenbewohners zum Saturn und zur Erde:

… er löste mehr denn fünfzig Aufgaben des Euclid. Dies sind achtzehn mehr, als Blaise Pascal löste, der, wie seine Schwester versichert, zweiunddreißig spielend erraten hatte, und in der Folge ein sehr mittelmäßiger Geometer und ein herzlich schlechter Metaphysiker wurde.

Dieser *sehr mittelmäßige Geometer* hatte bereits mit 17 Jahren Entdeckungen an Kegelschnitten gemacht und den nach ihm benannten Satz veröffentlicht. Außerdem trägt noch das (allerdings lange vor ihm bereits bekannte) Pascalsche Dreieck seinen Namen.

Die Pascalsche Schnecke hingegen heißt nach Blaises Vater Etienne. Mit ihr kann man einen beliebigen Winkel in drei gleiche Teile zerlegen; wir zeigen dies und ergänzen damit Kap. 9. Der gewählte zu teilende Winkel ist gleich 120° (vgl. S. 209).

Man kann die Schnecke punktweise so konstruieren, daß man vom Mittelpunkt des größeren der beiden in Abb. 223a gezeichneten Kreise bis zu seiner Peripherie Strahlen zieht. Diese (oder ihre Verlängerungen) treffen den kleineren Kreis. Die Abstände zwischen den beiden Kreisen, gemessen auf den Strahlen, werden auf diesen nach der entgegengesetzten Richtung abgetragen. Die so gewonnenen Punkte liegen auf der Pascalschen Schnecke.

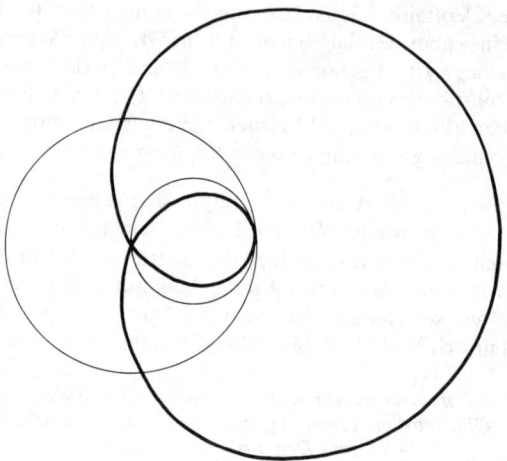

Abb. 223a

Den zu drittelnden Winkel α (Abb. 223b) lege man (mit der Spitze im Mittelpunkt O des größeren Kreises) so, daß ein Schenkel durch den Berührungspunkt B beider Kreise geht. Die zwei Punkte A und B, welche der Winkel mit dem größeren Kreis gemeinsam hat, werden miteinander verbunden. Der Schnittpunkt der Verbindungsgraden mit der Pascalschen Schnecke liegt auf dem freien Schenkel des Drittelwinkels $\alpha/3$.

Blaise Pascal hatte als Zwanzigjähriger für seinen Vater Etienne (damals Intendant in Rouen) eine (noch erhaltene) Rechenmaschine gebaut und damit Leibniz zu der seinen inspiriert. Als Dreißigjähriger sagte er der Mathematik Valet und beschäftigte sich fortan meist mit philosophisch-religiösen Fragen. Fritz Mauthner (»Der Atheismus und seine Geschichte im Abendlande«, 4. Bd., 1923) schreibt:

Der Glaube an Gott ist für den Mathematiker Pascal nicht mehr und nicht weniger als eine Wahrscheinlichkeitsrechnung, wie der Gegenstand einer Wette. Offenbar ist Pascal selbst geneigt an das Dasein Gottes zu glauben und darüber eine Wette einzugehen. Der Sinn ist etwa: »Der Teufel soll mich holen, wenn es keinen Gott gibt«.

Bei Pascal (nicht als erstem) findet man auch das Beispiel von dem blinden Setzer, der aus zufällig gegriffenen Lettern eine Rede Ciceros zusammenfügt (vgl. S. 301). Mauthner hat in seinem »Wörterbuch der Philosophie«, 3. Bd. 1924, die Wahrscheinlichkeit für die zufällige Entstehung von Goethes »Faust« zu $1/100^{300\,000}$ berechnet. Der Nenner dieses Stammbruchs gehört unter 5,778 in den Käfig 5 auf Seite 331.

Da wir gerade über Philosophisches und von großen Zahlen schreiben: Ludwig Boltzmann (1844 bis 1906) hat einen nüchternen Beitrag zu Nietzsches grandioser Vision von der Ewigen Wiederkehr geliefert, als er die mittlere Zeit berechnete, nach welcher eine Trillion Moleküle eines verdünnten Gases (in einem cm^3 bei Zimmertemperatur und 1/30 Atm Druck) wieder dieselbe Stellung zueinander hätten:

$$10^{10^{19}} \text{ Jahre (Käfig 19, S. 332)}.$$

Zum Vergleich: Nach der Urknallhypothese (S. 285) beträgt der Zeitraum von Knall zu Knall $8 \cdot 10^{10} = 10^{10^{1.038}}$ Jahre – diese Zahl stünde ziemlich am Anfang des Käfigs 1, S. 327.

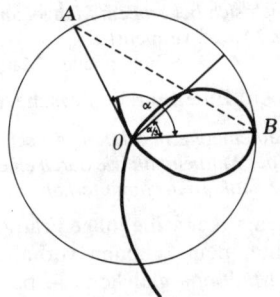

Abb. 223b

Pascal hat sich also, ebensowenig wie Leibniz, A. Kästner, Lichtenberg, Novalis, nicht allein auf die Mathematik beschränkt (sonst hätte ihn Voltaire wohl kaum angegriffen) – im Gegensatz zu den ganz reinen Mathematikern, die sich *rein nur* mit Mathematik und nichts anderem beschäftigen.

Zu Abb. 223b: Um Mißverständnisse bei nachdenklichen Betrachtern zu vermeiden: Die Verbindungsgerade $\overline{AB}$ schneidet die Pascal-Schnecke i.a. in 3 Punkten. Da Winkel, die sich um 360° unterscheiden, kongruent sind, gibt es zu α die 3 inkongruenten Drittelwinkel α/3, α/3 + 120°, α/3 + 240° ≡ α/3 – 120°. Diese Winkel korrespondieren mit den 3 Schnittpunkten auf der Pascal-Schnecke allerdings erst bei folgender Verabredung: von O aus soll der freie Schenkel in derselben//entgegengesetzten Richtung liegen wie der Schnittpunkt, je nachdem sich dieser auf den inneren//äußeren Zweigen der Pascal-Schnecke befindet.

Der Zusammenhang mit den jeweils anderen Richtungen ergibt sich aus einer Dreiteilung des negativen Supplementwinkels α – 180° unter derselben Verabredung; die entstehenden Winkel α/3 – 60° ≡ α/3 + 300°, α/3 + 60°, α/3 + 180° und die 3 vorigen haben Nachbardifferenzen von je 60°.

——— 7 ———

Diese Männer und Frauen, welche das Glück haben, sich mit ihrem Verstand über die Forderung des Tages (Goethe) hinwegschwingen zu können, die imstande sind, das flaumenleichte Gefühl auszukosten, die ersten Freigelassenen der Natur (Herder) zu sein, die sich nicht *verurteilt zur Freiheit* (Sartre) fühlen – diese Menschen wirken auf ihre Umgebung trotzdem nicht immer wie verkleidete Erzengel.

Wenn Chestertons Definition stimmt, daß der Verrückte ein Mensch ist, der alles verlor, außer dem Verstand – dann ist der wirkliche, der Nur-Mathematiker verrückt. Und er wirkt tatsächlich auf viele so. Die kantige Ungeselligkeit mancher dieser Gesellen, die sich mit knöchernen Problemen statt mit Fleisch und Blut beschäftigen, mit Methoden und Gedankenspielen, welche an die der Scholastiker erinnern, hat manchen Außenstehenden sie für jenes *kristallisierte Menschenvolk* halten lassen, welches Mephisto in seinen Wanderjahren gesehen haben will (Faust II, 2, Laboratorium).

Auch hat schon Franklin eine besondere Aversion gegen die Mathematiker, in Absicht auf geselligen Umgang, klar und deutlich ausgedrückt, wo er ihren Kleinigkeits- und Widerspruchsgeist unerträglich findet.
Goethe an Zelter, 28. Feb. 1811.

... daß viel Mathematik gewöhnlich sich bei großem Mangel an Empfänglichkeit für das Schöne und die Kunst findet, auch diesen Mangel vermehrt...

A. Schopenhauer, Manuskripte 1816, Bogen hhhh 1–6.

Zwei Urteile von echten Frauen: Eine Märchenforscherin meinte 1977:

Ich gehöre zu den ... Nicht-Mathematikern, allerdings doch in dem Sinn, daß für mich das Faszinierende und Substanzielle der Mathematik wie durch einen Schleier durchschimmert. Also das, was bei manchen Nur-Mathematikern in computerhafter Dürre verlischt.

Und um 1925 nahm ein Mathematiker seine junge Frau zu einem Fachkongreß mit. Sie – Doktor der Kunstgeschichte, dem Schönen verhaftet, in Gesicht, Gestalt (und Gemüt) einer Lochnerschen Madonna gleichend –, berichtete nach ihrer Rückkehr leicht verstört, sie habe noch nie so viele häßliche Menschen, Männer wie Frauen, beisammen gesehen.

Diese Äußerlichkeit mag sich in den letzten Jahren geändert haben, doch noch immer gilt die Beobachtung des Erfinders der sogenannten Monte-Carlo-Methode und der »Glückszahlen« (s. S. 137) Stanislaw Ulam:

Mathematiker neigen zu Selbstzweifeln über nachlassende Konzentrationskraft wie andere Männer zu Besorgnis über ihre sexuelle Potenz (»Adventures of a Mathematician«, 1976).

Zuletzt sei noch Jean Paul angeführt, welcher einen Priester der Meßkunst, einen jungen Hauptmann v. Theudobach erfabuliert hat, der, wie viele Jünger seines Metiers, von der »schönen« Literatur keine Ahnung hatte, weil ihm nur Eulers und Bernoullis Werke geläufig waren.

Unter allen Wissenschaften baut keine ihre Priester so gegen andere Wissenschaften ein als die sich selber genügsame Meßkunst...

Ich kann mir Mathematiker gedenken, die gar nicht gehöret haben, daß ich in der Welt bin, und die also nie diese Zeile zu Gesicht bekommen.

Diese Zeile aus der 26. Summula von »Doktor Katzenbergers Badereise« (1809) hat (Abb. 224) Fritz Fischer neben Jean Pauls Bild gesetzt – und sechs gekonnte Karikaturen des Hauptmanns und Mathematikers v. Theudobach daneben.

———— 8 ————

Die Ansichten über die Mathematiker sind seit eh und je, seit Ewigkeit und Jewigkeit gespalten. Wir erinnern an Sextos Empeirikos (um 150) und seinen Traktat »Pros mathēmatikous«, eine Streitschrift gegen die Vertreter der freien Künste, die mathēmatikōi. (Mit den *eigentlichen* Mathematikern befassen sich die Abschnitte B 3 – pros geōmetras – und B 4 – pros arithmētikous – nach der üblichen Zitierweise.)

Wir weisen ferner auf Leonardo Fibonacci von Pisa hin, den seine Mitbürger unfein, aber, wie sie meinten, treffend bigollone (= Faulenzer) nannten. Andererseits förderte ihn (vgl. S. 280) der Hohenstaufenkaiser Friedrich II.

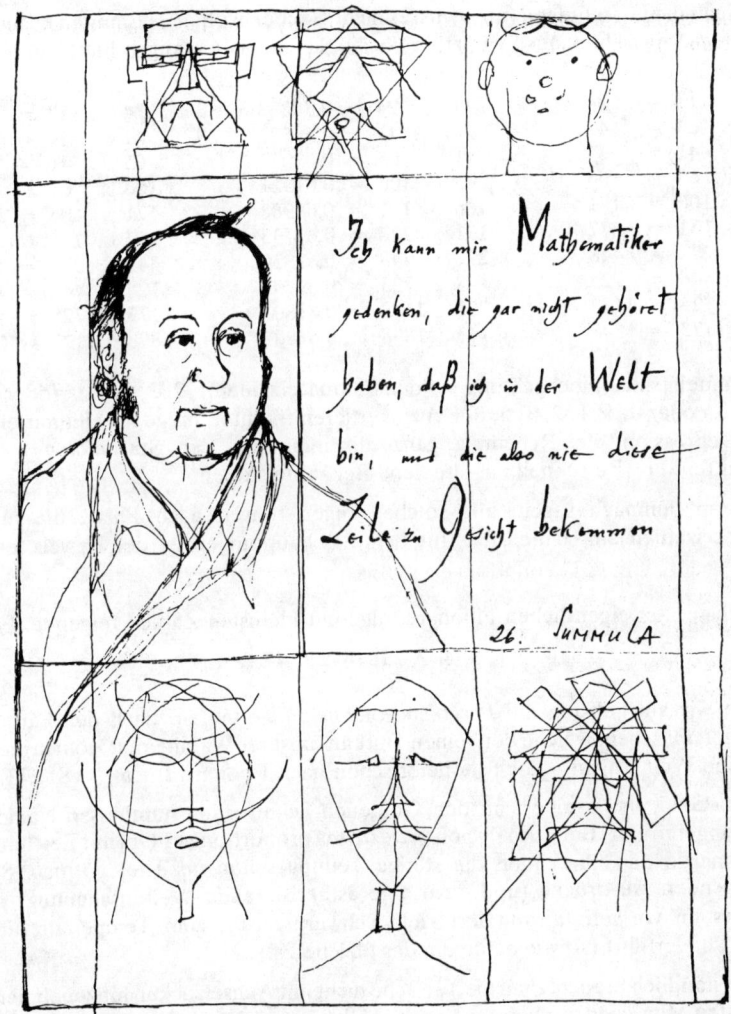

Abb. 224: Jean Paul. Zeichnung von Fritz Fischer aus Jean Paul: Dr. Katzenbergers Badereise. Maximilian Dietrich Verlag, Memmingen 1966.

Friedrich interessierte sich leidenschaftlich für Mathematik und beschäftigte sich aus reinem Vergnügen mit ihren Problemen. Er kannte Leonardos »Liber Abaci«, dieser hatte eine Abhandlung über Quadratzahlen dem Kaiser gewidmet. Der Kaiser hatte auch den Vorsitz beim (um 1225) in Pisa durchgeführten mathematischen Wettkampf (MW, nicht WM) übernommen.

Die berühmte Fibonaccifolge (s. S. 278) hat neben unzähligen Kusinen noch ebenso viele Schwestern – diese gehorchen alle der Vorschrift, daß jedes Glied gleich der Summe seiner beiden unmittelbaren Vorgänger sein muß.

Und mit allen diesen Folgen (man wird es nicht glauben wollen), kommt man auch auf φ und $1 + \varphi$. Wir wählen aus Sympathie für die Sieben als Anfangszahlen 7 und 17 und finden:

7 +	17 =	24	17 :	24 =	0,70833	24 :	17 =	1,41176
17 +	24 =	41	24 :	41 =	0,58537	41 :	24 =	1,70833
24 +	41 =	65	41 :	65 =	0,63077	65 :	41 =	1,58537
41 +	65 =	106	65 :	106 =	0,61321	106 :	65 =	1,63077
65 +	106 =	171	106 :	171 =	0,61988	171 :	106 =	1,61321
106 +	171 =	277	171 :	277 =	0,61733	277 :	171 =	1,61988
171 +	277 =	448	277 :	448 =	0,61830	448 :	277 =	1,61733
277 +	448 =	725	448 :	725 =	0,61793	725 :	448 =	1,61830
448 +	725 =	1173	725 :	1173 =	0,61807	1173 :	725 =	1,61793
725 +	1173 =	1898	1173 :	1898 =	0,61802	1898 :	1173 =	1,61807

Wer nunmehr seine Hochachtung vor den Fibonaccizahlen 1, 2, 3, 5, 8, ... (oder 1, 1, 2, 3, 5, 8, ... oder 0, 1, 1, 2, 3, 5, 8, ...) zu verlieren fürchtet, möge als Heilmittel gegen diese Depression die Rechnung ganz allgemein mit den Start*zahlen* a und b durchführen; er wird schnell auf alte liebe Bekannte stoßen.

Man kann demnach sagen, alle solche Folgen führen nach Phisa, die mit den Phibonaccizahlen am schnellsten; für beide Behauptungen ist der Beweis leicht zu führen.

Die nächste, der eigentlichen Fibonaccifolge mit kleinsten Zahlen folgende, Folge

$$1, 3, \textit{4, 7, 11,} 18, 29, 47...$$

möchten wir am liebsten die *bergblau-goldene Folge* taufen, nach den Farben auf denjenigen Flaschen, welche den feinen Duft aus unserer Wahlheimat Köln in die groß' und kleine Welt tragen – doch sie heißt schon nach Edouard Lucas (s. S. 273).

Bergblau-Gold, das erinnert an den Goldenen Schnitt; den numinosen Namen hat Kepler eingebürgert. Bei Luca Pacioli (»De divina proportione« 1496, mit Zeichnungen von Leonardo da Vinci) hieß die stetige Teilung schon im Titel *göttlich*. Solche hochtrabenden Ausdrücke (und dazu eine ästhetisierende Weltanschauung) haben besonders im vorigen Jahrhundert viele Schwarmgeister zum Tempeltanz um das goldene Phi verführt (so wie heute um das bleiche Psi).

Selbstverständlich braucht man die Tatsache nicht mit Achselzucken hinzunehmen, daß den meisten Menschen ein Fenster besser gefällt, wenn es nach den Maßen der stetigen Teilung als z. B. im Verhältnis 1:1 gefertigt ist.

Wer will, mag dahinter den Finger des Höchsten spüren oder irgend einen Willen vermuten, ein Schicksal, eine Fügung, ein Weben der Natur in uns, ein Hineinragen der geistigen Welt des Kosmos in unsere Seele, vielleicht sogar den Zufall als *das Teuflische hinter Gott als Mahnung* (C.L. Schleich) – warum nicht?

Man denke dabei auch an Mongez und seinen von Lichtenberg zitierten Ausspruch, der Zufall sei der blinde Vater der schönsten Entdeckungen (*le hasard le père aveugle des plus belles decouvertes, Sudelheft J, 908*).

Doch man sollte darauf keine allzu kühnen Spekulationen gründen, letztlich sieht man sich doch nur im Spekulum, im Spiegel, und das ist im Grund der Herren eigener Geist, in dem die Zeiten sich bespiegeln (»Faust I«, V. 578/9).

Dafür beschäftige man sich mehr mit den arithmetischen Eigenschaften von φ, z. B. mit dessen Entwicklung in unendliche Reihen.

$$\text{Die } \textit{Urgleichung} \quad \varphi^2 + \varphi - 1 = 0$$
$$(\text{mit der Lösung} \quad \varphi = (+\sqrt{5} - 1)/2 \approx 0,618)$$
$$\text{wird umgeformt} \quad \varphi(\varphi + 1) = 1$$
$$\varphi = \frac{1}{\varphi + 1} = \frac{1}{1 + \varphi},$$

$$\text{und } \textit{ausdividiert} \quad \varphi = 1 - \varphi + \varphi^2 - \varphi^3 + \varphi^4 - + \dots$$

Mit Hilfe der Beziehung $\varphi^2 = 1 - \varphi$ findet man aus dieser Gleichung leicht sowohl

$$\varphi = \varphi^2 + \varphi^4 + \varphi^6 + \dots$$

als auch
$$\varphi = 1 - (\varphi^3 + \varphi^5 + \varphi^7 + \dots),$$

woraus folgt
$$1 = (\varphi^2 + \varphi^3 + \varphi^4 + \varphi^5 + \varphi^6 + \dots).$$

(Die Summe der ersten zwanzig Glieder der rechten Seite beträgt 0,99993...)

Die Fibonaccifolge hat den Maler Rudolf Mumprecht zu einem eindrucksvollen farbigen Bild angeregt, von dem eine Schwarz-Weiß-Reproduktion leider nur einen unzulänglichen Eindruck vermitteln könnte. Das von uns hochgeschätzte, nicht unumstrittene, Werk zeigt einprägsam, wie eine sinnvolle Folge eine effektvolle Reaktion bei einem Künstler hervorrufen kann. Das Bild hängt in der Universität der exakten Wissenschaften, Bern.

— 9 —

Daß Menschen die Mathematiker nicht mögen und *völlig* ablehnen, wie dies die Pisaner taten, kommt (glücklicherweise?) nicht allzu häufig vor. Goethe, Schopenhauer, Strindberg, Blüher haben wir früher bereits als engagierte Ausnahmen behandelt – sie waren unvermögend, die Probleme der Mathematiker durch deren Brille zu sehen. Viel seltener sind die Preiser der Mathematik unter den Laien, wie der Staufe Friedrich II. oder Max Brod. Die Mehrheit ist gleichgültig. Die Tropfen, welche ihr in der Schule aus dem Born der Mathematik eingelöffelt wurden, schmeckten wie die Tinte, die ihre Klassenarbeiten rot ergänzen ließ, und wirkten wie ein Schluck aus dem Strom des Vergessens, wie Lethetee.

Mathematik, so denken wohl die meisten, soll man denen überlassen, die sie nicht lassen können, damit letztlich immer bessere Autos, Flugzeuge, Fernsehgeräte, Verzeihung: Fernseher, Polareut-Kolohrfilme hergestellt werden können, und was man sonst noch so unbedingt zum lebenswerten Leben braucht.

In einem *gehobenen* Kreuzworträtsel für Super*schaf*sinnige wurde im August 1977 gefragt: »Wer darin gut ist, gilt unter Schülern als Fachidiot«, Antwort: MATHE.

Damit hat sich's.

Mathematikern geht man am besten aus dem Wege, sie machen überall Schwierigkeiten, welche nur sie allein zu beseitigen imstande sind.

Dieses Bonmot, vor einigen Jahren von flinken amerikanischen public-relations-Hirnen ausgeheckt, auf die Aktuare, die Versicherungsmathematiker, gemünzt, und von diesen wohl- und selbstgefällig anerkannt, findet sich bereits in Goethes »Farbenlehre« (Historischer Teil 18. Jh., Newtons Persönlichkeit):

»So sagt ein Mathematiker selber: *C'est la coutume des Géomètres de s'élever de difficultés en difficultés, et même de s'en former sans cesse de nouvelles, pour avoir le plaisir de les surmonter.*«

Mathematik erweist sich im bürgerlichen Leben als ungeeignet, als störend, sie paßt nicht in den geregelten Ablauf zwischen Büro und Ballspiel, Bier, Bildschirm und Bett. Ja nicht *zuviel* wissen.

Der Kenntnisreiche, dem alles kund ist, erhält sich selten ein heiteres Herz (Edda).

Zuviel Wißbegierde ist ein Fehler, und aus einem Fehler können alle Laster entspringen, wenn man ihm zu sehr nachhängt.

Lessing, »Doktor Faust«, Vorspiel.

Nihil scire felicissima vita.

Agrippa von Nettesheim.

Viel Wissen ist gefährlich. (Aug. Klingemann, »Faust«, II. Akt. Dieter Faust, Dr. Johann Fausts Vater, zu Wagner.)

Wer zuviel weiß, greift ein einfaches Rätsel falsch an und erntet den Spott der Plethi, der Philister:

Nimm mir ein Siebentel, so bin ich ein Achtel. Hier wird nicht die rechnerische Lösung gewünscht

$$x - x/7 = 6x/7 = 1/8, \text{ also } x = 7/48,$$

sondern als Antwort das Wort WACHTEL verlangt, welches, um W, einem Siebentel seiner Buchstabenanzahl, vermindert, tatsächlich ACHTEL ergibt.

K. C. Hemtklauer ist ein Rätsel dieser Art gelungen; es hat den Vorzug, als Lösungen eine Zahl und ein Zahlwort zu haben: *Nimm mir ein Drittel, so bin ich ein Elftel.*

Lösung (1): $x - x/3 = 2x/3 = 1/11$, $x = 3/22$
Lösung (2): ZWOELFTEL, ZWO ELFTEL.

Zahlenspielereien waren schon im Altertum beliebt, vielmals mit der 7 (vgl. auch Kap. 8). Ein Beispiel: Die berühmte vierte Ekloge Vergils, in welcher er nach Meinung des Mittelalters die Geburt Christi geweissagt hatte (weswegen ihn Dante zu seinem Führer durchs Inferno machte). Diese Ekloge der »anima naturaliter christiana« umfaßt $63 = 9 \cdot 7$ Verse, die gegliedert sind in $3+7+7+28+7+7+4$.

Die paar Zahlenbeziehungen bei Goethe im Westöstlichen Diwan sind aus dem Orient eingesickert. Die »Fünf Dinge (unfruchtbar)« im Buch der Betrachtungen (Tefkir Nameh) gehen auf einen Perser zurück, den islamischen Mystiker Ferid-eddin Attar (1129 bis 1230), der so alt geworden ist wie wir es Julius Hay (s. S. 428) wünschten. Man findet die Beziehung im 46. Kap. seines Buches des guten Rates (Pend-Nameh).

Fünf ist verwandt mit dem griechischen pente (Pentēkostos = Pfingsten, Pentagon, Pentagramm, Pentaeder = Fünfflach, das kann ein Prisma mit einem Dreieck als Grundfläche sein, aber auch eine ideale ägyptische Pyramide, Pentateuch = die fünf Bücher Mosis), und leitet sich wie Pandschab, das Fünfstromland und Punsch von dem

Sanskritwort panča (= fünf) ab. Punsch gehört in diese Sippe, weil in ihm fünf Ingredienzen enthalten sind.

Wenn man, um deren Namen zu erfahren, bei Schiller nachschlägt, dann findet man in seinem Punschlied nur »vier Elemente, innig gesellt«. Er besingt nacheinander die Zitrone, den Zucker, das Wasser und die »Tropfen des Geistes« (Rum oder Arrak), schlabbert aber Element Numero 5, den Tee.

10

Wir wollen nicht weiter auf die Zahlen des Alltags eingehen, auch nicht auf den dauernden Streit, ob jemand, der sein fünfundsechzigstes Lebensjahr vollendet hat, seinen 65. oder seinen 66. Geburtstag feiert – im Deutschen unterscheidet man nicht genau zwischen jour de la naissance und anniversaire.

Viel wichtiger scheint es uns, wieder einmal gegen die landläufige Meinung Sturm zu laufen, das nächste Jahrtausend beginne am 1. Januar 2000 (so z. B. ein großes Wochenblatt im August 1978, ein anderes im Januar 1981).

Es geht dem gewöhnlichen Verstand schwer ein, daß die »goldenen« zwanziger Jahre nicht von 1920 bis 1929, sondern von 1921 bis 1930 reichen, und daß das zwanzigste Jahrhundert nicht die Jahre 1900 bis 1999, sondern 1901 bis 2000 umfaßt (weil unser Kalender nicht mit einem Jahr Null, sondern mit 1 nach Christi Geburt beginnt).

Und so war an dem Tage, als G. Piazzi (s. S. 142) den ersten Planetoiden entdeckte, am 1. Jan. 1801, das neunzehnte Jahrhundert angebrochen, und das zwanzigste, als am 1. Jan. 1901 Peano (s. S. 321) seine fünf Axiome veröffentlichte.

Bekanntlich scherte sich Kaiser Wilhelm II. nicht um derlei kleine, kleinliche, mathematische Einwände.

Die Mathematik meisterte er nie. (Michael Balfour, The Kaiser). – Überhaupt scheinen die Hohenzollern wenig von dieser Kunst gehalten zu haben – es sei an Friedrich des Zweiten anale Witzeleien über Eulers *xx* und *kk* anläßlich dessen Schiffbruchs erinnert. Nur dem Prinzen Wilhelm (dem späteren Kaiser Wilhelm I.) gelang ein »mathematischer« Vorstoß: Friedrich Wilhelm IV. ulkte, sein Bruder habe die Quadratur des Kreises gelöst; denn er habe ein Viereck rund gemacht (nämlich die Schauspielerin gleichen Namens; sie wanderte nach den Vereinigten Staaten aus. Wilhelms Enkel, der Journalist Silvester Viereck, half später Wilhelms Enkel, dem Exkaiser, bei der Abfassung seiner Erinnerungen). Übrigens hätte F. W. IV. wohl besser von der Circulatur des Vierecks gesprochen. Im Lateinischen heißt *jedes* Viereck quadratum. Vielleicht dachte Goethe bei Fausts Begräbnis (s. S. 25) gar nicht an ein mathematisches Quadrat, sondern ganz allgemein an ein Viereck – dies zu seiner Verteidigung. (So fallen wir aus einem Extrem ins andere, auf lateinisch: quadrata rotundis mutamus, verwandeln Vierecke in runde Scheiben.)

Seine Mutter, die ehemalige Princess Royal und spätere *Kaiserin Friedrich* war ausnahmsweise der gleichen Meinung wie er, und seine Tochter Viktoria Luise, 1892 bis 1980 (die Herzog Ernst August von Braunschweig, 1887 bis 1953, geheiratet hatte), war immer noch dieser Ansicht; denn sie berichtete in ihren Erinnerungen (1967) ohne Kommentar:

Am Neujahrstag des Jahres 1900 schrieb meine Großmutter an ihre greise Mutter [die Königin Victoria] nach England: Meine ersten Worte heute morgen und mein Motto für das Jahrhundert: *God save the Queen!*

427

Daß die Verwechslung des Säkularjahres (z. B. 1900) mit dem Jahr des Säkulumbeginns (z. B. 1901) nicht auf die Hocharistokratie beschränkt ist, wissen wir, man denke an Heine. Ein moderneres Beispiel liefert uns der ungarische marxistische Dramatiker Julius Hay in seinem Buch »Geboren 1900. Erinnerungen« (1971):

In meinem Fall hieß dieser Weggefährte: XX. Jahrhundert. Im selben Jahr geboren, war und bin ich jederzeit gleichaltrig mit dem Jahrhundert ... Und jetzt, da wir den alten Mann, von welchem die Rede sein wird, Julius Hay 70 nennen müssen, ist auch das XX. Jahrhundert 70 Jahre alt. Meine Schritte sind auf die des Jahrhunderts abgestimmt.

Für den Fall, daß der Neunzehnhundert *nullzig* geborene Hay aus dem Schritt kommen und doch noch einsehen sollte, er sei *seinem* Jahrhundert ein Jahr voraus, wünschten wir dem Genossen, unserem Jahrgangsgenossen, er möge 101 Jahre alt werden – damit er von sich sagen kann: »Ich habe in drei Jahrhunderten gelebt.« Er starb aber 1975.

Auch *der in der DeDeEr* wirkende Schauspieler und Liedersänger Ernst Busch (umwerfend sein Vortrag des Tucholskyschen Sangs ›Anna Luise‹: ... *Dein Papa ist kühn und Geometer* ...), auch unser ehrenwert(h)er Busch, geboren 1900, nannte sich ›so alt wie sein Jahrhundert‹. Er starb 1980 unbekehrt. Genossen trugen ihn. Kein Mathematiker hat ihn begleitet.

Bei den Weimarer Dioskuren kann man nicht ganz sicher sein, ob sie sich ganz sicher waren –

Schiller an Goethe: »1. Jan. 1800. Ich begrüße Sie zum neuen Jahr und neuen *Säculum*...«
Goethe an Schiller: »1. Jan. 1800. Ich war im stillen herzlich erfreut, gestern abend mit Ihnen das Jahr und, da wir einmal 99er sind, auch das *Jahrhundert* zu schließen.«

Ganz sicher ist, daß die beiden am 31. Dez. 1800 abends zusammen saßen und aßen. Vielleicht haben sie, nun auf einmal 100er, das Jahrhundert nochmals geschlossen.

Eindeutig (und richtig) handelte August Wilhelm Schlegel, als er »Ein schön kurzweilig Fastnachtsspiel vom alten Jahrhundert« *am ersten Januarii im Jahre nach der Geburt des Heilands 1801* tragieren ließ.

Jean Paul war am 31. Dez. 1799 zur Herzogin Anna Amalia eingeladen, »wo man den lezten Akt des Säkuls ... feiern und schließen wil« (nämlich mit Kotzebues Posse »Das neue Jahrhundert«). Trotzdem gab Jean Paul seine Geschichte von der wunderbaren Gesellschaft in der (Jahrhundert-)Neujahrsnacht anno 1801 heraus. (Das Büchlein hat keine zweite Auflage erlebt, möglicherweise wegen seiner vielen betrüblichen Prophezeiungen – die Eroberung Europas durch die Amerikaner; die Übervölkerung; die Sonnenheizung aus Mangel an sonstigen Brennstoffen; die Nationalkleidung der Menschheit, die Nacktheit, als Mode; alle jetzigen Sprachen ausgestorben; Luftschiffflotten über der Erde; der letzte Mensch...)

Da finden wir viel lustiger den Dialog zwischen Jacques und Marcel, den sich der Sympathisant der Mathematik, der *Symmathesant* Raymond Queneau (in »Der Flug des Ikarus«) ausgedacht hat:

Jacques: ... Hausnummer 13a
Marcel: Ist das eine ungerade Zahl?
Jacques: Och, wissen Sie, was die Mathematik angeht...

11

Ein großer Gegensatz zu dem scharf beobachtenden Queneau ist Theodor Lessing (1872 bis 1933).

Er wurde im tschechoslowakischen Marienbad von Nationalsozialisten ermordet, der Preis auf seinen Kopf war kurz vorher von 40 000 auf 80 000 $\mathcal{RM}$ erhöht worden. Kurz nach dem Mord beschimpfte Goebbels den Toten auf dem Reichsparteitag in Nürnberg.

Lessing hat in seinen Erinnerungen (Titel »Einmal und nie wieder« – den Wunsch hat nach der Lektüre auch der Leser) den *Fermatpreis* Paul Wolfskehls (s. S. 97), der 100 000 $\mathcal{M}$ betrug, mit einer Million angegeben und ist auch sonst nicht genau mit mathematischen Dingen:

sie faltete die Zeitung sauber in vier Quadrate.

»Längliche Quadrate, Herr Professor Lessing«, könnte Geheimrat Goethe berichtigen; denn es handelte sich nicht um eine preziöse Zeitung seltenen Formats, sondern um das biedere Hannoversche Tageblatt. Man wundert sich nicht, wenn man in den Erinnerungen weiter liest:

Die Lehrer [des Hameler Gymnasiums] *waren Kleinstadtspießer mit begrenztem Gesichtskreis; einige, wie unser Mathematiker Forke, von dem man sagte, daß er eigentlich ein Lineal hätte werden sollen und nur aus Versehen ein Mensch geworden sei, waren verdrehte Käuze.*

Lessing hatte Beziehungen zum Kreis um Stefan George.

Diesen nannte er witzig den *Weihenstefan,* da er auch beim Bier die Feierlichkeit nicht ablegen konnte. George ahmte im Äußeren Dante nach (so wie Gerhart Hauptmann Goethe), und *ähnelte einer alten Frau, die wie Dante aussieht* (Graf Eduard Keyserling). Hans Blüher, der aus seiner Steglitzer Gymnasiasten- und Wandervogelzeit dafür ein feines Homogephil hatte, schrieb über George *Sein Eros galt allein dem Jünglinge* (s. S. 43). Aber auch den Männern seines Kreises war er herzlich zugetan, wenn auch seine schwülsten Verse Maximin galten (*mein verlangen hingekauert labest du mit deinem seime ...*).

Bös wurde Stefan nur, wenn sie heirateten, das wissen wir (s. S. 44), seit Goebbels' Doktorvater Gundolf-Gundelfinger dies tat (*auf kurzem pfad bin ich dir dies und du mir so gewesen*).

Mit Paul Wolfskehl und dessen Sohn Karl, auch einem Georgejünger, war Lessing entfernt verwandt.

Karl Wolfskehl (von Lessing *der männlich schöne Assyrerprinz* genannt) gab 1909, bald nach dem Tod seines Vaters und der Stiftung des Fermatpreises, mit Kurt von der Leyen die ältesten deutschen Dichtungen heraus. Er mußte aber (Jud ist Jud und bleibt Jud) der Braunen Gefahr weichen und floh vor ihr bis ans äußerste Meer, bis Neuseeland.

Ein anderer Anhänger Georges war Ludwig Klages, der von Tertia an mit Lessing befreundet war; sie waren (wie Lessing schrieb) »so himmelweit verschieden von der ganzen Herde der Viehmenschen, der Halbtiere, der Schweinemenschen – (o wie oft sagten wir einander die Formel:

2 r π, ringsum im Kreis:
Menschen-herden-vieh-geschmeiß)«.

Der *Kosmiker* Klages (1872 bis 1956), promovierter Chemiker, tendierte, wie so mancher Techniker (vgl. S. 26) zum Irrationalen, beschäftigte sich mit so nebelhaften Dingen wie Charakterkunde, Graphologie und Mythendeutung, und huldigte einem besonders komisch-kosmischen Dualismus, dem Gegensatz von Geist und Seele. Er schlug sich auf die Seelenseite (wo die Mathematiker ganz sicher *nicht* sitzen, obwohl schon Pythagoras der Metempsychose nachgesonnen hat).

Lessing hingegen blieb auf rationalem Boden, er hielt nichts von den Hymnikern des reinen Blutes, des dumpfen Rausches, den Verächtern des Geistes – deswegen nannte er Oswald Spenglers biologischen Naturalismus *unverantwortlichen Unfug*.

—— 12 ——

Oswald Spengler (1880 bis 1936) ist ein Fall für sich.

Er schätzte zwar als Schüler seinen Mathematiklehrer, vor allem, weil dieser äußerst gepflegt war, hatte zum Universitätsexamen *sieben Fächer angemeldet, keines studiert,* darunter Mathematik. (Er fiel 1903 auch prompt zunächst durch die Doktorprüfung.) Schließlich durfte er in den Unter-, nach weiterem Examen auch in den Oberklassen Mathematik lehren.

Aber er gerierte sich in seinem Buch »Der Untergang des Abendlandes« (unter anderem) als großer Mathematiker, worauf Nichtmathematiker prompt hereinfielen. Graf Hermann Keyserling (s. S. 44) schrieb: *Das Buch stellt so handgreiflich die deduktive Arbeit eines Mathematikers dar ...* (im ersten Heft seiner erleuchtend-wegweisenden Zeitschrift 1920). Graf Hermann versuchte vergeblich, Spengler zur *Mitwirkung* an seiner Schule der Weisheit zu bewegen.

Beide erhielten übrigens zusammen den Preis des Nietzsche-Archivs (also Lama Förster-Nietzsches), was Spengler nicht ganz angenehm war. Er zitierte gern einen Satz des Grafen Eduard Keyserling: *Mein Vetter steht immer vor sich selber wie ein Kind vor dem Weihnachtsbaum.* Wir fügen dem ein Paralipomenon Goethes zu Faust I (Einzelne Audienzen auf dem Blocksberg) hinzu: *Ein Mensch, der von sich spricht und schreibt, wie einst ein Biograph von ihm geschrieben hätte* (Mephisto).

Spengler, dieser extrem kurzsichtige Mensch, der aus Eitelkeit keine Brille trug, der ein ungeheures Gedächtnis und eine *schreckliche Angst vor allem Weiblichen* hatte, verdankte den fast unglaublichen Erfolg seines Werks nicht nur dessen Titel,

der angelehnt ist an Otto Seecks »Geschichte des Untergangs der antiken Welt« (1895/1920),

sondern seinem teilweise bestrickenden Stil, der geschliffenen Diktion und der journalistischen Zuspitzung. Zum Beleg einige Sätze über die Farben:

Blau und Grün sind die Farben des Himmels, des Meeres, der fruchtbaren Ebene, der Schatten an südlichen Mittagen, des Abends und der entfernten Gebirge ... Sie sind kalt; sie entkörpern...

Rot ist die eigentliche Farbe der Geschlechtlichkeit; deshalb ist es die einzige, die auf Tiere wirkt. Sie steht dem Symbol des Phallus – und also der Statue und der dorischen Säule – am nächsten, wie andrerseits ein reines Blau den Mantel der Madonna verklärt ... Violett – ein Rot, das vom Blau überwunden wird – ist die Farbe der Frauen, die nicht mehr fruchtbar sind, und der im Zölibat lebenden Priester.

Blau und Grün – faustische, monotheistische Farben – sind die der Einsamkeit, der Sorge, der Beziehung des Augenblicks auf Vergangenheit und Zukunft, die des Schicksals als der dem Weltall innewohnenden Fügung ... Mit der [von Goethe] in seiner Farbenlehre gegebenen Symbolik stimmt die hier aus den Ideen von Raum und Schicksal abgeleitete vollkommen überein.

Man wird zugeben müssen: er liest sich gut, er liest sich schön. So schön, daß man gern glaubt, gern glauben möchte, was er da behauptet – besonders wenn man nicht über Spezialkenntnisse verfügt.

Spengler schleppt aus vielen Gebieten Fakten herbei, die seine These von der völligen Verschiedenheit und Isoliertheit der *apollinischen, magischen, faustischen* Kulturen beweisen sollen. Wir können uns nur mit den *Fakten* befassen, die er der Mathematik entnommen hat – und stoßen dabei auf aufgeblasene, aufgedonnerte, bombastisch drapierte Mißverständnisse:

Spengler behauptet, den Griechen wäre der Potenzbegriff über die drei hinaus unbekannt gewesen, er hätte ihnen bei ihrem *plastischen* Grundgefühl unbekannt bleiben müssen, weil sie sich nur Linie, Fläche, Körper vorstellen konnten. Daß Archimedes in seiner Staubrechnung (vgl. S. 295) [nicht etwa nur 10^2 und 10^3 verwendet, sondern mit der Myriade (10^4) als Einheit] einen Zahlenturm aufbaut, erwähnt Spengler selbst, ohne diesen Widerspruch zu seiner Behauptung zu bemerken.

Man spürt an vielen Stellen, daß Spengler (wie er selbst zugab) kein Kolleg gehört, nie richtig studiert, nie genau hingesehen hat. Sonst hätte er gewußt, daß es nach der Cantorschen Mengenlehre – so unglaublich es klingt – im ganzen Raum nicht mehr Punkte gibt als auf einer einzigen Geraden, s. S. 351. Spengler behauptet das Gegenteil.

Ein letztes Beispiel, diesmal aus der Geometrie: Über das bekanntlich unbeweisbare Parallelenpostulat schreibt Spengler (›Untergang‹ I, 1, 17: Vom Sinn der Zahlen):

Der Kernsatz dieser Geometrie, das Parallelenaxiom Euklids, ist eine *Behauptung,* die sich durch andere ersetzen läßt, daß es nämlich durch einen Punkt zu einer Geraden *keine, zwei oder viele* Parallelen gibt, Behauptungen, die sämtlich zu vollkommen widerspruchslosen dreidimensionalen geometrischen Systemen führen...

Wer hier überhaupt folgen kann...

Der letzte Satz – dieses hochfahrende Abtun der meisten seiner Leser als Menschen, die noch nie etwas von nichteuklidischen Geometrien gehört haben – hat manche Kenner, welche mehr davon wußten als der ›Meister‹ selbst, gereizt, gröber zuzuschlagen als er vielleicht verdient hat.

Vor allem der Philosoph Leonard Nelson (in seinem leider mit ätzender Ironie allzusehr durchtränkten Buch »Spuk« 1921), und der Mathematiker Hessenberg in seiner Erlanger Antrittsrede (aus ihr kann man lernen, wie man Laien Mathematisches nahebringt), – Nelson und Hessenberg haben auf die Fehler Spenglers hingewiesen, doch dieser hat die Entgegnungen nicht gelesen oder ihren Inhalt souverän ignoriert (wenn er hier überhaupt folgen konnte). Auch in dem überarbeiteten Untergang des Abendlandes ist der Unfug stehen geblieben.

Als Gegenstücke zur euklidischen Geometrie gelten i.a. die Geometrien Lobatschefskijs (viele Parallelen) und Riemanns (keine Parallele). Eine Geometrie, bei der es zu einer Geraden (nur) zwei Parallelen (statt keiner, einer oder unendlich vieler) gibt, hat *hier* keinen Platz.

Man kann wohl als sicher annehmen, daß Spengler, als er seine sonst unbekannte nichteuklidische Geometrie zusammenspenglerte, nicht an *endliche* Geometrien gedacht hat, eine Inzidenz-Geometrie etwa, bei der jede Gerade z.B. zwei und nur zwei Parallelen (= Gerade, welche sie nicht schneiden) hat.

Ein einfachstes Beispiel:

Ein ebenes (i.a. unregelmäßiges) Fünfeck mit den Eckpunkten 1 bis 5 hat fünf Seiten und fünf Diagonalen (Abb. 225a), welche auf zehn Geraden liegen. Sie schneiden sich in den fünf Punkten 1, 2, 3, 4, 5 sowie in weiteren fünfzehn Punkten, die wir *beseitigen*, indem wir dort die Geraden durch Brücken oder Tunnel über- oder untereinander vorbeiführen. Dadurch bleiben nur die Schnittpunkte 1 bis 5 übrig, wie folgende Inzidenztabelle zeigt:

Gerade \ Punkt	1	2	3	4	5
$\overline{12}$	x	x			
$\overline{13}$	x		x		
$\overline{14}$	x			x	
$\overline{15}$	x				x
$\overline{23}$		x	x		
$\overline{24}$		x		x	
$\overline{25}$		x			x
$\overline{34}$			x	x	
$\overline{35}$			x		x
$\overline{45}$				x	x

In dieser endlichen Geometrie hat jede Gerade (s. Abb. 225b), z. B. $\overline{12}$, durch einen nicht auf ihr liegenden Punkt, z. B. 5, genau zwei Parallele, hier $\overline{35}$ und $\overline{45}$.

Mehr über Oswald Spenglers Mathematikkenntnisse zu schreiben, lohnt sich nicht; sapienti sat, wir haben's satt.

Man lasse zum Schluß dieser Plänkelei noch einen seiner Sätze auf das Gefühl wirken und wird hingerissen sein (›Untergang‹ I,IV,6: Musik und Plastik):

Die späte Poesie der welkenden Alleen, der endlosen Straßenzüge unserer Weltstädte, der Pfeilerreihen eines Domes, der Gipfel einer fernen Gebirgskette verrät noch einmal, daß das Tiefenerlebnis, das uns den Weltraum schafft, im letzten Grunde die innere Gewißheit eines Schicksals, einer vorbestimmten Richtung, der *Zeit*, des Unwiderruflichen ist.

Und dann lese man den unmittelbar darauf folgenden Satz mit kühlem Verstand.

Hier, im Erlebnis des Horizontes als der Zukunft [!], tritt die *Identität* [!] der Zeit mit der ›*dritten Dimension*‹ des erlebten Raumes [?], des lebendigen Sichdehnens [!], unmittelbar zutage.

Damit genug von den schillernden Wortfontänen, verspritzt mit einer Geste überlegener Allwissenheit über den ahnungslosen Leser – wir sind dem Spengler auf die Schliche gekommen, auf die undichten Stellen, auf die umgedichteten Stellen – gerade in der Mathematik, von der er ja ausgeht. *Junge Leute besonders, denen es an durchgreifender Bildung fehlt, werden von glänzenden Stellen* [in einem Buch] *gar löblich aufgeregt*, schreibt Goethe, »Dichtung und Wahrheit«, III. Teil, 11. Buch. Wir aber halten es mit Gottfried Keller:

Mich dünkt, wer in der einen Sache pfuscht, gewöhnt es sich auch in allen anderen an.

Noch ein Bonmot, eins von Spengler, über Alfred Rosenbergs Buch »Der Mythus des 20. Jahrhunderts« (1930).

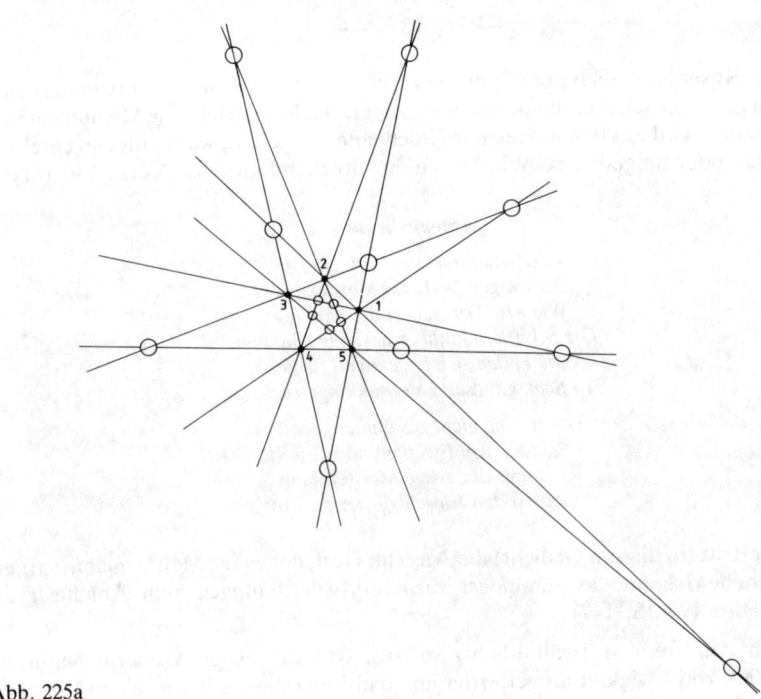

Abb. 225a

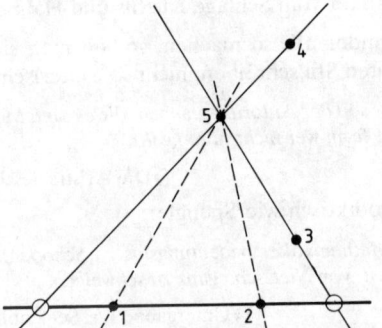

Abb. 225b

Der Titel erinnert an »Die Grundlagen des 19. Jahrhunderts« von dem ebenfalls antisemitischen Wagnerschwiegersohn Houston Stewart Chamberlain. Rosenberg war Hauptschriftleiter des Völkischen Beobachters, später Reichsminister für die besetzten Ostgebiete, er wurde 1946 in Nürnberg gehängt.

Spenglers Urteil über den Rosenbergschen Mythos: *In dem Buch stimmt nichts außer den Seitenhinweisen im Register.*

433

13

Das hätte Rosenberg auch über Spenglers Buch sagen können. Denn beide arbeiten nach dem gleichen Schema, beide und viele andere auch: Man hat eine Meinung, und zu ihrer Stützung wird aus den Fakten der Geschichte das geholt, was paßt, Gegenteiliges übergangen oder umgedeutet. Wir deuten entsprechend Goethes Verse von 1819:

Antepirrhema

So schauet mit bescheidnem Blick
Der ewigen Weberin Meisterstück,
Wie ein Tritt tausend Fäden regt,
Die Schifflein hinüber herüber schießen,
Die Fäden sich begegnend fließen,
Ein Schlag tausend Verbindungen schlägt!

Das hat sie nicht zusammengebettelt,
Sie hats von Ewigkeit angezettelt;
Damit der ewige Meistermann
Getrost den Einschlag werfen kann.

Goethe vertritt (in diesem Gedicht) die Ansicht, Gott, der ewige Meistermann, variiere das Geschehen, könne es zumindest variieren, war demnach kein Anhänger der Prädestination (vgl. S. 147).

Wir legen das Gedicht (willkürlich!) so aus, daß die ewige Weberin Natur ihr Meisterstück von Ewigkeit an verfertigt und daß Jedermann getrost seinen Einschlag werfen kann, nämlich seine eigene Deutung des Geschehens. Das machten Marx, Spengler, Freud, das machen auch die kleineren Pinscher wie die Pyramidengläubigen oder die Pentagrammystiker vom Schlage Kuehls und Halmeckes (s. S. 26).

Wenn es mehr oder minder *alle* so machen, so soll man sich wenigstens diejenigen aussuchen, die einen guten Stil schreiben, nicht so esoterisch wie Blüher:

Und wer es nicht weiß, der soll der Autorität glauben, die es sagt. Mehr darf nicht gesagt werden. Diesem Werke aber bleibe fern, wer nicht hören will!

(»Die Aristie des Jesus von Nazareth«, 1922),
nicht so überheblich apodiktisch wie Spengler:

Aber schon Kant ist als Mathematiker bedeutungslos ... Schopenhauer ist auf diesem Gebiet schwach bis zur Borniertheit, von Nietzsche ganz zu schweigen.

(»Untergang« I,5: Seelenbild und Lebensgefühl, 1922)
sondern klar und präzis wie der eben geschmähte Schopenhauer:

Die ... noch hinzu entdeckten Planetoiden sind eine Neuerung, von der ich nichts wissen will. Ich mache es daher mit ihnen, wie mit mir die Philosophieprofessoren: ich ignoriere sie, weil sie nicht in meinen Kram passen.

(»Vom Unterschiede der Lebensalter«).
Daß dieser Sympathisant der Goetheschen Farbenlehre auf die Mathematiker nicht gut zu sprechen war, ist bekannt, auch daß er, zumindest in der Geometrie, zuviel Wert auf

Anschaulichkeit legte (wie übrigens auch Blüher, der den Sinn der nichteuklidischen Geometrie nie begriffen hat).

Felix Auerbach (s. S. 389)

der sich zusammen mit seiner Frau entschloß, nicht in die Emigration, sondern, wie er den Freunden 1934 in seinem Abschiedsbrief schrieb, *heiter* in den Tod zu gehen,

dieser Jenenser Physik-Professor hat Schopenhauer (vgl. dessen Par. & Par. II, § 35) einiges in einem einzigen Bandwurmsatz vorgeworfen:

Aber von Schopenhauer wollen wir lieber schweigen, in seinem eigenen Interesse schweigen, da er in seinem blinden Eifer gegen die Mathematik sich nicht gescheut hat, einen Ausspruch des genialen Mathematikers, Physikers und Philosophen Lichtenberg, um ihn für sich verwerten zu können, in grober Weise zu verfälschen; und noch Schlimmeres hat er sich seinem großen Fachgenossen Descartes gegenüber geleistet, dessen Meinungen und Äußerungen er (und noch dazu unter Benutzung indirekter Quellen) derart aus dem Zusammenhange gerissen hat, daß sie in ihr direktes Gegenteil verkehrt sind – ein Verfahren, das um so lächerlicher wirken muß, als gerade Descartes zu den großen Bahnbrechern mathematischer Denk- und Anschauungsweise gehört.

Katja Mann, geb. Pringsheim (s. S. 380) sagte zu diesem Thema (»Meine ungeschriebenen Memoiren«, 1974):

Mein Vater hatte ein kritisches Verhältnis zu Schopenhauer, weil letzterer sich wiederholt abschätzig über die Mathematik geäußert hat. Als Mitglied der Bayrischen Akademie der Wissenschaften hatte er auf einer ihrer Tagungen einmal einen Vortrag gehalten: »Schopenhauer und die Mathematik« und nachgewiesen, daß Schopenhauer von der Mathematik eigentlich nichts verstand und seine Äußerungen falsch waren.

Möglicherweise meint Frau Mann den Vortrag »Über Wert und angeblichen Unwert der Mathematik«, den ihr Vater 1904 vor der Deutschen Mathematiker-Vereinigung gehalten hat. (Pringsheim mußte noch als Neunundachtzigjähriger emigrieren.)

Trotz allen Einwänden – man sollte Schopenhauer immer wieder lesen:

Im männlichen Alter schwindet die Langeweile mehr und mehr: Greisen wird die Zeit stets zu kurz, und die Tage fliegen pfeilschnell vorüber. Versteht sich, daß ich von Menschen, nicht von altgewordenem Vieh rede.

(»Vom Unterschiede der Lebensalter«)

Zudem taugen viele Bücher bloß, zu zeigen, wie viel Irrwege es gibt und wie arg man sich verlaufen könnte, wenn man von ihnen sich leiten ließe.

(»Selbstdenken«)

Denn wie behauptet wird, ein guter Koch könne sogar eine alte Schuhsohle genießbar herrichten; so kann ein guter Schriftsteller den trockensten Gegenstand unterhaltend machen.

(»Über Gelehrsamkeit und Gelehrte«).

Wenige schreiben wie ein Architekt baut, die zuvor seinen Plan entworfen und bis ins Einzelne durchdacht hat; vielmehr die meisten nur so, wie man Domino spielt. Wie nämlich hier, halb durch Absicht, halb durch Zufall, Stein an Stein sich fügt - ...

(»Über Schriftstellerei und Stil«).

Hier sitzt jedes Wort, jeder Stein.

Das können wir von Ernst Jünger nicht behaupten. Was meint er mit den merkwürdigen Sätzen, mit dem sonderbaren Sprachbau:

Dieu se retire.
Die Götter leiden, wo [!] *die Zahl*
an sie herangetragen wird. ?

Das steht in Jüngers »Zahlen und Götter«, 1974. Dort findet man auch den Satz:

Wer die Zahlen für wirklich hält,
darf auch die Götter für wirklich halten,
sie steigen beide aus gleichem Grund.

Trotzdem scheinen sie (siehe oben) nicht viel füreinander übrig zu haben. (Jünger stellt in dieser Schrift die Theorie auf, Erfindung und Erdichtung seien Anleihen aus dem Bestand, aus der Fülle des ungesonderten Seins. Hat der Mensch vielleicht, so fragen wir, aus jener Fülle die Zahlen erfunden oder erdichtet?)

Doch wir wollen diese Fährte nicht weiter verfolgen, es will Abend werden. Um derartige Gedanken mit- und nach- und weiterzuspinnen, muß man sensibel sein, bedarf wohl auch zusätzlicher Kräfte. Wie jener Mathematiker, von dem Rudolf Steiner, der Vater der Weisheit vom Menschen, der Anthroposophie, berichtet hat:

Ein interessanter Mensch, ausgezeichneter Mathematiker und bewandert in dem ganzen damaligen Stande der höheren Mathematik ... glaubte überall bei sich zu empfinden die Differentiale, überall fühlte er die Differentiale. »*Ich bin voller Differentiale*«, *sagte er,* »*ich bin überhaupt nicht Integral*«. *Das bewies er auf sehr scharfsinnige Weise, daß er überall von Differentialen strotze.*
(Dritter Vortrag über die okkultistische Bewegung im 19. Jahrhundert, 16. Oktober 1915).

Wir wüßten gern, was aus diesem Sonderling, diesem Sonderfall, geworden ist und wie weit er es oder wohin man ihn gebracht hat.

Eine andere Führerin zur Erkenntnis höherer Welten, die Theosophin Annie Besant (1847 bis 1933) –

als sie Krishnamurti zum Messias erklärte, kam es zur Abspaltung der Anthroposophischen Gesellschaft unter Steiner

– Annie Besant hat im Dezember 1904 in Benares einen Vortrag über »Die Theosophie in Beziehung zur Wissenschaft« gehalten. Darin heißt es:

Ein Tag und eine Nacht Brahmas verhält sich zu einem Tag von 24 Stunden wie die Zahl der Schwingungen im Grün des Spektrums zu der Zahl der Schwingungen des F im Baß, und wie der Durchmesser der Uranusbahn zu der Höhe des Menschen von 6 Fuß, nämlich wie $\pi \cdot 10^{12} : 1$.

Was soll man dazu sagen? Am besten geht man wohl an solchen, vermutlich durch innere Schau erarbeiteten Basteleien jenseits von Gut und Blöde schweigend vorbei und wendet sich harmloseren Entgleisungen zu:

Kurt Tucholsky (der bekanntlich 1923 über einen von ihm erfundenen Verstorbenen schrieb: *Am Mittwoch hatte er noch Spengler gelesen und anderen Unfug getrieben*) hat u. a. ein hübsches Feuilleton verfaßt, in dem einzelne Völker je nach ihrer Natur die Aufgabe lösen, einen Kreis zu zeichnen. Die Deutschen fertigten ein 1096-Eck an.

Auf S. 94 findet sich eine Liste der ungeraden regelmäßigen Grundvielecke, die mit Zirkel und Lineal konstruierbar sind. Durch fortgesetztes Halbieren der Winkel kann man aus ihnen unzählig viele gerade bilden. Entsprechendes gilt für das (gerade) Viereck. So gewinnt man aus dem

4-Eck	das	1024-Eck
15-Eck	das	960-Eck
17-Eck	das	1088-Eck
255-Eck	das	1020-Eck.
257-Eck	das	1028-Eck.

Aber das 1096-Eck ist nicht dabei, denn diesem liegt das unkonstruierbare 137-Eck zugrunde.

Das hat Tucholsky nicht gewußt oder es war ihm kreisegal – wen schiert schon solche Kleinigkeit?

Vielleicht wird es ebenfalls als Krackelei empfunden, wenn auf Alain Bailhache gewiesen wird, einen Franzosen, der anscheinend nicht weiß, daß Schnee *sechszählig* kristallisiert. Zwar bilden sich in keinem Falle oktogonale Eiskristalle* – aber Alain umgibt mit derartigen Sonder-Gebilden einen Schneemann. Und die Unicef (= the United Nations Children's Fund) vertrieb dies irreführende Bildchen als Postkarte ausgerechnet – und das ist der Humor davon – zugunsten des Teheraner Instituts für die *geistige* Entwicklung der Kinder.

*, es sei denn auf der Insel Tulipatan (Titel einer burlesken Operette von Jacques Offenbach), »gelegen 25000 km von Nanterre, in unbestimmbarer Zeit«, wo Seine Majestät Cacatois XXII. regiert und sein Großmarschall *Octogène* Romboïdal heißt...

Wir führen absichtlich die Postkarte nicht im Bilde vor, teils um die geistige Entwicklung der Kinder in aller Welt nicht zu stören, teils weil Monsieur Bailhache möglicherweise ein Urheberrecht auf diese Achterkristalle zu besitzen wähnt. Indessen: auch die Österreicher, die es doch eigentlich besser wissen müßten, warben für die Schneesaison 1980/81 in ihren Landen mit (zusätzlich sogar noch unsymmetrischen) achtzähligen Figuren.

Hierhin paßt Goethes Zahme Xenie (in V):

Verständige Leute kannst du irren sehn,
In Sachen nämlich, die sie nicht verstehn.

––––– 15 –––––

Woher kommen wohl solche Fehlleistungen verständiger Leute? Das kann ein über tausendjähriger und doch brandaktueller Bericht des Schülers Strabo über den Unterricht im Kloster Reichenau verständlich machen. Anno 822 lehrte dort der Mönch Tatto Arithmetik. Er machte mit dem Abacus, mit der Fingerrechnung, der Zeiteinteilung und dem Kalender bekannt; als Lehrbücher dienten die Schriften des *letzten Römers* Boethius (480 bis 524) und des Beda Venerabilis (673 bis 735). Zur Abwechslung löste man mathematische Rätsel von Alkuin (735 bis 804), dem Lehrer und Berater Karls des Großen. (Sie wissen: Wie muß ein Mann, dessen Kahn außer ihm nur eine einzige *Sache* – im juristischen Sinn – aufnehmen kann, es anstellen, um einen Kohlkopf, eine Ziege und einen Wolf von einem Ufer aufs andere zu bringen, ohne daß einer von ihnen ein Schade geschicht?) Dann heißt es bei Strabo:

Viele vermochten nicht allen diesen Berechnungen zu folgen, und bevor wir zur Geometrie übergingen, traten diejenigen aus, welche sich fortan dem Studium der Medizin [ist leicht zu fassen], *der Rechtswissenschaften* [non calculamus, non calculemus!] *und den Künsten der Malerei und Bildhauerei* [bilde Künstler, rechne nicht!] *widmen wollten...*

Damals schon gingen die Juristen nicht zur Geometrie über, sondern vorher ab. Dazu eine wahre Geschichte aus unserer Zeit. Die Kommission, welche nach dem Versailler Vertrag die neue Grenze zwischen dem Deutschen Reich und Belgien zu ziehen hatte, kam eines Tages auch bis zu dem Punkt, an dem laut Karte Belgien, das Deutsche Reich und die Niederlande zusammenstießen. Dort standen aber in ziemlich weitem Abstand noch aus den Zeiten König Leopolds I. um 1830 drei Steine, ein holländischer, ein preußischer und ein belgischer Grenzstein. Der Vater des Autors rügte diesen Zustand – man müsse einen einzigen Grenzstein setzen, nicht drei. (Es gab noch einen vierten Stein, doch der behauptete laut Inschrift, der höchste Punkt der Niederlande zu sein.) Die Juristen wollten den Vorschlag nicht annehmen, aber als der Geodät (besser: der Land- und Beckmesser) listig fragte, welche Konsequenzen es habe, wenn eines Unheiltages in diesem Niemandseck, auf diesem Niemandsfleck hier zwischen den Grenzsteinen ein Mord geschehe – da stimmten alle hastig zu, und seitdem repräsentiert ein großes Mal mit den Zeichen der drei Länder auf seinen drei Flächen den Punkt, an dem sie zusammenstoßen.

Die Herren Juristen werden wegen dieses ihres Rückzugs den Mathematiker nicht freundlicher betrachtet haben –

»Mathématiques: Desséchent le coeur; Mathematik: Trocknet das Herz aus«, das notierte Gustave Flaubert in seinem (erst 1961 veröffentlichten) »Dictionnaire des idées reçues«. Man weiß nicht genau, ob er diesen Gemeinplatz verurteilt oder ihm zugestimmt hat.

———— 16 ————

Sollte man nicht doch die Mathematik abschaffen, wozu Helmut Lamprecht (»Die Hörner beim Stier gepackt«, 1975) rät?:

> *... Zur Ausschaltung der klugen Rechner*
> *müssen wir die*
> *Mathematik abschaffen*
> *in den Elementarschulen*
> *der Menschlichkeit* [?].
>
> *Kluger Rechner bedarf es*
> *zur Durchführung dieses Plans.*

Doch vielleicht kommt die mathelose, die glückliche Zeit von ganz allein. Anfang 1977 betrachtete der »Blick durch die Wirtschaft« der Frankfurter Allgemeinen Zeitung die neue Abgabenordnung und meinte dazu:

Bei allen Detailregelungen bezüglich Zinsbeginn, Ende der Laufzeit, Zinsanforderung und Zinserrechnung hat der Steuerreform-Gesetzgeber auf die ausgebliebene Bildungsreform Rücksicht genommen. Die neuen Vorschriften sollen ja auch von der kommenden Finanzbeam-

tengeneration anwendbar sein, die möglicherweise nicht mehr des Rechnens und erst recht nicht mehr der Mathematik mächtig sein könnte.

Möglicherweise?

›Der Spiegel‹ berichtete im September 1980, daß von den Studienanfängern in der Wirtschafts- und Sozialwissenschaftlichen Fakultät der Kölner Universität jeder dritte (geprüfte) höchstens Mathematikkenntnisse der Mittelstufe hatte und daß nicht einmal jeder zehnte dieser Jungakademiker abiturreife Leistungen bot. Noch euphorischer stimmt uns die Meldung, bereits 14 % der angehenden Ingenieure der T. U. Hannover hätten das Fach Mathematik in den letzten Schulklassen abgewählt: *Eine auf den pythagoreischen Lehrsatz hinauslaufende Aufgabe ebenso wie eine zur Prozentrechnung wurde von keinem einzigen Teilnehmer* [beim mathematischen Eingangstest für Studienanfänger der naturwissenschaftlichen und technischen Fächer] *bewältigt.*

Diese jungen Damen und Herren, welche dereinst funktionsfähige Bahnen, Bunker und Brücken bauen sollen, Transitbusse und Transistoren, Traktoren und Trajekte, Traum- und Raumschiffe – diese Leuchten der Zukunft, die Leuchter von morgen, die Mißachter des Heute, die Verächter des und der Alten – sie sind offenbar von Alfieris und Kerners Geistesart durchwebt (s. S. 402), ihnen schwebt offenbar eine mathematikfreie Naturwissenschaft à la Altmeister Johann Wolfgang (s. S. 390) vor, ihnen fällt offenbar bei Zins und Prozent der Vers 31 der apokryphen Petrus-Offenbarung ein (Handschrift von Akhmîm, geschrieben 135): *In einem anderen großen See aber, angefüllt mit Eiter und Blut und aufwallendem Schlamm, standen Männer und Frauen bis zu den Knien. Das aber waren die, welche Geld ausgeliehen und Zinseszinsen zurückgefordert hatten.*

Wenn man extrapolieren darf (dürfte), dann steht uns die Endzeit des Mathematikstudiums, der Mathematikkenntnisse, bald bevor – oder, um eine hierhin genau passende und uns besonders widerliche Redensart der Zeit zu benutzen: Die Endzeit der Zeichen und Zahlen steht uns unmittelbar ins Haus, ins Zinshaus, ins Reformhaus, ins Narrenhaus, ins Jahrtausendhaus...
(Wir sind davon überzeugt, daß fast alle dieses *Endendhaus* ins Jahr 1999 – statt 2000 – versetzen, so wie 1981 das famose Kommerz-›Committee 2000‹).

Bis zu diesem Zeitpunkt, der von der Majorität des souveränen Volkes nach unserer Meinung heiß herbeigesehnt wird, werden aber noch mehr oder minder populär aufgeputzte Bücher erscheinen, sogenannte Sachbücher (wie das von uns besprochene Pyramidenbuch, vgl. Kap. 7) – in ihnen sind ab und zu Formeln enthalten, keine tiefgründigen natürlich, und diese Formeln müssen von den Lektoren ebenso geprüft (oder wenigstens mit dem Skript verglichen werden) wie die Form der Formulierung des Textes (vgl. S. 144/5).

Da indessen Mathematik und Germanistik (aus diesem Gebiet stammen die Lektoren meist) soviel miteinander zu tun haben wie Quadratwurzeln mit Wortwurzeln (und Naturwissenschaft mit Geschichte wie Photonen mit Ottonen), ist es verständlich, daß die Lektoren die Form weit besser beurteilen können als die Formeln, kurz:

lector non calculat.

Wenn nun noch hinzukommt, daß im Lebenssturm auch das bißchen mathematischer Ballast aus der Mittelstufe über Bord gegangen ist, dann kann es vorkommen, daß – – –

aber wir lassen die vorgesehenen Beispiele weg; denn es wäre doch reichlich unbillig, wegen solch läppischer Lappalien die Lektoren die Lettanten zu nennen – sie können gar nicht alles können; man sollte ihnen nicht zu ihrem Lektorenbündel noch eine geometrisch-arithmetische Last aufzubürden versuchen.

Die weit überwiegende Menge der von ihnen zu prüfenden Manuskripte gehört zur (mehr oder weniger) schönen Literatur; sie kritisch zu beurteilen vermag jeder germanistisch geschulte Intellekt. In den Universitäten haben sich die künftigen Intellektoren daran delektiert, durch Stiluntersuchungen festzustellen, daß Caesar und Luther Plattfüße hatten (so Dr. phil. Erich Kästner, der es wissen mußte, im »Herz auf Taille« 1927 und im »Fabian« 1931).

Nichts für ungut oder unschlecht, meine Herren – wir sehen einen Irrenden, nur weil er einmal nicht *mathematisch genau* hingesehen hat, nicht gleich für einen Todfeind an (wie Goethe das von den Gelehrten behauptet hat), und schließen mit Mephistos Paralipomenon zur klassischen Walpurgisnacht

> *Wers mit der Welt nicht lustig nehmen will,*
> *Der mag nur seinen Bündel* schnüren.*

*Lektorenbündel!

—— 17 ——

Von *etwaigen* weiteren Lesern dieses seines letzten Werkes (nam vita nostra brevis est, brevi finietur) –

vor allem von denjenigen unter ihnen, die sich am rechten Ufer des Kulturstromes angesiedelt haben, die sich in den dortigen sprachlichen, historischen, humanistischen Gefilden wohlfühlen, ohne die Mathe unter die Matte zu kehren,

und deswegen ab und zu (mit leicht sehnsüchtigem Unbehagen) hinüber blinzeln zum *Leuchtturm am Ufer der zweiten Welt*

(Jean Paul, »Hesperus«, – er aber meinte den Mond),

ins Reich der Zeichen und Figuren,
ins Land der Mengen und Strukturen,
mit den Schlüssen und Begriffen,
damaszenerscharf geschliffen – –

von ihnen, denen er hofft, einen Hauch vom Geist der Mathematik vermittelt zu haben, diesem Widergeist der Magie,

von allen verabschiedet sich der Autor mit den letzten Worten des Geistes in Shakespeares »Hamlet«:

ADIEU, ADIEU, .. REMEMBER ME!

7 Lesefrüchte
wahrscheinlich vom Leser dem Buch und dem Autor nachgeworfen

1

Wie mir dein Buch gefällt? –
Will dich nicht kränken:
Um alles in der Welt
Möchte nicht so denken.

J.W. v. Goethe, Zahme Xenien VIII.

2

Krämerei in Seltenheiten und scharfsinniger Ungelehrsamkeit.
Jakob Grimm über die monströse Altersfassung von Clemens Brentanos ›Gockel,
Hinkel und Gackeleia‹ (um 1840).

3

Durch viele Zitate vermehrt man seinen Anspruch auf Gelehrsamkeit, vermindert aber
den auf Originalität, und was ist Gelehrsamkeit gegen Originalität?
Arthur Schopenhauer, Parerga und Paralipomena.

4

›Ich hielt mich stets von Meistern entfernt;
Nachtreten wäre mir Schmach!
Hab alles von mir selbst gelernt‹ –
Es ist auch darnach!

J.W. v. Goethe, Zahme Xenien VII.

5

Dem Menippos hat seine Laune, alles, was die meisten Menschen mit dem größten
Ernst und Eifer betreiben, in einem lächerlichen Licht zu sehen, den Beinamen
Spoudogeloios, philosophischer Harlekin, zugezogen.
Chr. M. Wieland, zu Lukians Ikaromenippos.

6

Gewisse Bücher scheinen geschrieben zu sein, nicht damit man daraus lerne, sondern damit man wisse, daß der Verfasser etwas gewußt hat.
J.W. v. Goethe, Maximen und Reflexionen (Aus Kunst und Altertum dritten Bandes erstes Heft 1821. Eigenes und Angeeignetes in Sprüchen).

7

Die Wissenschaft wird dadurch sehr zurückgehalten, daß man sich abgibt mit dem, was nicht wissenswert, und mit dem, was nicht wißbar ist.
J.W. v. Goethe, Aphorismen zur Naturwissenschaft.

Register

Ein seherisches Urteil über die 444 Seiten

. . . ein Kerl von bunter Verspieltheit und mit 444 fixen Ideen im Kopf.
Kurt Tucholsky, Schloß Gripsholm, 1931.

Erforderliche Berichtigungen

nur eine:*
Die vorstehende Überschrift ist um die beiden letzten Buchstaben zu kürzen.

* *O sancta simplicissitas!*

Dr. math. k. c. E. Ulker, Einfallspinsel
vom Dienst und ständiger Wegleiter des
Autors, gest. 1991 (Wahrheit vorbehalten).

FREMDSPRACHEN

Alltagsenglisch. Von H. BREMER.
Zur gründlichen Erlernung des Idioms. 6. Aufl.
1978. 344 Seiten. DM 19,80.
Dümmlerbuch 4501

Praktische Englische Phonetik*)
Von E. WEIHER.
Einführung mit Übungen. 192 Seiten. 1982.
DM 22.80. Dümmlerbuch 6107

Sinnverwandte Wörter der Französischen Sprache
Von R. MELDAU und H. LAPOUGE.
2. Aufl. 1980. 186 Seiten. DM 19,80.
Dümmlerbuch 4622

Praxis der Französischen Aussprache*)
Von W. HEINDRICHS und M. METAYER.
1983. Ca. 120 Seiten. Ca. DM 22,–.
Dümmlerbuch 6111

Dänische Dialoge für Fortgeschrittene*)
Von B. SKØTT.
Peter og Inger i København.
1982. 125 Seiten. DM 19,80.
Dümmlerbuch 6105

Deutsche Aussprache*)
Von Prof. Dr. H. P. KELZ.
Kursmaterialien für Südostasiaten.
152 Seiten. 1983. DM 17,80.
Dümmlerbuch 6120

Chinesische Aussprache*)
Von W. J. CHIAO und H. P. KELZ.
Einführung in die Phonetik des Chinesischen
mit Übungen.
166 Seiten. 1980. DM 24,80.
Dümmlerbuch 6101

Mabuhay*). Von Prof. Dr. H. P. KELZ.
Einführung ins Filipino für Deutsche.
2. Aufl. 1983. Mit Lexikon. Ca. 112 Seiten. Ca.
DM 24,80. Dümmlerbuch 6114

*) Weitere Medien, z. B. Arbeitshefte, Tonbandkassetten usw., verfügbar bzw. in Vorb.

Sprachspielereien

Spiel mit Worten. Von H. WEIS.
Deutsche Sprachspielereien. 5. Aufl. 1976.
171 Seiten. DM 14,80. Dümmlerbuch 4708

Englische Wortspiele und Sprachscherze.
Von A. SCHOENE.
2. Aufl. 1977. 151 Seiten. 49 Abb. DM 16,80.
Dümmlerbuch 4521

Heiteres Französisch. Von H. WEIS.
Zur Kulturgeschichte des französischen Wortspiels. 3. Aufl. 1983. 106 Seiten. 28 Abb.
DM 14,80. Dümmlerbuch 4709

Französischer Sprachhumor.
Von W. MESSMER.
100 Seiten. 17 Abb. DM 14,80.
Dümmlerbuch 4710

Bella Bulla. Von H. WEIS.
2000 lateinische Sprachspielereien. 6. Aufl.
1976. 202 Seiten. DM 16,80.
Dümmlerbuch 4701

Sprechen Sie lateinisch?
Von G. CAPELLANUS.
Moderne Konversation in lateinischer Sprache.
15. Aufl. 1978. 176 Seiten. 18 Abb. DM 16,80.
Dümmlerbuch 4705

PLURILINGUA

Neue Reihe; behandelt Themen der Sprachkontakt- und Mehrsprachigkeitsforschung, der
Sprachsoziologie und anverwandter Wissenschaftsbereiche, der Sozio- und Psycholinguistik. Überwiegend Beiträge in deutscher, aber
auch in englischer, französischer und anderen
Sprachen. Bisher 4 Bände mit insg. 1390 S.
Zus. DM 272,–. Dümmlerbuch 6401–6404

FERD. ꗃUMMLERs VERLAG, Postfach 1480, 5300 BONN 1

Redensarten auf der Goldwaage
Von H. DITTRICH.

Herkunft und Bedeutung deutscher Redensarten im Abc erklärt. DITTRICH hat in jahrelanger Forschungsarbeit tausende von Redensarten gesammelt und ihre Herkunft, Bedeutung und Bedeutungswandlung erforscht. 2., ergänzte Auflage. 1975. 286 Seiten mit 48 Vignetten. Linson mit Schutzumschlag. DM 29,80. Dümmlerbuch 8315

Woher? Ableitendes Wörterbuch der deutschen Sprache
Von E. WASSERZIEHER.

Dieses etymologische Wörterbuch ist längst zu einem festen Begriff geworden. Im WASSERZIEHER werden 11 000 der gebräuchlichsten Wörter im Abc erklärt. Vorangestellt ist in 64 Gruppen eine Gliederung des Sprachgutes, u. a. mit Kapiteln über Wortzusammensetzungen, Umgangssprache, Berufssprache, Schlagworte, Studentensprache, Twensprache. 18. Aufl. (189. Tausend), 1974. Bearbeitet von Prof. Dr. W. Betz. Zweispaltig. 458 Seiten. Leinen. DM 26,80. Dümmlerbuch 8301

Hans und Grete. 2500 Vornamen im Abc erklärt.
Von E. WASSERZIEHER.

Das beliebte Namenbüchlein wurde abermals neu aufgelegt und gründlich überarbeitet. Jetzt nur noch je ein Alphabet für männliche und weibliche Vornamen – zum leichteren Nachschlagen. 19., neubearbeitete Aufl., 1979. Besorgt von P. Melchers. 152 Seiten. Kartoniert. DM 12,80.
Dümmlerbuch 8305

Bildwörterbuch der Kunst
Von Prof. Dr. H. LÜTZELER.

3. Aufl. 1980. 445 Seiten. 3232 Stichwörter, 1240 Zeichnungen. Kart. DM 29,80.
Dümmlerbuch 8501

Dieses Reallexikon des bekannten Bonner Kunsthistorikers informiert über die Grundformen, Stile und Techniken der bildenden Kunst, der Architektur und des Kunsthandwerks. Berücksichtigt wurden alle Epochen der europäischen und außereuropäischen Geschichte, die Kunst der Hochkulturen ebenso wie die der Naturvölker. Ein zuverlässiges Nachschlagewerk für alle, die auf der Reise oder beim Studium auf unbekannte Fachausdrücke stoßen und sich rasch und genau in Wort und Bild orientieren wollen.

DÜMMLERS NEUARTIGE BESTIMMUNGSBÜCHER

Von Prof. Dr. A. KELLE / Prof. Dr. H. STURM.

Tiere leicht bestimmt
Bestimmungsbuch einheimischer Tiere, ihrer Spuren und Stimmen. 193 S. 713 Abb. DM 18,–.
Dümmlerbuch 3306

Pflanzen leicht bestimmt
Bestimmungsbuch einheimischer Pflanzen, ihrer Knospen und Früchte. 204 S. 727 Abb. DM 18,–.
Dümmlerbuch 3307

Näheres im Prospekt Deutsch/Fremdsprachen/ Linguistik '83. Best.-Nr. 4500

FERD. DÜMMLERs VERLAG, Postfach 1480, 5300 BONN 1